***ACCESO GRATIS** a la Lectura en la Nube*

Para visualizar el libro electrónico en la nube de lectura envíe junto a su nombre y apellidos una fotografía del código de barras situado en la contraportada del libro y otra del ticket de compra a la dirección:

ebooktirant@tirant.com

En un máximo de 72 horas laborales le enviaremos el código de acceso con sus instrucciones.

LAS RELACIONES ENTRE PROPIEDAD INTELECTUAL Y EL DERECHO CONTRA LA COMPETENCIA DESLEAL:

UN ANÁLISIS A PARTIR DE LA COMPLEMENTARIEDAD DE PROTECCIONES EN ESPAÑA Y EN ALEMANIA

LAS RELACIONES ENTRE PROPIEDAD INTELECTUAL Y EL DERECHO CONTRA LA COMPETENCIA DESLEAL:

UN ANÁLISIS A PARTIR DE LA COMPLEMENTARIEDAD DE PROTECCIONES EN ESPAÑA Y EN ALEMANIA

MARCOS CRUZ GONZÁLEZ
Autor

tirant lo blanch
Valencia, 2024

En caso de erratas y actualizaciones, la Editorial Tirant lo Blanch publicará la pertinente corrección en la página web www.tirant.com.

La presente obra ha sido sometida a la revisión de pares ciegos según el protocolo de publicación de la editorial a efectos de ofrecer el rigor y calidad correspondiente tanto en su contenido como en su forma, aplicándose los criterios específicos aprobados por la Comisión Nacional E 016 (BOE num. 286, de 26 de noviembre de 2016).

La aceptación de la presente obra ha tenido en consideración la evaluación y calificación sobresaliente cum laude otorgada por los expertos componentes del tribunal calificador de la tesis doctoral que ahora se publica, cumpliendo con el criterio correspondiente de los revisores externos y ofreciendo la calidad debida a la presente obra.

EDITA: TIRANT LO BLANCH
C/ Artes Gráficas, 14 - 46010 - Valencia
TELFS.: 96/361 00 48 - 50
FAX: 96/369 41 51
Email: tlb@tirant.com
www.tirant.com
Librería virtual: www.tirant.es
DEPÓSITO LEGAL: V-3271-2024
ISBN: 978-84-1056-582-1

Si tiene alguna queja o sugerencia, envíenos un mail a: *atencioncliente@tirant.com*. En caso de no ser atendida su sugerencia, por favor, lea en *www.tirant.net/index.php/empresa/politicas-de-empresa* nuestro procedimiento de quejas.

Responsabilidad Social Corporativa: http://www.tirant.net/Docs/RSCTirant.pdf

Índice

Prólogo

La obra que presentan estas páginas, titulada *Las relaciones entre propiedad intelectual y el derecho contra la competencia desleal: un análisis a partir de la complementariedad de protecciones en España y en Alemania,* constituye el grueso de la Tesis Doctoral defendida por el Profesor Marcos Cruz González en septiembre de 2023, calificada con Sobresaliente Cum Laude y que, con todo merecimiento, resultó galardonada con el Premio Extraordinario de Doctorado de la Universidad de Salamanca.

Si el título de la obra da ya cuenta de la alta complejidad del tema abordado, el cual sigue generando no pocas dudas entre los jueces y tribunales competentes, su atenta lectura acredita la calidad y valor científico de su contenido. El profesor Marcos Cruz afronta de forma solvente y detallada el análisis de la relación de complementariedad entre la propiedad intelectual y las normas de competencia desleal asumiendo como punto de partida el doble presupuesto de la necesidad de conciliar la aplicación de estas dos disciplinas que, desde sus respectivos fundamentos, persiguen un funcionamiento del mercado más competitivo y eficiente y de construir los términos de su aplicación complementaria desde el respeto a la distinta *ratio* de protección en la que actualmente se basa uno y otro conjunto normativo. A saber: el reconocimiento, en el caso de los Derechos de propiedad intelectual, de una tutela subjetiva y por tanto específica de la posición competitiva que incentiva la innovación en el mercado (entendida esta en un sentido amplio); y la tutela, en el caso de las normas contra la competencia desleal, del correcto funcionamiento del mercado basado en una competencia no falseada, en la que el operador queda indirectamente protegido en sus intereses a partir de la tutela institucional del modelo competitivo.

Aunque el carácter complementario de la normativa de propiedad intelectual y de competencia desleal es hoy cuestión pacífica, la ordenación y clarificación de los términos en los que aquella debe desarrollarse sigue siendo una cuestión abierta. Así es, la aplicación de las relaciones de complementariedad se suele ajustar a las peculiaridades del caso concreto en el que resulte de aplicación y eso hace que los árboles impidan ver el bosque: las relaciones sistemático-teleológicas entre ambas disciplinas que permitan extraer sólidos principios y reglas para una aplicación más estable y segura para los distintos problemas en los que pueda tener razón de ser.

El tratamiento de la interrelación entre ambas disciplinas viene dificultado, no ya solo por la coincidencia formal de los remedios jurídicos planteados por una y otra, sino también por la posibilidad de que las realidades *prima facie* reguladas por cada una de ellas queden, en ocasiones, solapadas.

Con el propósito de avanzar en este complejo problema la obra se detiene en las distintas posiciones doctrinales mantenidas sobre el sentido en el que debe entenderse la complementariedad y su recepción por la jurisprudencia. Tanto en nuestro ordenamiento - donde destacan sobre todo las aportaciones del profesor Alberto Bercovitz Rodríguez-Cano y, más recientemente, del profesor José Massaguer Fuentes- como en el ordenamiento alemán, que en este punto constituye una referencia inexcusable y en cuyo estudio el profesor Cruz tuvo la oportunidad de profundizar durante su estancia en el Instituto Max-Planck für Innovation und Wettbewerb de Múnich. De este análisis y en particular, de la aplicación jurisprudencial realizada por los tribunales españoles el autor extrae la, a su juicio, insatisfactoria conclusión de que la relación de complementariedad no se asienta sobre la idea de que la aproximación a la normativa aplicable se establece en términos igualitarios, sino subordinando la aplicación de las normas de competencia desleal a la aplicación prioritaria de las normas de propiedad intelectual, lo que conduce a una relegación casi sistemática de las normas de competencia desleal, ya sea por resultar la aplicación de estas últimas redundante ante la protección otorgada por el correspondiente derecho de propiedad intelectual, ya sea por resultar contradictoria y, por lo tanto, improcedente, a la vista del juicio de suficiencia de protección que se entiende implícito sen el diseño de la tutela realizado por las normas de propiedad intelectual.

En contraste con este planteamiento, la visión de la complementariedad que sostiene el profesor Marcos Cruz González se basa, bien al contrario, en la construcción de un modelo de aplicación que parte de una relación igualitaria y armónica entre ambas normativas que descarta la prioridad aplicativa *ab initio* de alguna de ellas. Esta aplicación armónica posibilita una flexibilización, a través de las normas de competencia desleal, de la rigidez propia de los derechos de propiedad intelectual, la cual puede operar de forma bidireccional, de manera que puede resultar en una aplicación extensiva o restrictiva de la tutela subjetiva otorgada por el derecho de propiedad intelectual, y que se consigue, de acuerdo con la propuesta realizada por el autor, con una valoración *ex ante* de la conducta en el mercado que permita, a partir del análisis de sus contornos y de su impacto concurrencial, analizar la aplicabilidad de una u otra normativa o, incluso, de ambas siempre que no concurran sobre una misma y única conducta.

El dato de que esta forma de entender y aplicar la complementariedad lleve a que el Derecho de competencia desleal entre en juego cuando no se contravengan los límites y excepciones regulados en la normativa del derecho de propiedad intelectual no es consecuencia de una aplicación subordinada, sino el lógico reflejo de una interacción coordinada que, en consecuencia, no excluye la aplicación de la normativa de deslealtad en casos en los que existan intereses que no pudieron ser tenidos en cuenta por la legislación de propiedad intelectual. Más aún, la interacción coordinada entre disciplinas debe servir para interpretar algunas normas propias de los derechos de propiedad intelectual en clave concurrencial, realizando un juicio de derechos exclusivos y límites no en términos absolutos, sino *ad hoc* teniendo en cuenta las circunstancias del caso y sus consecuencias para la competencia en el mercado.

La traslación de este modelo aplicativo de la complementariedad de protecciones a los distintos sectores de la propiedad intelectual arroja interesantes conclusiones que confirman una aplicación tanto más nítida y diferenciada de unas y otras normas cuanto mayor es la claridad de funciones y límites de cada derecho subjetivo y, por esta misma razón, evidencian las dificultades de la aplicación complementaria en el Derecho de marcas, que de forma progresiva ha incorporado a la tutela del derecho subjetivo conductas cuya represión se corresponde mejor a la *ratio* que informa la normativa contra la deslealtad, lo que provoca, en palabas del profesor Cruz González, la "concurrencialización" del Derecho de marcas y la conveniencia de recurrir en ocasiones a los principios y reglas de Derecho de la competencia desleal para su mejor comprensión y aplicación.

Como codirectores de su excelente tesis doctoral, para nosotros un honor presentar este primer trabajo monográfico del profesor Marcos Cruz González, que -entendemos- está llamado a convertirse pronto en una referencia para el estudio y aplicación práctica de un problema relevante de nuestro tiempo, conocido el incremento de conflictos de mercado en torno a los derechos de propiedad intelectual. Por lo demás, el compromiso del autor con la investigación y el avance del Derecho, asegura un puntal relevante para el futuro de la disciplina del Derecho Mercantil desde la escuela salmantina.

En Salamanca, a 25 de julio de 2024

PILAR MARTÍN ARESTI y FERNANDO CARBAJO CASCÓN
Catedráticos de Derecho Mercantil de la Universidad de Salamanca

Abreviaturas

ACB	Análisis Coste-Beneficio
ADI	Actas de Derecho industrial y derechos de autor
ADPIC	Acuerdo sobre los Aspectos de los Derechos de Propiedad Intelectual relacionados con el Comercio
Art./Arts.	Artículo/ Artículos
BOE	Boletín Oficial del Estado español
BGH	Bundesgerichtshoff
CB	Convenio de Berna
CC	Código Civil
CE	Comisión Europea
CD	Competencia Desleal
CUP	Convenio de la Unión de París
Dir.	Directiva
DOP	Denominación de Origen Protegida
DOUE	Diario Oficial de la Unión Europea
FTC	Federal Trade Comission
GeschGehG	Geschäftsgeheimnissen Gesetz
GeschmG	Geschmacksmusterrecht Gesetz
GRUR	Gewerblicher Rechtsschutz und Urheberrecht
GRUR Int.	Gewerblicher Rechtsschutz und Urheberrecht Internationaler Teil
IIC	International Review of Intellectual Property and Competition Law
LCD	Ley de Competencia Desleal
LDC	Ley de Defensa de la Competencia
LDI	Ley de Diseño Industrial
LM	Ley de Marcas
LP	Ley de Patentes
MarkenG	Markengesetz

OLG	Oberlandergericht
PatentG	Patentgesetz
PI	Propiedad Intelectual
Reg.	Reglamento
RG	Reichsgericht
SAP	Sentencia Audiencia Provincial
SJMUE	Sentencia del Juzgado de la Marca de la Unión Europea
STGUE	Sentencia del Tribunal General de la Unión Europea
STJUE	Sentencia del Tribunal de Justicia de la Unión Europea
STPI	Sentencia del Tribunal de Primera Instancia
STS	Sentencia del Tribunal Supremo
TFUE	Tratado de Funcionamiento de la Unión Europea de 13 de diciembre de 2007 (DOUE C-326, de 26 de octubre de 2012)
TJCE	Tribunal de Justicia de la Comunidad Europea
TJUE	Tribunal de Justicia de la Unión Europea
TGUE	Tribunal General de la Unión Europea
TRIPS	Trade-Related Aspects of Intellectual Property Rights
TRLPI	Texto Refundido de la Ley de Propiedad Intelectual
TS	Tribunal Supremo
UrhG	Urheberrecht Gesetz
UWG	Unlauterer Wettbewerb Gesetz
WRP	Wettbewerb Recht und Praxis

Capítulo I.

Coincidencias axiológicas entre propiedad intelectual y derecho de la competencia

1. FUNDAMENTOS DEL DERECHO DE LA COMPETENCIA DESLEAL

1.1. Origen, evolución y comprensión actual del modelo de Competencia Desleal

1.1.1. Evolución Histórica

La Competencia Desleal, entendida, actualmente, como sistema de normas reguladoras del comportamiento correcto en el mercado[1], atiende a la tutela institucional de la competencia[2]. Sin embargo, el perfil evolutivo que ha caracterizado

---

1 OHLY A., "Interfaces between trade mark protection and unfair competition law: Confusion about confusion and misconceptions about misappropriation", en LEE N., WESTKAMP G., KUR A., y OHLY A., *Intellectual Property, Unfair Competition and Publicity. Convergences and Development*, Edward Elgar, Cheltenham/Northampton, 2014, pág.34; PAZ-ARES RODRÍGUEZ J. C., "Constitución económica y competencia Desleal", *Anuario de Derecho Civil*, Vol. 34, N.º159, 1981, págs. 927-958, pág. 927.

2 FONT GALÁN J. I. y MIRANDA SERRANO L. M., *Competencia Desleal y Antitrust. Sistema de Ilícitos*, Marcial Pons, Barcelona, 2005, págs. 24 y 25; CARBAJO CASCÓN F., "La Competencia Desleal (I). Cláusula

a la Competencia Desleal como sistema jurídico autónomo ha dificultado y dificulta todavía hoy en día su encaje legal dentro del sistema de regulación del mercado[3].

La Competencia Desleal se configura de este modo como una rama del Derecho de la Competencia en sentido amplio[4], polifacética, carácter que se desprende no solo de esa actual naturaleza de "Derecho del comportamiento concurrencial correcto", sino de los diferentes estadios de su evolución previa, cada uno de los cuales ha ido alterando el centro de gravedad sobre el que pivota la entera normativa; y patológica, al ocuparse precisamente de la patología de los actos competitivos[5].

Los orígenes de la Competencia Desleal como normativa mercantil hay que buscarlos en la consagración de la libertad económica o de empresa que trajeron consigo las diferentes revoluciones liberales.[6] El abandono de la tradicional reglamen-

---

general e ilícitos por Competencia Desleal. La Publicidad Comercial Desleal" en CARBAJO CASCÓN F., *Manual Práctico de Derecho de la Competencia*, Tirant lo Blanch, Valencia, 2017, pág. 344.

3 KUR A., "What to protect, and how? Unfair Competition, Intellectual Property, or protection *sui generis*" en LEE N., WESTKAMP G., KUR A., y OHLY A., *Intellectual Property, Unfair Competition and Publicity. Convergences and Development*, cit., págs. 12 y 13.

4 En este mismo sentido MASSAGUER FUENTES J., *Comentario a la Ley de Competencia Desleal*, Civitas, Madrid, 1999, pág. 81, incluyendo también la legislación en materia de Propiedad Intelectual e Industrial dentro de dicha categoría.

5 En la misma vena MAMBRILLA RIVERA V., "Prácticas comerciales y competencia desleal: estudio del derecho comunitario europeo y español. La incorporación de la directiva 2005/29/CE a nuestro derecho interno (incidencia en los presupuestos generales y en la cláusula general prohibitiva del ilícito desleal)", *Revista de Derecho de la Competencia y la Distribución*, N ° 4, 2009, pág. 89-120, pág. 91.

6 BERCÓVITZ RODRÍGUEZ-CANO A., "Significado de la Ley y requisitos generales de la acción de Competencia Desleal", en BERCÓVITZ RODRÍGUEZ-CANO A., *La Regulación contra la Competencia*

tación gremial, dio paso a la libre iniciativa económica, trayendo consigo la capacidad de acceder libremente a los mercados hasta entonces copados. Aparece aquí incipiente una libertad de competencia, entendida como expresión dimanante de la "personalidad comercial del empresario" (entonces aún comerciante[7]) y que impone libertad de elección en cuanto a modos y formas con los que dirigir la propia actividad.

Tamaña libertad, sin una necesaria disciplina, acabó por convertirse en libertinaje, tensionando a los nacientes regímenes económicos liberales, que se vieron ante la necesidad de imponer ciertos límites necesarios, una represión privada de determinadas conductas que resultaban perjudicar al resto de competidores un poco más allá de lo que el principio de libre competencia, entendido aún tan solo como derecho a competir, parecía autorizar.

Todavía alejada de los planteamientos más contemporáneos –el mercado era concebido por y para los empresarios, sujetos casi exclusivos del mismo – esta primera versión de la Competencia Desleal nace auspiciada por los propios intereses de los empresarios, que observaban cómo sus esfuerzos competitivos se veían malogrados por prácticas ventajistas de otros sujetos más avezados o con menores escrúpulos.

Se llega entonces a la conclusión de que no basta solo el reconocimiento de la competencia en el mercado, como derecho

---

Desleal en la Ley de 10 de enero de 1991, BOE, Cámara de Comercio e Industria de Madrid, 1992, pág. 13; vid. También CARBAJO CASCÓN F., "Introducción al Derecho de la Competencia (Principios, Funciones y Alcance)", en *Manual Práctico de Derecho de la Competencia*, cit., pág.26

7 PAZ-ARES RODRÍGUEZ J.C., "Constitución económica y competencia Desleal", *Anuario de Derecho Civil*, cit., pág. 933. Postura esta que es típica de la doctrina alemana de principios del S. XX, siendo su máximo exponente KOHLER.

a competir, sino que existe una necesidad de organizarla, de ordenarla, de forma que se pudiera ejercer una competencia adecuada, lo que supone claramente la aparición de un proto-deber de competir bajo ciertos parámetros conductuales[8].

La actual formulación de la Competencia Desleal en Francia, país pionero en esta disciplina[9], fuertemente apegada al sistema civil francés del derecho de daños[10], es expresiva del nacimiento de la disciplina en Europa continental a partir una derivación interpretativa de la regla clásica de *neminem laedere,* inspiradora de la legislación de daños, vinculada (casi) a un abuso del derecho a competir[11].

---

8 BERCÓVITZ RODRÍGUEZ-CANO A., "Nociones Introductorias" en BERCÓVITZ RODRÍGUEZ-CANO A., *Comentarios a la Ley de Propiedad Intelectual,* Thompson Reuters Aranzadi, Cizur Menor, Navarra, 2011, pág. 42.

9 HENNING-BODEWIG F., "Chapter 1. Basic Considerations", *Unfair Competition Law: European Union and Member States,* Kluwer Law International, 2008, pág. 2.

10 VOGEL L., "The doctrine of Unfair Competition", *French Competition Law,* Lawlex/Bruylant, Paris, 2015, págs. 25, 26 y 29; también HENNING-BODEWIG F., "Die Bekämpfung unlauteren Wettbewerbs in den EU-Mitgliedstaaten: eine Bestandsaufnahme", *GRUR Int.* 2010, Heft 4, págs. 273-287, pág. 277.

11 Como ya sabemos, la consagración de la libertad económica supuso la creación y consolidación de un derecho subjetivo del empresario a intervenir en la vida comercial libremente y por sí mismo, determinando la estrategia comercial que mejor se amoldara a sus intereses. Rápidamente, sin embargo, fue necesario establecer cortapisas a un tal derecho subjetivo, de este modo el desviamiento de la conducta competitiva respecto de un modelo de conducta normativamente establecido (como es la norma de Competencia Desleal) se explica sobre la base de un ejercicio abusivo del derecho del que la conducta trae causa, esto es, un ejercicio abusivo del derecho subjetivo a competir, a participar en la vida comercial.

Por tanto, la normativa de Competencia Desleal, cuando surge, lo hace con dos aspectos característicos relevantes, que condicionan su evolución posterior:

Por un lado, nace como un Derecho orientado al comerciante, el derecho del comerciante a no verse privado de los frutos de su trabajo (intelectual o material) mediante conductas parasitarias (indebidas) de otros empresarios. Hace gala de un fuerte carácter corporativo: un Derecho para y por empresarios, operando como sustituto contemporáneo a la arquitectura gremial. La única diferencia – que no es ciertamente desdeñable – será que esta regulación es resultado del entendimiento colectivo de los empresarios sobre qué conductas consideran admisibles[12] y no de la imposición corporativa gremial. Este poso corporativo lastrará la evolución, tratamiento y consideración del Derecho de la Competencia Desleal hasta nuestros días.

El segundo aspecto que marca el nacimiento de la Competencia Desleal es su función: la norma represora de la deslealtad concurrencial nace con el objetivo, no de ordenar el mercado desde un punto de vista institucional, sino como un mecanismo de protección del esfuerzo competitivo e inversor de los empresarios. Es decir, la Competencia Desleal nace en

---

12 En este sentido PAZ-ARES RODRÍGUEZ J.C., "Constitución económica y competencia Desleal", *Anuario de Derecho Civil,* cit., pág. 930 califica el Derecho liberal contra la Competencia Desleal como clasista, en el sentido de ser un Derecho de la clase empresarial; en la misma línea MENÉNDEZ MENÉNDEZ A., *La competencia desleal,* Civitas, Madrid, 1988, pág. 28 y de nuevo con mayor extensión en págs. 65-70, habla de la Competencia Desleal liberal como corporativista; también en Italia, GHIDINI G., *Slealtà della Concorrenza e costituzione economica,* CEDAM, Padova, 1978, págs. 57-78, sostiene planteamientos similares.

sus orígenes como un derecho de tutela de las inversiones[13], lo que determina una naturaleza, si no propia de un derecho subjetivo[14], muy similar.

Tenemos ya, por tanto, dos caras, dos facetas propias del Derecho de la Competencia Desleal desde sus orígenes: es, para el empresario, un derecho a ser resarcido de los daños injustos causados como consecuencia del desenvolvimiento anormal de la actividad competitiva; al mismo tiempo, desde una perspectiva de estructuración del mercado – desde una perspectiva institucional si se quiere (aun siendo esta dimensión todavía ajena a los propósitos de la Competencia Desleal paleoliberal) – constituye un Derecho encaminado a la tutela de las inversiones en el mercado, una garantía mínima de que los esfuerzos vertidos al mercado no serán objeto de expolio por parte de otros competidores.

No resulta extraño, por tanto, que en su nacimiento la Competencia Desleal apareciera en la órbita de los derechos de Propiedad Intelectual[15/16]. Muy expresivo de esta falta de autonomía existente entre ambas normativas resulta el art. 10

---

13 HILTY M. R., "The Law Against Unfair Competition and its Interfaces", en HILTY M. R. y HENNING-BODEWIG F., *Law Against Unfair Competition*, Springer, Berlin/Heidelberg, 2007, *passim*, especialmente claro en págs. 21 a 24.

14 En esta línea, una vez más PAZ-ARES RODRÍGUEZ J.C., "Constitución económica y competencia Desleal", *Anuario de Derecho Civil*, cit., pág. 930; también MENÉNDEZ MENÉNDEZ A., *La competencia desleal*, cit., pág. 71.

15 De nuevo, MENÉNDEZ MENÉNDEZ A., *La competencia desleal*, cit., pág. 69.

16 La función correctora del Derecho interviene despreocupada por las categorizaciones formales para corregir los fallos de mercado, haciendo que lo que físicamente no resulta excluible, se haga indisponible para terceros, no como *ius excludendi alios*, sino como protección *ad hoc* del empresario frente al excesivo daño competitivo.

bis CUP en su revisión de 1911 (Washington)[17], que contiene una norma de competencia desleal "en miniatura"[18] sin establecer una distinción clara entre Competencia Desleal y Propiedad Industrial como sectores diferenciados del Orden del Mercado[19]. La principal causa de tal emborronamiento parece ser el temprano nacimiento de la disciplina de los signos distintivos del empresario, pieza fundamental de la construcción de un sistema de competencia. Por tanto, Competencia Desleal y signos distintivos resultan en esta primera etapa prácticamente inescindibles[20], configurando un tándem orientado a la correcta ordenación del mercado, cortapisas necesarios para reducir

---

17 OHLY A. y SATTLER A., "120 Jahre UWG im Spiegel von 125 Jahren GRUR", *GRUR*, Heft 12, 2016, pág. 1229-1239, pág. 1231.

18 HENNING-BODEWIG F., "International Unfair Competition Law", en HILTY M. R. y HENNING-BODEWIG F., *Law Against Unfair Competition*, cit., pág. 56, literalmente "in a nutshell"

19 Ahora bien, el precepto tiene, al menos, dos implicaciones relevantes: por un lado, supone la asimilación del derecho de la Competencia Desleal a un remedio de tutela de los intereses del empresario de corte exclusivo o cuasi-exclusivo, a mayores o en defecto de las normas de Propiedad Intelectual. Esta vertiente, en cierto modo negativa, es lo que permite a su vez identificar el derecho de la Competencia Desleal en su relación fundacional con las normas que tutelan los diferentes bienes inmateriales; por otra parte, nos permite a su vez entender que tiene que haber una distinción específica. Si el Derecho de la Competencia Desleal no constituyese un sistema autónomo respecto de los derechos de Propiedad Industrial mencionados, no habría sido incluido como categoría a parte en el CUP. La impronta corporativa del CUP, sin embargo, viene a minorar la importancia de dicha mención.

20 La forma mayoritaria de entender dicha relación ha sido considerar al Derecho de los signos distintivos parte del Derecho de la Competencia Desleal. Cfr. HENNING-BODEWIG F., "Relevanz der Irreführung, UWG-Nachahmungsschutz und die Abgrenzung Lauterkeitsrecht/IP-Rechte", *GRUR Int.*, Heft 12, 2007, pág. 986-990, pág. 986.

el "ruido" generado por una pluralidad de participantes en situación de competencia.

Así las cosas, la coincidencia que se da dentro del "modelo profesional" [21] de Competencia Desleal, entre el propósito y función de ésta y los de la Propiedad Intelectual, es el origen de los actuales problemas de separación entre una y otra, generadores de una difícil y controvertida relación aplicativa[22]. En esta primera etapa la Competencia Desleal será concebida como el derecho subjetivo del competidor a ser indemnizado por los daños causados por la actitud indebida, desleal, del competidor.

Precisamente, este carácter tuitivo del competidor sigue provocando hoy en día que resulten habituales en la doctrina especializada referencias a que la Competencia Desleal debe considerarse (o en ocasiones se comporte) como un derecho casi exclusivo comparable a los derechos de PI[23], cuya aplicación supone una suplantación de funciones o la creación de derechos casi-exclusivos[24].

Ahondando en la interacción entre Competencia Desleal y Marca, se configura inicialmente la primera como Derecho

---

21 MENÉNDEZ A., *La competencia desleal*, cit., pág. 66

22 Tan es así, que BEATER A., "Zum Verhältnis von europäischem und nationalem Wettbewerbsrecht- Überlegungen am Beispiel des Schutzes vor irreführender Werbung und des Verbraucherbegriffs", *GRUR Int.*, Hefte 11/12, 2000, págs. 963-974, pág. 963, califica al Derecho de la Competencia Desleal alemán como una hidra, donde por cada problema que se soluciona, surgen, al menos, dos.

23 Así, por ejemplo, Cfr. KUR A., "What to protect, and how? Unfair Competition, Intellectual Property, or protection *sui generis*, cit., pág. 24.

24 En este sentido destaca, por ejemplo, la STS 64/2017, de 2 de febrero (Rec. 1395/2014) "Caso BricoDepot", objeto de comentario en el Cap. II, Epígrafe 2, Apartado2.3.3.

supletorio de la otra, actuando en lugar o en defecto de aplicación de la normativa específica, habiendo una coincidencia absoluta de objetivos y medios. Si bien es cierto que pronto la Competencia Desleal extendería su aplicación a otros aspectos ajenos a los signos distintivos, tales como la información engañosa o fraudulenta, la infracción de contratos, de normas reguladoras de la competencia, el robo de secretos empresariales y un largo etcétera[25]. No cabe duda de que esta función de ordenación del mercado sigue estando, sin embargo, en el núcleo duro de la disciplina.

Una nueva concepción de la Competencia Desleal, independizada totalmente – al menos desde el punto de vista axiológico – de la PI, no llegará aproximadamente hasta mediados del siglo XX[26], si bien en algunos países como en Alemania los órganos jurisprudenciales y la doctrina adelantan ya desde prácticamente principios de Siglo la incorporación de nuevos valores y objetivos a la Competencia Desleal[27]. La transformación definitiva de la disciplina en su naturaleza actual, independizada de la órbita de los derechos exclusivos, se dará fundamentalmente de la mano del derecho *Antitrust*[28], importado a Europa tras la Segun-

---

25 En fin, toda conducta indebida de la que se deriva una ventaja competitiva relevante, donde la clave se encuentra en el carácter indebido de la conducta y en la obtención de una ventaja competitiva. Estos dos elementos, serán la clave de bóveda en la construcción del ilícito desleal.

26 MENÉNDEZ MENÉNDEZ A., *La Competencia Desleal*, cit., pág. 95.

27 En este sentido OHLY A y SATTLER A., "120 Jahre UWG im Spiegel von 125 Jahren GRUR", *GRUR*, 2016, cit., pág. 1231, nos da cuenta de cómo sectores doctrinales representados por VON GIERKE (1895) fueron especialmente combativos en la puesta en valor del público consumidor como parte del sistema de lealtad concurrencial, si quiera como parte de un propósito de protección mediato.

28 CARBAJO CASCÓN F., "Introducción al Derecho de la Competencia (Principios, Funciones y Alcance)", cit., págs. 30 y 31.

da Guerra Mundial. Con él, al derecho a competir se le solapa un auténtico deber de competir[29]. De modo que no solamente *puede* competirse en el mercado, sino que se *debe* competir, imponiéndose un deber de abstención respecto de todas aquellas conductas que sean susceptibles de obstaculizar la competencia en el mercado[30] y una obligación del Poder Público de garantizar un sistema económico funcional[31].

Este Derecho *Antitrust* estaba presidido en sus orígenes por una decidida atención a los intereses de los consumidores[32], y, si bien en su evolución se ha ido desapegando de la tutela directa del consumidor, en pos de la eficiencia económica[33],

---

29 BERCÓVITZ RODRÍGUEZ-CANO A. "Nociones introductorias", *Comentarios a la Ley de Competencia desleal,* cit. p.41; de este modo las normas de Competencia Desleal dejan de tutelar posiciones jurídicas subjetivas de los empresarios y pasan a sancionar la violación de deberes de conducta competitiva (Cfr. PAZ-ARES RODRÍGUEZ J.C., "Constitución económica y competencia Desleal", *Anuario de Derecho Civil,* cit., pág. 934).

30 Progresivamente este deber de abstención se irá complementando con un deber de atención, no bastando con abstenerse de obstaculizar deliberadamente la competencia en el mercado, sino también de tratar de evitar aquellos comportamientos que puedan tener un efecto negativo, al margen de que tal sea la intención con que es llevado a cabo o no.

31 NIPPERDEY C. H., "Die Grundprinzipien des Wirtschaftsverfassungsrechts", *Deutsche Zeitschrift,* 5. Jahr, Heft 9, 1950, págs. 193-198, pág.194.

32 BOUGETTE P., DESCHAMPS M. y MARTY F., "When economics met Antitrust: The Second Chicago School and the Economization of Antitrust Law", *Enterprise and Society,* vol. 16, Nº 2, págs. 313-353, pág. 314.

33 Como señala FOX E., "Consumer Beware Chicago", *Michigan Law Review,* Vol. 84, No. 8 (Aug., 1986), pp. 1714-1720, pág. 1715, el paso de consumidor a eficiencia se logra mediante la inclusión de su interés dentro del concepto de "bienestar económico", a partir de ahí, dado que la eficiencia se orienta a maximizar el bienestar económi-

sigue siendo aquél una parte esencial de su lógica jurídica, en tanto que parte del sistema de mercado, con la relevante función de arbitrar la competencia.

La proscripción de las prácticas *Antitrust* generó una *vis* atractiva respecto del Derecho de la Competencia Desleal, que se desgaja definitivamente de sus orígenes corporativos anclados en la PI y la tutela individual del competidor, pasando a conformar una parte de los sistemas jurídicos que tutelan institucionalmente a la Competencia[34]. Con ello, la tutela directa del empresario deja de ser el objetivo primordial de la disciplina, surgiendo otros intereses dignos de protección, particularmente, los de los consumidores y usuarios[35] y los propios generales del mercado.

La atención a otros intereses distintos a los propios del empresario, supone la entrada a un nuevo "modelo social"[36] (o institucional) de Competencia Desleal, caracterizado, precisamente, por el abandono de la atención exclusiva y excluyente a los intereses empresariales. Aquí el objeto ya no es la defensa del comerciante honesto, sino la ordenación de la actividad comercial en beneficio común de todos los participantes del

---

co, la eficiencia se orienta a mejorar el bienestar del consumidor que forma parte de ese otro bienestar económico agregado; en este mismo sentido HYLTON K. N. y HAIZHEN L., " Optimal antitrust Enforcement, dynamic Competition, and changing economic Conditions", *Antitrust Law Journal*, Volume 77, N.° 1, 2010, págs. 247-276, pág. 250.

34 En este sentido, surge lo que FONT GALÁN J.I. y MIRANDA SERRANO L. M., *Competencia Desleal y Antitrust. Sistema de Ilícitos*, cit., pág. 31, califican de "compromiso de lo desleal con lo Antitrust" capaz de resituar la Competencia Desleal en un espacio económico institucional de mercado.

35 PAZ-ARES RODRÍGUEZ J.C., "Constitución económica y competencia Desleal", *Anuario de Derecho Civil*, cit., pág. 936.

36 MENÉNDEZ A., *La Competencia Desleal*, cit., págs. 104-110.

mercado y de la colectividad[37]. Se produce una liberalización del Derecho de la Competencia Desleal, que ya no protege al empresario frente a cualquier actividad meramente molesta o perjudicial[38], sino solamente frente a aquellas que produzcan un efecto relevante sobre el mercado capaz de perjudicar a una multiplicidad de intereses contrapuestos[39]. La Competencia Desleal mantiene su carácter de Derecho comportamental, pero se desprende de su naturaleza puramente subjetiva para configurarse como un Derecho Institucional que atiende, ante

---

37 En este sentido, el deber objetivo de conducta que parecen imponer las normas de Competencia a los empresarios se impone no en beneficio de un único conjunto de intereses, sino a una transacción entre todos ellos. Cfr. PAZ-ARES RODRÍGUEZ J.C., "Constitución económica y competencia Desleal", *Anuario de Derecho Civil*, cit., pág. 941. Expresiva es la doctrina alemana en esta materia al interpretar el art. 1 de la UWG de 1909 tras su reforma de 2004, donde hablan de una tríada de protecciones o *Schutzzweckfrias*.

38 Preámbulo de la Ley 3/1991 de Competencia Desleal, apartado III, punto 2, último párrafo: "*De acuerdo con la finalidad de la Ley, que en definitiva se cifra en el mantenimiento de mercados altamente transparentes y competitivos, la redacción de los preceptos anteriormente citados ha estado presidida por la permanente preocupación de evitar que prácticas concurrenciales incómodas para los competidores puedan ser calificadas, simplemente por ello, de desleales.*"

39 Por ello, a nuestro modo de ver, las clasificaciones de actos de competencia desleal efectuados por algunos autores que distinguen éstos en función de los intereses afectados resultan fútiles. El moderno entendimiento del derecho de la competencia desleal exige entender que cualquier conducta amerita una naturaleza desleal precisamente por afectar, al menos, a esa tríada de intereses que consagra el derecho de la competencia.

todo y sobre todo, a la consecución de un sistema de competencia funcional[40/41].

Falta aún un último paso en la evolución del Derecho de la Competencia Desleal, al menos, para todos aquellos países que se integran hoy en día en la Unión Europea: la "armonización". Efectivamente, a todo este fenómeno de progresiva independización del Derecho de la Competencia Desleal bajo el paraguas del Derecho *Antitrust* acompaña un proceso de armonización europea, que se sustancia también sobre el

---

40 CARBAJO CASCÓN F., "La Competencia Desleal (I). Cláusula general e ilícitos por Competencia Desleal. La Publicidad Comercial Desleal", cit., pág. 344

41 De esta forma, Derecho de la Competencia y Derecho contra la Competencia desleal se convierten en disciplinas complementarias que regulan, en aras al correcto funcionamiento del mercado, diferentes aspectos de la competencia; Cfr. BORNKAMM J., "Das Verhältnis von Kartellrecht und Lauterkeitsrecht: Zwei Seiten derselben Medaille?", en AA.VV. *Festschrift für Irmgard Griss,* Jan Sramek Verlag, Austria, 2011, págs.79-93, pág. 82; en este mismo sentido MAMBRILLA RIVERA V., Prácticas comerciales y competencia desleal: estudio del derecho comunitario europeo y español...", cit., págs. 92 y 93 alude a la existencia de una unidad funcional entre Derecho Antitrust y Derecho contra la Competencia Desleal, característica ésta que habrá de presidir la aplicación coordinada de ambas disciplinas bajo la idea de un esquema aplicativo dual, coordinado para la consecución de un interés común, cual es garantizar una competencia efectiva y funcional en el mercado. En contra de alguna de las consecuencias pretendidas por parte de la doctrina respecto de esa unidad funcional del Derecho de la Competencia vid. FONT GALÁN J.I. y MIRANDA SERRANO L.M., "Defensa de la Competencia y Competencia Desleal. Conexiones Funcionales y Disfuncionales" en PINO ABAD M. y FONT GALÁN J.I. (coords.), *Estudios de Derecho de la Competencia,* Marcial Pons, Barcelona, 2005, págs. 9-48, *passim,* cuyos planteamientos cristalizarán posteriormente en la monografía de los mismos autores *Competencia Desleal y Antitrust. Sistema de Ilícitos,* ya citada.

Derecho de la Competencia Desleal[42], en tanto que Derecho de regulación del mercado. La entonces CE acometió tempranamente una suerte de armonización parcial del Derecho de la Competencia Desleal, a través de Directivas dirigidas a los diferentes estados miembros sobre, entre otras materias, publicidad comparativa[43].

La reconfiguración europea fue confiriéndole al Derecho de la Competencia desleal un carácter mucho más abierto y liberal, frente a su carácter rancio y corporativista anterior. Sin embargo, la revolución definitiva vendrá de la mano de la Directiva sobre prácticas comerciales desleales de los empresarios en sus relaciones con los consumidores (Dir. 2005/29/CE), que, aun centrada en la Competencia Desleal, eleva al consumidor al carácter de objeto central de la protección concedida.

---

42 Un efecto esencial de esta "comunitarización" del derecho de la competencia ha sido el abandono del carácter formal tradicional con el que se evaluaban las prácticas restrictivas, y su sustitución por el llamado "*more economic approach*" donde la evaluación de las conductas se hace por los efectos en el mercado. Dicho efecto tiene un impacto relativo sobre la competencia desleal, ya acostumbrada metodológicamente a aplicarse en función de las circunstancias del caso, pero se convierte, sin duda, en una base interpretativa sobre la que enjuiciar los comportamientos concurrenciales desleales. En este sentido cfr. PODSZUN R., "Der more economic approach im Lauterkeitsrecht", *WRP*, N.º 5, 2009, págs. 509-517, pág. 516; también para WOLLMANN H., "Der more economic approach die UWG-Novelle 2007 und deren Bedeutung für das Zusammenspiel von Lauterkeits- und Kartellrecht" en AA.VV. *Festschrift für Irmgard Griss*, Jan Sramek Verlag, Austria, 2011, págs. 771-787, pág. 779, este enfoque supone la ruptura con una competencia desleal puramente basada en planteamientos ético-morales.

43 Dir. 2006/114/CE del Parlamento y del Consejo, de 12 de diciembre, que deroga a su vez las anteriores Dir. 97/55/CE, de 1 de octubre y 84/450/CEE, de 23 de abril

Al margen de la valoración que *in concreto* pueda ameritar la Directiva en cuestión[44], el impulso comunitario ha impuesto un acercamiento de la Competencia Desleal hacia la protección de los consumidores y, con ello, recoge la preocupación por el bienestar de este colectivo que expresaba el Derecho de la Competencia en sus orígenes y que fue, sin embargo, decayendo en favor de una perspectiva más amplia o de conjunto del funcionamiento de la economía y de los mercados. La incapacidad estructural del Derecho *Antitrust* para proteger al consumidor trata de salvarse por medio de la Competencia Desleal, operante bajo un esquema de valoración *ad hoc* de los efectos económicos desplegados por la conducta en cada caso concreto, dando cabida no solo los intereses de competidores, como hemos visto, sino también los intereses de consumidores

---

[44] Esta directiva supuso una cierta quiebra de los planteamientos del Derecho de la Competencia Desleal para el modelo unitario (como el seguido por España y Alemania), pues se trató de ofrecer una protección muy reforzada al consumidor que condujo a una transformación del régimen de aplicación de la norma. Algunas exigencias, como un listado de conductas abusivas *per se* con los consumidores, así como la inclusión forzada de una cláusula general solo para los consumidores, cuando la existente ya bastaba para entenderlos integrados, supusieron no pocos problemas. Vid en este sentido BERCÓVITZ RODRÍGUEZ-CANO A., "Nociones introductorias", Comentarios a la Ley de Competencia Desleal, Aranzadi, 2009, págs. 56 a 62; muy crítico en este sentido RUIZ PERIS J.I., "El Laberinto de la cláusula general de la Ley de Competencia Desleal, *ADI* 30, 2009-2010, 435-454. Además, el rigor con el que la Comisión interpretó las disposiciones de la directiva obligó a Alemania a modificar su UWG en el año 2015 para adecuarla a las necesidades formales de la directiva, ya que desde dicho país interpretaron, con razón, que el esquema tradicional de las leyes de competencia desleal sería lo suficientemente flexible como para acoger sin necesidad de modificación intensa los postulados comunitarios.

e incluso de la generalidad en una competencia no falseada[45]. Esto a su vez ha permitido delinear una mayor autonomía de la CD respecto a los derechos exclusivos, puesto que, a estos, la tutela del consumidor les resulta por completo ajena.

Sin embargo, quedan aún pasos por dar en el proceso de "armonización" de los derechos nacionales de Competencia Desleal, pues la aproximación operada ha sido tan solo parcial, materialmente constreñida al consumidor como destinatario. Falta aún una armonización de conjunto que equipare los diferentes sistemas nacionales también en su vertiente más relacionada con los competidores[46]. Ello se debe principalmente a la enorme diversidad de regímenes que aparecen en los diferen-

---

45 Sería posible plantear si bajo esos otros intereses a valorar podrían entrar intereses generales y, más concretamente, intereses generales extraeconómicos (parcial o totalmente) como el medio ambiente o el bienestar animal. Desde esta perspectiva, consideramos junto con BEATER A., "Allgemeinheitsinteressen und UWG", *WRP*, N°1, 2012, pp. 6-17, *passim*, en especial págs. 16 y 17, que dichos intereses si bien pueden ser objeto de normativa específica, no lo son en tanto a tales del derecho de la competencia desleal, al carecer de un carácter netamente concurrencial o de mercado, que es como deben interpretarse los intereses generales tutelables bajo la competencia desleal: como intereses generales del y en el mercado; parcialmente en contra SCHRICKER G., "Hundert Jahre Gesetz gegen den unlauteren Wettbewerb- Licht und Schatten", *GRUR Int.*, Heft 4, 1996, págs. 473-479, pág. 476; con una traducción al español por GÓMEZ SEGADE publicada como SCHRICKER G., "Centenario de la Ley Alemana contra la Competencia Desleal: Luces y sombras", *ADI*, XVII, 1996, págs. 19-34.

46 Aunque esta, todo sea dicho, difícilmente llegará a materializarse, al menos, en el contexto actual. Cfr. HENNING-BODEWIG F., "Preliminary Comment: Is there a European unfair Competition law?", *Unfair Competition Law: European Union and Member States*, Kluwer Law International, 2008, pág. Xvi.

tes países de la UE y al (mal)entendimiento[47] de que a efectos de la consecución y garantía del mercado único basta con conseguir un nivel uniforme y suficiente de tutela del consumidor.

1.1.2. Panorama de los Derechos Nacionales contra la Competencia Desleal en la UE. ¿Es posible un modelo unitario?

La diversidad de regímenes dentro del contexto de la Unión exige distinguir un sistema continental de Competencia Desleal, donde las normas se encuentran reguladas como una disciplina autónoma, del Derecho británico, donde las normas de Competencia Desleal aparecen tímidamente como instituciones de *Common Law* vinculadas a la defensa de los signos distintivos[48]. Aunque Reino Unido ya no forma parte de

---

47 Compruébese cómo a la postre ha sido necesario obtener un sistema uniforme de tutela en el sector agroalimentario, acometido mediante la Directiva(UE) 2019/633, que recoge prácticas comerciales desleales en la cadena de relación vertical entre empresarios del sector agroalimentario. A favor de un enfoque por sectores se han manifestado a este respecto HILTY R., HENNING BODEWIG F. y PODSZUN R., "Comments of the Max Planck Institute for Intellectual Property and Competition Law, Munich 29 April 2013 on the Green Paper of the European Commission on Unfair Trading Practices in the Business- to- Business Food and Non-Food Supply Chain in Europe Dated 31 January 2013, Com (2013) 37 Final", *IIC*, 2013, vol. 44, Springer, págs. 701-709, pág. 703, sin embargo, quizá habría sido conveniente una regulación generalista bajo el paraguas de la competencia desleal en general, aprovechando así para su armonización a nivel europeo.

48 Mayor reconocimiento tiene la competencia desleal en EEUU, donde si bien predomina el mismo planteamiento que en Reino Unido, se reconoce que derecho de Marcas y Competencia desleal constituyen un tándem regulatorio contenido en la *Lanham Act*. Cfr. LANDES W. M., y POSNER R. A., "Trademark Law: An economic Perspective", *The Journal Of Law and* Economics, Volume 30, Nº 2, 1987, págs. 265-309, págs. 265-266. En este sentido, figuras como el

la UE desde el 1 de febrero de 2020, no cabe duda de que su particular sistema supuso un escollo claro al desarrollo de una disciplina unificada de las normas de Competencia Desleal y, en este sentido, estaría por ver qué impacto pueda tener en el futuro de la armonización su salida[49].

Dentro del sistema continental de Competencia Desleal, a su vez, sería posible identificar dos grandes modelos según la regulen de forma autónoma o como parte del Derecho extracontractual de daños. A la primera fórmula, cabe denominarla "modelo germánico", pues es el sistema seguido por Alemania, que cuenta con la primera ley autónoma de Competencia Desleal en Europa (la UWG), datando del año 1896[50]. A este modelo se adscriben también países del entorno de Alemania, como Austria o Suiza, así como España, en la medida en

passing off la *misappropriation* o *dilution*, propias del *common law* subsumen buena parte de las conductas exorbitantes al límite funcional de la marca (OHLY A., "Interfaces between trade mark protection and unfair competition law: Confusion about confusion and misconceptions about misappropriation", cit., pág. 35.)

49 Esta cuestión resulta compleja, toda vez que la propia Unión Europea ha sido más bien reticente a reconocer la vigencia de las normas nacionales sobre Competencia Desleal, ya que estas pueden suponer restricciones a la libertad de circulación de mercancías. De hecho, las primeras sentencias del entonces TJCE sobre competencia desleal tenían por objeto su interpretación acorde a las libertades europeas fundamentales. Cfr. SSTJCE de 11 de julio de 1974 (As. 8/74), Dassonville; de 20 de febrero de 1979 (As. 120/78), Rewe (conocido como *Cassis de Dijon*); de 22 de enero de 1981 (As. 58/80) Dansk Supermarked; de 2 de marzo de 1982 (As. C-6/81) Caso Beele; de 24 de noviembre de 1993 (Ass. C-267/91 y C-268/91), Keck; de 2 de febrero de 1994 (As. C-315/92), Verband Sozialer Wettbewerb/ Clinique; y de 6 de julio de 1995 (As. C-470/93), Mars.

50 Dicha norma exhibió en sus inicios un fuerte carácter de responsabilidad civil que condujo necesariamente a su derogación y sustitución por una nueva ley en 1909.

que la LCD vigente tomó como modelo la ley suiza[51], que a su vez toma absoluta inspiración en la ley alemana[52]. Frente a este modelo, aparece el que vamos a denominar como "sistema francés", utilizado por, además de Francia, Italia, donde la Competencia Desleal aparece integrada dentro de los Códigos Civiles nacionales como parte singular del Derecho de daños.

Conforme a estos nuevos planteamientos, el Derecho de la Competencia Desleal abandona todo carácter subjetivo: la tutela del interés individual es reflejo de la garantía institucional de una competencia no falseada, aunque sigue previendo acciones de resarcimiento del daño; es un Derecho centrado en el consumidor, que desplaza tras la Directiva 2005/29/CE al competidor como núcleo de protección e interpretación; y es un Derecho del Mercado, que se ocupa de forma complementaria al Derecho *Antitrust* de la defensa del correcto funcionamiento del mismo. En suma, la labor que asume modernamente el Derecho contra la Competencia Desleal en los ordenamientos europeos es la de garantizar una transparencia

---

51 OTAMENDI RODRÍGUEZ-BETHANCOURT J.J., *Competencia Desleal. Análisis de la Ley 3/1991*, cit., pág. 34.

52 España no tomó en su momento como referencia la ley alemana, porque en el momento de promulgación de la LCD en el año 1991, todavía no se había acometido la reforma modernizadora del año 2004 y, en consecuencia, la ley de competencia alemana, la UWG se encontraba en su redacción original de 1909 reinterpretada jurisprudencialmente. Sin embargo, tanto por influencia suiza como por propia relevancia del sistema alemán, la doctrina española siempre ha atendido a los planteamientos alemanes sobre competencia desleal. En este sentido HENNING-BODEWIG F. "Die Bekämpfung unlauteren Wettbewerbs in den EU-Mitgliedstaaten: eine Bestandsaufnahme", cit., pág. 278, identifica la ley alemana como principal influencia de la normativa española; así lo reconoce sin ambages CARBAJO CASCÓN F., "Imitación de diseños de Moda en España", *Cuadernos del Centro de Estudios en Diseño y Comunicación.* Ensayos, Nº 128, 2021, págs. 17-35, pág. 20

funcional del mercado, la cual es objeto de concreción *ad hoc* en la protección de la relación de asignación[53], tomando un aspecto formal que parece ser el de un derecho intersticial[54].

1.1.3. Ubicación Sistemática

Desde otro punto de vista, el Derecho de la Competencia Desleal es percibido como estando en una deriva a medio camino entre el Derecho *Antitrust*, la protección de los empresarios y su actividad mediante normas de Propiedad Intelectual, y la tutela extra-contractual del Consumidor[55]. En realidad, ello no es sino expresión cristalina de la verdadera naturaleza jurídica fractal de la Competencia Desleal, pues es, en parte, todas y cada una de esas disciplinas, faltando únicamente un mayor esfuerzo a la hora de cultivar, ubicar sistemáticamente y delimitar este concreto sector del ordenamiento regulador del mercado.

---

53 La relación de asignación hace referencia a la básica operativa de los mercados: asignar oferta y demanda respetando proporcionalmente los intereses de las partes y permitiendo, en consecuencia, la libre formación del precio. Depende la relación de asignación de múltiples circunstancias, tales como la habilidad o capacidad empresarial de modular el funcionamiento del mercado en su beneficio, de la existencia o no de asimetrías informativas y, en general, de la capacidad para influenciar la función decisoria del consumidor. Presupuesto básico para que el consumidor pueda adoptar decisiones adecuadas es, precisamente, la estructuración ordenada del mercado que permita la correcta ubicación de cada participante, de modo que la relación de asignación habilita a conectar al consumidor con competidor y a este ubicarlo en un concreto lugar en el mercado.

54 KUR A., "What to protect, and How? Intellectual Property, Unfair Competition or protection sui generis", cit., pág. 13.

55 Ibid.

Desorden, confusión y descuido son los tres rasgos que mejor definen la relación entre legislador español y Competencia Desleal. Es necesario, sin embargo, hacer dicho esfuerzo y rescatar la autonomía de este sector del Derecho Mercantil si queremos desentrañar las relaciones jurídicas complejas que como sistema normativo mantiene, tanto con el Derecho de la Competencia en sentido estricto, como con el Derecho de la Propiedad Intelectual. Por tanto, uno de los axiomas de partida es el de la autonomía del Derecho CD moderno[56].

En este contexto, la Competencia Desleal se presenta hoy en día como un Derecho fundamentalmente orientado hacia la disciplina del mercado, un Derecho del comportamiento en el mercado[57] (*Marktverhaltensrecht*) sancionador de aquellas conductas competitivas que constituyan un perjuicio para la competencia en sí misma. Solo así puede entenderse la conexión que establece el art. 3 LDC cuando permite la consideración de conducta anticoncurrencial respecto de aquella conducta desleal cuyos efectos alcanzan especial gravedad en el mercado[58]. La

---

56 KEßLER J., "Lauterkeitsschutz und Wettbewerbsordnung – zur Umsetzung der Richtlinie 2005/29/EG über unlautere Geschäftspraktiken in Deutschland und Österreich", *WRP*, Heft 7, 2007, págs. 714-722, pág. 715.

57 PAZ-ARES RODRÍGUEZ J.C., "Constitución económica y competencia Desleal", *Anuario de Derecho Civil*, cit., pág. 934 las identifica como normas objetivas de conducta en el mercado o, en la doctrina alemana, *Verhaltensnormen*; en este mismo sentido HILTY M. R., "The Law Against Unfair Competition and its Interfaces", en HILTY M. R. y HENNING-BODEWIG F., *Law Against Unfair Competition*, cit., pág. 4.

58 Cfr. MASSAGUER FUENTES J., "Artículo 3. Falseamiento de la libre competencia por actos desleales" en MASSAGUER FUENTES J., SALA ARQUER J. M., FOLGUERA CRESPO J., y GUTIÉRREZ A., *Comentario a la Ley de Defensa de la Competencia*, Sexta Edición, Civitas, Navarra, 2020, págs. 383-415, *passim*, para el cual la deslealtad del actuar competitivo sería un requisito del tipo al que habría

que añadir la producción de efectos concurrenciales relevantes que afecten gravemente al Mercado, siendo dicha circunstancia la que cualifica la conducta a un nivel de anticoncurrencialidad superior a la mera deslealtad; esta es, no obstante, tan solo una de las posibles interpretaciones que pugnan día de hoy por colmar de sentido la relación que *in concreto* se deriva del art. 3 LDC, habiendo, al menos, otra más. La segunda postura relevante es la sostenida por FONT GALÁN J.I. y MIRANDA SERRANO L. M., *Competencia Desleal y Antitrust. Sistema de Ilícitos*, cit., *passim.*, en especial, págs. 83 y ss., donde exponen el carácter de ilícito autónomo del, entonces, art. 7 LDC (hoy art. 3 LDC), de modo que la comisión de un acto desleal no es presupuesto de la conducta recogida en la LDC que aparece configurada como un ilícito autónomo y no híbrido, aunque para ello tengan que aceptar la creación de una norma de represión *antitrust* completamente en blanco. En este sentido, CASADO NAVARRO A., "El controvertido asunto de la función normativa del falseamiento de la competencia por actos desleales (art. 3 LDC)", *Revista de Derecho de la Competencia y la Distribución* Nº 22, 2018, publicación online, *passim*, ofrece una espléndida síntesis de la cuestión en toda su complejidad, adoptando finalmente la tesis de la autonomía del ilícito *antitrust* respecto del acto desleal. Desde nuestra perspectiva, no puede renunciarse a la deslealtad del acto como requisito constitutivo de la conducta del art. 3 LDC, por cuanto opera una función delimitadora y hermenéutica que permite reducir la esfera de perseguibilidad a un subconjunto de actos competitivos, aquellos de naturaleza desleal, cualificados en atención a los graves y perniciosos efectos que despliegan en el mercado. En cambio un modelo de interpretación autónomo como el propuesto significa la creación de un tipo sancionador absolutamente en blanco, donde la deslealtad del acto tiene un valor hermenéutico no delimitante de la naturaleza de las prácticas, de modo que podría amparar la proscripción de prácticas concurrencialmente permisibles en base a la producción de unos efectos en el mercado finalmente indeseables, como por ejemplo, aquel competidor eficiente que en base a su propia eficiencia y bondad de sus propias prestaciones expulsa al resto de competidores del mercado maximizando el grado de concentración del mercado.

íntima conexión entre el ilícito desleal y el *Antitrust*[59], planteada desde su orientación hacia un *telos* unitario, que estaría cifrado en la protección del proceso competitivo y su preservación frente a dinámicas perjudiciales, permite una gradación entre ilícito desleal y *antitrust* en base a la producción o no de graves efectos en el mercado, al compartir ambos un carácter conductual y sancionador, si bien ha de reconocerse que la estructura del ilícito es diversa e incompatible y, por tanto, no todo ilícito *antitrust* es necesariamente un ilícito desleal (aunque la deslealtad de la conducta pueda resultar inmanente a la ilicitud *antitrust*), de la misma forma que no todo ilícito desleal se cualifica *per se* como *antitrust*, habiendo solamente un limitado subconjunto de casos donde lo desleal y lo *antitrust* se mezclan. Solo así puede aceptarse la existencia de normas encaminadas a regular y limitar la libertad competitiva de los diferentes actores del mercado. La Competencia Desleal puede considerarse, por tanto, la "antesala" (*Vorfeld*) del Derecho de la Competencia[60], *longa manu* de la intervención correctora del funcionamiento del mercado.

De esta forma, el ilícito desleal se presenta como una conducta autónoma[61], caracterizada por ser un delito civil de naturaleza conductual[62] y tener una relevancia de mercado, es

---

59 Que, una vez más, FONT GALÁN J.I. y MIRANDA SERRANO L. M., *Competencia Desleal y Antitrust. Sistema de Ilícitos*, cit., págs. 48, 55 y 63 (referidas como singulares botones de muestra), llegan incluso al extremo de fusionar considerando que el ilícito desleal es el ilícito anticoncurrencial general del que el antitrust sería solo una especie

60 OHLY A. y SATTLER A., "120 Jahre...", *GRUR*, 2016, cit., pág. 1231.

61 En el sentido de tener una identidad propia y separada de otro tipo de conductas infractoras que tienen lugar en el mercado, como los actos contrarios a la competencia, los actos de infracción de los derechos de PI o los actos que atentan contra los intereses de los Consumidores y Usuarios.

62 PAZ-ARES RODRÍGUEZ J.C., "Constitución económica y competencia Desleal", *Anuario de Derecho Civil*, cit., pág. 934.

decir, por producir efectos en el mercado y por alterar de un determinado modo (de manera perceptible, notoria) la competencia[63]. En algunas ocasiones esta afección se referirá exclusivamente a los intereses de un competidor, en otros a los de un consumidor[64], pero en la mayoría de los casos habrá un conjunto de efectos diversos en sentidos opuestos entre los distintos intereses afectados.

En estos ambivalentes casos, la conducta deberá valorarse desde el Derecho de la Competencia Desleal en función de las circunstancias del caso, atendiendo a los efectos que dicha conducta tenga sobre el mercado[65], verificando de forma agregada y general el perjuicio y mejora de intereses generados en cada caso. Suele decirse que económicamente las conductas desleales producen efectos inciertos[66], y ello es correcto, por-

---

63 CARBAJO CASCÓN F., "La Competencia Desleal (I). La cláusula general e ilícitos por competencia desleal...", cit., pág. 345.

64 En este caso, la Directiva 2005/29/CE ha concretado aún más cuáles habrán de ser dichos efectos en los arts. 5.2 en relación con las definiciones del art. 2; por tal habrá de entenderse la afectación de la libertad de elección del consumidor, es decir, que la conducta induzca o sea adecuada para inducir al consumidor una decisión de compra que de otra forma no habría tomado. En este sentido, como señala HENNING-BODEWIG F., "Neuorientierung von § 4 Nr. 1 und 2 UWG?", *WRP*, Heft 6, 2006, págs. 621-627, pág. 621, el problema esencial es determinar cuándo una práctica afecta realmente de un modo lo suficientemente relevante la libertad de decisión del consumidor.

65 Nuevamente, CARBAJO CASCÓN F., "La Competencia Desleal (I). La cláusula general e ilícitos por competencia desleal...", cit., pág. 345.

66 SEXTON R., "Unfair Trading Practices in the food supply chain: defining the problem and the policy issues", págs. 6-19, en particular págs. 11-17; y FALKOWSKI J., "The economic aspects of Unfair trading practices: measurement and indicators", págs. 20-38, en particular págs. 20-33; ambos en AA.VV. *Unfair Trading Practices in*

que generalmente hay un beneficio para el infractor, que viene acompañado de un perjuicio para el afectado y pueden darse efectos positivos, negativos o mixtos respecto de otros sujetos *a priori* neutrales. Es tarea del Derecho de la Competencia Desleal realizar una ponderación de dichos efectos[67] y permitir o reprimir la conducta, según que las consecuencias perjudiciales sean mayores que las positivas o viceversa[68].

La Competencia Desleal, por tanto, constituye un sistema autónomo de valoración y sanción de conductas que tienen lugar en el mercado y que atentan contra su correcto funcionamiento. No es, por tanto, un Derecho accesorio respecto de los otros sectores limítrofes, en particular de la PI[69]. Esto es

---

the Food Supply Chain. A Literature Review on methodologies, impacts and regulatory aspects, Oficina de Publicaciones de la UE, Luxemburgo, 2017.

67 Esta ponderación resulta típica del Derecho de la Competencia Desleal en su nueva perspectiva social o institucional y está, por ejemplo, en la base de la aplicación de la cláusula general a conductas no tipificadas. Los tipos específicos se incluyen en la ley precisamente para clarificar y facilitar su conocimiento y aplicación, pero cuentan con una ponderación ya previamente realizada respecto de la afección de los diferentes intereses. En función de lo compleja que sea la práctica, esa ponderación hecha por el legislador, deberá venir acompañada por otras operaciones concretas de valoración de los efectos, es decir, habría que realizar una segunda ponderación de los intereses en juego en función de las circunstancias del caso concreto. A ello, precisamente, invita el uso de conceptos abiertos e indeterminados

68 En una línea similar, HUBMANN H., "Die sklavische Nachahmung", *GRUR*, Heft 5, 1975, págs. 230-239, pág. 234.

69 En este sentido, KÖHLER H., "Das Verhältnis des Wettbewerbsrechts zum Recht des geistigen Eigentums - Zur Notwendigkeit einer Neubestimmung auf Grund der Richtlinie über unlautere Geschäftspraktiken", *GRUR*, Heft 7, 2007, págs. 548-554, pág. 547, señala que el término "ergänzende" con el que se califica la aplicación de las normas de CD en relación con los derechos de PI resulta engaño-

fácilmente deducible a partir de su concreto y específico modo de aplicación[70]: la ponderación de intereses competitivos (ajena a otros sistemas jurídicos en su aplicación práctica[71], y parcialmente compartida con el Derecho de la Competencia en sentido estricto); pero también – y simultáneamente – por su particular objeto de protección: la preservación de la competencia frente a comportamientos excesivos.

Con ello, la Competencia Desleal se configura como un sistema autónomo también respecto de su "hermano mayor" el Derecho *Antitrust*. Pues el segundo se ocupa de los comportamientos anticompetitivos, mientras que la competencia desleal se encargaría de aquellos comportamientos que, siendo competitivos (en el sentido de no orientados a restringir la competencia), sin embargo, producen efectos negativos sobre el funcionamiento de esta. De este modo, la obligación de competir impuesta por el Derecho de la Competencia se completa

---

so; en este mismo sentido BÄRENFÄNGER J., *Das Spannungsfeld von Lauterkeitsrecht und Markenrecht unter dem neuen UWG. Symbiotische Theorie zum Kennzeichen- und Lauterkeitsrecht*, nomos, 2010, pág. 174, considera que el uso de "ergänzen" introduce una idea de rango en la relación entre ambas materias que no es acorde con la autonomía de que gozan ontológicamente ambos sistemas de normas

70 HUBMANN H., "Die sklavische Nachahmung", *GRUR*, 1975, cit., pág. 234, hace un bosquejo del sistema aplicativo de dicha ponderación. Así, lo primero será evitar el surgimiento de conflictos de intereses; si ello no fuera posible habrá de tratarse de encontrar un equilibrio entre ambos derechos; fallido el compromiso, la ponderación deberá imponer un sacrificio en el interés inferior que favorezca el desarrollo del interés superior. Todo ello en atención a las circunstancias del caso.

71 No así en el momento de diseño legal, donde, evidentemente, el legislador toma en consideración *more generali* los intereses de las partes implicadas en el conflicto cuya solución se pretende, a menudo con recurso a la representación constitucional de tales intereses en la forma de Derechos Fundamentales.

con una serie de reglas sobre cómo debe competirse, sobre los límites de lo que va a ser tolerado en el mercado[72].

2. LA PROPIEDAD INTELECTUAL COMO INCENTIVO ESTÁTICO Y DINÁMICO A LA INNOVACIÓN

El segundo gran punto de anclaje del trabajo que pretendemos desarrollar en las páginas siguientes va a ser, sin duda, la Propiedad Intelectual, entendida, como habrá adivinado en este punto el lector en su acepción amplia. La íntima conexión con la Competencia Desleal se puede rastrear, como acabamos de ver, a los primeros textos normativos que contienen una protección general del empresario. Ante la nueva realidad del mercado se hizo necesario desarrollar medios jurídicos que permitieran organizar la competencia en el mismo y posibilitaran el comercio, a lo que en un inicio, ya lo vimos, se dedicaban ambos sectores normativos en liza de forma un tanto difusa.

Trazando una síntesis que puede pecar de ser excesivamente general y, por tanto, inexacta, la primera manifestación relevante de la tutela de un derecho de PI entendida en su sentido amplio, puede ubicarse en el estatuto de la Reina Ana de 1710, texto legal que reconoce por vez primera la existencia de una serie de derechos de propiedad en favor de los autores. Hasta entonces más que derechos lo que existían eran privilegios discrecionalmente concedidos por el poder regio.

Estos derechos, sin embargo, no se concedieron, como pudiéramos ahora pensar, en reconocimiento del esfuerzo intelectual llevado a cabo por los creadores, dicho planteamiento

---

72 Límites construidos lógicamente mediante el recurso a los valores constitucionales que integran la llamada Constitución económica. Cfr. PAZ-ARES RODRÍGUEZ J.C., "Constitución económica y competencia Desleal", *Anuario de Derecho Civil*, cit., pág. 936.

es más bien propio del esquema liberal de la Europa continental implantado a partir de las Revoluciones Burguesas. Antes, al contrario, la concesión a los autores de un derecho de PI, de un derecho "de Autor", se debió fundamentalmente a la necesidad de crear un aparato jurídico, al no haber medio físico alguno para ello, que permitiera individualizar, esto es, privatizar, la obra, para habilitar a la incipiente industria la edición y comercialización de copias del manuscrito original[73]. El desarrollo filosófico del aparato justificativo lockeano tomará relevancia después.

Por tanto, hay que caracterizar la propiedad intelectual de un modo particular, distinto del tradicional modelo de propiedad material o "dominical", encaminada a posibilitar la consecución de una solución coaseiana al problema de asignación de bienes públicos[74]: mediante la privatización de información estructurada de un modo creativo, su libre uso dejaba de serlo. La inmaterialidad del objeto de protección impuso la necesidad de recurrir al Derecho como vía de defensa y demarcación de los límites objetivos de la protección concedida, siempre con el acento puesto en la comunicación del contenido protegido[75].

La principal crítica vertida al sistema de PI (especialmente cuando se configura como incentivo absoluto para el primer inventor)[76], es que impone el pago de rentas por un contenido

---

73 GHIDINI G., *Rethinking Intellectual Property. Balancing Conflicts of Interest in the Constitutional Paradigm*, Edward Elgar, Cheltenham/Northampton, 2018, pág. 157.

74 COASE H. R., "The Problem of Social Cost", *The Journal of Law and Economics*, Vol. III, 1960, págs. 1-44.

75 GHIDINI G., *Rethinking Intellectual Property*, cit., pág. 74

76 ANDERMAN S., "Overplaying the innovation card: the stronger intellectual property rights and competition law", en DRAHOS P., GHIDINI G. y ULLRICH H., *Kritika: Essays on Intellectual Property*,

que ha sido creado para la satisfacción de una necesidad expresiva innata a todo ser humano[77], de modo que la existencia de un medio jurídico de aseguración de rendimientos[78], no opera como elemento clave que induzca el acto creativo[79]. Omite, sin embargo, la misma que la creación de una estructura de difusión para el acto creativo es rectamente lo que demanda una organización jurídica que incentive los actos comunicativos. Hablamos, por tanto, de la aseguración de la inversión empresarial[80].

Planteamientos similares irán proliferando para otras formas de creaciones intelectuales, como las patentes de inven-

---

Volume 1, Edward Elgar, Cheltenham/Northampton, 2015, págs. 17-58, págs. 17-20.

77 Cfr. DREYFUSS R.C., "The Challenges facing IP systems: researching for the future", en DRAHOS P., GHIDINI G. y ULLRICH H., *Kritika: Essays on Intellectual Property*, Volume 4, Edward Elgar, Cheltenham/Northampton, 2020, págs.1-46, págs. 4 y 5.

78 Si bien el argumento de la creatividad innata en el ser humano es operativo a un nivel filosófico, lo cierto es que históricamente la tutela surge, se verá, a partir de la presión del mercado editorial primero, a la que se sumará la de los autores más reconocidos. En una sociedad económica, el esfuerzo (creativo o de otro tipo) que no es rentabilizable, hacer las cosas "por amor al arte", resulta irracional. Por tanto, si bien se reconoce que no todo incentivo creativo nace del incentivo económico, debe admitirse también que el incentivo económico juega de normal un papel preponderante en la consolidación del impulso creativo.

79 GINSBURG J. C., "The Role of the Author in Copyright", en OKEDIJI R. L., *Copyright Law in an Age of Limitations and Exceptions*, Cambridge, Reino Unido, 2017, págs. 60-84, pág. 67 critica por *naïve* la idea de que a los autores no hay que incentivarlos a copiar.

80 GHIDINI G., *Rethinking Intellectual Property*, cit., pág. 72.

ción. Y ello porque la alternativa a la Propiedad Intelectual no es el libre uso, sino el secreto[81].

Mención aparte merece la marca, pues aunque tiene un indefectible componente comunicativo, en él la información transmitida no es el fin en sí mismo, sino que la marca actúa como un coadyuvante[82], dando información adicional sobre empresario y producto y, por tanto, su adecuada funcionalidad requiere dos requisitos: la posibilidad de excluir su uso por parte de terceros y la existencia de un sistema de mercado. La marca es un signo inmaterial (susceptible de representación) que permite identificar los productos fabricados por un determinado productor, al generar en el consumidor receptor una serie de representaciones mentales asociativas[83]. Solamente adquiere un sentido funcional a través del acto comunicativo y su naturaleza es instrumental al comercio, favoreciendo un devenir ordenado de la competencia, reduciendo enorme-

---

81 En este sentido DREYFUSS R.C., "The Challenges facing IP systems: researching for the future", cit., pág. 15.

82 En este sentido OHLY A., "Hartplatzhelden.de oder: Wohin mit dem unmittelbaren Leistungsschutz?", *GRUR*, Heft 6, 2010, págs. 487-494, pág. 488 , considera que la marca ofrece una tutela indirecta a la inversión empresarial, mediante la garantía de la unidad de origen (riesgo de confusión), de suerte que esa garantía de unidad de atribución es la que incentiva una serie de inversiones informativas (publicitarias, reputacionales), que no entrarían, por tanto, dentro del derecho de marca en sentido estricto; en un sentido similar KUR A., "Ansätze zur Harmonisierung des Lauterkeitsrechts im Bereich des wettbewerblichen Leistungsschutzes", *GRUR Int.*, Heft 10, 1998, págs. 771-781, pág. 777, considera que la tutela de la marca se opera por su "función accesoria", es decir, como indicación al mercado de un concreto origen empresarial.

83 FERNÁNDEZ -NÓVOA C., *Tratado Sobre Derecho de Marcas*, Segunda Edición, Marcial Pons, Madrid/Barcelona, 2004, págs. 28 y 29.

mente los costes informativos en el mercado[84]. De esta forma, la marca es ontológicamente idéntica a otros derechos de PI[85], aunque funcionalmente se encuentra más próxima al Derecho de la Competencia, al constituir un medio de individualización en el mercado, permitiendo un transcurso ordenado del tráfico en el mismo.

Sirva esta breve conceptualización de la PI para ilustrar cómo esta figura jurídica nace con una clave utilitaria y orientada hacia la difusión de información. En la medida en que la intervención jurídica se opera en la forma de un control de disposición o uso, genera la posibilidad de limitar su difusión de forma económicamente ventajosa para su titular[86].

No agota la función de la PI la mera inducción a la innovación, sino que, además, la perspectiva de conseguir una exclusiva favorece la creación de un mercado y de una dinámica dentro de él que tiende a facilitar la incorporación de nuevos sujetos que, atraídos por esa idea de ganancias, se dedican con una cierta expectativa de seguridad económica a crear nuevos bienes inmateriales. Paralelamente, por si lo anterior resultase ya poco relevante, la propia exclusión genera toda una serie de

---

84 LANDES W.M., Y POSNER R. A., "Trademark Law: An economic Perspective", cit., pág. 269.

85 En tanto que constituye un activo empresarial de importancia singular. Cfr. FERNÁNDEZ NÓVOA C., *Tratado Sobre Derecho de Marcas,* Segunda Edición, pág. 27.

86 De hecho, como explican SHUGHART II W.F y THOMAS D.W, "Intellectual Property Rights, Public Choice, Networks and the New Age of Informal IP Regimes", *Supreme Court Economic Review,* cit., pág. 170, la naturaleza de bien público de la PI generaría la imposibilidad de recuperación de los costes hundidos, lo que convertiría el proceso inventivo en no rentable, pero ello solo podría saberse *ex post,* esto es, después de haber llevado a cabo las inversiones hundidas. Esa posibilidad de rentabilizar su creación es lo que hace que la actividad inventiva merezca la dedicación que exige.

tendencias (incentivos) para el resto de competidores, que, al no poder explotar prestaciones idénticas, necesitan crear sus propias prestaciones paralelas, originales (competencia por innovación), aumentando el nivel de desarrollo de la sociedad en todos los niveles, favoreciendo la innovación, a la par que aumentando la gama de prestaciones disponibles para cubrir una misma necesidad (competencia por innovación)[87]. Se aprecia, así, cómo el incentivo dinámico a la innovación acaba induciendo o revirtiendo en una mejora estática sobre la producción.

2.1. Perspectivas estáticas de la innovación y Propiedad Intelectual

A la hora de explorar el análisis estático o asignativo que se ha operado sobre la PI, conviene partir de la idea base de que este constituye el absoluto grueso de la literatura académica del Siglo XX y buena parte del XXI. De igual forma, debe tenerse en cuenta que, este análisis lejos de separar claramente el efecto de difusión de información y el de limitación de la explotación, tiende a tratarlos de un modo unitario[88]. Como se

---

87 En este punto la doctrina especializada se centra en minimizar el impacto negativo que tienen los efectos exclusionistas y cuestionan el modelo de "*winner takes it all*" que caracteriza al sistema de Propiedad Intelectual contemporáneo, donde el primero en inventar o en registrar (según el sistema de prioridad) es quien se beneficia exclusivamente de la protección, desplazando a todos los demás competidores contemporáneos que han tardado más en llegar al resultado. Cfr. GHIDINI G., *Rethinking Intellectual Property*, cit., págs. 145-148.

88 Ello conduce a que, por ejemplo, se valore el grado de difusión de la información conseguido mediante el sistema de Patentes, a través del grado de utilización comercial de los productos o procesos patentados, lo cual no parece demasiado correcto. Una cosa es el

verá, esto genera ciertos problemas de comprensión que conduce al desarrollo de posturas extremas.

Si se realiza un análisis suficientemente profundo y mínimamente sistemático a la literatura que analiza económicamente el fenómeno de la PI, podrá identificar tres grandes líneas de pensamiento en torno a la justificación funcional de la limitación legal de lo que, naturalmente, se constituye como de libre acceso:

1. En primer lugar, correlato de su prioridad cronológica, podemos hablar de la llamada "teoría de la propiedad". La teoría de la propiedad constituye una de las bases ideológicas sobre las que se ha venido operando el análisis de la propiedad intelectual y conforma buena parte del análisis de los efectos de la creación de derechos de PI. Su origen se encuentra en la concepción lockeana de la PI, donde esta se anuda de manera natural al esfuerzo intelectual. De esta forma, se concibe la exclusiva que supone la PI, como una especie de premio para el autor por su acto de creación intelectual, un premio que garantiza la obtención de ingresos y que se desarrolla *ad exemplum* del esquema de apropiación dominical típico del trabajo físico. Famosa es en este sentido la frase pronunciada por LE CHAPELIER en 1789: "*la más sagrada, la más personal de todas las propiedades es el trabajo fruto del pensamiento de un escritor (...) en consecuencia, es extremadamente justo que los hombres que cultivan el campo del pensamiento disfruten los frutos de su trabajo; es esencial que durante su vida y por algunos años después de su muerte, nadie pueda disponer del producto de su genio sin su*

acceso al conocimiento y otra la posibilidad de explotarlo económicamente de un modo libre.

consentimiento"[89]. Esa línea será progresivamente abandonada, pero la similitud con el esquema dominical permanece incluso hasta el día de hoy.

Distinta *ratio* encontramos en los derechos morales del autor[90] y, sin embargo, el empaste de una y otra lógica sirve de base para el sistema contractual que sostiene la creación de los derechos de PI.

Al asignarse un derecho de propiedad (con independencia de que su naturaleza no sea exactamente esa, utilizamos derecho de propiedad en un sentido económico, como asignación de facultades a un sujeto), se habilita la posibilidad de una transacción, que seguirá (*ce-*

---

89 LE CHAPELIER R.G. I., "Rapport par M. Le Chapelier du comité de constitution sur la pétition des auteurs dramatiques, lors de la séance du 13 janvier 1791", *Archives Parlementaires de 1787 à 1860 – Première série (1787-1799),* Tome XXII – Du 3 janvier au 5 février 1791, Paris, Librairie Administrative P. Dupont, 1885, pp. 210-214, p. 212; literalmente: "*la plus sacrée, la plus légitime, la plus inattaquable et, si je puis parler ainsi, la plus personnelle de toutes les propriétés, est l´ouvrage, fruit de la pensé d´un écrivain; cependant c´est une propriété d´un genre tout différent des autres propriétés…; cependant, comme il est extrêmement juste que les hommes qui cultivent le domaine de la pensé tirent quelque fruit de leur travail, il faut que, pendant toute leur vie et quelques années après leur mort, personne ne puisse, sans leur consentement, disposer du produit de leur génie*".

90 En realidad, los derechos morales de autor entroncan, más bien, con la dogmática, primero kantiana, y posteriormente hegeliana que concibe la autoría como expresión de la personalidad creativa del hombre (como resultado de la interacción espiritual del hombre con su entorno), lo que nos obliga a conectarlo necesariamente con los derechos de la personalidad, compartiendo con la tesis anterior el sustrato último del reconocimiento de la necesaria dignidad humana. Sobre estas cuestiones vid. GÓMEZ TORRE R. A., *Derechos de Autor en el Siglo XXI. Revisión crítica frente a las novedades tecnológicas,* Atelier, Barcelona, 2022, págs. 55-71.

teris paribus) naturalmente el curso de acabar asignando el derecho a aquel sujeto para el que represente mayor utilidad[91].

2. En un segundo lugar, entroncada también en uno de los paradigmas del modelo liberal-burgués, encontramos las llamadas "Teorías del Contrato Social". Siguiendo el esquema rousseauniano del Contrato Social, describe la PI como una transacción entre Estado-Creador, aunque invirtiendo los términos. De esta forma, el contrato social supone la concesión de un derecho exclusivo (no hablamos de propiedad[92]), entendido como un "haz de facultades" [93] jurídicamente predeterminadas sobre el resultado inmaterial del esfuerzo, que se le ofrecen al individuo como compensación por dar a conocer el contenido intelectual que ha creado. Se trata este del modelo más comúnmente aceptado en la doctrina científica contemporánea.

---

91 COASE R., "The Problem of Social Cost", *Journal of Law and Economics*, Vol. III, 1960, págs. 1-44.

92 En realidad como expone VIVANT M., "Intellectual property rights and their functions: determining their legitimate enclosure", en DRAHOS P., GHIDINI G. y ULLRICH H., *Kritika: Essays on Intellectual Property*, Volume 2, Edward Elgar, Cheltenham/Northampton, 2017, págs. 44-69, pág. 45, lo relevante no es la denominación que le demos, sino la extensión que proporcionemos al derecho de exclusión que constituye el núcleo duro de la protección.

93 En particular, como señala DUSOLLIER S., "Intellectual property and the bundle-of-rights metaphor", en DRAHOS P., GHIDINI G. y ULLRICH H., *Kritika: Essays on Intellectual Property*, Volume 4, Edward Elgar, Cheltenham/Northampton, 2020, págs.146-178, es posible interpretarla como un "haz de derechos", concepción que resulta mucho más próxima a la noción generalmente aceptada en España, entendida como posición compleja de derechos y deberes. Ello pone manifiesto una tendencia hacia la flexibilización en el entendimiento de la propiedad.

Centrándonos propiamente en la explicación económica, se parte de la concepción transaccional entre utilidad general/utilidad individual, para conceptualizar la PI como un mal necesario, el mal menor, conforme al cual se admite un sacrificio actual respecto de la posibilidad de maximizar las transacciones (lo que se equipara a eficiencia[94] y ésta a la maximización del bienestar general[95]), a cambio de una mejora futura en el nivel de

[94] La incorporación del concepto de eficiencia en el esquema de decisiones jurídicas es fruto del trabajo de la Escuela de Chicago, quien logra aglutinar (solo aparentemente) todos los fines sociales que el Derecho pretende bajo la noción de eficiencia del mercado. De esta forma logra que el Derecho regulador del mercado, el Derecho de la Competencia, tenga como fin exclusivo la garantía de la eficiencia de su funcionamiento, pues un mercado eficiente (evidentemente desde el punto de vista asignativo, pues el análisis económico de Chicago solo se centra en la eficiencia estática y falla a la hora de implementar un análisis dinámico (Cfr. HYLTON K.N. y HAIZHEN L., "Optimal antiturst enforcement, dynamic competition and chaning economic condtions", *Antitrust Law Journal*, cit., págs. 248 y 254; Cfr. MEIER M., "Pleading for a multiple goal approach in european competition law. Outline of a conciliatory path between the freedom to compete approach and the more economic approach" en MATHIS K. y TOR A., *New Developments in Competition Law and Economics*, Springer, 2018, págs. 51- 66, pág. 53) es un mercado que maximiza las transacciones para un momento dado. Evidentemente, este esquema omite todo tipo de circunstancias concomitantes, como, muy destacadamente, la gestión de las externalidades negativas, que también se ven maximizadas como consecuencia de la maximización de transacciones que las generan.

[95] La ciencia económica equipara posteriormente eficiencia a bienestar máximo social mediante el concepto de excedente. El excedente debe interpretarse como el beneficio total que, para un concreto estado de mercado, las transacciones en el punto de equilibrio (intersección de las curvas de oferta y demanda) generan, entendiendo beneficio como la ganancia económica relativa calculada como la diferencia entre lo que cada demandante estaría dispuesto a pagar

conocimientos que experimenta la sociedad. La exclusiva concedida al creador está, por tanto, justificada en la necesidad de garantizar la recuperación de la inversión (algún autor admitirá también la obtención de un beneficio supracompetitivo) y a ella debe limitarse, como mecanismo de redistribución de rentas (excedente) del consumidor al competidor[96]. Ello abre el propio sistema de PI a un escrutinio en términos de oportunidad económica a partir de la realización de un análisis coste/beneficios[97], conforme al cual la protección por PI solo estará justificada si los beneficios que trae consigo la innovación inducida son superiores a los costes generados por la limitación a la competencia [98].

---

y lo que finalmente paga, o el precio al que cada oferente estaría dispuesto a vender y el precio medio al que realmente vende. Esa diferencia entre disposición máxima a pagar y precio realmente fijado por el mercado que es el excedente, depende de alcanzar un precio de mercado equilibrado. Cualquier circunstancia que altere ese punto, será ineficiente porque reducirá el excedente por debajo del máximo hipotético que arroja el modelo de mercado competitivo, esa pérdida, cuantificada como las transacciones mutuamente beneficiosas que no se producen por la varianza de precio, se denomina "pérdida irrecuperable de eficiencia" *(deadweight loss en inglés)*. La prioridad en materia de PI es reducir al mínimo la pérdida irrecuperable de eficiencia. Cómo esté repartido el excedente resulta, en general, indiferente en la determinación de si el mercado funciona de modo eficiente.

96 DREYFUSS R.C., "The Challenges facing IP systems: researching for the future", cit., pág. 4.

97 DRIESEN D. M., *The Economic Dynamics of* Law, Cambridge University Press, Nueva York, 2012, pág. 25.

98 MERGES R. P., "Philosophical foundations of IP law", en DEPOOTER B. Y MENELL P.S., *Research Handbook on the economics of IP law*, Volume I, Edward Elgar, Cheltenham/Northampton, 2021, págs. 72-97, pág. 77; lo relevante es que el sistema de tutela del derecho

Aquí aparecen ya conceptos prospectivos que no son propios de un esquema estático, sino dinámico y, por ello, debemos concluir el desarrollo.

3. Esta tercera postura, verdaderamente revolucionaria si la comparamos a las otras dos, surge con ímpetu especialmente a partir de la disrupción que supone Internet en términos de libre comunicación de ideas y conocimientos[99], y propugna con diversos matices la abolición del sistema de Propiedad Intelectual. El elemento central es la confianza en los sistemas de mercado, particularmente la presión competitiva, así como el carácter naturalmente inquisitivo, creativo e innovador del ser humano, para defender que no es necesario operar un control sobre la transmisión y explotación de las ideas (confundiendo aquí difusión de ideas con los límites a la explotación económica), bajo el pretexto de promocionar la innovación, pues esta se producirá de modo natural, inducida por el contexto de mercado.

Nos encontramos de bruces con la "tragedia de los comunes": siendo elevado el valor tanto económico como social de los bienes inmateriales a partir de su ilimitada reproducibilidad y su carácter persistente al uso, el mecanismo de mercado falla en su distribución al no ser bienes naturalmente escasos, lo que empuja el precio a cero. En cambio, los costes de creación de este tipo de bienes son muy elevados y en sí mismos no recuperables (costes

---

de PI, en su conjunto, arroje un efecto neto positivo en el crecimiento.

99 Con internet los costes de distribución y acceso al conocimiento que habían venido justificando los sistemas de derecho exclusivo, se reducen al mínimo.

hundidos[100]). La reproducción ilimitada de estos bienes, connatural a un sistema de libre imitación no corregido, impide, por tanto, toda recuperación de costes posible[101]. El mercado fracasa al asignar un valor nulo a un producto social y económicamente deseable, desencadenando un problema de infraproducción de innovación, que degenera en un estancamiento del progreso social, cultural y económico. Las fronteras de posibilidades de producción a un momento dado no se expanden y únicamente se puede redistribuir recursos (no a crear otros nuevos) hasta que estos se agoten[102].

En este escenario, surgirá el reinado del secreto industrial como mecanismo de control del conocimiento, y es que el escenario alternativo a la propiedad intelectual no es un utópico sistema de libre acceso y libre compartición del conocimiento, especialmente del técnico, sino que, en ausencia de los derechos de exclusiva, el incentivo empuja a guardar el conocimiento en secreto. Allí donde el contenido intelectual se disocia lo suficiente de la prestación material que lo incorpora, como para que sea posible explotar económicamente esta sin desvelarlo, surgirá el recurso al secreto industrial como estrategia competitiva predilecta.

---

100 SHUGHART II W.F y THOMAS D.W, "Intellectual Property Rights, Public Choice, Networks and the New Age of Informal IP Regimes", *Supreme Court Economic Review*, cit., pág. 170.

101 En una línea similar HOVENKAMP H., "Intellectual Property and Competition", en DEPOOTER B. Y MENELL P.S., *Research Handbook on the economics of IP law*, Volume I, Edward Elgar, Cheltenham/Northampton, 2021, págs.231-261, pág. 234.

102 Tanto competencia como derechos de PI incrementan la producción (HOVENKAMP H., "Intellectual property and Competition", cit., pág. 231), pero el verdadero crecimiento económico, el que desplaza la frontera de posibilidades de producción es el que viene inducido mediante el sistema de incentivos a la innovación.

De esta forma, la reticencia a aceptar un monopolio limitado temporalmente[103] conduce a asumir un monopolio informativo y, a mayores, construido sobre este, un monopolio de explotación de carácter potencialmente imperecedero, dado que el secreto puede vivir potencialmente *sine die* en tanto no sea descubierto. Ello genera una situación de dependencia cognitiva y productiva que otorga mayor poder a aquellos competidores innovadores capaces de mantener el bien inmaterial secreto.

Evidentemente, la situación que se presenta como hipotética alternativa no nace a partir de un análisis económico estático, sino dinámico, donde se tiene en cuenta no solo el nivel de desarrollo económico dado, sino la posibilidad de su incremento o su disminución y los problemas tendenciales, estructurales o sistémicos que se presentan para cada escenario regulatorio planteado[104].

2.2. *Perspectivas dinámicas de la innovación y Propiedad Intelectual*

Llegamos, por tanto, a la necesidad de reconocer una dimensión dinámica o en el largo plazo de la PI. Esta importancia dinámica de la PI es la que – *rectius* – legitima su existencia y está implícita en la justificación que ofrece el modelo

---

103 La palabra monopolio se utiliza aquí en un término laxo, pues como expone HOVENKAMP H. "Intellectual property and competition", cit., pág. 232, la mayoría de los derechos de PI son insuficientemente intensos como para generar un monopolio duradero, monopolio que se refiere, por otra parte, a la explotación exclusiva y no a una estructura de mercado. Allí donde un monopolio de explotación genera una situación de poder dominante, normalmente encontramos ciertas características en el mercado que coadyuvan a dicho resultado, no siendo resultado único del derecho de PI.

104 DRIESEN D. M., *The Economic Dynamics of* Law, cit., págs. 50, 58, 60 y 62.

del contrato social: se acepta el sacrificio estático a corto plazo en la asignación subóptima de recursos, a cambio de una expectativa tangible de evolución del proceso competitivo en el largo. Ahora bien, la economía se encuentra ante una fuerte incertidumbre en este punto, pues el Análisis Coste/Beneficio (ACB) aparece aquí, en la vertiente dinámica, disociado sobre un eje temporal, donde el coste es actual y el beneficio futuro y, por tanto, incierto. Se impone la prudencia a la hora de aproximarse a la vertiente dinámica de la PI[105].

La noción de una dimensión dinámica en la economía es fruto de desarrollos minoritarios llevados a cabo por algunos académicos como SCHUMPETER o CLARK[106] que empiezan

---

105 Representativo en este sentido es el alegato que hace DREXL J., "Is there a 'more economic approach' to intellectual property and competition law?", en DREXL J., *Research Handbook on Intellectual Property and Competition Law,* Edward Elgar, Cheltenham/Northampton, 2008, págs. 27-51, pág. 40, de no hablar de eficiencia dinámica, pues su medición es incierta, sino de competencia dinámica, cuya realidad es más tangible, en la medida en que abarca los efectos concurrenciales (no económicos) esperables ante determinados estímulos legales. Traslada el problema de la incertidumbre de la realidad económica a la realidad del comportamiento y estructura de los mercados, más fácil de predecir. De esta forma reduce, aunque no elimina la incertidumbre, ésta se mantiene cuando traducimos el comportamiento de los operadores a un resultado económico concreto.

106 La obra de CLARK arranca de un embrionario artículo (CLARK J. M., "Competition: Static Models and Dynamic Aspects", *The American Economic Review,* Volume 45, N.º 2, 1955, 450-462), donde partiendo de la tesis schumpeteriana, como él mismo reconoce (pág.451) trata de apuntar algunas ideas sobre la dinamicidad de la Competencia y el rol que el Derecho de la Competencia manifiesta como incentivo en sí mismo a la innovación. Posteriormente, estos planteamientos, aún incipientes, cristalizarán en CLARK J.M., *Competition as a Dynamic Process,* Brokings Institution, Washington, 1961, donde enfatizará la existencia de elementos dinámicos en la Competencia así como su propio carácter de proceso dinámico, lle-

a contemplar la economía no como un modelo en equilibrio solamente, sino, además, como un modelo móvil, que avanza y retrocede, que genera una serie de inercias que pueden, en fin, aconsejar modificar los cálculos sobre sus distintos puntos de equilibrio.

En lo que concierne a la competencia, esta deja de verse como un fenómeno estático, y empieza a contemplarse como un proceso continuo, que avanza no solo hacia la eficiencia, sino hacia la mejora de las condiciones, expandiendo las fronteras de los límites de producción[107]. Una de las formulaciones

---

gando incluso a considerar, que la situación de monopolio derivada del lapso de tiempo de reacción de los competidores tenía que aceptarse como presupuesto necesario del proceso de competencia dinámico, siendo resultado de un conflicto temporal entre los objetivos de la libertad de competencia y el desarrollo económico (pág. 472). CLARK recibe, de esta forma el mérito de ser el primer autor en hablar de la competencia como un fenómeno dinámico en su conjunto.

107 Esta idea de la Competencia como herramienta para lograr la maximización de una eficiencia desapegada del análisis económico centrado en un estándar de utilidad para el consumidor, parece acompasarse bien con los postulados neobrandeserianos, más conocidos como el "*Hipster Antitrust*", que curiosamente bebe de las fuentes de la economía de principios del S. XX (BRANDEIS L.). Tal como lo describen DORSEY E., RYBNICEK J. M. y WRIGHT J. D., "Hipster Antirtust meets Public Choice Economics: The consumer welfare standard, rule of Law, and Rent Seeking", *Competition Policy International Antitrust Chronicle* (April 2018), págs. 1-13, pág. 2, la propuesta de esta nueva corriente pasa por divorciar del marco analítico al bienestar del consumidor y reemplazarlo por un enfoque sociopolítico "vago" y "flexible", que, como explicarán en la p. 8, se traduce en un rango amplio de efectos no basados en precios, tales como la inequidad económica, el desempleo, la movilidad laboral, etc. Se trata de intereses generales extraconcurrenciales no siempre fáciles de conciliar con la eficiencia económica. El sentir neobrandeseriano se ha dejado ver también en Europa, siendo buena muestra el

---

trabajo de MEIER M., "Pleading for a multiple goal Approach in European Competition law. Outline of a conciliatory path between the freedom to compete and the more economic approach", cit. en especial pág. 61, donde califica de "reduccionista" el enfoque basado en eficiencia y aconseja incluir objetivos plurales basados en valores sociales, morales y políticos que, por otra parte, ya contaminarían el análisis *Antitrust*. A partir de ello, (pág. 62) trata de fijar hasta 9 grandes fines generales, destacando en primera posición el proceso efectivo de competencia, consiguiendo conciliar el análisis económico dogmático pretendidamente postulado por el *More Economic Approach* con la pluralidad de fines y objetivos que subyacen a la ordenación de la competencia. Y es que, en efecto, en realidad el enfoque multipolar que se achaca al "*Hipster Antitrust*" encuentra cierta raigambre en el enfoque ordoliberal europeo propio de los postulados de la escuela de Friburgo (EUCKEN y BÖHM), y que presentaría según BEHRENS P., "The ordoliberal concept of abuse of dominant position and its impact on Art. 102 TFUE", en DI PORTO F. y PODSZUN R., *Abusive Practices in Competition Law,* Edward Elgar, Chelntenham/Northampton, 2018, págs. 5-25, pág. 6, tres rasgos comunes, a saber: 1) la Competencia nace cuando hay libertad de elección; 2) la competencia es un sistema dinámico de interacción entre los diferentes participantes del mercado; y 3) el papel del Derecho privado es atribuir derechos subjetivos cuyo uso es la base de la rivalidad entre empresarios y de la correlativa libertad de elección de los consumidores. Vemos, por tanto, como la escuela de Friburgo, aun con sus diferencias, reconocen un enfoque, al menos, bipolar, al Derecho de la Competencia. No obstante, como indica BEATER A., "Allgemeinheitsinteressen und UWG", *WRP,* N.º 1, 2012, págs. 6-17, *passim,* es peligroso abrir tanto la puerta del Derecho *Antitrust* a todo tipo de intereses, algo en lo que coincidimos: el Derecho de la Competencia debe centrarse en la tutela de la Competencia en el mercado. Otra cosa es que, dichos intereses *a priori* ajenos al ámbito concurrencial acaben por convertirse en relevantes para el mercado (el Medio Ambiente y la sostenibilidad son buenos ejemplos de ello), supuesto en que creemos con SCHRICKER G., "Hundert Jahre Gesetz gegen den unlauteren Wettbewerb- Licht und Schatten", *GRUR Int.*, Heft 4, 1996, pág. 473-479, pág. 476, que, en la medida en que dichos derechos han devenido tópicos para el

más célebres es la que opera SCHUMPETER en la que describe el proceso de desarrollo económico no como un continuo progresivo y proporcional, sino como un fenómeno de fases alternas crecimiento espontáneo y de estancamiento, pero, lo que resulta mucho más interesante, lo define como un proceso de "destrucción creativa" (*creative destruction*)[108], donde determinadas innovaciones suponen una revolución de tal intensidad que quebrantan el *statu quo* de la competencia en el mercado e imponen nuevos paradigmas competitivos. Estos cambios, que SCHUMPETER asocia a estructuras de mercado de corte más bien oligopólico[109/110], pueden suponer una alteración

---

mercado, se han concurrencializado y, por tanto, tienen cabida dentro de los paradigmas y objetivos del Derecho de la Competencia. En fin, parece que esta tendencia neobrandeseriana se encuentra en el fondo de la nueva regulación europea de los mercados digitales, especialmente – se destaca sin ningún ánimo de exhaustividad – en el Reg. 2022/1925, de Mercados Digitales, donde aparece precisamente la exigencia de un comportamiento no solo competitivo, sino también equitativo, por parte, eso sí, de los grandes operadores de estos mercados.

108 SCHUMPETER J. A., *Capitalism, Socialism and Democracy*, Routledge, Londres/Nueva York, 1976, pág. 83.

109 Lo que hace, fundamentalmente, es a partir de conceptualizar la innovación como una actividad altamente costosa, acompasar dichos costes dentro de la estructura de costes de las empresas, comprobando que muchas empresas de pequeña dimensión difícilmente pueden asumir los costes de inversión que implica la innovación. El otro extremo, el monopolio resulta indeseable, por lo que para él la estructura que en mejor medida favorece la innovación es la del oligopolio, con pocas empresas de gran dimensión y capacidad financiera suficiente como para acometer el proceso innovador y superar la crisis que pueda sobrevenirse en caso de fracaso.

110 En relación con la nota anterior, este planteamiento schumpeteriano supone la negación del modelo de competencia perfecta como modelo aspiracional de la economía. El modelo de competencia perfecta parte de la existencia de una información perfecta, donde

no solo de la estructura del mercado, sino, evidentemente, del complejo normativo que acompaña y recubre dicha estructura productiva[111].

Aunque la economía no se encuentra tan desarrollada en lo que a análisis dinámico se refiere, los avances dados, no obstante, han permitido repensar el paradigma funcional de la Propiedad Intelectual, que es concebido ahora como un incentivo dinámico a la innovación, dentro del sistema de Competencia, uno más de otros tantos incentivos entre los que también destaca, lógicamente, la propia competencia[112]. Se diseña así un

---

un gran número de muy pequeños oferentes, cubre la demanda para un número igualmente grande de demandantes, de forma que el punto de equilibrio de mercado fije el precio en una cifra coincidente con el coste marginal de producción, y con ello que el precio unitario iguale los costes unitarios, de modo que ningún productor u oferente obtiene ingresos por encima de su coste marginal o beneficios supraeconómicos. La tesis de SCHUMPETER se opone a esta lógica al reconocer la necesidad de la obtención de ingresos supraeconómicos por parte de las empresas que les permitan encarar los procesos de innovación (Ibid. pág. 87). Una posible respuesta sería la de internalizar la inversión en innovación como coste unitario, pero, aunque eso pudiera realizarse, el problema radica en que los costes de innovar son inciertos al momento de comenzar la actividad, por lo que no pueden financiarse mediante la distribución del producto anteriormente desarrollado y ya comercializado (es decir, no es posible amortizar de forma previa la inversión, repercutiéndola vía precio de los productos ya en el mercado).

111 De esta forma, por ejemplo, una innovación como internet, podría suponer, según SCHUMPETER la muerte del mercado editorial y cuantos sistemas jurídicos lo apoyen o soporten, obligando en ese caso a una completa remodelación del paradigma legal. Ello empujaría a la necesidad de repensar de un modo profundo el actual paradigma de los derechos de Autor. Esta no es, sin embargo, materia sobre la que el presente trabajo deba pronunciarse.

112 CLARK y SCHUMPETER cuando desarrollan sus teorías se refieren únicamente a la Competencia como incentivo dinámico en sí mis-

sistema en el que competencia y PI se alternan en el desenvolvimiento del mercado, de forma que se reconoce un periodo de exclusiva orientado a garantizar la posibilidad de recuperar la inversión por parte del empresario pionero, transcurrido el cual la creación intelectual pasa a ser de libre disposición y, por tanto, libremente utilizable por los participantes del mercado (vertiente estática), pero donde la configuración de la exclusiva misma atiende a establecer incentivos creativos sin esperar la llegada del segundo periodo, flexibilizando el sistema de turno exclusiva/competencia, permitiendo competencia limitada aún vigente la exclusiva.

Aunque normalmente se asocia que la PI crea y la libre Competencia difunde el conocimiento, sería más exacto reconocer que la PI crea y difunde el conocimiento y la libre competencia difunde la utilidad material o productiva de dicho avance. No necesita difundir el conocimiento porque este, como bien público que es, se va a diseminar por sí mismo y a coste cero. Lo que hace la libre competencia es posibilitar el uso de dicho conocimiento, habilitando, de ese modo, no solo su libre difusión a través de los medios del mercado en condiciones de eficiencia asignativa, sino, además, facilitando que otros operadores puedan crear a partir de lo ya inventado, contribuyendo a la generación y ampliación de ese *acquis* de información socialmente compartido. Este proceso permite la denominada innovación subsiguiente y, en ella, la particular estructura y configuración con que se dota la PI es muy rele-

---

ma. En la medida en que la comprensión actual incluye la Propiedad Intelectual como parte de dicho sistema de incentivos, la doctrina ha venido aplicando *mutatis mutandis* las ideas de dinamicidad también a los derechos de PI. Cfr. KOLSTAD O., "Competition law and intellectual property rights – outline of an economics-based approach", en DREXL J., *Research Handbook on Intellectual Property and Competition Law*, págs. 3-24, pág. 10.

vante, al operar como incentivo, pero también como potencial barrera a la innovación ulterior[113].

Uno de los aspectos, por tanto, más relevantes para el análisis dinámico de la PI y su relación con la innovación tiene que ver con el entendimiento de la PI como un sistema de incentivos no unigeneracional, en el sentido de que incentiva la creación de una sola generación o conjunto de innovaciones, sino plurigeneracional. De esta forma, dado que la innovación es un proceso cumulativo y autogenerativo[114], donde el innovador más que creador es un reelaborador[115], se plantea la necesidad de establecer un sistema de protección que no limite en exceso la posibilidad desarrollos ulteriores. Es importante, en consecuencia, garantizar que, aun sin haber concluido el plazo de duración de la protección original, la innovación ya consolidada pueda ser utilizada como base para una creación ulterior, garantizando, eso sí, un adecuado flujo de rentas. La alternativa a la flexibilización de la explotación de la innovación dependiente sería el acortamiento de los plazos de duración de la protección de la innovación inicial, pero ello tendría, lógica-

---

113 Con razón URIBE PIEDRAHITA C. A. y CARBAJO CASCÓN F., "Regulación «*ex ante*» y control «*ex post*». La difícil relación entre Propiedad Intelectual y Derecho de la Competencia", *ADI*, Tomo 33, 2012-2013, págs. 307-330, pág. 315, indican que la valoración de los comportamientos de uso estratégico de la propiedad intelectual en el mercado debe realizarse atendiendo a una adecuada comprensión de las características singulares de tales mercados, sus potencialidades estructurales y la capacidad de los concurrentes de competir a través de la innovación. No se trata, por tanto, de una elección alternativa entre eficiencia estática o dinámica, sino de alcanzar el mejor compromiso posible entre ambas en cada caso.

114 PORTELLANO DÍEZ P., *La Imitación en el Derecho de la Competencia Desleal*, Civitas, Madrid, 1995, pág. 98.

115 DOMINGUEZ PÉREZ E. M., *Competencia Desleal a través de actos de imitación sistemática*, Aranzadi, Navarra, 2003, pág. 74.

mente, un efecto reductor del incentivo, que se acompañaría de un efecto incremental del precio durante la exclusiva[116].

Un segundo efecto prospectivo de la limitación a la imitación impuesto por la PI, a menudo obviado en favor de la garantía de una mayor eficiencia estática, es el efecto multiplicador de la innovación que trae consigo la exclusiva.

La exclusiva genera en los competidores un deber de abstención cifrado en respetar un margen imitativo lo suficientemente fuerte como para conjurar la imitación de la innovación pionera. No solo se atrae con la recompensa a nuevos innovadores (visión tradicional), sino que se impone al resto de competidores ya asentados la obligación de innovar por sus

---

116 Lógicamente, los operadores actúan estratégicamente para maximizar sus beneficios en el *statu quo* legal vigente. Esto quiere decir que el titular de un derecho de PI va a adaptarse a las posibilidades de amortización que el mercado le brinda, aprovechando al máximo su monopolio jurídico y, por tanto, el económico derivado. Ahora bien, ese monopolio tiene una duración limitada, por lo que la estrategia de maximización de beneficios estará diseñada teniendo en cuenta dicho límite temporal. Para un conjunto de costes cuya cantidad es fija, la amortización de los mismos vía precio se opera en función del tiempo, es decir, cuanto mayor tiempo dure la exclusiva más bajo será el precio porque menos tiene que amortizarse por unidad de tiempo. En cambio, si el término es muy corto, la amortización se hará muy rápido y el precio subirá. Este precio es óptimo para el monopolista, en el sentido de que el precio se situará en el punto exacto para permitir la amortización de costes en el tiempo dado. Mientras que los consumidores se verán cargados con un mayor precio que el que podría haber supuesto un lapso de amortización menor. En este mismo sentido, PARCHOMOVSKY G. y SIEGELMAN P., "Towards an Integrated Theory of Intellectual Property", *Virginia Law Review*, Vol. 88, No 7, 2002, pp. 1455-1528, exponen los efectos positivos que tiene apalancar la patente de medicamento con su marca, al permitir ampliar el lapso de amortización de los costes de la innovación, minorando consecuentemente el precio medio por medicamento.

propios medios creando una nueva propuesta que, sin infringir la exclusiva concedida, opere como sustituto adecuado en la satisfacción de una necesidad equivalente. Se induce, con ello, una competencia *en el mercado* que deriva de la *competencia por el mercado.*

La actividad innovadora, como toda actividad comercial, se encuentra sometida a riesgos e incertidumbre[117]. El fracaso es, evidentemente, indeseable tanto individual como sistémicamente, pero forma parte del proceso competitivo. Igual que es función del sistema de competencia expurgar del mercado a los productores no eficientes, no debe interpretarse como fallido el sistema de PI por premiar solo a un creador o por obligar a realizar nuevas inversiones, pues con ello contribuye a un mismo tiempo a impulsar la innovación alternativa y la mejora y diversificación del desarrollo a todos los niveles, técnico, social y económico[118]. Ambos resultados negativos, tanto la expulsión de competidores en el caso de la competencia como los gastos de reinvención inducidos por la PI, están justificados por las consecuencias positivas que traen: en el primer caso, una mayor garantía de eficiencia en el mercado; en el segundo, nuevas posibilidades creativas que, si culminan, se convertirán en alternativas, aumentando de esta forma las posibilidades de consumo, reduciendo el impacto del mono polio jurídico sobre el mercado y generando, en suma, una pluralidad de escenarios posibles para el ulterior desarrollo e

---

117 CARROL M. W., "A framework for tailoring intellectual property rights", KUR A., y VYTAUTAS M., *The structure of intellectual property law. Can one size fit all?*, Edward Elgar, Cheltenham/Northampton, 2011, págs. 15-39, pág. 18.

118 Debe reconocerse, sin embargo, que este segundo efecto dinamizador es de naturaleza abstracta y no concreta – algo que ocurre a menudo cuando hablamos del análisis dinámico de la competencia – de modo que admite una mayor o menor concreción, según el tipo de mercado (y de tecnología) de que se trate.

innovación subsiguientes, mientras que los efectos negativos que trae consigo se pueden minorar mediante mecanismos de flexibilización de la explotación de los rendimientos.

3. LA CRISIS DEL MODELO ACTUAL DE PROPIEDAD INTELECTUAL: LA NECESARIA FLEXIBILIZACIÓN Y RECONVERSIÓN

3.1. Replanteamientos en el paradigma de la Propiedad Intelectual: de un modelo de propiedad a un modelo de explotación limitado

Superado el debate inicial sobre la pertinencia o no de la Propiedad Intelectual como sistema a integrar en el ecosistema normativo de Competencia, el foco de atención se pone en los puntos de fricción donde estos expedientes de tutela operan de modo disfuncional. La corrección de estos desajustes requiere soluciones flexibilizadoras que atiendan a los efectos de la tutela jurídica sobre los mercados. Para ello se puede optar con recursos interpretativos que operan tanto desde dentro (*a priori*) de la exclusiva, como desde su exterior (*a posteriori*), recurriendo en este segundo caso a instituciones jurídicas ajenas a la Propiedad Intelectual, que proporcionan espacio de maniobra interpretativo y base jurídico-legal habilitante suficientes como para poder corregir y moderar su alcance.

Ello ha conducido a una nueva tendencia en el estudio de la PI, que cada vez en mayor medida se desembaraza del peso dominical propio de su tradición, para abrazar una configuración progresivamente más próxima al contexto de mercado. Surgen ahora límites a los derechos exclusivos, inducidos por las necesidades del proceso competitivo. Se habla así de una flexibilización de la PI, como fenómeno regulatorio que afecta a su diseño y que busca ajustarse mejor a la realidad del mercado que regula, cambiando de un modelo de simple atribución de derechos a un complejo sistema de derechos, límites (y excepciones) y límites a los respectivos límites a su vez, orientado a la garantía de la preservación de posibilidades competitivas[119].

Surgen así planteamientos que reclaman un *flexible IP* como propuestas para lidiar con los problemas concurrenciales que traen estos derechos[120], utilizando para ello un enfoque *ad hoc* por cada conflicto en concreto[121]. Posturas extremas proponen el tránsito de un modelo de remuneración a uno de indemnización[122], es decir, pasar de un modelo *ex ante* de *pay per use* a otro *ex post* de *pay to infringe*. Algo que, sistemáticamente, desdibuja las diferencias con el modelo de sanción de la imitación que recoge el Derecho contra la Competencia Desleal[123]. El

---

119 CHRISTIE A. F., "Maximising permissible exceptions to intellectual property rights", KUR A., y VYTAUTAS M., *The structure of intellectual property law. Can one size fit all?*, cit., págs.121-135, pág. 123, establece una clara síntesis del modelo operativo con base al cual se crean y aplican los límites y excepciones a los derechos de PI.

120 Las dos líneas más trabajadas en este sentido han sido la creación de nuevos límites y su flexibilización, con una preocupación especialmente dedicada a la creación o innovación incremental subsiguiente. Para una aproximación general al panorama actual sobre flexibilización se recomienda la lectura de GHIDINI G. y FALCE V., *Reforming Intellectual Property*, Edward Elgar, Cheltenham/Northampton, 2022.

121 SHUGHART II W.F y THOMAS D.W, "Intellectual Property Rights, Public Choice, Networks and the New Age of Informal IP Regimes", cit., pág. 172.

122 Por ejemplo, KUR A. y SCHOVSBO J., "Expropriation or fair game for all? The gradual dismantling of the IP exclusivity paradigm", *Max Planck Institute for Intellectual Property, Competition and Tax Law Research Paper* Series Nº, 09-14, *passim.* exploran esta posibilidad.

123 Naturalmente, las diferencias existen, por cuanto la *flexible IP* opera sobre un estatuto jurídico reconocido, algo que es ajeno a la Competencia Desleal, y aunque opera como un mecanismo corrector *ad hoc*, precisamente su utilidad se encuentra radicada en funcionar como excepción y no como regla, esto es, la Competencia Desleal

emborronamiento de la línea divisoria entre ambas disciplinas permite plantear, incluso, que la flexibilización de los derechos de PI se pueda operar materialmente a partir o con apoyo del sistema de Competencia Desleal[124]. Sobre esta cuestión incidiremos más adelante, por el momento, retenga el lector este paralelismo en mente.

---

cuenta con un carácter estructural dentro del Ordenamiento Jurídico que, en principio, es ajeno a la corrección impuesta al caso desde la *flexible IP*. De este modo, puede sostenerse que el juicio concurrencial de la Competencia Desleal pueda integrarse en el análisis de los efectos del derecho de PI concretamente invocado, operando no como mecanismo de refuerzo, sino como sistema hermenéutico sobre el que valorar la oportunidad de exceptuar la tutela subjetiva en favor de las necesidades de mercado y ello sin pérdida de la autonomía e identidad de cada una de ambas instituciones jurídicas.

124 En suma, permitiría simplificar en gran medida los esfuerzos argumentativos como los sustanciados en el Caso Megakini, de los que nos da cumplida cuenta en su comentario CARBAJO CASCÓN F., "Flexibilización del Derecho de Autor mediante Límites externos a la normativa específica. El caso Megakini v. Google", *ADI,* Tomo 33, 2012-2013, págs. 543-547. Como se explica en el comentario, el Tribunal Supremo da por bueno, aunque limita únicamente a dicho caso, el argumento de la Sección 15 de la AP de Barcelona, encaminado a, partiendo de la "inversión" del art. 40 bis TRLPI, en conjunción con el argumento analógico combinado a su vez con el argumento al absurdo, justificar la no perseguibilidad de la conducta consistente en la reproducción automática de un sitio web de gestión de apuestas deportivas en la memoria caché y página del motor de búsqueda "*GoogleSearch*". El entronque de Competencia Desleal con la Propiedad intelectual, en particular, la construcción del ilícito intelectual sobre la base del ilícito desleal permitiría purgar de forma sencilla la posibilidad de sancionar dichas conductas. Sobre estas ideas volveremos en un momento posterior.

3.2. La Propiedad Intelectual al servicio de la competencia: el dilema de la eficiencia

La necesidad de flexibilizar el sistema resulta en el momento presente difícilmente discutible, el problema se plantea fundamentalmente en torno a dos cuestiones: fines y medios[125].

La cuestión que mayor importancia ha copado es, sin duda, la de los fines a los que debe atender la flexibilización de la PI, fundamentalmente, en una lectura, la imperante, que aboga por el adelgazamiento interpretativo de los derechos exclusivos. Ello supone podar buena parte de la regulación, para dejar únicamente un marco de protección básico, imprescindible, que actúe como incentivo mínimo a la producción creativa e innovadora, dejando el resto del empuje al libre desarrollo de la competencia y el mercado.

El objetivo último no es adelgazar sin más los derechos de PI bajo la premisa de dejar más espacio al libre mercado, sino diseñar el sistema de PI de forma que no se generen dinámicas de mercado que puedan resultar perjudiciales a largo plazo, tornando el incentivo inicial a la innovación finalmente en un freno[126].

---

125 CARROL M.W., "A framework for tailoring intellectual property rights", cit., pág. 17, enumera 6 alternativas flexibles en la consecución del fomento a la innovación: información directa del gobierno, sus empleados y becarios, compensación directa *ex ante* del innovador, compensación directa *ex post* del innovador, compensación indirecta del innovador mediante beneficios fiscales, protección del innovador mediante la concesión de una exclusiva (Sistema de PI) y otras formas de protección (donde incluye algunas figuras de naturaleza concurrencial desleal).

126 SHUGHART II W.F y THOMAS D.W, "Intellectual Property Rights, Public Choice, Networks and the New Age of Informal IP Regimes", cit., pág. 179.

Es por ello, que la flexibilización de la PI no debe ir exclusivamente en un sentido reduccionista de la protección, sino que el paradigma debe ser la mejor adecuación de la legislación a los efectos deseados en el mercado y, por tanto, debe interpretarse como una flexibilización bidireccional, donde una parte muy importante del flujo será, lógicamente, el recorte de determinadas zonas de protección legal para que allí puedan desarrollarse nuevos mercados o nuevas facetas de competencia, pero también será necesario, lógicamente, adaptar la protección allí donde los límites legales se manifiestan como insuficientes.

En algunos casos, el sacrificio que deberá imponerse al titular será absoluto, entendiendo por tal la obligación de tolerancia del uso potencialmente infractor, sin percibir indemnización alguna, al no haber daño real a la explotación del bien inmaterial que deba indemnizarse; en otros, el sacrificio es repartido entre el titular y el potencial infractor, de modo que el primero no puede prohibir la conducta por ser económicamente beneficiosa, pero, a cambio, deberá el segundo resarcir el daño[127] – si quiera como daño potencial – en un paradigma que, como hemos venido viendo, traduce la propiedad en responsabilidad.

Se hace, por tanto, necesario contar con un criterio hermenéutico con respecto al cual poder comprobar si la situación concurrencial que hemos conseguido va en la buena dirección. Esta pauta es, de modo indiscutible, la eficiencia.

Bajo la perspectiva estática de la eficiencia, la flexibilización trata de proponer una mutación del pacto social, caracterizado

---

127 Un planteamiento similar lo encontramos ya en la conocida internacionalmente regla de los tres pasos del art. 9(2) del Convenio de Berna para la Protección de las Obras Literarias y Artísticas, adoptado en 1886 e incorporada posteriormente al art. 13 de los ADPIC/TRIPS

por la alternancia cronológica, buscando que la sociedad pueda beneficiarse desde el "minuto uno" del conocimiento generado. Así, se le dice al innovador que tiene que dejar que otros competidores puedan, en determinados casos, utilizar todo o parte de su invento o innovación, porque así la sociedad avanza más rápido y mejor, lo que redunda en el beneficio colectivo, incluido él, que ve buena parte de su sacrificio compensado en la forma de flujos de rentas. Una modulación del modelo tradicional que no solo quita espacio de exclusiva al innovador, sino que también le abre nuevos horizontes, al liberarle de la carga de explotar por sí mismo la innovación, pudiendo licenciar a otros para que la exploten en todo o en parte, facilitando una diversificación en la recuperación de los costes derivados de la inversión[128]. Desde esta perspectiva, los límites temporales pierden parte significativa de su relevancia, pues no hay un límite dicotómico a la explotación, de forma que no hay necesidad de un cambio sustancial de paradigma a partir de un determinado punto cronológico, sino que se posibilita prolongar el periodo de amortización sin perjudicar las posibilidades de explotación de la innovación por otros sujetos del mercado, esto es, mejora la transacción estática, sin perjudicar las perspectivas dinámicas[129], favoreciendo una amortización determinada por el mercado y no por la rigidez de un límite cronológico.

---

128 GILBERT R. J., *Innovation Matters: Competition Policy for the High-Technology Economy*, MIT Press, 2020, pág. 62.

129 Perspectiva centrada en la garantía de la pluripotencial habilitación de innovación subsiguiente. De este modo, la PI estará justificada dinámicamente si no impide generar nuevos mercados descendientes que aporten valor añadido a los consumidores. Allí donde las ineficiencias aparecen, se recomienda una flexibilización de la PI, que será indemnizada o no, según el grado de afectación a los intereses legítimos de su creador-titular.

El segundo de los puntos (a mi modo de ver) conflictivos en torno a los cuales operar la flexibilización es el de los medios. Generalmente se ha asumido que la fórmula para la modulación parte de engrosar el aparato de límites, que aumenta en número y en tamaño, tornándose un sistema más complejo cada vez. La rebaja de la complejidad es difícil, aunque a ella pueden contribuir mecanismos de conexión interpretativa que habiliten la creación de límites no solo intrínsecos, sino también extrínsecos[130].

En efecto, la regla de los tres pasos en el Derecho de Autor[131] constituye uno de los mayores hitos flexibilizadores de la Propiedad Intelectual[132]. Aunque se formula como garantía legal de los intereses del innovador titular de derechos de Pro-

130 Como hizo ya referencia expresa CARBAJO CASCÓN F., "Flexibilización del Derecho de Autor mediante Límites externos a la normativa específica. El caso Megakini v. Google", *ADI*, Tomo 33, 2012-2013, págs. 543-547.

131 Está también presente, no obstante, para el Diseño Industrial en la protección internacional. Así el art. 26.2 APDIC establece la posibilidad de fijar límites para el Diseño Industrial siempre que no atenten de forma injustificable contra la explotación normal de los dibujos y modelos ni causen un perjuicio injustificado a los legítimos intereses del titular del dibujo o modelo protegido.

132 Como nos da excelente cuenta SENFTLEBEN M., "EU copyright 20 years after Infosoc Directive – flexibilty needed more than ever", en GHIDINI G. y FALCE V., *Reforming Intellectual Property*, cit., págs. 188-193, sería posible identificar, al menos, dos funciones en la regla de los 3 pasos: por un lado la función limitante de la capacidad nacional para la creación legal de límites y, por el otro, la función habilitante que permitiría limitar por la vía nacional la protección por PI cumpliendo los requisitos exigidos por dicha norma, a saber, que se trate de un caso especial, que la limitación no afecte a la norma explotación ni cause con ello un perjuicio injustificado a los intereses del titular.

piedad Intelectual[133], su "inversión"[134] interpretativa ha permitido desarrollar una línea doctrinal bastante fecunda dedicada a la implantación de una posición favorable a la creación judicial de límites a los derechos de explotación. Esta línea se basa en la idea de crear límites desde la perspectiva autónoma de los derechos de Propiedad Intelectual y que, en este sentido, podrían calificarse como de límites intrínsecos.

Dada la similitud, lo acabamos de ver, entre la tendencia a crear un sistema de PI basado en la infracción indemnizada de los derechos y el sistema propio de la Competencia Desleal, donde se parte de una proclamación general de la libertad de uso, que después se acota contextualmente como infractor, la Competencia Desleal se presentaría, desde esta perspectiva, como un mecanismo externo no solo de extensión de la protección, sino también de justificación de usos que deben considerarse (concurrencialmente) permitidos. De esta forma, la Competencia Desleal, lo veremos, habilitaría la entrada del Derecho de la Competencia en sentido amplio, como referencia analítica a la hora de crear límites a la explotación de los derechos exclusivos[135]. Dichos límites tendrían eso sí, la natu-

---

133 Especialmente en el ámbito de la UE, donde la Dir. 2001/29/CE, del Parlamento y del Consejo, de 22 de mayo de 2001, sobre la armonización de ciertos aspectos de derechos de autor y derechos afines a los derechos de autor en la sociedad de la información (más conocida como Infosoc), solamente recoge la función limitante a la que hacíamos referencia en la nota al pie anterior.

134 Se habla internacionalmente de inversión, precisamente porque el posicionamiento de la Directiva Infosoc al que acabamos de hacer referencia supone la necesidad de invertir la lógica que subyace al diseño de la norma para rehabilitar esa segunda función habilitadora que comenta SENFTLEBEN, al que acabamos de hacer referencia.

135 En realidad, esta cuestión no resulta una novedad para el lector que conozca la línea jurisprudencial asentada del TJUE en relación con el acceso a infraestructuras esenciales en los mercados. Cfr. SSTJCE de 6 de abril de 1995 (As. C-241/91 P y C-242/91 P), caso Magill; de

raleza de extrínsecos, al venir determinados por una normativa ajena al derecho de PI correspondiente[136].

Únicamente restaría por solventar el problema del encaje formal de dichos límites extrínsecos. La inversión de la regla de los tres pasos conduce, esencialmente, a defender la oportunidad de crear un límite genérico de algún modo próximo al *fair use* angloamericano. Podría pensarse, por tanto, en un límite "por razones de competencia" en el cual introducir buena parte de los postulados de mercado que trae consigo la Competencia Desleal como instrumento de garantía de su buen funcionamiento, facilitando la adopción de decisiones que atiendan a todos los intereses en juego sobre la base del *modus operandi* que le es típico: la ponderación. Con ello salimos de un esquema dicotómico, donde la actuación infringe de modo total la exclusiva o no la afecta en absoluto, para abrir la puerta a una gradación, permitiendo el uso necesariamente tolerado y no indemnizado[137], el uso tolerado e indemnizado o, incluso,

---

26 de noviembre de 1998 (As. C-7/97) caso Oscar Bronner, de 29 de abril de 2004 (As. C-418/01) caso IMS Health.

136 Evidentemente, se está pensando en permitir el uso a partir de la valoración competitiva del acto, fundamentalmente en términos de lealtad o deslealtad, pues el alineamiento de la Competencia Desleal con los valores propios del Derecho de la Competencia resulta hoy en día indiscutible. Hablamos, por tanto, de un sistema paralelo o distinto a la ponderación de intereses propio de la regla de los tres pasos, donde se trata de valorar la conducta desde un prisma de mercado y de los efectos del uso tanto para el titular como para el entero funcionamiento del mercado.

137 Ilustrativa del parecer norteamericano sobre esta cuestión es la reciente sentencia sobre el caso *Google L.L.C. v. Oracle*, [593 U.S.___ (2021)], donde se pone fin a un largo litigio entre Google y Oracle a colación de la copia de 11.500 líneas de código relativa a una API de JAVA (titularidad de Oracle) por parte de Google y su incorporación en el código del sistema operativo (S.O.) Android. En ella, el Supreme Court norteamericano, modera la infracción con

el uso prohibido no indemnizado[138], cuando la composición

---

recurso a la figura del *fair use*, sobre la base de cuatro argumentos: el carácter poco creativo y más bien técnico del código copiado, el propósito con el que fue utilizado (centrado en facilitar a los programadores la transición a Android, aprovechando su familiaridad con Java), la escasa cantidad copiada (no más de lo imprescindible) y los efectos sobre la competencia en el mercado. Para una síntesis del caso vid. "Google LLC v. Oracle America, Inc." en *Harvard Law Review*, Vol. 135, Issue 1, November 2021, págs. 431-440; sobre esta misma cuestión, añadiendo comentario, contexto y referencias bibliográficas APARICIO VAQUERO J.P., "Derecho de Autor y más allá: algoritmos, código de los programas de ordenador y apps", *Revista de Propiedad Intelectual: Pe. i.*, Nº 71, 2022, págs. 13-98, págs. 37-44 (copia para impresión).

138 Sirva en este sentido de ejemplo la STJUE de 3 de junio de 2021, As. C- 762/19, Caso CV-Latvia, la cual resuelve que el motor de búsqueda especializado que arroja a modo de resultado un hipervínculo a través del cual se accede a una base de datos – titularidad de otro sujeto – sobre ofertas de empleo, constituye un acto de reutilización y extracción en el sentido de la Dir. 96/9/CE, sobre bases de datos (Cfr. Párrs. 30-37), pero condiciona la prohibición a que dicha conducta genere un perjuicio a la inversión realizada o constituyan un riesgo para la amortización de la inversión realizada en la antedicha base de datos (Cfr. Párrs. 39-46). Aquí nos encontramos, precisamente, con el reconocimiento de la existencia de un acto de infracción, al menos en términos formales, pero donde el Tribunal de Justicia decide conectar la protección formal del Derecho de PI con los efectos reales y verificables en el mercado, en una aplicación que puede identificarse como hecha en clave concurrencial, en el sentido de aplicar las normas de PI a partir de los efectos de la prohibición en el mercado. En dicha valoración, el TJUE llama la atención a la necesidad de un equilibrio justo entre titulares y usuarios sobre el derecho *sui generis* de bases de datos (párr. 42), teniendo en cuenta que la actividad de los agregadores contribuye al desarrollo del mercado de la información, aportando un valor añadido propio derivado de la agregación y organización de la información que recopilar (párr. 43). La construcción del argumento sería la siguiente: el uso nace como un uso prohibido, pero tiene efectos procompe-

de intereses así lo imponga, por no haber daño real derivado de un uso que, sin embargo, deba resultar prohibido[139].

3.3. *La Competencia Desleal como mecanismo de protección de la innovación: de la forma a los efectos*

Si estamos hablando de la necesidad de reducir el impacto de la PI sobre el mercado, tratando de hacer que las soluciones que se alcancen sean más próximas a las necesidades de la competencia, la CD está llamada a influir en este planteamiento, al menos en aquellos países que cuentan con un sistema de CD desarrollado y funcional.

Como punto de partida, debemos tener en cuenta que la CD cuenta con dos características que resultan especialmente

---

titivos manifiestos y no genera un daño directo o menoscabo a la posición de titularidad ni competitiva de quien ostenta la exclusiva. De este modo, puede entenderse que la exigibilidad de licencia hipotética (recurso de cuantificación que la ley pone a disposición en beneficio del titular para el caso de que no pueda demostrar más daños) ni el criterio de beneficio obtenido por el infractor con su infracción llega a activarse, por cuanto la naturaleza procompetitiva del uso *ab initio* infractor, lo convierte en un uso lícito y, por tanto, no infractor. Estos planteamientos, menos desarrollados pueden verse en STJCE de 6 de abril de 1995, as. C- 241/91 P y C-242/91 P, Caso Magill y la aplicación de la doctrina de las *essential facilities*.

139 De lo que se trata, en suma, es de aplicar racionalmente las normas de Propiedad Intelectual al caso y huir de aplicaciones de corte formal, a través de un límite de uso justo (*fair use*), en el sentido de no abusivo. A ello puede contribuir como herramienta informadora las normas que prohíben la Competencia Desleal, al permitir compaginar de un modo adecuado los intereses del titular en tanto que competidor, con los intereses del mercado, resultado de la agregación de los intereses de los competidores, los de los usuarios y el propio interés público en el correcto funcionamiento del sistema de competencia.

interesantes de cara a la flexibilización de las normas de PI: la primera de ellas es que ambos sectores se centran tradicionalmente en la tutela de la posición del empresario, la PI en un contexto de exclusiva de explotación sobre un activo intangible de su creación, la CD en lo que atañe al mantenimiento de la posición competitiva que ocupa el competidor[140/141] frente a aquellas inmisiones perjudiciales para el adecuado desenvolvimiento de la misma en el mercado; el segundo aspecto relevante de la CD en relación con la PI es que la primera constituye un sistema sumamente flexible de aplicación normativa en un contexto de mercado y, por tanto, puede servir de referencia a la hora de acometer la flexibilización.

El sistema general de Propiedad Intelectual se configura como una excepción al principio de libre competencia[142]. Estas excepciones, cuentan a su vez con límites, esto es, nuevas excepciones de las excepciones, donde la exclusiva no interviene y se abre, de nuevo, un espacio para competir. A su vez, di-

---

140 En un sentido similar STIEPER M., "Das Verhältnis von Immaterialgüterrechtsschutz und Nachahmungsschutz nach neuem UWG", *WRP*, Heft 3, 2006, págs. 291-302, pág. 295.

141 Esta posición competitiva no aparece, sin embargo, como derecho del competidor afectado, ni como integrante de su patrimonio si quiera empresarial o comercial. En realidad, la posición competitiva experimenta una reviviscencia alejada de todo prisma subjetivo, atendida como elemento estructural de la competencia en el mercado que es, es decir, aparece como institución del mercado y no como prerrogativa subjetiva. En línea con lo que señala HILTY R., "The Law Against Unfair Competition and its Interfaces", en HILTY R. M. y HENNING-BODEWIG F., *Law Against Unfair Competition*, cit., pág. 22, la posición otorgada no puede ser considerada un fin en sí mismo, sino un medio para favorecer el interés general.

142 EHMANN T., "Monopole für Sportverbände durch ergänzenden Leistungsschutz?", *GRUR Int.*, Heft 8/9, 2009, págs. 659-664, pág.661, habla de que los derechos de Propiedad Intelectual constituyen "islas dentro de un mar de competencia".

cho espacio para competir no es necesariamente absoluto, sino que se puede someter a las reglas generales que disciplinan la competencia, y ello sin que dicho sistema suponga una aplicación analógica o extensiva de los derechos de PI, sino una aplicación autónoma de las normas de Competencia. De esta forma, los límites al derecho de PI se amplían y encojen según las necesidades de la competencia y los efectos que la práctica tenga sobre esta, generando un modelo móvil y adaptable, que permite ajustar el sistema de PI a cada entorno de mercado, garantizando una aplicación siempre ajustada a las necesidades presentes en el mismo. De igual forma, dado que esta "isla de exclusiva" está rodeada de competencia, forma parte del ecosistema competitivo de normas y, por tanto, puede ser escrutada desde dicha perspectiva, de modo que las normas de competencia puedan ampliar o reducir su espacio e incluso enervar su aplicación, cuando las circunstancias del mercado y la competencia así lo requieran[143].

---

143 Un fenómeno como el que describimos se ha producido en sede de Derecho de Marcas (se verá más adelante en mayor profundidad), donde, tal como indica RODRÍGUEZ RAMÍREZ S.C., *La protección jurídica de la marca frente al uso como palabra clave en los motores de búsqueda y en las plataformas de comercio electrónico*, Atelier, Barcelona, 2022, pág. 99, el cierre del ámbito de tutela de la marca se habría desplazado del ámbito funcional del derecho concedido a la valoración de las características de uso realizado en cada caso, juicio éste que se desarrolla en una perspectiva de mercado y con un papel destacado de los efectos que dicho uso tenga para la competencia, de modo que, el uso procompetitivo de un signo, aun pudiendo afectar a algún componente funcional de la marca, será un uso permitido si resulta a la postre favorable para la competencia. Este planteamiento tendría su máxima expresión en el límite internalizador de uso "con justa causa" que ha aparecido en la reciente reforma de la legislación – europea y nacional – de marcas, donde la "justa causa" sería tanto como demostrar la existencia de un interés legítimo habilitador del aprovechamiento, generalmente un efecto favorecedor de la competencia (Cfr. pág. 224) o, en su caso, el ofrecimiento

Un modelo como el de la Competencia Desleal permite, ante todo, una aplicación centrada en las circunstancias del caso concreto, lo que supone la posibilidad de ajustar la respuesta a las necesidades de la competencia *in concreto*. Un desarrollo de particular interés en este sentido es el que se ha producido (y auspiciado) en el contexto europeo del Derecho de marcas, donde se ha evolucionado hacia un modelo *ad hoc* de valoración de la infracción, atendiendo no solo al aparato formal propio de la PI, sino también al contexto de la conducta en el mercado[144].

---

de una compensación económica por el uso (algo reconocido en STJUE de 18 de junio de 2009, as. C-487/07, Caso L´Oreal/Bellure, pár. 44 y que iría ya en la línea propia de doctrinas de *flexible IP* de sustituir propiedad por responsabilidad); en este mismo sentido GALACHO ABOLAFIO A. F., *La nulidad de la marca inscrita ante la mala fe del solicitante*, Tirant lo Blanch, Valencia, 2023, pág. 140 considera que la teoría de las funciones de la marca empuja a abandonar el sistema de enjuiciamiento tradicional marcario y atender a conceptos e interpretaciones más propios de la Competencia Desleal.

144 Cfr. OHLY A., "Interfaces between trade mark protection and unfair competition law: Confusion about confusion and misconceptions about misappropriation", cit., *passim*, en especial págs. 42 y 45; en esta misma línea CARBAJO CASCÓN F., "La marca en los sistemas de distribución selectiva (el problema de las ventas paralelas", en GALÁN CORONA E. y CARBAJO CASCÓN F., *Marcas y Distribución comercial*, Ediciones Universidad de Salamanca, Salamanca, 2011, págs. 153- 212, pág. 196 y ss., detecta una concurrencialización de la valoración de si opera o no el agotamiento del Derecho de Marca; también CARBAJO CASCÓN F., "La doctrina de los círculos concéntricos y de la complementariedad relativa entre el derecho de marcas y de competencia desleal, a la luz del uso de signos ajenos como palabras clave vinculadas a enlaces publicitarios en motores de búsqueda", en BLANCO SÁNCHEZ M. J. y MADRID PARRA A., *Derecho Mercantil y Tecnología*, Thomson Reuters Aranzadi, Navarra, 2018, págs. 659-683.

La Competencia Desleal debe, por tanto, considerarse como un modelo a partir del cual poder trabajar la flexibilización de la PI, siendo, por tanto, clave identificar cuáles son los aspectos sobre los que la CD opera esta individualización respecto de la regla general.

Pero no solo, también sería conveniente garantizar un mejor flujo y una retroalimentación entre PI y Derecho de la Competencia, como parte, ambos, de un conjunto normativo complejo que atiende a mejorar las condiciones de mercado en beneficio de todos cuantos participan en él[145]. Esto, resulta, sin embargo, hoy una cuestión compleja, que requiere ulterior reflexión, pues la doctrina académica y jurisprudencial mayoritaria, pese a admitir que ambas piezas, PI y Competencia, forman parte de un sistema de mercado innovador y sano, continúan aplicando e interpretando ambos conjuntos normativos como constructos orientados en direcciones contrarias, generando tensiones que dificultan los avances en este sentido.

Por lo demás, la CD puede asumir también un rol sustituto de la protección individual del empresario[146], generador de un riesgo de contradicción respecto de la solución definida por las normas de PI. Esta perspectiva debe, sin embargo, tomarse con cautela, ya que contribuye a desdibujar la línea divisoria entre ambas normas en el sentido de configurar la CD como un sustituto o complemento de la PI, que opera sobre las bases de los mismos planteamientos y argumentos. Ello no es así, la CD tiene una autonomía normativa y una independencia fun-

---

145 BÄRENFÄNGER J., Das Spannungsfeld von Lauterkeitsrecht und Markenrecht unter dem neuen UWG. Symbiotische Theorie zum Kennzeichen- und Lauterkeitsrecht, cit., pág 176.

146 GONDERT F., *Der wettbewerbsrechtliche Leistungsschutz. Ein Beitrag zum wettbewerbsrechtlichen Schutz von der Ausbeutung fremder Leistungen durch das Einschieben in eine fremde Produktserie*, Duncker & Humbolt, Berlín, 2013, págs. 139 y 140.

cional y ontológica respecto de las normas de PI que debe valorarse y respetarse. La CD es ante todo una norma que atiende al comportamiento competitivo en el mercado, tratando de purgar aquel que resulta especialmente nocivo, por introducir dinámicas que resultan indeseables dentro del proceso de competencia. El objetivo primordial, por tanto, de la CD es lograr un sistema de competencia funcional en el mercado, que no incurra en excesos que puedan imponer conflictos sistémicos en el largo plazo, apareciendo ahí la dimensión dinámica, garantizando un sistema competitivo "limpio", transparente y equilibrado, y ello, además, en beneficio de todos los que participan en el mercado.

De esta forma, si la PI se preocupa de la existencia de una competencia por innovación a futuro y el Derecho de la Competencia de la existencia de una competencia efectiva, la CD se centra en que esta competencia, tanto presente como futura, sea no solo real y efectiva, sino que, además, se acompase a un conjunto de valores sobre los que se sustenta el sistema de mercado, impidiendo la materialización de excesos competitivos. Es decir, mientras Derecho de la Competencia y PI se centran en que haya competencia, la CD se centra en cómo ha de ser (y de hecho es) esa competencia[147].

El problema, por tanto, estriba en la necesidad de organizar adecuadamente la aplicación de estos tres conjuntos normativos de una forma que su análisis individual no prejuzgue ni las relaciones existentes entre los sistemas, ni la forma de entender cada sector del Derecho del mercado. Por tanto, la determinación de las relaciones que deben regir entre los diferentes sistemas de tutela y promoción de la competencia en

---

147 Por ello habitualmente se deslinda el solapamiento entre PI y CD, argumentando que "la CD no se centra en el qué de la imitación (expresión nítida del principio de libre competencia), sino en el cómo de la misma".

el mercado debe operarse no desde una perspectiva finalista o por los efectos, sino a partir de la concreción de sus relaciones axiológicas.

4. RELACIONES DEL DERECHO DE LA COMPETENCIA DESLEAL Y LA PROPIEDAD INTELECTUAL DESDE EL PLANO AXIOLÓGICO: LA COMPLEMENTARIEDAD NO SOLO COMO ALGO POSIBLE SINO COMO ALGO DESEABLE

La adecuada construcción de las relaciones existentes entre PI y CD exige arrancar de un análisis axiológico, contrastando los principios guía de una y otra disciplina con el fin de comprobar si existe la posibilidad de una aplicación complementaria o si, por el contrario, la CD se configura como una duplicación parcialmente redundante en cuanto al ámbito de los derechos de PI se refiere, debiéndose entonces explorar la dimensión consumerista que ha venido desarrollando en los últimos años (especialmente desde la Dir. 2005/29/CE).

4.1. La superación de la tensión entre innovación e imitación en el plano jurídico: Propiedad Intelectual y Competencia como caras de una misma moneda

El punto de partida para la valoración de las relaciones entre CD y PI pasa necesariamente por analizar la relación material innovación-imitación a la que cada uno de estos subbloques atiende.

En este sentido, el correcto desenvolvimiento de las dinámicas competitivas del Mercado en el largo plazo no puede hacerse depender exclusivamente del paradigma de innovación basado en la absoluta protección del innovador. El carácter incompleto de la protección exclusiva como mecanismo operativo del mercado impone la contemplación de una segunda etapa complementaria que impulse y permita la competencia, favoreciendo el ulterior perfeccionamiento de la prestación en un sistema de mercado, dejado la valoración de las conductas al arbitrio de las reglas de buena fe objetiva y fuera, por tanto, del *ius excludendi alios*. El derecho exclusivo, por tanto, debe tener una naturaleza limitada.

Ello permite la evolución dialéctica del sistema de innovación, donde a etapas de imposibilidad de imitar, le suceden aquellas que lo permiten de forma amplia, aunque no absoluta. La concepción dialéctica del progreso ha cimentado precisamente una cierta idea de contradicción ontológica entre las reglas de PI y de Competencia. Lo cierto es que ambas se limitan recíprocamente, pues la libertad de imitar tiene una de sus fronteras en el respeto a la PI y la protección exclusiva se presenta como excepción a la libertad de imitación y, por tanto, de competir.

La pregunta que surge, llegados a este punto, es clara: ¿Cuál de dichas fuerzas es prioritaria? A ella respondió ya HEFERMEHL[148], mediante el recurso a la retórica newtoniana[149], defendiendo que al igual que los científicos se apoyan en los hombros de gigantes, los innovadores de hoy en día se apoyan sobre "los hombros de sus predecesores". Lo que no es sino el reconocimiento del paradigma actual sobre el que opera la innovación científica, técnica y de otro tipo, el hecho de que

148 BAUMBACH A. y HEFERMEHL W., *Wettbewerbsrecht* Aufl.22, C.H. Beck, Múnich, 2004, estudio de la UWG § 1 aF, apartado 439, citado en FEZER K. H., *Lauterkeitsrecht. Kommentar zum Gesetz gegen den unlauteren Wettbewerb*, Band I, C.H. Beck, Múnich, 2010, pág. 1136.

149 Si bien, en realidad, la frase es atribuible al filósofo Bernard de Chartres (S.XII), Cfr. GHIDINI G., *Rethinking Intellectual Property. Balancing Conflicts of Interest in the Constitutional Paradigm*, cit., pág. 129.

la innovación es relativa e incremental[150], se constituye, sin embargo, en dogma y de esta forma, la PI pasa a ser, como hemos visto, una "isla en un mar de competencia"[151] y, por tanto, a estar sujeta a las corrientes y tensiones de las mareas que la rodean, que obligan o aconsejan, según qué casos, a realizar una interpretación de las instituciones de la PI en clave concurrencial, ya sea en la forma de límites *ex ante* en la legislación, o mediante la intervención *ex post* del Derecho *Antitrust.*

El estado actual de la técnica en todos los niveles, el estado de desarrollo del mercado, de la competencia que en él se desarrolla, y de las prestaciones que en él se ofrecen, es resultado de la superposición cronológica de fases de exclusiva y de imitación[152] que, a modo de estratos geológicos, expresan de forma visual la historia de los distintos mercados, la innovación corresponde a la fase de depósito, mientras que la imitación favorece su sedimentación.

Ahora bien, admitido este desenvolvimiento como natural en la innovación, debe reconocerse que el enfoque dialéctico no resulta el más adecuado sobre el que postular lugares comunes entre ambas dinámicas (exclusiva e innovación), concebidas a menudo como compartimentos preferiblemente estancos. La complejidad e hibridación del devenir de la competencia ha dejado desfasado este planteamiento y demanda nuevos prismas igualmente multidisciplinares, como las con-

---

[150] En contra, SCHUMPETER J.A., *Capitalism, Socialism and Democracy*, cit., pág. 83, considera que la innovación se produce a través de procesos de avance exponencial que desplazan y eliminan la tecnología existente hasta ese momento.

[151] Una vez más, EHMANN T., "Monopole für Sportverbände durch ergänzenden Leistungsschutz?", *GRUR Int.*, cit., pág. 661.

[152] Para una descripción en detalle del modelo y los efectos de incentivo Vid. GILBERT R. J., *Innovation Matters: Competition Policy for the High-Technology Economy*, cit., págs. 57-59

ductas que estudia. El modelo dialéctico falla al desconocer la multiplicidad de posibilidades que cada paso en la innovación deja ante sí para desarrollos subsiguientes, en una perspectiva con cierta miopía estática que considera adecuado que el *statu quo* se invierta absolutamente en el tránsito de una fase a otra.

El análisis dinámico de la competencia permite aportar en este contexto cierta claridad. Es posible detectar, sin embargo, que, incluso en fase de exclusiva, la innovación plural y cumulativa sigue siendo posible al margen del concreto bien inmaterial protegido, habiendo también una competencia centrada en innovar, en la que no se compite por el producto en sí, sino por el concepto o idea que le subyace, se compite "no en el mercado, sino por el mercado"[153]. Se compite "en medios y en resultados", frente al momento posterior, estático, donde se compite "o en medios, o en resultados". Cada paso dado, solidificado en forma de una exclusiva jurídica, no retiene los pasos ulteriores hasta el fin del periodo de un modo absoluto, estos se pueden ir dando gracias a los mecanismos de flexibilización y a la posibilidad de conceder licencias de explotación, y gracias también a la posibilidad de inventar al margen de lo protegido, a la posibilidad de innovar en alternativas[154]. De la misma forma, la fase de imitación no comprende solamente la réplica idéntica y generalizada del producto innovador, sino que también acoge su variación, su mejora o su reutilización para nuevos propósitos. Es decir, hay imitación en la innovación e innovación en la imitación, lo que nos debe conducir a repensar un enfoque alternativo, que atienda adecuadamente a los flujos recíprocos que se producen entre "ambas caras de la moneda".

---

153 DREXL J. "Is there a 'more economic approach' to intellectual property and competition law?", cit., pág.42.

154 GHIDINI G., *Rethinking Intellectual Property*, cit., pág. 123.

El replanteamiento demanda abandonar el modelo tradicional donde la moneda gira de cara al cabo de cierto tiempo y pasar a un modelo mucho más fluido, apegado a las necesidades del mercado en cada momento, donde la solución no sea exclusivamente formal y dependa de comprobar si el caso planteado entra dentro o no del ecosistema de derechos de PI. Es necesaria una flexibilización material o funcional, y no de los derechos de PI (como clama la doctrina), sino del paradigma de innovación al que el tándem PI-Competencia responde[155].

4.2. *La necesidad de suavizar la transición entre Propiedad Intelectual y Competencia: el papel medial de la Competencia Desleal*

El punto de destino es , por tanto, un sistema más realista que entienda las necesidades del mercado y atienda a la transición entre distintos modelos de explotación. Evidentemente, el mercado necesita un tiempo de adaptación cuando pasa de una situación de monopolio o de una mayor concentración en el poder de mercado, a una estructura de competencia pura. Desde la perspectiva del extitular, la posición privilegiada en el mercado favorecida por la exclusiva puede haber ido acompañada de otra serie de ventajas competitivas concomitantes al derecho de PI, pero no limitadas a este. En estos casos, la imitación, lícita en principio sobre la base del nuevo paradigma de libertad de competencia, puede producirle un perjuicio específico distinto al que venían cubriendo los derechos

[155] Es la comprensión limitada del sistema de innovación la que precondiciona el conjunto de PI y no al revés. Mutado el enfoque sobre el proceso innovador, será, sin embargo, posible modular de forma libre y no constreñida las relaciones entre ambas fases del proceso.

de PI, ahora caducados[156]. Dejar a dicho sujeto desprotegido puede resultar sub-óptimo para el desenvolvimiento del mercado, tanto presente, como a futuro, pero ni Derecho *Antitrust* ni PI pueden ofrecer ya remedios. Es la Competencia Desleal la única en posición de lograr un cierto compromiso entre la liberalización de la imitación que trae consigo el paradigma de la competencia, con la tutela de los logros competitivos alcanzados por el competidor.

La Competencia Desleal, por tanto, viene llamada a desempeñar una función de armonización o facilitación de la transición entre PI y Competencia, entre innovación e imitación. Esa transición, lógicamente, tendrá lugar cuando el periodo de protección termine, pero también debe considerarse necesaria a lo largo de la vida del derecho exclusivo, ayudando a mejorar la delimitación entre exclusiva y libre imitación. Se trata de una zona intermedia donde hablamos de una "imitabilidad con restricciones concurrenciales[157]".

---

156 Por ejemplo, como exponen PARCHOMOVSKY G. y SIEGELMAN P., "Towards an Integrated Theory of Intellectual Property", cit., págs. 1480-1483, se pueden generar ciertos costes informacionales al concluir la patente y surgir los genéricos que pueden remediarse mediante la pervivencia de una marca fuerte. Dicha marca permitiría que los usuarios con mayor aversión al riesgo pudieran seguir utilizando su medicamento de confianza hasta que el genérico se les demuestre como equivalente o confiable.

157 Así propone CARBAJO CASCÓN F., "Objetos industriales, derecho de autor y libre competencia consideraciones a partir de las SSTJUE de 12 de septiembre de 2019 ('cofemel') y 11 de junio de 2020 ('brompton')", *Cuadernos de Derecho Transnacional* Vol. 12, N.º 2, 2020, págs. 913-942, pág. 492, el recurso a la competencia desleal una vez devenidos los objetos en dominio público o bien cuando, recibiendo una tutela de orden inferior (en el caso diseño industrial) no cumplan de modo suficiente los requisitos para su tutela en el orden superior (en el caso derecho de autor o patente), pudiéndose tutelar el valor ajeno al expediente de protección subjetiva

No debe desconocerse que, en algunos casos, pocos, la labor de delimitación se acomete directamente desde el Derecho de Propiedad Intelectual; un buen ejemplo sería el Derecho de Patentes, caracterizado como un derecho de exclusiva dotado de potentes anticuerpos competitivos[158]. Es precisamente en este sector de la PI donde, por importancia estratégica de su objeto, así como de las implicaciones que para la competencia puede tener un sistema de tutela tan potente o denso[159], más intensamente se manifiesta la interacción directa entre Derecho de la Competencia y Derecho de PI, habiendo una recepción tan ajustada de las normas entre un cuerpo y otro, que esa función de puente que hemos asignado a la Competencia Desleal se reduce a su mínima expresión.

En cambio, en otros sistemas de exclusiva, la función se aprecia claramente. Especialmente significativo sería el caso del Derecho de Marcas, donde la intensa relación entre imitación e innovación, entre Marca y Competencia, muy a menudo se canaliza por medio de estructuras típicas del Derecho de la Competencia Desleal. Entre estos dos extremos, patente y marcas, pueden ubicarse al resto de derechos exclusivos.

De esta forma, la Competencia Desleal actúa de forma complementaria[160] a los propósitos de protección de la Propiedad Intelectual y del Derecho de la Competencia y los armoniza,

---

en cada caso, mediante una tutela de mercado *ad hoc*, sobre la base de un requisito singular y propio, cual es la alteración (si quiera potencial) del orden concurrencial, que cifra en la pérdida o trasvase significativo de clientela, que no se habría llegado a producir estando ausentes los comportamientos imitativos (presuntamente) desleales.

158 GHIDINI G., *Rethinking Intellectual Property*, cit., pág. 69.

159 De nuevo utilizando la clasificación de HILTY R. M., "The Law Against Unfair Competition and its Interfaces", cit. pág. 46.

160 Una complementariedad entendida no en su sentido tradicional de subordinación o extensión, sino una aplicación autónoma que sirve

instruyendo *ad hoc* un equilibrio de intereses institucional que debe respetarse en toda y para toda conducta que tenga lugar en el mercado. Permitida estará tan solo aquella conducta apta para servir al desenvolvimiento del mercado, es decir, aquella que mejore la situación de alguno de los intereses que conforman la política de competencia (competidor, consumidor y generalidad) fijada desde el Derecho *Antitrust*, sin perjudicar de forma más que proporcional aquellos otros que resulten contrapuestos. Esto supone asumir que el Derecho de la Competencia se convierte en canon interpretativo para todas aquellas conductas que afecten o se desarrollen a través de un derecho de PI[161].

En este sentido, una conducta susceptible de afectar a un derecho de Propiedad Intelectual puede ser interpretada a la luz de la ponderación *ad hoc* efectuada desde el sistema de competencia – u otros sistemas de valores – y, consecuentemente, es posible determinar que una forma externa de uso, es decir, el uso realizado por un tercero, puede resultar no infractora del derecho subjetivo correspondiente cuando cumple una función pro-competitiva – o de otra naturaleza – que supera y compensa con creces el detrimento que dicha conducta supone para los intereses del titular afectado.

Un ejemplo perfecto de esta función lo constituye el límite de uso referencial de la marca, como, por ejemplo, tiene lu-

---

para reorientar la protección conferida por los derechos de exclusiva.

161 Este planteamiento está presente en GALACHO ABOLAFIO A. F., *La nulidad de la marca inscrita ante la mala fe del solicitante*, cit., cuando trata de anudar el concepto de mala fe en Derecho de Marcas a la mala fe en la Ley de Competencia Desleal (*passim*, Cfr. págs. 51, 57 o 63 a modo de ejemplo), en un uso claramente integrador del Derecho de la Competencia Desleal respecto de los derechos de PI.

gar en el contexto de la publicidad comparativa[162] (art. 4 Dir. 2006/114, de 12 de diciembre, sobre publicidad engañosa y comparativa). La legislación de marcas ha recogido expresamente[163] la licitud de determinados comportamientos que, por la forma, no se diferencian de una conducta infractora. Sin embargo, tales usos se permiten porque los efectos que pueden tener para el consumidor y, por ende, para el funcionamiento del mercado en su conjunto, son deseables y muy superiores a los perjuicios que se imponen, al suponer una mayor y más exacta información para el consumidor, que puede entonces tomar una mejor decisión, en tanto que más informada.

Lo cierto es que, aun sin recepción expresa al respecto en la legislación de marcas, no sería posible llegar a una conclusión en sentido contrario, pues una interpretación armónica y coherente de ambos sistemas de normas conduce a esa misma conclusión: la licitud concurrencial de la conducta purga el daño causado al titular, pues este ya se ha ponderado en el juicio de lealtad concurrencial y se ha considerado un sacrificio necesario impuesto por lo que no es sino sana competencia[164].

---

162 OHLY A., "Interfaces between trade mark protection and unfair competition law: Confusion about confusion and misconceptions about misappropriation", cit., págs. 52-54, donde se plantea si el uso de una marca en un contexto de publicidad comparativa, donde no se satisfacen los requisitos de permisibilidad, constituye automáticamente una infracción de la marca.

163 Cfr. art. 9.1.f Reg. 2017/1001, sobre la marca de la UE; 10.2.f Dir. 2015/2436, relativa a la aproximación de las legislaciones en materia de marcas; y 34.3.g Ley 17/2001, de marcas.

164 Se aprecia especialmente bien el funcionamiento de esta primera relación donde la Competencia Desleal determina el contenido de infracción del derecho de Propiedad Intelectual a partir del modelo de los "círculos concéntricos", propuesto por BERCÓVITZ RODRÍGUEZ-CANO A., *Apuntes de Derecho Mercantil. Derecho Mercantil, Derecho de la Competencia y Propiedad Industrial*, Thomson Reuters Aranzadi, Cizur Menor, Navarra, 2022 (Vigesimotercera edición), pág.

Planteamientos muy similares subyacen a la interpretación realizada por el TJUE en la línea de casos conocida como *Keyword Advertising*, que arranca con la STJUE de 23 de marzo de 2010, Ass. C-236/08-238/08, *Google France*, donde, recurriendo precisamente a la función procompetitiva de los motores de búsqueda y los servicios de comparación de ofertas, limita funcionalmente la infracción de la marca, de modo que solo se entenderá infringido el signo si se produce una afectación a la función indicadora del origen[165], mediante la generación de una situación de confusión material que imposibilite determinar al internauta medio el origen comercial de la prestación promocionada[166], decayendo la función publicitaria y de inversión[167] en favor de la competencia de precios generada en las

---

390, que se expondrá más tarde con debida profundidad, al tratar el sistema español de complementariedad relativa; si la conducta no entra dentro del círculo más amplio, tampoco podrá estar bajo el círculo más pequeño.

165 MASSAGUER FUENTES J., *Comentario a la Ley de Competencia Desleal*, Civitas, Madrid, 1999, pág.169; GARCÍA VIDAL A., *El uso descriptivo de la Marca Ajena*, Marcial Pons, Madrid, 2000, pág. 20; GARCÍA PÉREZ R., *La expansión del Derecho de Marca. De la marca como indicación de la procedencia empresarial a la multifuncionalidad jurídica de la marca*, Marcial Pons, Madrid, 2021, pág.10.

166 Situación que finalmente se produce en la STS 320/2022, de 20 de abril (Rec. 4415/2018), Vitaldent/ Ortodoncis.

167 La función de inversión es reconocida en la STJUE de 22 de septiembre de 2011, as. C-323/09, Caso Interflora, párr. 64, donde se limita expresamente al uso "en condiciones de competencia leal y respetuosa de la función de indicación de origen de la marca", cuando "la única consecuencia que tiene dicho uso sea obligar al titular de la marca a adaptar sus esfuerzos para adquirir o conservar una reputación que permita atraer a los consumidores y ganarse una clientela fiel". Al igual que en el caso de la función de origen, lo que pretende el Tribunal es que la función de inversión y su eventual tutela decaigan ante el carácter procompetitivo de la conducta operada por los motores de búsqueda.

subastas de enlaces patrocinados y las ganancias informativas para el consumidor que trae consigo la presentación de alternativas de compra en los listados de resultados de búsqueda.

Ambos casos imponen aceptar que la CD puede servir para canalizar los planteamientos del Derecho de la Competencia y crear con ello auténticas excepciones *ad hoc* al régimen de tutela de los derechos de PI, cuando la aplicación de estos resulte económicamente ineficiente, pero no haya una situación estructural de mercado que habilite la intervención del Derecho *Antitrust*. Esto es, cuando la situación aconseje una intervención por razones microeconómicas[168]. Ello da nuevamente muestras de la vigencia de la *Vorfeldthese*[169].

---

168 No debe en este punto entenderse que operamos una escisión Derecho de la Competencia/Competencia Desleal sobre la base de una perspectiva macroeconómica/microeconómica, pues debe admitirse la existencia de situaciones microeconómicamente relevantes susceptibles de despertar efectos macroeconómicos muy significativos, como, por ejemplo, una imitación sistemática o una negativa a contratar; ambos fenómenos microeconómicos, con efectos indiscutibles para la estructura del mercado, que, sin embargo, son objeto de intervención por CD el primero y Derecho de la Competencia el Segundo. En este sentido, el art. 3 LDC, una auténtica rareza en el panorama europeo, habilita la conexión para aquellos supuestos donde la deslealtad de la conducta tiene una trascendencia macroeconómica, como, por ejemplo, en casos de imitación sistemática especialmente graves (en este sentido DOMINGUEZ PÉREZ E.M., *Competencia Desleal a través de actos de imitación sistemática*, cit., pág. 356) o en supuestos de infracción de normas concurrenciales con efectos sin precedentes (cfr. STS Sentencia 415/2005 de 23 May. 2005, (Rec. 1186/2000), caso "Guerras del Cava", donde se condenó por infracción de normas concurrenciales, el incumplimiento del reglamento de la DOP cava, con una dimensión que afectó gravemente al mercado del vino espumoso en toda España.

169 OHLY A. y SATTLER A., "120 Jahre...", *GRUR* 2016, cit., pág. 1231.

Admitida la existencia de flujos entre PI y Derecho de la Competencia, estos no pueden describirse como simplemente unidireccionales, desde el Derecho de la Competencia hacia la PI (doctrinas de *flexible IP*), sino que también los derechos de PI necesariamente tienen que influir la respuesta dada por el sistema de Competencia. Hablamos ahora de una función que resulta mucho más controvertida y discutida en la literatura: la función de complemento, extensión o refuerzo que, en este caso, la Competencia Desleal puede brindar a la tutela de los derechos exclusivos.

Competencia Desleal y Propiedad Intelectual vienen ambas llamadas a la tutela de las creaciones inmateriales introducidas en el mercado por el empresario en tanto que competidor. Sin embargo, la Propiedad Intelectual ofrece una tutela subjetiva, cuando la posición exclusiva pueda ser afectada con ocasión de su incorporación al mercado[170/171]. En cambio, la Competencia Desleal conferirá una protección del competidor que se encuentra mediatizada por la defensa institucional de la Competencia en el mercado, lo que obliga a una reinterpretación de los intereses del titular en clave de funcionalidad concurrencial[172], de modo que la tutela de la posición subjetiva

---

170 En un sentido similar MASSAGUER FUENTES J., *Comentario a la Ley de Competencia Desleal*, cit., pág. 81.

171 El Derecho de Propiedad Intelectual tutela una relación subjetiva compleja compuesta por tantos derechos como la legislación concretamente aplicable determine (cfr. DUSOLLIER S., "Intellectual property and the bundle-of-rights metaphor", cit., pág.157), pero lo relevante en todo caso es el carácter subjetivo de la protección.

172 En este sentido se habla de "*Wettbewerbsrechtliche Funktionierende Wettbewerbsrechtliche Leistungsschutz*" o "protección concurrencial del esfuerzo (inversor) económicamente funcional", para hacer referencia, precisamente, a esa necesidad de que la protección proporcionada desde la Competencia Desleal tenga en cuenta el conjunto del funcionamiento del mercado.

del competidor es, en realidad, consecuencia refleja de la exigencia de corrección en el comportamiento competitivo. Lo que configura a la tutela concurrencial frente a la imitación como resultante de un juicio objetivo de inadmisibilidad de la conducta[173].

La protección que brinda la Propiedad Intelectual es una defensa subjetiva y de carácter cerrado, centrada en el competidor titular del derecho, mientras que la protección ofrecida por el Derecho contra la CD es de naturaleza objetiva, abierta y refleja, pues la protección es resultado incidental de la conservación de un orden concurrencial no falseado[174].

Una segunda diferencia entre ambos sistemas deriva del particular modo de aplicación que exhiben: mientras las reglas que disciplinan la protección inmaterial actúan bajo una lógica de corte dominical y, por tanto, operan un juicio formal donde basta un requisito de identidad para admitir la infracción, las normas de protección concurrencial frente a la imitación aplican una valoración por los efectos (sobre un paradigma basado en "*a more economic approach*"[175]), de modo que la deter-

---

173 En un sentido similar, KRUG A., *Der lauterkeitsrechtliche Nachahmungsschutz bei technischen Gestaltungsmerkmalen im Kontext des Immaterialgüterrechts,* Dissertation zur Erlangung des Doktorgrades an der Fakultät der Universität von Augsburg, 2018, pág. 189. (rescatado de https://opus.bibliothek.uni-augsburg.de/opus4/frontdoor/deliver/index/docId/38096/file/Krug_Diss.pdf, última consulta realizada el 8 de abril de 2023)

174 De la misma forma que la tutela individual de un competidor afectado por una práctica restrictiva de la competencia es resultado de la sanción de la práctica por perjudicial para el libre desenvolvimiento del juego del mercado.

175 PODSZUN R., "Der more economic approach im Lauterkeitsrecht", *WRP*, N° 5, 2009, págs. 509-517; WOLLMANN H., "Der more economic approach die UWG-Novelle 2007 und deren Bedeutung für das Zusammenspiel von Lauterkeits- und Kartellrecht", cit., *passim.*

minación de la infracción de la posición subjetiva del competidor en el mercado depende, en primer lugar, de la valoración conjunta de las circunstancias del caso, lo que permite que casos sustancialmente iguales conduzcan a resultados diametralmente diferentes por la presencia de elementos circunstanciales incidentales diferenciadores, y, en segundo lugar, por el cumplimiento de un requisito de relevancia que impone un umbral superior a la mera molestia a un competidor, debiendo tener la conducta una capacidad de afectar de modo relevante a la competencia en el mercado[176].

Así, para la tutela inmaterial ofrecida por la PI, la injusticia de la imitación es *per se* o inmanente al acto de imitación. En cambio, para el juicio concurrencial, la injusticia deriva no solo de la existencia de lesión a un interés protegido, sino también del "cómo" y "de qué forma" se ha sustanciado, lo que se refleja en las circunstancias que rodean a la conducta en el mercado. Por tanto, el juicio de deslealtad concurrencial de la conducta no solo resulta más amplio (imitación y sus circunstancias), sino que en caso de aplicación conjunta se ubicaría en el exterior de los derechos de PI protegidos y de su ámbito de tutela formal[177].

---

176 CARBAJO CASCÓN F., "La Competencia Desleal (I). Cláusula general e ilícitos por Competencia Desleal. La Publicidad Comercial Desleal", cit., pág. 345.

177 Esta idea de trascendencia del ámbito propio de la CD respecto de la PI, será posteriormente explorada en profundidad, mediante el recurso a la doctrina de los círculos concéntricos propuesta por BÉRCOVITZ RODRÍGUEZ-CANO A., *Apuntes de Derecho Mercantil*, cit., pág. 390, que constituye una reflexión teórica sobre cómo ordenar las relaciones entre ambos conjuntos de normas de un modo visualmente claro, a través de la justificación de la trascendencia de la CD respecto del círculo interior de protección.

Todo ello nos conduce a mantener la existencia de una cierta autonomía aplicativa entre uno y otro sector del ordenamiento de mercado.

Así las cosas, la Competencia Desleal puede asumir y, de hecho, asume una función pro-competitiva favorecedora de la competencia no solo desde un prisma estático o asignativo, como sistema que habilita la ordenación suficiente del mercado para que los operadores puedan tomar en él decisiones racionales, rasgo que, por cierto, comparte con el Derecho de signos distintivos; sino que también puede desempeñar una función de favorecimiento de la innovación en una perspectiva dinámica de forma paralela a los derechos de PI[178], exponiéndose así la CD a importantes críticas, fundamentalmente, una pretendida asimilación de ambas protecciones a partir de la identidad de efectos económicos que una y otra desempeñan[179].

Estas críticas olvidan, sin embargo, que el principio de libertad de imitación de prestaciones, más allá de la exclusiva legal de la Propiedad Intelectual, conoce limitaciones que deberán, eso sí, cumplir con un requisito de necesidad, adecuación y proporcionalidad a partir de una ponderación de los intereses relevantes en el caso[180].

---

178 En este sentido, GONDERT F., *Der wettbewerbsrechtliche Leistungsschutz*, cit., págs. 140 y 141 desarrolla una detallada exposición sobre cómo las normas de competencia desleal pueden contribuir a la creación de incentivos dinámicos a la competencia e innovación de forma similar a la PI.

179 De ahí que el estudio que hemos acometido hasta ahora sea axiológico y no haya partido de un análisis por los efectos, ya que éste tiene, valga la redundancia, un efecto reduccionista respecto de la naturaleza jurídica que cada uno de los sistemas manifiesta.

180 SLOPEK D. y PETERSEN M., "Look-alikes in der Lebensmittelindustrie", *WRP*, Heft 9, 2014, págs. 1030- 1040, pág. 1040.

De esta manera, aunque ambas normativas atienden a intereses generales del mercado, lo hacen desde perspectivas diferentes, en momentos temporales (normalmente) distintos y por sujetos diferentes: las normas de PI atienden a los intereses generales desde una transacción innovador-competencia, orientándose de forma positiva a diseñar un régimen que atienda a los intereses y necesidades del innovador, donde la ponderación de intereses cumple una función esencialmente negativa: la creación de límites y barreras al señorío intelectual por vía legislativa; por el contrario, en el caso de la Competencia Desleal, el régimen no se diseña atendiendo a las facultades y necesidades del innovador, sino que tiene un contenido sustancialmente negativo, pues opera sobre la base de la prohibición de determinadas conductas anticompetitivas. En cambio, la función de la ponderación se opera en clave positiva, pues permite la creación de protección adicional y ocasional allí donde por principio se debe denegar, a partir de la constatación de la mejora de los intereses institucionales (fundamentalmente del consumidor) o bien la posibilidad de tutelar los intereses subjetivos del innovador en favorecimiento o sin perjuicio del funcionamiento del sistema competitivo. Disquisición que debe operarse atendiendo al caso concreto y los efectos concurrenciales que la protección allí desarrolla, aunque sin perder nunca de vista la dimensión general del mercado y sus dinámicas.

Las diferencias jurídicas y ontológicas son, por tanto, lo suficientemente intensas y relevantes, entendemos, como para superar la aparente identidad de efectos económicos, algo que también resulta en sí discutible, si partimos del hecho de que en lo que respecta a los incentivos que tanto una como otra disciplina puedan suponer tanto para la innovación como para el uso abusivo de la protección, resulta evidente que una tutela *ad hoc*[181], basada en los efectos económicos *in concreto* de la conducta en cuestión resulta, en general, un menor incentivo a la competencia que una tutela fuerte y a su mismo tiempo genera un menor riesgo de abuso que un derecho formal donde la imitación presupone ya la existencia de infracción.

Centrándonos propiamente en la interacción de ambos sistemas de normas, encontramos que la Competencia Desleal opera, además de reduciendo (potencialmente) el rigor aplicativo de la exclusiva cuando las circunstancias de la competencia lo aconsejen, ampliando la normativa de Propiedad Intelectual y completándola desde, al menos, dos perspectivas diferentes. Así, habría que distinguir una función pretorial[182] o subsidiaria[183] de la Competencia Desleal y su función autónoma o propia.

---

181 LUBBEGER A., "Alter Wein in neuen Schläuchen- Gedankenspiele zum Nachahmungsschutz", *WRP*, Heft 8, 2007, págs. 873-880, pág. 879, señala con gran acierto que una decisión basada en la protección frente a la imitación a partir de las normas contra la Competencia Desleal nunca dará al demandante una protección abstracta ni efectiva en diferentes relaciones legales, sino que dicha tutela vive y se justifica en las circunstancias del caso concreto, no siendo ni repetible ni transferible a otros casos.

182 La elección del adjetivo pretorial en este contexto deriva del parecido que presenta esta función "más allá del Derecho de PI" con la labor jurisdiccional del *Praetor* romano, ofreciendo tutela judicial "más allá del Derecho" en casos donde la equidad lo exigía. Cfr. CASTRESANA HERRERO A., *Derecho Romano. El arte de lo bueno y de lo justo,* Tecnos, Madrid, 2013, págs. 62 a 65.

183 En este caso subsidiariedad sí que debe interpretarse en el sentido de implicar una relación de dependencia respecto del juicio interno operado por las normas de PI. Es decir, aquí la aplicación de la Competencia Desleal se opera sobre la misma base racional y justificativa (la necesidad de proteger la inversión, garantizando la posibilidad de recobrar los costes de desarrollo).

Por función pretorial del Derecho de la Competencia Desleal, también reconocida como función de marcapasos (*Schrittmacherfunktion*[184]), de rejuvenecimiento (*Jungbrunnen*[185]) o función incubadora[186], debemos entender aquella situación donde la Competencia Desleal entra a ofrecer tutela en ausencia de una protección desde la normativa de PI. Ejemplos de esta cuestión puede verse en la protección histórica a las bases de datos, los programas de ordenador, o el diseño industrial en el ámbito de la moda, donde ausente inicialmente una tutela específica, el Derecho de la Competencia Desleal pudo intervenir de forma (en mayor o menor medida) provisional ofreciendo una tutela limitada y casuística, y aportando, a la vez, unos cimientos sobre los que, en su caso, el legislador pudiera desarrollar luego el derecho de PI que correspondiera. Esta prioridad de intervención del Derecho de la Competencia Desleal se debe a dos cuestiones: de un lado, su prioridad y amplitud ontológicas como derecho del mercado del que la PI es tan solo parte; y, por otro, la mayor flexibilidad que presentan las normas concurrenciales frente al mayor formalismo que impregna el modelo de tutela inmaterial.

De esta forma, la protección de la creación intelectual mediante CD, analizada desde el punto de vista de los sistemas de PI, constituye la forma básica o más débil de tutela de la inversión[187], pero sin que pueda perderse de vista que la coinci-

---

184 ULMER E., *Urheber-und Verlagsrecht,* 3. Auflage, Springer, Berlin, 1980, pág. 40.

185 FEZER K.H., *Markenrecht. Kommentar zum Markengesetz, zur Pariser Verbandsübereinkunft und zum Madrider Markenabkommen. Dokumentation des nationalen, europäischen und internationalen Kennzeichenrechts,* 4. Auflage, C.H. Beck, Múnich, 2009, § 2, párr. 43.

186 KUR A., "What to protect, and How? Unfair Competition, Intellectual Property, or protection *sui generis*", cit., pág. 19.

187 En la terminología de HILTY R. M., "The Law Against Unfair Competition and its Interfaces", cit. pág. 27.

dencia es solo parcial: la protección de las prestaciones por vía de Competencia Desleal requiere, bajo este presupuesto, una ponderación positiva o favorable de intereses que desbanque al principio de libre imitación sin que exista una forma alternativa, menos restrictiva, de dicho principio que garantice la funcionalidad del mercado.

Al lado de dicha función pretorial, encontramos la que hemos denominado función autónoma (o propia), la cual desarrolla la Competencia Desleal al margen de la protección por PI. Aquí la CD no opera en defecto de norma de PI, sino más allá de ella dando protección fuera de los contornos objetivos concretamente marcados para la exclusiva sobre la base de razones diversas, propias y específicas de la CD, fundamentalmente relacionadas con la garantía de un adecuado nivel de transparencia en el mercado[188].

---

188 A este segundo grupo de casos, por ejemplo, correspondería la protección del supuesto de aprovechamiento desleal de la reputación con ocasión de la imitación (no infractora) de un derecho de Marca que cuenta con relevante reputación en el mercado, al menos, de acuerdo al modelo histórico alemán; Cfr. BGH- I ZR 128/82, de 8 de noviembre de 1984, caso Tchibo/Rolex I. Hay que tener en cuenta que los desarrollos del Derecho español a este respecto, tal como manifiesta OTAMENDI RODRÍGUEZ-BETHANCOURT J.J., en sus "Comentarios a la Ley de Competencia Desleal", Aranzadi, Navarra, 1994, págs. 27 y 34, resultan atípicos, dado que la normativa española no tuvo un régimen propio y específico de tutela de la competencia desleal hasta la LCD de 1991, antes se configuró en la LM de 1988 como una sección de esta, que ya contenía previsiones sobre la tutela de la marca notoria y renombrada que, sin embargo, en Alemania fueron desconocidas para el Derecho de Marca hasta la entrada en vigor de la WZG de 1995, estando su tutela contenida dentro de la prohibición general de la Competencia Desleal resultante de la aplicación jurisprudencial a partir del parágrafo 1 de la UWG de 1909.

Partimos, por tanto, de una interpretación axiológica que nos lleva a concluir que las relaciones entre Competencia y PI presentadas de modo antagónico o dialéctico suponen un entendimiento excesivamente rígido y maniqueo de una realidad compleja. A partir de esta conclusión, identificamos una serie de flujos e interacciones entre ambas caras de lo que es una misma moneda, que nos ponen sobre la pista de una transición mucho más fluida de lo que el modelo parece reconocer entre innovación e imitación. De esta forma, consideramos que el sistema jurídico debe adaptarse mejor a la realidad y no primar un enfoque subversivo del *statu quo* modulado por un dato puramente formal y cronológico. En esta labor de facilitación de una transición gradual, la Competencia Desleal viene llamada a desempeñar mejor su labor, al acompasar una tradición protectora del competidor con un enfoque pro mercado, favoreciendo un desenvolvimiento progresivo entre ambos sistemas normativos, en un sentido no puramente unidireccional, sino bidireccional o recíproco.

4.3. La Teoría armónica o simbiótica de complementariedad

Los modelos de complementariedad de protecciones que existen hoy en día, de los cuales estudiaremos con detalle los sistemas español y alemán a lo largo de los Capítulos siguientes, atienden exclusivamente a la perspectiva de unilateral de expansión de la protección, concibiendo a la CD como argumento que extiende la tutela de los bienes inmateriales a situaciones que se encuentran fuera de su límites legales. La perspectiva hace que se perciban como una agresión foránea, extraña a las normas de PI, de la exclusiva del titular[189].

---

[189] Sobre esta cuestión, se expondrá más adelante cómo en realidad el sistema de complementariedad se basa, necesariamente, en la aplicación complementaria, aunque autónoma, de ambas materias, esto

La superación de la relación de tensión entre Competencia y PI[190] demanda un enfoque bidireccional, más realista, que atienda a los flujos de influencia recíproca que se sustancian entre ambas disciplinas, a partir de una reconstrucción de las relaciones existentes entre estos dos cuerpos normativos con base en la unidad de su política legislativa.

La aparente esquizofrenia del sistema de innovación puede conciliarse a partir de una flexibilización y aproximación de las posiciones extremas que cada uno de estos Derechos han venido representando. Así, la PI puede recibir los principios que inspiran al Derecho de la Competencia para diseñarse de un modo que purgue riesgos sistemáticos de obstrucción del mercado, mediante sistemas flexibles que garanticen, por ejemplo, el acceso en condiciones justas y equitativas para ambas partes (FRAND), en casos donde la evolución tecnológica o cultural pueda verse injustificadamente entorpecida por la negativa del operador titular del derecho a conceder una licencia. Estos límites, ya existentes en la práctica jurisprudencial (minoritaria), deben continuar desarrollándose y utilizándose, sin que necesariamente deban ser percibidos como una intromisión ilegítima o una expropiación del derecho exclusivo. Se deben explorar las posibilidades de abrir ecosistemas competitivos a

---

es, con base en unos presupuestos propios y específicos que, sin embargo, se atienden mutuamente a fin de conseguir una aplicación adecuada para el sistema de competencia.

190 La doctrina alemana habitualmente alude a la existencia de una *Spannungsverhältnis* o un *Spannungsfeld* (respectivamente "relación de tensión" y "campo de tensión") para tratar las relaciones entre PI y Competencia, en general, y CD, en particular. Cfr. BÄRENFÄNGER J., *Das Spannungsfeld von Lauterkeitsrecht und Markenrecht unter dem neuen UWG. Symbiotische Theorie zum Kennzeichen- und Lauterkeitsrecht*, nomos, 2010; OHLY A., "Designschutz im Spannungsfeld von Geschmacksmuster-, Kennzeichen- und Lauterkeitsrecht", *GRUR*, Heft 9, 2007, págs. 731-740.

partir de los derechos exclusivos mediante su ofrecimiento al mercado, generando una cultura en la que el conocimiento fluye porque es debidamente remunerado.

La PI no es la única que debe flexibilizarse, o "concurrencializarse", el Derecho de la Competencia también debe sujetarse a nuevos paradigmas, empezando por la aceptación de la competencia dinámica como un objetivo más de la política de competencia. Ello supone admitir, por tanto, que la valoración de la eficiencia y el funcionamiento del mercado no puede hacerse en términos absolutos o asignativos, sino en términos relativos, donde al juicio cuantitativo sobre el nivel de competencia lo acompañe una valoración en términos cualitativos, buscando, sobre todo, la consecución de un equilibrio entre el sacrificio estático impuesto y las ganancias dinámicas derivadas de la intervención normativa.

Bajo esta perspectiva, ambos sistemas se configuran no solo como un mero sistema de promoción de la competencia, sino también como mecanismos de desincentivo de actividades poco valiosas, donde la asignación de recursos no resulta optimizada. Se abre una nueva perspectiva que es consustancial al modelo de Derecho de la Competencia que hemos venido asumiendo, un conjunto de reglas destinadas a reducir el riesgo de falseamiento de la competencia ante la posibilidad de comportamiento estratégico de un grupo dado de competidores. De la misma forma, la política de competencia puede y debe atender al conjunto de alicientes que el sistema de mercado provee en favor de determinadas estrategias productivas. Surgiendo espacio para una corrección recíproca de ambos sistemas, que permita mitigar excesos en la limitación de las conductas competitivas, a partir del sistema de incentivos que justifican los derechos de exclusiva, a la vez que los límites de estos vengan codeterminados por la lógica que impregna las normas de competencia, amoldando el ámbito de protección concedido a las necesidades del mercado.

Avanzamos, por tanto, hacia una construcción e interpretación armónicas o simbióticas[191] de las relaciones entre PI y Derecho de la Competencia. La construcción legal es una cuestión por completo ajena a los confines técnicos de este trabajo, si bien lógicamente determinará en cada momento los diferentes contornos que median en las relaciones entre los conjuntos normativos implicados en el análisis que acometemos[192].

Esta construcción normativa es, lógicamente, una cuestión dependiente de la política económica y de competencia, que hace que las valoraciones de oportunidad sobre ella sean igualmente políticas[193] y aunque en este punto afecten (y mucho) a la vida del Derecho, no afectan a la construcción dogmática que aquí pretendemos. En todo este panorama está llamada a mediar la CD, como Derecho generalista del mercado y conectado a las preocupaciones propias de cada uno de estos sectores normativos. Un uso adecuado y suficiente de las normas de CD puede ayudar a suavizar la transición, favoreciendo una protección acorde a la realidad del mercado, sin tensiones ni cambios súbitos, de la misma forma que ya se extiende en los huecos existentes entre ambas disciplinas, dando una solución coherente a los casos marginales que aparecen en los desajustes, mejorando la sistematicidad del Ordenamiento en su conjunto y favoreciendo su adecuada orientación a la consecución de los objetivos comunes que esta tríada de normas persigue.

---

191 En palabras de BÄRENFÄNGER J., "Symbiotische Theorie zum Kennzeichen- und Lauterkeitsrecht. Teil 1"., *WRP*, Heft 1, 2011, págs. 16-28, pág. 20.

192 En un sentido similar BERCÓVITZ RODRÍGUEZ-CANO A., *Apuntes de Derecho Mercantil*, cit. pág. 390.

193 No en vano FONT GALÁN J.I., y MIRANDA SERRANO L., *Competencia Desleal y Antitrust. Sistema de Ilícitos*, cit., pág. 60, califican el Derecho *Antitrust* de político y, por tanto, si el propio sistema de normas tiene un marcado carácter político, cómo no va a tenerlo la cuestión de la delimitación de sus relaciones con sectores vecinos.

Capítulo II.

Relaciones de complementariedad entre propiedad intelectual y competencia desleal: visiones fragmentarias de un constructo complejo (I): derecho español

1. LOS PLANTEAMIENTOS DE LA COMPLEMENTARIEDAD DE PROTECCIONES: DE LO ABSTRACTO A LO CONCRETO.

La complementariedad de protecciones entre Competencia Desleal y Propiedad Intelectual resulta clara desde un punto de vista puramente axiológico, de modo que ambas normativas son perfectamente acumulables, por orientarse a fenómenos distintos[194], favoreciendo una transición de protección a imitación conformada a partir de uno de los principios más im-

---

194 En este sentido MASSAGUER FUENTES J., *Comentario a la Ley de Competencia Desleal*, cit., pág. 81; Vid. también FEZER K.H., *Lauterkeitsrecht*, cit., pág. 111; Vid. BERCÓVITZ RODRÍGUEZ-CANO A., *Apuntes de Derecho Mercantil*, cit., pág. 389; Vid. CARBAJO CASCÓN F., "La doctrina de los círculos concéntricos y de la complementariedad relativa entre el derecho de marcas y de competencia desleal, a la luz del uso de signos ajenos como palabras clave vinculadas a enlaces publicitarios en motores de búsqueda", cit., pág. 663

portantes, al menos para el sistema español[195], que rigen el devenir competitivo: el principio de competencia por eficiencia.

El problema de la acumulación, como ha hecho notar destacadamente OHLY, es, sin embargo, uno de índole práctica y no tanto teórica[196]. Los problemas prácticos se plantean desde dos perspectivas diferentes aunque inextricablemente unidas: la redundancia material de la protección y los problemas derivados de la aplicación judicial (excesos y defectos).

En lo que respecta a la primera de las perspectivas, la redundancia material de la protección cumulativa, tal y como ha expuesto la mejor doctrina internacional, se refiere básicamente a las dificultades encontradas para diferenciar los efectos derivados de la protección concurrencial frente a aquellos otros de la tutela exclusiva o inmaterial.

Los remedios dispuestos desde la CD no son sustancialmente diferentes a los mecanismos de protección propios de un sistema de PI[197/198]. Ahora bien, la coincidencia tiene lugar

---

195 En el sistema alemán este principio se ha puesto más en duda. Cfr. SCHRICKER G.,"Hundert Jahre Gesetz gegen den unlauteren Wettbewerb- Licht und Schatten", *GRUR Int*, cit., pág. 476, donde habla de él como un ideal inalcanzable o una quimera

196 OHLY A. en OHLY A. y SOSNITZA O., *UWG Kommentar*, CH Beck, 7. Auflage, 2016, pág. 150.

197 Algo que se agrava en el sistema alemán, donde, además, se habilita el recurso a un modelo de triple cálculo del daño (*Dreifache Schadenberechnung*) propio del sistema de los derechos exclusivos. Crítico con la aplicación de este triple criterio de cálculo del daño se expresa KÖHLER H., "Das Verhältnis des Wettbewerbsrechts zum Recht des geistigen Eigentums - Zur Notwendigkeit einer Neubestimmung auf Grund der Richtlinie über unlautere Geschäftspraktiken", *GRUR*, 2007, cit., pág. 554.

198 Piénsese en las acciones declarativas, de cesación, de remoción, daños y publicación de la sentencia que existen en el sistema español y que se reproducen con importantes similitudes en nuestro entorno.

únicamente al final de todo el proceso exegético desarrollado por cada uno de los bloques de normas sobre la conducta relevante. Siendo un hecho que no admite soslayo ni negación alguna, se encuentra necesariamente en la base de un proceso interpretativo que pone de relieve la identidad antes que la diferencia entre ambos mecanismos de protección, llegando incluso a negar el actual componente de mercado que impregna el modelo vigente de CD (social[199] o institucional). De esta forma se concibe que aunque su propósito es la tutela de la corrección en el desenvolvimiento de la competencia en el mercado[200], el objeto único de la acción individual es lograr el resarcimiento del concreto perjudicado, omitiéndose con ello que la acción individual es medio e incentivo para lograr una efectiva aplicación del Derecho de la Competencia Desleal, de forma similar a como opera en el contexto de la aplicación privada del Derecho de Defensa de la Competencia. De esta forma, aunque, en principio, se puede llegar a admitir que uno y otro sector del OJ Mercantil se centran en aspectos distintos (reflejos, si se quiere) de una misma realidad, finalmente se concluye sin demasiada dificultad, que cuando el ejercicio de la Competencia Desleal se plantea a título individual por parte de un competidor afectado o perjudicado, su naturaleza resarcitoria e indemnizatoria no difiere materialmente de la que es propia de la PI.

Tal conclusión evidencia que los efectos económicos de dicha protección, en términos de incentivos, son sustancialmente idénticos y, por tanto, nada nuevo aporta al sistema de mercado la doble protección, más allá de proteger de forma

---

199 Nuevamente, en palabras de MENÉNDEZ A., *La Competencia Desleal*, cit., pág., 104.

200 BERCÓVITZ RODRÍGUEZ-CANO A., "Significado de la Ley y requisitos generales de la acción de Competencia Desleal", cit., pág. 16.

más intensa si cabe la posición privilegiada que ofrecen los derechos de exclusiva. Sin ser este el punto del discurso donde corresponda negar este planteamiento, lo cierto es que hay grandes diferencias en cuanto a los efectos económicos de una y otra norma derivadas precisamente del carácter *ad hoc* frente a la naturaleza *erga omnes* que exhiben, respectivamente, CD y PI. En todo caso, lo relevante es concluir que la identidad aparente de ambos sistemas, cuyas raíces son diversas, aunque entrelazadas[201], es fácil de detectar y de justificar, conduciendo al actual clima de cierta hostilidad para con las normas de Competencia Desleal.

El segundo problema que trae consigo la complementariedad de protecciones ha sido el concerniente al comportamiento "normativo" de los tribunales. Como bien señala BERCÓVITZ, el recurso a conceptos jurídicos amplios e indeterminados en la normativa de CD, además de mantenerla siempre joven, ha otorgado un papel cuasi-legislativo a los Jueces y Tribunales, que deben, mediante su interpretación, concretar la aplicabilidad del supuesto de hecho al caso concreto[202]. El modelo evolutivo seguido pone de manifiesto un fenómeno peculiar: la flexibilidad del sistema para generar nuevos ilícitos, frente a la rigidez y estratificación de los ilícitos específicos que, una

---

201 En este sentido, escaso favor hizo el CUP cuando contempla en el art. 10 bis la CD como una especie de modalidad más de protección en el círculo de la Propiedad Industrial. Aunque en un origen pudiera ser así, la moderna CD no puede situarse más lejos de tales planteamientos.

202 BERCÓVITZ RODRÍGUEZ-CANO A., "Artículo 4. Cláusula General", en BERCÓVITZ RODRÍGUEZ-CANO A., *Comentarios a la Ley de Competencia Desleal*, Thomson Reuters Aranzadi, Navarra, 2011, págs. 93-113, pág.101.

vez desarrollados, se endurecen en cuanto a requisitos de aplicación[203].

Dadas las dificultades que plantea la cuestión de la complementariedad de protecciones, permitir la acumulación en casos muy concretos y excepcionales donde hay fuerte incertidumbre y duda en cuanto a la respuesta jurídica apropiada, es la excepción y no la regla. Se puede apreciar un cierto temor en la jurisprudencia a otorgar una protección excesiva desde la perspectiva de la CD, bajo una óptica donde lo "pro-competitivo" parece equipararse a una reducción en la protección exclusiva, imponiendo sacrificios poco acordes a los valores que conforman la Constitución económica[204].

En este sentido, el profesor BERCÓVITZ postuló la existencia de 5 características (más bien principios) sobre los que pivota el sistema de represión de los actos desleales, a saber: claridad y diferenciación de ofertas, actuación de los oferentes en el mercado basada en su propio esfuerzo, respeto de la legalidad, prohibición de la arbitrariedad y libertad de decisión

---

203 SCHRICKER G., "Hundert Jahre Gesetz gegen den unlauteren Wettbewerb- Licht und Schatten", *GRUR Int*, 1996, cit., pág. 474, aunque referido a la ley alemana, esta propiedad es, en realidad, predicable de todos los sistemas de cláusula general y, por tanto, extrapolable al sistema español de la Ley de Competencia Desleal.

204 En esta línea PAZ-ARES RODRÍGUEZ J.C., "La economía política como jurisprudencia racional. (Aproximación a la teoría económica del Derecho)", *Anuario de Derecho Civil*, Vol. 34, N.º 3, 1981, págs. 601-708, pág. 602; y también, del mismo autor "Constitución Económica y Competencia Desleal", *Anuario de Derecho Civil*, cit., pág. 936 y nuevamente pág. 943, donde configura los principios constitucionales como criterios-límite y no como criterios directivos de la construcción del ilícito antitrust. Sobre la constitución económica como concepto vid. NIPPERDEY C.H., "Die Grundprienzipien des Wirtschaftsverfassungsrechts", *Deutsche Zeitschrift*, cit., págs. 193 y ss.

de los consumidores[205], extrayéndolos de una lectura sosegada del articulado, como él mismo señala.

Hay, por tanto, que partir de estos principios generales que ordenan la actividad reguladora del comportamiento competitivo en el mercado[206], para, mediante su adecuada interpretación, ir desarrollando un sistema completo que defina modernamente la Ley de Competencia Desleal, alejada de todo componente subjetivista tradicional para, con ello, poder construir puentes que expliquen cómo deben interactuar las normas rectoras de la leal competencia con otros aspectos de la tutela en el mercado como puedan ser, muy señaladamente, los diferentes derechos exclusivos creados por las normas de Propiedad Intelectual.

1.1. El sistema de Protección diseñado por la Ley de Competencia Desleal española.

Punto de partida en la construcción teórica de un sistema de complementariedad de protecciones que atienda verdaderamente a los principios inspiradores de la normativa de Competencia Desleal, debe ser, necesariamente, delinear si quiera brevemente los principios vertebradores del sistema español de CD, unos principios que, ya adelantamos, comparte con el modelo germánico, dada su relevancia para el Derecho continental de la Competencia Desleal, en general, y su influencia

---

205 BERCÓVITZ RODRÍGUEZ-CANO A., "Significado de la ley y requisitos generales de la acción de competencia desleal", cit., pág. 30.

206 Sobre esta concepción de la competencia en el mercado como absolutamente asumida por la doctrina española Cfr. MENENDEZ A., *La Competencia Desleal,* cit., págs. 104 y 105; BERCÓVITZ RODRÍGUEZ-CANO., "Nociones introductorias", *Comentarios a la Ley de Competencia Desleal,* cit., pág.42; MASSAGUER FUENTES J., *Comentario a la Ley de Competencia Desleal,* cit. pág. 112.

decisiva en relación con la LCD suiza, fuente predilecta de la norma española[207].

Centrándonos primero en el modelo español, conviene saber que la norma inaugural del Derecho contra la Competencia Desleal en sentido estricto es la Ley 3/1991, de Competencia Desleal, que constituye el primer cuerpo sistemático que se ocupa de modo exclusivo y unitario de la represión de la Competencia Desleal en nuestro país[208]. Antes de la citada norma, hubo diversos intentos normativos, pero nunca llegó a incorporarse la disciplina más que como un apéndice de diferentes normas de PI (LPI de 1902, EPI e incluso en 1988, con la aprobación de la LM, la disciplina del correcto comportamiento competitivo se configuró como un mero apéndice a la disciplina marcaria)[209]. Ello ha conducido a parte de la doctrina a negar que en España hubiera modelo alguno de competencia desleal diferente al social[210], reinterpretando a MENÉNDEZ[211]

---

207 FERNÁNDEZ NÓVOA C., "Reflexiones Preliminares sobre la Ley de Competencia Desleal", ADI, XIV, 1991-1992, págs. 15-23, pág. 16; OTAMENDI J., *Competencia Desleal. Análisis de la Ley 3/1991*, Aranzadi, Navarra, 1992, pág. 34; MASSAGUER FUENTES J., *Comentario a la Ley de Competencia Desleal*, cit., pág. 147.

208 BERCÓVITZ RODRÍGUEZ-CANO A., "Nociones Introductorias", *Comentarios a la Ley de Competencia Desleal*, cit., pág. 52; norma que vendría a colmar la inadecuada y lagunosa regulación, aún de retórica unionista o corporativa, mantenida entre la LM y la LGP, ambas de 1988. Cfr. MASSAGUER FUENTES J., "Treinta años de Ley de Competencia Desleal", *Actualidad Jurídica Uría Menéndez*, N.º 55, 2021, págs. 64-94, pág. 67.

209 Invirtiéndose con ello los planteamientos generales sobre la ubicación y relación sistemática entre CD y Marca, que, incluso para el sistema del *common law* parten de la relación inversa, esto es, la CD como continente del Derecho de Marcas.

210 OTAMENDI J., *Comentarios a la Ley de Competencia Desleal*, cit., pág. 29.

211 MENÉNDEZ A., *La Competencia Desleal*, cit., passim.

en el sentido de hablar de la evolución histórica general de la Competencia Desleal y no de la particular historia de la legislación española.

Cuando finalmente se consiguió importar el sistema de defensa de la corrección del comportamiento concurrencial, remediando la anormalidad del Ordenamiento Español en este punto, se hizo atendiendo al sistema suizo, cuya ley era la más novedosa del momento y cuya inspiración era marcadamente germanófila[212]. No se recurrió a la fuente original alemana principalmente debido a la falta de actualización de su normativa (la UWG), que permanecía prácticamente invariada desde 1909 y cuya modificación se demoró todavía más de una década (hasta 2004[213]). Sin embargo, la ley suiza incorporaba en un texto moderno toda la esencia y el bagaje centenario de la UWG alemana, de forma que expresaba legalmente lo que en Alemania eran avanzadas doctrinas jurisprudenciales. El salto cronológico que dio España con la nueva ley de 1991 fue

---

212 ARPAGAUS R., "2. Kapitel: Zivil- und prozessrechtliche Bestimmungen" en HILTY R. y ARPAGAUS R., *Baselkommentar, Bundesgesetz gegen den unlauteren Wettbewerb (UWG)*, Helbing Lichtenhahn, Basilea, 2013, Artículo 3.1.d, págs. 233 y 234, y Artículo 5, págs. 523 y 524, analiza para los supuestos de imitación desleal en qué medida la legislación suiza se desvía de la alemana, mostrando claramente una cierta querencia por seguir los planteamientos alemanes.

213 La dilación de los trabajos de modernización de la Ley alemana se explica en que esta perseguía un doble objetivo: adaptarse a la futura regulación europea y convertirse en la norma de referencia o base de dicha armonización. Cfr. SCHRICKER G. y HENNING-BODEWIG F., "Elemente einer Harmonisierung des Rechst des unlauteren Wettbewerbs in der Europäische Union", *WRP*, Heft 12, 2001, págs. 1367-1462, donde se aprecia un esfuerzo por adaptar la sistemática y léxico al sistema europeo (en particular- pág. 1372; En este mismo sentido HENNING-BODEWIG F., "Die Bekämpfung unlauteren Wettbewerbs in den EU-Mitgliedstaaten: eine Bestandsaufnahme", *GRUR Int.* 2010, cit., pág. 273.

verdaderamente sustantivo, sin que a la moderna ley la acompañara un correlativo bagaje y experiencia judicial, recayó sobre la judicatura la tarea de condensar cien años de historia normativa, siendo asediada tanto por problemas nuevos, como por cuestiones que se venían dilucidando en Alemania desde el nacimiento de la disciplina, señaladamente sus relaciones con la PI.

Por tanto, no nos debe extrañar la actitud de generalizada prudencia que ha exhibido la jurisprudencia a la hora de interpretar la norma. En este sentido, la doctrina jurisprudencial mayoritariamente seguida sobre la acumulación de protecciones puede resultar criticable más por defecto que por exceso. La necesidad de enervar la aplicación de la CD en su momento inicial y su forzosa inhibición en favor de las normas de PI, favorece un vaciamiento funcional en la disciplina[214]. Este problema, que debía y podía haber sido corregido por la vía legal, fue, sin embargo, obviado por el legislador, que no incorporó ni en la LCD ni en la legislación llamada a interrelacionarse con ella mención alguna a cómo las relaciones debían estructurarse[215], ni si quiera tras la reforma de 2009 se acomete dicha clarificación.

La Competencia Desleal no encuentra un espacio propio y genuino más allá de su eventual aplicación a la cuestión de la comunicación comercial, a la que ya se dispone la Ley General de Publicidad, cuya armonización y coordinación sistemática con la normativa de la LCD solo se consiguió tras su profunda reforma en 2009. Lejos de ser uno de los principales bloques sobre los

---

214 El fenómeno como hemos visto y como ilustra KUR A., "What to protect, and How? Unfair Competition, Intellectual Property, or protection *sui generis*", cit., págs. 12 y 13, parece poderse predicar de toda Europa continental.

215 OTAMENDI J., Comentarios a la Ley de Competencia Desleal, cit., págs. 65 y 66

que construir el sistema de mercado, garantizando siempre la tutela de todos los intereses implicados de un modo adecuado (implícitos en el art. 1 LCD), la Competencia Desleal aparece hoy como la "argamasa" que cumple las funciones de unión entre diversos bloques de construcción del régimen de mercado: Defensa de la Competencia, Propiedad Intelectual, Protección del Consumidor; perdiendo cada vez más y más autonomía.

Es necesario, por tanto, revitalizar la normativa de Competencia Desleal, pues ya se ha visto: está llamada a desempeñar un papel cada vez más relevante cuando se trata de conseguir dirigir la economía hacia la constante expansión de las fronteras de conocimiento y producción. La consecución de un fin tal demanda un mayor aporte de luz a la cuestión de las interacciones entre la regulación del comportamiento en el mercado y la tutela subjetiva a la inversión empresarial técnica (Patentes, Modelos de Utilidad), estética (Diseño Industrial, Derecho de Autor) o comercialmente (Marca y otros Signos Distintivos) útil.

Para ello lo que desde aquí proponemos es una refundación del modelo español de Competencia Desleal tomando como base indiscutible sus raíces más profundas.

Comenzando con una sucinta exégesis de la norma, cabe destacarse que el precepto de apertura ha decidido dedicarlo legislador español, siguiendo claramente el ejemplo suizo y la lógica germana, a explicitar de un modo claro la finalidad de la ley. Se trata de un movimiento poco habitual en la legislación española[216] que no pasó inadvertido a la doctrina[217]. Al margen

216 BERCÓVITZ RODRÍGUEZ-CANO A., "Artículo 1. Finalidad", en BERCÓVITZ RODRÍGUEZ-CANO A., *Comentarios a la Ley de Competencia Desleal*, cit., págs.73-77, pág.75.

217 Lo que granjeó a la Ley alguna crítica temprana, como la formulada por OTAMEDI J., *Competencia Desleal. Análisis de la Ley 3/1991*, cit., pág.101.

de su ajenidad a la tradición nacional, lo cierto es que el art. 1 LCD tiene una importancia capital dentro del sistema normativo, hasta tal punto de que si bien se ha dicho que es el art. 4 LCD el que constituye la clave de bóveda del Derecho de la Competencia Desleal[218], el art. 1 LCD tiene una importancia, al menos, pareja al configurarse como la piedra de toque sobre la que interpretar el conjunto de los actos desleales[219].

Del art. 4 LCD se ha señalado que constituye la clave para interpretar y aplicar el nuevo modelo de Competencia Desleal, alejado de subjetivismos corporativistas y/o gremiales[220], que toma al acto desleal, ante todo, como un acto de competencia, esto es, como manifestación del derecho/deber[221] de competir. Implícita encontramos aquí la configuración del ilícito desleal como una suerte de ejercicio abusivo del derecho a competir, abusivo no por excesivo necesariamente, sino por

---

218 MARTÍNEZ SANZ F., "Artículo 5. Cláusula General", en MARTÍNEZ SANZ F., *Comentario Práctico a la Ley de Competencia Desleal*, Tecnos, Madrid, 2009, págs. 61-77, pág. 61.

219 MASSAGUER FUENTES J., "Treinta años de Ley de Competencia Desleal", *Actualidad Jurídica Uría Menéndez*, N.° 55, cit., pág. 78.

220 Hasta tal punto se busca esta separación, que, pese a su innecesaridad, el legislador rehúye del uso de conceptos jurídicos tradicionalistas y opta por establecer el concepto de buena fe objetiva como caracterizadora de la deslealtad concurrencial del acto. En este mismo sentido BERCÓVITZ RODRÍGUEZ-CANO A., *Apuntes de Derecho Mercantil*, cit., pág. 400; crítico con el cambio OTERO LASTRES J.M., "La nueva Ley sobre Competencia Desleal", *ADI*, XIV, 1991-1992, págs. 25-47, pág. 35.

221 BERCÓVITZ RODRÍGUEZ-CANO A., "Significado de la Ley y requisitos generales de la acción de Competencia Desleal", en BERCÓVITZ RODRÍGUEZ-CANO A., *La Regulación contra la Competencia Desleal en la Ley de 10 de enero de 1991*, cit., pág. 14; en este mismo sentido CARBAJO CASCÓN F., "La Competencia Desleal (I). Cláusula general e ilícitos por Competencia Desleal. La Publicidad Comercial Desleal", cit., pág. 344.

perjudicial no solo para el sujeto paciente de la conducta, sino para el completo sistema de mercado[222]. La noción del abuso o ejercicio abusivo del derecho a competir como elemento sustancial del ilícito desleal se ve reforzada más si cabe en el sistema español, mediante el recurso al concepto de buena fe objetiva, base jurídica de la doctrina del abuso del derecho[223].

El Derecho español de la Competencia Desleal debe, por tanto, interpretarse como un sistema jurídico dotado de plena autonomía, que tiene, por influencia del derecho *antitrust* americano, su centro de gravedad en la preservación del correcto funcionamiento del sistema de mercado[224] y, dentro de este, al consumidor como árbitro o soberano del mismo[225].

---

222 Se aprecia así que, si bien una parte de la Competencia Desleal española se apoya sobre el derecho de daños, éste no es en absoluto su fundamento, como sigue ocurriendo hoy en día en el sistema francés, por ejemplo, hecho que ha aconsejado limitar las comparativas con dicho ordenamiento jurídico vecino.

223 Sin embargo, conviene tener presente la necesidad de refrenar cualquier intento de leer en esta dirección más allá de la mera conexión o paralelismo, pues un derecho de la competencia de corte civilista sería un derecho completamente desnortado; Cfr. MARTÍNEZ SANZ F., "Artículo 5. Cláusula General", cit., pág. 62.

224 En este sentido, FONT GALÁN J.I. y MIRANDA SERRANO L. M., *Competencia Desleal y Antitrust. Sistema de Ilícitos*, cit., págs. 25 y 26.

225 Este es, en realidad, el planteamiento de la Dir. 2005/29/CE que reforma profundamente el sistema de Competencia desleal, aunque posteriormente se desquicia en una propensión reglamentista más aproximada al Derecho de Consumo puro. En la medida en que el consumidor es puesto en dicha posición de preeminencia, entendemos que, como señala HILTY M. R., "The Law Against Unfair Competition and its Interfaces", en HILTY M. R. y HENNING-BODEWIG F., *Law Against Unfair Competition*, cit., pág. 7, cualquier norma reguladora del comportamiento en el mercado va a afectar de modo si quiera potencial al consumidor, desdibujándose así la tradicional distinción de tipos según el interés afectado.

Aparecen aquí ya los dos grupos de intereses más importantes para el Derecho de la Competencia Desleal, a los que el art. 1 LCD da una importancia capital, pese a no mencionarlos individual y explícitamente. En efecto, el art. 1 LCD reza:

> *«Esta ley tiene por objeto la protección de la competencia en interés de todos los que participan en el mercado, y a tal fin establece la prohibición de los actos de competencia desleal, incluida la publicidad ilícita en los términos de la Ley General de Publicidad».*

El artículo conecta el objeto normativo de proteger la competencia con el interés de todos los participantes en el mercado[226], uniéndolos a través de una relación de interés. Así, por tanto, la competencia se protege en interés de los participantes en el mercado, esto es, sobre todo, competidores y consumidores, de forma que se diseña y se pretende un modelo de competencia que a un mismo tiempo dé cumplimiento (y equilibre debidamente) a los intereses de una y otra parte del mercado. La tutela de la competencia cuenta como causa eficiente, por tanto, con la maximización de ambos conjuntos de intereses, que discurrirá sin problema hasta que la mejora de los intereses de un colectivo deba hacerse a costa del perjuicio de los otros. Una situación en que el máximo beneficio se encuentra únicamente limitado por la ausencia de perjuicio equivale a la satisfacción del interés general. Es decir, el interés general es resultado de la adecuada composición de los intereses de las partes del mercado.

A un mismo tiempo, el objeto de protección de la competencia ejerce una labor limitadora de los intereses relevantes de ambos colectivos, pues solo van a ser relevantes aquellos intereses que sean concurrenciales. Ello condiciona, a su vez, el

---

226 OTAMENDI J., *Competencia Desleal. Análisis de la Ley 3/1991*, cit., pág. 101, identifica estos dos contenidos y los separa en forma de dos normas distintas.

concepto de interés general resultante, que será un interés general competitivo o concurrencial, manifestado en la acertada expresión "interés general en una competencia no falseada"[227].

La importancia de lo anterior es, sin embargo, mucho mayor de lo que parece, ya que obliga a recontextualizar el art. 4 LCD, la cláusula general y todos los tipos de conducta desleal que de ella traen causa, como el resultado de una ponderación o composición de intereses de naturaleza, al menos, bilateral (veremos que en muchos casos esa naturaleza va a ser triangular, al desdoblarse los intereses de una de las partes) impuesta por el art. 1 LCD. A esa ponderación de intereses tan natural del sistema de Competencia Desleal el legislador ha decidido darle un carácter, por un lado, explícito y, por otro, de absoluta preeminencia, como precepto inaugural de la norma.

Siendo, por tanto, la interpretación de la cláusula general tributaria de los intereses competitivos cuyo conflicto pretende resolver, el recurso a la cláusula general del art. 4 debe operarse forzosamente atendiendo a que la composición de intereses que se pretende tutelar sea acorde a los principios básicos que ordenan el sistema de economía de mercado. Ello es así dado que el art. 1 LCD actúa como puente entre el art. 4 y su progenie normativa, los postulados que conforman la llamada Constitución Económica y, por extensión, el resto de normas que se integran dentro del sistema de economía de mercado constitucionalmente consagrado, entre ellas, y muy destacadamente, el Derecho de Defensa de la Competencia y los derechos de Propiedad Intelectual[228].

---

[227] Este es el sentido justificador de la Dir. 2005/29/CE, que responde a esa idea de mantener al mercado no falseado (Art. 101.1 TFUE, *in fine*).

[228] No hablamos, por tanto, de una unidad morfológica ni ontológica del ilícito desleal y antitrust como puede apreciarse en FONT GALÁN J.I. y MIRANDA SERRANO L. M., *Competencia Desleal y An-*

Pese a la importancia capital del precepto, no aparecen pronunciamientos judiciales que recurran al art. 1 LCD como criterio hermenéutico útil a la hora de interpretar la cláusula general, ni mucho menos para tratar de organizar las relaciones con otros sistemas normativos. Ello es una de las razones por las que, a nuestro entender, el recurso a la cláusula general ha desempeñado un papel práctico mucho más modesto de lo que permitía vaticinar su dimensión teórica[229].

Una vez tratada la cuestión del art. 1 LCD, corresponde cerrar el análisis del Capítulo I de la norma haciendo la correspondiente revisión (necesariamente breve) de los ámbitos objetivos y subjetivos de la ley.

Es precisamente en ellos donde, de una forma más clara, se percibe la liberalización de la norma y la purga de toda posible referencia o influencia a su eventual pasado corporativo. En efecto, el art. 2 LCD, ocupado del ámbito objetivo, elimina uno de los requisitos tradicionales que se habían venido exigiendo como correlato necesario de la óptica corporativista de la ley, centrada en la tutela de los comerciantes: la relación de competencia. Su eliminación de la ley se percibe como un símbolo de la ruptura con un Derecho contra la Competencia Desleal centrado exclusivamente en el comerciante, para refundarse (o fundarse más bien en el caso de España) en un Derecho objetivo del mercado. Así, el ámbito de aplicación de la norma

---

titrust. Sistema de Ilícitos, cit., *passim.*, sino de una unidad funcional (MAMBRILLA RIVERA V., "Prácticas comerciales y competencia desleal: estudio del derecho comunitario europeo y español...", cit., págs. 92 y 93; a partir del preámbulo de la LCD), expresada en lo que, nuevamente, FONT GALÁN Y MIRANDA SERRANO enuncian como compromiso de lo desleal con lo antitrust (pág. 31).

229 MARTÍNEZ SANZ F., "Artículo 5. Cláusula General", en MARTÍNEZ SANZ F., *Comentario Práctico a la Ley de Competencia Desleal,* cit., pág.65.

se hace depender de circunstancias generales y objetivas, concretamente dos: la circunstancia de que el acto tenga lugar en el mercado y se haga con fines concurrenciales[230].

La práctica identificación de acto en el mercado con acto con finalidad concurrencial, pues no hay acto que tenga lugar en el mercado y que, sin embargo, no produzca efectos sobre el mismo, permite extraer como conclusión que el ámbito objetivo de aplicación de la LCD es de suma amplitud, lo que, sin duda, predispone a la norma en relación con una pluralidad indeterminada de sectores del Derecho Mercantil.

La delimitación ulterior del basto el ámbito de aplicación de la LCD se intenta mediante el insuficiente apartado tercero del art. 2, que solamente delimita la norma respecto al ámbito de aplicación propio de la disciplina contractual y lo hace para indicar la aplicación previa, concomitante y posterior de la LCD respecto de la misma. Sin que la aclaración se pueda calificar de una necesidad sistemática, cumple la interesante función de separar la Competencia Desleal del Derecho de daños o responsabilidad civil extracontractual. Su función es diferenciar ontológicamente la disciplina de la mera responsabilidad extracontractual y, para ello, habilita una aplicación cumulativa a la eventual responsabilidad contractual, algo que si bien, debe reconocerse, no es del todo ajeno al ámbito de la

---

230 La distinción entre los dos requisitos ha sido objeto de razonables críticas (Cfr. . EMPARANZA SOBEJANO A., "Artículo 2: Ámbito Objetivo", en MARTÍNEZ SANZ F., *Comentario Práctico a la Ley de Competencia Desleal*, cit., pág. 33), por cuanto resulta harto difícil identificar una conducta que se realice en el mercado, pero no tenga finalidad concurrencial. El Tribunal Supremo parece haber encontrado esta *rara avis* en la STS 51/2005, de 3 de febrero, Caso Eroski , pero no acaba de convencer la argumentación allí seguida.

responsabilidad extracontractual, sí que resulta, al menos, una cuestión relativamente residual y de complejos contornos[231].

Habría sido deseable que el legislador hubiera prestado igual atención a la conexión del Derecho contra la Competencia Desleal con otras disciplinas jurídicas especialmente ligadas al mercado[232], destacadamente la Defensa de la Competencia y los derechos de Propiedad Intelectual. Omisión sistemática flagrante que no viene sin cierta causa, pues resulta, la cuestión de las conexiones entre CD y el resto de normas del mercado, uno de los temas más complejos para los países de tradición jurídica continental[233]. Ello no excusa, sin embargo, que se hubiera debido realizar ese especial esfuerzo por desarrollar, mantener y justificar una solución en este sentido. En todo caso, y sin entrar más sobre la cuestión, que será objeto de tratamiento

---

231 Retomando esta idea CASADO NAVARRO A., "Conexiones axiológicas, funcionales y normativas entre el derecho de contratos y la normativa represora de la competencia desleal en las relaciones de consumo", en MIRANDA SERRANO L. y PAGADOR LÓPEZ J., *Desafíos del Regulador Mercantil en materia de contratación y competencia* empresarial, Marcial Pons, Madrid, 2021, págs. 427-442, realiza una interesante reflexión sobre la relación entre Competencia Desleal y contrato, aunque en ocasiones incurre en ciertas posturas maximalistas, susceptibles de vaciar de contenido las reglas generales de contratación al quedar toda la materia abstraída al Derecho contra la Competencia Desleal. No obstante, una idea es clara y muy positiva: la necesidad de coordinar debidamente Competencia Desleal y Derecho de Contratos, de modo que este tome los principios de aquel ahondando nuevamente en la idea de delimitación recíproca ya referida, postulada por BÄRENFÄNGER J., "Symbiotische Theorie zum Kennzeichen- und Lauterkeitsrecht. Teil 1., *WRP*, Heft 1, 2011, págs. 16-28.

232 En una línea similar, OTAMENDI J., *Comentarios a la Ley de Competencia Desleal*, cit., pág. 65-67.

233 OHLY A., "The freedom of imitation and its limits- A European Perspective", *IIC*, Heft 5, 2010, págs. 506-524, págs. 507-509.

posterior, puede constatarse que las leyes de Propiedad Intelectual devuelven con justo menosprecio la omisión de la LCD, ignorando la disciplina en sus respectivos articulados.

Poco jugo jurídico puede exprimirse de la pulpa del art. 3 LCD, más allá de su concordancia con el modelo de competencia constitucionalmente consagrado y que el art. 1LCD acomete la tarea de disponer. En coherencia con el modelo integrado de intereses y los postulados del modelo social o institucional que asume la LCD, el art. 3 abre el espacio subjetivo de aplicación a toda persona física o jurídica que participe en el mercado. Esta referencia ha sido interpretada por la mejor doctrina como un intento de extender la aplicación de la norma a todo operador que ofrezca bienes en el mercado, al margen de la habitualidad con la que concurra[234], dando con ello cabida al consumidor que vende ocasionalmente algunos productos ("prosumidor"). Sin embargo, debe irse más allá a la hora de interpretar este precepto como aplicable a todo partícipe del mercado y en toda condición, lo que incluye también a los consumidores, cuando de forma injustificada (y siempre teniendo en cuenta lo limitado de su capacidad de influencia) dirigen su actuación a perjudicar a determinados empresarios, por ejemplo, en los supuestos de *domain squatting* o *domain grabbing*. En ocasiones esos sujetos serán competidores, pero en otras pueden ser simples consumidores con conocimientos informáticos que se adelantan al registro para perjudicar a determinados empresarios[235] o para obtener un provecho económico.

---

234 BERCÓVITZ RODRIGUEZ-CANO, A., "Significado de la Ley y requisitos generales de la acción de Competencia Desleal", en BERCÓVITZ RODRÍGUEZ-CANO A., *La Regulación contra la Competencia Desleal en la Ley de 10 de enero de 1991*, cit., pág. 23.

235 Vid. Sentencia del Juzgado de Primera instancia núm. 4 de Valencia, de 17 de abril de 2001 (Ac. 2001/2320), sobre el secuestro obstaculizador por parte de un cliente a la entidad Bancaja. Comentario a la misma disponible en CARBAJO CASCÓN F., *Conflictos entre*

Sea como fuere, la formulación sumamente amplia de los ámbitos objetivo y subjetivo de la ley permite una aplicación flexible, siempre adaptada a las necesidades del mercado, haciendo que la LCD se convierta en una norma de complemento para prácticamente cualquier litigio que surja en relación con el mercado y el desarrollo en él de variopintas actividades comerciales.

Cerrado el tratamiento del art. 3 LCD, damos por concluido el análisis del Capítulo I de la Ley y procedemos a valorar, ahora sí, los supuestos concretos de deslealtad concurrencial que de forma más intensa se vinculan con los derechos de Propiedad Intelectual. Estos serán, lógicamente, la cláusula general del art. 4 LCD, así como los supuestos de los arts. 6, 11 y 12 LCD, a menudo calificados como actos de expolio o aprovechamiento del esfuerzo ajeno[236].

Signos Distintivos y Nombres de Dominio en Internet, Aranzadi, Navarra, 2002, págs. 138, nota a pie 123, y 193, donde nos da, además, cuenta del caso "nocilla.com", dominio registrado para una web donde se distribuye contenido pornográfico; o en fin, en esta misma línea muy conocida es la sentencia en el caso "hipercor.to", donde se repite el *modus operandi* del caso nocilla. Para más información Cfr. https://www.libertaddigital.com/internet/hipercor-recupera-el-dominio-hipercorto-que-estaba-siendo-usado-con-fines-pornograficos-1276252342/ (última consulta realizada el 9 de abril de 2024).

236 Cfr. DE LA CUESTA RUTE José María, "Supuestos de competencia desleal por confusión, imitación y aprovechamiento de la reputación ajena", en BERCÓVITZ RODRÍGUEZ-CANO A. *La Regulación contra la Competencia Desleal en la Ley de 10 de enero de 1991*, cit., págs. 35-50, pág. 35; MASSAGUER FUENTES J., *Comentario a la Ley de Competencia Desleal*, cit., aunque señala que el criterio para la sistematización se opera a partir de los intereses afectados (págs. 162 y 163), no duda en calificar al art. 6 como acto de expoliación de las ventajas competitivas ligadas a otro (pág. 167) para después poner en íntima relación arts. 6, 11 y 12 LCD (pág. 340). Por último, identifica el art. 12 LCD como un supuesto sancionador de conductas que generan una doble ineficiencia: expolio de la reputación y a

1.1.1. La Cláusula General de Competencia Desleal

En un sistema como el español, que sigue el que hemos catalogado como modelo germánico (por contraposición al modelo francés, absolutamente basado en las normas de responsabilidad civil), la cláusula general de deslealtad constituye un aspecto clave e irremplazable para la operativa correcta y ágil de la disciplina, tal es así que una Ley de Competencia Desleal puede sobrevivir sin los grupos de casos[237], pero no es posible concebir una ley de Competencia Desleal autónoma capaz de sobrevivir sin una cláusula general. Por ello, si se me permite la paráfrasis, la cláusula general de deslealtad es el "corazón" y el "cerebro" del Derecho de la Competencia Desleal[238]. Corazón en un doble sentido, lógicamente, por ser la cláusula que, como veremos, justifica la existencia de la Competencia Desleal, le da vida al entero sistema, y, a la vez, porque es el centro neurálgico de la operativa legal. Cerebro porque sobre ella descansó históricamente (y ahora, en menor medida, también sigue descansando) la labor intelectual creativa de desarrollo

---

la vez obstaculización de la actividad ajena (pág. 364); CARBAJO CASCÓN F. "La Competencia Desleal (I). Cláusula general e ilícitos por Competencia Desleal. La Publicidad Comercial Desleal", cit., págs. 373 y 375 en relación con la 367, también identifica los actos tipificados en los arts. 6, 11 y 12 LCD como adscritos a la misma categoría: "aprovechamiento del esfuerzo de otros competidores"; en esta misma línea SÁNCHEZ SABATER L., "Artículo 6: Actos de Confusión", en MARTÍNEZ SANZ F., *Comentario Práctico a la Ley de Competencia Desleal*, cit., págs. 79-93, pág. 80.

237 La ley alemana de 1909 apenas contenía una tipificación de los grupos de casos más aplicados, deducidos jurisprudencialmente a partir del § 1 y, sin embargo, tuvo una larga vida de prácticamente cien años.

238 De BRETONE M., *Diritto e tempo nella tradizione europea*, Laterza, Roma, 2004, pág. 265; que reza: "La jurisprudencia es el corazón y el cerebro del Derecho Romano", traducido en CASTRESANA A., *Derecho Romano. El arte de lo bueno y de lo justo*, cit., pág. 91.

jurisprudencial de los distintos grupos de casos, que son, por tanto, tributarios de dicha norma.

La doctrina que ha analizado la cláusula general le ha atribuido de ordinario un peso muy importante. Habitualmente aluden a una función doble de la misma: como canon hermenéutico sobre la conducta castigada por la norma[239] y como supuesto autónomamente aplicativo[240]. En lo que a la primera consideración se refiere, ninguna duda cabe de que la cláusula general del art. 4 LCD incorpora un importante contenido hermenéutico. Para empezar, define la propia noción de deslealtad, delimitando así, dentro del amplísimo ámbito aplicativo, qué tipo de comportamiento va a ser objeto de persecución y sanción, y para ello nos remite a la idea de contravención objetiva de las exigencias de la buena fe. Es decir, no toda conducta en el mercado, no todo comportamiento, habrá de ser objeto de represión por la norma, solamente aquel que contravenga objetivamente las exigencias de la buena fe[241].

---

239 MASSAGUER FUENTES J., "Treinta años de Ley de Competencia Desleal", *Actualidad Jurídica Uría Menéndez*, N.º 55, cit., pág. 78.

240 BERCÓVITZ RODRÍGUEZ-CANO A., "Artículo 4. Cláusula General", cit., pág. 103; MASSAGUER FUENTES J., *Comentario a la Ley de Competencia Desleal*, cit., 149; CARBAJO CASCÓN F., "La Competencia Desleal (I). Cláusula general e ilícitos por Competencia Desleal. La Publicidad Comercial Desleal", cit., pág. 359; MARTÍNEZ SANZ F., "Artículo 5. Cláusula General", cit., págs. 64 y 65.

241 La LCD crea así un ilícito relativamente en blanco, donde el énfasis se encuentra en el carácter conductual que acoge el ámbito de enjuiciamiento. En el contexto del ilícito desleal, como tendremos ocasión de comprobar, lo relevante no es la conducta en sí sino el cómo se lleve a cabo dicha conducta, siendo los efectos relevantes solamente al final, a efectos de valorar si la situación merece o no un reproche jurídico, pero el ilícito aparece construido sobre un prisma claramente conductual. Frente a ello el ilícito Antitrust se configura también como ilícito en blanco pero sobre la base de un resultado contrario al funcionamiento de la competencia, siendo

La remisión es clara: la interpretación de la cláusula general de Competencia Desleal obliga a conectarla con el art. 7 CC y la definición de buena fe que allí aparece relacionada a su vez con el ejercicio de un derecho[242]. La referencia a un comportamiento acorde con la buena fe que aparece en el art. 4 LCD debe interpretarse en el sentido de entender, como hemos mencionado *supra*, que el ilícito de deslealtad constituye una suerte de ejercicio antisocial o abusivo del derecho a competir, pero de una forma ajena al componente intencional que aparece ínsito en la doctrina del art. 7 CC, al contrario, el precepto purga la interpretación de todo subjetivismo posible al exigir una contrariedad objetiva. No se trataría tanto de la tutela de un derecho subjetivo del perjudicado, como del castigo por el ejercicio antisocial de aquel otro[243].

---

que, por razones de proporcionalidad, recurre a un criterio de imputación conformado por la conducta del empresario, pero el énfasis sigue estando en los efectos de la conducta. Una buena prueba de ello es el rigor con el que el Derecho de la Competencia trata el Abuso de posición dominante, pues, en efecto, desde la STJCE de 9 de noviembre de 1981, as. 322/81, Caso Michelin, donde impone a la empresa en posición de dominio una especial responsabilidad "de no impedir, con su comportamiento, el desarrollo de una competencia efectiva y no falseada en el mercado común". Se puede apreciar claramente cómo el Derecho *Antitrust* en este caso impone un sacrificio comportamental a la empresa, cierto, pero a partir de los efectos por ella generados en el mercado, de donde el elemento que cualifica la conducta como *Antitrust* son precisamente los efectos, y en esa medida se convierten estos en patrón de la ilicitud *Antitrust*.

242 De nuevo, MARTÍNEZ SANZ F., "Artículo 5. Cláusula General", cit., pág. 62; en el mismo sentido, aunque con orden inverso GALACHO ABOLAFIO A. F., *La nulidad de la marca inscrita ante la mala fe del solicitante*, cit., págs. 51-54.

243 En una línea similar, PAZ-ARES RODRÍGUEZ J.C., "Constitución económica y competencia Desleal", *Anuario de Derecho Civil*, cit., págs. 934-936.

La oposición objetiva a la buena fe en un particular comportamiento ha sido, a su vez, identificada con la contravención de aquello que es razonablemente esperable en el mercado[244], esto es, se anuda a la tutela de las expectativas del tráfico mercantil y de esta forma entronca con uno de los aspectos cruciales del Derecho Mercantil: la generación de seguridad y confianza en el tráfico.

Por medio de este complejo sistema de remisiones implícitas para definir el acto desleal, la LCD proporciona un criterio hermenéutico basado en la confianza y habitualidad del tráfico, sin atender a los anteriores conceptos corporativistas de "buenas costumbres mercantiles". De esta forma, la buena fe objetiva se conecta implícitamente con la "normalidad" en el tráfico y con ello a la costumbre mercantil, pero entendida no ya como los acuerdos implícitos entre empresarios, sino como las reglas de conducta fruto del consenso del conjunto del mercado, emanado tanto de los competidores, como de los consumidores y otros participantes. Aparece así, claramente, la conexión del art. 4 LCD con el art. 1 del mismo cuerpo legal[245], porque en la definición del acto desleal como aquello que se aleja de lo esperable en el mercado intervienen los intereses no solo de competidores, sino de todos los grupos de intereses

---

244 BERCÓVITZ RODRÍGUEZ-CANO A., "Significado de la Ley y requisitos generales de la acción de Competencia Desleal", cit., págs. 27-29.

245 Conexión ésta que reconoce MASSAGUER FUENTES J., *Comentario a la Ley de Competencia Desleal*, cit., pág. 153, cuando, a la hora de dotar de contenido a la buena fe, propone el recurso a la finalidad de la norma (contemplada en el art. 1 LCD) y a partir de ello con la constitución económica y los principios inspiradores del sistema de mercado, para concluir, ya en la página 154, la exigencia de un comportamiento acorde a la competencia por méritos o eficiencia; planteamientos que se reiteran en MASSAGUER FUENTES J., "Treinta años de Ley de Competencia Desleal", cit., pág. 68.

que integran el mercado. Ello supone, ni más ni menos, una refundación de las anteriores costumbres mercantiles y su actualización al nuevo paradigma interpretativo, que permite la adaptación del sistema de CD al nuevo modelo social o institucional sin necesidad de modificar la expresión tradicional de "buena costumbre mercantil"[246].

Sea como fuere, no cabe duda de que la labor interpretativa del art. 4 LCD y la cláusula general que contiene resulta indispensable en el sistema de disciplina del mercado. Un potencial interpretativo que se ha venido valorando como referido a toda la norma pero que, sin duda alguna, tiene la máxima relevancia a la hora de interpretar los diferentes grupos de casos que aparecen en los artículos que siguen a dicho precepto. Es decir, la importancia interpretativa de la cláusula general del art. 4 LCD se extiende a todo comportamiento particularmente tipificado, de forma que ante la duda de aplicar o no un precepto y su intencionalidad siempre es posible el recurso a la cláusula general.

Concerniente a la sistemática general de la norma, la labor de la cláusula general se ha cifrado por la doctrina como la de permitir su autorregulación[247], autointegración[248] o actualización de la norma[249], de forma que siempre sea posible man-

---

246 Cfr. BERCÓVITZ RODRÍGUEZ-CANO A., *Apuntes de Derecho Mercantil*, cit., pág. 400; FERNÁNDEZ NÓVOA C., "Reflexiones Preliminares sobre la Ley de Competencia Desleal", cit., pág. 16; OTERO LASTRES J.M., "La nueva Ley sobre Competencia Desleal", cit., pág. 34.

247 MASSAGUER FUENTES J., *Comentario a la Ley de Competencia Desleal*, cit., pág. 152.

248 PAZ-ARES RODRÍGUEZ J.C., "Constitución económica y competencia Desleal", *Anuario de Derecho Civil*, cit., pág. 944.

249 BERCÓVITZ RODRÍGUEZ-CANO A., "Artículo 4. Cláusula General", cit., pág. 97; CARBAJO CASCÓN F., "La Competencia Desleal (I). Cláusula general e ilícitos por Competencia Desleal. La Publicidad Comercial Desleal", cit., págs. 358 y 359; MARTÍNEZ SANZ F.,

tener viva la disciplina y adaptarla a cada nueva práctica en el mercado, pues no cabe duda de que la tipicidad normativa rápidamente se desacompasa de la tipicidad social y comercial que determinadas prácticas exhiben en el mercado. Así, la cláusula general opera como mecanismo de actualización normativo al permitir la creación de cuantos grupos de casos sean necesarios, bien por la obsolescencia tecnológica de la norma, bien por el surgimiento de nuevas prácticas que, por desconocidas, no pudieron incorporarse y no encuentran a su vez encaje en ningún precepto. De todo ello se deduce, como bien ha señalado el Alto Tribunal español que la cláusula general no es un mero precepto inspirador ni es meramente subsidiario, sino un tipo propio y dotado de suficiente autonomía aplicativa susceptible de constituir un caso en sí mismo[250].

La capacidad integradora que exhibe la Cláusula General respecto de los ilícitos que jalonan la estructura de la norma, fue objeto de limitación jurisprudencial[251]. Y es que, en efecto, no tiene la misma significación hermenéutica el recurso interpretativo a la cláusula general del art. 4 LCD para completar o ajustar al caso los requisitos concretamente previstos para el tipo de conducta desleal (o para actualizarlos), que pretender su socorro para suplir o subsanar la falta de encaje parcial de la conducta en alguno de los preceptos regulados al efecto. Es decir, no cabe el recurso a la cláusula general cuando la con-

---

"Artículo 5. Cláusula General", cit., págs. 64 y 65., OTAMENDI J., *Comentarios a la Ley de Competencia Desleal*, cit., pág. 171.

250 SSTS 415/2005, de 23 de mayo de 2005; 1169/2006, de 24 de noviembre de 2006; 311/2007, de 23 de marzo de 2007; 1032/2007, de 8 de octubre de 2007; 663/2012, de 13 de noviembre de 2012; 570/2014, de 29 de octubre de 2014.

251 Cfr. SSTS 415/2005, de 23 de mayo de 2005; 136/2006, de 20 de febrero de 2006; 130/2006, de 22 de febrero; 1169/2006, de 24 de noviembre de 2006; 580/2007, de 30 de mayo de 2007; 97/2009, de 25 de febrero de 2009; 256/2010, de 1 de junio de 2010.

ducta es subsumible en alguno de los supuestos de deslealtad particulares, con independencia de que efectivamente cumpla los requisitos para ello o no, so pena de generarse en tales casos una antijuricidad degradada[252].

Así, por ejemplo, el mero parecido entre dos signos distintivos no produce ni producirá una especie de confusión deslavada o evocación en una reinterpretación de los requisitos del art. 6 LCD a partir del art. 4 LCD. Pero es posible examinar la *ratio* que subyace a este precepto, en particular la ponderación implícita de intereses que potencialmente acoge bajo la interpretación de buena fe en base a la habitualidad y previsibilidad de la conducta en el mercado, para excluir, por ejemplo, la aplicación del art. 6 LCD a casos como la reproducción a escala de productos de marca[253], donde no hay confusión en su sentido material y la aplicación del art. 6 LCD fuera del ámbito de marcas supone el riesgo de cercenar una actividad de mercado novedosa surgida a partir de un producto sin realmente generar un perjuicio al fabricante del original. En caso de duda sobre si aplicar la confusión del art. 6 LCD o no, cabe recurrir al art. 4 LCD y la composición de intereses que le subyace y se explicita como postulado genérico en el art. 1 LCD para interpretar que, dado que la confusión busca proteger a competidor y a consumidor de una asignación ineficiente derivada de una impresión general errónea de origen empresarial, en

---

252 STSS 130/2006, de 22 de febrero de 2006; 635/2009, de 8 de octubre de 2009; 513/2010, de 23 de julio de 2010; 19/2011, de 11 de febrero de 2011, entre otras.

253 Cuestión que se plantea en la STS 168/2004, 8 de marzo de 2004, caso Harley Davidson; también en la STJCE de 25 de enero de 2007, As. C-485/05, Caso Opel/Autec, párr. 21, donde exige para entender la infracción de la marca que el uso afecte o menoscabe a alguna de sus funciones, en particular la función esencial o indicadora del origen; en un sentido similar GARCÍA VIDAL A., "La reproducción a escala de productos de marca", *ADI*, XXV, págs. 629-643, pág. 642.

la medida en que el imitado no participa en el mercado de las reproducciones a escala y puesto que es dudoso que un consumidor se decida por la réplica en miniatura bajo la idea de que es una réplica fabricada por o licenciada bajo el paraguas de la marca, difícilmente podrá apreciarse un interés relevante afectado por la confusión que se contraponga al interés general en la apertura de un nuevo mercado. Ello nos permite descartar la deslealtad por confusión en caso de que hubiere alguna duda al respecto o el aparato formal del art. 6 LCD no fuera suficiente para dar soporte a dicho razonamiento, y sin perjuicio, naturalmente, de poder calificar la conducta como desleal, por ejemplo, por explotar la reputación ajena (arts. 11.2 y 12 LCD), en función de si media o no imitación y los efectos que la misma pueda tener sobre la actividad del imitado.

Cuanto hemos señalado reclama poner en valor la necesidad de interpretar los casos típicos y tipificados en los arts. 5 a 18 LCD a la luz de la cláusula general y la composición de intereses que en cada caso le subyace. Sin que la práctica jurisprudencial sea ajena a este proceder, en muchos casos queda ocluido por el aparato interpretativo ya solidificado, siendo habitual en ciertas materias (como en la complementariedad que aquí nos ocupa) la pérdida de perspectiva, adoleciendo el juzgador la falta de una guía en el complejo bosque interpretativo que la LCD supone, acertando en dirección pero no en camino en algunas ocasiones y en otros casos confundiéndose diametralmente de dirección.

Notará el lector suspicaz que la enumeración de preceptos a interpretar a partir de la cláusula general no abarca la totalidad de ilícitos que figuran en la norma, cercenando a la mitad el listado vigente. Para este lector pertinaz, procedo ahora a señalar que, en efecto, desde la reforma de 2009 (que, recordemos, transpone la Dir. 29/2005/CE), el art. 4 LCD no contiene una, sino dos cláusulas generales distintas[254]: una cláusula general en sentido propio y una cláusula general para las conductas que tengan lugar con ocasión de una relación comercial entre competidor y consumidor y usuario[255]. Esa cláusula de deslealtad general "del consumidor", en buena lógica jurídica, deberá concebirse como una subespecie de la cláusula general basada en el respeto objetivo a la buena fe, si bien, dados su origen comunitario (ahora europeo) y la diferente concepción que ha habido a la hora de su transposición en los distintos Estados Miembro esta relación de inmanencia puede no resultar del todo clara. Para los que siguiendo el modelo integrado o alemán concebimos que la LCD ofrece una tutela plurisubjetiva, la cláusula general con consumidores no es sino una modalidad específica de la cláusula general tradicional.

Al margen de los problemas de encaje y de naturaleza que dicha cláusula pueda suponer, no cabe desconocer, sin embargo, su valor exegético. Aunque teóricamente tiene un valor aplicativo propio, como cláusula general que es, es dudoso que veamos pronunciamientos en este sentido, dado el carác-

---

254 Así lo admite la interpretación doctrinal mayoritaria. Cfr. CARBAJO CASCÓN F., "La Competencia Desleal (I). Cláusula general e ilícitos por Competencia Desleal. La Publicidad Comercial Desleal", cit., págs. 355 y 356; BERCÓVITZ RODRÍGUEZ-CANO A., "Artículo 4. Cláusula General", cit., pág. 104.

255 Modificación, la de dividir el ámbito subjetivo pasivo de la LCD que no era obligatoria de conformidad con la norma europea (Así lo entendió, MASSAGUER FUENTES J. – con colaboración de MARCOS F. y SUÑOL LUCEA A. –, "La transposición al Derecho español de la Directiva 2005/29/CE sobre prácticas comerciales desleales. Informe del Grupo de Trabajo constituido en el seno de la Asociación Española de Defensa de la Competencia", *Boletín del Ministerio de Justicia*, Año 60, N.º 2013, 2006, págs. 1925-1963, pág. 1939); pero que, posteriormente se verá, fue la vía elegida en Alemania obligando a varias modificaciones sucesivas de la UWG a instancias de la Comisión Europea.

ter "de máximos" que impuso la transposición de la Directiva y que abre la puerta a considerar su aplicación directa como un posible exceso, más allá de los objetivos armonizadores del legislador europeo. En todo caso, por cómo se ha transpuesto la norma en el sistema español, la aplicación autónoma de la cláusula general con consumidores resulta imposible, pues no se configura como un tipo pleno, al partir de la base de la verdadera cláusula general a la que se remite implícitamente[256]. Así las cosas, la aplicación autónoma de la cláusula general con consumidores, de ser posible, requeriría del recurso a la cláusula general tradicional, convirtiendo su sistemática en un auténtico "laberinto"[257]. Agotada la vía de aplicación autónoma[258], retornamos, pues, a la cuestión del valor exegético o interpretativo porque hay que poner de relieve algunas consideraciones importantes.

Introduce, la reformada ley, por mandato comunitario, una nueva fórmula de contravención a la buena fe. Siendo el alcance de esta modulación ciertamente complejo de delimitar, como se expondrá posteriormente, es correcto entender que, cuando el acto desleal se inserte "en las relaciones con

---

256 El tenor del precepto parte de la definición de ilícito desleal como contravención de la buena fe y, partiendo de él más bien aclara que "*en las relaciones con consumidores y usuarios se entenderá contrario a las exigencias de la buena fe el comportamiento de un empresario o profesional contrario a la diligencia profesional...*"

257 Expresión literal que tomamos de RUIZ PERIS J.I., ""El laberinto de la CD de la LCD", *ADI*, XXX, cit., pág. 444; literalmente: "*Tras la reforma el art. 4 LCD introduce una cláusula general laberíntica que adolece de gigantismo y de confusión conceptual*".

258 Es decir, la cláusula general de deslealtad con consumidores tiene una aplicación no autónoma, conectada con el ilícito general de competencia desleal del art. 4 LCD, lo que supone entender que el tipo realmente aplicado es la cláusula general ordinaria, cualificada con ciertas especialidades cuando el ilícito tiene por sujeto pasivo a un consumidor.

consumidores y usuarios", la contravención de la buena fe se hace depender de un doble elemento causalmente vinculado, a saber: por un lado, de la contravención a la "diligencia profesional", definida como "nivel de competencia y cuidados especiales que cabe esperar[259] de un empresario conforme a las prácticas honestas del mercado[260]"; y, por el otro, de la aptitud de dicha falta de diligencia para distorsionar "de manera significativa el comportamiento económico del consumidor medio...", entendiendo por tal toda decisión de actuación o de abstención de actuación vinculada a "la selección de una oferta u oferente", "contratación de un bien o servicio, la manera y las condiciones en que se contrata", "el pago", "la conservación del bien o servicio" y el "ejercicio de derechos contractuales", y como el galimatías no acababa de decir lo que la Directiva obligaba a indicar, se añade que será también "distorsionar de manera significativa el comportamiento económico del consumidor medio, utilizar una práctica comercial para mermar de manera apreciable su capacidad de adoptar una decisión con pleno conocimiento de causa, haciendo así que tome una decisión sobre su comportamiento económico que de otro modo no hubiera tomado".

---

259 Nótese que aquí recibe confirmación la tesis de BERCÓVITZ RODRÍGUEZ-CANO A., "Artículo 4. Cláusula General", cit., pág. 100, de la que nos hemos venido haciendo eco que interpreta el respeto a la buena fe vinculado con la previsibilidad, la normalidad en el mercado.

260 Y así, dieciocho años después de su promulgación vuelve a definirse el ilícito desleal (en lo concerniente a los consumidores, claro) por referencia a un concepto tradicional de "prácticas honestas del mercado", abandonando el pretendido impulso renovador, que, por otra parte, ya hemos visto, resultaba ciertamente innecesario. No obstante, habría sido positivo mantener una coherencia entre el recurso a la buena fe objetiva y las complicaciones y meandros interpretativos que supuso con la definición de la diligencia profesional que pasa ahora a integrar dicho concepto.

Analicemos con cierto detenimiento el segundo elemento, al que calificaremos como requisito de relevancia, y ello porque condiciona la valoración de deslealtad a la producción de un efecto mínimo de alteración del funcionamiento del mercado y consistente en la distorsión real o potencial del comportamiento económico del consumidor medio[261] y que en la ley, tras una descripción de los aspectos del comportamiento del consumidor que se consideran económicos y que podían haberse omitido de la cláusula general[262], pues nada aportan salvo extenderla y dificultar su interpretación interna, se concreta en la merma de la capacidad de adoptar una decisión con pleno conocimiento de causa, induciendo, así, a la toma de una decisión que de otra forma no habría adoptado.

Por tanto, sintetizando lo que el farragoso precepto añade, dos son los elementos de la contravención a las exigencias de la buena fe y, por ende, de deslealtad, en conductas "relacionadas" con consumidores y usuarios: la falta de diligencia objetivamente esperable y la aptitud de su defraudación para alterar el comportamiento económico del consumidor. Así, por tanto, puede leerse el nuevo criterio de deslealtad en el sentido que "es desleal por contravenir las exigencias de la buena fe un comportamiento negligente de un empresario susceptible de inducir al consumidor a adoptar una decisión económica que, de otro modo, no habría tomado".

---

261 En una línea similar CARBAJO CASCÓN F., "La Competencia Desleal (I). Cláusula general e ilícitos por Competencia Desleal. La Publicidad Comercial Desleal", cit., pág. 362.

262 De hecho, para BERCÓVITZ RODRÍGUEZ-CANO A., "Artículo 4. Cláusula General", cit., pág. 105, la incorporación de estas definiciones en el artículo 4 es incorrecta, porque en realidad son definiciones aplicables a toda la LCD y no solamente a un único precepto. Si bien compartimos la crítica, ello se salva gracias al carácter hermenéutico e informador que despliega el art. 4 LCD en relación con el resto de tipos legales.

En segundo lugar, omitiendo un análisis de las fallas que tiene la redacción del precepto y que, en fin, es resultado de embutir a la fuerza un modelo comunitario que no encaja con el sistema de Competencia Desleal español, interesa destacar el verdadero alcance que tiene esta cláusula general con consumidores. Para ello partimos de la propia ley que alude de tres formas distintas al ámbito de aplicación, a saber: "en las relaciones con consumidores y usuarios...", "para valorar conductas cuyos destinatarios sean consumidores" y "las prácticas comerciales que, dirigidas a los consumidores y usuarios en general...". Tanto la idea de "destinatario" como de "práctica dirigida a" parecen indicar un entorno más amplio donde la cláusula general opera como criterio de deslealtad al margen de quién sea el reclamante y de quién resulte perjudicado, en la medida en que lo relevante es que tenga al consumidor como destinatario de la conducta no diligente. Por el contrario, cuando alude a "en las relaciones" parece indicarse que este canon hermenéutico será aplicable solamente cuando la conducta tenga lugar entre un empresario y un consumidor y, por tanto, parece estar limitando los perjudicados y el daño a este último colectivo. La directiva es afortunadamente más clara y considera que lo relevante es la dirección de la práctica hacia un consumidor, esto es, basta que la práctica produzca el efecto de alterar la conducta del consumidor, para ser una práctica dirigida a este y, por tanto, determinar su aplicación, desplazando, con ello, al sistema general de tutela del mercado, que quedaría relegado únicamente a la tutela del competidor[263]. Esta disociación entre intereses tutelados no es

---

[263] Esto es el efecto al que el propio BERCÓVITZ RODRÍGUEZ-CANO A., *Apuntes de Derecho Mercantil*, cit., pág. 391, se refiere cuando dice que la directiva viene a darle "la vuelta a la tortilla". Esto, en un sistema como el español, que asume el modelo unitario de protección de intereses propio de la tradición germánica y que supone que la Competencia Desleal ofrece una tutela adecuada y suficiente en

compatible con el sistema español (ni alemán[264], se verá) de Competencia Desleal y, por ello la incongruencia está servida.

Esta incoherencia se manifiesta en que, como consecuencia de una concepción unitarista del mercado, donde las conductas son esencialmente pluriofensivas[265], resulta francamente difícil encontrar una conducta que teniendo lugar en el mercado no se dirija a consumidores, más allá de los casos donde este se ve sustituido como parte contractual y/o destinataria por un empresario. De esta forma, dado que la inmensa mayoría de casos tienen especial sentido cuando se dirigen al colectivo consumidor (pensemos, por ejemplo, en la confusión del art. 6 LCD, en la imitación del art. 11 LCD o el aprovechamiento sancionado por el art. 12 LCD, donde el peso de la conducta radica precisamente en la alteración del comportamiento del consumidor; pero también los arts. 5, 7, 8, 10 y 17 [letras a y b] LCD, donde el grueso de la aplicación práctica de estos tipos tiene lugar en "relaciones con consumidores y usuarios"), no queda otro remedio que considerar que la cláusula general con consumidores debería desplazar como pauta interpretativa

---

condiciones de igual importancia para todos los intereses de mercado, resulta incompatible. De ahí que sistemas como el francés o el italiano hayan exhibido pocos problemas a la hora de incorporar la Dir.2005/29/CE, pues su sistema de Competencia Desleal está completamente separado en tutela del competidor y tutela del consumidor, pero sistemas como el alemán o el español se han visto obligados a asumir una solución de compromiso que parte en dos el carácter unitario de la norma, generando una cierta esquizofrenia.

264 En esta segunda línea OHLY A., "Nach der Reform ist vor der Reform", *GRUR*, Heft 12, 2014, págs. 1137-1144, pág.1140, ha denunciado que la directiva tiene visión de túnel en el consumidor; coincidimos en calificarlo como una "miopía" que pesa más que favorece a la larga en su valoración.

265 CARBAJO F., "La Competencia Desleal (I). Cláusula general e ilícitos por Competencia Desleal. La Publicidad Comercial Desleal", cit., pág. 344

a la tradicional cláusula general para la gran mayoría de casos, siendo esta última aplicable a conductas que, como la violación de secretos (art. 13), inducción a la infracción contractual (art. 14), violación de normas (art. 15), abuso de dependencia económica (art. 16.2) o la venta a pérdida predatoria (art. 17.c), resultan totalmente ajenas a la percepción del consumidor y, por tanto, en ellas la conducta inducida en el consumidor resulta a todas luces irrelevante.

Para salvar lo anterior, como salvaguardia de última línea, se introduce en el art. 19.1 LCD una limitación reductora del potencial ámbito de protección del consumidor a los arts. 4 (cláusula general), 5 (engaño), 7 (omisiones engañosas) y 8 (prácticas agresivas). Dejando fuera tipos como la confusión (art. 6 LCD) o la imitación (art. 11 LCD), donde la deslealtad, en última instancia se hace depender de la percepción del consumidor, aunque el perjudicado no sea sola o principalmente este, sino el resto de competidores, entre ellos, el imitado. En estos casos, resulta imposible reprimir la idea de que el canon interpretativo de afectación a la capacidad de decisión económica del consumidor debiera ser la pauta final conforme a la cual valorar la deslealtad de la conducta y, como parte de aquella, de determinación de la relevancia concurrencial de los hechos. Esto hace que allí donde el consumidor es destinatario de la práctica, se vea perjudicado de un modo directo o no, parezca que lo correcto para determinar la deslealtad es valorar la capacidad de la práctica para forzar una decisión en él.

La tercera consideración, que enlaza directamente con la anterior, es que la reforma operada en 2009 para adecuar la LCD a la Dir. 29/2005/CE, ha alterado materialmente el completo esquema de enjuiciamiento de la Competencia Desleal y ha obligado a partir en dos un sistema que era material y sigue siendo formalmente unitario[266]. Para salvar la coherencia lógica y sistemática de la norma es obligado escindir artificialmente las conductas en lesivas de intereses de consumidores y de intereses de competidores, contraviniendo la propia lógica unitaria de la disciplina, provocando una mala interpretación normativa, dificultando no solo la aplicación autónoma de la LCD, que pasa a verse ahora como una ley cuasi-consumerista, sino, lo que es más grave, complicando gravemente sus interacciones con el resto de leyes reguladoras del tráfico mercantil y, muy destacadamente, las normas que estatuyen derechos de Propiedad Intelectual. El resultado de todo ello es la creación de una ley aquejada de un cierto grado de esquizofrenia que atiende a dos conjuntos de principios distintos materialmente complementarios, pero formalmente incompatibles: la garantía del funcionamiento del mercado en beneficio de todos sus partícipes, sobre la base de una igualdad en el valor de dichos intereses, resultado del modelo social, y protección individual y prioritaria del interés subjetivo del consumidor. No es posible sostener dos órdenes diferenciados de intereses: si el interés

---

[266] En una línea similar, MASSAGUER FUENTES J., "La reforma de la Ley de Competencia Desleal de 2021 una reforma menor, coyuntural y continuista del tratamiento de las prácticas comerciales desleales con consumidores", *Revista de Derecho Mercantil*, N.º 324, 2022, 30 págs., pág. 3, alude a serios problemas de encaje en la configuración general de las prácticas comerciales desleales dirigidas a consumidores, que tristemente se reiteran en la reciente reforma de la LCD por el art. 84 del Real Decreto 24/2021, inducida por la modificación de la Dir. 29/2005/CE mediante la Dir. (UE) 2019/2161, que ha optado por desplazar la mayor parte de las reformas introducidas al TRLGDCU (pág. 5). Sobre esta cuestión vid. también, en mayor profundidad, CRUZ GONZÁLEZ M., "Breve exégesis de la Directiva 2019/2161/UE para la mejora de la aplicación y la modernización de las normas de protección de los consumidores en lo tocante a su transposición mediante la reciente reforma de la ley de competencia desleal" en CARBAJO CASCÓN F. Derecho Digital y Mercado, tirant-lo-blanch, Valencia, 2024, págs. 299-340

del consumidor es prioritario, no puede ser a la vez igual de importante que el de los competidores, descuadrando toda la coherencia interpretativa de la norma, y permitiendo justificar como leales conductas perjudiciales para los competidores por el hecho de haber un interés prevalente de los consumidores, que en muchos casos, además, no será real, sino presunto y sobredimensionado.

Se hace, en fin, necesario encontrar alguna forma de compatibilizar la posición preeminente que se pretende otorgar al interés abstracto de los consumidores en la Dir. 29/2005/CE con la protección individual de todos los sujetos respetando el carácter pluriofensivo que han adquirido los ilícitos. Es posible colegir de todo el sistema que la LCD, primeramente, se orienta a la garantía de una competencia de mercado transparente y no distorsionada. En este sentido, es lógico ponderar más intensamente los intereses de los consumidores, dada la posición preeminente de "árbitro del mercado[267]" o "soberano del mercado[268]" que se le ha asignado. Sin embargo, la tutela del consumidor a través de la LCD no es *per se* una tutela de naturaleza subjetivista como la que sí pueda ofrecerse desde el TRLGDCU (R.D. legislativo 1/2007, de 16 de noviembre), sino una tutela institucionalizada. La Directiva (y con ella la reforma de 2009), por tanto, viene dar una vuelta de tuerca o le da, otra vez, "la vuelta a la tortilla" a la

267 En este sentido vid. SSTS 72/2010, de 4 de marzo de 2010, Caso "Sorpresa"; 586/2012, de 17 de octubre de 2012, Caso "El Abuelo Ángel" (comentada infra); 448/2013, de 9 de julio de 2013; o 586/2014, de 28 de octubre, con cita de las dos anteriores. La gran mayoría sobre litigios de marca.

268 En la doctrina alemana se ha establecido la idea de *Konsumentensouveränität*, o soberanía del consumidor, con idénticas connotaciones que la expresión de árbitro del mercado.

LCD en palabras de BERCÓVITZ[269] en la medida en que ya no puede interpretarse la citada norma en el sentido de acoger una composición de intereses competitivos ubicados en un plano de igualdad, sino que, tras la reforma de 2009, la interpretación guía ha de ser precisamente la prevalencia de los intereses de los consumidores.

La conexión de la eficiencia con el interés general de la clase consumidora supone, en este sentido, que la valoración de una conducta destinada al consumidor se haga atendiendo a sus efectos sobre la totalidad de los operadores. La contraposición de los intereses del mercado impone reconocer que la conducta infractora ni trae únicamente perjuicios, ni aporta solamente beneficios (pues se habría excluido en vía de principio la aplicabilidad de la Competencia Desleal). De esta forma, el nuevo sistema aplicativo, que resulta coherente con el foco puesto en el mercado y no en la tutela intersubjetiva propio del modelo profesional anterior, pasa por interpretar que la lealtad o no de la conducta se deba valorar no solo en relación con los efectos agregados sobre el mercado en su conjunto, sino teniendo particularmente en cuenta si dicha conducta efectivamente resulta procompetitiva desde el punto de vista del consumidor medio. En la medida en que dicha conducta se configure como una fuente de aportación de valor para el conjunto de consumidores en el mercado, las razones para concebir la deslealtad se endurecen, lo que en última instancia deriva de la realización de un juicio de ponderación entre los perjuicios del competidor afectado y los beneficios netos que la conducta tiene para los consumidores[270]. Todo perjuicio que se vea superado por un correlativo

---

269 Una vez más, BERCÓVITZ RODRÍGUEZ-CANO A., *Apuntes de Derecho Mercantil*, cit., pág. 391

270 Aparece aquí de nuevo el juicio de ponderación explicitado por HUBMANN H., "Die sklavische Nachahmung", *GRUR*, Heft 5, 1975,

beneficio desde el lado del consumo deberá necesariamente valorarse como una carga a soportar derivada de la mayor eficiencia para el mercado.

1.1.2. La tutela concurrencial de la innovación: arts. 6, 11 y 12 LCD. Entre la protección de la inversión empresarial y la garantía de la transparencia en el mercado

Queda pues, explicado con claridad cómo la Ley 29/2009 de incorporación de la Directiva 29/2005/CE, supone un antes y un después para toda la Ley de Competencia Desleal y no solo para los artículos creados *ex novo* ni para los preceptos a los que alude el art. 19 LCD con efectos limitantes. La modificación de la Cláusula General resulta imposible de obviar en todas las conductas donde el consumidor resulta elemento esencial para la alteración del normal desenvolvimiento de la Competencia en el mercado.

Corresponde ahora revisar con cierto detenimiento los preceptos de la LCD que más íntimamente se vinculan con la innovación y su gemela imitación, pues estos son los que más directamente están llamados a relacionarse de un modo conflictivo con los derechos de PI.

Comenzando, ahora sí, con el tratamiento de los artículos 6, 11 y 12 en la LCD[271], conviene señalar que, de forma no casual,

---

págs. 230-239, pág. 234, que, si bien está pensando en el Derecho alemán, resulta extrapolable también al caso español. El juicio tradicional de ponderación de intereses contrapuestos se mantiene en esta sede, pero su centro de gravedad cambia, centrándose preferentemente en el consumidor.

271 En este sentido, puede echar en falta el lector mención al art. 13 LCD, regulador tradicionalmente del denominado Secreto Industrial. Se excluye del tratamiento por dos motivos esenciales: de un lado, porque tras la creación de la Ley 1/2019, de Secretos Empre-

estos preceptos han sido agrupados por la mayor parte de la doctrina y calificados como actos de aprovechamiento del esfuerzo ajeno. Cada uno de ellos, evidentemente, presenta matices diferenciales, pero en todos ellos subyace el trasfondo de represión de las conductas que en otro tiempo (ahora con cierto temor) se calificaron de "parasitarias"[272]. Este parasitismo ya no se persigue, como ocurrió en sus inicios y aún perdura un cierto poso, por suponer un atentado contra el competidor innovador, antes al contrario, interesa su persecución por ser un acto que lastra el sistema económico y el funcionamiento del mercado, al sancionarse exclusivamente aquellas conductas imitativas que constituyendo una escasa aportación de va-

---

sariales, aunque la materia se escinde o independiza de la LCD sí hay un reconocimiento y remisión explícitos al nuevo régimen (Cfr. MARTÍN MOLINA P.B., "Análisis de la Ley 1/2019, de 20 de febrero, de secretos empresariales", *Diario La Ley,* N.º 9641, Tribuna, 27 de mayo de 2020, págs. 1-21, pág. 5) que reducen la conflictividad en este punto de otro lado, porque es complejo responder en un sentido afirmativo de considerar el know-how y su protección como un sistema equivalente a la PI y ello por varias razones, como la falta de una divulgación o afloramiento del conocimiento (típico de sistemas sólidos como la Patente, el Diseño Industrial o el Derecho de Autor), de igual forma no habría un derecho exclusivo como tal reconocido, la vigencia del secreto y su protección no dependen de una situación jurídica declarada como en el caso de los demás derechos de PI, sino del mantenimiento de una situación de hecho. En fin, una serie de argumentos y otros en los que pueda pensarse, que parecen reflejar, más bien, una suerte de estatus híbrido, a medio camino entre un derecho de PI y la tutela concurrencial de los activos empresariales no protegidos, lo que aconseja su acometimiento en un momento posterior, centrado en desentrañar el tipo de protección que le subyace.

272 En este sentido BERCÓVITZ RODRÍGUEZ-CANO A., "Significado de la Ley y requisitos generales de la acción de Competencia Desleal", cit. pág. 35 subraya la existencia de una íntima conexión entre, precisamente, esos tres preceptos.

lor innovativo propio al mercado, suponen un uso abusivo de la libre imitación, al estar orientadas a tergiversar la imagen del mercado que tienen los consumidores, haciéndoles perder claridad y dificultando la adopción de una decisión autónoma. Es decir, estas conductas suponen un intercambio imitador-mercado (o imitador-sociedad, como se prefiera) donde el primero aporta escaso o nulo valor propio, un relativo valor de sustitución (respecto de la prestación original), que irá descendiendo a medida que surgen más y más competidores con productos semejantes, e introduce un importante perjuicio informativo[273/274]. La sanción de estas conductas no opera sobre la imitación en sí, cuanto responde a los efectos perjudiciales inducidos por dicho comportamiento[275]. El conjunto de estos preceptos debe, por tanto, valorarse como un sistema de represión de aquellas conductas de imitación o de aproximación por cualquier medio a una prestación ajena, que cumplen con el doble requisito de no aportar un valor propio "sustancial" y de aproximarse a un producto de manera "innecesaria" o sin justa causa. En el fondo la valoración, tome la forma del art. 6, art. 12 o del art. 11 LCD, supone tener en cuenta estas

---

273 Modulación del concepto de parasitismo que es necesariamente consecuencia de a incorporación de intereses extra-empresariales a la tutela contra la deslealtad concurrencial.

274 De nuevo, debe tenerse en cuenta la necesidad de poner el énfasis de la expresión no en la defensa de la posición en sí, en tanto que derecho subjetivo del comerciante, sino que debe reinterpretarse como resultado del recurso a mecanismos competitivos capaces de alterar el proceso de mercado (Cfr. PAZ-ARES RODRÍGUEZ J.C., "Constitución económica y competencia Desleal", *Anuario de Derecho Civil*, cit., pág. 938), lo que amerita en sí un reproche y a un mismo tiempo habilita al perjudicado a redimirse el daño en tanto que se trata de un perjuicio injustamente generado.

275 Este razonamiento se explicita en la doctrina alemana bajo la sintética idea de que la CD no sanciona la imitación en cuanto a tal, sino el cómo y la forma en que dicha imitación se produce.

dos cuestiones: el grado de aportación propia de valor, lo que suele medirse mediante la valoración de la distancia imitativa, entendida como la similitud o diferencia existente entre original y prestación aproximativa; y la necesidad, en el sentido de "esencialidad competitiva"[276] de la imitación, esto es, en qué medida era necesario imitar para poder participar de un modo viable en el mercado, lo que es tanto como preguntarse por la composición de intereses subyacentes a la imitación y al resultado de su ponderación.

---

[276] La historia del concepto de esencialidad competitiva es compleja. Arranca en DINWOODIE G., "The death of ontology: a teleological approach to trademark law" *Iowa Law Review*, Vol. 84, 1999, págs. 611- 752, págs. 688-718, donde reinterpreta teleológicamente la doctrina de la funcionalidad (en sede de marcas) y acaba concluyendo la necesidad de hablar de *competitive need*, concepto que vincula a la competencia desleal (pág.718) y que sería a un mismo tiempo causa de justificación de la imitación y causa eficiente de la imposición de una obligación de etiquetar y comercializar bienes de forma que minimicen la confusión con el producto imitado (pág. 717); posteriormente KUR A., "Too pretty too protect? Trademark Law and the enigma of aesthetic functionality", *Max Planck Institute for Intellectyal Property and Competition Law Research Paper series,* Paper 11-16, 2011, pág. 7, reinterpreta el concepto de necesidad con el de esencialidad, de forma que la valoración de la necesidad de la imitación y, por tanto, su permisibilidad, no sea de blanco o negro, sino que admita una gradación de forma que la esencialidad se pueda fijar en función del relativo potencial competitivo que tenga la forma imitada en cada caso, lo que en última instancia habilitaría un juicio de ponderación donde se valoraría en qué medida el daño potencial causado a la libre competencia por el impedimento a imitar, se ve superado por los legítimos intereses de consumidores y productores. Esta ponderación que KUR opera en sede exclusiva de marca y, por tanto, desde la perspectiva de la economía de la información, en realidad sirve también, como implícitamente parece proponer el propio DINWOODIE para valorar la necesidad de la imitación en cualquier contexto, vinculándose decididamente con el concepto más amplio de Competencia Desleal.

Todo el esquema responde, como detectara ya PORTELLANO, a la determinación de la distancia mínima a guardar en el acto imitador (obligación de diferenciar[277]), concretándolo en un deber de evitar confusión a través del uso de un signo distintivo lo suficientemente claro y relevante[278]. Asumimos aquí precisamente esa tesis, entendiendo que no es tanto un deber jurídico, como una carga[279], donde no basta simplemente con el uso de un signo suficientemente distintivo, sino mantener una distancia adecuada que impida, en cada caso, cualquier intromisión o provecho de la posición competitiva conquistada

---

277 PORTELLANO P., *La Imitación en el Derecho de la Competencia Desleal*, cit., pág. 467; y de nuevo el mismo autor en "Artículo 11. Actos de Imitación" en MARTÍNEZ SANZ F., *Comentario práctico a la Ley de Competencia Desleal*, cit., págs. 179-184; en contra, la SJMUE N.º 1 de Alicante, núm. 50/2023, de 8 de noviembre (Rec. 596/2020), considera que no siempre es posible conjurar el efecto confusorio con un signo, cuando este es especialmente débil y, en cambio, el parecido de la presentación comercial produce un efecto evocador que predispone al consumidor de forma anticipada, sin que la debilidad del signo permita disipar el efecto generado.

278 Ibid.

279 En estos términos se pronuncia también DOMINGUEZ PÉREZ E. M., "Comentario al Art. 11. Actos de Imitación", en BERCÓVITZ RODRÍGUEZ-CANO A., *Comentarios a la Ley de Competencia Desleal*, cit., págs. 279-316, pág. 300. Como indica GALLEGO SÁNCHEZ Esperanza, "Marca negra y derecho", *Revista La Ley Mercantil*, N.º 66, febrero 2020, págs. 1-14, pág. 8, carga en derecho significa la existencia de una obligación a cuyo cumplimiento no puede ser compelido el obligado, pero de cuyo incumplimiento derivan negativas consecuencias para el mismo. Entendemos que, siendo la imitación esencialmente libre, no es posible obligar jurídicamente al imitador a distanciarse del modelo, pero sí que habrá una consecuencia negativa, la sanción de deslealtad, en caso de que incumpla esa carga de mantener una distancia imitativa mínima.

por el imitado[280]. De esta forma, el derecho a imitar que deriva del principio de libre competencia se ve condicionado al cumplimiento de un requisito de índole positivo: haber realizado cuanto es razonable y necesario[281] para evitar introducir o, al menos, minimizar, perturbaciones en el mercado como consecuencia de la imitación. Dichas perturbaciones se concretan en la ruptura del principio de competencia por eficiencia sobre el que se justifica y sustenta la asignación de prestaciones en el mercado. Este y no otro, entendemos que sería, en fin, el paradigma interpretativo adecuado para arrancar el estudio de los supuestos más conflictivos de los actos de aprovechamiento del esfuerzo ajeno, aunque como veremos, no es el enfoque seguido hoy en día en España.

De este modo, el sistema de tratamiento de la imitación en el ordenamiento jurídico español podría resumirse del siguiente modo: un primer nivel operativo, protagonizado por la legislación de PI, donde la imitación queda excluida de modo absoluto e incontestable y donde la única competencia que se tolera es la competencia por innovación; un segundo nivel donde se abre la competencia por imitación, pero sujeta a determinadas cortapisas o frenos relevantes, impuestos, por lo demás, desde el ámbito de la Competencia Desleal. A uno y otro nivel trata de referirse – de forma un tanto confusa – el art. 11 LCD, cuestión que trataremos más adelante.

---

280 En este sentido SAP Sección 8ª AP Valencia, de 5 de mayo de 1993 (Caso Vidal Sassoon), después revocada por STS 479/1996, de 5 de junio de 1997, (Rec. 1909/1993).

281 Conceptos, razonabilidad y necesidad que aparecen también en el sistema alemán de Competencia Desleal.

Artículo 6 LCD: Actos de Confusión

Siguiendo el orden numeral que el legislador asignó a cada uno de estos preceptos, corresponde iniciar la exposición por el art. 6 LCD, que contiene los llamados actos de confusión. Se trata de uno de los supuestos más antiguos[282] e importantes[283], y es común a la práctica totalidad de países[284]. Su finalidad fue rápidamente identificada como la de proteger no a las empresas y el valor de su marca, sino más bien la de tutelar al consumidor en la toma de decisiones en el mercado[285]. La práctica en cuestión puede interpretarse como una subespecie de acto de engaño, pero donde este no radicaría sobre las características de la prestación, sino en generar una situación idónea para que el cliente potencial no pueda distinguir las diferentes empresas que actúan en el mercado[286].

---

282 De acuerdo a MASSAGUER FUENTES J., *Comentario a la Ley de Competencia Desleal,* cit., pág.166, fue uno de los supuestos tipificados ya en la LPI de 1902, aunque evidentemente sin la autonomía con la que aparece ahora.

283 DE LA CUESTA RUTE J. M., "Supuestos de Competencia Desleal por confusión, imitación y aprovechamiento de la reputación ajena", en BERCÓVITZ RODRÍGUEZ-CANO A., *La Regulación contra la Competencia Desleal en la Ley de 10 de enero de 1991,* cit. pág. 35.

284 OTAMENDI J., *Competencia Desleal. Análisis de la Ley 3/1991,* cit., pág. 141

285 FERRÁNDIZ GABRIEL J.R., "Actos de confusión e imitación con riesgo de asociación", *Estudios de Derecho Judicial,* N.° 19, 1999, págs. 132 y 133; en un sentido similar para MASSAGUER FUENTES J., *Comentario a la Ley de Competencia Desleal,* cit., págs. 167 y 168, el reproche de deslealtad se asienta en la reacción de los consumidores ante el suministro de una información que no se corresponde con la realidad.

286 BERCÓVITZ RODRÍGUEZ-CANO A., *Apuntes de Derecho Mercantil,* cit., pág. 409.

En fin, resulta evidente que este precepto guarda una íntima conexión con el Derecho de Marcas, al ser estos signos distintivos el mecanismo por excelencia de identificación del origen empresarial. Dicha interacción se ve reforzada por el hecho de que la literalidad del precepto hace alusión a conceptos propios del contexto marcario (al menos desde la perspectiva española), como "confusión" o "riesgo de asociación". Ambos conceptos han sido objeto de interpretación en el sentido marcario que les es propio[287], entendiendo por confusión aquella en sentido estricto, esto es, como el error inducido al cliente sobre el origen empresarial de las prestaciones o establecimientos[288], pero también la asociación o confusión indirecta, donde no hay confusión pero sí una cierta inducción a pensar que existe una relación comercial de tipo indeterminado entre ambos competidores[289].

La conexión material y conceptual con el Derecho de Marcas resulta, por tanto, innegable. No solo se utilizan los mismos conceptos que para valorar la infracción del derecho de marca, sino que, materialmente, la conducta confusionista se producirá en la normalidad de los casos a través de una infracción de una marca ajena. Por ello, una de las primeras cuestiones que lógicamente se plantea es la de la relación de este precepto particular con el Derecho de Marcas. Así, MASSAGUER entiende que la represión de la Competencia Desleal no estaría llamada, en efecto, a duplicar la protección de la marca, de forma que

---

287 Así lo aconsejó tempranamente OTAMENDI J., *Competencia Desleal. Análisis de la Ley 3/1991*, cit., pág. 141.

288 DE LA CUESTA J. M., "Supuestos de Competencia Desleal por confusión, imitación y aprovechamiento de la reputación ajena", en BERCÓVITZ RODRÍGUEZ-CANO A., *La Regulación contra la Competencia Desleal...*, cit. pág. 36

289 SÁNCHEZ SABATER L., "Artículo 6. Actos de Confusión", en MARTÍNEZ SANZ F., *Comentario práctico a la Ley de Competencia Desleal,* cit., pág. 81.

esta regirá a falta de derecho exclusivo o más allá de los lindes objetivos, con base en su teoría de la complementariedad relativa[290] (que será expuesta de modo general *infra*), mientras que otros autores, como FERNÁNDEZ -NÓVOA defendieron inicialmente la acumulación absoluta de ambos sistemas de tutela[291]. Más modernamente CARBAJO señala las dificultades existentes para admitir una acumulación absoluta de marca y Competencia Desleal en estos casos.[292]

En todo caso, es importante señalar una coincidencia unánime entre los comentaristas: la confusión se producirá "normalmente" mediante signos distintivos, pero no exclusivamente. Quiere esto decir que la conducta concurrencial, al menos potencialmente, es más amplia que la simple infracción de marca[293]. La infracción de marca es, por tanto, un medio posible de comisión de un acto desleal de confusión, no el único.

En todo caso, la remisión implícita, explicitada por la doctrina, que hace el uso de confusión en la letra de la ley, implica una identidad material de resultado (no así de juicio valorativo) entre la confusión desleal y la infracción de marca. Es decir, en ambos casos el resultado confusión o asociación debe producirse, sea material o sea potencialmente, y tendrá la mis-

---

290 MASSAGUER FUENTES J., *Comentario a la Ley de Competencia Desleal*, cit., págs. 168 y 169.

291 FERNÁNDEZ -NÓVOA C., *Sistema Comunitario de Marcas,* Montecorvo, Madrid, 1995, págs. 235 y 236, en particular nota al pie 109.

292 CARBAJO CASCÓN F., *Manual Práctico de Derecho de la Competencia,* cit., pág. 368.

293 En un sentido similar, aunque con un recurso dogmático distinto MONTEAGUDO MONEDERO M., "El riesgo de confusión en derecho de marcas y en derecho contra la competencia desleal", *ADI*, XV, págs. 73-108, págs. 91y 92, distingue el juicio entre ambos sistemas aludiendo a que el Derecho de Marcas opera un juicio normativo, mientras que la Competencia Desleal sería una valoración de naturaleza fáctica.

ma significación, aunque en un caso sea de carácter normativo y en el otro puramente fáctico[294].

Más concreta se muestra, por su parte, la relación establecida entre el art. 6 LCD y sus preceptos vecinos de la LCD. En efecto, un punto relevante de contacto y, por qué no decirlo, de conflictividad interna en la propia LCD es la relación que media entre los actos de confusión y los actos de imitación del art. 11. 2 LCD, donde una de las causas de deslealtad imitativa es precisamente la confusión. Efectivamente si ambos preceptos aluden al resultado confusión, necesariamente habrá que buscar una solución que justifique la existencia de ambas normas de forma que el sistema no incurra en duplicidades y redundancias. En este sentido, una manera lógica de delimitación pasa por identificar la imitación confusoria como una particular forma de confusión. La amplitud del art. 6 LCD en cuanto al comportamiento típico (literalmente dice "todo comportamiento...idóneo"), permite, de un lado, entender que la imitación es un tipo de comportamiento idóneo, y a la vez que dicho acto no agota el elenco de posibles actos confusionistas. Sin embargo, esta línea interpretativa fue descartada tanto doctrinal como jurisprudencialmente porque supondría *de facto* un vaciamiento del contenido del art. 6 LCD. En efecto, una de las mejores formas de confundir sobre el origen empresarial es imitar, lo que supondría que el grueso de conductas confusorias basadas en la imitación de signos o, más bien, el uso de signos similares, podrían reconducirse a la imitación

---

294 Esta diferencia vigente en su día se encuentra cada vez más deslavada en la doctrina de Marcas desarrollada por el TJUE. En particular, las SSTJUE de 18 de junio de 2009, C-487/07 (Caso O2) y de 18 de julio de 2013, C-252/12 (Caso Specsavers), manifiestan que el juicio de confusión marcaria puede adquirir un carácter contexto-dependiente, lo que lo aproxima a la CD. En este mismo sentido OHLY A. y KUR A., "Lauterkeitsrechtliche Einflüsse auf das Markenrecht", *GRUR*, Heft 5, 2020, págs. 457-471, pág. 463.

de la marca con efectos confusionistas y, por esta vía, dejar sin contenido al art. 6 LCD. En lugar de eso se opta por escindir objetivamente ambas materias y considerar que el art. 6 LCD englobaría supuestos relacionados con la imitación de elementos distintivos, sean signos o no, lo que incluiría también la presentación comercial, mientras que el art. 11 LCD proscribe la imitación de la prestación en sí[295]. Es decir, el art 6 LCD es el ámbito de la imitación "formal", mientras que el art. 11.2 LCD se ocuparía de la imitación "material"[296].

Se siguen planteando, sin embargo, problemas para determinar la aplicabilidad de uno y otro precepto cuando el elemento imitado es exclusivamente la forma de un producto con capacidad para indicar un concreto origen empresarial, esto es, la forma que opera a su vez como signo distintivo. Si habláramos del empaquetado la solución sería atribuir la cuestión al art. 6 LCD, pero por ser la imitación de la prestación en sí, parece apropiado atribuir la pertinencia al art. 11.2 LCD. Habiendo argumentos en favor de ambos preceptos, la elección queda a la arbitraria preferencia del operador o intérprete.

Los criterios sobre los cuales operar la valoración de la confusión serían de acuerdo a MASSAGUER cinco: similitud entre

---

295 En este sentido Cfr. CARBAJO CASCÓN F., *Manual Práctico de Derecho de la Competencia,* cit., pág. 371; Cfr. SÁNCHEZ SABATER L., "Artículo 6. Actos de Confusión", en MARTÍNEZ SANZ F., *Comentario práctico a la Ley de Competencia Desleal,* cit., pág. 89.

296 Ilustrativa en este sentido sobre el diferente ámbito de aplicación de uno y otro precepto es la excelente sentencia del Juzgado de Marcas de la UE, de 12 de julio de 2022, juicio núm. 753/2020, donde se diferencia perfectamente el juicio de confusión centrado en la presentación del producto hacia el mercado (art. 6 LCD) de la imitación del producto en sí y, particularmente, de la confusión entre productos a que hace referencia el art. 11.2 LCD como una posible causa de deslealtad, aunque el tenor literal del precepto, ya se dirá, alude a "asociación" y no estrictamente a confusión.

signos; consolidación y reconocimiento en el tráfico; formación y atención del consumidor; inexistencia de un principio de especialidad[297]. Por su parte, los dos elementos característicos del juicio de deslealtad serían la consolidación en el tráfico, que aproxima la cuestión a un terreno propio de la percepción de mercado y lo aleja de la comparativa entre signos y la atención del consumidor, que de nuevo contribuye a centrar la comparación en un contexto más fáctico. Sin embargo, ambas concepciones han sido absorbidas por el Derecho de Marcas por diversas razones: la consolidación y reconocimiento del tráfico es un requisito vinculado también a la notoriedad de la marca y, en esta medida, vinculado a la distintividad[298]. Dada la tendencia apoyada por el TJUE a apreciar la distintividad por una vía cada vez más factual y no tanto registral ni normativa, la valoración de la percepción de la marca es objeto de una graduación *ad hoc* en función del tipo y grupo de consumidor relevante en cada caso. Finalmente, la referencia a la inexistencia de principio de especialidad es una alusión directa a la relación con el Derecho de Marca, pero, de nuevo, la expansión de la tutela marcaria a las marcas notorias (y no registradas, en el sentido del art. 6 bis CUP) y renombradas[299] hace que

---

[297] MASSAGUER FUENTES J., *Comentario a la Ley de Competencia Desleal*, cit., págs. 174 a 178.

[298] MANSANI L., "La Capacidad Distintiva como Concepto Dinámico" *ADI, XXVII*, págs. 223-242, en particular pág. 231. En este sentido, no consideramos que haya una conexión directa entre notoriedad y distintividad, ni que la distintividad sea una cualidad graduable, se es o no se es distintivo. El problema está en que la relación de sinergia entre notoriedad o fama y distintividad hace muy difícil desligar ambos conceptos. La exposición de MANSANI a la que hacemos referencia es precisamente prueba de ello.

[299] Tenga en cuenta el lector que tras la reciente reforma de la Ley de Marcas del año 2018 se ha visto purgada del error histórico del legislador español y que opera, como siempre debió, como expediente de tutela de una marca no registrada pero notoriamente conocida

este criterio de valoración y distinción entre ambos juicios haya perdido su vigencia.

Artículo 11 LCD: Actos de Imitación

El segundo de los preceptos que aquí corresponde sistematizar es el art. 11 LCD, quizá el que resulta más importante dentro del complejo de actos de aprovechamiento ajeno. La estructura del art. 11 LCD resulta, sin embargo, más alambicada de lo puramente aparente, lo que, de nuevo, ha sido una fuente de problemas interpretativos. Para ser un precepto de naturaleza tipificadora arranca su definición de un modo nada convencional[300] al omitir el apartado primero referencia alguna a la conducta descrita y sancionada por el resto del precepto, limitándose a poner en valor una aproximación liberal y moderna del nuevo texto normativo, estableciendo expresamente la libertad de imitación como límite de la represión de la imitación por desleal[301]. Como sanciona el precepto, la imitación es, por principio de libre competencia, una estrategia competitiva válida en la medida en que resulta económicamente beneficiosa[302].

---

en el sentido del art. 6 bis CUP tanto frente al registro posterior (art. 6.1.d LM) como parte del *ius prohibendi* reconocido en el art. 34 LM (en particular, cfr. art. 34.7 LM). En adelante, la referencia hecha a marca notoria, deberá entenderse hecha siempre a la marca notoria y no registrada *ex* art. 6 bis CUP.

300 MASSAGUER FUENTES J., *Comentario a la Ley de Competencia Desleal*, cit., pág. 337.

301 Llegando a ser considerada como una proposición superflua en los debates de tramitación. Cfr. OTAMENDI J., *Competencia Desleal. Análisis de la Ley 3/1991*, cit., pág. 158.

302 CARBAJO CASCÓN F., *Manual Práctico de Derecho de la Competencia*, cit., pág. 371; en este mismo sentido DOMINGUEZ PÉREZ E.M., *Competencia Desleal a través de actos de imitación sistemática*, cit., pág. 78;

Siendo esto así, el complejo esquema normativo del art. 11 LCD tiene un valor inigualable dentro del sistema de competencia porque, aun partiendo de ese valor económico vital que tiene la imitación[303], reconoce que en ocasiones la misma puede producir efectos anticompetitivos cuando los beneficios aportados en forma de una mayor variedad de oferta se ven empañados por un más que proporcional empeoramiento en la transparencia y claridad del mercado[304]. Bajo este punto de vista, el art. 11 LCD no debe ser interpretado como una excepción al principio de libre imitación[305], sino como su expresa consagración y a la vez como el reconocimiento de un límite necesario a a la permisibilidad de la conducta imitativa, marcando, así, una diferencia relevante con los derechos de PI, donde la prohibición es la regla y no la excepción.

Esta interpretación no debe, sin embargo, verse ennegrecida por el desacierto de incluir *in fine* una referencia a la tutela de un derecho exclusivo[306]. La voluntad legislativa de tal

---

PORTELLANO P., *La imitación en el derecho de la competencia desleal,* cit., págs. 98-104.

303 Así lo indicó en su momento el Tribunal Supremo Norteamericano, en la sentencia del caso *Bonito Boats Inc. v. Thunder Craft Boats Inc.* (489 U.S. 141- 1989) cuando proclama: "The *imitation is the life-blood* (esencia vital) *of a competitive economy*".

304 Puede decirse, empero, que la prohibición española de la imitación se constituye como una prohibición por los efectos y no por la forma.

305 En contra PORTELLANO P., "Artículo 11. Actos de Imitación" en MARTÍNEZ SANZ F., *Comentario práctico a la Ley de Competencia Desleal,* cit., pág.170.

306 En efecto, la remisión a la tutela inmaterial no puede apreciarse como adecuada ni desde un punto de vista material ni desde un punto de vista sistemático. Desde la segunda perspectiva, porque no es lugar apropiado, la definición típica de una conducta desleal, para hacer una proclama de este tipo. Habría sido preferible insertarla en algún punto de las disposiciones generales, si bien por la sistemática de la norma, resulta ciertamente complejo de ubicar.

inclusión responde al objetivo de reconocer expresamente la duplicidad de tutelas.

En el apartado segundo del art. 11 LCD no se da una definición de imitación, dando lugar a una relativa divergencia interpretativa. De esta forma, para algunos autores la imitación tenía que interpretarse estrictamente en el sentido más propio de la ley suiza, como reproducción o imitación mecánica[307]. En cambio, la mayoría de la doctrina conviene en otorgarle un contenido más amplio, donde se incluye también la imitación recreadora[308]. Tradicionalmente, doctrina y jurisprudencia (alemanas, pues la imitación desleal es un *novum* nacional nacido con la ley de 1991[309]) han venido atribuyéndole un perfil a la conducta como lesiva únicamente de intereses empresariales. No cabe duda de que, si bien los intereses de los competidores son un aspecto muy importante para este precepto, lo cierto es que como apunta MASSAGUER, la ley trata de delinear un complejo equilibrio entre, por un lado, la innovación y promoción tecnológicas, y, por el otro, el principio de competencia por eficiencia, de suerte que junto los intereses empresariales se perfilarían – al menos– también intereses de

---

Desde el punto de vista material o sustantivo, una mención específica a los derechos de PI no resulta ni clarificadora ni aporta nada en absoluto a la consagración del principio de libre imitación. Esta parece una indicación más propia de una exposición de motivos que fue, sin embargo, incorporada al artículo en un exceso de euforia innovadora.

307 En este sentido, PORTELLANO P., *La Imitación en el Derecho de la Competencia Desleal*, cit., pág. 33, indicó que la reproducción en realidad puede subsumirse en la noción más genérica de imitación por reproducción.

308 DOMINGUEZ PÉREZ E. M., *Competencia Desleal a través de actos de imitación sistemática*, cit., págs. 40 y 41.

309 MASSAGUER FUENTES J., *Comentario a la Ley de Competencia Desleal*, pág. 336.

la economía en su conjunto[310]. Basta analizar los efectos competitivos de la imitación cuya prohibición interesa el precepto para detectar la necesidad de añadir, si no los intereses del consumidor en la imitación, al menos, la percepción que de la imitación tenga en cada caso como sujeto destinatario de las prácticas imitativas. Lo que hace de la imitación el ejemplo de práctica pluriofensiva por excelencia.

La cuidada estructura del precepto, recoge varias modalidades de conducta imitativa: el art. 11.2 LCD agrupa toda aquella imitación de corte parasitario, mientras que en el art. 11.3 LCD aparece una modalidad de la denominada imitación obstaculizadora, de corriente más bien concurrencial, donde se ha incorporado la figura de imitación sistemática de prestaciones. Tratando tangencialmente el art. 11.3 LCD, pues la figura que contiene ha sido examinada con gran profundidad y excelente solvencia[311], conviene señalar que dicho precepto no acoge plenamente la tipología de imitación obstaculizadora, sino solo la que exhiba caracteres de sistematicidad. Aunque no habría estado de más incluir una tipificación general para la imitación obstruccionista, un coherente juego interpretativo entre el art. 11.3 LCD y la cláusula general del art. 4 LCD suple airosamente su ausencia.

Bajo el art. 11.2 LCD se incluye la imitación confusoria, así como la que suponga un aprovechamiento indebido de la reputación o la que implique la captación del esfuerzo ajeno. Se trata, en efecto, de tres tipologías de conducta desleal: por un lado, la imitación con efectos confusionistas, cuyo ámbito resulta, al menos, potencialmente más amplio que el del art. 6 LCD, al tener una trascendencia extra-marcaria y, por tanto,

---

310 Ibid., págs. 337 y 338.

311 Para un análisis pormenorizado de la imitación sistemática resulta imprescindible la lectura de DOMÍNGUEZ PÉREZ E.M., *La Competencia Desleal a través de actos de imitación sistemática*, cit., *passim*.

no operar una coincidencia total entre juicio de infracción del derecho exclusivo y juicio de lealtad concurrencial; en segundo lugar, la imitación con efecto de aprovechamiento indebido de la reputación, a menudo concebido como una suerte de confusión *levissima*; y la imitación con aprovechamiento del esfuerzo ajeno, cuya naturaleza tautológica impone una reinterpretación correctora, considerándola referida a la reproducción[312]. Por último, el precepto se cierra con un inciso segundo de complejo encaje, donde se introduce como "causa de exoneración" la inevitabilidad de los efectos desleales.

Conviene detenernos un poco en las particularidades de cada una de estas conductas de imitación. Comenzando por la imitación desleal por confusoria. En este sentido, conviene tener en cuenta que ya MASSAGUER llamó la atención sobre la diferencia en la terminología empleada entre este supuesto del art. 11.2 LCD y el contemplado en el art. 6 LCD[313], en particular, mientras el segundo precepto habla de riesgo de confusión y riesgo de asociación, el art. 11.2 LCD habla directamente de asociación de prestaciones. A partir de la similitud entre ambos términos razona que la imitación desleal no tendría por objeto un signo distintivo escindible, sino la prestación misma, en la medida en que tuviera capacidad para *evocar* una concreta

---

312 Aunque hay dudas razonables sobre si reproducción constituye o no un fenómeno equiparable a imitación, consideramos junto a PORTELLANO P., *La Imitación en el Derecho de la Competencia Desleal*, cit., pág. 33, que la reproducción en realidad puede subsumirse en la noción más genérica de imitación por reproducción. De este modo, acogemos una noción unitaria de imitación que incluye reproducción y que, en cambio, excluye la falsificación. Cuando hablamos de falsificación ya no se trata de simple reproducción, sino de una conducta mucho más intensa y de cariz distinto.

313 MASSAGUER FUENTES J., *Comentario a la Ley de Competencia Desleal*, cit., pág. 344.

procedencia empresarial[314]. Es decir, se trataría de la imitación de aquellos aspectos o componentes susceptibles de indicar una determinada procedencia empresarial. Pero, a cambio, cierra el concepto de confusión al sentido interpretativo estrictamente marcario, considerando imposible justificar un riesgo de confusión en sentido amplio, porque ello presupone que el consumidor es capaz de distinguir ambas prestaciones como procedentes de diferentes empresarios por sí solas[315]. En el momento en que las prestaciones son escindibles o separables para el consumidor, ya nos ubicamos fuera de la confusión marcaria, entrando ya en el ámbito propio de la segunda categoría de conducta: el aprovechamiento de la reputación ajena. PORTELLANO vincula la proscripción de la imitación confusoria con la carga de diferenciar que la propia imitación lleva ínsita, lo que le conduce limitar su aplicación a las prestaciones no protegidas por derecho de PI[316], señalando como contenido obligatorio la carga puramente formal de utilizar un signo distintivo claramente diferenciador[317]. La cuestión es si realmente el uso de "asociación" por parte del legislador se quería hacer en el sentido de confusión marcario o se trataba de un concepto más amplio de confusión.

El segundo nivel de protección está conformado por el aprovechamiento de la reputación ajena. Sin embargo, en la mayoría de los casos aparece interpretado como un supuesto de tutela exclusiva del empresario respecto a la reputación

---

[314] Ibid., pág. 345.

[315] Ibid., pág. 346.

[316] Cfr. PORTELLANO P, "Artículo 11LCD. Actos de Imitación", en MARTÍNEZ SANZ F., *Comentario Práctico a la Ley de Competencia Desleal,* cit., pág.176.

[317] Ibid., pág. 187. Ello es coherente con una lectura estricta de la noción imitación confusoria, donde confusión sea interpretada en un sentido marcario estricto; en contra, nuevamente, la la SJMUE N.º 1 de Alicante, núm. 50/2023, de 8 de noviembre (Rec. 596/2020).

que él mismo ha creado. Esta órbita subjetivista lo aproxima a la Propiedad Intelectual, dificultando su correcto deslinde argumentativo. Bajo esta perspectiva, admitir la deslealtad basada en la imitación parasitaria de la reputación ajena es tanto como aceptar la validez de tutelar directamente las inversiones del empresario en crear una determinada reputación. Aceptar esta visión supondría admitir que la imitación desleal por parasitaria constituye una tutela cuasi exclusiva y nos ubicaría dentro de la denominada función pretorial de la CD, tendencia que es precisamente la que se trata de evitar mediante la interpretación restrictiva de la acumulabilidad, manteniendo el número de derechos de PI con carácter abierto, pero siempre condicionado a su previo reconocimiento legal. No es esta, por tanto, la vía interpretativa adecuada, sino aquella que entiende que la tutela está en este caso concedida sobre la garantía de la transparencia en el mercado.

Desde este punto de vista, la protección de la reputación es incidental, pues el propósito se encuentra en garantizar la correcta asignación de la posición competitiva disfrutada a cada momento, a partir de la propia eficiencia y saber hacer, y no por medio de la desfiguración torticera de la percepción de los consumidores. No se tutela tampoco la posición competitiva en sí, que podrá ser arrebatada por medios competitivos considerados legítimos. Lo que se está, por tanto, sancionando es el hecho objetivo de que un competidor obtenga una posición competitiva no sobre la base de su propio mérito, sino drenando la valoración que en el mercado ha conquistado otro[318].

---

318 Se aprecia aquí, como señalamos *supra*, que la conducta se centra, principalmente, en los intereses del competidor, pero también de la economía en su conjunto: no solo interesa proteger la posición del competidor imitado en tanto que ataque ilegítimo a la misma, sino que lo verdaderamente relevante pasa por sancionar la ventaja injusta (en el sentido de no basada en la eficiencia de las propias

En cuanto a los requisitos de las conductas reseñadas, MASSAGUER destaca dos elementos o parámetros: por un lado, la existencia de penetración (hoy implantación en el mercado) o una reputación, entendida como el crédito y buen nombre de la prestación original; y, por el otro, la existencia en la misma de "mérito o singularidad competitiva[319]" (*Wettbewerbliche Eigenart*).

Este requisito de "singularidad competitiva" se configura, al igual que en el sistema alemán, como una característica propia del producto, una suerte de umbral de mérito que habilita la protección, y se define como "el hecho de que el producto (sea) tan peculiar que los consumidores acaban por identificar dicho producto de modo que asignan a dicha forma un mismo origen empresarial"[320], es decir, que por las características intrínsecas de elementos imitados, se diferencia dicho producto respecto de las prestaciones de la misma naturaleza habituales en el sector y sirven, por ello, para el círculo de destinatarios interesado como medio de identificación y reconocimiento[321]. Interesa destacar en este punto que, en puridad, no es un requisito necesario ni para el sistema español, ni para el alemán, de donde es tomado. De tal forma que, por ejemplo, PORTELLANO no lo incluye como requisito para ninguna de

---

prestaciones) que obtiene el imitador por esta vía y sus efectos distorsionadores en el mercado.

319 MASSAGUER FUENTES J., *Comentario a la Ley de Competencia Desleal*, cit., pág. 346, que posteriormente extiende también a la imitación con aprovechamiento de la reputación mediante una remisión en bloque en la pág. 356.

320 DE LA CUESTA RUTE J. M., "Supuestos de Competencia Desleal por confusión, imitación y aprovechamiento de la reputación ajena", en BERCÓVITZ RODRÍGUEZ-CANO A., *La Regulación contra la Competencia Desleal...*, cit. pág.43.

321 MASSAGUER FUENTES J., *Comentario a la Ley de Competencia Desleal*, cit., pág. 347, con cita de la SAP de Barcelona de 25-4-1996 "Joyas Únicas del Amor".

ambas conductas imitativas[322]. Y ello porque, en realidad, la concurrencia de ese "mérito" es un presupuesto implícito de la propia imitación: el acto imitativo vendría inducido por el éxito comercial de la prestación, que a su vez es fruto de su capacidad para atraer la atención del consumidor, precisamente por alejarse de modo relevante de aquello que es habitual en el mercado. Por tanto, la relevancia del concepto no parece estar tanto en si opera o no como medio identificador de un origen empresarial indeterminado[323] en el sentido expuesto por DE LA CUESTA RUTE, como en verificar que ese producto desempeña una aptitud diferencial en el mercado, en el sentido de distinguirse del resto.

En fin, respecto del supuesto de deslealtad basado en el aprovechamiento del esfuerzo ajeno, cabe señalar que ha sido necesario reinterpretarlo en una vertiente de carácter obstruccionista. En este caso la deslealtad contaría con un doble componente: el importante ahorro de costes propios y la obstaculización de las posibilidades de recuperación de la inversión realizada por parte del imitado[324]. Es la única forma de salvar un precepto que, de otra forma, opera con base en un sistema y fundamento análogo a las normas de PI y cuyo único objetivo es proteger la inversión empresarial. En el fondo dicho argumento subyace, pero, al menos desde la nueva perspectiva, se incluye un potencial ofensivo adicional cual es el efecto obstaculizador. En todo caso, puede apreciarse en este precepto la idéntica lógica que subyace a los derechos de PI, lo que, en caso de acumulación, debe ser tenido en cuenta, al ser un

322 Cfr. PORTELLANO P., *La Imitación en el Derecho de la Competencia Desleal*, cit., págs. 176 a 184.

323 Lo que nos conduce a aproximarnos al ámbito de la marca y, dentro de él, a la característica de la distintividad.

324 PORTELLANO P., *La Imitación en el Derecho de la Competencia Desleal*, cit., pág. 192.

supuesto de aplicación pretorial y no autónoma de la Competencia Desleal.

Artículo 12 LCD: Explotación de la Reputación Ajena

Procede cerrar, por ahora, la cuestión sobre el art. 11 LCD para centrarnos en el igualmente problemático art. 12 LCD. Se trata de un precepto clásico en la dogmática española que nace separado de la tradicional confusión para sancionar fundamentalmente el empleo no autorizado de indicaciones tipo: "preparado según la fórmula de..." o "con arreglo al procedimiento de fábrica de..." así como anunciarse de forma contraria a la realidad de los hechos como depositario de un producto nacional o extranjero[325]. Ontológicamente se trata de un precepto marco donde perfectamente pueden integrarse los otros dos (confusión e imitación) al constituir formas de aprovechamiento de la reputación ajena[326], lo que hace que su valor práctico resulte residual[327] y en buena medida tenga una operativa asimilable a una "pequeña cláusula general"[328]. Su principal valor autónomo se asienta en el carácter doble, parasitario y obstruccionista al mismo tiempo que desempeñaría la conducta, y que se traduce en que su fundamento no

---

325 Por todo, MASSAGUER FUENTES J., *Comentario a la Ley de Competencia Desleal,* cit., pág. 363.

326 DE LA CUESTA RUTE J. M., "Supuestos de Competencia Desleal por confusión, imitación y aprovechamiento de la reputación ajena", en BERCÓVITZ RODRÍGUEZ-CANO A., *La Regulación contra la Competencia Desleal...*, cit. pág. 47.

327 PALAU RAMÍREZ F., "Artículo 12. Explotación de la Reputación Ajena", en MARTÍNEZ SANZ F., *Comentario Práctico a la Ley de Competencia Desleal,* cit., pág. 203

328 De nuevo DE LA CUESTA RUTE J. M., "Supuestos de Competencia Desleal por confusión, imitación y aprovechamiento de la reputación ajena", cit. pág. 47.

se justifica exclusivamente en la tutela del interés empresarial, sino que también coadyuva a la tutela informacional del consumidor[329]. Si bien hasta 2001 este precepto se encargaba de canalizar la protección adicional de la marca notoria y renombrada ante el vacío en la LM de 1988, hoy en día no puede admitirse ni si quiera a modo de complementariedad, al subsumir plenamente la legislación marcaria el desvalor de la conducta[330]. Su nicho tradicional propio se ha venido buscando a través de la dimensión publicitaria (en particular la publicidad adhesiva)[331/332]. También CARBAJO reconoce la importancia del precepto para el entorno publicitario en sentido amplio, cuando trata de anudar el secuestro de dominio y la imitación del *trade dress* al art. 12 LCD[333].

---

329 En este sentido MASSAGUER FUENTES J., *Comentario a la Ley de Competencia Desleal,* cit., pág. 364

330 En este sentido CARBAJO CASCÓN F., "La Competencia Desleal (I). La Cláusula General e ilícitos por competencia...", en *Manual Práctico de Derecho de la Competencia,* cit., pág.375.

331 DE LA CUESTA RUTE J. M., "Supuestos de Competencia Desleal por confusión, imitación y aprovechamiento de la reputación ajena", cit. págs. 47 y 48; asimismo MASSAGUER FUENTES J., *Comentario a la Ley de Competencia Desleal,* cit., pág. 363, con cita de LEMA DEVESA C., "La Publicidad Desleal: Remedios y Problemas", *RGD* N.° 562-563, 1991, págs. 6135-6149, págs. 6147 y 6148.

332 Modalidad Publicitaria que, importada a España de la figura alemana de *Anlehnende Werbung* que TATO PLAZA A., "Marca Ajena y Publicidad Adhesiva (Comentario a la Sentencia del Tribunal Supremo de 29 de noviembre de 1993)", *ADI,* Tomo XVI, 1994-1995, págs. 319-330, pág. 322, define como consistente en "*equiparar los propios productos con los ajenos, para sí aprovecharse del prestigio del que puedan gozar estos últimos*"; sin embargo, hoy "se ha dado por muerta". Cfr. LEMA DEVESA C., y FERNÁNDEZ CARBALLO-CALERO P. I., "La Publicidad Adhesiva", *Revista de Derecho de la Competencia y la Distribución,* N.° 2, págs.15-35, págs. 15 y 16.

333 CARBAJO CASCÓN F., "La Competencia Desleal (I). La Cláusula General e ilícitos por competencia...", en *Manual Práctico de Derecho*

En su aplicación concurrente respecto al art. 11 LCD es criterio jurisprudencial y doctrinal, el desplazamiento del art. 12 LCD en favor de aquél cuando los hechos enjuiciados se sustancien exclusivamente mediante una imitación de prestaciones, como consecuencia lógica de la mención operada en el art. 11.2 LCD a la deslealtad derivada del aprovechamiento de la reputación ajena. En cuanto a su relación con el art. 6 LCD debe entenderse que la aplicación del ilícito por confusión hace innecesario el recurso al art. 12 LCD[334], de esta forma, la aplicación del art. 12 LCD debe buscarse en efectos diversos de la confusión[335].

En lo que respecta a los presupuestos valorativos de la conducta se puede distinguir, por un lado, aquellos relativos a la reputación objeto de expolio: reputación del signo y su implantación[336]; y por otro, aquellos relativos a la conducta: ap-

---

de la Competencia, cit., pág.376.

334 Cfr., por todo, PALAU RAMÍREZ F., "Artículo 12. Explotación de la Reputación Ajena", en MARTÍNEZ SANZ F., *Comentario Práctico a la Ley de Competencia Desleal,* cit., pág. 205 y la jurisprudencia y doctrina allí citadas.

335 Muy expresivo resulta MASSAGUER FUENTES J., *Comentario a la Ley de Competencia Desleal,* cit., pág. 368, al señalar que: "Los contenidos informativos encerrados en los signos distintivos que han de posibilitar que su empleo indebido determine una explotación de la reputación ajena son otros, que poseen un carácter colateral o atípico, esto es, distintos sobre los que, hic et nunc, se basa la construcción de los sistemas especiales de protección o, de otro lado, sobre los que se puede afirmar la existencia de confusión o engaño desleales. Se trata de contenidos informativos que ni son propios de una especie de signo distintivo, ni son necesariamente desarrollados por todos y cada uno de los signos distintivos que se usan en el tráfico".

336 Este segundo criterio es exigido por, de nuevo, MASSAGUER FUENTES J., *Comentario a la Ley de Competencia Desleal,* cit., pág. 369, pero, en cierta forma, quedaría absorbido por la propia reputación: para

titud para aprovecharse del signo, o el carácter indebido, esto es, sin amparo legal, del efecto conseguido.

1.2. La falta de una aproximación general sobre las relaciones entre Propiedad Intelectual y Competencia Desleal

De forma coherente con la desidia general que guarda la LCD en relación con estos derechos especiales, ninguno de estos tipos particulares se preocupa de clarificar las relaciones que deben regir entre ambos conjuntos normativos. Al mismo tiempo, tampoco se aprecia interés en lograr una coherencia interna, siendo evidente la falta de coordinación entre los distintos grupos de casos. Ello responde a la intención de favorecer un sistema aplicativo de máxima flexibilidad que permita planteamientos innovadores y diferentes sobre una misma conducta[337], la ley opera como una especie de prisma multimodal, susceptible de "refractar" una pluralidad de conductas que traen consecuencias jurídicas diversas, a las que se asigna un grupo de casos específico.

La falta de claridad resultante impone una labor de desenredo asumida doctrinal y jurisprudencialmente, si bien desde un punto de vista puramente casuístico, estableciendo criterios para cada caso. Si bien este proceder ha resultado suficientemente solvente a la hora de salvar la coherencia interna de la norma, permitiendo un sistema legal lo bastante cohesionado

---

que un signo sea reputado, previamente deberá contar con implantación.

337 Este planteamiento, sin embargo, se ve enfrentado con el problema práctico anunciado por SCHRICKER G., "Hundert Jahre Gesetz gegen den unlauteren Wettbewerb- Licht und Schatten", *GRUR Int*, cit., pág. 474, (recordamos) de acuerdo al cual las conductas típicas una vez creadas se vuelven sólidas, inflexibles o resistentes al cambio.

como para resultar aplicable, en cuanto se lo somete a cierta profundidad analítica las costuras empiezan a saltar.

2. COMPLEMENTARIEDAD DE PROTECCIONES EN EL SISTEMA ESPAÑOL

2.1. El problema de la indefinición legal

Como ya se ha dicho, hasta la Ley 3/1991 no contábamos en España con una regulación autónoma de la Competencia Desleal[338], que había sido regulada como apéndice de diferentes normas de PI (LPI, EPI) e incluso en 1988, con la aprobación de la LM, la disciplina del correcto comportamiento competitivo se configuró como un mero apéndice a la disciplina marcaria[339].

El carácter históricamente accesorio con el que ha sido concebida la CD desde el art. 10 bis CUP ha privado a esta de un espacio aplicativo propio, lo que resiente especialmente la construcción de una teoría de la interacción con cada derecho de PI. De esta forma, han aparecido una serie de planteamientos doctrinales de suma relevancia que tratan de favorecer una integración flexible y claramente delimitada entre ambos cuerpos normativos, esto es, desde un punto de vista general y abstracto,

---

338 En un sentido similar BERCÓVITZ RÓDRIGUEZ-CANO A., "Nociones Introductorias", cit., págs. 47 y 52.

339 Invirtiéndose con ello los planteamientos generales sobre la ubicación y relación sistemática entre CD y Marca, que, incluso para el sistema del *common law* parten de la relación inversa, esto es, la CD como continente del Derecho de Marcas. Cfr. DORNIS T. W., *Trademark and Unfair competition conflicts. Historical-Comparative, Doctrinal and Economic Perspectives*, Cambridge University Press, 2017, pág.16.

destacando la doctrina de los "círculos concéntricos[340]" y la que explica las relaciones como de "complementariedad relativa[341]". Estos esenciales planteamientos teóricos han sido llevados a la práctica a través de los diferentes desarrollos jurisprudenciales a través de un método interpretativo que debe considerarse como satisfactorio, al menos, desde el plano formal.

Esa recepción formal, sin embargo, no se ha traducido igualmente en una vertiente material o real. Puede apreciarse una cierta desconexión entre el plano general o abstracto del deber ser de la interacción entre ambos cuerpos normativos y su desenvolvimiento en un plano práctico o aplicativo. Dicha desconexión no resulta aparente, sino que solo puede apreciarse cuando se presta suficiente atención a las ligeras contradicciones existentes entre lo que teóricamente procede razonar y lo que materialmente se percibe necesario, volviéndose a plantear la dicotomía entre teoría y práctica que enunciamos al inicio.

Esta complicación, que es común y generalizada a todos los países donde se ha optado por un sistema de tutela contra la Competencia Desleal con independencia de la extensión que se le haya dado a esa figura y al margen, claro está, de la denominación que se haya usado, se ve en el caso español particularmente reforzada por el proceso de génesis histórica de la disciplina. Cuando empezaba a asentarse el turbio poso de autonomía, el legislador comunitario empuja de nuevo el fondo del asunto a mareas más próximas a la costa de tutela del consumidor, causando que el aplicador judicial se sienta "mareado" por tan potente cambio en el sentido de la norma y no

---

340 BERCÓVITZ RODRÍGUEZ-CANO A., *Apuntes de Derecho Mercantil*, 20ª edición, cit., pág. 390.

341 MASSAGUER FUENTES J., *Comentario a la Ley de Competencia Desleal*, cit., pág. 82.

nos es de extrañar, por tanto, que la aplicación de la LCD haya sufrido por culpa de esta "resaca".

Procede ahora, de modo indefectible, tratar de demostrar cuanto hasta ahora hemos indicado. Punto de partida para ello es exponer cada uno de los fundamentos teóricos desarrollados sobre cómo han de entenderse las relaciones entre PI y CD vigentes en la doctrina española, para comprobar inmediatamente después hasta qué punto los desarrollos jurisprudenciales han seguido tales postulados. La opinión propia se reserva como cierre de todo el análisis, sin perjuicio de que se haya insinuado ya en el Cap. I el entendimiento general del moderno papel de la CD en el sistema de regulación del mercado y se incida nuevamente en ello, ahora desde un prisma eminentemente práctico, una vez expuesto y comparado el modelo de competencia desleal y complementariedad del que el español es reconocido tributario, esto es, el sistema alemán de la "*ergänzende* (!) *wettbewerbsrechtliche Leistungsschutz*", como se lo ha conocido históricamente.

2.2. Los círculos concéntricos relativamente complementarios

2.2.1. Doctrina de los círculos concéntricos

En el caso español, el vacío o desconocimiento legal a las inevitables relaciones entre, por un lado, Competencia Desleal y, por otro, la Propiedad Intelectual, tiene un primer exponente en la conocida como "doctrina de los círculos concéntricos", propuesta por BERCÓVITZ prácticamente a la vez que veía la luz la LCD española[342], si bien su manifestación más conocida (y actualizada) aparece en otra obra[343].

La teoría de los círculos concéntricos parte de la consideración hecha por el profesor MENÉNDEZ en la obra clave para el moderno entendimiento de la CD en España: *La Competencia Desleal*, considerando, por tanto, que dicha materia nace históricamente de un desarrollo a partir de la protección a las diferentes modalidades de Propiedad Industrial y, particularmente, del derecho de marcas[344]. Por tanto, el punto del que parte la doctrina que formula es la necesidad de diferenciar o distinguir un régimen de otro y, para ello, comienza apuntando las diferencias en cuanto a naturaleza jurídica que existen entre cada uno de los dos tipos diferentes de infracción, señalando que:

> *"quien viola un derecho exclusivo de propiedad industrial, está incurriendo en un acto ilícito por el solo hecho de utilizar sin estar autorizado para ello, un objeto protegido a favor del titular del derecho exclusivo"*[345],

---

342 En efecto, la primera formulación de la doctrina, configurada en un sucinto párrafo aparece en BERCÓVITZ RODRÍGUEZ-CANO A., "Significado de la ley y requisitos generales de la acción de competencia desleal", en *La Regulación contra la Competencia Desleal en la Ley de 10 de enero de 1991*, cit., pág. 20. La base de esta propuesta puede buscarse retroactivamente en BERCÓVITZ RODRÍGUEZ-CANO A., "La formación del Derecho de la Competencia, *ADI*, Tomo II, 1975, págs. 61-82.

343 Estoy hablando, por supuesto, de BERCÓVITZ RODRÍGUEZ-CANO A., *Apuntes de Derecho Mercantil*, 20ª edición, cit., pág. 390.

344 BERCÓVITZ RODRÍGUEZ-CANO A., "Significado de la ley y requisitos generales de la acción de competencia desleal", en *La Regulación contra la Competencia Desleal en la Ley de 10 de enero de 1991*, cit., pág. 19, con cita de MENÉNDEZ A., *La Competencia Desleal*, ya citado en esta obra, págs. 32 y ss.

345 Ibid.; también del mismo autor, *Apuntes de Derecho Mercantil*, 20ª edición, cit., pág. 389.

Mientras que:

> *"en los supuestos de competencia desleal, por el contrario, no se viola ningún derecho absoluto. Lo que ocurre es que en determinados casos, debido a las circunstancias concretas que rodean una actuación competitiva determinada, esa actuación competitiva, por sus circunstancias concretas, es un acto incorrecto, es un acto de competencia desleal"*[346]

El elemento esencial de diferenciación entre ambos sistemas de tutela se encuentra en la distinta configuración del ilícito en cada caso: por la forma o *per se* en el primer supuesto, mientras que la Competencia Desleal liga el peso de la decisión a las circunstancias en que tiene lugar el acto y que es de naturaleza sustancialmente fáctica, *ad hoc*[347].

Es, precisamente, a partir de ese origen común pero que ha derivado en un diferente ámbito de atención y cuidado, que se solapan, al menos parcialmente, ambas materias. El profesor BERCÓVITZ propone conceptualizar la posición que ocupan las normas de PI y las de CD dentro del sistema de regulación de la actividad comercial como "dos círculos concéntricos", donde "*el círculo interior, más pequeño, es el que protege los derechos absolutos. Y el más amplio representa la protección contra la competencia desleal*", de tal forma que, subjetivamente, el empresario cuenta con un "*núcleo de protección más fuerte en los derechos exclusivos de propiedad industrial... Y tiene, además, un círculo de protec-*

---

346 Ibid.

347 Esta distinción entre el ilícito de PI (o de marca) como uno de carácter abstracto, formal o *normativo* y el de CD como un juicio circunstancial y, por tanto, fáctico, puede apreciarse en trabajos posteriores de grandes autores españoles, como, destacadamente MONTEAGUDO MONEDERO M., "El riesgo de confusión en derecho de marcas y en derecho contra la competencia desleal", cit., págs. 91-92; y también es presupuesto de la diferenciación realizada por MASSAGUER FUENTES J., *Comentario a la Ley de Competencia Desleal*, cit., pág. 83.

ción más amplio, pero menos sólido, que es el de la competencia desleal, porque esa protección no se da en todo caso, sino que depende de las circunstancias en que actúe el competidor"[348].

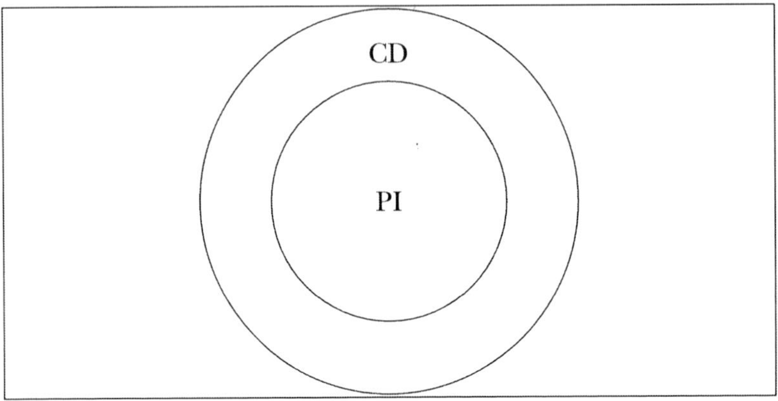

Fig. 1.- Representación visual de la Teoría de los Círculos Concéntricos. Creación Propia.

Dos aspectos aparecen, a mi modo de ver, superpuestos en la descripción de las relaciones que median entre ambos conjuntos normativos, a saber: la concentricidad y el diferente grado de tutela. Atendamos a ellos con cierto detenimiento.

En lo que respecta a la concentricidad de las relaciones, la primera cuestión que se nos va a plantear es cuál es el elemento respecto del que ambos sistemas de normas se pueden calificar como concéntricos. El segundo tiene que ver con las implicaciones que tiene dicha concentricidad.

La concentricidad de ambas materias permite una interpretación en dos sentidos distintos, pudiendo predicarse sobre un plano o bien ontológico o bien exclusivamente aplicati-

348 Por todo, BERCÓVITZ A., "Significado de la ley y requisitos generales de la acción de competencia desleal", en *La Regulación contra la Competencia Desleal en la Ley de 10 de enero de 1991*, cit., pág. 20; del mismo autor, *Apuntes de Derecho Mercantil*, 20ª edición, cit., pág. 390.

vo. Respecto al primero de los sentidos, que los círculos sean ontológicamente concéntricos, implicaría que la realidad de cada uno de los sistemas jurídicos por ellos representados responde a una misma *ratio* de la que deriva su fundamento. En este contexto, la doctrina puede tener, a su vez, dos posibles lecturas, en función de qué es lo que se ponga en el centro de ambas circunferencias: es posible interpretar que en el centro se encuentra el empresario y su necesidad de tutela subjetiva, en cuyo caso ambos círculos tienen como núcleo la tutela del competidor individualmente considerado, de forma que la mayor extensión que caracteriza a la CD puede interpretarse como la tutela de intereses ajenos a los subjetivos del competidor, en un terreno donde el interés del competidor no es tan intensamente relevante, lo que justifica a su vez que su protección resulte menos sólida; pero también puede entenderse en el sentido de situar en el centro de ambos sistemas otro valor, como pueda ser, la competencia en el mercado o su funcionamiento eficiente, de forma que ambos círculos se orienten a favorecer un funcionamiento óptimo del mercado, mediante perspectivas y, por tanto, ámbitos aplicativos diversos, que, sin embargo, se solapan finalmente en lo tocante a la tutela de la posición subjetiva del competidor, de forma que habría materia comprendida por los derechos exclusivos y materia ajena a estos. Bajo esta segunda perspectiva, cobra particular relevancia la cuestión de las fronteras de los derechos de PI[349].

La otra alternativa pasa por interpretar que Competencia Desleal y Propiedad Intelectual son materias diferentes, ontológica y funcionalmente diferenciadas y autónomas que, sin em-

---

349 En realidad, la descripción que opera el profesor BERCÓVITZ RODRÍGUEZ-CANO es tan flexible y lo suficientemente abstracta como para admitir cualquiera de las interpretaciones anteriores, que, por otra parte, no deben concebirse como necesariamente hipótesis mutuamente excluyentes.

bargo, aplicativamente, desde la perspectiva del competidor, se comportan como círculos concéntricos, en el sentido que, respecto a la tutela de los intereses subjetivos del competidor, tanto la PI como la CD están llamadas a ofrecer protección, aunque de intensidad diferente, dada su distinta naturaleza y centro de gravedad.

Siendo ambas interpretaciones posibles dentro de la formulación propuesta, todas presentan un elemento o carácter común: una tendencia a resolver la acumulación desde un criterio de especialidad. En efecto, si partimos de la unidad histórica de ambos sectores normativos y la puesta en perspectiva a partir de los intereses subjetivos o particulares de un competidor dado en la defensa de su posición en el mercado, no cabe duda de que ambos sistemas de normas ofrecen una respuesta similar, cuya única diferencia sería la distinta intensidad en la tutela ofrecida: normativa en el primer caso, factual o circunstancial en el segundo.

De este modo, parece que el modelo de interacción postulado por el profesor BERCÓVITZ debe interpretarse en el sentido de basarse en un criterio aparente de especialidad, donde se distinguen dos niveles: uno, preferente por reforzado y específico, que se orienta, deliberadamente, hacia la protección de la posición subjetiva de un titular y que, por tanto, va a resultar aplicativamente preferible; y un segundo nivel de tutela, "más amplio, pero menos sólido[350]", donde esa menor solidez puede explicarse en una mayor atención a intereses generales del mercado y a intereses contrapuestos de otros participantes del mercado (en el sentido del art. 1 LCD), como derecho generalista de la disciplina del mercado, donde la represión se justifica en base a parámetros de aplicación propios, que habrán de ser lógicamente distintos a los que se predican en sede de los

---

[350] Ibid.

derechos de PI concretamente invocados[351]. En la medida en que esta segunda modalidad de protección es resultado mediato de la necesidad de defender la competencia y el comportamiento eficiente de los mercados, adquirirá para el empresario que lo invoca un rol, normalmente, subordinado[352].

Por tanto, como primer corolario a la doctrina de los círculos concéntricos puede destacarse su caracterización como un criterio de resolución de un conflicto de normas operado sobre la base del principio de especialidad o consunción: la ley más específica deroga a la más genérica para todo en lo que ambas se solapen. Implícito está un reconocimiento de que la relación es, en realidad, más compleja, al admitir un espacio de aplicación autónoma, aunque subordinada, para la Competencia Desleal.

---

351 En este caso, BERCÓVITZ RODRÍGUEZ-CANO A., *"Significado de la Ley y requisitos generales de la acción de Competencia Desleal"*, cit., págs. 19 y 20 alude a "circunstancias en que se produce la práctica; en un sentido similar MASSAGUER FUENTES J., *Comentario a la Ley de Competencia Desleal*, cit., pág. 83 (*sensu contrario*), hace referencia a sus propios presupuestos de aplicación, siguiendo la tendencia interpretativa mayoritaria de la doctrina alemana y condiciona la admisibilidad de la acción de Competencia Desleal a que los aspectos y efectos sean distintos a los combatidos en sede de PI (pág.84), lo que es tanto como negar toda forma aplicación pretorial de la Competencia Desleal. A posteriori (pág. 85, *sensu contrario*) exige que presente facetas ajenas a la PI.

352 Puede apreciarse, por tanto, cómo la lógica de uno y otro expediente de protección discurre en sentidos opuestos: la normativa de PI busca proteger de forma inmediata intereses particulares y de forma mediata el funcionamiento correcto del mercado, mientras que la Competencia Desleal protegería de forma inmediata la competencia en tanto que bien jurídico realmente tutelado por ésta desde su compromiso con lo *Antitrust*, quedando la protección concreta de los diferentes grupos de intereses condicionada a la afección relevante a la competencia, es decir, la protección concreta de los grupos de intereses es de naturaleza mediata o indirecta.

Prosiguiendo con la doctrina de los círculos concéntricos, BERCÓVITZ decide dar respuesta a la cuestión esencial de la propuesta: la fijación de las fronteras entre ambos círculos, o, lo que sería lo mismo, dada la estructura formal de interacción propuesta, la determinación de los límites objetivos del derecho exclusivo. En este sentido señala que:

> *"las fronteras entre la protección de los derechos exclusivos de propiedad industrial y la protección contra la competencia desleal no son inmutables, sino que están sujetas a alteraciones. De manera que en ocasiones el legislador puede hacer que actos considerados como de competencia desleal pasen a integrarse en el ámbito de protección de los derechos exclusivos y viceversa"*[353].

Destaca la idea de que los límites no responden necesariamente a una determinación de contenidos derivada de la diferente naturaleza jurídica entre ambos regímenes, sino a la imposición razonada y razonable de una serie de límites formales resultado de una decisión positiva de orden político-legislativo. Es tanto como admitir la imposibilidad de delimitar ontológicamente las fronteras existentes entre uno y otro sector del Derecho del Mercado. BERCÓVITZ atribuye una tarea delimitadora al legislador, en buena lógica con el principio de interpretación restrictiva que debe primar en el Derecho de la Propiedad Intelectual, en tanto que excepción al principio de libre competencia, que finalmente se traduce en un requisito de constitución legal[354]. De esta forma, corresponde al legis-

---

353 BERCÓVITZ RODRÍGUEZ-CANO A., *Apuntes de Derecho Mercantil*, 20ª edición, cit., pág. 390.

354 Se trata, en fin, de un razonamiento de corte formal, que, como otras tantas costuras tradicionales del sistema de PI, han sido sometidas a una intensísima presión. En el fondo, no hay forma de negar que la legislación debe adaptarse a la realidad del mercado y proporcionarle un andamiaje jurídico allí donde es necesario, la forma legal que dicho andamiaje tenga no altera esta necesidad ni

lador y solamente a este la toma de decisiones en punto a la tutela conferida a la Propiedad Intelectual y su extensión.

El diseño legal de la exclusiva, sin embargo, es apuntillado por la labor interpretativa desarrollada por los aplicadores, haciendo que su importancia relativa pueda incluso superar a la literalidad de la norma. Un caballo de batalla interesante en este sentido se ha planteado en relación con los distintos límites que se diseñan para los expedientes de tutela exclusiva. Un buen ejemplo sobre la creación judicial de figuras limitantes de la protección es el agotamiento[355] (europeo) del derecho

---

la *ratio* de la protección. En una línea similar, OHLY A., responde en "Gibt es einen Numerus clausus der Immaterialgüterrechte?" *Perspektiven des Geistigen Eigentums und Wettbewerbsrechts. Festschrift für Gerhard Schricker*, CH Beck, Múnich, 2005, págs. 105-121, a la pregunta que éste le formulara varios años antes sobre si los derechos de PI deben interpretarse como *numerus clausus* o *apertus*, respondiéndole en el sentido de que no toda aplicación de tutela concurrencial ante la falta de un derecho PI debía verse como una usurpación de la competencia legislativa (pág. 118), lo que da pie a entender que es posible defender la creación de sistemas de tutela concurrencial *ad hoc*, sin alterar con ello el cuidado equilibrio PI. En este sentido KRÜGER CH., "Der Schutz kurzlebiger Produkte gegen Nachahmungen (Nichttechnischer Bereich)", *GRUR*, Heft 2, 1986, págs. 115-126, pág. 119, considera que cuanto más se aproxime o dependa la protección concurrencial de la ofrecida por el Derecho de los bienes inmateriales, más atención debe prestarse en no infringir sus reglas y límites, estableciendo así un sistema de interacción gradual o móvil.

355 Para MARTÍN ARESTI P., "La legitimación del distribuidor para el uso del signo distintivo del proveedor: sobre la existencia de una licencia de marca en los contratos de distribución comercial", en GALÁN CORONA E. y CARBAJO CASCÓN F., *Marcas y Distribución comercial*, Ediciones Universidad de Salamanca, Salamanca, 2011, págs. 17-66, pág. 23, el agotamiento formaría parte del alcance legal concedido al Derecho de Marca, en atención a la búsqueda de un necesario equilibrio entre una suficiente protección de las marcas

de PI, engendrado desde los principios de libre circulación y mercado único en los inicios de la entonces Comunidad. El TJUE, en tanto que supremo intérprete del Derecho de la UE, lo que incluye el Derecho de PI armonizado, ha venido determinando en un juego de equilibrio entre lo económico y lo jurídico la recta interpretación de la protección concedida por los derechos exclusivos y sus correspondientes límites.

El modelo, por tanto, llama la atención sobre la mutabilidad del pacto social que son los derechos de PI, evolución que condiciona a su vez la del entorno normativo inmediato[356].

---

para el cumplimiento de su función esencial y el sistema de libre competencia en el que se integran. Sobre esta última perspectiva también MARTÍN ARESTI P., "Signos distintivos y redes de distribución", en RUIZ PERIS J.I., *Nuevas perspectivas del derecho de redes empresariales,* Tirant lo blanch, Valencia, 2012, págs. 547-573.

356 El propio BERCÓVITZ RODRÍGUEZ-CANO, *Apuntes de Derecho Mercantil, cit.* pág. 390, pone a título de ejemplo el cambio que experimentó como consecuencia de la aprobación de la LM de 2001, la conducta de aprovechamiento indebido de la reputación de signos registrados, pasando de una tipificación en la LCD a una regulación y sanción específicas en el paradigma de la nueva LM, con las figuras de la infracción de la marca notoria y la renombrada. Mucho más interesante resulta un segundo ejemplo donde alude al uso publicitario de la marca, hoy contemplada en el art. 34.3.e LM como modalidad de *ius prohibendi* atribuido por el registro del signo. A este respecto, conviene saber que el uso de la marca en medios publicitarios no se prohíbe en todo caso, sino de acuerdo al art. 37 LM, que ha sido objeto de interpretación laxa por parte del TJUE, en el sentido de admitirse, con carácter general, el uso descriptivo de la marca [Cfr. SSTJUE, de 23 de febrero de 1999 (As. C-63/97), Caso BMW; de 12 de noviembre de 2002 (As. C-206/01), Caso Arsenal Football Club ;de 8 de abril de 2003 (As. C-44/01), caso Pippig ;de 17 de marzo de 2005 (As. C-228/03), caso Gillette; de 25 de enero de 2007 (As. C-45/05) caso Opel/Autec; de 12 de junio de 2008 (As. C-533/06), caso O2; de 18 de junio de 2009 (C-487/07), caso L´Oreal /Bellure; de 23 de marzo 2010 (As. Acumulados C-236/08

La idea de fondo es que la frontera limitativa de los derechos

---

a C-238/08), caso Google y Google france; de 22 de septiembre de 2011, (As. C-323/09), caso Interflora]; en este mismo sentido Cfr. PEGUERA POCH M., "Uso a título de marca y alcance del *ius prohibendi* en la directiva de marcas", *ADI*, XXXIII, 2012-2013, págs. 185-210, en particular págs. 194-199) , condicionado, eso sí, a que el uso sea conforme a las prácticas leales en la materia (art. 37.2 LM). Esta referencia a prácticas leales es, en fin, una de las pocas referencias a la disciplina de la CD que se operan desde la perspectiva marcaria y constituye un ejemplo claro de que los flujos de intromisión son bidireccionales o recíprocos y no exclusivamente en el sentido de desplazar o excluir la protección concurrencial. A mayor abundamiento, el paquete de reforma sobre la protección del consumidor articulado mediante la Dir. 2161/2019, incorporado en lo tocante a la LCD española mediante reforma del art. 5, añade un apartado tercero, donde se castiga como desleal la comercialización de un bien como idéntico a otro comercializado en otros Estados Miembro, cuando presente una composición o características diferentes, salvo justificación legítima y objetiva. Esta adenda se ordena a atajar una cierta problemática detectada en particular en el mercado agroalimentario y que tenía que ver con el uso de la misma marca para productos de calidad diferente (GONZÁLEZ VAQUÉ L., "Possible Unfair Practices in the Marketing of Differentiated Food Products in the Single Market: The Concept of Legitimate Expectations of Consumers", *European Food and Feed Review*, Vol. 12, Nº 6, 2017, págs. 482-490, en especial pág. 486). Lo que se pretende destacar es cómo, además de una infracción marcaria para casos extremos, es posible sancionar esa conducta como constitutiva de un acto de engaño desleal, dando con ello respuesta a una de las preguntas más debatidas sobre la marca y, en particular, sobre si tutela el sistema marcario su eventual función indicadora de una calidad uniforme (Cfr. HENNING-BODWIG F. y KUR A., *Marke und Verbraucher* Vol. II *Einzelprobleme*, Wiley-VCH, Weinheim, 1989, págs. 248 y ss., donde hacen referencia a *zweigleisiger Vertrieb* o de comercialización dual o secundaria [uso de varias marcas distintas, con diferentes calidades por parte del mismo fabricante], considerando que el foco exclusivo en la función de origen podía ser perjudicial para la garantía de una calidad uniforme).

de PI no es un muro estanco, sino más bien una membrana, que deja pasar flujos en ambas direcciones. Esta permeabilidad permite plantear si quiera como hipótesis la posibilidad de que *ad intra* del derecho exclusivo, sea posible hablar de una protección concurrencial, cuando el legislador de un modo inconsciente deja abierta una laguna en la protección de los derechos de PI. En estos casos, esta "teoría de la permeabilidad" podría permitir justificar la existencia de "burbujas" de protección concurrencial dentro del círculo de derechos de PI[357].

Sin embargo, el modelo de concentricidad postulado conduce, necesariamente, soluciones dicotómicas: o una materia está regulada en sede del círculo interior o cae fuera, en el círculo exterior, ya estemos hablando de fronteras exteriores o interiores. No habría por tanto lugar a forma alguna de aplicación cumulativa, pues el círculo interior siempre tiende a desplazar la protección del exterior[358]. Esta, ya advertimos es quizá la consecuencia del modelo que más difícil resulta de justificar, pues siempre es posible, a partir de la idea de una aplicación normativa independiente, basada en presupuestos propios, reconocer la posibilidad de una aplicación acumulada o superpuesta de uno y otro sector normativo, dado que no

357 De esta forma, la protección concurrencial sigue operando a falta de tutela exclusiva y, por tanto, con carácter subordinado, pero quizá no de una forma tan marginal, en el sentido de aplicarse fuera o más allá de los límites del derecho exclusivo relevante en cada caso.

358 Podría pensarse en una conducta amplia, que se extiende a lo largo de ambos círculos. En estos casos, la lógica seguida por el modelo interpretativo propuesto por el prof. BERCÓVITZ RODRÍGUEZ-CANO conduciría a la amputación de la conducta en dos: una parte de la misma imputada al derecho exclusivo, la otra valorada desde la CD, sin reciprocidad interpretativa alguna, lo que, de común, supondrá el fracaso en el enjuiciamiento de conductas complejas, como la imitación parasitaria, que a menudo se construye a caballo de ambas dimensiones sin que un análisis por separado permita contemplar y reprimir el entero desvalor.

hay una plena identidad de planteamientos ni de funciones[359]. Este es, precisamente el segundo corolario a la doctrina de los círculos concéntricos: su necesario carácter dicotómico.

En fin, concluye la formulación más actualizada de la doctrina haciendo alusión a una sencilla regla de exclusión cronológica, que en cierta forma resulta ignorada por la clara dimensión espacial de la metáfora. Estamos hablando de la imposibilidad de invocar la Competencia Desleal para castigar conductas relativas a derechos exclusivos que hayan sufrido caducidad[360].

2.2.2. Doctrina de la complementariedad relativa de protecciones

Junto a los planteamientos del profesor BERCÓVITZ deben necesariamente atenderse los excelentes postulados del profesor MASSAGUER, bajo la exitosa expresión de "complementariedad relativa". Esta doctrina, que comparte nombre con la línea jurisprudencial llevada a cabo por el Tribunal Supremo (de ahí el éxito al que nos referimos), parte de la unidad del Derecho de la Competencia en su sentido más amplio, inclusivo no solo del Derecho de la Competencia, sino también de la Competencia Desleal y de las normas de Propiedad Intelectual, señalando la existencia de una serie de puentes, en particular, entre la represión de la Competencia Desleal y la protección

---

359 Sobre esta cuestión no resulta posible extenderse más en el momento presente, pero se volverá sobre ella *infra*.

360 BERCÓVITZ RODRÍGUEZ-CANO A., *Apuntes de Derecho Mercantil*, cit., pág. 390, con cita de la STS de 6 de octubre de 2004 (Caso Presto Ibérica); eso sí, en lo que se refiere a la tutela del signo como tal, pues evidentemente, un prisma completamente distinto es el que examina la conducta de mercado relacionada con el signo o con los productos o servicios contraseñados por aquél cuando dicho uso pueda afectar de un modo no insignificante al orden concurrencial e indirectamente con ello a su titular.

de la Propiedad Industrial[361]. Esta fuerte vinculación, lo hemos visto, deriva de la asunción en el Derecho español de los postulados del art. 10 bis CUP. Sin embargo, dicha conexión, que, por otra parte, en la realidad española se dio de forma literal[362], ha debilitado la autonomía de ambas disciplinas. Las concomitancias resultan, por tanto, habituales y ¿Por qué no decirlo? Indeseables, al suponer un excesivo acercamiento de la CD al ámbito de los derechos de exclusiva que ha terminado generando una percepción de falta de independencia, percibiéndose a menudo la CD como apéndice de la norma industrial.

Los actos de explotación de los derechos de PI son actos que tienen lugar en el mercado y que se operan con una finalidad concurrencial, cumpliendo, por tanto, los requisitos básicos para la aplicación de las normas de CD[363]. Asimismo, ambas normas se someten al cumplimiento de los diferentes principios que ordenan la competencia y que determinan así la concreta configuración de la estructura de interacción entre ambos[364]. Lo que conduce a que los conceptos de enjuiciamiento desde el punto de vista de la lealtad concurrencial y desde el punto de vista de la infracción de las normas de

---

361 MASSAGUER FUENTES J., *Comentario a la Ley de Competencia Desleal,* cit., pág. 81.

362 MENÉNDEZ A., *La Competencia Desleal,* cit., págs. 33 y 34; en contra OTAMENDI J., *Comentarios a la Ley de Competencia desleal,* cit., pág. 27, que niega que en España haya habido un régimen propio de Competencia Desleal hasta la aprobación de la ley de marcas de 1988.

363 MASSAGUER FUENTES J., *Comentario a la Ley de Competencia Desleal,* cit., pág. 81.

364 BERCÓVITZ RODRÍGUEZ-CANO A., *Apuntes de Derecho Mercantil,* cit., pág. 390.

PI sean ciertamente próximos[365], hasta el punto de poder hablarse de una cierta influencia recíproca entre ambos sectores normativos. Téngase, no obstante, en cuenta que la prioridad ontológica de la CD supone que cada concepto común ha tenido un desarrollo previo en su ámbito y que, tan solo posteriormente es adoptado por la sistemática de las normas de PI[366/367].

Ahora bien, las bases comunes, dice MASSAGUER, han conducido a sistemas de protección jurídica técnicamente diferenciados; siendo el Derecho contra la Competencia Desleal de naturaleza flexible, al basarse en el uso de cláusulas generales cuya interpretación en cada momento corresponde a los Tribunales, mientras que, en cambio, el Derecho de PI opera mediante la concesión de derechos subjetivos de contenido (en este contexto) negativo, que, naturalmente, llevan implícitos una mayor rigidez, que se traduce, a su vez, en los presupuestos de protección, contenido material y alcance objetivo[368].

Es precisamente el contraste entre la flexibilidad del derecho de la Competencia Desleal y la rigidez propia del derecho

---

365 MASSAGUER FUENTES J., *Comentario a la Ley de Competencia Desleal*, cit., pág.81.

366 En un sentido similar OHLY A. y KUR A., “Lauterkeitsrechtliche Einflüsse auf das Markenrecht”, *GRUR*, Heft 5, 2020, págs. 457-471; tal y como demuestra la adopción de la protección de las marcas notorias y renombradas bajo el Derecho de Marcas, pese a que tradicionalmente ambos eran objeto de protección por vía de competencia desleal. En este sentido, no solo el Derecho español experimentó ese cambio, sino que el Derecho alemán da clara muestra de ello.

367 Pues la naturaleza del derecho de la Competencia Desleal es de tipo general, de mercado, mientras las normas de PI se configuran como derechos especiales Nótese en este sentido que en la legislación alemana los derechos de PI se califican habitualmente como *Sonderschutzrechte*, literalmente “derechos de protección especial”.

368 MASSAGUER FUENTES J., *Comentario a la Ley de Competencia Desleal*, cit., pág. 81.

de la PI lo que propicia en sí el entero planteamiento de la complementariedad de protecciones. Toma de posición que, en el fondo, dependerá del entendimiento que cada cual mantenga sobre la necesidad de rigidez o flexibilidad a la que hay que dotar a tales derechos[369].Flexibilización, que, si bien en general se orienta hacia el recorte del componente más dominical de los derechos exclusivos y su sustitución por un sistema de carácter más compensatorio[370], también puede predicarse para los supuestos no adecuadamente protegidos[371]. El recurso a la CD se plantea con el fin de lograr un sistema más ajustado a las necesidades del mercado. Esta es la realidad a la que responden los diferentes sistemas nacionales sobre complementariedad de protecciones[372].

---

369 Es una discusión antigua y no del todo acabada la relativa a si la configuración actual de los derechos de PI que mantienen las legislaciones nacionales *ad exemplum* de las normas internacionales que aproximan la materia (CUP, CB, ADPIC), tiene carácter de *numerus clausus* o si, al contrario, debe interpretarse como un *numerus apertus*. Partiendo de esta discusión se pueden apreciar ya dos concepciones diferenciadas sobre la flexibilidad con la que hay que tratar la legislación en materia de PI. El ejemplo se refiere a una flexibilidad *ad extra*, pero también repercute en el entendimiento de una eventual flexibilidad *ad intra*, en la interpretación de cada concreto derecho.

370 KUR A. y SCHOVSBO J., "Expropriation or fair game for all? The gradual dismantling of the IP exclusivity paradigm", Max Planck Institute for Intellectual Property, Competition and Tax Law Research Paper Series Nº, 09-14, cit., págs. 2-7.

371 Frente a estos planteamientos, aparecen interpretaciones rígidas que tienden a atribuir al legislador histórico un poder absoluto de conocimiento y predicción sobre las necesidades de protección que los bienes inmateriales protegidos van a manifestar conforme se desenvuelven los mercados.

372 La Competencia Desleal nace en su origen como una parte singular del derecho de daños, poso que perdura hoy en día en la vertiente más subjetiva de la tutela individual del empresario perjudicado. En este sentido, tiene un enfoque compensatorio que empasta muy

Continuando con los planteamientos nucleares de la teoría del profesor MASSAGUER, este plantea que "las relaciones entre el Derecho contra la Competencia Desleal y la legislación sobre propiedad industrial e intelectual están presididas por un principio de complementariedad relativa"[373]. Lo que nos debe conducir a rechazar "*una solución simplista basada en un formal principio de especialidad legislativa*[374] *que, según los casos, opere en uno u otro sentido*[375], *con la consecuencia de que la aplicación de una normativa excluya automáticamente la posibilidad de aplicar*

bien con el sistema de aplicación del Derecho de la Propiedad Intelectual (lo hemos visto ya), si bien tiene como elemento diferencial más importante que en el caso de la Competencia Desleal el daño es valorado en un contexto de mercado, más amplio, por tanto, que el exclusivamente centrado en la relación del innovador con su creación.

373 MASSAGUER FUENTES J., *Comentario a la Ley de Competencia Desleal,* cit., pág. 82

374 Nótese que esta era precisamente una de las posibles fórmulas de interacción que parecía acoger (incluso proponer), en una primera lectura, la doctrina de los círculos concéntricos de BERCÓVITZ.

375 Preste el lector especial atención al uso de la expresión "opere en uno u otro sentido", ya que es de la máxima relevancia práctica y, desde esta perspectiva, la principal diferencia que exhibe el planteamiento teórico de la "Complementariedad Relativa" respecto de su homónimo jurisprudencial: la intercambiabilidad o igualdad entre ambos Derechos. Aquí planteamos, por tanto, una igualdad total, tanto teórica como doctrinal, entre uno y otro conjunto de normas. En cambio, la "Complementariedad Relativa" del Tribunal Supremo, como será objeto de ulterior exposición, aun sin hablar formalmente de una prioridad de ningún tipo, sistemáticamente parte de la prioridad aplicativa de las normas de PI, hasta el punto es así, que el juicio de infracción en sede de derecho exclusivo siempre precede (y normalmente precluye) al juicio de infracción por desleal.

la otra o, bien al contrario, basada en un principio de acumulabilidad indiscriminada[376]".

Los fines que, por tanto, se persiguen desde una y otra perspectiva no son idénticos, sino complementarios: la Propiedad Intelectual, se ha visto, se orienta hacia la consecución de un incremento en la cantidad, pero, sobre todo, en la calidad de la competencia, que redunde en una importante mejora de la situación de bienestar total. Los derechos de PI favorecen el desarrollo de la llamada competencia dinámica, una competencia que no se caracteriza tanto por desarrollarse "en el mercado", sino por desarrollarse "por el mercado"[377]. La Competencia ya no sería el fin en sí mismo, sino un medio para obtener un equilibrio entre la creación de nuevas prestaciones y el mantenimiento de unas relaciones competitivas en un contexto de mercado. Con ello se puede hablar de una competencia "con sentido" donde esta se ordena, respondiendo a un "para qué", circunstancia que con planteamientos anteriores no resultaba del todo clara[378]. Las normas de Competencia Desleal también atienden al favorecimiento de la competencia, pero no lo hacen necesariamente mediante la protección de la

---

376 MASSAGUER FUENTES J., *Comentario a la Ley de Competencia Desleal*, cit., p. 82

377 Ambas expresiones entrecomilladas, ya lo vimos, son empleadas por DREXL J. "Is there a 'more economic approach' to intellectual property and competition law?", cit., pág.42.

378 Buen ejemplo de lo anterior lo constituyen los desarrollos llevados a cabo por la famosa Escuela de Chicago, que ante la imposibilidad de dar un contenido objetivo y "no politizado" a las normas de competencia, recurren a la noción de eficiencia para fundamentar las mismas. De esa forma, la competencia se justifica al orientarse hacia la consecución de eficiencia. Ahora bien, dicho concepto de eficiencia no resulta nunca completamente justificado ni definido en términos legales, recibiendo su fundamento de una vaga vinculación a los intereses generales de los consumidores.

inversión[379] (como sí hacen los derechos de PI) o, al menos, dicha protección de la inversión no se realiza en tanto a tal, sino mediatizada al favorecimiento de la competencia en general, en beneficio de todos los participantes del mercado y, en suma, de la generalidad[380]. Es decir, los fines político-legislativos perseguidos por Propiedad Industrial e Intelectual no se limitan a ser una mera especialización de la legislación de Competencia Desleal[381]. Principalmente, porque a los fines de protección de las inversiones, la Competencia Desleal añade un objetivo adicional de ordenación del mercado *in concreto* que resulta ajeno a los derechos de PI, centrados en la perspectiva programática de generar eficiencias dinámicas[382]. Ese principio de ordenación del mercado que asume la Competencia Desleal, en una perspectiva que lo convierte en un Derecho del comportamiento en el mercado[383], es el que permite por un lado

---

379 La protección de la inversión constituye uno de los varios objetivos propios de las normas de Competencia Desleal. En este sentido, vid. HILTY R. M., "The Law Against Unfair Competition and its Interfaces", cit., *passim.*, en especial págs. 24 y 28.

380 MENÉNDEZ A., *La Competencia Desleal*, cit., pág. 95.

381 MASSAGUER FUENTES J., *Comentario a la Ley de Competencia Desleal*, cit., p.82.

382 Con la cuestionable excepción del Derecho de Marcas, que en una interpretación concurrencial expansiva puede entenderse como preocupado por la asignación que mediante su uso tiene lugar en el mercado entre prestaciones y fabricantes. Esta vertiente externa del derecho de Marca se expresa en algunas limitaciones específicas dentro de la legislación propiamente marcaria, como por ejemplo la obligación de uso o el propio requisito de distintividad. Pero lo cierto es que no constituye una función que haya ameritado especial consideración o protección como elemento si quiera tangencial a la legislación de marcas, que se orienta sobre todo y ante todo a la protección de la relación de titularidad existente entre marca y empresario. Sobre esta cuestión se abundará más adelante.

383 Expresión muy habitual en la doctrina alemana: *Marktverhaltensrecht.* En este sentido BÜSCHER W., "Aus der Rechtsprechung des EUGH

corregir los excesos competitivos y, por otro, garantizar que la competencia tenga lugar de un modo ordenado y, por tanto, transparente[384].

En suma, la protección de los derechos de PI y las normas de Competencia Desleal tienen coincidencias importantes, pero también marcadas diferencias, que se cristalizan en los muy diferentes mecanismos de intervención legal[385], y que, finalmente, redundan en la necesidad de defender una autonomía entre una y otra tipología de normas.

A partir de estos razonamientos, el profesor MASSAGUER entiende que "*no puede negarse la posibilidad de acudir a la legis-*

---

und des BGH zum Lauterkeitsrecht seit Ende 2019", GRUR, Heft 3, 2021, págs. 405-425, passim.; OHLY/SOSNITZA *UWG Kommentar*, 7. Auflage, CH Beck, 2016, pág. 26; OHLY A., y SATTLER A., "120 Jahre UWG im Spiegel von 125 Jahren GRUR", *GRUR*, cit., pág.1239; OHLY A., "Urheberrecht und UWG", *GRUR Int.*, Heft 7/8, 2015, págs. 693-704, págs. 698 y 700; NEMECZEK H., "Rechtsübertragungen und Lizenzen beim wettbewerbsrechtlichen Leistungsschutz - Zugleich ein Beitrag gegen den unmittelbaren Leistungsschutz", GRUR, Heft 4, 2011, págs. 292-295, pág. 295; KÖHLER H., "Die Unlauterkeitstatbestände des § 4 UWG und ihre Auslegung im Lichte der Richtlinie über unlautere Geschäftspraktiken", *GRUR*, Heft 10, 2008, págs. 841-848, passim.; KÖHLER H., "Das Verhältnis des Wettbewerbsrechts zum Recht des geistigen Eigentums- Zur Notwendigkeit einer Neubestimmung auf Grund der Richtlinie über unlautere Geschäftspraktiken", *GRUR*, cit., pág. 553, niega la calidad de Marktverhaltensregelungen a los derechos de PI; también introduce un concepto similar MENÉNDEZ A., *La Competencia Desleal*, cit., pág.101.

384 El Derecho de la Competencia Desleal adquiría así una función de coordinación de todas las normas que intervienen en el proceso competitivo condicionando el comportamiento estratégico y competitivo de los operadores.

385 MASSAGUER FUENTES J., *Comentario a la Ley de Competencia Desleal*, cit., p. 83

lación contra la Competencia Desleal para impedir a terceros la utilización de bienes inmateriales que, por su naturaleza, no sean susceptibles de ser protegidos mediante modalidades de propiedad intelectual o industrial, o que siéndolo, bien no hayan cumplido con los requisitos formales de protección o bien hayan dejado de estar protegidos... a consecuencia del transcurso de su correspondiente periodo de vigencia, así como para impedir a terceros la realización de actos de explotación que igualmente por su naturaleza o por sus consecuencias no quedan comprendidos entre los que abarca el contenido del ius prohibendi reconocido al titular de un derecho de Propiedad Industrial o Intelectual debidamente obtenido y en vigor[386]". Por tanto, hablamos de protección "al margen o en lugar de la Propiedad Intelectual". Pero también entiende que "*incluso parece posible recurrir conjuntamente a una y otra parcela del ordenamiento para enjuiciar y, si fuere procedente*[387], *sancionar un mismo supuesto de hecho, concentrándose cada una de las acciones de defensa ejercitadas en el caso en los aspectos que son propios y no comunes de los correspondientes ilícitos*"[388].

Aparecen, por tanto, dos escenarios alternativos para la aplicación complementaria de los derechos de PI y Competencia Desleal: el sistema que describe BERCÓVITZ con su doctrina

---

386 Ibid., pág. 84.

387 Resulta interesante que el profesor MASSAGUER separe estos dos conceptos, al platearlos como independientes. Según la literalidad de su expresión sería posible enjuiciar una conducta desde CD y PI pero sancionarla solamente desde el Derecho de PI y también sería posible enjuiciar desde ambos sectores y sancionar desde ambas perspectivas. Esto abre la puerta a un planteamiento más flexible, donde podría complementarse el aparato analítico formal, propio del Derecho de PI, con un juicio concurrencial (lo que ocurre, lo hemos visto ya y volveremos en mayor profundidad sobre ello, en Derecho de Marcas), pero la sanción únicamente imponerse por la infracción del derecho exclusivo.

388 MASSAGUER FUENTES J., *Comentario a la Ley de Competencia Desleal*, cit., p. 84.

de los círculos concéntricos, donde la Competencia Desleal se aplica más allá, fuera de las fronteras exteriores de los derechos de PI o bien en lagunas existentes *ad intra*; pero también tenemos un segundo modelo de aplicación, quizá solo implícito en los círculos concéntricos, cual es el que propone el profesor MASSAGUER. Ciertamente, sin resultar ninguno de los dos un atentado contra la vigencia del otro, pudiéndose hablar de una cierta coexistencia de ambas hipótesis, parece claro que parten de perspectivas diferentes y ello, eventualmente, está abocado a generar ciertas divergencias.

De ambos se deduce que para hablar de acumulación es imprescindible que los aspectos y efectos de la conducta combatida valorados a la luz del Derecho contra la Competencia Desleal y a la luz de los derechos de Propiedad Industrial o Intelectual no sean los mismos[389].

El resultado final de estos planteamientos conduce a configurar la Competencia Desleal como un "motor de expansión y refuerzo" de la protección que dan los derechos de PI sobre los bienes inmateriales[390]. En cambio, lo que no es la normativa de defensa contra la Competencia Desleal es "*un mecanismo de tutela reforzada y subsidiaria que permita reconstruir la protección jurídica de la Propiedad Intelectual e Industrial dentro de su ámbito objetivo cuando, por la razón que fuere, falle su vigencia, como tampo-*

---

389 Ibid.

390 MASSAGUER J., *Comentario a la Ley de Competencia Desleal*, cit., p. 85. Si bien quizá esta formulación contribuye a generar una cierta confusión entre ambos sistemas de normas. En su lugar es mejor entender como hace KUR A., "What to protect, and How? Unfair Competition, Intellectual Property, or protection sui generis", cit., pág. 19, que la competencia desleal actúa como una especie de incubadora para los derechos de PI, desarrollando una protección interina (aunque en ocasiones sea permanente) allí donde todavía no llegan (o, a nuestro modo de ver, no deban llegar) los derechos de PI.

co puede aplicarse, ni de forma cumulada ni alternativa, a la tutela de la Propiedad Industrial o Intelectual en aquellos supuestos de hecho que queden plenamente comprendidos en el ámbito material, objetivo, temporal y espacial de vigencia de aquella protección, y no presenten por lo demás facetas ajenas al mismo"[391].

A partir de estos postulados, entiende que la complementariedad se debe fijar *ad hoc* en función del caso (o más bien grupo de casos) concreto y, por ello, opta por realizar, para cada una de las conductas tipificadas por la Ley de Competencia Desleal en las que las relaciones con los derechos de PI pudieran resultar relevantes, algunas consideraciones sobre complementariedad como transposición de ese principio general que acabamos de describir. Sobre dichos postulados regresaremos más tarde, cuando desarrollemos nuestra propuesta de solución particular.

2.3. La Jurisprudencia española sobre la complementariedad relativa de protecciones

Expuestos sucintamente los dos planteamientos doctrinales de mayor calado sobre la cuestión de la complementariedad de protecciones y realizada oportuna reflexión a partir de ellos, teniendo en cuenta, además, que la sombra de la incompatibilidad entre ambos postulados se encuentra presente, corresponde verificar qué traslado han tenido estas líneas maestras en el plano práctico, esto es, corresponde ahora analizar los desarrollos llevados a cabo por la jurisprudencia nacional.

En este sentido, el punto de partida será, lógicamente, la opinión expresada por el Tribunal Supremo. Sin embargo, no renunciamos a analizar, con carácter marginal, algunos planteamientos originales llevados a cabo por las Audiencias Pro-

---

391 Ibid.

vinciales o incluso Juzgados de lo mercantil, cuyo especial valor innovador es necesario reconocer y felicitar.

Resulta pertinente, por tanto, empezar hablando de la doctrina de la "complementariedad relativa" del Tribunal Supremo Español, que, como ya se ha señalado, es tributaria de la propuesta por el profesor MASSAGUER. Dicha coincidencia se encuentra no solo en la homonimia de ambas teorías, sino en la adopción, por parte del Alto Tribunal de los principales postulados que vertebran la misma. Sin embargo, conviene hacer notar que la interpretación que se ha venido operando no es tan abierta como el epígrafe precedente pudiera hacernos pensar, sino bastante restrictiva, hasta el punto de que puede llegar a parecer que el Tribunal Supremo invoca esta doctrina precisamente en los casos en los que su posicionamiento pasa por negar la acumulación de ambas tutelas en lugar de permitirla. El recurso a la doctrina, al menos de forma explícita, es, sin embargo, intermitente, de modo que aunque parte de los casos (prácticamente la mitad de los que vamos a analizar aquí) incluyen alguna referencia a la "complementariedad relativa" o a argumentos posteriormente adscritos a la misma, lo cierto es que hay pronunciamientos donde ni dicha expresión ni su argumentario típico aparecen, autorizando implícitamente la acumulación al aplicar directamente cada sector normativo con base en sus propios presupuestos[392].

En segundo lugar, también será conveniente destacar que no resultan excesivos los pronunciamientos donde se hace referencia a la eventual complementariedad, siendo posible (aunque infructuoso) un tratamiento cronológico de los casos, que no ascienden a más de una veintena. Sin embargo, es

---

[392] El caso Superverano Mix, STS 888/2010, de 30 de diciembre (Rec. 1396/2006) es un buen ejemplo de esto que exponemos.

dudoso poder trazar una evolución en la doctrina[393] que ha permanecido aferrada a los mismos planteamientos desde finales de los años noventa, cuando empiezan a llegar a casación los primeros casos de acumulación planteados en España[394]. A pesar de esto y fundamentalmente por razones de conveniencia expositiva, se optará, sin embargo, por una exégesis cronológicamente ordenada de los pronunciamientos más significativos[395].

2.3.1. Primeros años: establecimiento de la problemática y dispersión argumentativa

Comenzando propiamente con el examen jurisprudencial, el primero de los casos que se planteó ante el Tribunal Supremo se resolvió mediante Sentencia 369/2004, de 17 de mayo, planteada respecto a la imitación de una conocida marca de

---

393 No obstante, GARCÍA PÉREZ R., "Las relaciones entre el Derecho de marcas y el Derecho contra la competencia desleal en Internet", en MORRAL SOLDEVILA R. (Dir.), *Problemas actuales de Derecho de Propiedad Industrial. VIII Jornada de Barcelona de Derecho de la Propiedad Industria*, Tecnos, Madrid, 2018, págs. 65-113, pág. 73 y ss., explica cómo puede detectarse una escisión de la evolución en dos etapas: una primera etapa, que delimitaría hasta 2011, caracterizada por una peor fundamentación en general y otra segunda, a partir de 2011, donde ya se aplica la doctrina de la Complementariedad relativa en tanto a tal.

394 Recordemos, en este sentido, que la Ley de competencia desleal es del año 1991 y no será hasta ella que se pueda plantear la acumulación de ambos sistemas de protección como plenamente autónomos.

395 La elección de un orden cronológico se hace contraintuitivamente como un modo de permitir al lector a comprobar por sí mismo la escasa evolución argumentativa en la materia, más fruto de bandazos interpretativos que de una evolución propiamente dicha. Habrá, por tanto, ciertas redundancias y digresiones, cuyo tratamiento específico se hace en aras de la exhaustividad.

sartenes (Tefal, que da nombre a la sentencia). La demandante interpreta que el acto de imitar un conjunto de patrones formales (circulares) y cromáticos (negro y cobre) para las sartenes constituye, por un lado, infracción de una marca mixta depositada en Francia y solicitada para, entre otros países España, en relación con productos de menaje y, por otro, un acto de imitación desleal del art. 11 LCD. Tras una prolija y pormenorizada descripción de ambas líneas de sartenes, que permite deducir una imitación de la marca y del concepto que esta abraza o acoge (se imitan no solo los elementos formales, sino también la posición de los elementos denominativos tanto de la marca del fabricante como de la línea de modelo, etc.), el Alto Tribunal opta con carácter previo a la resolución de los diferentes motivos por indicar que:

> *"si bien, en principio, ambas normativas aspiran a reflejar los instrumentos adecuados, para que, tanto la actividad industrial en el seno de la creación de los productos respectivos de cada empresa, operen "ad intra", por unos cauces de respeto a lo propio y, sin que se permita el aprovechamiento de lo ajeno, pues, lo contrario, determinaría un ilícito previsto en la primera ordenación- Ley de Marcas-, como, igualmente, que cuando aquella actividad discurra ya "ad extra" en el concierto del mercado, con la incesante gama de comportamientos concurrenciales que eviten que, en ese acervo de intercambio, acontezcan eventos que, sin perjuicio de que emanen o no de esas previas conductas "ad intra", sobre todo provoquen la condenable imitación confusoria que perjudique lo mismo a los así intervinientes con la aportación de sus productos en ese mercado, como, sin duda alguna, impidan que los consumidores que usen o utilicen ese mercado, en dispensa de la expensas que precisen para satisfacer sus necesidades, no padezcan el riesgo de confusión y, no adquieran lo que en el ejercicio de su soberanía o voluntad conjunta, aspiran o quieren obtener o comprar, sino otros sucedáneos improcedentes, lo que ya cae*

> *dentro del cambio de la normativa de la Ley de Competencia Desleal*[396]*."*

El criterio delimitador se hace depender de la inmanencia o la trascendencia de los efectos derivados de dicha conducta imitativa. De esta forma, la legislación de Marcas (única tutela inmaterial invocada en el caso, pero extensible *mutatis mutandis* a todo derecho de PI) protegería el signo configurado por el motivo gráfico y cromático de las sartenes en sí mismo considerado, aislado o en abstracto, mientras que la Competencia Desleal intervendría sobre los efectos provocados en el mercado mediante la imitación, con independencia de que deriven o no de esa afectación o perjuicio inducido a la marca, por producir la conducta un doble efecto: el perjuicio a los oferentes (*intervinientes con la aportación de productos...*) y el impedimento a la libre formación de la voluntad negocial del consumidor que, por mor de esa actividad de imitación confusoria, acaba adquiriendo un producto que no es sino un "*sucedáneo improcedente*".

Enfocado desde este ángulo, el texto se muestra vacilante y en dicha medida ambiguo, al permitir varias lecturas en sentidos ciertamente dispares.

---

396 STS 369/2004, de 17 de mayo, Rec. 1797/1998 (siendo ponente el Ilmo. Magistrado Luis Martínez-Calcerrada y Gómez), FJ Tercero. Se trata, sin duda ninguna, de un argumento ciertamente denso que resulta imposible de transcribir por partes sin arriesgar romper el hilo expositivo. La densidad expositiva y material del argumento no hacen sino poner de relieve el carácter complejo de la cuestión y, por ello, su análisis debe operarse con el máximo cuidado y atención. El razonamiento parte de una igualdad de propósito entre ambas normativas, pero parece distinguir su aplicación según se trate de una conducta con trascendencia interna (*ad intra*) o bien tenga lugar como consecuencia de actos que tengan lugar en el mercado (*ad extra*).

En efecto, una primera posibilidad es interpretar que la protección al competidor imitado se opera *ad intra* mediante la normativa de Marca, mientras que el perjuicio causado *ad extra* al resto de competidores y al consumidor es una cuestión propiamente de la Competencia Desleal. Desde este punto de vista, parece que lo adecuado sería admitir una aplicación cumulativa de ambas protecciones sobre la base de los diferentes intereses tutelados. Cuestión distinta en este punto es determinar si el ejercicio de la acción de deslealtad por parte del titular del derecho exclusivo estaría justificado dada la ajenidad de los intereses que protege[397] y, en particular, si sería procedente conceder de forma acumulada la doble acción de daños, toda vez que *a priori* el daño individual sufrido quedaría cubierto por la protección *ad intra* del Derecho de Marcas.

Una segunda línea, que propuse hace algún tiempo[398] es interpretar las expresiones "*ad intra*" y "*ad extra*" como referidas al propio ámbito del derecho exclusivo, de forma que podría hablarse de una infracción "*ad intra*" allí donde la conducta

---

397 Los intereses de los competidores podrían interpretarse como debidamente representados en la forma de intereses de clase a la que pertenece el empresario demandante, en el sentido de ser doblemente afectado, individualmente como perjudicado directo de la imitación, pero también como miembro del mercado que es y, en particular, como competidor que ve cómo su posición en el mercado se ve desplazada por el uso ventajista de una configuración similar o idéntica hecha por otro competidor para un determinado tipo de productos, en este caso sartenes. Los intereses de los consumidores no estarían representados activamente, pero no consideramos ello un obstáculo para que puedan hacerse valer por terceros afectados, precisamente en línea con el carácter institucional de la protección brindada.

398 CRUZ GONZÁLEZ M., "Relaciones entre Competencia Desleal y Propiedad Intelectual e Industrial: la Doctrina de la Complementariedad Relativa del Tribunal Supremo Español", *Revista Reflexiones de Derecho Privado Patrimonial*, Ratio Legis, 2020, págs. 191-214, pág. 195.

lesione el derecho exclusivo en sí mismo y una infracción "*ad extra*" allí donde los efectos de la conducta trasciendan al mercado, lo que supondría una interpretación ciertamente exacerbada de la acumulabilidad (no totalmente incompatible con la jurisprudencia española a la vista de los primeros pronunciamientos[399]). De esta forma, la infracción marcaria operaría en un ámbito registral o casi circunscrito al entorno registral, mientras que la Competencia Desleal se centraría en la puesta en el mercado del bien imitador y los efectos generados sobre este con ello, lectura poco respetuosa, empero, con la autonomía del derecho exclusivo.

El mayor defecto es, sin duda, achacable al planteamiento de la demanda[400], que califica como confusoria una conducta que es claramente parasitaria, donde el foco no está tanto en la confusión inducida en el consumidor, como el error al que le conduce el parecido diseño de ambas sartenes, buscando aprovechar un heurístico donde mediante el parecido se logre una transferencia de imagen desde el producto de "Tefal" hasta el producto del imitador, de forma que el consumidor acabe comprando no aquello que necesita sino un "sucedáneo

---

399 DOMINGUEZ PÉREZ E. M. "Comentario al Art. 11. Actos de Imitación" en BERCÓVITZ RODRÍGUEZ-CANO A., *Comentarios a la Ley de Competencia Desleal*, cit., pág. 292, señala que en un primer momento la jurisprudencia española fue claramente favorable a una acumulación de ambos sectores normativos.

400 Esta circunstancia ha sido denunciada por MASSAGUER FUENTES J., "Por un replanteamiento de la protección jurídica de las presentaciones comerciales", *La Ley Mercantil*, N.° 60, 2019, págs. 1-14, *passim*, quien dedica unas interesantísimas reflexiones sobre la necesidad de que las partes desarrollen un esfuerzo argumentativo serio cuando plantean la acumulación de protecciones sobre la base de su complementariedad relativa.

improcedente", en palabras de la propia sentencia[401]. Con las manos atadas por el principio de justicia rogada propio del procedimiento civil (art. 216 LEC), no puede el juez resolver desconociendo los pedimentos de las partes, que conservan, por tanto, el dominio de la causa.

Habrá que esperar, por tanto, al siguiente pronunciamiento para una mayor clarificación, que, sin embargo, no vendrá dada en los mismos términos de inmanencia y trascendencia que condensan los primeros planteamientos de complementariedad. En efecto, el Tribunal Supremo abandona tras este pronunciamiento la vía interpretativa basada en la valoración *ad intra* y *ad extra* de los efectos generados por la conducta de mercado[402].

La siguiente respuesta llegará aproximadamente dos años después, con el pronunciamiento de 13 de junio de 2006, STS Nº 569/2006 (Rec 2807/1999)[403], en la que se persigue de forma acumulada y "sin subordinación alguna" (FJ. Primero) a

---

401 Se está definiendo mediante esa expresión, sin saberlo, el propio concepto de *look-alike* y, de igual forma, en el caso subyace claramente un fenómeno de *Imagetransfer*. En este sentido HEYERS J., "Wettbewerbsrechtlicher Schutz gegen das Einschieben in fremde Serien - Zugleich ein Beitrag zu Rang und Bedeutung wettbewerblicher Nachahmungsfreiheit nach der UWG-Novelle", *GRUR*, 2006, Heft 1, págs. 23-27, pág. 25, define el *Imagetransfer* como el fenómeno que se produce cuando no hay confusión en el origen, sino una asimilación o aproximación, de forma que los clientes saben en todo momento que el origen comercial es distinto.

402 Probablemente el insuficiente sustrato hermenéutico del razonamiento y la dificultad interpretativa que ambos criterios suponen como elemento delimitador sean la causa de un abandono paulatino de estos planteamientos.

403 Ponencia asumida por el Ilmo. Magistrado José Ramón Ferrándiz Gabriel.

una empresa tanto por infringir varios modelos de utilidad en vigor, como por la realización de actos desleales[404].

Planteada la casación a fin de dilucidar el tipo de concurrencia existente entre CD y EPI (vigente cuando conoce la instancia), el TS se pronuncia señalando que si bien la concurrencia alternativa de dichas normas no existe, no cabe desconocer tampoco la relación vigente entre la competencia y los derechos de exclusiva, así como que la Ley 3/1991 proyecte una protección complementaria sobre situaciones que, en todo o en parte no la obtengan con la legislación especial reguladora de un título específico de propiedad industrial (FJ. Quinto). En concreto, señala que "el art. 11 LCD rechaza expresamente la ilicitud de una libre imitación cuando las prestaciones empresariales estén amparadas por un derecho de exclusiva... Pero ello no significa que dicho artículo desplace a su ámbito, sustituya o duplique la protección específica que a la propiedad industrial reconocen las leyes especiales que la regulan[405]".

---

[404] El fundamento de la acumulación parte de la plena autonomía de ambas materias, indicando que las acciones de infracción de los modelos se fundaban en la tenencia de los correspondientes títulos de Propiedad Industrial, mientras que la tutela concurrencial se invoca en tanto que "participante en el mercado con intereses directamente lesionados". Si bien en primera instancia dos de los tres modelos alegados decaen, se reconoce, sin embargo, condena tanto por infracción de derechos de PI como por la realización de actos desleales al amparo de los arts. 5, 11, 12 y 14.2 LCD. En vía de recurso, la AP de Valencia (Secc. 8ª), en sentencia de 6 de mayo de 2005 (Rec. 1006/1996) anula la sentencia anterior sobre la base de falta de competencia de dicho Juzgado, al identificar las acciones de PI como principales.

[405] De este segundo caso, conviene destacar, ya en primer lugar, un planteamiento de complementariedad de la CD respecto de la normativa de PI concretamente aplicable que parte de una doble premisa: por un lado, la norma reguladora de la exclusiva debe aplicarse con carácter principal y la aplicación de la CD es meramente un

De esta forma, dado que "el haz de facultades, de contenido positivo y negativo, que vienen integradas en el derecho sobre un modelo industrial registrado se rige por las normas que específicamente disciplinan dicho título", "la comercialización de los productos que, sin autorización de su titular, lo incorporan o imitan, debe ser calificada y tratada, en su caso, como un acto ilícito según la legislación reguladora del tal título de Propiedad Industrial". De esta forma, "la invocación de la Ley 3/1991 para determinar la competencia del Juzgado de Primera Instancia a fin de que conociera también de las acciones fundadas en el EPI, no merecía otra calificación que la de una norma de cobertura, dirigida a eludir, mediante un rodeo o *circunventio* (sic), la aplicación de una norma procesal imperativa sobre competencia territorial"[406]. Y, sin embargo, señalado lo anterior, el Tribunal Supremo se pliega a la solicitud del recurrente y manda retrotraer las actuaciones a la AP para que se pronuncie sobre las acciones fundadas en la LCD.

Un segundo aspecto que conviene destacar tiene que ver con la noción de desplazamiento, sustitución o duplicación de protecciones a que se hace referencia. Resulta una fórmula muy utilizada (quizá por expresiva) para justificar los razonamientos de la doctrina jurisprudencial de la complementariedad relativa, pero aquí aparece en un contexto argumentativo que la dota

---

complemento de esta, como una "norma de cobertura" (este principio aparece implícitamente así formulado); por otro, su naturaleza accesoria respecto de la acción principal de Propiedad Intelectual limita su aplicación a situaciones en que el bien inmaterial, en todo o en parte, no obtenga protección a partir de la legislación específica de PI.

406 Por tanto, que la Competencia Desleal sea complementaria debe interpretarse en el sentido de que su aplicación se subordina a que la legislación especial de los derechos exclusivos no ofrezca debida protección, por no resultar aplicable ("en todo") o por no ofrecer la protección necesaria, aun siendo completamente aplicable ("en parte").

de una aparente asepsia y que, sin embargo, en una lectura sistemática de la entera sentencia no parece ser el sentido principalmente buscado. Me estoy refiriendo a que, en esta primera formulación, se plantea como un hecho objetivo: la CD no desplaza la protección inmaterial y ello ya implica la posibilidad de hacer dos lecturas coherentes y diferenciadas; una primera le otorga un sentido exclusivamente descriptivo[407]; la segunda interpretación le confiere un contenido normativo que configura los tres rasgos como límites a la complementariedad, de forma que la aplicación de la Competencia desleal no puede ni desplazar la protección, ni sustituirla ni duplicarla[408].

Si bien por ubicación sistemática del argumento, ambas lecturas son posibles, la segunda lectura guarda mucha mejor coherencia con la calificación posterior que se hace del recurso a la CD como "la de una norma de cobertura, dirigida a eludir, mediante un rodeo o *circunventio* (sic), la aplicación de una norma procesal imperativa sobre competencia territorial". Aquí trasluce una valoración claramente negativa de la aplicación complementaria, como desvío (conocido como *Umweg* en

---

407 Que interpreta que la aplicación de la CD no supone nunca un desplazamiento del caso respecto de las normas de PI, que, por tanto, pueden ser igualmente invocadas y gozarán de la prioridad que les corresponda (quizá, a partir de la doctrina de los círculos concéntricos), de esta forma, la sustitución y duplicación deben interpretarse como fenómenos ajenos a la idea de complementariedad.

408 La diferencia es ciertamente de matiz, pero no por ello deja de ser importante. En efecto, mientras que en la primera hipótesis el no desplazamiento y la no duplicación constituyen meros caracteres del sistema de complementariedad, propiedades predicables, en la segunda hipótesis se configuran como prohibiciones para los aplicadores que no pueden, mediante su interpretación, provocar un desplazamiento, sustitución o duplicación de la protección, so pena de perder el derecho a la acumulación de ambos sistemas de tutela.

la doctrina alemana[409]) para escapar a los límites legales de la protección[410].

Aunque es posible encontrar alguna sentencia más en este sentido, un nuevo planteamiento que considero interesante resaltar es el que se desarrolla en la STS 622/2006, de 21 de junio (Rec. 3813/1991)[411], conocido como Asunto "Neutrógena"[412]. No aparece en esta sentencia mención alguna a los conceptos de inmanencia y trascendencia que están implícitos en la anterior, ni aparece tampoco referencia a la "complementariedad" y, sin embargo, es quizá uno de los pronunciamientos que más claridad arroja sobre la falta de sistematicidad en la jurisprudencia española.

Resulta evidente que el litigio tiene sustrato material suficiente como para ser trabajado desde el Derecho de Marcas y,

---

409 Vid. en este sentido SAMBUC T., "Die Eigenart der Wettbewerblichen Eigenart"- Bemerkungen zum Nachahmungsschutz von Arbeitsergebnissen durch § 1 UWG", *GRUR*, Heft 2, 1986, págs. 130-140, pág. 139.

410 Esta argumentación será reiterada de forma idéntica, también para un caso de imitación de un modelo de utilidad (ahora sobre una muñeca de juguete caracterizada por su flexibilidad y elasticidad) en la STS 836/2006, de 4 de septiembre (Rec. 3389/1999).

411 Ponencia del Ilmo. Magistrado Francisco Marín Castán.

412 Sucintamente, los hechos de que trae causa el litigio se pueden resumir en que durante los años ochenta laboratorios Alter y Neutrógena Corp. mantuvieron una serie de contratos encaminados a la comercialización de la crema de manos "Neutrógena", encargándose Alter primero de fabricar y distribuir la crema y después solo de distribuirla. Posteriormente, terminado el vínculo contractual, laboratorios Alter rescata una antigua marca para un medicamento del aparato digestivo, "Neutrocol", con objeto de comercializar una crema de manos, empleando, además de dicha marca, unos envases con una presentación similar al envase de Neutrógena (blanco, azul marino y con la denominación "Alter" en un recuadro rectangular muy similar a la bandera decorativa de Neutrógena).

además, plantear algunas cuestiones muy interesantes para el Derecho de la Competencia Desleal. Lógicamente, la marca Neutrógena era ya muy conocida en todo el mundo, renombrada[413], incluso, pero la parte demandante decide ignorar por completo la vía marcaria y declarar sus intenciones de forma transparente y frontal: "*no se trata de un pleito de marcas, sino de reprimir un aprovechamiento ilícito de la fama e iniciativas de mi mandante*" y por ello "*se trata de una acción* (la que ejercitan), *al amparo de la Ley de Competencia Desleal para sancionar las prácticas comerciales desleales de la demandada*" (FJ. Primero). El valor de esta sentencia para lo que aquí pretendemos demostrar es precisamente el constituir un reconocimiento expreso a la facultad de la parte para elegir la estrategia procesal que mejor se ajuste a sus intereses, incluso aunque ello atente aparentemente contra la más elemental lógica jurídica e implique la renuncia a la "acción fuerte" para centrarse en la "tutela débil"[414].

En realidad, este planteamiento resulta muy pertinente, si tenemos en cuenta que Neutrocol era un signo previo al registro de la marca Neutrógena y le añadimos que la proximidad entre ambos vocablos es importante, pero no absolutamente determinante. Por el contrario, la vía novedosa que ofrecía la Competencia Desleal garantizaba que la conducta iba a valorarse en toda su integridad, esto es, incluyendo la circunstancia

---

413 La parte actora habría de asumir en este cauce ciertos riesgos si decidía acudir a un sistema formal de valoración de la similitud entre signos, justificativa de un riesgo de confusión derivado de la propia diferencia fonética y conceptual de ambos nombres, así como debía enfrentarse al problema de preexistencia del signo compuesto por Neutrocol, lo que podía hacer que la acción de infracción de la marca perdiera solidez

414 Aunque ello contravenga la lógica prototípica de una complementariedad de este tipo tal y como es planteada por KUR A., "What to protect, and How? Unfair Competition, intellectual property, or protection *sui generis*", cit., pág. 15.

de que si bien el nombre Neutrocol fue objeto de uso previo, nunca se empleó en cremas, dejando la vía expedita para puntualizar que el uso de Neutrocol para la crema no era casual, sino causal, buscando, como muy bien señala en la demanda, "aprovecharse de la fama e iniciativas" de Neutrógena Corp. Por otra parte, el sistema de Competencia Desleal permitía invocar como infringida una nutrida batería de normas objetivas de conducta que podría permitir cubrir mejor el amplio espectro de desvalor de la conducta llevada a cabo por laboratorios Alter[415]. Identificada esta circunstancia correctamente por la defensa letrada del actor, únicamente restaba armar una demanda que reuniese ambas pretensiones, infracción marcaria y acto desleal, y, sin embargo, valorando el riesgo de que la desestimación de la acción marcaria, pudiera comportar la de deslealtad o prejuzgarla de alguna forma, la parte actora decide renunciar a su tutela "más sólida" para ganar el litigio con la "amplia pero débil" Competencia Desleal.

Resulta complejo valorar en qué medida se desvía la presente sentencia del criterio jurisprudencial seguido hasta ahora por el TS, precisamente por el componente de renuncia que hace la parte a las alegaciones en sede de marcas, centrándose únicamente en el ámbito concurrencial. Ello pudo haber condicionado la respuesta en favor de valorar únicamente la Competencia Desleal, al margen de la normativa de exclusiva, si bien se echa en falta si quiera alguna mención correctora de los planteamientos en el sentido de la anterior y la inmediatamente posterior de 4 de septiembre, con base en el principio *iura novit curia*[416]. En efecto, si partimos de que el núcleo in-

415 Pues aunque no se plantea en la demanda, podría incluso llegarse a pensar en infracción o uso ilegítimo de secretos empresariales obtenidos durante el contrato de fabricación de crema Neutrógena.

416 En un sentido similar, se pronuncia el AAP Barcelona de 21 de noviembre de 2001, citado en ARROYO APARICIO A., "Artículo

fractor de una conducta como la enjuiciada se encuentra en el "círculo interior[417]" del complejo que conforma la aplicación complementaria, una renuncia implícita a dicha tutela fuerte, en favor de una solución totalmente basada en la Competencia Desleal, debería haber ameritado, por coherencia interpretativa, alguna mención correctora (en el caso de que no se optase por anular absolutamente las actuaciones por haberse resuelto con manifiesta infracción del OJ)[418].

La siguiente resolución en línea cronológica cuya exégesis resulta relevante es la STS 887/2007, de 17 de julio (Rec. 3436/2000)[419], donde se plantea la acumulación de acciones en un triple nivel por la imitación de dos depósitos de gas y sus respectivas denominaciones, registrados los primeros como modelos de utilidad y las segundas como marca mixta por la empresa CEPSA[420].

Descartada tanto la infracción del modelo de utilidad invocado (FJ. Segundo), como de las marcas alegadas (FJ. Tercero), procede a indicar el Alto tribunal, tras reconocer que "el

---

12. Explotación de la Reputación Ajena" en BERCÓVITZ RODRÍGUEZ-CANO A., *Comentarios a la Ley de Competencia Desleal*, cit., págs. 317-350, pág. 334.

417 Recurriendo al aparato terminológico de BERCÓVITZ RODRÍGUEZ-CANO A., *Apuntes de Derecho Mercantil*..., cit., pág. 390.

418 Nótese que tanto la STS de 13 de junio, como la de 4 septiembre y el propio Auto al que hace referencia la nota a pie anterior, son de la autoría del Ilmo. José Ramón Ferrándiz Gabriel, mientras que la Sentencia del Caso Neutrógena/Neutrocol de 21 de junio es formulada por el Ilmo. Francisco Marín Castán.

419 Ponente el Ilmo. Magistrado Jesús Corbal Fernández.

420 En efecto, CEPSA demanda a dos empresas imitadoras por infracción de los modelos de utilidad registrados para los depósitos de gas, por infracción de marca dado el uso del nombre de dichos modelos de depósito (Cr. 3000 y Cr. 5000) y, por último, por actos de Competencia Desleal (FJ Primero).

tema suscita diversos problemas", que "*la posible operatividad de las Leyes de Patentes y Marcas excluye la protección complementaria de la LCD, y en tal sentido, recientemente, con relación a un modelo de utilidad y el art. 11 LCD, la Sentencia de 4 de septiembre de 2006 declara que el art. 11 LCD no desplaza, sustituye o duplica la protección específica que a la propiedad industrial reconocen las leyes especiales que la regulan*".

A partir de este planteamiento general que habrá de presidir las relaciones entre PI y CD, el Tribunal razona que dado que "*la manifestación gráfica que se pretende proteger no es amparable en el art. 11 de la LCD, sino que en su función o finalidad distintiva tiene su protección, de concurrir los requisitos correspondientes, como marca mixta registrada en la Ley de Marcas, o fuera de ésta, como signo distintivo -utilización de un componente gráfico ajeno como forma de presentación de un producto- en los arts. 6 o 12 de la LCD, pero no en el 11*". De la misma forma, razona a partir de la doble naturaleza de la pretensión ejercitada, esto es, en la línea de tutela del modelo de utilidad, que "*la protección del derecho correspondiente sólo es examinable con base en la Ley de Patentes. Aparte de ello, y en el caso de que pudiera entenderse que nos hallamos ante una creación empresarial material no susceptible de someterse al amparo de las protecciones específicas expuestas, tampoco cabría incardinarla en el ámbito de operatividad del art. 11.2 LCD*". Y ello porque el Juzgador entiende que "no hay copia", a la luz de la prueba documental, conforme a la cual se aprecian "sensibles...diferencias" en la forma de "diversas denominaciones obrantes en las etiquetas" (se refiere a las empresas identificadas como fabricantes del depósito), así como un "distinto formato de las letras", pero también "los colores de las mismas y de los respectivos fondos", de forma que no es posible apreciar confusión entre los fabricantes de cisternas para combustible, ni si quiera a modo de un riesgo de asociación laxo. Tampoco es posible para el Tribunal entender un aprovechamiento de la reputación por falta de prueba de la misma.

Sin que esta sentencia suponga un avance en el plano material de la complementariedad, pues sigue basándose en idénticos argumentos de partida sí aporta una mejora en el plano argumentativo, al no excluir la Competencia Desleal sin más, sino explicar cómo tampoco resultan cumplidos sus propios presupuestos objetivos de aplicación. En todo caso, esta sentencia parece confirmar la validez de la argumentación anterior que parte de la idea de que el límite a la complementariedad se encuentra en el no desplazamiento, no duplicación y no sustitución de la protección especial, conducente a justificar esa prioridad aplicativa de la normativa de PI y a negar una aplicación autónoma de la CD como la que vimos en el caso Neutrógena, al poderse interpretar, insisto, como un desplazamiento de la materia fuera el ámbito "que le es propio".

Una nueva argumentación[421] será a su vez el centro de gravedad de un pronunciamiento mucho más conocido (quizá por mediático): la STS 1167/2008, de 15 de diciembre (Rec.326/2004)[422]. Conocida bajo el nombre "caso Botica de la abuela o Botica de Pronto", la resolución judicial tiene por objeto valorar la infracción de marca y de las normas de leal competencia a colación de la distribución de un coleccionable intitulado "La botica de Pronto" que hace clara referencia a la denominación "La botica de la abuela", utilizada como título

---

421 Con carácter previo, aunque no comentada por razones de reiteración argumentativa, encontramos la STS 2727/2008, de 20 de mayo (Rec. 1216/2001), cuya ponencia asumió el Ilmo. Magistrado Vicente Luis Montes Penades. Destacaremos únicamente el siguiente extracto: "*se trata, en el caso, de la protección de un derecho de exclusiva, y la represión de la confusión desleal no está predispuesta para duplicar la protección que ya el sistema de marcas dispensa a los signos distintivos registrados, sino para complementarla, de modo que funciona... ante la inexistencia de unos derechos de exclusión ("en lugar de") o bien más allá de los lindes objetivos y del contenido del correspondiente derecho de exclusión*".

422 Ponente, de nuevo, el Ilmo. Magistrado Jesus Corbal Fernández.

de un programa de televisión y de varias obras recopilatorias de remedios "caseros" o tradicionales para la salud, muy populares durante los primeros años de los 2000. Entre las partes (el titular de "La Botica de la Abuela" y la editora de "La Botica de Pronto") medió una cesión de los derechos de reproducción editorial para todo el contenido del programa (revistas y libros) que el propio contrato parece después reducir a las publicaciones en la revista Pronto (FJ. Segundo). En un punto posterior, al interrumpirse la emisión del programa, la cesionaria resuelve anticipadamente el contrato y unos días después lanzó al mercado su propio contenido editorial bajo el uso de la denominación "La Botica de Pronto", que registró como marca[423].

A la hora de entrar a tratar la infracción del art. 11 LCD el Alto Tribunal decide partir de la idea de que "*la Ley de Competencia Desleal... no duplica la protección jurídica que otorga la normativa de Propiedad Industrial, y en concreto la que dispensa el sistema de marcas*[424]*, para tales signos distintivos, de modo que tiene carácter complementario(...), pero no puede suplantarla ni meno(s) sustituirla (...) funcionando ante la inexistencia de unos derechos de exclusión*

[423] Por el *iter* procesal de impugnaciones, sin embargo, la casación solo entró a conocer de las acciones planteadas por Competencia Desleal (FJ. Cuarto), en concreto, sobre la base de los arts. 6, 11 y 5 LCD. Curiosamente, tanto la alegación del art. 6 como la del art. 5 LCD las deniega el Tribunal sobre la base del incumplimiento de sus propios presupuestos (falta de confusión en el caso del art. 6 LCD [FJ. Tercero], y falta de un espacio de aplicación autónoma para el art. 5 LCD por entender que el sustrato fáctico alegado queda agotado con los tipos concretos invocados, vedando así el recurso a la cláusula general [FJ. Quinto]).

[424] Sin embargo, las relaciones más intensas entre a LCD y el Derecho de Marcas no se plantean en torno al art. 11 LCD, salvo para el caso de envases de productos, sino en relación con el art. 6 LCD, que descarta de forma autónoma. Tan solo en el supuesto de una marca tridimensional habrá una interacción entre el art. 11 LCD y la LM.

("en lugar de") o bien más allá de los lindes objetivos y del contenido del correspondiente derecho de exclusión".

Este razonamiento tiene por virtud unir el argumento tradicionalmente dado por el Tribunal Supremo sobre el límite de la complementariedad a partir de la no duplicación o sustitución de la protección, con el formulado el 20 de mayo de 2008, propiamente reelaboración de otro razonamiento tradicional, conforme al cual la protección debe darse fuera del ámbito del derecho de PI, expresándolo de forma particularmente visual cuando señala que su operativa se encuentra "ante la inexistencia de derechos de exclusión o más allá de sus lindes objetivos y del contenido correspondiente...".

Con una lectura sosegada de ambos argumentos, es posible llegar a la conclusión de que aunque se habla de complementariedad, más bien esta se descompone en dos principios de interacción según la conducta sea encuadrable dentro o fuera del ámbito del derecho exclusivo. De esta forma, cuando la conducta es plenamente encuadrable dentro de lo que BERCÓVITZ aludía como "círculo interior", la normativa de PI se aplica con plena eficacia consuntiva del juicio de deslealtad concurrencial[425], es decir, aquí sí hay un "desplazamiento" del juicio de deslealtad concurrencial por parte del derecho exclusivo, aplicando un criterio de especialidad. Este desplazamiento es unidireccional, pues la Competencia Desleal no podría acoger en su ámbito un supuesto que entre ya dentro de los presupuestos objetivos del concreto derecho de PI invocado ("no desplaza, sustituye ni duplica la protección"). Fuera del ámbito de las normas de PI se admite la aplicación de las normas garantes del mantenimiento de una competencia leal, lo cual quizá pueda entenderse *a priori* como un principio de acumulación, pero, en realidad, se trataría de una aplicación

---

425 Idea que podemos observar en MASSAGUER FUENTES J., *Comentario a la Ley de Competencia Desleal*, cit., pág. 84.

completamente autónoma: la Competencia Desleal se aplica como consecuencia de sus propios presupuestos y siempre fuera del ámbito reservado como exclusivo para el titular. No puede hablarse de una complementariedad de protecciones, sino de una alternatividad: las normas de Competencia Desleal son aplicables allí donde los derechos exclusivos no llegan; allí donde haya un derecho exclusivo, aquel desplaza siempre la aplicación de la norma concurrencial[426], se aplique esta de forma autónoma o complementaria, esto es, se aplique sobre la base de sus propios presupuestos (función propia) o de los presupuestos más próximos a la PI (función pretorial). No aclara si ha de ser con base en los mismos presupuestos (mismos hechos en palabras del Tribunal) o si la aplicación de la CD debe ser siempre autónoma desde el punto de vista fáctico.

Este razonamiento por la forma confunde dos dimensiones aplicativas diversas, de esta forma resuelve conforme al ámbito de aplicación ("a falta de..." o "más allá de...") el problema funcional de determinar con base a qué lógica subyacente es aplicada la Competencia Desleal, esto es, si cumple una función pretorial (como protección jurisprudencial que avanza un futuro desarrollo legal), o si, por el contrario, la aplicación es autónoma, en cumplimiento de la función que le viene constitucional y legalmente atribuida, como mecanismo tendente a garantizar un mercado funcional y transparente basado en el mérito competitivo de los operadores y no en la falta de información o mera apariencia del mercado (función propia o autónoma). La única forma de dirimir si estamos ante una fun-

---

426 Su función más bien, pese a su apariencia, se encuentra en la negación de un único tipo de complementariedad posible, la que habíamos identificado partiendo de los círculos concéntricos como "colmadora de lagunas internas", de forma que solo es válida la aplicación externa de la CD, quedando entonces toda laguna u omisión salvada en una interpretación correctora que la concibe como un espacio deliberadamente creado por el legislador.

ción u otra es acudiendo a la ponderación de intereses que subyace a la aplicación de la CD en cada caso, explicitada como se señaló *supra* a partir del juego conjunto de los arts. 1 y 4 LCD. De esta forma, aplicado así el análisis concurrencial, será sencillo determinar si la aplicación corresponde a una formulación autónoma, en la medida en que los intereses en juego (los de todos los participantes del mercado) se encontrarán en igualdad valorativa, mientras que en la función pretoria los intereses más relevantes y, por tanto, principales serán los de los competidores, seguidos del resto de intereses, cuya relevancia será, como norma, marginal e, incluso, en algunos casos testimonial, deduciéndose una lógica subjetivista en la protección, plenamente coincidente con la de la tutela inmaterial.

El pronunciamiento supone un alejamiento del modelo de interacción deducido a partir del plano axiológico, conforme al cual lo relevante era favorecer una mutua determinación o influencia entre ambos sistemas reguladores del mercado. Si recordamos los planteamientos armónicos o simbióticos de ambas disciplinas, la clave era admitir la posibilidad de una influencia recíproca, donde el juicio de infracción concurrencial respetaba los sistemas de equilibrio de incentivo de los derechos de PI (e incluso permitía demostrarlos en el plano concurrencial) y los derechos exclusivos recibían a cambio una protección concurrencial sobre las zonas grises, garantizando su plena efectividad allí donde el carácter formal de orden registral impedía una tutela eficiente. Por el contrario, aquí lo que nos encontramos es una unilateralidad o una unidireccionalidad: es la normativa PI, dotada de preeminencia, la que determina, influye en, la configuración de la protección concurrencial que no aparece en pie de igualdad, sino como una tutela de peor categoría, lo que favorece su valoración como una simple extensión impropia de la lógica inmaterial, en lugar de como una correcta adaptación, un compromiso, en definitiva, entre las reglas de la exclusiva y las del mercado. Lo central, por tanto, pasa a ser cómo se interprete el derecho exclusivo, ya que en función del ámbito que se le atribuya y de cómo se interpreten los límites (si como excluyentes o como permeables), el ámbito de aplicación de las normas de Competencia Desleal será más o menos amplio y más o menos autónomo.

El siguiente hito relevante en torno a la construcción de la idea de complementariedad de protecciones desde la perspectiva del Tribunal Supremo, la encontramos en la STS 616/2009, de 7 de octubre (Rec. 409/2005)[427], conocido como "Caso Joma Sport"[428].

Planteado del recurso, el TS estima una clarísima similitud entre ambos signos[429], para, en el Fundamento Jurídico quinto, y de forma sumamente escueta sentenciar que al "ser de preferente aplicación la normativa relativa al derecho exclusivo de marca", su aplicación "excluye la de Competencia Desleal", que "solo opera al margen de aquélla, o con carácter complementario".

Esta sentencia es de la máxima importancia en el contexto de nuestro análisis, al dar cuenta de un proceso involutivo en la jurisprudencia del Tribunal Supremo: si bien en resoluciones anteriores el resultado era, igualmente, la desestimación

---

427 Ponente el Ilmo. Magistrado Jesús Eugenio Corbal Fernández.

428 En cuanto a los hechos que dan lugar a la sustanciación del proceso, los podemos resumir en que siendo Joma una marca registrada por la Sociedad Anónima Joma Sport, un competidor comienza a utilizar las denominaciones "Joma´s" y "Joma´s Uniformes" para distinguir vestuario deportivo. Es Joma Sport quien interpone recurso de casación ante la Sentencia de la AP de Barcelona de 6 de junio de 2004, donde se da la razón al titular de las denominaciones Joma´s.

429 El argumento se estructura entendiendo que, dado el significado inglés del apóstrofe seguido de la letra "s", indicación gráfica de la figura lingüística del genitivo sajón, utilizado para indicar pertenencia respecto del nombre al que acompaña, podría generarse una confusión entre ambos signos distintivos, pues rectamente la marca controvertida expresaría pertenencia a la marca afectada.

de las acciones planteadas sobre la base de Competencia Desleal, se venía haciendo algún razonamiento tendente a explicar los conceptos de "al margen" o "carácter complementario". En casos que deben ser celebrados, hemos visto que la desestimación no fue óbice para un análisis sobre el fondo con base en las normas de Competencia Desleal. Sin embargo, este pronunciamiento ventila en una línea la cuestión de la aplicación de la CD, dejando la puerta abierta a una eventual complementariedad que no define ni aclara. Nos dice el juzgador que este caso no es un supuesto de complementariedad, sin razonar por qué, y ni tan si quiera definir qué constituye un caso de tal naturaleza.

La respuesta dada es resultado lógico de la línea de razonamiento iniciada en la sentencia 1167/2008, en la medida en que en dicha resolución, se condiciona la aplicación de la CD a la inexistencia de derecho exclusivo o a que el caso se encuentre "más allá de los lindes objetivos". Si el modelo prioriza la PI como norma aplicable con efectos excluyentes ("desplaza" en terminología del TS) sobre las normas de corrección concurrencial, siempre que se pueda anudar una respuesta al sistema de tutela exclusivo concretamente invocado (en este caso Marcas), la aplicación de la CD será redundante y su invocación deviene ociosa. En este caso, la respuesta ofrecida por el sistema de Marcas resulta satisfactoria y, en esa medida, el titular de la marca "Joma" ve sus intereses (y los del mercado en una competencia transparente y no falseada) tutelados a través de la correcta interpretación de la normativa especial, es decir, aquí, el Derecho de Marcas ofrece lo que podemos denominar como una respuesta "positiva" de tutela, pero de igual forma, es posible anudar a dicho Ordenamiento jurídico una respuesta "negativa" en aquellos supuestos donde el Derecho de tutela inmaterial no sea activable: una combinación del carácter excepcional de los derechos de PI en el sistema competitivo, que aconseja una interpretación restrictiva, junto a una interpretación de línea conservadora que pone todo el peso en una eventual decisión legislativa, sea real o presunta, permite justificar cualquier solución posible, tanto en el sentido de conceder tutela, como de no concederla, en función de la mejor apreciación subjetiva del juzgador. Tamaña libertad deberá ir, en buena lógica jurídica, acompañada de un intachable esfuerzo argumentativo tendente a justificar la toma de posición en un sentido o en otro. Una sentencia como la que ahora comentamos, sin embargo, no opera esfuerzo argumentativo alguno, más allá de hacer vaga referencia a algunos tópicos ya asentados en materia de complementariedad para negar la aplicación de los preceptos de Competencia Desleal al caso. Este vicio argumentativo viene favorecido por la estructura del razonamiento judicial inducido a partir del entendimiento de la complementariedad desde la doctrina de círculos concéntricos.

No volverá a haber ningún cambio relevante en la doctrina hasta la STS 888/2010, de 30 de diciembre (Rec. 1396/2006)[430] (ya mencionada *supra*), donde el Alto Tribunal se pronuncia respecto a la infracción de derechos de producción fonográfica de tres canciones titularidad de Sony Music España[431].

A partir de la aplicabilidad de las normas de CD, que el Tribunal toma por sentado, se valora la aplicabilidad al caso de los arts. 6 y 11 LCD invocados. Sobre el art. 6 LCD estima, efectivamente, la concurrencia de un acto de confusión[432], al conside-

---

430 Ponencia asumida por el Ilmo. Magistrado Jesús Corbal Fernández.

431 En concreto, una productora rival, lanzó en el año 2003 un CD recopilatorio bajo el nombre "Super Verano Mix 03", dicho CD Mix alegaba contener las canciones titularidad de Sony Music, pero en un punto inferior de la contraportada a la carátula se aclara que todos los temas contenidos en dicho CD han sido interpretados por una banda distinta de los diferentes intérpretes originales de la canción, empleando una letra "pequeñísima" (FJ. Cuarto).

432 Para lo cual delimita con carácter previo la confusión (art. 6 LCD) del acto comparativo (art. 10 LCD).

rar que, dada la escasa visibilidad del aviso sobre el cambio de intérprete, y dado que se usan los títulos de las canciones "tal cual" e incluso con cierto énfasis y debajo de ellos los nombres de sus respectivos intérpretes originales, la conducta tiene un claro carácter confusorio[433]. A ello añade que, para que dicho carácter desapareciera, la indicación del auténtico intérprete de las canciones debería haberse hecho constar con caracteres claros, bien visibles, indelebles y fácilmente legibles para el consumidor, en la portada o, al menos en un lugar destacado de la contraportada de la carátula (FJ Cuarto *in fine*). Y como quiera que ello no se ha hecho, corresponde calificar la comercialización del CD como confusionista[434].

---

433 Aunque quizá el razonamiento tenga más sentido como acto de engaño que como acto de confusión, pues considerar el intérprete original como "origen" comercial de la canción puede parecer algo forzado. Siendo así los hechos no debe extrañar que finalmente, a la instancia casacional solamente se eleven las acciones relativas a la Competencia Desleal, pues no hay infracción posible de los derechos del productor, toda vez que éstos se ciñen al fonograma y éste no ha sido objeto de reproducción, sino que se ha reinterpretado la canción de forma recreadora o imitativa. De esta forma, aunque el TS no hace referencia expresa a ello, debemos entender que entra a conocer sobre la deslealtad concurrencial del acto partiendo de la base de que se trata de una situación "fuera de los lindes objetivos del derecho exclusivo".

434 Aparece aquí una nueva modalidad de confusión que no ha sido tenida en cuenta doctrinalmente de un modo explícito. Aquí la confusión no se produce en un sentido marcario, sino en una línea más próxima a la noción de engaño. El elemento origen se debe considerar en el sentido de que el público general entiende que el "origen" de dichas canciones se encuentra en los intérpretes mencionados (aunque ello no tiene por qué ser así). En realidad, aunque se alude a confusión, la deslealtad parece hacerse radicar en presentar unas canciones como si fueran otras, las "originales", lo cual se aproxima, como hemos dicho ya, más a un engaño que a una confusión sobre el origen.

En lo que respecta a la conducta alegada sobre la base del art. 11.2 LCD, aprovechamiento del esfuerzo ajeno, un inadecuado planteamiento de la estrategia procesal es culpable de su desestimación: en realidad, aunque la parte acciona sobre la base de un aprovechamiento indebido del esfuerzo ajeno, lo cierto es que la conducta está más relacionada con la imitación parasitaria, en concreto, aquella que se alimenta del prestigio, fama y notoriedad de los intérpretes originales de las canciones. Un defecto en el planteamiento que es aprovechado por el TS para negar cualquier apropiación del esfuerzo ajeno, al haber una imitación recreadora (si bien admite que muy próxima), pero no una copia o reproducción técnica, de forma que, ni se acredita el relevante ahorro de costes que exige la aplicación del supuesto al caso, ni tampoco resulta debidamente demostrada la producción de una desventaja comercial relevante derivada de la imitación, cifrada en la dificultad o imposibilidad para amortizar los costes de producción originales.

Superado el escollo de la complementariedad, o más bien omitido, lo que hace el Alto Tribunal es aplicar la LCD con base en sus propios presupuestos aplicativos, verificando si se cumplen o no de forma separada para cada tipo de conducta alegada. Lo que se valora es, con independencia de la respuesta en el ámbito de la PI, si se dan los presupuestos para entender que una conducta es desleal por confusoria. Se intenta, de hecho, acudir por la vía pretorial invocando el art. 11.2 LCD que incluye una vía para admitir la proscripción de la imitación en cuanto a tal (por aprovechamiento del esfuerzo ajeno), habiéndola justificado la jurisprudencia bajo un planteamiento aparentemente próximo a la obstaculización, pero que, en realidad, responde más claramente a la lógica inmaterial.

Precisamente porque lo que acaba protegiéndose no es la posición individual del competidor imitado, sino la legítima confianza del mercado generada por la apariencia de originalidad de las grabaciones contenidas en el CD mix, inducida por la presentación comercial de este, el TS estima la aplicación autónoma (propia) del art. 6 LCD y desestima la aplicación pretoria (impropia, sustitutiva) del art. 11.2 LCD[435].

Resulta, por tanto, llamativo que, cuando se elimina formalmente de la ecuación la cuestión de la protección de los derechos de PI, aunque materialmente estén presentes y al caso subyazca una cuestión previa sobre la complementariedad de protecciones, la respuesta del Tribunal sea, sin titubeo de ningún tipo, acudir y aplicar las normas de Competencia Desleal. Ello no hace sino confirmar el precedente sentado en el caso Neutrógena de que es posible lograr una condena autónoma sobre la base de las normas de disciplina de las reglas de mercado.

Aparece con este pronunciamiento una doble línea interpretativa sobre complementariedad: la primera, donde la complementariedad aparece explícitamente en la casación, casos en que el TS aplica la prohibición de desplazamiento y duplicidad; y una segunda donde el problema de la complementariedad acaba resolviéndose de forma previa o ajena a la casación, donde el Alto Tribunal acude a un criterio de aplicación autónoma de la CD con base en sus propios presupuestos, ignorando cualquier problema previo que la complementariedad subyacente pudiera plantear de fondo[436].

---

435 Se puede apreciar, sin embargo, cómo la lógica que impregna el sistema de Competencia Desleal es la inversa a la que subyace a la norma de PI. La PI protege al individuo para garantizar un funcionamiento del mercado, mientras que la Competencia Desleal lo que hace es preservar un determinado funcionamiento del mercado y para ello acaba reconociendo una tutela del individuo creador. Por tanto, en el primer caso la tutela subjetiva es un medio para un fin, mientras que en el segundo la tutela subjetiva es una consecuencia.

436 Esta segunda acabará dando lugar a pronunciamientos donde el TS resuelve casos de complementariedad mediante el recurso directo y en paralelo a PI y CD, sin atender a si la acumulación es debida o no

2.3.2. Génesis de una doctrina pretendidamente unitaria: la relativización de la complementariedad

Tras el caso Superverano Mix 03 nos vamos a encontrar con una refundación de las bases argumentativas con las que el Tribunal Supremo aborda el problema de la complementariedad de protecciones[437]. En efecto, en su siguiente pronunciamiento, la STS 586/2012, de 17 de octubre (Rec. 595/2010)[438], conocida como el caso "El abuelo Ángel"[439], el Alto Tribunal opta por reformular, sin que propiamente llegue a operar una ruptura, los planteamientos anteriores sobre duplicidad, desplazamiento o sustitución, favoreciendo un planteamiento más nítido y profundo en punto a las líneas generales que rigen las relaciones entre PI y CD.

El Tribunal acoge la validez de las reclamaciones marcarias admitidas en las dos instancias previas, sin dedicar a ellas ex-

en línea de principio, esto es, sin recurso al marco conceptual de la complementariedad relativa.

437 En línea con lo indicado ya por GARCÍA PÉREZ R., "Las relaciones entre el Derecho de marcas y el Derecho contra la competencia desleal en Internet", cit., págs. 73 y ss.

438 Cuya ponencia asume el Ilmo. Magistrado José Ramón Ferrándiz Gabriel.

439 En lo que respecta al sustrato fáctico que da pie al pronunciamiento, es interesante conocer que éste deriva de un litigio entre dos empresas lácteas, dedicadas a la producción y venta de queso manchego. La empresa demandada es una empresa integrada por los anteriores socios de la demandante que en un momento previo al litigio decidieron enajenar sus participaciones sociales. La empresa demandante, ajena ahora a los socios de la demandada, cuenta con diversas marcas y un nombre comercial, todos ellos registrados por la OEPM, para las clases de productos vinculadas con la producción, distribución y venta de quesos (entre ellas la marca "El abuelo ángel", de donde recibe el caso su denominación). Asimismo, acuden sobre la base de los arts. 5, 6, 7, 10 y 12 de la LCD.

cesiva argumentación, limitándose a confirmar el sentido de la Audiencia Provincial y a desestimar los diferentes motivos alegados por la parte. Únicamente se detiene y entra con cierta profundidad en la cuestión relativa a la infracción de los arts. 6 y 12 LCD. Para la valoración de este aspecto, el Tribunal parte de una óptica de mercado donde concibe al consumidor como "árbitro" del mismo, de tal manera que la parte central de la tutela pasa por garantizar la posibilidad de que este ente regulador del mercado esté en condiciones de tomar decisiones libres y no mediatizadas. Frente a este consumidor-árbitro contrapone la marca, a la que atribuye también un componente informacional y proconsumerista, al indicar que ofrece información sobre la procedencia empresarial de las diferentes prestaciones (con cita a la STJCE de 17 de octubre de 1990, as C-10/89, Caso HAG): "*las empresas deben estar en condiciones de captar la clientela por la calidad de sus productos o de sus servicios, lo que únicamente es posible merced a que existen distintivos que permiten la identificación de tales productos*". Ello en última instancia lo vincula a la función de la marca sobre la "garantía" de un concreto control empresarial de su fabricación, de forma que dicha empresa "se hace responsable de su calidad"[440/441].

Partiendo de lo anterior, señala el juzgador que es posible que CD y Marcas puedan tener similares componentes, considerando, incluso, que el juicio de deslealtad utiliza componentes de cuño marcario, como el juicio de confusión y el aprovechamiento de la reputación ajena[442], así como un parecido en

---

440 Por otra parte, resulta necesario destacar que resulta muy criticable el planteamiento que opera aquí el TJCE y que entra en contradicción con sentencias posteriores (SSTJUE de 30 de marzo de 2006, as. C-259/04, Caso Emmauel; de 5 de julio de 2011, as. C-263/09 P caso Edwin/OAMI), en la medida en que vincula función de origen con función de calidad, la cual eleva no al carácter de mera indicación, sino al de garantía. Una marca, como se verá *infra* no debe asumir tales funciones garantes, pues su función esencial, nuclear, determinante de la protección jurídica que recibe y a la que se debe es la identificación de un origen empresarial y, derivada de ella, podrá la marca asumir cuantas funciones informativas sea posible justificar, pero nunca una función de garantía y menos de la calidad.De lo que habla, por tanto, el Tribunal es de responsabilidad por la (buena o mala) calidad.

441 En este mismo sentido GRIMALDOS GARCÍA M.I., "La función de la marca como indicador de la calidad del producto o servicio a la luz de los Casos Emanuel y Fiorucci", *ADI*, XXVIII, 2007-2008, págs. 825-843, pág. 826, hace una interesante distinción entre el hecho de que la marca despliegue fácticamente, en el contexto del mercado, dicha función indicadora de una calidad, y el que realmente el Ordenamiento Jurídico deba tutelar dicha función bajo el derecho de Marca.

442 Si bien resulta innegable que la actual formulación del juicio de confusión aplicado bajo el art. 6 LCD deriva del juicio de confusión desarrollado en sede de marca (ello lo confirma incluso la STJUE de 12 de junio de 2008, as. C-533/06, Caso "O2", en particular, en el párr. 67 interpreta el art. 5.1.b de la Dir. 89/104 como referido a la valoración de la infracción de la marca en función de las circunstancias que caracterizan el uso efectuado y no tanto la similitud de las marcas en sí, lo que desdibuja la diferencia entre la infracción

las acciones. A partir de estas concomitancias reconoce que "*no es de extrañar, por lo tanto, que se plantee la cuestión sobre la posibilidad de que ambas normas concurran y, en caso afirmativo, sobre si la concurrencia se ha de resolver con la exclusión de una o, por el contrario, admitiéndola de modo cumulativo o alternativo*"[443].

Para ello el Tribunal parte de la idea de que "las respectivas legislaciones cumplen funciones distintas", siendo la tutela de marca un supuesto de "derecho subjetivo sobre un bien inmaterial, de naturaleza real, aunque especial, con eficacia *erga omnes*" y "condicionada al previo registro, no al uso", dando, por tanto, amparo, "al signo tal como está registrado – en sus aspectos sustanciales –, no tal como es usado". En cambio, "la legislación sobre Competencia Desleal tiene como fin proteger, no el derecho sobre la marca, sino el correcto funcionamiento del mercado", donde lo relevante es impedir el error

---

marcaria y la concurrencial), resulta erróneo atribuir al Derecho de Marca el desarrollo pionero del aprovechamiento de la reputación, por cuanto esta figura se predica solo para el ámbito de las marcas notoria y renombrada, cuya primera incorporación en el sistema de tutela marcario se produjo con la ley de 2001, de forma que antes dicho juicio de aprovechamiento de la reputación se operaba sobre la base de las normas de Competencia Desleal. Ocurre, sin embargo, que al no tener estas autonomía hasta 1991 y el estar reguladas como apéndice en la LM de 1988, se producen este tipo de confusiones.

443 Aparece aquí un primer atisbo de lo que posteriormente trataremos y tiene que ver con la tendencia a operar una reconducción de la ausencia de un sistema de disciplina de mercado de alcance y dimensión europea hacia el embudo del Derecho de Marca. Es decir, que podría hablarse de una armonización del Derecho de la Competencia Desleal a partir del Derecho de Marca, lo que ha hecho que autores como OHLY A. y KUR A, hayan calificado el Derecho europeo de Marcas como de "caballo de Troya" del Derecho de la Competencia Desleal europeo (Cfr. OHLY A. y KUR A., "Lauterkeitsrechtliche Einflüsse auf das Markenrecht", *GRUR*, Heft 5, 2020, págs. 457-471, pág. 458.

en el consumidor, lo que exige para el tribunal la existencia de una implantación suficiente que justifique el efecto confusorio o parasitario que se imputa, esto es, "es preciso confortar los signos tal como son usados"[444].

De esta forma, "aunque los puntos de contacto entre la legislación sobre Competencia Desleal y sobre Marcas son numerosos y variados, cuando se denuncia la infracción de un signo protegido por la segunda" ha de ser dicha normativa aplicable, porque "ese es el ámbito de protección que reconoce". Y con ello concluye que "*la procedencia de aplicar una u otra legislación, o ambas a la vez, dependerá de la pretensión de la parte actora y de cuál sea su fundamento fáctico, así como de que se demuestre la concurrencia de los presupuestos de los respectivos comportamientos que han de darse para que puedan ser calificados como infractores conforme alguna de ellas o ambas a la vez*".

Aplicando lo anterior al caso, dado que la demandante "se limitó a alegar titularidades registrales y a afirmar la infracción de las facultades integradas en sus correspondientes derechos, invocando conjuntamente, pese a tal limitado fundamento", normas de la LM y LCD, "cual si ambas contemplaran un idéntico supuesto de hecho", es preciso desestimar el motivo en lo que atañe a las acciones de CD, por cuanto los actos invocados "están específicamente regulados por la Ley 17/2001" y "además, en todo caso, serían ajenos a los tipos descritos en la Ley 3/1991" y por el mismo motivo, el uso de los signos no registrados (entre los que se encuentra la expresión "El Abuelo Ángel") cae dentro del ámbito de la CD.

---

444 Puede apreciarse aquí un cierto retorno a esas ideas de inmanencia y trascendencia a las que hacía referencia la STS N.º 369/2004, de 17 de mayo, con las poco afortunadas expresiones de "*ad intra*" y "*ad extra*".

Se trata de una argumentación con una riqueza conceptual tremenda. Hasta ahora, el Tribunal Supremo no había adoptado de una forma tan expresiva y, en cierta forma, profunda la cuestión de las relaciones entre Competencia Desleal y Propiedad Intelectual y lo hace partiendo de un principio de aplicación basado en la autonomía de una y otra. De este modo, según la argumentación del Tribunal, la aplicación de las normas sobre lealtad concurrencial nunca va a poder plantear un problema de solapamiento o redundancia precisamente por abocarse a cumplir finalidades distintas[445].

Muy destacable resulta, sin duda, el párrafo donde sintetiza el planteamiento a modo de conclusión. Allí el juzgador está indicando, por un lado, la posibilidad de una aplicación alternativa (única vía que había analizado hasta ahora el TS), pero también de una aplicación cumulativa ("ambas a la vez") y ello lo hace depender del sustrato fáctico, la pretensión de la actora y los presupuestos aplicativos demostrados. Se trata de un postulado flexible y aperturista, que constituye un auténtico *novum* en la jurisprudencia y que, llevado a un extremo interpretativo puede conducir a un principio de acumulabilidad absoluta[446]. Sin embargo, la aplicación de este principio de acumulación absoluta, sin más, supone desconocer que hay un cierto ámbito de solapamiento (por ejemplo, confusión mar-

---

445 Por ello, cuando la CD se aplica con base en sus propios presupuestos, en realidad, se aplica al margen de la protección del derecho exclusivo, en la medida en que uno y otro sistema normativo se orientan a dar tutelas distintas y a conseguir fines distintos (aunque complementarios).

446 El razonamiento justificativo sería como sigue: "cada vez que la norma CD se aplica es porque concurren sus propios presupuestos, y, por tanto, no hay límite alguno a la acumulación de ambos tipos de acciones, porque la aplicación siempre se hace al margen de la tutela individual del competidor, materia que ocupa al derecho exclusivo y no a la normativa concurrencial"

caria y confusión concurrencial, a partir de la STJUE de 12 de junio de 2008, caso O2) y la consiguiente necesidad de una cierta coordinación normativa (pues, de lo contrario, se corre el riesgo de que una opción legal determinada para el derecho exclusivo se vea vaciada de contenido por la aplicación autónoma de las normas de CD). Como mecanismo de coordinación se propone, a su vez, la necesidad de que los hechos y pretensiones justifiquen el recurso a las acciones de CD, sin embargo, esto no es un criterio hermenéutico funcional, pues resulta, en realidad, sumamente vago e indeterminado, al depender de una valoración *ad hoc* para cada supuesto.

Sea como fuere, el planteamiento jurisprudencial aquí sintetizado debe elogiarse, pues aún sin llegar a resultar todo lo concreto que sería deseable, abandona la vaguedad de los términos "desplazamiento", "duplicación" o "sustitución" y lo hace partiendo desde un plano puramente axiológico, esto es, remontándose a la distinta finalidad de cada una de las normativas en liza. Sin embargo, debe considerarse como un paso intermedio entre la extrema vaguedad de los postulados anteriores y un sistema realmente funcional que aporte seguridad jurídica, por lo que es previsible un ulterior desarrollo argumentativo, tendente a concretar en mayor medida tanto la alternatividad como la acumulabilidad que el modelo propuesto acoge.

Como cierre al análisis de la Sentencia 586/2012, resta quizá indicar que el TS, con buen o mal tino, habrá que comprobarlo, hace recaer la responsabilidad del éxito o fracaso de la acumulación en las partes, son ellas ahora quienes deben elegir en función de los hechos el sistema que mejor se adapte a sus necesidades, atendiendo a los hechos probados (o que es posible acreditar), la pretensión y su correspondiente encaje en los presupuestos aplicativos de una y otra norma. Esta cuestión fue a su vez detectada por MASSAGUER[447], quien, a la vista de la práctica forense manifestada en los diferentes pronunciamientos, recoge el guante que tiende el Tribunal Supremo e insta a los diferentes operadores a desarrollar un mayor esfuerzo argumentativo y probatorio, que de verdad justifique el recurso a un doble sistema de tutela: individual y de mercado.

El siguiente pronunciamiento y con él, la necesaria limitación a lo que por ahora es un sistema de acumulación absoluta se hicieron esperar dos años, hasta la STS 95/2014, de 11 de marzo (Rec. 607/2012)[448], Caso *Bombay Sapphire*[449].

---

447 MASSAGUER FUENTES J., "Por un replanteamiento de la protección jurídica de las presentaciones comerciales", *La Ley Mercantil*, cit., passim., en especial pág. 11 y ss.

448 Ponencia a Cargo del Ilmo. Magistrado Ignacio Sancho Gargallo.

449 El litigio tiene que ver fundamentalmente con el envase en el que Bacardí comercializa su famosa ginebra "Bombay Sapphire" y que, lógicamente, ha registrado, en la medida en que le ha sido posible, como marca. Entre dichas marcas registradas se encuentra la utilización del color azul para la botella en la que se comercializa la ginebra, acompañada de intensas campañas publicitarias donde se destaca el color azul del vidrio empleado y se vincula el producto a alto lujo y sofisticación, siendo así Bacardí la primera en emplear una botella de color azul (según se alega, sin que la contraparte lo discuta), aunque hay otros colores, tales como negro, verde o transparente, con relativo frecuente uso en el mercado.
Desde inicios de los años 2000, Bombay Sapphire ha mantenido una continua actitud beligerante contra los competidores que utilizaban colores excesivamente parecidos al suyo, con sendos requerimientos extrajudiciales de cese; al menos, un acuerdo extrajudicial por el que un competidor modificó la coloración de su envase a un azul más oscuro; e incluso oponiéndose al registro de marcas para envases competidores con tonos similares. Pese a ello, el uso de azul para botellas de ginebra está cada vez más generalizado y solo una parte mínima de los consumidores asocia el tono de azul a una marca de ginebra, siendo mínimo el porcentaje que identifica directamente Bombay Sapphire con el color.

En ella, la argumentación del Tribunal reconoce explícitamente por vez primera que "la relación entre las normas que regulan los derechos de exclusiva de Propiedad Industrial y las de Competencia Desleal, sigue el principio de complementariedad relativa". A partir de ello, se remite a los razonamientos vertidos en la STS 586/2012, que acabamos de comentar, para añadir que "el criterio de complementariedad relativa sitúa la solución entre dos puntos: la mera infracción de estos derechos marcarios no puede constituir un acto de competencia desleal; y de otra, tampoco cabe guiarse por un principio sim-

---

En este contexto es en el que se plantea la demanda, interpuesta por Bacardí contra un competidor (Dinsa) por la comercialización de una botella de ginebra que utiliza un tono azul claro en la línea de Bombay Sapphire. Para ello, se formulan tanto acciones marcarias, como acciones de Competencia Desleal (Arts. 5 y/o 6, así como arts. 11 y/o 12 LCD). Siendo el sustrato fáctico tal y como hemos descrito, puede intuir ya el lector avezado que las dos primeras instancias negaron infracción de la marca, fundamentalmente por la falta de prueba de la distintividad alegada para el color azul y por el carácter mixto del resto de marcas, donde lógicamente, la distintividad se hizo radicar en elementos distintos al color, no imitados. Más sorprendente resulta, sin embargo, que ambas instancias aplicasen la doctrina tradicional de complementariedad (todavía no relativa), bajo la idea de que la Competencia Desleal se ve desplazada siempre que sea posible aplicar la legislación específica del derecho exclusivo invocado (en el caso Marcas, evidentemente), infiriendo un razonamiento (contra el que advertíamos antes) que, partiendo de la no infracción del derecho de marca, solamente autoriza a la Competencia Desleal a valorar todo aquello que haya quedado fuera del ámbito de exclusiva, es decir, entienden ambos Tribunales que el enjuiciamiento del caso bajo la óptica del Derecho de Marca hace innecesario un análisis concurrencial de la conducta, al menos, para los mismos hechos. Ello es tanto como negar toda dimensión valorativa propia a la Competencia Desleal, lo que supone negar la propia autonomía material que dicha disciplina tiene y que hemos determinado y justificado en las páginas que nos preceden.

plista de especialidad legislativa[450], como hace la Audiencia en la sentencia recurrida". Con buen criterio, el Juzgador asevera que el "centro de gravedad", el *quid* de la cuestión, "radica en (la delimitación de) los criterios con arreglo a los cuales han de determinarse en qué casos es procedente completar la protección".

A partir de ahí, elabora tres reglas que exponemos en el formato sintético expuesto por CARBAJO[451]:

1. Aplicación preferente de la protección del derecho exclusivo.[452]

2. Aplicación subsidiaria y complementaria de la Competencia Desleal, condicionada a que el hecho presente una perspectiva anticoncurrencial específica y distinta a la ya englobada por el derecho de Propiedad Intelectual que corresponda.[453]

---

450 Cfr. MASSAGUER FUENTES J., *Comentario a la Ley de Competencia Desleal*, cit., pág. 82.

451 CARBAJO CASCÓN F., "La doctrina de los círculos concéntricos y de la complementariedad relativa entre el Derecho de marcas y de Competencia Desleal, a la luz del uso de signos ajenos como palabras clave vinculadas a enlaces publicitarios en motores de búsqueda", *Derecho Mercantil y Tecnología*, Thompson Reuters Aranzadi, Cizur Menor, Navarra, 2018, pág. 663.

452 Literalmente, la sentencia: "De una parte, no procede acudir a la Ley de Competencia Desleal para combatir conductas plenamente comprendidas en la esfera de la normativa de Marcas (en relación con los mismos hechos y los mismos aspectos o dimensiones de esos hechos)." (FJ. 20).

453 En la sentencia: "De ahí que haya que comprobar si la conducta presenta facetas de desvalor o efectos anticoncurrenciales distintos de los considerados para establecer y delimitar el alcance de la protección jurídica conferida por la normativa marcaria." Y añade: "De otra, procede la aplicación de la legislación de competencia desleal a conductas relacionadas con la explotación de un signo distintivo, que presente una faceta o dimensión anticoncurrencial específica,

3. Que el acto cuya proscripción por vía de Competencia Desleal se pretende no se encuentre autorizado por las normas de Propiedad Intelectual.[454]

Retoma el tribunal el cauce enunciado en la Sentencia de 2012, indicando que la aplicación alternativa o cumulativa dependerá, a la postre, del sustrato fáctico del caso y su adecuación a los presupuestos de cada norma. A partir de ahí, en lugar de operar una exclusión automática, como se realizó en las dos instancias previas, el Juzgador de casación entra a analizar el cumplimiento de cada uno de los presupuestos correspondientes a los tipos desleales invocados. Concretamente, los hechos alegados bajo la óptica concurrencial en la demanda pasan por la reproducción en la botella de la práctica totalidad de los elementos esenciales que singularizan e identifican la forma de presentación de *Bombay Sapphire*, tal y como se comercializa en el mercado, identificando al efecto algunos de esos elementos tales como, lógicamente, el color azul, los colores dorados y plateados que lo acompañan, un talle en forma de joya en la botella, representación de elementos botánicos en los laterales, similitud conceptual entre Goa (nombre utilizado por la demandante para la ginebra competidora) y Bombay…

Al analizar las conductas imputadas a la demandada, el Tribunal Supremo comienza indicando que, dado que se trata de

---

distinta de aquella que es común con los criterios de infracción marcaria." (FJ. 20).

454 Nótese que aquí el profesor CARBAJO está realizando ya una interpretación correctora respecto de la ambigua literalidad de la sentencia: "*Y en última instancia, la aplicación complementaria depende de la comprobación de que el juicio de desvalor y la consecuente adopción de los remedios que en el caso se solicitan* ***no entraña una contradicción sistemática con las soluciones adoptadas en materia marcaria. Lo que no cabe por esta vía es generar nuevos derechos de exclusiva ni tampoco sancionar lo que expresamente está admitido.***" (FJ. 20).

la imitación de la forma de presentación de la bebida alcohólica y no de este producto en sí, hay que descartar todo acto de imitación en el sentido del art. 11.2 LCD, de nuevo partiendo de la distinción tradicional entre imitación material o de la prestación, cuya relevancia se atribuye al art. 11 LCD, e imitación de la forma de presentación, signos o medios de identificación, cuya correspondencia se abarca por el art. 6 LCD. De esta forma, la cuestión queda reducida a la valoración de un juicio de confusión, que, al plantearse en lo esencial en idénticos términos al juicio marcario, arrojará, nuevamente, la misma solución desestimatoria de la pretensión. Descartado este pedimento, la disquisición se centra, en lo tocante al art. 12 LCD, en vez de verificar si ha habido un aprovechamiento de la reputación ajena. Tras un sucinto repaso a los presupuestos aplicativos del art. 12 LCD razona el tribunal que si bien está acreditado el prestigio y reputación (al que añadimos también un considerable esfuerzo publicitario) de la ginebra *Bombay Sapphire*, en la medida en que el color azul tiene escasa **"distintividad"** conforme se deduce de los hechos probados y dado que hay varias ginebras *premium* que utilizan el correspondiente color azul para el envase, entiende el Tribunal que mediante la utilización de dicho color en el envase no puede producirse un aprovechamiento de la reputación por parte de *Bombay Sapphire*, ni tampoco tomando en consideración el resto de elementos utilizados en la presentación, al diferir estos significativamente de los utilizados para *Bombay Sapphire* y que tampoco captan, ni por ello transmiten, la "**distintividad competitiva**" que encierra la forma de presentación de la ginebra[455].

---

455 Posteriormente, será posible apreciar una corrección parcial del rigor con el que analiza la distintividad del envase en la STS 35/2016, de 4 de febrero (Rec. 3/2016), Caso Cointreau, donde reconoce protección a la botella cuadrangular, achaflanada y de color marrón a la compañía titular de una marca tridimensional, pese a haber

Finalmente, dedica el Tribunal algunas consideraciones al recurso al art. 5 LCD, que debe entenderse referido a la Cláusula General de Deslealtad. Comienza confirmando la idea ya tradicional de que el ahora art. 4 LCD constituye un supuesto autónomo e independiente que no puede utilizarse para salvar conductas que pertenecen a alguno de los actos tipificados, cuyo encaje no es completo. La demandante, en este punto, trata de justificar una imitación obstruccionista, que tiende a generar la dilución de la distintividad del color azul de la botella. En este sentido razona el Juzgador que, aunque es posible activar esa tutela de forma general, esta vendría condicionada a que el elemento a proteger alcance realmente la función protegible, esto es, "lo hubiera merecido, por el registro del signo o por haber logrado su notoriedad con el uso, aunque no esté registrado", pero deja la puerta abierta a la posibilidad de haber contemplado la conducta bajo la idea de "imitación publicitaria[456]".

Conviene ahora centrarnos en algunos de los pronunciamientos que hace el Alto Tribunal a la hora de tratar la cuestión de las conductas desleales. En primer lugar, conviene arrancar tratando de clarificar las dos expresiones (destacadas *supra* en negrita) que utiliza el Juzgador en sede del juicio de infracción del art. 12 LCD. En efecto, en dos ocasiones se hace referencia a "distintividad", en una acompañada de un adjetivo (competitiva). Se debe considerar un error de forma utilizar el concepto de distintividad, dado su origen y conceptualización claramente marcarios. La distintividad es la aptitud de un sig-

---

sido utilizada antes del registro por otros competidores, negando su vulgarización.

456 Entendida como imitación de los medios integrantes de la campaña publicitaria, donde naturalmente puede entrar el color aguamarina de la botella, como elemento que, sin ser distintivo, ha sido un punto central sobre el que pivota la campaña publicitaria de la marca.

no para indicar al consumidor un determinado origen empresarial. En sede del art. 12 LCD, sin embargo, no estamos tratando una conducta que tenga que ver con el origen empresarial, sino del aprovechamiento de la reputación alcanzada por la marca *Bombay Sapphire*, la distintividad no tiene nada que ver en la cuestión, porque, en realidad, lo que el Tribunal trata de razonar es que, lamentablemente, la prueba de análisis demográfico del mercado demuestra que la botella no es percibida por los clientes ni como signo indicador del origen empresarial (cuestión que entra dentro del ámbito del art. 6 LCD, no del 12 LCD), ni tampoco es capaz de singularizar el producto en el mercado.

En este punto, es donde entra en juego el adjetivo "competitiva" que acompaña a la distintividad la segunda vez que se menciona en el razonamiento: el Tribunal no quiere hablar de distintividad en realidad, sino de singularidad competitiva, concepto que se vincula, cierto es, a un determinado grado de distintividad débil, no referido al origen empresarial, sino más bien al (re-)conocimiento del producto en el mercado, como aquel producto del que se predica, del que es originario, el concreto rasgo objeto de valoración. En este caso, sería el color azul "competitivamente singular" si el público asociara una botella de cristal de color azul a la ginebra *premium* o a la ginebra marcada como "*Bombay Sapphire*", como un indicador o bien de una calidad genérica o bien de la pertenencia de la botella y su contenido a un concreto producto en el mercado, el cual a su vez está marcado con la denominación antedicha. Sería, por tanto, una distintividad, por expresarlo utilizando las palabras del Tribunal, pero de segundo nivel, donde no se identifica tanto el producto respecto del origen empresarial, como se distingue al producto de otros competidores, una distintividad quizá de naturaleza negativa, en el sentido de negar una relación comercial con todo producto competidor que presente rasgos diferentes.

De esta forma, puede apreciarse que, en el caso, hay una cierta contaminación marcaria en el juicio de Competencia Desleal, más allá de la lógica coincidencia en lo que a juicio de confusión se refiere y que, como sabemos, se limita al efecto producido. Ello conduce, por su parte, al demandante a justificar el acto desleal en la copia del color y no en la reproducción o imitación de la botella en sí. La prueba practicada demuestra, sin embargo, que el público no asocia el color a la marca *Bombay Sapphire* y en esa medida su pretensión resulta desestimada, otro resultado habría podido ser de haberse planteado esta misma cuestión respecto de la botella en su conjunto. Sea como fuere, el "desatino probatorio", irremediable ya en el momento casacional, ha conducido a centrar la singularidad solamente en el color de la botella, aplicándose de nuevo idénticos planteamientos que los vertidos con respecto de la distintividad en las alegaciones sobre marcas.

En realidad, la desestimación deriva de un problema de enfoque: se está tratando de valorar la aptitud del color azul de la botella para indicar un determinado origen empresarial, para a partir de ahí deducir la infracción (lógica marcaria), cuando en realidad la cuestión en sede de CD debería centrarse en si la imitación del color azul aguamarina del envase es apto para que los competidores se posicionen al mismo nivel de calidad y apreciación de la ginebra *Bombay Sapphire*, algo que, en el caso de marras, se exacerba dada la similitud existente entre términos geográficos como Bombay y Goa.

La genericidad del envase es relevante, pero en otro nivel. No es el elemento central a valorar como sí ocurre en sede de marcas, sino un elemento coadyuvante en la decisión judicial, a la hora de graduar el efecto parasitario que se deriva de su uso. En este sentido, si el color no está fuertemente asociado en la mente del consumidor, puede operar como indicador genérico no del producto en sí, sino de su clase, esto es, del contenido de la botella. Solo en el caso en que la asociación del color en la mente del consumidor se haga a la ginebra como producto, se conjura el riesgo de aprovechamiento, debiéndose analizar, por lo demás, el efecto evocador inducido a un mismo tiempo por la referencia geográfica a Goa, localización exótica para el consumidor europeo ubicada en las proximidades de Bombay.

De alguna forma, entroncamos a partir de lo anterior con el segundo elemento a destacar: la referencia a una imitación publicitaria. En efecto, sería una vía alternativa para tratar de dar cobertura a Bacardí. Se aprecia una cierta sensibilidad en el juzgador que entiende los esfuerzos económicos llevados a cabo por el titular de la marca para generar esa idea de unicidad en el mercado que, sin embargo, no han terminado de cuajar y respecto de los que la parte no ha encontrado el planteamiento procesal oportuno. En efecto, el correcto encuadre en el caso pasa por tratar de conectar el acto parasitario no tanto con la marca ni con la reputación del producto en sí, como con el efecto llamada operado por la publicidad. Ello, aunado a una interpretación generosa de lo que debe entenderse por publicidad o acto publicitario podría servir para ofrecer una vía alternativa en la lucha contra el tan extendido fenómeno de los productos *look-alike*.

2.3.3. La consolidación del modelo formal de complementariedad enunciado en "Bombay Sapphire"

La siguiente aplicación[457] de la doctrina de la complementariedad relativa (ahora sí) se producirá con la STS 450/2015,

---

457 Entre el caso *Bombay Sapphire* y el que se analizará a continuación debe saber el lector que se plantea un caso intermedio, la STS 586/2014, de 28 de octubre (Rec. 808/2013), con el Ilmo. Magistrado José Ramón Ferrándiz Gabriel como ponente. El litigio se sustancia a colación del uso de un rótulo de establecimiento y una marca registrada coincidentes con una serie de marcas registradas por *Parfümerie Douglas* y su filial en España por parte de dos empre-

de 2 de septiembre (Rec. 2406/2013)[458], conocida como "Caso Oreo y ChipsAhoy!"[459].

Comenzando con las galletas "Oreo"[460], la cuestión jurídica que se plantea al Tribunal Supremo se encuentra enraizada

---

sas españolas que operan en las Islas Canarias. El tratamiento de esta sentencia se omite en la exposición de casos principal, ya que se limita a confirmar la tesis de complementariedad vigente enunciada en la STS 586/2012, sin hacer mención a las reglas de acumulabilidad concretas enunciadas en la posterior STS 95/2014. El único aspecto a destacar es una moderación en las coincidencias entre CD y Marcas, en el sentido de que ya no habla de elementos o figuras de marcas tomadas directamente por las normas de Competencia Desleal, sino que "ambas se han servido de unos conceptos similares -como el riesgo de confusión, en sus distintas manifestaciones, o el aprovechamiento de la reputación ajena-".

458 En cuya ponencia repite el Ilmo. Magistrado Ignacio Sancho Gargallo.

459 Tal y como se sustancia, el litigio enfrenta al Grupo Kraft y a Gullón en relación con la comercialización de las conocidas galletas "Oreo" y de las más nuevas "ChipsAhoy!". Las primeras, se trata, de unas galletas tipo sándwich que alternan el color negro con un relleno de crema blanca y con una serie de diseños troquelados, así como un envase de rectangular con color de fondo azul, la imagen de dos galletas y detalles en color blanco, protegidas tanto la forma de la galleta como del envase por sendas marcas registradas; en el segundo caso se pretende la tutela del envase y de una marca mixta para galletas tipo cookie americana. Se ejercitan tanto acciones marcarias como de Competencia Desleal y Gullón reconviene solicitando caducidad de la marca-producto "Oreo" compuesta por la forma del producto no acompañada de la denominación oreo.
Por tanto, la exposición de los razonamientos deberá, a su vez, hacerse sobre la base de la distinción entre las conductas y acciones relacionadas con cada uno de esos productos.

460 Tema que ya ha sido comentado por este autor en CRUZ GONZÁLEZ M., "Cadena de distribución agroalimentaria, marcas y competencia desleal: una reflexión a partir de la guerra de las galletas", en CARBAJO CASCÓN F., y JIMÉNEZ SERRANÍA V., *Competencia,*

finalmente en la notoriedad de dos marcas "Oreo" consistentes en la forma de la galleta[461] (marca-producto) y su correspondiente infracción, así como la infracción de una segunda marca sobre el empaquetado (marca-envase). En este sentido, la principal diferencia entre una y otra marca-producto estriba en el uso de la denominación "Oreo" en el troquelado de una (la marca UE) y su ausencia en la marca nacional previa, también compuesta por la forma de la galleta. Respecto de la marca-producto no denominativa, el Tribunal Supremo opera una reducción de la distintividad al elemento denominativo "Oreo", cuya ausencia en la marca hace que esta se desvíe de forma sustancial respecto de cómo fue registrada, lo que le conduce a determinar su caducidad por falta de uso[462].

El razonamiento del Tribunal se encuentra condicionado por el argumentario de las instancias previas que asumieron de una forma casi incontestable que la forma de la galleta no había de ser protegida como marca. De esta forma, justifica una ausencia de distintividad (aunque en todo momento la llama notoriedad) en la forma de la galleta, lo que favorece su concentración en torno al elemento denominativo "Oreo".

Propiedad Intelectual y tutela de consumidores en el sector agroalimentario, Tirant lo Blanch, Valencia, 2022, págs. 1385-1428, a cuya extensión nos remitimos para un examen profundo de la cuestión.

461 La primera, una marca gráfica de carácter nacional, mientras que la segunda se trata de una marca de la unión.

462 Solución fuertemente criticada, al suponer una contradicción con la postura tradicional del Tribunal Supremo, contraria a atribuir la distintividad sola o preferentemente a los elementos denominativos, en lo que el propio Tribunal calificaba peyorativamente como "marquísmo denominativo". Cfr. VAZQUEZ ALBERT D., "Protección de Marca notoria y copycat packaging. A propósito de la sentencia del Tribunal Supremo N. o 450/2015, de 2 de septiembre (Caso Oreo)", *Diario LALEY*, N.º 8712, Documento On-line, 1 de marzo de 2016, pág. 6.

Reciclando a su vez y con posterioridad, la misma justificación (el peso de la distintividad se encuentra en la denominación "Oreo") el Alto Tribunal considera que tampoco la marca-producto comunitaria, haya sido infringida al estar su distintividad fundada, no en la forma básica de la galleta imitada, sino en la denominación "Oreo".[463]

Distinto planteamiento aparece en el caso de la marca-envase, donde al no recaer sobre el producto en sí, su valoración "no presenta problemas". Aquí el Juzgador entiende que, aunque es posible que los diferentes elementos que integran la presentación comercial no resulten en sí mismos distintivos, dicha cualidad puede derivar de una combinación de todos ellos, operando así un juicio de similitud basado en la impresión general (y no en la disgregación entre elementos formales y denominativos, como el realizado previamente) que le perite detectar una similitud conceptual y gráfica.

La infracción marcaria resulta a la postre desestimada a través del endeble recurso interpretativo de considerar que el elemento denominativo "Oreo" presente en el envase, tiene tal intensidad distintiva, así como un renombre y notoriedad tan

---

[463] Es posible apreciar en el razonamiento del Tribunal una cierta tendencia a desconfiar de la distintividad de las marcas tridimensionales. Ello entronca con la necesidad de interpretar restrictivamente la capacidad distintiva de los elementos de forma y que se sintetiza en la tan utilizada frase del TJUE: "los consumidores no tienden a identificar la forma del producto con un determinado origen empresarial". Cfr. en este mismo sentido LOUREDO CASADO S., *Las Marcas Tridimensionales,* Thomson Reuters Aranzadi, Navarra, 2021, págs. 53 y 54; para una aproximación a la doctrina del TJUE sobre la marca tridimensional así como los últimos pronunciamientos del TS al respecto vid. CRUZ GONZÁLEZ M., "Validez de la marca tridimensional consistente en la forma de una botella que cumple un propósito técnico. Comentario a la STS 1190/2023, de 19 de julio", Cuadernos Civitas de Jurisprudencia CIvil, N.º 124, 2024.

intensos[464], que resulta imposible entender evocación o conexión mental alguna que permita sustentar la obtención de una ventaja desleal a partir de la notoriedad de la marca. Como se ha indicado en otro lugar[465], el razonamiento sería válido si estuviéramos hablando de la confusión entre signos, pero aquí no se trata de valorar si es posible o no que el consumidor confunda un producto por otro o interprete que provienen de la misma empresa o de empresas vinculadas, sino de valorar si la similitud ha podido generar un efecto favorecedor de la comercialización del producto de Gullón, derivado de la conexión mental creada por el parecido[466/467].

---

464 Lo cierto es que el Alto Tribunal confunde a lo largo de toda la sentencia Distintividad con Renombre y Notoriedad, lo que obliga a hacer una interpretación sistemática de la sentencia a efectos de determinar cuándo se refiere a notoriedad/renombre y cuándo lo relevante es la distintividad.

465 CRUZ GONZÁLEZ M., "Cadena de distribución agroalimentaria, marcas y competencia desleal: una reflexión a partir de la guerra de las galletas", en CARBAJO CASCÓN F., *Competencia, propiedad intelectual y tutela de consumidores en el sector agroalimentario*, cit., págs. 1383-1428.

466 En contra de los planteamientos del Supremo, la STJUE de 18 de junio de 2009, As. C-487/07, Caso L´Oreal/Bellure, párr. 44; literalmente: "*en relación con la intensidad del renombre y la fuerza del carácter distintivo de la marca, el Tribunal de Justicia ha declarado con anterioridad que cuanto mayores sean el carácter distintivo y el renombre de dicha marca, más fácilmente podrá admitirse la existencia de una infracción. De la jurisprudencia se desprende asimismo que cuanto más inmediata y fuerte sea la evocación de la marca, mayor será el riesgo de que con el uso actual o futuro del signo se obtenga una ventaja desleal del carácter distintivo o del renombre de la marca o bien se cause perjuicio a los mismos*"

467 De esta forma, aunque el signo distinto sí permita excluir la confusión en base al ingente peso distintivo que el Tribunal Supremo pretende atribuirle, no resulta igual de claro que el diferente signo excluya un aprovechamiento de esa gran reputación y distintividad. En este sentido ROHNKE CH., "Wie weit reicht Dimple?", *GRUR*,

La complementariedad de las acciones de Competencia Desleal se plantea para el caso "Oreo" en su aplicación a la tutela del envase, pero aquí la parte decide dar cumplimiento a los planteamientos del TS entendiendo que las acciones se habrían de plantear por hechos distintos a los marcarios dado que la protección concurrencial que se pide es previa, y ello porque la comercialización del envase controvertido arrancó en agosto de 2008 y el envase de oreo recibe protección marcaria a partir de julio de 2009. Es decir, la parte pide tutela concurrencial hasta la concesión de la marca-envase. El Alto Tribunal comienza su planteamiento arrancando con las tres reglas formuladas en el caso *Bombay Sapphire*, para continuar con una referencia a la STS 586/2012, enfatizando ahora que la acumulación o alternancia de una y otra materia dependen del sustrato fáctico y del cumplimiento de sus respectivos presupuestos. Para concluir que "como la protección de la marca se reconoce con carácter general desde la publicación de su concesión, los actos anteriores podían ser juzgados conforme a la normativa de la competencia desleal sin entrar en contradicción con las acciones marcarias ejercitadas".

El Tribunal Supremo está reconociendo la existencia de un supuesto de complementariedad "temporal" o "cronológica" en el sentido de ser la tutela concurrencial la que es, a su vez, seguida de una tutela en forma de Propiedad Intelectual, operando así la Competencia Desleal como una suerte de antesala, basada, eso sí, en la aplicación de unos presupuestos propios. Es decir, estaríamos hablando de una aplicación propia de las normas de Competencia Desleal que tutelan la funcionalidad

---

Heft 4, 1991, págs. 284-294, págs. 287 y 288, considera que la capacidad de explotar la reputación ajena no depende del grado de conciencia (conocimiento o fama) en el mercado, sino a circunstancias completamente diferentes como el tipo de producto, su calidad o el valor de prestigio a él asociado.

del mercado antes de que exista una posición subjetiva sólida. Sin perjuicio de que, como veremos, una complementariedad de este tipo es posible dada la especial situación de coincidencia existente entre las funciones de Marcas y Competencia Desleal, la aplicación de esta posibilidad al caso introduce un relevante riesgo de incongruencia, pues habiéndose denegado tutela bajo el paraguas del derecho de marcas, el reconocimiento de una tutela concurrencial previa supondría admitir que el efecto desplazamiento generado por la concesión de la marca puede conducir a acabar con una tutela concurrencial hasta entonces válida. Ello produciría el efecto paradójico de que la protección marcaria, lejos de conceder una tutela más intensa que la concurrencial, al excluir a esta última, acaba redundando en una menor protección del envase, sin que parezca ser ese un efecto querido ni por la sentencia, ni por la legislación marcaria[468].

La incongruencia se salva, en este caso, al denegarse finalmente todas las acciones de competencia desleal alegadas. El art. 11.2 LCD se rechaza de nuevo a partir de la distinción entre ámbito material y ámbito formal de imitación y su atribución a la órbita de los arts. 6 y 12 LCD. Respecto al art. 6 LCD, se descarta la confusión porque, aunque es cierto que hay una cierta concomitancia o parecido entre ambos paquetes de galletas, dicha "*semejanza no es suficiente para que se genere riesgo de confusión, aunque sea en su vertiente de asociación, porque el paquete de Kraft incluye la denominación Oreo con una grafía y unas dimensiones que acaparan la distintividad del paquete, y el paquete de la*

---

468 En una línea similar, aunque en relación con el Derecho de Autor, STIEPER M., "Urheber- und wettbewerbsrechtlicher Schutz von Werbefiguren (Teil 2)", *GRUR*, Heft 8, 2017, págs. 765-771, pág. 766 considera que admitir la aplicabilidad autónoma de la CD respecto del Derecho de Autor es la única forma de asegurar que el competidor protegido por Derechos de Autor no percibe menor protección concurrencial por el hecho de estar vigente la protección iusautoral.

demandada no contiene esta denominación sino otra que no guarda nada de relación con Oreo. El resultado es que, aunque la forma de presentación del producto Morenazos guarde muchas semejanzas con la del producto de Oreo, el empleo de marcas distintas, en este caso, impide que se genere riesgo de confusión al consumidor que acude a comprar estos productos en los lineales de un supermercado".

En lo tocante al art. 12 LCD, el Tribunal razona la insuficiencia de la imitación para generar un efecto parasitario, en la medida en que el prestigio, *goodwill* o reputación aprovechada se derivaría de la denominación Oreo, como prueba el hecho de que dicho signo se registrase como marca. De esta forma, atribuida toda la capacidad distintiva, tanto en su sentido marcario, como "concurrencial" (singularidad competitiva), al elemento denominativo, la imitación del resto de elementos de la presentación comercial del empaquetado no se puede calificar como desleal, en la medida en que estos no condensan la reputación de "Oreo".

En un momento posterior, un pronunciamiento del Tribunal General de la UE, a colación del intento de registrar como marca el paquete de las galletas de Gullón permitirá abrir el caso de un modo indirecto en el ámbito europeo y, hemos de decir, que el TGUE, en sentencia de 28 de mayo de 2020 (As. T-677/18), acabó estimando, en contra del criterio español, la existencia de un acto de infracción de marca por aprovechamiento de una ventaja desleal derivada de la imitación de la presentación comercial entre ambos productos.

Centrándonos ahora en el segundo bloque de reclamaciones formuladas, relativas a las marcas de "ChipsAhoy!", cabe señalar que generó resoluciones contradictorias en ambas instancias, puesto que en la primera instancia el Juez condena por infracción de marca y rechaza entrar a valorar la deslealtad del acto, al entenderlo plenamente subsumido en el juicio de infracción de la exclusiva, mientras que en la apelación, el Tribunal falla que, por no haber notoriedad en las marcas, no procede estimar infracción de marca alguna, pero la conducta de imitación del envase de las galletas constituye un acto de confusión del art. 6 LCD. Ello determina que en la casación solamente se resuelvan las cuestiones desde el punto de vista concurrencial, al contestar negativamente el Tribunal el recurso de casación del Grupo Kraft en lo tocante a la vertiente marcaria del caso "ChipsAhoy!". Así las cosas, en relación con la invocación del art. 6 LCD, el Tribunal Supremo entiende que si bien "el empleo de denominaciones distintas en las formas de presentación, alguna de ellas con gran fuerza distintiva, impide que se genere riesgo de confusión para el consumidor" no siempre ha de ser ese el caso, pues "cabe emplear denominaciones distintas, y, sin embargo, que la semejanza de los envases, por su forma, dimensiones y combinación de colores, genere riesgo de confusión al consumidor medio". Tras esta matización, el Tribunal, sin embargo, reconoce que no es este el caso, precisamente, por la fuerza distintiva y posición preeminente en el envase que despliega la marca "ChipsAhoy!", de forma que ello impide considerar cualquier riesgo de confusión.

Por su parte, en lo que respecta a las alegaciones basadas en el art. 12 LCD, el Alto Tribunal considera que para su estimación sería necesario acreditar que el envase en sí, "sin la mención a «ChipsAhoy!», que es lo que se asemeja al empleado por la demandante", condensaba la reputación o prestigio de las galletas "ChipsAhoy!", circunstancia que no considera haber sido acreditada, por ser precisamente ese signo denominativo el único que condensa la reputación o prestigio. Por ello, la imitación de la presentación comercial en formato "*flow pack*", sin elemento denominativo alguno, del mismo modo que no condensa esta reputación, tampoco puede considerarse apto para el aprovechamiento de la reputación o prestigio de las galletas que contiene.

Sin duda alguna, es posible dedicar un capítulo entero a realizar una glosa de todas las cuestiones que implica este complejo pronunciamiento. Por razones lógicas, aquí nos limitaremos a hacer una valoración sucinta de cuanto se expone en esta compleja sentencia. Desde el punto de vista analítico lo más destacado es su reiteración: el Tribunal detecta un argumento que tiene cierta solidez, la idea de que el carácter distintivo reside en el elemento denominativo, y comienza a replicar este razonamiento, con mejor o peor fortuna, para resolver prácticamente todas las cuestiones litigiosas. El hilo conductor del pronunciamiento pasa por operar una reducción de la distintividad (confundida a menudo con notoriedad) al elemento denominativo y ello es empleado tanto para declarar la caducidad de una marca, como para negar la confusión de los signos; para rechazar la obtención de una ventaja desleal a partir de la reputación de la marca y, también, para descartar un aprovechamiento de la reputación ajena a través del envase.

Este argumento "multiusos" resulta, sin embargo, discutible fuera del juicio de confusión marcaria. En efecto, es cierto que el elemento denominativo es importante en los diseños registrados como marca, de la misma forma que los consumidores no serán llevados a error en la mayoría de los casos ni creerán, por tanto, que compran productos de "Oreo" o de "ChipsAhoy!". Sin embargo, cuando hablamos de un aprovechamiento de una reputación, resulta más difícil de ver que una alta reputación no suponga un mayor riesgo de aprovechamiento, puesto que la lógica dicta que a mayor reputación más fácil es experimentar un refuerzo positivo por el parecido o cercanía. De la misma forma, si bien es cierto que uno de los requisitos esenciales de la conducta es la existencia de una reputación, la misma no debe entenderse como derivada ni de un signo ni de una presentación comercial, sino que la reputación puede predicarse o de un fabricante o bien del producto fabricado[469]. En este caso, las galletas "Oreo"

---

469 En una línea similar ROHNKE CH., "Wie weit reicht Dimple?", cit., pág. 288.

se perciben como originales, esto es, las pioneras en el mercado, y como tales los consumidores perciben que son las de mejor calidad, las más sabrosas, las preferibles, porque al ser los pioneros son los que mayor pericia pueden tener en su fabricación. La reputación que ocupa a la Competencia Desleal es precisamente esa: las expectativas o consideraciones mayoritariamente presentes en los consumidores respecto de un determinado producto, que como tal podrá ser buena o mala, pero no se anuda ni a notoriedad ni a renombre, pudiendo haber productos muy bien reputados en círculos relativamente pequeños de consumidores[470]. Que normalmente reputación y notoriedad aparezcan unidos, no significa que la segunda sea condición de la primera.

La capacidad para condensar e indicar una reputación es una característica propia de algunos signos distintivos, destacadamente las marcas, una de cuyas funciones accesorias (por contraposición a la indicación de origen como la primera y justificante de la protección) es precisamente la condensación del *goodwill* o reputación. Pues bien, resulta natural que, operando un análisis separado, la marca atraiga todo el poder reputacional, especialmente el elemento denominativo que la integra. Sin embargo, una interpretación estricta de este fenómeno conduce a negar cualquier imitación que tienda a aprovecharse de la reputación, pues la presencia de la marca siempre evitaría tal efecto[471]. Planteamiento de perfecta lógi-

---

470 Por ejemplo, un determinado equipo de protección personal para trabajo industrial particularmente seguro, pero utilizado en sectores muy específicos.

471 En una línea similar se pronuncia PORTELLANO P., *La imitación en el derecho de la Competencia Desleal*, cit., págs. 586 y 587, de acuerdo al cual para evitar el efecto parasitario de la imitación de productos de lujo, el Derecho de la Competencia Desleal impone al imitador un deber absoluto ("en todo caso", inexcusable en la regla de la inevitabilidad) de adicionar "elementos distintivos- preferiblemente una

ca formal que no se ajusta a la realidad de los mercados. Ahora bien, lo relevante no está en las características y elementos separados de la prestación o iniciativa empresarial ofrecida tal y como se ofrece, sino en cómo esta circunstancia, el parecido, es percibido por el consumidor o consumidores y cómo estos reaccionan, esto es, los efectos que sobre ellos tiene dicho parecido.

La complementariedad entendida con tanto rigor, como la necesidad de fundar la deslealtad por completo al margen de cualquier aspecto remotamente conectado con el ámbito de un derecho de PI resulta excesivamente trabajosa e inoperante. Por ello, no debe tratar de buscarse una aplicación fácticamente independizada del derecho exclusivo (lo que parece intentar hacerse en esta sentencia), sino demostrar cómo, aun refiriéndose a los mismos hechos total o parcialmente, su aplicación está justificada sobre la base de dos aspectos: la atención a cuestiones concurrencialmente relevantes no atendidas por

---

marca denominativa bien visible (…)- que evite cualquier error que pueda desembocar en la imputación al pionero de una merma en la tradicional buena calidad…". Este planteamiento, sin embargo, reduce reputación a distintividad, lo que no es completamente correcto, de modo que acaba por justificar precisamente el fenómeno que más fácilmente escapa del formalismo marcario: los *look-alikes* o el *copycat packaging*, las auténticas zonas grises a medio camino entre imitación desleal y la infracción de derechos de PI.

el juicio subjetivista de infracción del derecho exclusivo[472] y el respeto a los límites aplicativos enunciados por este[473].

Dado que esta sentencia no atiende ni a lo uno ni lo otro, sino que busca excluir cualquier coincidencia en el *factum* relativo a cada tipo de acciones, desconoce por completo el efecto evocador que la presentación, junto a la imitación del producto en sí, tienen respecto de prestaciones originales[474], presentado así, los productos imitadores como alternativas equiparables al original reputado, introduciendo con ello "*ruido*" en el mercado, de forma que no es posible saber si la equiparación se hace sobre los méritos de la competencia o en base al simple parecido. Dada esta interpretación, un entendimiento excesivamente rígido de la complementariedad, acaba por dar carta de naturaleza a una conducta con aptitud para perjudicar el correcto desenvolvimiento del mercado. Por ello, no es de extrañar que planteado el caso ante el TGUE, este razone la existencia de una infracción marcaria por obtención indebida de una ventaja desleal a partir del renombre, al llevar a cabo un análisis no tan centrado en las prestaciones, sino en el con-

---

472 Así lo entiende MASSAGUER FUENTES J., *Comentario a la Ley de Competencia Desleal*, cit., pág. 84: "conviene insistir en ello, de que en estos casos la acción de competencia desleal sólo puede acogerse cuando los *aspectos y efectos* de la conducta combatida valorados a la luz del Derecho contra la competencia desleal y a la luz de los derechos de propiedad industrial e intelectual no sean los mismos" (énfasis añadido).

473 STS 95/2014 de 11 de marzo (Rec. 607/2012) , Caso *Bombay Sapphire*, FJ 20.

474 Contra el riesgo de que los requisitos formales impidan identificar adecuadamente la naturaleza y finalidad de los *look-alikes*, advierte en el sistema alemán también FEIBIG M., "Wohin mit dem "Look-alike?", *WRP*, Heft 11, 2007, págs. 1316-1321, pág.1320.

texto de la comercialización y los efectos que tiene sobre la decisión de compra del consumidor[475].

A partir de esta sentencia, habrán de transcurrir dos años hasta un nuevo pronunciamiento que haga referencia a la complementariedad relativa. Entre medias sí se emiten otra serie de pronunciamientos en los que el TS resuelve cuestiones de acumulación de protecciones sin referencia a la doctrina de complementariedad relativa. Trataremos de hacer una reseña somera de las más relevantes, pues a partir de 2015 se puede apreciar una acusada expansión de los casos donde se invocan actos de Competencia Desleal y de Propiedad Intelectual que se resuelven aplicando y valorando, sin más, ambas ramas del Derecho Mercantil[476].

---

475 Debemos insistir, una vez más, en que el tratamiento de la cuestión desde la perspectiva marcaria resulta poco ortodoxa en relación con las normas de competencia leal, pero dada la ausencia de un régimen general y unitario en el contexto de la UE sobre dicha disciplina, la tutela de la Marca sirve como Derecho vehicular de la protección que necesita el mercado.

476 La primera de ellas (y quizá la más llamativa) es la STS 107/2016, de 1 de marzo (Rec. 2660/2013) (Ponencia encargada al Ilmo. Magistrado Ignacio Sancho Gargallo), conocido como "Caso Champín". En efecto, el lector que haya reconocido la marca se encontrará con la sorpresa de saber que el Comité interprofessionnel du vin de Champagne, responsable del uso de la DOP Champagne/Champán, ejercitó acciones por infracción de la DOP, nulidad del registro de marca por confusión y actos de competencia desleal por aprovechamiento de la reputación ajena (art. 12), contra el titular de la marca "Champín" por su uso para una bebida no alcohólica para niños, compuesta por gaseosa y diversos extractos saborizantes de frutas, presentada junto a dicha denominación en un envase que evoca a las botellas de cava y otros vinos espumosos (entre ellos, por conocido, el Champán), con imágenes infantiles, generalmente de payasos. Los tres Tribunales que conocen del asunto rechazan tanto la infracción de la DOP como las acciones de nulidad de la marca y de Competencia Desleal, algo lógico toda vez que, aun en

Destaca, sobre todo en esta línea jurisprudencial alternativa de simple acumulación directa la STS 64/2017, de 2 de febrero (Rec. 1395/2014) "Caso BricoDepot"[477]. El Tribunal se centra

el eventual supuesto de admitir un parecido, los diferentes contextos de comercialización, los diferentes mercados en los que operan, y la distancia mantenida en todo momento por la empresa titular de "Champín", tanto en lo marcario como en lo que se refiere a la prestación, y, en fin, la distancia que se mantiene sistemáticamente entre imitador e imitado, hacen difícil, si no imposible, apreciar ningún tipo de infracción.

En lo que respecta a la cuestión de la complementariedad, el TS aplica sin mayores prolegómenos su jurisprudencia en relación con el art. 12 LCD, determinando directamente si, dado el caso, la conducta cumple los presupuestos objetivos para reputarse desleal o no. Finalmente acaba por negar tal cumplimiento, al entender que "la conducta no es apta para aprovecharse de las ventajas de una reputación ajena". Aunque es cierto que hay un inevitable poso parasitario, al final, la prestación se aprovecha de la costumbre social de brindar con vino espumoso y ofrece un sustitutivo infantil "sin más pretensión que la de diversión y emulación de hábitos de adultos en las celebraciones", lo cierto es que utiliza un vocablo parecido al de Champán, aunque no idéntico.

Evidentemente, el objetivo de esta conducta no puede ser parasitar la reputación de la DOP, sino que el parecido estriba en la necesidad de indicar al consumidor el uso pretendido del producto, como sustitutivo infantil de los vinos espumosos y otras bebidas alcohólicas en celebraciones. Para ello se utiliza un signo distintivo con capacidad de evocar la denominación original Champán, que se utiliza, dado el contexto, por ser la más conocida y más fácilmente reconocible, pero que mantiene en todo momento la suficiente distancia, tanto fonética, como conceptual, evocando al champán no como vino de una DOP, sino como el concepto cultural en que se ha convertido.

477 Los hechos que sustancian el litigio se sintetizan en la imitación hecha por Bricoman del catálogo utilizado por Brico Depot para comercializar útiles y herramientas para trabajos manuales y que había dado grandes resultados en cuanto a marketing. En concreto, se aprecian las siguientes coincidencias relevantes: "impresión en papel recicla-

en valorar la aplicabilidad de la cláusula general, partiendo de la necesidad de una "interpretación y aplicación funcional" del precepto, lo que según el propio Juzgador sería tanto como "Valorar [la compatibilidad de la conducta enjuiciada] con el modelo de competencia económica tutelado por la Ley", identificándolo como un modelo de competencia "basado en el mérito o bondad... de las propias prestaciones", inclusivos "la publicidad y el marketing empleados para convencer a los clientes de la bondad de la oferta".

A partir de este razonamiento, que debería ser más habitual en la argumentación de las diferentes instancias jurisdiccionales, el Tribunal, sin embargo, se cuestiona que el precepto llegue a resultar aplicable, relacionándolo con la idea de que su aplicación, dadas las circunstancias del caso, puede llegar a suponer una "antijuricidad degradada[478]", creando una suerte de tutela de segundo nivel para un caso que no cumple los requisitos de infracción del art. 11 LCD, ni tampoco de la Ley de

---

do de apariencia modesta; formato reducido; impresión en cuatricromía; uso de la paleta de color; estructura interna de los catálogos comparados; criterios de codificación visual empleados; tipografía y uso de tablas de cálculo". Ante ello, BricoDepot demanda a Bricoman ejercitando tanto acciones de PI como de Competencia Desleal.

El Tribunal Supremo rechaza las acciones sustanciadas sobre la normativa de PI, al entender que el catálogo no cumplía con los umbrales mínimos de originalidad exigidos en el art. 10 TRLPI, ni tampoco los necesarios para poder ser considerado como una base de datos del art. 12 TRLPI. Acto seguido, entra analizar el cumplimiento de los presupuestos aplicativos de los arts. 5 (actual art. 4) y 11 LCD, de nuevo sin entrar a valorar si la acumulación era procedente o no con carácter previo en base en la doctrina de la complementariedad relativa.

478 Aparece aquí el concepto de antijuricidad degradada al que hicimos referencia al interpretar la cláusula general, aunque en un sentido distinto, aplicado ahora sobre las relaciones externas de la LCD con los derechos exclusivos de Propiedad Intelectual.

Propiedad Intelectual. Entiende el Tribunal que la deslealtad de la conducta enunciada en el art. 11 LCD depende precisamente de que se cumplan los requisitos o presupuestos legales, de forma que, si estos no se dan, la imitación ha de ser libre y, en esa medida, no sería ya posible admitir la represión de la conducta a partir del art. 5 LCD (ahora art. 4.1 LCD), siendo este efecto lo que el Tribunal denomina "Antijuricidad Degradada". De igual forma, apostilla que la deslealtad no puede basarse en la mera utilización o aprovechamiento del esfuerzo ajeno, "pues de otro modo se estaría reconociendo un derecho de exclusiva o monopolio ajeno a la regulación legal", es decir, viene a negar expresamente la posibilidad de aplicar una tutela pretorial al catálogo o folleto como forma de publicidad singular no protegida mediante derechos de Autor.

Ahondando en el concepto, hubiera sido también interesante, en la determinación de si realmente la tutela constituye una "antijuricidad degradada", haber tenido en cuenta la necesidad competitiva de llevar a cabo una imitación tan intensa[479]. Quizá este elemento de necesidad, en un caso donde lo imitado tiene tan escaso margen de variación y tan escaso margen de valor creativo, sea difícil de tener en cuenta, pero allí donde el producto exhiba un mayor grado de singularidad competitiva[480], deba tener un mayor predicamento.

---

479 Las coincidencias se producen aparentemente hasta en el gramaje del papel y su carácter reciclado, así como elementos de tesauro y grafismos muy de detalle.

480 Entendida, tal y como la definen las SSTS 887/2007, de 17 de julio, y 1167/2008, de 15 de diciembre, como "la capacidad para atraer a los consumidores y destacar entre la media de sustitutivos en el mercado".

2.3.4. Declive y estancamiento: el cierre funcional de la doctrina

Llegados a 2017, reaparece la complementariedad de protecciones como paradigma interpretativo a la hora de valorar la acumulación de acciones entre Derecho de Marca y la ya consabida Competencia Desleal. La STS 94/2017, de 15 de febrero (Rec. 1575/2014)[481], se ocupa de la infracción de la marca de ascensores Orona y de su uso desleal a través del sistema de referenciación de anuncios *AdWords* de Google. Muchos y complejos son los precedentes que se han venido fraguando a raíz del sistema de referenciación de anuncios en el motor de búsqueda estadounidense[482].

---

481 Ponencia a cargo del Ilmo. Magistrado Rafael Saraza Jimena.

482 En este sentido, para una exposición pormenorizada de la problemática, se recomienda la lectura de MARCO ALCALÁ, L. A., "La infracción del derecho de marca mediante palabras clave en los motores de búsqueda en Internet en la jurisprudencia reciente del Tribunal de Justicia de la Unión Europea (Comentario a las Sentencias Acumuladas TJUE (Gran Sala) C-236/08 a C-238/08, Google France SARL y Google Inc. C. Louis Vuitton Malletier S.A. Viaticum S.A., Luteciel SARL y otros, de 23 de marzo de 2010 — caso Google", *ADI*, Vol. 30, 2009-2010, págs. 663-690; CARBAJO CASCÓN F., "El caso Google Adwords: Sobre la infracción de marcas y la responsabilidad de intermediarios de la sociedad de la información en la comercialización de palabras clave y puesta a disposición de enlaces patrocinados. Comentario a la sentencia del Tribunal de la Unión Europea (Gran Sala) de 23 de marzo de 2010 (Ass. Acumulados c-236/2008 s c-238/2008)", *Revista de Derecho de la Competencia y la Distribución*, núm. 7, 2011, págs. 321-338; LASTIRI SANTIAGO M., "Keywords Advertising. Nuevas apreciaciones del TJUE: Caso Interflora y Marks & Spencer", *Derecho de los Negocios*, N.º 256, enero 2012, págs. 23-30; CARBAJO CASCÓN F. "Problemas de Distribución, Marcas y Responsabilidad indirecta de Intermediarios en Plataformas de Agregación de Comercio electrónico. Comentario a la STJUE de 12 de Julio de 2011 (Caso L´Oreal c. Ebay) y Jurisprudencia Relacionada", *Revista de Derecho de la Competencia y la Distribución*, N º 10, 2012, págs. 161-184; CARBAJO CASCÓN F., "Sobre la

Trasunto del *Keyword Advertising* en el plano nacional encontramos la Sentencia Orona[483], que, sin embargo, se presenta como segundo precedente en la materia, al haberse pronunciado el TS con carácter previo respecto al asunto de los *AdWords* en la STS 620/2016, de 26 de febrero (Rec. 264/2014), "Caso Masaltos", donde el Tribunal, aplicando las pautas interpretativas emitidas por el TJUE acaba denegando la existencia de una infracción marcaria. Sin embargo, en dicho caso no se plantea la problemática que sí aparece en el caso Orona[484], ya que en él la parte solo acude ejercitando acciones de marca y no cumulativamente las de Competencia Desleal.

En este segundo caso, Alto Tribunal estima el recurso y finalmente quita la razón a Orona. En su argumentación, parte

---

responsabilidad indirecta de los agregadores de información por contribución a la infracción de derechos de Propiedad Industrial e Intelectual en Internet", *ADI*, 32, 2011-2012, págs. 51-78, págs. 51-54; y RODRÍGUEZ DE LAS HERAS BALLELL T., "Anuncios Patrocinados y Servicios de Referenciación: El caso AdWords de Google", *ADI*, Tomo XXXV, 2014-2015, págs. 243-244.

483 Comentada en CARBAJO CASCÓN F., "La doctrina de los círculos concéntricos y de la complementariedad relativa entre el derecho de marcas y de competencia desleal, a la luz del uso de signos ajenos como palabras clave vinculadas a enlaces publicitarios en motores de búsqueda", cit., págs. 659-683.

484 Conviene saber que Orona es una marca de ascensores y elevadores, siendo además una empresa líder en diseño, fabricación, instalación, mantenimiento y modernización de soluciones de movilidad. En un momento determinado, uno de sus competidores en el mercado del mantenimiento de ascensores (Citylift, menos conocido) utiliza el sistema el sistema AdWords de Google para publicitar su página web a partir de la palabra clave "Orona". Orona interpone demanda planteando tanto infracción de marca como de Competencia Desleal. Planteado el pleito en casación, este se sustancia sobre la infracción de la doctrina de la complementariedad relativa causada por la condena ex art. 12 LCD impuesta por la Audiencia Provincial, pese a haber desestimado la infracción marcaria.

el Juzgador de la diferente función que cumplen una y otra normativa, para indicar que la Ley de Marcas, "*al proteger los signos que permiten identificar el origen empresarial de los productos y servicios, contribuye también a mantener el correcto funcionamiento del mercado, al excluir el error en las decisiones de adquisición de bienes o contratación de servicios*". Por ello, las relaciones existentes entre PI y CD, entiende el Tribunal, deben considerarse como de una "complementariedad relativa", lo que tendría exactamente las mismas tres implicaciones ya explicadas en la STS 95/2014: 1) Preferencia del derecho PI; 2) Subsidiariedad de la aplicación de la CD a hechos distintos a los tenidos en cuenta en la acción principal; y 3) No contradicción con la solución mantenida en sede de exclusiva. Concluye el argumento con lo que enunció ya en su momento la STS 586/2012, esto es, la dependencia de la acumulación respecto del contexto fáctico en que se plantea.

A partir de este enfoque, "la sala considera que la calificación como desleal, por parasitaria, de la conducta vulnera la doctrina de la complementariedad relativa, puesto que supone calificar de desleal una conducta que supera el control basado en la Ley de Marcas, con base a los mismos hechos y por efectos anticoncurrenciales...". En apoyo de este argumento acude a la STJUE sobre el Caso Interflora, considerando que el aprovechamiento del carácter distintivo o de la notoriedad de la marca debe tener carácter *indebido*, esto es, aquel que se realiza sin justa causa y que lo único que busca es "[situarse] *en la estela de una marca de renombre con el fin de beneficiarse de su poder de atracción, de su reputación y de su prestigio, y de explotar el esfuerzo comercial realizado por el titular de la marca para crear y mantener la imagen de ésta sin ofrecer a cambio compensación económica alguna y sin hacer ningún tipo de esfuerzo a estos efectos*", interpretando que ello se produce cuando los anunciantes "[ponen] a la venta… productos que son imitaciones de los productos del titular de dichas marcas" y que "*en cambio, cuando la publicidad que aparezca en Internet a partir de una palabra clave correspondiente a una marca de renombre proponga una alternativa… sin ofrecer una simple imitación de los productos o de los servicios del titular de dicha marca, sin causar una dilución o una difuminación y sin menoscabar por lo demás las funciones...*" debe concluirse, por tanto, que tal uso de la marca ajena "constituye, en principio, una competencia sana y leal en el sector de los productos o de los servicios de que se trate", al suponer la proposición de una alternativa y no una mera imitación.

La clave, por tanto, de todo el complejo interpretativo radica en la distinción entre imitación y alternativa. Que el producto sea una alternativa y no una simple imitación es lo que impide apreciar un aprovechamiento de la reputación para el TS. Sin embargo, ni el Tribunal Supremo ni el TJUE han definido o interpretado ninguno de estos conceptos. Si buscamos una definición legal de imitación, una de las formulaciones más útiles es la propuesta por DOMÍNGUEZ PÉREZ: "*por imitación en sentido estricto debe entenderse una actividad que supone la recreación, al mediar esfuerzo intermedio o recreador, que implica que una prestación (de imitación) ha sido obtenida a semejanza de otra (originaria) y por ello se aproxima (en mayor o menor grado) a la originaria*"[485]. En este sentido, imitación debe anudarse a la idea de recreación[486] y, por tanto, en cierta forma a una cercanía excesiva e innecesaria. En cambio, el carácter de alternativa debemos vincularlo más bien al mantenimiento de una distancia imitativa prudente[487]. Resulta claro, en todo caso, que aquí el análisis pretendi-

---

485 DOMINGUEZ PÉREZ E., M "Artículo 11. Actos de Imitación" en BERCÓVITZ RODRÍGUEZ-CANO A., *Comentarios a la Ley de Competencia Desleal*, cit., pág. 285.

486 Pero también debería tenerse en cuenta a su vez la copia servil o reproducción literal del producto, esto es, aquella que siendo idéntica no es fruto de un esfuerzo recreador.

487 Lo más probable, aunque no lo más correcto, es que el TJUE utilice en el caso Interflora el término imitación en el sentido más próximo al Caso Google y Google France, es decir, en su acepción más

do por ambos Tribunales desborda los confines marcarios[488], pues determina la infracción no ya en función del parecido entre signos y productos (cuyo único papel tradicionalmente consistía en dar cumplimiento al principio de especialidad marcario), sino en función de si el producto se concibe como una imitación o como una alternativa para el mercado y ello, además, teniendo en cuenta el contexto publicitario que subyace a la conducta[489].

Dada la incertidumbre de tal contexto de enjuiciamiento, no es de extrañar, por tanto, que apenas haya habido un pronunciamiento condenatorio por esta vía, habida cuenta de las dificultades interpretativas que plantea la cuestión de alternativa e imitación[490]. La única guía valorativa para distinguir ambos con-

---

cerrada posible, donde el carácter imitador no viene determinado por la distancia recreadora, sino por la propia comercialización del producto en concepto de imitación (Cfr. párrs. 101 y 104).

488 En un sentido similar OHLY A. y KUR A., "Lauterkeitsrechtliche Einflüsse auf das Markenrecht", cit., págs. 465 y 466, tras analizar la doctrina de las funciones de la marca y cómo en realidad a ella subyace la operativa de un juicio de ponderación de intereses, concluyen que en la protección ampliada de las marcas notorias y renombradas el componente concurrencial es obvio, puesto que en el caso de explotación de la reputación ajena, el equilibrio de intereses se opera para el caso concreto y tiene lugar con ocasión del examen de si la conducta tiene justa causa o no.

489 La lógica dicta que la percepción relevante a efectos de valorar si estamos ante imitación y, por tanto, fuera de la justificación del uso de la marca, o si estamos ante una alternativa y, por ende, el uso queda automáticamente convalidado, será la del internauta medio (un tipo de consumidor medio, cuya capacidad de atención y comprensión resultan más elevadas), de suerte que en última instancia dependerá de cómo la conducta sea percibida por el público usuario de internet.

490 La reciente STS 320/2022, de 20 de abril (Rec. 4415/2018) sí condena a la infracción de marca por uso de un nombre comercial ajeno en el sistema *AdWords*, la vía para estimar la infracción no parte

ceptos pasa por atender al grado de valor propio, de singularidad competitiva, si se prefiere, que tiene cada uno de los productos ofertados. De esta forma, cuando el producto despliegue una cierta singularidad respecto del original, en el sentido de aportar algún aspecto de valor adicional, más allá de ser una simple recreación sustitutiva, se podrá considerar verdadera alternativa y no una mera imitación, pero de igual forma, en la medida en que gravita el asunto sobre un contexto de aprovechamiento del renombre ajeno, debe atenderse a la explotación de una mejora en la posición de mercado, por lo que la diferencia en el grado de posicionamiento o reputación existente entre ambos productos también deberá ser tenida en cuenta. En última instancia, de lo que se trata es de asegurar que quien recurre a este mecanismo de publicidad, no lo utilice de forma abusiva o indebida, para captar injustificadamente un tráfico comercial que no le corresponde, ni en base a su propia reputación, ni atendiendo al valor intrínseco de su prestación.

Habrá que esperar a un nuevo pronunciamiento en este sentido, que clarifique de algún modo qué se está queriendo indicar con el recurso a los términos alternativa e imitación, ya que por ahora demasiadas interpretaciones son posibles, todas ellas coherentes jurídicamente. Podría pensarse en que la diferencia entre alternativa aceptable e imitación inaceptable pudiera venir determinada en función del grado de afectación al orden concurrencial inducida por la conducta. Evidentemente, la mutación de la posición económica y de mercado del titular, cifrada en la necesidad de tolerar un aprovechamiento de su propio esfuerzo, deberá verse compensada por el carácter procompetitivo de la conducta, efecto favorecedor del funcionamiento del mercado que se dará, por supuesto,

---

del aprovechamiento de la reputación ajeno, sino afectación a la función de origen de la marca, por resultar el enlace patrocinado confusorio (cfr. FJ quinto, apartado cinco)

estando ausente todo atisbo de confusión y solo en aquellos casos donde no haya aprovechamiento en el sentido de haber un trasvase de posición competitiva derivada del uso de la marca como palabra clave– por lo demás, uso claramente publicitario – ni tampoco un eventual efecto predatorio orientado a impedir la implantación de la marca seleccionada como *AdWord* en el mercado.

Encarando la recta final[491] de este recorrido cronológico a la jurisprudencia del Tribunal Supremo, corresponde ahora tratar la STS 504/2017, de 15 de septiembre (Rec. 370/2015)[492], caso Hojaldrines[493].

---

491 La siguiente sentencia sobre complementariedad de protecciones no se hizo esperar, si bien, entre una y otra encontramos una resolución intermedia, la STS 275/2017, de 5 de mayo (Rec. 2916/2014), donde se plantea la acumulación de la acción de infracción de diseño industrial y de imitación desleal (art. 11.2 LCD) a partir de la imitación de unas figurillas de cerámica realizadas mediante la técnica del trencadís y de aspecto "gaudiano", que se vendían como souvenir para turistas que visitaban Barcelona. Sustanciado el litigio en casación, el Tribunal Supremo niega tanto una como otra sobre la base de que ni las formas figurativas utilizadas en las estatuillas ni la técnica del trencadís ni la estética propia de los diseños de Gaudí constituían elementos apropiables, sino que eran elementos propios del dominio público y, como tal, dado que esas eran las únicas facetas donde podía apreciarse coincidencia entre ambas prestaciones, no resulta posible ni estimar infracción del diseño ni una imitación, que en todo caso estaría salvada por la inevitabilidad del parecido, sin que llegue a resultar tampoco confusorio

492 Ponente el Ilmo. Magistrado Pedro José Vela Torres.

493 El litigio se sustancia entre, por un lado, Productos Mata, titular de las marcas HOJALDRINA (marca mixta), OJADRINES (denominativa), HOJALDRINA PRODUCTOS MATA ALCAUDETE (JAÉN) (mixta), MATA HOJALDRINAS FABRICACIÓN EXCLUSIVA DESDE 1927 PRODUCTOS MATA, S.A (mixta), PRODUCTOS MATA, HOJALDRINA (marca comunitaria) y dos marcas notorias no registradas en el sentido del art. 6 bis CUP: HOJALDRINA Y HOJALDRI-

El TS resuelve el recurso planteado en relación con la infracción del juicio de confusión en materia de marcas con bastante sencillez, haciendo suyo el razonamiento de la apelación en punto a considerar que los elementos denominativos de las marcas en liza (hojaldrinas y hojaldrines) son "poco distintivos en sí mismos", por cuanto se refieren al producto. A partir de este razonamiento concluye que "en primer lugar, globalmente no hay riesgo [de confusión], porque el destinatario medio recuerda el signo como un todo...máxime si... el elemento común... es por sí mismo poco distintivo" y a mayor abundamiento añade que "la estructura de los signos es diferente", siendo en el caso de la demandante "la palabra en cuestión, junto a unos elementos geométricos y unas imágenes del propio producto", con la identificación del productor (Mata) en un segundo plano, mientras que en la marca impugnada el elemento preponderante es, precisamente, el número 1880, en grande y dorado, al que sí atribuye valor distintivo. Por ello considera ausente la necesaria semejanza o similitud entre signos que sustente el riesgo de confusión alegado.

En lo que respecta a las acciones de Competencia Desleal, el Alto Tribunal hace una síntesis de su jurisprudencia a partir de las SSTS 94/2017, 450/2015 y 95/2014 (analizadas ya todas), concluyendo que "la solución ha de provenir de la determinación de en qué casos debe completarse la protección que dispensan los sistemas de Propiedad Industrial con el sometimiento de la conducta considerada a la Ley de Competencia Desleal", enunciando a continuación las tres reglas de la doctrina *Bombay Sapphire* para condicionar la aplicación

---

NAS; por otra parte las empresas Museo del Turrón y Almendras y Miel, ponen en el mercado hojaldres bajo la marca nacional mixta "1880 HOJALDRINES". La primera demanda a las segundas tanto por infracción de sus derechos de marca como por actos de Competencia Desleal, invocando en este caso, los arts. 6, 10, 11 y 12 LCD, así como, de forma subsidiaria, el art. 4 LCD.

de la Competencia Desleal a un ámbito ajeno al juicio de infracción marcaria, cuidando siempre de no contravenir dicha normativa. Aterrizando ya sobre el caso concreto, interpreta el Tribunal que, valorada por la instancia la afección a las funciones de la marca y descartada la semejanza entre marcas, "no cabe apreciar unos efectos anticoncurrenciales distintos de los considerados para descartar la infracción marcaria", pues de lo contrario se estaría otorgando "unos derechos de exclusiva, superpuestos a los que ya le conceden sus marcas registradas, que no tendrían amparo en el ordenamiento jurídico", empleándose entonces la "LCD para duplicar la protección que... dispensa el sistema de marcas para tales signos distintivos".

Conviene detenernos, si quiera brevemente, en el argumento con el cual se niega la procedencia de las acciones de Competencia Desleal ya que resulta incompleto para ser válido. En efecto, el Tribunal Supremo viene a indicar que, analizados el riesgo de confusión y la afección a las funciones de la marca (del que el riesgo de confusión no es sino una manifestación concreta, en tanto que afección a la función de origen), no cabe apreciar en la conducta efectos anticoncurrenciales diferentes a los ya tenidos en cuenta. Este planteamiento no deja de resultar discutible por cuanto, aunque el argumento es admisible con respecto a los arts. 6 LCD (riesgo de confusión) y 11.2 LCD en lo que atañe a una imitación confusionista, no se da cabal explicación a por qué no aplican los supuestos de aprovechamiento desleal de la reputación ni por qué se descarta la presencia de un acto de comparación del art. 10 LCD. Una interpretación correctora de la sentencia querría ver en el escueto argumento la ausencia de *sustrato fáctico* suficiente como para justificar la aplicación al caso de cualquiera de los otros supuestos típicos invocados. Aunque ello supone poner en boca del Juzgador palabras que no pronuncia.

Por tanto, parece que nos vemos abocados a admitir que el Tribunal Supremo ha creado una especie de efecto de exclusión respecto de las normas del Derecho de Marcas, que inciden expulsando la normativa concurrencial como ocurriera ya en el “caso Oreo”, donde el registro marcario desplaza la posibilidad de recurrir a la tutela de mercado para el envase de galletas. Desde esta perspectiva, solo es lógico que el Tribunal invoque la doctrina de la complementariedad relativa con efecto negativo, tendente a excluir la acumulación al caso, y limite su invocación a los supuestos vinculados con los signos distintivos, mientras que, cuando los afectados son otros derechos de PI, opera una aplicación directa y autónoma de ambos sectores del Derecho del Mercado.

Más complejo de atajar resulta, sin embargo, el argumento de la creación de “derechos exclusivos” por vía concurrencial, pues no se está reclamando una exclusiva sobre los hojaldres, ni otros elementos decorativos típicos del producto (aunque sea lo que en el fondo la parte pretende), sino que, en puridad, se está accionando mediante este mecanismo concurrencial la defensa de unos derechos exclusivos ya concedidos, en la forma de Derecho de Marca. Se trata, por tanto, de un litigio marcario en el que la parte aduce una serie de signos distintivos que inciden en el elemento denominativo “Hojaldre” y vocablos derivados, cuando en realidad el elemento distintivo relevante a estos efectos es precisamente el diseño gráfico empleado y/o el nombre del fabricante. En este sentido, se entiende la primera parte del argumento del Tribunal: no procede aplicar reglas de Competencia Desleal porque lo que se está pretendiendo por una doble vía es justificar la defensa de unas marcas más que endebles, tratando de subsanar su debilidad con la búsqueda de una tutela de refuerzo a partir de la normativa concurrencial. Sin embargo, la aplicación de la CD al caso, precisamente por esa superposición absoluta sobre las marcas registradas, no tiene la aptitud para crear un derecho exclusivo *ex novo*. La Competencia Desleal, lo que hará, en su caso, es reforzar indebidamente una protección industrial que se plantea ya desde el primer momento como desquiciada e injustificada.

En lugar de acudir a ese argumento de creación de nuevos derechos exclusivos "por la puerta de atrás"[494], habría sido preferible operar sintéticamente un análisis de los presupuestos aplicativos de los comportamientos desleales invocados, demostrando así, bien su improcedencia, bien su absoluta coincidencia con las acciones marcarias, evitando con ello la necesidad de justificar un descarte de corte formalista, que, entre otros defectos, extralimita el ámbito de la marca e impide cualquier atisbo de aplicación práctica de la complementariedad de protecciones.

De esta forma, una solución que en correcta lógica jurídica debe poder sostenerse con holgada solvencia (pues la parte acude a los Tribunales tratando de eliminar a un competidor incómodo con todos los argumentos a su alcance, sin que realmente se sustancien los presupuestos materiales de aquello que alega), no puede finalmente acogerse en lo argumentativo, por operar una exclusión que niega toda autonomía aplicativa de la CD y que, dado que lo hace en abstracto, genera el riesgo de la generalización de este proceder, de forma que, allí donde se invoque el Derecho de Marcas, la Competencia Desleal quede *a priori* excluida, planteándose una especie de "prioridad aplicativa de la marca", siempre y en todo caso[495].

La siguiente resolución que conviene reseñar no es una sentencia, sino un Auto del Tribunal Supremo de 8 de mayo de 2019 (Rec. 4074/2016), Caso Carrefour/Continente, cuyo sus-

---

494 Así se refiere a este fenómeno OHLY A., "The freedom of imitation and its limits- A European perspective", *IIC*, Vol. 41, 2010, págs. 506-524, pág. 514 (backdoor).

495 Este modelo fue, durante algún tiempo, acogido por el sistema alemán de complementariedad, pero finalmente acabó siendo desechado por la vía de hecho, al quedar en cierta forma invalidado por la Dir. 2005/29/CE y su foco en el consumidor.

trato fáctico[496] plantea una de las cuestiones más interesantes a las que la complementariedad de protecciones viene, en algún momento, llamada a responder.

Para defenderse frente a la revitalización de la marca "Continente"[497] que el propio distribuidor dejó caducar por falta de uso, aduce la parte un derecho exclusivo de marca notoria en el sentido del art. 6 bis CUP así como acciones de Competencia Desleal.

La admisibilidad de las pretensiones marcarias resulta finalmente denegada por la falta de uso que ha conducido no solo a la caducidad de la marca registrada, sino también de dicha marca como notoria pero no registrada[498]. Junto a las acciones marcarias, condenadas al fracaso, se ejercita a su misma vez tutela concurrencial a través del art. 6 LCD, aduciendo que el re-

---

496 El ATS, que inadmite finalmente el recurso, por lo que no habrá sentencia en este sentido, trae causa de una demanda interpuesta por Carrefour contra Sidamsa Continente Hipermercados. Como recordará el lector a comienzos del nuevo milenio se produjo una fusión entre dos grandes cadenas de supermercados de aquella época: de un lado Promodès y, del otro, actual Carrefour, que entonces operaban respectivamente bajo las marcas "Continente" y "Pryca". Consecuencia de la fusión, ambas desaparecen y queda únicamente "Carrefour" para designar a todo el grupo empresarial dedicado a la distribución en grandes superficies.

497 Sobre esta práctica competitiva Vid. GARCÍA VIDAL A., "Resurrección de marcas y marcas zombis: estudio desde la perspectiva del Derecho europeo", Revista Jurídica Digital UANDES, Núm. 7/1, 2023, págs. 51-67

498 Se trata, en fin, de los rigores que impone un sistema de exclusiva de naturaleza formal donde el uso, además, se configura como requisito de vigencia del derecho subjetivo: a falta de uso, desaparece la exclusiva y el signo puede registrarse o reivindicarse por un nuevo usuario (lo cual también es una cuestión compleja a resolver, ya que ese nuevo registro del signo puede generar cierta confusión relevante a efectos de su concesión).

vitalizado uso de la marca producirá error en los consumidores que creerán que ha reabierto la cadena "Continente" original, obteniendo con ello una ventaja competitiva y aprovechándose indebidamente de la anterior fama del signo, que aún pervive en el mercado. El Auto es interesante en este sentido porque parece acotar la complementariedad relativa a la aplicación de la LM y la LCD[499]. Tras hacer la síntesis de rigor de la doctrina citando nuevamente las ya consabidas (y tan reiteradas) resoluciones relevantes, el Auto indica que "la parte recurrente pretende obtener la protección de un signo mediante el ejercicio de una acción de Competencia Desleal, cuando se ha rechazado la protección marcaria", obviando "que el signo utilizado en el mercado por la recurrente es Carrefour y no Continente", y es que "*no resulta admisible obtener la protección de un signo al amparo de la LCD, en contra de la protección obtenida por un registro de marca, legítimamente obtenido. Admitir lo contrario supone generar un nuevo ius prohibendi a favor de quien dejó caducidad* (sic) *su marca*". Finamente, no estima el tribunal "que exista el aprovechamiento de una marca anterior, porque la implantación en el mercado nacional de los nuevos hipermercados supone necesariamente importantes inversiones económicas".

El Tribunal se mantiene fiel a su criterio tradicional conforme al cual no cabe invocar las normas de Competencia Desleal para impedir la imitación o copia de productos (en este caso signos) protegidos por PI después de que el derecho exclusivo haya caducado (STS 970/2004 de 6 de octubre (Rec. 2479/1998) "Caso Presto Ibérica"). Ahora bien, la decisión exhibe a mi modo de

---

499 Literalmente indica en el FJ. Sexto: "La sentencia núm. 504/2017, de 15 de septiembre, explica respecto de la aplicación de LM y la LCD y el principio de complementariedad relativa, que ...". De dicho tenor literal puede deducirse, no sin ciertas dudas, que parece limitarse el principio de complementariedad relativa como rector únicamente de las relaciones aplicativas de marca y Competencia Desleal.

ver una complejidad más que notoria y no se puede resolver mediante la simple aplicación de los supuestos típicos al caso, antes bien, resulta imprescindible operar una ponderación de todos los intereses en juego. Resulta evidente que los intereses de Carrefour en este caso son mínimos por más que sea la demandante, pues voluntariamente se desprendió de la marca y la dejó caducar. El resto de las plataformas de distribución minorista en gran superficie tienen bastante más que opinar, precisamente porque, pese a la caducidad, usar la marca "Continente" supone para el nuevo titular no empezar de cero, sino a rebufo de la ola de reputación que aún perdura entre la mayoría del público consumidor, que guardan aún en su memoria los "Supermercados Continente". Hay presente, por tanto, un cierto efecto parasitario del legado anterior, máxime teniendo en cuenta que su revitalización no tiene otro objetivo que el de ser empleada, una vez más, como signo distintivo para hipermercados. En este contexto, el resto de competidores pueden verse rápidamente adelantados por el nuevo entrante, no sobre la base de su mérito, sino a causa del uso inteligente y ventajista de un signo conocido caído en desuso.

Desde el lado del consumo, hay un cierto e indefectible riesgo de confusión y aprovechamiento de la reputación, si bien en última instancia depende de cómo se opere la campaña publicitaria. El grueso de la población inicialmente atribuirá "Continente" a Grupo Carrefour y podrá generarse una cierta asociación. A largo plazo, es previsible que la confusión desaparezca. Sin embargo, la explotación de la reputación o, más bien, repercusión pública (renombre marcario) está, sin duda alguna, en la base de la decisión de registrar de nuevo el signo denominativo "Continente", pues la demandada podría haber optado por cualquier otro signo denominativo, pero precisamente opta por aquel que ya tiene un bagaje previo. Una campaña publicitaria que tienda a desambiguar ambos signos y a atribuir correctamente el origen empresarial parece contravenir el propósito subyacente a la elección de dicho nombre en primer lugar y, por tanto, poco probable.

Se trata, en el fondo, de un caso que afecta de modo sustancial a todos los intereses presentes en el mercado y en esa medida, lógicamente, el Derecho contra la Competencia Desleal se encuentra mejor situado para dar una respuesta que un sistema jurídico encaminado a la tutela de una posición subjetiva. Ello no obstante, no puede desconocerse la respuesta desde el Derecho de Marcas, pues habiendo estado vigente una protección, esta se agotó por desidia del titular. La pregunta en este punto es ¿Qué ocurre con las marcas que devienen en caducidad? ¿Caen en el dominio público o en una especie de limbo a medio camino? Si la marca cae en el dominio público pasa a ser libremente utilizable por cualquiera y, por tanto, deja de ser *per se* apropiable[500], pero ello no impediría la proliferación de "marcas derivadas", que combinan el signo en desuso con elementos distintivos nuevos. Desde esta perspectiva parece necesario acompasar los efectos en sede de PI con los efectos competitivos en el mercado, de modo que podría entenderse justificada una prohibición concurrencial de uso del signo durante un tiempo prudencial, hasta que terminen de apagarse los rescoldos aun calientes de la marca. Esta prohibición no se

500 Una cuestión interesante en este punto, aunque algo excéntrica al análisis planteado es si la caída de la marca en dominio público no es, a un mismo tiempo, una causa de vulgarización o pérdida de su capacidad distintiva. Podría ser interesante construir un marco interpretativo a partir de este planteamiento, considerando necesario para rehabilitar la marca en cuestión la demostración de la adquisición por parte del signo de una distintividad de orden sobrevenido (*secondary meaning*), donde se conjure la demostración de una inversión sólida en revivir la funcionalidad del signo, con el uso publicitario responsable del signo que garantice una distancia suficiente con la utilización y, por tanto, significación del signo en su vida anterior.

hace en interés de su anterior titular, de forma que, aunque accione, dado que no se le generaría daño, nada percibiría como indemnización. Sin embargo, el mercado en su conjunto se beneficiaria de un "periodo de enfriamiento" entre la caducidad de la marca y su posterior revitalización.

La cuestión dista, con mucho, de ser pacífica, precisamente por la contraposición de intereses en juego.

La última sentencia sobre complementariedad relativa emitida por el Tribunal Supremo hasta la fecha es la STS 451/2019, de 18 de Julio (Rec. 3250/2014)[501], caso Super-Rocinante[502].

---

[501] Ponencia a cargo del Ilmo. Magistrado Rafael Sarazá Jimena

[502] En este caso el litigio se sustancia entre el Consejo Regulador de la DOP "Queso Manchego" y uno de los empresarios a ella adscritos, en la medida en que éste cuenta con una producción dual, estando algunas marcas de queso por él fabricadas protegidas por la DOP, pero otras de ellas no. Concretamente, las marcas "Rocinante", "Super-Rocinante" y "Adarga de Oro" no se encuentran amparadas por la DOP y, sin embargo, tanto en la publicidad como en la comercialización de todos sus quesos (a través de la página web "rocinante.es") se utiliza la expresión "quesos rocinante" indistintamente para quesos de DOP y también para las otras marcas no adscritas. Junto a la acción de infracción de la DOP por evocación *ex* art. 13.1.b Reg. 510/2006 (con la correspondiente pretensión de nulidad de las marcas mencionadas, por evocadoras de dicha DOP), el Consejo Regulador ejercita también las acciones de Competencia Desleal de los arts. 5, 6 y 12, así como el 15.2 LCD.
Sustanciado el litigio ante el Tribunal Supremo, este debe pronunciarse sobre la infracción de la DOP y sus efectos respecto de las marcas mencionadas, así como sobre la procedencia de admitir la acumulación de las acciones de CD. Así, el TS comienza admitiendo que el uso de los signos denominativos "Rocinante", aunado a los figurativos propios del ideario cervantino, y dado, además, la particularidad del mercado y la proximidad a la DOP de los servicios prestados, "supone una proximidad conceptual suficientemente directa y unívoca entre los signos denominativos y figurativos controvertidos y la DOP "Queso Manchego" que determina que la conducta...

Desde el punto de vista de la complementariedad, la sentencia aporta más bien poco. Su único valor, básicamente, reside en constatar la aplicabilidad de la doctrina de la complementariedad relativa a fecha de 2019 y en el ámbito periférico a la marca. Un aspecto que merece la pena destacar del razonamiento, que ya expresó en su momento MASSAGUER[503], es

---

infrinja la protección de la citada DOP". Concretamente, respecto de la situación de productor parcialmente adscrito a la DOP, el TS señala que "el hecho de que...fabrique quesos amparados por la DOP y otros que no lo están, y publicite ambos en la misma página web, utilizando para los que no están amparados por la DOP símbolos y signos que evocan la Mancha e incluyendo en la página de inicio el signo propio de la DOP, potencia que el consumidor asocie los quesos no protegidos... con los que sí lo están". Admitida la infracción de la DOP, el Tribunal razona la procedencia de estimar las acciones de cesación y remoción, reconociéndoles un carácter autónomo y desvinculado, por tanto, a las propias de la CD, de suerte que la aparente laguna dejada por el Reg. 510/2006, que no prevé acciones de defensa de la exclusiva, se ha de colmar de manera autónoma a partir de la propia naturaleza exclusiva del derecho que confiere, pues "la atribución por el ordenamiento jurídico de un determinado derecho supone la atribución de las acciones necesarias para hacerlo efectivo, sin necesidad de que la ley las regule expresamente". Y en pleno rigor con lo anterior declara la nulidad de las marcas perseguidas, por evocadoras, de la DOP.

En relación con las acciones de Competencia Desleal, tras llevar a cabo el ceremonioso y cumplido resumen de la doctrina aplicada desde la STS 586/2012 hasta nuestros días, el Tribunal escuetamente argumenta que "en el presente caso, los hechos en los que la demandante basa las acciones de competencia desleal son coincidentes con los que sirven de base a las acciones derivadas de la DOP", no alegándose en la demanda ni facetas de desvalor ni efectos anticoncurrenciales distintos de los que delimitan la protección correspondiente a la DOP y, por ello, las acciones de Competencia Desleal fueron finalmente desestimadas.

503 MASSAGUER FUENTES J., "Por un replanteamiento de la protección jurídica de las presentaciones comerciales", *LaLey* Mercantil,

que la exclusión la realiza el Tribunal "en el presente caso" y atendiendo a que los "hechos en que se basan las acciones de competencia desleal son coincidentes..." con los empleados para la DOP. El reproche aparece velado, pero está presente y se concreta en la idea de que la parte ha embutido bajo los mismos hechos dos series de acciones distintas, sin preocuparse de justificar por qué las acciones de Competencia Desleal tienen un sentido aplicativo autónomo, usándose, más bien, como un complemento con el que engrosar el argumentario o, en el mejor de los casos, como red de seguridad que habilite una vía de recurso rápida. En este sentido, no se puede sino estar de acuerdo con el Tribunal en negar la aplicabilidad de la normativa concurrencial puesto que la aplicación es impropia e improcedente. Impropia por no darse en situaciones que cumplan con los presupuestos autónomos de aplicación de la normativa concurrencial, e improcedente por la falta de argumentación y justificación que reduce la vía concurrencial a un mero añadido, como mucho un resorte al que acudir si fallado el caso, se nos niega la razón y la posibilidad de recurrir sobre la base del derecho exclusivo.

En fin, en aras a la exhaustividad debe hacerse referencia a la STS 2290/2023[504], de 19 de julio, (Rec. 6251/2019), Caso "Molde de Hierro"[505], donde la doctrina de la "complementa-

---

cit., pág. 8, donde indica que el resultado no es tanto achacable a los Tribunales, como a la mala definición de los fines de la presentación comercial, la insuficiencia de la prueba y del pobre foco en los efectos de la imitación. Todos ellos, defectos, que claramente está achacando a la asistencia letrada de las partes.

504 Ponencia a cargo del Ilmo. Magistrado Ignacio Sancho Gargallo.

505 Para un análisis detallado de la sentencia vid. el comentario realizado en CRUZ GONZÁLEZ M., "Validez de la Marca Tridimensional consistente en la forma de una botella que cumple un propósito técnico", *Cuadernos Civitas de Jurisprudencia Civil*, N.° 124, 2024.Los hechos que sustancian el litigio se reducen básicamente a la imitación de la

riedad relativa" aparece de soslayo como motivo para denegar de plano la admisibilidad de las acciones planteadas sobre la LCD indicando que al haberse admitido la infracción del derecho exclusivo alegada, la acumulación "*supondría llevar a los derechos de exclusiva más allá de los límites establecidos...incurriendo en la contradicción sistemática proscrita por la doctrina de la «complementariedad relativa*".

2.4. El enredo sistemático de la complementariedad española.

Concluida la prolija exposición cronológica de las diferentes sentencias que con mejor o peor tino ha considerado este autor como insertas dentro de la acumulación de protecciones primero, y después en lo que ha devenido la doctrina jurisprudencial de la complementariedad relativa, corresponde hacer alguna reflexión crítica sobre la doctrina jurisprudencial[506].

Como punto preliminar es necesario justificar el porqué de una exposición cronológica cuando comenzamos criticando dicho enfoque. Se opta, a pesar de nuestra postura, por este formato de exposición por ser particularmente expresivo de, al menos, dos problemas en el desarrollo jurisprudencial analizado. El primero, es la falta de una evolución argumentativa realmente notable, en contra de lo que opinábamos hace unos

---

botella en que se comercializa típicamente la Sidra en Asturias, por parte de un fabricante Cántabro que no contaba con autorización del titular del signo, la ASSA. Se acude por vía marcaria, donde, de forma un tanto sorprendente, se da la razón al titular.

506 Queda, por tanto, y expresamente a salvo de las consideraciones que de seguido formularemos el planteamiento dogmático que subyace a la aplicación judicial y propuesto por el profesor MASSAGUER FUENTES J., en *Comentario a la Ley de Competencia Desleal*, cit., págs. 60 y ss., que consideramos un sistema más flexible y abierto y, por tanto, distinto que la formulación desarrollada a partir de dichos planteamientos por el Tribunal Supremo.

años[507]; en efecto, más allá de una cierta (aunque valiosa) tendencia hacia una mayor claridad y sistematización de los argumentos, los planteamientos han venido siendo los mismos y han presentado un grado uniforme de profundidad analítica. El segundo, tiene que ver con la falta de sistematicidad que se aprecia a la hora de aplicar la doctrina de la complementariedad, problema agravado en los últimos años, donde crecen sin control casos de acumulación directa de ambos regímenes.

El primero de los problemas se ha venido traduciendo en una sistemática argumentativa que se reproduce de manera casi idéntica en todos los pronunciamientos[508]. En efecto, desde 2015 toda mención a la complementariedad relativa arranca de la cita a las SSTS 586/2012 y 95/2014, la primera tomando como referente la idea de que, partiendo de funciones distintas (protección de una posición subjetiva frente a la tutela del funcionamiento del mercado), la posibilidad de aplicar una normativa, la otra o ambas a la vez debe reconocerse en función de los hechos en los que se sustancie el asunto. Como corolario a este principio de acumulación autónoma, sanciona la segunda resolución que la aplicación preferente habrá de ser para el derecho exclusivo, mientras la subsidiaria aplicación de la normativa concurrencial queda condicionada a que los hechos presenten una perspectiva anticoncurrencial distinta a

---

507 CRUZ GONZÁLEZ M., "Relaciones entre Competencia Desleal y Propiedad Intelectual e Industrial: la Doctrina de la Complementariedad Relativa del Tribunal Supremo Español", *Revista Reflexiones de Derecho Privado Patrimonial*, cit., págs. 209-210.

508 Puede apreciarse que, salvo en los primeros pronunciamientos, donde sí hay una cierta variabilidad en función de quien hubiera asumido la ponencia de la sentencia, a medida que la línea jurisprudencial va asentándose, estas diferencias desaparecen, de forma que las deficiencias detectadas no son imputables a un cambio en el sentir de los jueces.

la de PI y a la no contradicción con la solución alcanzada en sede de exclusiva[509].

Sin embargo, después de esta introducción general a la complementariedad, los principios en ella enunciados no son objeto de desarrollo ulterior para la resolución del caso, contentándose el Supremo intérprete español con indicar que el éxito de la protección en el derecho de exclusiva excluye la aplicabilidad de la normativa concurrencial, cuando no se limita a indicar en el caso una ausencia de sustrato fáctico suficiente como para admitir la procedencia de aplicar las normas de Competencia Desleal. Siendo en la mayoría de supuestos una cuestión achacable a los propios litigantes[510], no estaría de

509 La misma idea aparece ya en MASSAGUER FUENTES J., *Comentario a la Ley de Competencia Desleal,* cit., pág. 84, aunque mucho mejor formulada (Lit.: "la acción de competencia desleal solo puede acogerse cuando los aspectos y efectos de la conducta combatida valorados a la luz del Derecho contra la competencia desleal y a la luz de los derechos de propiedad industrial e intelectual no sean los mismos").

510 En este sentido la SAP Barcelona 280/2017, de 29 de junio, Caso Asco de Vida, culpa sin ningún tapujo a un deficiente desarrollo de la argumentación sobre las acciones de competencia desleal, el no poderse pronunciar en contra de la imitación de la idea de negocio que subyace a una página web; esta es una crítica generalizada que puede apreciarse también en MASSAGUER FUENTES J., "Por un replanteamiento de la protección jurídica de las presentaciones comerciales", cit., pág. 8; un comentario a esta misma sentencia poniendo el énfasis en utilizar la competencia desleal como sistema para tutelar la página web como una prestación no protegible desde el Derecho de Autor en CARBAJO CASCÓN F., " La Originalidad de la Obra Publicitaria y las Páginas web" en AA.VV. *XXXIII Jornadas de estudio sobre la Propiedad Industrial e Intelectual,* Grupo Español de la AIPPI, Madrid, 2018, págs. 39-60, en particular págs. 57-59; también en GONZÁLEZ SAN JUAN J. L., "Cuando lo que se pretende es proteger una idea o un modelo de negocio[comentario de la SAP de Barcelona (Sección 15.ª) núm. 280/2017, de 29 de junio, asunto

más que se hiciera un particular esfuerzo expositivo (si quiera como *obiter dicta*) de las razones reales por las que la acumulación no es procedente, dada la complejidad de la materia.

Respecto al segundo de los problemas, la proliferación de los casos de acumulación directa, su causa hunde sus raíces en diversos motivos. Por un lado, una razón de índole práctica, pues hay casos donde el *factum* amerita comprobar su relación con las normas de disciplina del mercado, aunque, evidentemente, ello no justifica el saltarse la aplicación general de la doctrina de complementariedad cuya aplicación es debida; por otro, parece que hay razones de índole sistemática, y es que, en efecto, aunque el Tribunal Supremo no ha hecho indicación alguna al respecto (con la única y dudosa salvedad del Auto de 8 de mayo de 2019) parece que la complementariedad relativa pudiera estar reservada únicamente a la marca o a los signos distintivos, en general[511]. De esta forma, cuando el litigio resulta ajeno a la marca (Derecho de Autor, Diseño Industrial o, incluso, Patente y Modelo de utilidad) el Tribunal parece proceder a una acumulación directa con base en el cumplimiento de sus propios presupuestos objetivos. En cambio, cuando se trata de signos distintivos, el Alto Tribunal recurre a la herramienta argumentativa que aporta la complementariedad relativa. Esta diferencia de tratamiento[512], en función del tipo de derecho de PI afectado,

---

asco de vida]", en ADI, Tomo XL, 2019-2020, págs. 419-434, en particular sobre el tema págs. 431-433.

511 Este planteamiento comienza a tener mucho más sentido cuando lo contraponemos a la teoría dominante en el sistema alemán hasta hace unos pocos años, la denominada *Vorrangthese*, conforme a la cual el Derecho de Marca y solamente éste de entre los diferentes derechos de PI exhibía prioridad excluyente sobre las normas de Competencia Desleal. Sobre esta cuestión volveremos en breve, a colación del tratamiento del sistema alemán de complementariedad.

512 Que recuerda al posicionamiento del BGH alemán en la decisión "Mac Dog" (BGH *GRUR* 1999, pág. 161 y ss.), abandonado tras po-

resulta *a priori* de difícil justificación, dado el silencio guardado en la argumentación de los casos. Por un lado, podríamos pensar en que la cercanía entre la función del signo distintivo y las normas de Competencia Desleal en punto a la garantía de la transparencia de la oferta y del consecuente funcionamiento eficiente del mercado puede tener algo que ver; por otro, puede extraerse otra conclusión: el Tribunal Supremo acude a la doctrina de la complementariedad cuando quiere descartar *ab initio*, esto es, sin entrar en la valoración de los presupuestos objetivos de la disciplina concurrencial. Ello es tanto como admitir que se utiliza con una finalidad excluyente de una respuesta concurrencial para los hechos planteados, adquiriendo una función esencialmente negativa o de descarte.

Una segunda crítica que es achacable a la complementariedad relativa en su construcción jurisprudencial, deriva de la absoluta preponderancia del juicio de infracción del derecho exclusivo a la hora de conceder acumulación, pese a arrancar de lo que parece ser un principio de acumulación absoluta (STS 586/2012), en función de las circunstancias del caso y su encaje en una u otra materia[513]. En efecto, la STS 94/2015 enuncia tres reglas diferentes, todas y cada una de las cuales abundan y matizan la primacía del Derecho de PI concreta-

---

cos pronunciamientos.

513 Si bien es cierto que las partes determinan su estrategia procesal (art. 216 LEC) en orden de prioridad de conveniencia y buscarán, por ello, la tutela que les resulte preferible, el Juzgador debe conocer el Derecho y, por tanto, la modulación del orden en que se da respuesta a las pretensiones de las partes no supone la incursión en el vicio de incongruencia proscrito por el art. 218 LEC en desarrollo del art. 24 CE. De este modo, mientras responda a todos los pedimentos de la parte, es el Juez libre de elegir el enfoque y orden que mejor considere, pudiendo incluso acomodar mejor el planteamiento de la parte en atención a los principios rectores de la actuación judicial: *iura novit curia* y *da mihi factum dabo tibi ius*.

mente invocado. La primera regla, instaura un principio de primacía para la tutela del derecho subjetivo, acompañada de un segundo límite que puede describirse como la marginalidad de la normativa concurrencial y el corolario consistente en una obligación consistente en respetar la solución dada por la legislación especial.

En la configuración operada a través de estos tres axiomas puede apreciarse un cierto poso de la doctrina de los círculos concéntricos, especialmente en esa necesidad de marginalidad del acto respecto de los presupuestos de enjuiciamiento propios del derecho exclusivo[514]. Este planteamiento implica la necesidad de situar el acto de deslealtad totalmente fuera del círculo interior y conduce a absurdos interpretativos como los aparecidos en la STS 450/2015, "Caso Oreo", donde se descarta la imitación desleal del envase de galletas con aprovechamiento desleal de la reputación porque no se daba una imitación del elemento denominativo "Oreo" en el envase, aunque el resto de coincidencias fuesen prácticamente un calco. No obstante, de haberse admitido esta imitación, tampoco se habría considerado un acto de Competencia Desleal, porque ya, entonces, habría sido aplicable la normativa de Derecho de Marcas y, por ende, la aplicación de la CD habría quedado igualmente desplazada y excluida.

De la misma forma, obviando la interpretación que se hace respecto a la marginalidad de los hechos que sustentan la aplicabilidad de la normativa concurrencial, la tercera regla constituye un problema, una nueva barrera de tercer nivel, a la acumulación. En efecto, admitida la aplicabilidad de las normas contra la Competencia Desleal en el caso, estas no podrán entrañar una solución condenatoria si, como en el "Caso

---

514 Muy próxima a esa idea conforme a la cual la Competencia Desleal incidiría en el círculo exterior y fuera, por tanto, del ámbito propio de las normas de PI.

Oreo" no hay infracción para el derecho exclusivo, negando toda aplicación "en defecto de" derecho exclusivo vigente o aplicable.

Aquí es donde puede apreciarse "el enredo sistemático" al que puede conducir la doctrina elaborada por el Tribunal Supremo: en efecto, que las normas de Competencia Desleal tengan que aplicarse al margen y de forma subsidiaria respecto al derecho exclusivo implica que, necesariamente, allí donde el derecho de PI sea ejercitable, este desplazará en la normalidad de los casos cualquier pretensión concurrencial, pero, y lo que resulta realmente problemático, allí donde el derecho exclusivo no aplique, siempre podrá leerse dicha circunstancia como un límite legalmente impuesto a su ámbito, y, por tanto, una exclusión consciente y deliberada hecha por el legislador, de forma que la conducta no sancionada puede interpretarse como la creación (más bien preservación, pues es el derecho PI sería la excepción) de un espacio de libertad de competencia, en lugar de como una laguna, y con ello es posible argumentar siempre que la intervención subsidiaria sobre la base de las normas de Competencia Desleal ha de respetar dicha solución y, por ello, no entrar a sancionar una conducta que se ha decidido someter a competencia.

De esta forma, el juego cruzado de dos argumentos: la necesaria ajenidad de hechos para que la CD resulte aplicable y la mandada obediencia de la solución concurrencial respecto de la inmaterial, conducen a la creación de un sistema de exclusión rápido, sencillo y por la forma de toda acumulación posible. El argumento que subyace es sencillo y parece bien armado: "todo lo no prohibido por las reglas de Propiedad Intelectual e Industrial debe estar permitido", pero puede conducir a un sistema inoperante, que más que para estructurar las relaciones de un modo coherente, sirve para negar todo tipo de acumulación posible[515].

El entero sistema en última instancia depende de cómo se interpreten los confines de la Propiedad Intelectual y, a su vez, deriva de cómo se entienda la relación que debe mediar entre Derecho de la Propiedad Intelectual e Industrial, por una parte, y Derecho de la Competencia Desleal en la otra.

La pregunta es ¿Por qué desarrollar un sistema tan complejo de interrelación entre los dos bloques normativos para, finalmente, aplicarlo de tal forma que conduzca sistemáticamente a negar la acumulación, pero desarrollar a su vez, paralelamente, una línea jurisprudencial que admite como sistema la acumulación, generando así un sistema bipolar? Resulta realmente difícil de entender esta opción interpretativa donde, por un lado, se impide la acumulación de forma radical, a la par que, en otras sentencias no adscritas a la regla de complementariedad, se admite sin tapujos la aplicación directa y autónoma. Para este resultado práctico bastaba ya con un criterio de especialidad estricto, mucho más sencillo.

La cuestión es, llegados a este punto, si sería posible reinterpretar la doctrina de la complementariedad relativa de un modo que, sin expandirla hasta admitir absolutamente toda forma de acumulación[516], pudiera lograr una interacción más armónica que permita a la Competencia Desleal acoger los límites y contenido positivo de los derechos de PI, purgando su aplicación del riesgo de incompatibilidad, a la par que los derechos de exclusiva puedan percibirse no ya como una simple

---

515 Desde esta perspectiva tan solo resulta natural que, cuando el Tribunal Supremo pretende no descartar la acumulación, no acuda a esta doctrina y opte por aplicar directamente ambas normativas en liza con base en sus propios presupuestos materiales.

516 Por los riesgos que puede tener ínsitos en cuanto a la creación en el *factum* concurrencial de posiciones cuasi exclusivas.

exclusión a la competencia, sino como una herramienta particular de competencia en un sistema de economía funcional (*workable competiton*), donde lo no cubierto por el ámbito de la exclusiva, ese espacio que se abre deliberadamente a la libre competencia, quede sometido, como, por otra parte debe ser, al resto de normas de disciplina del mercado, tanto *Antitrust* como de Competencia Desleal.

La respuesta no puede buscarse internamente en el Ordenamiento Español, que ya ha agotado con la doctrina de la complementariedad relativa el tratamiento que se ha venido dando a la cuestión. Habrá que buscar, por tanto, nuevas perspectivas en el Derecho Comparado.

La lejanía en términos sistemáticos, al estar basado en la aplicación de las normas de derecho de daños y, por tanto, insertarse en una lógica individualista de tutela del empresario, así como por su desorden y falta de sistematicidad[517], excluye el recurso al modelo Francés. El modelo italiano[518] adolece también de un planteamiento centrado exclusivamente en el resarcimiento y la tutela individuales[519] y, precisamente por ello, habrá de ser tenido también en cuenta de un modo limitado.

---

517 LE STANC C., "Propiedad Intelectual, competencia desleal, parasitismo: desorden en el derecho francés", *ADI*, XXIX, 2008, págs. 216-223, pág. 223.

518 Que, por lo demás recuerda al modelo de complementariedad alemán, seguido también por España; cfr. GHIDINI G., *La Concorrenza Sleale*, Unione Tipografico-Editrice Torinese, 1971, pág. 63, donde se enuncian a su vez tres reglas: *a) le due tutele sono distinte; b) ese possono coesistere; c) la tutela concorrenziale, rispetto all'altra, ricopre un ruolo complementare e integrativo.*

519 Ídem, pág. 59, donde se reconoce la protección de intereses del consumidor junto a los del competidor, pero siempre vinculado a la causación de un daño, alejado, por tanto, de la tutela de la Competencia en cuanto a institución del mercado.

Ello nos obligaría a centrar nuestra atención al sistema suizo, del que tantas veces se ha dicho la LCD es tributaria. Sin embargo, este sistema a su vez es calco cercano del modelo alemán[520], un sistema de lucha contra la Competencia Desleal de un impacto incuestionable en la Europa continental, germen del entendimiento institucional de la Ley de Competencia Desleal, el llamado modelo integrado, que defiende la posibilidad de aplicar una única norma, la LCD/UWG para la tutela de todos los intereses relevantes en el mercado. Este será el sistema que centrará nuestra atención a continuación, buscando verificar el método a través del cual los Tribunales alemanes se enfrentan a la cuestión de la acumulación.

---

520 Tal es así que los comentarios a la ley suiza se llevan a cabo en casi todos los supuesto por referencia a la ley alemana. Cfr. HILTY R. y ARPAGAUS R., *Baselkommentar, Bundesgesetz gegen den unlauteren Wettbewerb (UWG)*, Helbing Lichtenhahn, Basilea, 2013, *passim.*

Capítulo III.

Relaciones de complementariedad entre propiedad intelectual y competencia desleal: visiones fragmentarias de un constructo complejo (II): derecho alemán

1. PLANTEAMIENTOS GENERALES SOBRE LA COMPLEMENTARIEDAD DE PROTECCIONES EN EL SISTEMA ALEMÁN

Alemania cuenta con una jurisprudencia asentada sobre la complementariedad de protecciones al tener, naturalmente, un mayor bagaje de Competencia Desleal, codificada por vez primera en 1896[521/522]. La norma nace con un marcado carácter individualista[523] y cuasidelictual abarcando tan solo

---

521 BÄRENFÄNGER J., *Das Spannungsfeld von Lauterkeitsrecht und Markenrecht unter dem neuen UWG. Symbiotisch Theorie zum Kennzeichen- und Lauterkeitsrecht*, cit., pág.18; nace de la necesidad de limitar la libertad de competencia consagrada por § 1 de la Gewerbeordnung de 1869, Cfr. KÖHLER H., en KÖHLER H./BORNKAMM J./FEDDERSEN J., *Beckiche Kurz-Kommentar UWG*, cit., pág. 40.

522 Precedida a su vez por la *Warenzeichen Gesetz* de 1874, Cfr, OHLY A. y SATTLER A., "120 Jahre UWG im Spiegel von 125 Jahren GRUR", cit., pág.1230.

523 Nota que destaca PAZ-ARES RODRÍGUEZ J.C., "Constitución económica y competencia Desleal", *Anuario de Derecho Civil*, cit., pág.

unos pocos supuestos concretos[524] y sin cláusula general de ilicitud[525]. Sus limitaciones causaron[526], empero, que fuera rápidamente sustituida por una segunda ley en 1909[527], que se

---

929.

524 EMMERICH V., *Das Recht des unlauteren* Wettbewerbs, 5. Auflage, CH Beck, Múnich, 1999, pág. 7; KÖHLER H., en KÖHLER H./BORNKAMM J./FEDDERSEN J., Beckiche Kurz-Kommentar UWG, cit., pág. 40.

525 Sí que tendría una *"kleine Generalklausel"* para los ilícitos de engaño, cfr. OHLY A. y SATTLER A., "120 Jahre UWG im Spiegel von 125 Jahren GRUR", cit., pág. 1233.

526 En realidad, antes de la nueva ley, se produjo una etapa intermedia donde se recurría al BGB de 1896 con carácter supletorio para expandir el radio de acción de esta primera UWG, Cfr. HENNING-BODEWIG F., "Das ungeklärte Verhältnis der IP-Rechte zum Lauterkeitsrecht", cit., págs. 321 y 322; de la misma HENNING-BODEWIG F., "Relevanz der Irreführung, UWG-Nachahmungsschutz und die Abgrenzung Lauterkeitsrecht/IP-Rechte", cit., pág. 986.

527 OHLY A. y SOSNITZA O., *UWG Kommentar,* cit., pág. 33; pese a las ganancias en flexibilidad, la aplicación generalizada de la UWG se hizo esperar hasta 1920, cuando Baumbach abre la veda a una eventual protección multifacética en la UWG, que tutelaría también los intereses del público, Cfr., por todo, BÄRENFEGER J., *Das Spannungsfeld von Lauterkeitsrecht und Markenrecht unter dem neuen UWG. Symbiotisch Theorie zum Kennzeichen- und Lauterkeitsrecht,* cit., pág. 20; en este mismo sentido ULMER también habla de un "sozialrechtliche Verständnis" en la UWG y el Derecho de la Competencia, que abre la tutela a la apreciación de intereses colectivos. Cfr. ULMER E., "Wandlungen und Aufgaben im Wettbewerbsrecht", *GRUR,* 1937, pág. 769, pág. 772; Aún queda lejos la protección del consumidor *ex* UWG que no se desarrollará de forma plena hasta el auge del movimiento protector del consumidor en la década de los años 60 del pasado siglo. Cfr. OHLY A. y SATTLER A., "120 Jahre UWG im Spiegel von 125 Jahren GRUR", cit., pág. 1232; Vid. También GLÖCKNER J., "Der gegenständliche Anwendungsbereich des Lauterkeitsrechts nach der UWG-Novelle 2008- ein Paradigmenwechsel kit Folgen", WRP, Heft10, 2009, págs. 1175-1188, pág.1176

mantendrá vigente hasta 2004[528], cuando se produce una completa y necesaria modernización[529] del articulado, codificando

---

528 Se reforma en 1965 para introducir la legitimación activa de las asociaciones de consumidores. Cfr. KÖHLER H., en KÖHLER H./ BORNKAMM J./FEDDERSEN J., *Beckiche Kurz-Kommentar UWG*, cit., pág. 42.

529 FEZER K.H., "Modernisierung des deutschen Rechts gegen den unlauteren Wettbewerb auf der Grundlage eine Europäisierung des Wettbewerbsrechts, WRP, Heft 9, 2001, págs. 989-1114, en especial pág. 990. Uno de los objetivos principales de la reforma era adaptar el sistema alemán a los diferentes pronunciamientos judiciales sobre la compatibilidad de las normas de Competencia Desleal nacionales con el Derecho de la UE, especialmente, en la jurisprudencia relacionada con las denominadas "normas de efecto equivalente". A este respecto vid. SSTJCE de 11 de julio de 1974 (As. 8/74), Dassonville; de20 de febrero de 1979 (As. 120/78), Rewe (conocido como *Cassis de Dijon*); de 22 de enero de 1981 (As. 58/80) Dansk Supermarked; de 2 de marzo de 1982 (As. C-6/81) Caso Beele; de 24 de noviembre de 1993 (Ass. C-267/91 y C-268/91), Keck; de 2 de febrero de 1994 (As. C-315/92), Verband Sozialer Wettbewerb/ Clinique; y de 6 de julio de 1995 (As. C-470/93), Mars; donde se establece claramente que las normas de Derecho de la Competencia en general (y Competencia Desleal en particular) no pueden constituir un límite a las libertades comunitarias y pueden ser, por tanto, consideradas como medidas de efecto equivalente; para un breve repaso de las sentencias más relevantes vid. KUR A., DREIER T., y LUGINBUEHL S., *European Intellectual Property Law. Text, Cases and Materials*, Second Edition, Edwrd Elgar, Cheltenham/Northampton, 2019, págs. 518-520; en este sentido BEATER A., "Zum Verhältnis von europäischem und nationalem Wettbewerbsrecht Überlegungen am Beispiel des Schutzes vor irreführender Werbung und des Verbraucherbegriffs", *GRUR Int.*, Heft 11/12, págs. 963-974, pág. 968, explica cómo el Derecho de la UE y la interpretación que hace de él el TJUE (entonces TJCE) no busca necesariamente la mejor solución desde el plano material, sino la mejor solución armonizada posible, que puede no coincidir con la primera.
La segunda razón era la previsible Directiva que en materia general de Competencia Desleal se estaba discutiendo en esos mo-

los presupuestos jurisprudenciales nacidos al albur de su aplicación[530], implicando un cambio radical en su estructura[531]y

mentos. Alemania decidió adelantarse al desarrollo comunitario y poner el parche antes de la herida, modificando profundamente la UWG con el fin de adecuarla al paradigma liberalizador comunitario, no con otro objeto que el de convertirse en el modelo y punta de lanza de la armonización europea, Cfr. KEßLER J., "Lauterkeitsschutz und Wettbewerbsordnung – zur Umsetzung der Richtlinie 2005/29/EG über unlautere Geschäftspraktiken in Deutschland und Österreich", *WRP*, Heft 7, 2007, cit., pág. 715; en una línea similar, mucho más comedida, HENNING-BODEWIG F., "Das neue Gesetz gegen den unlauteren Wettbewerb", *GRUR*, Heft, 2004, págs. 713-720, págs. 715 y 720. Sin embargo, la ley alemana de CD no fue tomada finalmente como modelo para el desarrollo de la Directiva 2005/29/CE, de prácticas comerciales de los empresarios en relación con los consumidores, y que exhibe, al menos, dos diferencias importantes: en primer lugar, tiene un ámbito de aplicación restringido exclusivamente a las relaciones B2c o, lo que es lo mismo, a parte de las relaciones verticales, planteamiento a su vez criticado por GLÖCKNER J., "UWG-Novelle mit Konzept und Konsequenz", *WRP*, Heft. 12, 2014, 1399-,1406 1400; como SACK R., "Anmerkungen zur geplanten Änderung des UWG" *WRP*, Heft 12, 2014, págs.1418-1424, pág.1419; y también OHLY A., "Nach der Reform ist vor der Reform", *GRUR*, Heft 12, 2014, cit., pág. 1141, señalan que la línea divisoria en la aplicación de la CD no se debe buscar en si es competidor o si es consumidor el sujeto que sufre la práctica desleal, sino en si existe una influencia injusta ya sea en el nivel vertical o en el horizontal.

530 Como indica KÖHLER H., "Der ergänzende Leistungsschutz Plädoyer für eine gesetzliche Regelung", *WRP*, Heft 11, 1999, págs. 1075-1082, pág. 1075, la excesiva dependencia y vinculación a la cláusula general del entonces § 1 UWG de 1909, lejos de favorecer una aproximación y desarrollo libres y flexibles, se había convertido en un freno para la configuración eficiente del Derecho de la Competencia Desleal.

531 Cfr. KÖHLER H., KÖHLER H./BORNKAMM J./FEDDERSEN J., *Beckiche Kurz-Kommentar UWG*, cit., págs. 43 y 44; para una exposición sistemática de todos los cambios y novedades vid. HENNING-

objeto[532]. La norma será objeto de ulteriores reformas[533] que han transformado de modo importante su estructura interna, rompiendo incluso su tradicional unidad sistemática[534].

BODEWIG F., "Das neue Gesetz gegen den unlauteren Wettbewerb", *GRUR*, Heft 9, 2004, págs. 713-720

532 Nuevamente KEẞLER J., "Lauterkeitsschutz und Wettbewerbsordnung – zur Umsetzung der Richtlinie 2005/29/EG über unlautere Geschäftspraktiken in Deutschland und Österreich", *WRP*, Heft 7, 2007, cit., págs. 719-721, quien indica que el objeto es establecer no solo obligaciones de comportamiento, sino dentro de ellas, de información y transparencia.

533 Fundamentalmente dada la final incompatibilidad del replanteamiento alemán con la Directiva 2005/29/CE, planteándose tanto la posibilidad de una reforma de máximos como de mínimos (STEINBECK A., "Richtlinie über unlautere Geschäftspraktiken: Irreführende Geschäftspraktiken – Umsetzung in das deutsche Recht", *WRP*, Heft 6, 2006, págs.632-639, pág. 633; FEZER K.H., "Plädoyer für eine offensive Umsetzung der Richtlinie über unlautere Geschäftspraktiken in das deutsche UWG", *WRP*, Heft 7, 2006, págs. 781-790, págs.783; OHLY A., "Nach der Reform ist vor der Reform", *GRUR*, Heft 12, 2014, cit., págs. 1138 y 1139; KÖHLER H., "Die UWG-Novelle 2008", *WRP*, Heft 2, 2009, págs. 109-117, pág. 117). El modelo ganador fue el de mínimos, lo que motivó dudas de adecuación de la versión final de la reforma respecto a los objetivos de la directiva (Vid. a modo de ejemplo KÖHLER H., "Die Umsetzung der Richtlinie über unlautere Geschäftspraktiken in Deutschland – eine kritische Analyse", *GRUR*, Heft 11, 2012, págs. 1073-1082, pág. 1082), que acabaron motivando finalmente una comunicación de la comisión donde se declaraba dicho incumplimiento y una reforma en el año 2015 para remediarlo (Cfr. SOSNITZA O., "Der Regierungsentwurf zur Änderung des Gesetzes gegen den unlauteren Wettbewerb", *GRUR*, Heft 4, 2015, cit., pág. 318).

534 Esencialmente derivado de la incompatibilidad de la directiva con el modelo unitario alemán, Cfr. FEZER K.H., "Der Dualismus der Lauterkeitsrechtsordnungen des b2c-Geschäftsverkehrs und des b2b-Geschäftsverkehrs im UWG", *WRP*, Heft 10, 2009, 1163-1175, pág. 1165. Esta es una problemática que también ha aquejado a la ley española desde su reforma de 2009.

El sistema alemán atribuye a la Competencia Desleal total autonomía en lo que respecta tanto a objetivos como a requisitos de aplicación[535], lo que permitió fundar su acumulación directa y no subordinada con los derechos de PI[536], surgiendo con el tiempo una doctrina conocida como "*ergänzende (!) wettbewerbsrechtliche Leistungsschutz*[537]" (protección complementaria y concurrencial del rendimiento), de la cual el actual parágrafo § 4.3 UWG es tributario, orientada específicamente a la protección del resultado del esfuerzo intelectual e inversor de los empresarios[538], recogiendo en esencia la imitación desleal.

---

535 KÖHLER H., en KÖHLER H./BORNKAMM J. /FEDDERSEN J, *Beckiche Kurzkommentare zum UWG*, cit., pág. 555.

536 FEZER K.H., *Lauterkeitsrecht*, cit., pág. 111 se posiciona como partidario de reconocer la autonomía aplicativa de Derecho de la Competencia Desleal y Propiedad Intelectual, habiendo dos modalidades de concurso de normas posibles: cumulativa y subsidiaria, según los casos.

537 En contra de esta denominación KÖHLER H. en KÖHLER H./ BORNKAMM J./FEDDERSEN J., *Beckiche Kurz-Kommentar UWG*, 39. Auflage, cit., pág. 555; SCHREIBER P., "Wettbewerbsrechtliche Kennzeichenrechte?", *GRUR*, Heft 2, 2009, pág. 114-118, pág. 115. Estos autores entienden que en la medida en que la aplicación de las normas CD se hace con base en unos presupuestos que son propios y distintos a los de las normas de PI no se puede hablar de una complementariedad, posición que desde un punto de vista dogmático compartimos, sin embargo, se hace uso de la denominación más conocida a efectos de facilitar la comprensión y exposición sistemática, dejando los posicionamientos personales para un momento posterior. Por tanto, sería preferible hablar siempre de *lauterkeitsrechtliche Nachahmungsschutz*. El uso de la palabra "*ergänzen*" se marcará mediante una exclamación en el resto de la obra para indicar que su uso no es técnicamente depurado.

538 Con algunos matices necesarios, toda vez que el moderno entendimiento de la Competencia Desleal aconseja disociar como ya se vio en capítulos precedentes la protección del esfuerzo en perspectiva inmaterial de la protección de la estructura y funcionalidad de mer-

La actual relación entre los derechos de PI y el Derecho de la Competencia Desleal no aparenta ser problemática a primera vista[539], siendo relativamente sencillo establecer varias diferencias entre uno y otro conjunto normativo, pese a la aparente coincidencia material de ambos sistemas. Se ha instaurado en la doctrina y jurisprudencia alemanas una suerte de mantra conforme al cual la principal diferencia entre PI y CD es que esta última no se centra en el "si" de la imitación, sino en el "cómo" de la misma[540], lo que mantendría a la CD en una dimensión más vinculada al comportamiento en el mercado (*Handlungsrecht*)[541]. La postura se remata con una segunda distinción respecto a la tipología de la protección, así se señala que mientras los derechos de PI conceden derechos de carácter subjetivo y absoluto[542], el Derecho de la CD ofrece una tutela orientada al mercado, donde la protección no aparece ni como derecho subjetivo, ni mucho menos absoluto, sino como garantía de una competencia efectiva y no falseada[543]. Y es que el Derecho de la Competencia Desleal alemán protege modernamente no solo los intereses de los competidores, sino los de

---

cado en beneficio de todos sus partícipes, actual orientación de la UWG, como claramente se deriva de su parágrafo 1.

539 HENNING-BODEWIG F., "Das ungeklärte Verhältnis der IP-Rechte zum Lauterkeitsrecht", en *Die Internationale Durchsetzung von Schutzrechten: Festschrift für Sabine Rojahn zum 70. Geburtstag*, C.H. Beck, 2021, págs. 319-334, pág. 319, consulta hecha a través de una separata (*Sonderdruck*) que la autora tuvo la amabilidad de prestarme.

540 A modo de ejemplo, cfr. SAMBUC T., "§ 4 Nr. 3 UWG", en HARTE/HENNING *UWG Kommentar*, CH Beck, 2013, pág. 918.

541 Ibid., pág. 491

542 En este sentido: JÄNICH V., *Lauterkeitsrecht*, Academia Iuris, Vahlen Verlag, 2018, pág 4; OHLY en OHLY/SOSNITZA *UWG Kommentarr*, cit., pág. 148.

543 SAMBUC T., en HARTE/HENNING, *UWG Kommentar*, cit., pág. 494, la califica de Verhaltensnormen o normas de comportamiento.

los consumidores, la colectividad y al propio interés de la generalidad en una competencia no falseada[544].

No existe, sin embargo, consenso claro en la doctrina[545] sobre cuáles han de ser, en concreto, las formas en que deben interactuar ambos sectores normativos[546], siendo posible identificar tres grandes posturas[547]: una primera concepción defiende la superioridad ontológica de las normas de PI, de modo que allí donde la regulación del derecho exclusivo está o ha estado vigente, la tutela concurrencial queda excluida en todo caso; un segundo grupo toma la postura radicalmente contraria y defiende la absoluta independencia de una norma

---

544 FARKAS Th., *Nachahmungsschutz und Schutzrechtskumulation am Beispiel von Modekreationen,* nomos, 2016, pág. 150; también JÄNICH V., *Lauterkeitsrecht,* Cit., pág. 4.

545 MAIERHÖFER Ch., *Geschmacksmusterschutz und UWG-Leistungsschutz: Ein vergleich unter Berücksichtigung des Konkurrenzverhältnisses,* Herbert Utz, 2006, Múnich, pág. 1.

546 Se ha llegado a un punto donde prácticamente cada autor propone un modelo parcialmente diferente. Para una aproximación rápida vid. FEZER K.H., *Lauterkeitsrecht,* cit., págs. 111-116; (y la bibliografía allí citada) y FEZER K.H., "Normenkonkurrenz zwischen Kennzeichenrecht und Lauterkeitsrecht ein Beitrag zur kumulativen und subsidiären Normenkonkurrenz im Immaterialgüterrecht – Kritik der Vorrangthese des BGH zum MarkenG", WRP, Heft 1, 2008, págs. 1-9; así como KUR A., "(No) Freedom to copy? Protection of Technical Features under Unfair Competition Law" Patents in a globalized World", cit., págs. 522 y 523; OHLY A., "Bausteine eines europäischen Lauterkeitsrechts", WRP, Heft 2, 2008, págs. 177-185, págs. 184 y 185.

547 De acuerdo a KUR A., "(No) Freedom to Copy? Protection of Technical Features under Unfair Competition Law", *Patents and Technological Progress in a globalized world-* , cit., 3, pág. 523; Al primer grupo se lo identifica con las *Abgrenzungtheorie,* mientras las otras dos conformarían las *Kumulationtheorien.*

sobre la otra[548]; mientras, los terceros en discordia plantean una tesis intermedia favorable a una acumulación limitada que atiende a si el contenido fáctico ha sido o no tenido en cuenta en sede de PI[549].

La Competencia Desleal en Alemania, por su particular desarrollo, ha venido manifestando un marcado carácter creador de regímenes de protección. Se habla así de ella como *Jungsprungbrunnen*[550] de los derechos exclusivos, interacción que contribuye a desdibujar las fronteras entre uno y otro sistema normativo, y parece poder reducir la función de las normas de CD a la simple y llana protección directa de inversiones[551].

Dos son las vías de interacción funcional que abre la CD en relación con la PI: la doctrina de la *ergänzende (!) wettbewerbs-*

---

548 En este sentido, lo hemos visto, se pronuncia FEZER K.H., *Lauterkeitsrecht,* cit., pág. 111; pero también LUBBERGER A., "Grundsatz der Nachahmungsfreiheit?", en AHRENS H.-J., BORNKAM J., y KUNZ-HALLSTEIN H. P., *Festschrift für Eike Ullmann,* Juris, Saarbrücken, 2006, págs.737-793, págs. 745 y ss.; también KÖHLER H., a partir de su artículo "Das Verhältnis des Wettbewerbsrechts zum Recht des geistigen Eigentums - Zur Notwendigkeit einer Neubestimmung auf Grund der Richtlinie über unlautere Geschäftspraktiken", *GRUR,* Heft 7, 2007, págs. 548-554, pág. 547, puede insertarse en este grupo.

549 En este sentido, OHLY A. "Klemmbausteine im Wandel der Zeit- ein Plädoyer für eine strikte Subsidiarität des UWG-Nachahmungsschutzes", *FS Ullman,* cit., págs. 795-812, pág. 795; y de nuevo en "Designschutz im Spannungsfeld von Geschmacksmuster-, Kennzeichen- und Lauterkeitsrecht", *GRUR,* Heft 9, 2007, págs. 731-740, pág. 736; KUR A. "Ansätze zur Harmonisierung des Lauterkeitsrecht im Bereich des wettbewerblichen Leistungsschutzes, *GRUR Int.,* 1998, págs. 771-781, pág. 775.

550 FEZER K. H., *Markenrecht.,* cit., p. 110.

551 HILTY M. R., "The Law Against Unfair Competition and its Interfaces", en HILTY M. R. y HENNING-BODEWIG F., *Law Against Unfair Competition,* cit., *passim,* especialmente claro en págs. 21 a 24.

rechtliche Leistungsschutz, que ha acogido históricamente en su seno figuras tales como la protección del prestigio y renombre de las marcas[552] (hasta su incorporación a la MarkenG), la protección de los programas de ordenador previamente a su inclusión como obra protegible *ex* UrhG[553], la protección de las creaciones de moda[554], o más recientemente, la protección de los organizadores de eventos deportivos ante la falta de un derecho exclusivo[555]; asimismo, la Competencia Desleal viene llamada a cumplir una función colmadora de las lagunas internas existentes en la protección especial. La dificultad de dis-

---

552 OHLY A. Y SATTLER A., "120 Jahre UWG im Spiegel von 125 Jahren GRUR", *GRUR*, 2016, cit., págs 1238 y 1239.; OHLY A. Y KUR A., "Lauterkeitsrechtliche Einflüsse auf das Markenrecht" GRUR 2020, cit., págs. 465-467, BORNKAMM J., "Markenrecht und wettbewerbsrechtlicher Kennzeichenschutz- Zur Vorrangthese der Rechtsprechung, *GRUR*, Heft 2, 2005, págs. 97-102, págs. 101 y 102.

553 Cfr. Sentencia OLG Frankfurt am Main U 16/83, GRUR 1983, 757, "DONKEY KONG JUNIOR"; en este mismo sentido KUR A., "Ansätze zur Harmonisierung des Lauterkeitsrechts im Bereich des wettbewerblichen Leistungsschutzes", *GRUR Int.*,Heft 10, 1998, págs. 771-781, pág. 772.

554 KRÜGER CH., "Der Schutz kurzlebiger Produkte gegen Nachahmungen (Nichtechnischer Bereich)", *GRUR*, Heft 2, 1986, págs. 115-126; KEITHE K. y GROESCHKE P., "Jeans- Verteidigung wettbewerblicher Eigenart von Modeneuheiten", *WRP*, Heft 7, 2006, págs. 794-800.

555 Es el conocido caso hartplatzhelden.de del BGH, sentencia disponible en GRUR 2011, 436; Cfr. OHLY A., "Hartplatzhelden.de oder: Wohin mit dem unmittelbaren Leistungsschutz?", *GRUR*, Heft 6, 2010, 487-494; PEUKERT A., "hartplatzhelden.de- Eine Nagelprobe für den wettbewerbsrechtlichen Leistungsschutz", *WRP*, Heft 3, 2010, págs. 316-321; KÖRBER T. C. Y ESS P., "Hartplatzhelden und der ergänzende Leistungsschutz im Web 2.0", *WRP*, Heft 6, 2011, págs.697-703; RUESS P. Y SLOPEK D. E.F., "Zum unmittelbaren wettbewerbsrechtlichen Leistungsschutz nach hartpltatzhelden.de", *WRP*, Heft 7, 2011, págs. 834-842.

tinguir materialmente entre ambas dimensiones es evidente, deriva, a nuestro parecer, de la indeterminación y reiteración de su contenido.

La problemática que se plantea en Alemania es, por tanto, idéntica a la que tiene ante sí España, y a la que se enfrentan la mayoría de los países europeos[556]. El único elemento diferencial es que Alemania cuenta con una nutrida línea jurisprudencial que ha aquilatado a lo largo de más de cien años y que ha permitido algunos pronunciamientos de gran interés y que van mucho más allá de lo que hoy por hoy sería posible imaginar en la jurisprudencia española, una flexibilidad que, sin embargo, viene marcada por una falta de sistematicidad, cambios jurisprudenciales y, en suma, una notable inseguridad jurídica.

El modelo alemán rechaza de plano un criterio de *lex especialis*[557], sobre la base de las diferencias sistemáticas existentes. Algo que se ha visto refrendado por la jurisprudencia del

---

556 KUR A., "What to protect, and How? Intellectual Property, Unfair Competition or protection *sui generis*", en LEE, WESTKAMP, KUR y OHLY *Intellectual Property, Unfair Competition and Publicity*, Edward Elgar, Cheltenham, 2014, págs. 11-32, pág. 14.

557 En este sentido FEZER K.H., "Normenkonkurrenz zwischen Kennzeichenrecht und Lauterkeitsrecht", *WRP*, Heft 1, 2008, págs. 1-9, pág. 5.

BGH[558]. A favor de lo anterior habría que sumar[559], además, la dimensión consumerista que la armonización a nivel de la UE ha imprimido en las normas de Competencia Desleal[560].

---

558 No sin cierta discusión, pues el BGH en la decisión "*Mac Dog*" (BGH GRUR 1999, 161), determinó la existencia de una prioridad aplicativa del Derecho de Marcas sobre el Derecho de la Competencia Desleal, conocida como "*Vorrangthese*" por la doctrina alemana. Lo cierto es que es posible colegir que esa "prioridad" solo puede estar fundamentada respecto de las normas de Marcas, en la medida en que los desarrollos comunitarios y la propia naturaleza concurrencial de la marca, han contribuido a un solapamiento casi pleno tanto en objetivo último como en figuras de protección entre el derecho especial y las normas de competencia desleal. No obstante, a día de hoy la *Vorrangthese* se puede considerar prácticamente abandonada por parte de la jurisprudencia mayoritaria.

559 La inclusión del consumidor como un sujeto directamente protegido por las normas de CD y no solamente cubierto por una protección indirecta, constituye un argumento más a favor de una aplicación en igualdad de ambos conjuntos de normas, cfr. HENNING-BODEWIG F., "Das ungeklärte Verhältnis der IP-Rechte zum Lauterkeitsrecht", *FS Sabine Rojahn*, cit., pág. 325; Ello porque la represión de ciertos actos desleales para/con los consumidores no puede hacerse depender de que el titular del derecho de marca accione contra el infractor. En esta medida, prácticamente cualquier conducta de infracción de un derecho de PI, cuando afecta a un consumidor y la acción se plantea directamente por éste, adquiere una dimensión específica, completamente ajena y separada a la propia de los derechos exclusivos, de suerte que no es posible argumentar solapamiento o redundancia algunos y, sin embargo, seguimos hablando de una complementariedad clara entre ambas materias.

560 Al igual que en la sistemática española, la UWG alemana ha tenido que ser reformada (en este caso en dos ocasiones, debido a una transposición deficiente de la Directiva 2005/29/CE) [Sobre este punto SOSNITZA O., "Der Regierungsentwurf zur Änderung des Gesetzes gegen den unlauteren Wettbewerb", *GRUR*, 2015, págs. 318-322, pág. 318.], de suerte que, junto a su sistemática tradicional, se añade un segundo esquema aplicativo paralelo, de exclusivo acceso y utilización por parte del consumidor, que, además, recibe una

La aplicación de las normas de Competencia Desleal se da, por tanto, con carácter complementario de la tutela de un derecho de exclusiva, y será posible siempre y cuando, el caso presente determinadas circunstancias desleales especiales[561] (*Besondere unlauterkeitsmerkmale/ begleite Umstände*) que hagan que la conducta sea relevante para el derecho de la Competencia Desleal más allá del interés que la infracción del derecho de PI pueda a su misma vez despertar[562]. Para que tales determinadas circunstancias especiales se den bajo el modelo alemán bastará con que la conducta se inserte en cualquiera de

---

tutela adicional, mediante un anexo de prácticas desleales *per se*, que en el caso alemán ha estado canalizada exclusivamente por vía de las asociaciones de consumidores, estando pendiente de entrada en vigor una nueva reforma, de 2021, que transponiendo las modificaciones de la Dir. 2005/29/CE determinadas por la Dir. 2161/2019/ UE, establece por primera vez en el sistema alemán la legitimación del consumidor para acciones individuales [Cfr. KÖHLER H., "Der Schadenersatzanspruch der Verbraucher im Künftigen UWG", *WRP*, Heft 2, 2021, págs. 129-136, *passim.*; ALEXANDER CH., "Überblick und Anmerkungen zum Referentenentwurf eines Gesetzes zur Stärkung des Verbraucherschutzes im Wettbewerbs- und Gewerberecht" , *WRP*, Heft 2, 2021, págs. 136-145, págs. 142-144; SCHERER I., "Verbraucherschadensersatz durch § 9 ABS. 2 UWG-RegE als Umsetzung von Art. 3 Nr.5 Omnibus-RL – eine Revolution im Lauterkeitsrecht", *WRP*, Heft 5, 2021, págs. 561-567, *passim.*].

561 En realidad, esta formulación de cuándo se habilita la complementariedad de protecciones en el Derecho alemán resulta muy similar a la que rige en España: la acumulación es posible siempre y cuando el juicio de deslealtad concurrencial se produzca por circunstancias diferentes a las que se hayan tenido en cuenta para valorar la infracción de la conducta, que no es sino el postulado básico de la doctrina de la "complementariedad relativa" formulada por MASSAGUER FUENTES J., *Comentario a la Ley de Competencia Desleal*, cit., pág. 84.

562 KÖHLER H., en KÖHLER H./BORNKAMM J./FEDDERSEN J., *Beckiche Kurz-Kommentar UWG*, 39. Auflage, Cit., pág. 555.

los grupos de casos del § 4.3 UWG o bien que sea enjuiciable a través de la cláusula general del § 3 UWG.

Ello dota a la complementariedad alemana de un carácter circular: se justifica la aplicación de la UWG en el cumplimiento de sus requisitos de aplicación correspondientes (inclusión de la conducta en un grupo de casos del § 4.3 UWG), los cuales coincidirán a menudo con la infracción de los derechos exclusivos[563], sin llegarse a resolver si realmente la aplicación de la norma de Competencia Desleal constituye una redundancia o una extensión indebida de la protección más allá de un límite legítimo. Lo que se hace es justificar por la *forma* los *efectos* de la aplicación de ambas normativas[564].

---

563 Especialmente problemático resulta el concepto de *wettbewerbliche Eigenart*. En este sentido, vid. SAMBUC T., *Der UWG-Nachahmungsschutz*, CH. Beck, Múnich, 1999, pág 58; NEMECZECK H., "Wettbewerbliche Eigenart und die Dichotomie des mittelbaren Leistungsschutzes", *WRP* Heft 11, 2010, pág. 1315-1321, pág. 1321, identifica con acierto que el concepto de *wettbewerbliche Eigenart* es a su misma vez elemento delimitador de la conducta y requisito de protegibilidad, lo que favorece una cierta circularidad argumentativa; en el mismo sentido, el mismo autor también ha señalado (Idem, pág. 1318) que la valoración de dicho concepto corresponde a un "momento inmaterial" identificando *wettbewerbliche Eigenart* con un requisito cuasi-inmaterial, lo que desdibujaría la diferencia entre ambos conjuntos normativos; un segundo elemento que difumina los límites teóricos sería la "*Wechselwirkung Theorie*" o teoría de la relación entre los elementos, y que puede conducir a que ante un *wettbewerbliche Eigenart* muy intenso, la relevancia de las circunstancias desleales se reduzca a cero (Idem, pág. 1320); en un sentido crítico con la *Wechselwirkungslehre* o *-Theorie* se manifiesta OHLY A., "Urheberrecht und UWG", *GRUR Int.*, cit., págs.700 y 701

564 En la medida en que la aplicación de la norma de CD exige el cumplimiento del tipo objetivo de cada grupo de casos, la aplicación de cualquier supuesto del § 4.3 UWG, ya legitima en sí mismo la intervención de la legislación de Derecho contra la Competencia Desleal en vía paralela al derecho de PI, por cumplirse el requisito

2. LA GESETZ GEGEN DEN UNLAUTEREN WETTBEWERB

La complementariedad de protecciones únicamente cabe en la norma respecto del §4.3, cuyas letras a), b) y c) contienen tres grupos de casos referidos a la imitación desleal: confusión evitable sobre el origen comercial (*Vermeidbare Herkunftstäuschung*), aprovechamiento indebido de la reputación ajena (*Unangemessene Rufausbeutung)* y la obtención desleal de conocimientos necesarios para la imitación (*Unredliche Erlangung von Kenntnissen*). El sistema a su vez se completa con el recurso a la cláusula general[565], actualmente desplazada del §1 al §3 UWG, dando cabida a otros actos tales como la imitación obstruccionista (anudada por algunos al § 3 y por otros al § 4.4 UWG), la protección directa del rendimiento (*Unmittelbare Leistungsschutz*), bajo la cual se ha desarrollado importantes

---

objetivo de complementariedad: la existencia de circunstancias desleales propias y distintas a los derechos de PI, pero lo cierto es que los requisitos empleados en los diferentes grupos de casos, no se encuentran tan claramente separados de los objetivos de protección de los derechos de PI. Cfr.OHLY A., "Bausteine eines europäischen Lauterkeitsrechts", *WRP*, Heft 2, 2008, pág. 182.

565 Aunque se plantearon importantes dudas de si el recurso a la cláusula general seguía siendo posible en general. Cfr. NEMECZEK H., "Rechtsübertragungen und Lizenzen beim wettbewerbsrechtlichen Leistungsschutz- Zugleich ein Beitrag gegen den unmittelbaren Leistungsschutz", *GRUR*, cit., pág.292; en este mismo sentido OHLY A. y SATTLER A., "120 Jahre UWG im Spiegel von 125 Jahren GRUR", *GRUR*, cit., págs. 1234-1235.

grupos de casos como la doctrina *Modeneuheiten*[566], o la de *Einschiebung in eine fremde Serie*[567].

El § 1UWG nuevo contiene el propósito de la norma. Dicho precepto reza:

> *"Dieses Gesetz dient dem Schutz der Mitbewerber, der Verbraucherinnen und Verbraucher sowie der sonstigen Marktteilnehmer vor unlauteren geschäftlichen Handlungen. Es schützt zugleich das Interesse der Allgemeinheit an einem unverfälschten Wettbewerb*[568]*"*.

Estableciendo así la llamada tríada de protecciones o *Schutzzwecktrias,* conforme a la cual la UWG protege a un mismo tiempo a Competidor (*Mitbewerber*) a Consumidor y a otros participantes del mercado (*Verbraucher sowie der sonstigen Marktteilnehmer*), así como el interés general en una competencia no falseada (*Allgemeinheit*) [569]. Estos intereses se diseñaban en la ley con idéntico rango (*Gleichrangigkeit*)[570], pero lo cierto es

---

566 Inaugurada con una sentencia del BGH del mismo nombre, sobre la protección de las creaciones de corta vida comercial (BGH, GRUR 1973, 478, Modeneuheiten).

567 Fundamentalmente desarrollada como respuesta al problema de la protección de las piezas Lego, generó un total de 3 decisiones diferentes por parte del BGH (Klemmbausteine I, II y III), para finalmente resultar abandonada por insostenible.

568 Traducida por GARCÍA PÉREZ R., "Nuevo texto de la Ley de Competencia Desleal alemana (UWG): traducción con anotaciones", *ADI*, Tomo XXIX, 2008-2009, págs. 699-726, pág. 699, como sigue: "*La presente Ley tiene por finalidad proteger frente a los actos comerciales desleales a los competidores, a las consumidoras y consumidores y a los restantes participantes en el mercado.* [2.] *Protege asimismo el interés de la generalidad en una competencia no falseada.*"

569 HENNING BODEWIG F., "Das neue Gesetz gegen den unlauteren Wettbewerb", cit., pág.713 y allí, la nota al pie 4.

570 Así lo reconoce, por ejemplo, HENNING-BODEWIG F., "Relevanz der Irreführung, UWG-Nachahmungsschutz und die Abgrenzung

que tanto los intereses de Consumidor, los de otros participantes del mercado y el interés general aparecían todavía en 2004 como mediatizados, en el sentido de que eran en cierta forma mero reflejo (*Reflexartige Schutz*) de la protección adecuada del competidor[571].

Una segunda novedad importante fue el cambio de redacción de la cláusula general, ahora ubicada en el § 3UWG, tras la enunciación del propósito normativo y una serie de definiciones generales. En dicha cláusula general ya no se aprecia referencia alguna a las buenas costumbres (*guten Sitten*), sino que se transforma en una cláusula moderna de corte objetivo:

> *"Unlautere Wettbewerbshandlungen, die geeignet sind, den Wettbewerb zum Nachteil der Mitbewerber, der Verbraucher oder der sonstiger Marktteilnehmer nicht nur unerheblich zu beeinträchtigen, sind unzulässig*[572]*".*

Dicha cláusula general se conforma por dos partes[573]: un juicio de comportamiento compuesto por la práctica concurrencial desleal (*Unlautere Wettbewerbshandlungen*); y, un juicio de relevancia (conocido como *Bagatellklausel*) pues dichas conductas deben ser adecuadas (*geeignet sind*) para afectar de modo no insignificante (*nicht nur unerheblich*) a la competen-

---

Lauterkeitsrecht/IP-Rechte", *GRUR Int.*, cit., pág.988;

571 Con ello se está queriendo decir que su tutela se opera y logra mediante la protección (y acción) individual del operador concretamente afectado.

572 Literalmente: "Las Prácticas concurrenciales desleales, que son aptas, para afectar a la competencia de un modo no insignificante, en perjuicio de Competidores, Consumidores u otros participantes en el mercado, no son admisibles". (Traducción Propia).

573 OHLY A., "Nach der Reform ist vor der Reform", *GRUR*, Heft 12, 2014, págs. 1137-1144, pág. 1139, que a su vez sigue los postulados de KÖHLER H., "Neujustierung des UWG am Beispiel der Verkaufsförderungmaßnahmen", *GRUR*, Heft 9, 2010, págs. 767-775, pág. 773.

cia (*den Wettbewerb... zu beeinträchtigen*), todo ello en perjuicio (...*zum Nachteil*...) de los sujetos e intereses protegidos *ex* § 1 UWG[574].

Ninguna de las modificaciones experimentadas por la UWG tiene incidencia material[575] sobre la "*lauterkeitsrechtliche Nachahmungsschutz*[576]", aunque sí que afectan de un modo indefectible a la sistemática y forma de aplicación de toda la ley[577], que, mantiene una disociación entre prácticas desleales con competidores y prácticas desleales con consumidores puramente

---

574 Por tanto, la conexión entre el § 1 y la cláusula general del § 3 UWG en el caso alemán es explicita, a diferencia de en el modelo español, donde hay que deducirla a partir de una interpretación sistemática, como hemos visto.

575 Sí se produce una reordenación de los casos en su articulado, que pasan del § 4.9 en la UWG de 2004 al §4.3 tras la reforma de 2015.

576 Terminología, como sabemos, propuesta por KÖHLER H., "Das Verhältnis des Wettbewerbsrechts zum Recht des geistigen Eigentums - Zur Notwendigkeit einer Neubestimmung auf Grund der Richtlinie über unlautere Geschäftspraktiken", *GRUR*, Heft 7, 2007, cit., pág. 549; y confirmada por él mismo de nuevo en 2021 en el *Beckiche Kurz-Kommentar zum UWG*, cit., pág. 553; este postulado ha tenido predicamento en una buena parte de la doctrina, entre ellos BÄRENFÄNGER J., "Symbiotische Theorie zum Kennzeichen- und Lauterkeitsrecht", *WRP*, Heft 1, 2011, págs. 16-28, pág. 20, cuando habla de la necesidad de una aplicación autónoma y conjunta de ambas materias y no determinar el ámbito de aplicación de la Competencia Desleal a partir del Derecho de Marcas; también se pronuncia crítico (ciertamente antes que KÖHLER) con la prioridad o bloqueo de la marca DONDORF M., *Schutz vor Herkunftstüaschung und Rufausbeutung*, Carl Heymanns, Múnich, 2005, pág, 151.

577 KÖHLER H., "Grenzstreitigkeiten im UWG" *WRP*, Heft 11, 2010, págs. 1293-1304, pág. 1303, propone una aplicación en 3 pasos, donde primero se acudiría a la lista negra, en segundo lugar y fallido dicho juicio a las prácticas confusorias o agresivas y, finalmente se valora la deslealtad conforme a los preceptos tradicionales de la UWG, incluida la cláusula general de deslealtad con consumidores.

formal, dando un tratamiento unitario los intereses de competidores y consumidores[578].

2.1. Paradigma de protección, disposición normativa, ubicación sistemática y requisitos generales de la "ergänzenden wettbewerbsrechtliche Leistungsschutz".

Se trata, el § 4.3 UWG, de uno de los preceptos más complejos en la norma porque, a él subyace en realidad una pregunta angulosa en materia de competencia: la relación que existe (o ha de existir) entre PI y Derecho de la Competencia en sentido amplio[579]. Partimos de la base de que la cuestión de las relaciones que *in concreto* existan entre PI y CD es una cuestión de política legislativa[580], también en Alemania ha de entenderse así. Hay argumentos que apoyan la idea de que CD y PI son ramas completamente distintas del Ordenamiento Mercantil tanto en materia de propósitos de protección[581], como en sistema de

---

578 De nuevo, FEZER K.H., "Der Dualismus der Lauterkeitsrechtsordnungen des b2c-Geschäftsverkehrs und des b2b-Geschäftsverkehrs im UWG", cit., pág.1165.

579 En una línea similar, OHLY A., "Bausteine eines europäischen Lauterkeitsrechts", *WRP*, Heft 2, 2008, págs.177-185, págs. 184 y 185.

580 Idea que ya se ha expresado *supra*, como señala explícitamente BERCÓVITZ RODRÍGUEZ-CANO A., en *Apuntes de Derecho Mercantil*, cit., pág. 390, cuando dice que los límites de los derechos de PI se amplían y extienden en función de los dictados del legislador.

581 Como distingue claramente HENNING-BODEWIG F., "Enforcement im deutschen und europäischen Lauterkeitsrecht", *WRP*, Heft 6, 2015, págs. 667-674, pág. 669, mientras las normas de Competencia Desleal se constituyen como *Marktverhaltensrecht*, cuyo objeto es el aseguramiento del cumplimiento de las funciones y necesidades de la competencia, tomando de forma relevante un componente ético donde se atiende a los intereses de los participantes del mercado; en cambio, los derechos de PI se centrarían en la tutela de

aplicación y en consecuencias jurídicas (y económicas, añadimos[582]). La evolución del sistema alemán de protección frente a la imitación desleal exhibe perfectamente y con toda claridad un desarrollo marcado por la alternancia entre opiniones a favor y en contra de la acumulación de protecciones que han ido impregnando en un sentido u otro los pronunciamientos de la Alta Jurisprudencia alemana.

Se trata de un sistema que, desde sus orígenes y durante casi cien años ha sido puramente jurisprudencial, arranca con la sentencia del *Reichgericht* (en adelante, RG), de 1910 conocida como decisión *Schallplatten*, donde el tribunal resuelve que la imitación no es desleal en sí[583], sino por incidir o incurrir en determinadas circunstancias cualificadoras. Lo que hace la representación de la conducta compatible con el principio de libre imitación, toda vez que se persiguen solamente una parte de las prácticas imitadoras: aquellas desleales[584] . No tardó el RG en volver a ser preguntado sobre cuáles eran dichas circunstancias que tornaban la imitación en desleal: el siguiente pronunciamiento relevante lo da en 1925, cuando se plantea la decisión "*Käthe-Kruse-Puppen*"[585], en la que alude a la deslealtad

---

posiciones jurídicas absolutas, siendo a éstas ajeno el control de la conducta individual en el mercado.

582 En una línea similar LUBBEGER A., "Alter Wein in neuen Schläuchen- Gedankenspiele zum Nachahmungsschutz", *WRP*, Heft 8, 2007, cit., pág. 879 ya negó que la protección concurrencial a la imitación y la concesión de un derecho exclusivo de propiedad produjera efectos económicos comparables.

583 Cfr. SAMBUC T., *UWG* Nachahmungsschutz, pág. 7; OHLY A., en OHLYA. y SOSNITZA O., *UWG Kommentar*, 7. Auflage, cit., pág. 358

584 En un sentido similar, KRUG A., Der lauterkeitsrechtliche Nachahmungsschutz bei technischen Gestaltungsmerkmalen im Kontext des Immaterialgüterrechts, cit, págs. 164-166, 173 y 189.

585 Sentencia de 11 de julio de 1925 (RGZ 111,254) donde el Tribunal del Reich tiene ante sí un caso de imitación de una muñeca de

per se del aprovechamiento del esfuerzo comercial ajeno. Un año después, en 1926, el RG declara en la decisión *Puppenjunge* que la muñeca litigiosa presentaba tal grado de individualidad que no podía quedar desprotegida frente a la imitación, aunque no entrara en el rango de lo artístico[586].

No tardó la crítica doctrinal en atacar estos pronunciamientos[587] por ser extremadamente favorables a la protección[588] y poco rigurosos, y es que los jueces acudían a la imitación desleal en una línea muy similar a la que justificaba la aplicación del derecho de PI, pero estando ausente su protección[589]. Un proceder al que Ulmer en 1926 dio en llamar "*Schrittmacherfunktion des UWGs*"[590].

Es en estas dos sentencias de los años 1920, el RG hace referencia a un requisito particular que debe darse en la prestación a proteger: el *wettbewerbliche Eigenart*[591], traducido e importado en España como "singularidad competitiva".

En respuesta al descontento, el propio RG operó una separación categórica en cuanto al tratamiento de la imitación en función de la naturaleza de las características imitadas, concre-

---

juguete que era reconocida en la época como un diseño incluso de componente artístico. Cfr. GÖTTING H.-P., "Wettbewerbsrechtlicher Leistungsschutz (§4 Nr.9)", en FEZER K.H., *Lauterkeitsrecht. Kommentar zum Gesetz gegen den unlauteren Wettbewerb,* Band I, C.H. Beck, Múnich, 2010, págs. 1133-1196, pág.1138.

586 RGZ 115, 180, 182 y ss.

587 Considerándolos erráticos, cfr. BEATER A., *Nachahmen im Wettbewerb. Eine rechtvergleichende Untersuchung zum §1 UWG,* JCB Mohr, Tübingen, 1995, pág 100.

588 Ibid., pág. 99.

589 Lo que no hacía sino poner en duda la relación entre CD y PI. Cfr. BEATER A., *Nachahmen im Wettbewerb,* cit., pág 100.

590 ULMER E., *Urheber-und Verlagsrecht,* 3. Auflage, cit., pág. 40.

591 SAMBUC T., Der UWG-*Nachahmungsschutz,* cit., pág. 51.

tamente, según se tratase de características o productos de naturaleza técnica y productos de naturaleza estética[592/593], sometiendo a los primeros a mayor rigor por su carácter estratégico para la competencia. El peso de los requisitos de circunstancias desleales adicionales[594] fue haciéndose cada vez mayor hasta que el RG fue sustituido por el *Bundesgerichthof* (en adelante, BGH) culminando con ello su desarrollo y sistematización[595], permitiendo la organización de los pronunciamientos en grupos o constelaciones de casos.

A partir de la sistematización de grupos de casos, la jurisprudencia y doctrina comienzan a hablar de *vermeidbare Herkunftstäuschung, unangemessene Rufausbeutung/Rufbeeinträchtigung*[596], *unredliche Erlangung von Kenntnissen und Unterlagen.* Los grupos de casos que posteriormente serán codificados en la UWG bajo la designación *mittelbare Leistungsschutz.* Frente a esta categoría encontramos la denominada *unmittelbare Leistungsschutz* o protección directa del rendimiento empresarial, donde las circunstancias desleales que rodean la conducta imitativa ape-

---

592 Esta división de una importancia tradicionalmente inimaginable se ha criticado en el momento actual por redundante, irrelevante y artificiosa. Vid. KRUG A., *Der lauterkeitsrechtliche Nachahmungsschutz bei technischen Gestaltungsmerkmalen im Kontext des Immaterialgüterrechts,* cit., págs. 116-118.

593 Esta división categoría se opera en la sentencia Huthacken (RGZ 120,94,98), tal como expone FEZER K.H., *Lauterkeitsrecht,* pág.1138 y BEATER A., *Nachahmen im Wettbewerb,* cit., pág 100.

594 KRUG A., Der lauterkeitsrechtliche Nachahmungsschutz bei technischen Gestaltungsmerkmalen im Kontext des Immaterialgüterrechts, cit., pág. 8

595 Muy relevantes en este sentido son las sentencias Hummelfiguren I (BGHZ 5,1) y Buntstreifsatin I (BGHZ 35,341).

596 En ocasiones también definido como unangemessene Ausnutzung oder Beeinträchtigung der Wertschätzung. Cfr. KÖHLER H., KÖHLER H./BORNKAMM J./FEDDERSEN J., *Beckiche Kurz-Kommentar UWG,* cit., pág. 580.

nas tienen importancia, protegiendo, por tanto, la prestación o rendimiento comercial en sí. Esta segunda línea de tutela ha resultado fuertemente criticada desde sus inicios, por su proximidad a la tutela industrial, si bien algunos autores han defendido recientemente su admisibilidad a falta de derecho exclusivo aplicable *ad hoc*[597].

En la órbita de la *unmittelbar Leistungsschutz*, aunque sin pertenecer exactamente a ella, encontramos un quinto grupo de casos de *Behinderung durch Nachahmung* o imitación obstaculizadora, la cual ha sido reconocida cuando la imitación impide la amortización de una inversión o cuando tiene carácter sistemático, al tener como efecto u objeto impedir la implantación de un competidor en el mercado o su expulsión[598]. Por último, encontramos dos líneas doctrinales cuya ubicación dentro de los grupos de casos resulta compleja y que, normalmente, suelen tratarse de forma separada o autónoma, aunque tienen elementos característicos concomitantes a otras constelaciones: son las doctrinas *Modeneuheiten*[599], sobre protección de productos de corta vida comercial en el ámbito de la moda y la de

---

597 OHLY A., "Hartplatzhelden.de oder: Wohin mit dem unmittelbaren Leistungsschutz?", *GRUR*, Heft 6, 2010, cit., pág. 493, condicionada a cumplir dos requisitos: que no haya conflicto con ninguna norma reguladora de derechos de PI y que la tutela no solamente sirva para el interés del fabricante original, sino también los intereses generales del mercado.

598 GÖTTING H.P., "Wettbewerbsrechtlicher Leistungsschutz (§4 Nr.9)", en FEZER K.H., *Lauterkeitsrecht*, cit., pág. 1182; en este mismo sentido, se pronuncia respecto al modelo español, DOMINGUEZ PÉREZ E. M., *Competencia Desleal a través de actos de imitación sistemática*, cit., pág. 278.

599 Inaugurada en una Decisión del BGH del mismo nombre y continuada para toda una serie de sentencias sobre el sector de las novedades de moda. Sentencia BGH GRUR 1973, pág. 478, *Modeneuheit;* y continuada por las sentencias BGH GRUR 1984, 453, *Hemdblusenkleid* y BGH GRUR 1998, pág. 477, *Trachtenjanker.*

Einschiebung in fremde Serie[600]. Ambas doctrinas, vinculadas a la amortización de costes, se consideran actualmente superadas en la práctica.

Estos diferentes grupos de casos comparten algunos requisitos en común, si bien se alejan en alguna circunstancia desleal especial que opera como medio para cualificar la ilicitud de la conducta imitativa en cada caso. Junto a requisitos generales, como la imitación (*Nachahmung*) y la existencia de "singularidad competitiva"[601] (*wettbewerbliche Eigenart*), aparecen requisitos específicos como, por ejemplo, en el caso de la *vermeidbare Herkunftstäuschung*: 1) el conocimiento en el mercado del original, 2) la confusión sobre el origen comercial del producto, y 3) la evitabilidad de la confusión mediante la adopción de medidas adecuadas y razonables.

Entre todos los elementos objetivos que componen el tipo existe lo que se denomina como *Wechselwirkung*[602] (interacción) lo que permite compensar la intensidad de las diferentes circunstancias. Dado que los requisitos generales (*wettbewerbliche Eigenart* e intensidad de la imitación) exhiben una cierta

---

600 Esta doctrina se inaugura y prácticamente se circunscribe al tratamiento de las decisiones *Klemmbausteine* I, II, III sobre la protección concurrencial de los bloques de juguete Lego, una vez terminado su plazo de protección como Diseño Industrial.

601 El uso de las comillas en este caso responde a la necesidad de entender que estamos operando una traducción literal del término al idioma español y que no debe el lector interpretarlo como un concepto equivalente a la singularidad competitiva española, en la medida en que está aún por ver si hay una coincidencia exacta y de hecho, la propia traducción, como se expondrá, plantea ciertas connotaciones indeseables a la hora de determinar las relaciones PI y CD.

602 A este respecto se refieren las sentencias: BGH GRUR 1986, 673, Beschlagprogramm; BGH WRP 1976, 370, Ovalpuderdose; BGH GRUR 2007, 984, Gartenliege; BGH GRUR 2012, 58, Seilzirkus; y BGH GRUR 2013, 951, Regalsystem.

proximidad con el sistema de valoración inmaterial, se ha hablado de un sistema en dos pasos[603], donde la concurrencia de las circunstancias desleales especiales opera como auténtico criterio diferenciador de la tutela concurrencial[604], siendo que, a menudo, su mención queda reducida, sin embargo, a su mero reconocimiento formal (*Lippenbekenntnis*)[605].

---

603 NEMECZEK H., "Wettbewerbliche Eigenart und die Dichotomie des mittelbaren Leistungsschutzes", *WRP*, Heft 11, 2010, pág. 1318, hable de la existencia de un doble momento en el juicio de deslealtad de la imitación, donde encontramos un primer momento Inmaterial, asimilado al juicio de infracción PI, y un segundo momento netamente concurrencial donde se examinan las circunstancias concretas de deslealtad que tiene la conducta valorada, dado el caso concreto.

604 El juicio cuasi inmaterial sería un juicio de mérito de protección normativa integrado por intensidad de imitación y grado de *wettbewerbliche Eigenart* (NEMECZEK H., "Wettbewerbsfunktionalität und unangemessene Rufausbeutung gem. § 4 Nr.9 lit.b Alt. 1 UWG", WRP, Heft 9, 2012, págs. 1025-1034, pág.1026) y constituiría un momento de enjuiciamiento de tipo o corte inmaterial, centrado en el valor de la prestación en sí, que luego se corrige y pondera con el juicio netamente concurrencial, centrado en las circunstancias desleales adicionales

605 Una crítica a la *Wechselwirkungslehre* se puede encontrar en OHLY A., "Urheberrecht und UWG", *GRUR Int.*, Heft 7/8, 2015, cit., págs. 700 y 701, donde manifiesta como la concurrencia de un elevado grado de *wettbewerbliche Eigenart* puede servir para justificar la protección directa del esfuerzo empresarial, haciendo totalmente prescindibles las demás circunstancias concurrenciales desleales; en este mismo sentido, para HEYERS J., "Wettbewerbsrechtlicher Schutz gegen das Einschieben in fremde Serien - Zugleich ein Beitrag zu Rang und Bedeutung wettbewerblicher Nachahmungsfreiheit nach der UWG-Novelle", *GRUR*, Heft 1, 2006, pág. 24, ambos conceptos desactivan el principio de una protección puramente vinculada con la conducta. Si unimos estos planteamientos con ese carácter casi inmaterial del *wettbewerbliche Eigenart* del que habla NEMECZEK H., "Wettbewerbsfunktionalität und unangemessene Rufausbeutung gem. § 4

2.1.1. Las Relaciones y Aplicación de los Supuestos de Imitación Desleal y de Infracción de normas de Propiedad Intelectual

El primer aspecto que corresponde tratar y que, evidentemente, no se encuentra legalmente contemplado tiene que ver con carácter general con la existencia o no de una prioridad aplicativa de las normas de PI sobre las conductas de imitación recogidas por la UWG. Cuestión que ha manifestado un cierto perfil evolutivo.

Durante lo que podemos caracterizar como la primera etapa, marcada por la evolución y establecimiento progresivo de ambos sistemas de protección y que abarca básicamente desde los orígenes de la disciplina concurrencial a la imitación hasta aproximadamente la década de 1990, se vino admitiendo la aplicabilidad cumulativa de una y otra tipología de acciones, fundamentalmente bajo la consideración de que la Competencia Desleal cumplía una indeterminada función de "Marcapasos[606]" y según la cual la Competencia Desleal cumple una función colmadora de lagunas (*Lückenfüllende Funktion*) indeseadas en el derecho de la PI. Bajo esta primera etapa se producirá el desarrollo del grueso de la doctrina de la imitación desleal y se acuñará el término de protección complementaria y concurrencial del rendimiento (el ya famoso *ergänzenden* (!) *wettbewerbsrechtliche Leistungsschutz*).

Nr.9 lit.b Alt. 1 UWG", *WRP*, Heft 9, 2012, pág. 1026, resulta mucho más claro el riesgo que supone admitir de forma ilimitada la teoría de la interacción, pues, prescindir de las circunstancias comerciales desleales adicionales, tal y como se percibe desde dicha perspectiva el *wettbewerbliche Eigenart*, la protección es de naturaleza concurrencial, pero claramente de lógica inmaterial, lo que permite calificar a la doctrina de la *lauterkeitsrechtliche Nachahmungsschutz* de desvío (*Umweg*) y, por tanto, deslegitimarla.

606 *Schrittmacherfunktion*, tributaria, como se vio, de EUGEN ULMER. Cfr. Nota al pie 184 y nota a pie 591.

Sin embargo, a medida que los sistemas de protección de la PI se iban perfeccionando, la función complementaria de la Competencia Desleal iba siendo más difícil de sostener, fundamentalmente, por la progresiva desaparición de las lagunas. Este hecho, junto con la liberalización que experimentó el Derecho de la Competencia alemán acabó posicionando a la mayoría de la doctrina en una perspectiva más favorable a un uso restringido o excepcional de las normas de la UWG cuando los derechos de PI ofrecieran adecuada respuesta. Esta segunda etapa, liberalizadora, llegará a su punto álgido con la Sentencia *Mac-Dog* del BGH[607], donde por primera vez, el Alto Tribunal Federal, deniega la acumulación de las acciones por imitación desleal de la UWG ante la imitación de la marca, al entender que las acciones en defensa de la marca renombrada[608] tienen un carácter exclusivo y excluyente, de forma que impiden la aplicación de los tipos de imitación desleal al caso, llegando a hablar el Tribunal de una "prioridad" (*Vorrang*) de las acciones de marca notoria respecto de las de imitación desleal.

La llamada *Vorrangthese* fue rápida y felizmente asumida por la parte de la doctrina más reacia a continuar la práctica acumulativa tradicional y, sin embargo, muy fuertemente contes-

---

607 BGH GRUR 1999, 161, Mac-Dog.

608 Se trataba de valorar el uso de la marca Mac-Dog y Mac-Cat para comida enlatada de animales domésticos, en referencia a la famosa cadena de comida rápida MacDonald´s.

tada por otra[609/610]. Este cambio de criterio del BGH se explica por la necesidad de desacostumbrar a los *Instanzgerichte* a recurrir a la UWG, tratando de fomentar el recurso a la reciente MarkenG, infrautilizada por la falta de implantación. Ante esta tesitura el BGH optó por señalar que concretamente las acciones de defensa de la marca renombrada excluían las acciones en ese mismo sentido desarrolladas (todavía) *ex* § 1 UWG 1909 y, por tanto, que había una prioridad de la MarkenG sobre la UWG[611]. La prioridad aplicativa *ex Vorrangthese* del BGH solo se predicó explícitamente respecto del Derecho de marcas y no

609 Cuyo principal exponente es FEZER, curiosamente un tratadista del Derecho de Marcas. Cfr. FEZER K.H., *Lauterkeitsrecht*, cit., págs. 116-118; vid. también FEZER K.H., "Normenkonkurrenz zwischen Kennzeichenrecht und Lauterkeitsrecht", *WRP*, Heft 1, 2008, cit., pág. 5; en este mismo sentido DONDORF M., *Schutz vor Herkunftstäuschung und Rufausbeutung*, cit., págs. 146 y 147; BORNKAMM J., "Markenrecht und wettbewerbsrechtlicher Kennzeichenschutz- Zur Vorrangthese der Rechtsprechung", cit., pág. 99;

610 En este sentido, se señaló con acierto que el art. 5.2 de la Dir. 89/104/CEE del Consejo de 21 de diciembre de 1988 relativa a la aproximación de las legislaciones de los Estados Miembros en materia de marcas no obligaba a guardar para la marca la protección del renombre. Literalmente: "*Cualquier Estado miembro* podrá *asi* (sic) *mismo disponer que el titular esté facultado para prohibir a cualquier tercero el uso, sin su consentimiento, en el tráfico económico, de cualquier signo idéntico o similar a la marca para productos o servicios que no sean similares a aquéllos para los que esté registrada la marca, cuando ésta goce de* renombre *en el Estado miembro y con la utilización del signo realizada sin justa causa se pretenda obtener una* ventaja desleal *del carácter distintivo o; del renombre de la marca o se pueda causar* perjuicio *a los mismos*". Se utiliza claramente un potestativo ("podrá") y se hace una clara referencia a las normas de Competencia Desleal ("ventaja desleal").

611 BGH GRUR 1999, 161, Mac-Dog; reiterada en BGH GRUR 2002, 622, *Shell.de*.

de otras ramas de los derechos de PI, dividiendo a la doctrina entre los apologistas de su extensión y sus opositores[612].

El BGH nunca aplicó materialmente ese requisito de la prioridad con excesiva vehemencia, de modo que tras reconocimiento formal de la *Vorrangthese* posteriormente se abrió la puerta a una excepción material a dicho principio sobre la base del caso concreto[613]. En realidad, la caída de la *Vorrangthese* juega también un papel importante la reforma de la UWG de 2004, al dar prioridad protectora a los intereses de consumidor y no de competidor. A partir de este cambio parecía dudoso admitir una primacía de las normas marcarias para conductas destinadas al consumidor[614] y ello por una clara disociación de sujetos protegidos: el derecho de marcas protege principalmente al titular de la marca en tanto que dueño de un derecho

---

612 En este sentido, por ejemplo, STEINBECK A., "Zur These vom Vorrang des Markenrechts", en AHRENS H.J, BORNKAMM J., y KUNZ-HALLSTEIN H.P., *Festschrift für Eike Ullmann*, juris, Saarbrücken, 2006, págs. 409-423, págs. 420 y 421, señala con acierto que el ámbito de prestaciones abarcado por el concepto concurrencial de *wettbewerbliche Eigenart* es naturalmente más amplio que aquel de las prestaciones protegidas por el Derecho de Marcas, lo que conduciría, al menos, a reducir la *Vorrangthese*.

613 Siendo tantas las excepciones que más bien lo que parece es que no existe tal requisito de prioridad. Cfr. SCHREIBER P., "Wettbewerbsrechtliche Kennzeichenrechte?", *GRUR*, cit., pág. 118; en este mismo sentido, BÜSCHER W., "Schnittstellen zwischen Markenrecht und Wettbewerbsrecht", *GRUR*, Heft 3/4, 2009, págs. 230-236, pág. 231.

614 OHLY A., "Bausteine eines europäischen Lauterkeitsrechts", *WRP*, Heft 2, 2008, cit., pág. 184; FEZER K.H., "Normenkonkurrenz zwischen Kennzeichenrecht und Lauterkeitsrecht", *WRP*, Heft 1, 2008, pág. 7; HENNING-BODEWIG F., "Die Bekämpfung unlauteren Wettbewerbs in den EU-Mitgliedstaaten: eine Bestandsaufnahme", *GRUR Int.*, 2010, cit., pág. 274, nota al pie 6; y más abiertamente, de nuevo, HENNING-BODEWIG F., "Relevanz der Irreführung, UWG-Nachahmungsschutz und die Abgrenzung Lauterkeitsrecht/IP-Rechte", *GRUR Int.*, cit., págs. 986-990.

subjetivo, mientras que las normas de CD protegen, en tales casos, los intereses de los consumidores en tomar una decisión no influenciada indebidamente[615].

La decadencia parcial de la prioridad acabó extendiéndose al entero articulado como consecuencia del carácter unitario del sistema alemán de Competencia Desleal. Así las cosas, aunque el BGH nunca abandonó formalmente el sistema de la prioridad, las relaciones entre PI y CD tuvieron que volver al punto de partida, arrancando de nuevo de las circunstancias desleales adicionales y su función delimitadora entre el ámbito de una y otra disciplina para la tutela del mercado. Así, sin abandonar totalmente la influencia de la *Vorrangthese*, se considera que el recurso a las normas de la UWG sobre imitación desleal será posible cuando se justifique en circunstancias desleales adicionales, es decir, fundamentalmente mediante recurso a los casos del actual § 4.3.a-c UWG, y siempre que esas circunstancias desleales sean distintas o ajenas al ámbito de valoración tenido en cuenta en el ámbito del derecho PI concretamente invocado[616/617].

---

615 En una línea similar, HENNING-BODEWIG F., "Das ungeklärte Verhältnis der IP-Rechte zum Lauterkeitsrecht", cit., págs. 323 y 324.

616 KÖHLER H., en KÖHLER H./BORNKAMM J./FEDDERSEN J., *Beckiche Kurz-Kommentar UWG*, cit., pág. 555; ya en 2005 BORNKAM J. (coautor del comentario citado), "Markenrecht und wettbewerbsrechtlicher Kennzeichenschutz. Zur Vorrangthese der Rechtsprechung", *GRUR*, Heft 1, 2005, págs. 97-102, pág. 102 informa de una aplicación jurisprudencial flexible y abierta, cuando pudieran incidir aspectos extramarcarios.

617 La relación dogmática entre la UWG y la UrhG, la GeschmG y la PatentG resulta pacífica y clara, en la medida en que ninguno de estos derechos de exclusiva tiene en su objeto una tutela más allá del puro incentivo a crear, es decir, la UrhG protege frente a la imitación de las obras creativas siempre que con ello se prive injustamente de los incentivos o frutos derivados de dicha creación, y lo mismo se puede decir de la GeschmG respecto de los diseños estéticos singulares y

La aplicación cumulativa, sin embargo, debe cuidarse de evitar que las acciones de la UWG sirvan para socavar el diseño de la protección conferida desde los derechos de PI[618]. De esta forma, el problema de la acumulación de acciones de PI y de acciones *ex* UWG se traslada: deja de plantearse en un contexto netamente dogmático, para ubicarse en el contexto de la política de competencia, y en concreto, dentro la tensión entre innovación e imitación y, en particular, la cuestión de los límites de las normas de PI.

La determinación de si la UWG es aplicable o no al contexto de la PI ya no depende internamente de la justificación dogmática desarrollada, sino que depende de la relevancia que se otorgue a los derechos de PI en tanto que límites al princi-

---

novedosos, así como de la PatentG respecto de aquellos elementos (Patent) y formas (Gebrauchsmuster) destinados a la satisfacción de una necesidad técnica. Se orientan a la generación de un incentivo a la creación e inversión y su protección está mediatizada a estos efectos, de suerte que solo protegen al titular de la imitación en tanto que tal [Cfr. KÖHLER H., *Beckiche Kurzkommentare zum UWG*, cit., pág. 559; también OHLY A., "Urheberrecht und UWG", *GRUR Int.*, Heft 7/8, 2015, cit., pág.701]. De esta forma, la aplicación de la UWG por una imitación generadora de un riesgo de confusión evitable, por un aprovechamiento o perjuicio de la reputación ajena o por obtención desleal de conocimientos, constituyen conductas propias, distintas y separadas a las contenidas y castigadas por la legislación de derechos de PI y, por tanto, resultan cumulativamente aplicables.

618 De esto advierten, entre otros, SAMBUC T., "Die Eigenart der Wettbewerblichen Eigenart"- Bemerkungen zum Nachahmungsschutz von Arbeitsergebnissen durch § 1 UWG-", *GRUR*, cit., pág131; KUR A., "Ansätze zur Harmonisierung des Lauterkeitsrecht im Bereich des wettbewerblichen Leistungsschutzes, *GRUR Int.*, 1998, cit., pág 780; nuevamente OHLY A. y KUR A., "Lauterkeitsrechtliche Einflüsse auf das Markenrecht", *GRUR*, Heft 5, 2020, cit., pág. 461.

pio de libre imitación[619]. Para quienes opinen que la PI es una isla (más bien un archipiélago) en un mar de imitación[620], y consiguientemente conciban que allí donde termina el derecho de PI debe haber una imitación irrestricta y libérrima, no habrá espacio alguno para la imitación desleal[621]. En cambio, para quienes consideran que hay que hacer una valoración *ad hoc* para verificar si la concreta regla invocada es o no excluyente en el sentido de inhibir la aplicabilidad de la CD, hay mayor espacio para la imitación desleal, en la medida en que el principio de libre imitación no es ilimitado[622], sino que se encuentra constreñido por, entre otras cosas, los efectos perjudiciales que impone a la competencia, y, por tanto, por un juicio de deslealtad concurrencial[623].

---

619 De nuevo aparece aquí la idea enunciada por BERCÓVITZ RODRÍGUEZ-CANO A., *Apuntes de Derecho Mercantil*, cit., pág. 390, según la cual el establecimiento de las fronteras entre ambos círculos es una cuestión legislativa que, vemos ahora, responde, por tanto, a una decisión consciente de la Política de Competencia a seguir.

620 EHMANN T., "Monopole für Sportverbände durch ergänzenden Leistungsschutz?", *GRUR Int.*, cit., pág. 661.

621 Esto ha sido calificado, sin embargo como un error interpretativo en la jurisprudencia por NIRK R., "Zur Rechtsfigur des wettbewerbsrechtlichen Leistungsschutzes", *GRUR*, Heft 3, 1993, págs. 247-255, pág. 252

622 KUR A., "Der wettbewerbliche Leistungsschutz Gedanken zum wettbewerbsrechtlichen Schutz von Formgebungen, bekannten Marken und 'Charakters'", *GRUR*, cit., pág, 3; en el mismo sentido, LUBBEGER A., "Technische Konstruktion oder künstlerische Gestaltung?- Design zwischen den Stühlen-", en AHRENS H.J., BORNKAMM J., GLOY W., STARCK J., y VON UNGERN-STERNBERG J., *FS ERDMANN*, Carl Haeymans, Berlin, 2002, págs. 145- 163, págs. 156 y 161; y de nuevo el mismo LUBBERGER A., "Grundsatz der Nachahmungsfreiheit?", *FS für Eike Ullmann*, cit. pág.741.

623 KRUG A., Der lauterkeitsrechtliche Nachahmungsschutz bei technischen Gestaltungsmerkmalen im Kontext des Immaterialgüterrechts, cit., pág. 191

Ya no se habla de una aplicación suplementaria, sino de una aplicación complementaria, armónica o simbiótica[624], donde la aplicación de ambos sectores de normas se amolda a las necesidades del otro. Y, lo que es más, si partimos de la prioridad ontológica de la CD y efectivamente admitimos que esta tiene una relación doblemente determinante respecto de la PI, *ad extra*, como extensión de la tutela, pero también *ad intra*, como "disciplina informadora" de la aplicación de la PI en el contexto de mercado, no solo el juicio concurrencial coincidirá con aquel que subyace al que inspira el límite valorado, sino que en ocasiones podrá desempeñar una cierta labor correctora *ad hoc* del rigor formalista de la PI, cuando, por ejemplo, transcurrido el periodo de protección fijo establecido para un Diseño Industrial, la forma protegida continúe siendo relevante en el mercado, por contar con una determinada reputación o por estar despertando o haber despertado capacidades indicadoras del origen comercial, lleguen o no a tener la intensidad como para ser tuteladas por el derecho de Marcas[625].

Más complejo se torna valorar la cuestión de los límites en el caso del Derecho de marcas y ello porque la naturaleza jurídica de la marca en tanto que derecho de PI es particular y distinta a la que exhiben el resto de derechos[626]. Tradicionalmente se

---

624 BÄRENFÄNGER J., Das Spannungsfeld von Lauterkeitsrecht und Markenrecht unter dem neuen UWG, cit., pág.179.

625 En una línea similar KUR A., "Too Common, too splendid, or 'just right'? Trade mark protection for product shapes in the light of CJEU case law", *Max Planck Institute for Intellectual Property and Competition Law Research Paper series,* Paper 14-17, 2014, pág. 20 y, en ella, la nota pie 80, y pág. 27.

626 Para BORNKAMM J., "Markenrecht und wettbewerbsrechtlicher Kennzeichenschutz- Zur Vorrangthese der Rechtsprechung, *GRUR*, cit., pág. 98, la marca no entra en la "nobleza" de los Derechos de PI, al proteger junto al interés individual del titular del derecho, los intereses del comprador en que la confianza depositada en la

la consideró en Alemania como parte del derecho de la Competencia Desleal[627], independizada tan solo recientemente. A mayor abundamiento, los intereses tutelados por la marca no coinciden con el estímulo directo a la innovación, sino que más bien tienen que ver con la transparencia en el mercado lo que la aproxima al Derecho de CD. No obstante, el BGH mantiene igualdad de criterio y ha admitido la acumulabilidad de acciones de marca y CD por confusión. Solo cabe pensar en dos supuestos claros donde la acumulación no resulta objetable: por un lado, cuando la imitación recae sobre el objeto y no sobre el signo, esta distinción la ha reiterado el BGH y parte de la doctrina alemana en relación con la marca de forma, a partir de una distinción formal (y un tanto artificiosa) entre la marca de forma como signo y la forma del producto como prestación protegible[628]; por otra parte, cuando quien accione sea un consumidor, al no haber una identidad de sujeto protegido. A este respecto, OHLY y KUR, han indicado que existe

---

marca no se vea defraudada; y para KUR A., "Der wettbewerbliche Leistungsschutz Gedanken zum wettbewerbsrechtlichen Schutz von Formgebungen, bekannten Marken und 'Charakters'", *GRUR*, Heft 1, 1990, págs. 1-15, pág. 6, la marca no representa un esfuerzo en sí mismo y, precisamente por ello, no habría un interés público en su libre utilización, de forma que la protección de la marca se justifica por su función como signo, esto es, como indicador de una prestación y su relación con un fabricante. En España también para BAYLOS CORROZA la marca tiene unos contornos distintos respecto del resto de Derechos de PI. Cfr. BAYLOS CORROZA H., *Tratado de Derecho Industrial. Propiedad Industrial, Propiedad Intelectual, Derecho de la Competencia, Disciplina de la Competencia Desleal*, Aranzadi, Navarra, 2009 págs. 112, 113, 286 y 288-290.

627 DORNIS T. W., *Trademark and Unfair competition conflicts. Historical-Comparative, Doctrinal and Economic Perspectives*, cit., pág. 9.

628 Cfr. KÖHLER H., "Der Schutz vor Produktnachahmung im Markenrecht, Geschmacksmusterrecht und neuen Lauterkeitsrecht", *GRUR*, Heft 9, 2009, págs. 445-451, págs. 446 y 447.

una influencia concurrencial sobre el Derecho de Marca, lo que hace que a medida que el juicio de infracción del Derecho de marca se va expandiendo, muta su foco de atención de la forma a los efectos[629], se va "concurrencializando".

El modelo jurisprudencial alemán ha alcanzado una solución que apuesta por un entendimiento flexible de las relaciones entre PI y CD, donde más que centrarse en una construcción dogmática indiscutible, prevalece un enfoque centrado en el caso concreto. La solución de aplicar la CD con base en sus propios presupuestos aplicativos, respetando los límites de los derechos de PI afectados, se parece a la solución española. Sin embargo, el resultado material es diametralmente opuesto, como se puede comprobar ya en este punto y se expondrá con mayor profundidad.

2.1.2. El requisito de la imitación

La existencia de una imitación es uno de los requisitos básicos de la conducta, explicitado, como no podía ser de otra manera, en el texto de la norma. Señala el § 4.3 como desleal la oferta (*Anbieten*) de imitaciones (*Nachahmungen*[630]) de bienes o servicios (*Waren oder Dienstleistungen*), y ello con carácter general para todos los supuestos de imitación desleal. Como

---

[629] OHLY A. y KUR A., "Lauterkeitsrechtliche Einflüsse auf das Markenrecht", *GRUR*, Heft 5, 2020, págs. 457-471.

[630] La propia noción de imitación (*Nachahmung*) debe excluir la venta no autorizada de originales, el enlazado del contenido libremente accesible en internet [BGH GRUR 2003, pág. 958, Paperboy], la distribución de series y programas de televisión [OLG Köln GRUR-RR 2005, pág. 228], la grabación y comunicación en línea de jugadas de fútbol en la liga amateur [BGH GRUR 2011, pág. 436, Hartplatzhelden.de], ni el disfraz de carnaval desarrollado sobre la descripción existente de un personaje literario [BGH WRP 2016, pág. 850, Pippi-Langstrumpf-Kostüm II].

consecuencia de la *Wechselwirkungstheorie*[631], el sistema alemán presenta una naturaleza "móvil[632]" en la valoración de las circunstancias de deslealtad, lo que impone una aproximación graduada o en *tiers* respecto a la intensidad con la que tiene lugar la imitación.

Los autores hablan de *unmittelbar übernähme* o *sklavische Nachahmung* (apropiación directa/imitación servil), *fast identische Nachahmung* (imitación cuasi idéntica) y *nachschaffende Ausnutzung* (recreación o imitación recreadora), como los tres principales niveles de intensidad[633]. El grado de intensidad de la imitación es una de las múltiples circunstancias a ponderar en la valoración de deslealtad. De este modo, una imitación simplemente recreadora, puede ser considerada como la imitación más desleal cuando del resto de circunstancias del caso, es decir, por un elevado nivel de *wettbewerbliche Eigenart*, por la reputación del producto en el mercado, o por los efectos (deliberados o involuntarios) que dicha imitación tiene en términos de confusión de consumidores, transferencia de imagen respecto del producto imitador, o por obstaculizar la recuperación de la inversión.

En todo caso, conviene saber que el BGH ha provisto una noción de imitación relevante a los efectos de entender qué es la imitación en el sistema alemán. Así, puede considerarse

---

631 KÖHLER H. en KÖHLER H./BORNKAMM J./FEDDERSEN J., *Beckiche Kurz-kommentare UWG*, § 4.3, pág.570.

632 SACK R., "Bewegliche Systeme im Wettbewerbs- und Warenzeichenrecht", *Festschrift für Walter Wilburg*, Springer, Viena/Nueva York, 1986, págs. 177-198; también KUR A., "Ansätze zur Harmonisierung des Lauterkeitsrecht im Bereich des wettbewerblichen Leistungsschutzes, *GRUR Int.*, cit., págs. 776-777.

633 Resultan familiares estas categorías, pues fueron importadas por la doctrina española desde los sistemas suizo y alemán, omitiéndose, sin embargo, la noción de unidad o gradación de intensidad de la imitación

que la imitación requiere el cumplimiento simultáneo de dos elementos[634]: conocimiento del modelo y parecido de la imitación.

El conocimiento previo no se interpreta en un sentido subjetivo asimilado al dolo, sino en su sentido más habitual: como consciencia de la existencia de un producto al que llamaremos "Original" y su adopción como modelo (*Vorbild*) en la creación de una prestación propia[635]. Se impone, por tanto, una preexistencia del original respecto a la imitación[636], mientras la debida adopción como modelo, hace que la simple coincidencia casual entre dos productos (demostrada cumplidamente) quede fuera de la noción imitación.

El segundo de los elementos, el parecido o similitud, lo define el BGH en términos abstractos y flexibles: es necesario que el producto imitador, o una parte del mismo, coincida con el producto original o bien que sea, al menos, tan parecido que pueda reconocerse el original en él[637], atendida la impresión de conjunto que transmiten ambos productos, no siendo necesaria una coincidencia total, sino especialmente sobre aquellas características que compongan o atribuyan relevancia al *wettbewerbliche Eigenart*[638]. La valoración del parecido no puede hacerse, sin más, por una comparación directa de las carac-

---

634 KÖHLER en KÖHLER H./BORNKAMM J./FEDDERSEN J., *Beckiche Kurzkommentare UWG*, § 4.3, pág.569.

635 Sentencias BGH, GRUR 2008, pág. 115, ICON; BGH, GRUR 2009, pág. 1162 DAX; Y BGH WRP 2017, pág. 51 Segmentestruktur.

636 KÖHLER en KÖHLER H./BORNKAMM J./FEDDERSEN J., *Beckiche Kurzkommentare UWG*, § 4.3, pág.570; FEZER K.H., *Lauterkeitsrecht*, cit., págs.1139 y 1148.

637 Sentencias BGH WRP 2015, 1477, Goldbären; y BGH WRP 2017, pág. 792, Bodendübel.

638 KÖHLER en KÖHLER H./BORNKAMM J./FEDDERSEN J., *Beckiche Kurz-kommentare zum UWG*, § 4.3, pág.570.

terísticas, sino que, necesariamente debe articularse desde un criterio hermenéutico específico: el de consumidor medio razonablemente informado, atento y perspicaz[639] y además, en un concreto momento cognitivo-contextual: el consumidor medio, generalmente, no puede valorar el parecido de ambos productos comparándolos el uno junto al otro, sino tan solo por su recuerdo o imagen mental[640].

Una lectura detallada del § 4.3 UWG permite deducir que la conducta prohibida es la comercialización de imitaciones y no la imitación en sí[641]. De esta forma, la imitación con propósitos científicos o privados no constituye una conducta de imitación desleal. De igual forma, este elemento es relevante a efectos de legitimación pasiva cuando fabricante de la imitación y su distribuidor sean personas distintas. En este caso, la fabricación se tiene que perseguir de forma separada como acto preparatorio[642].

2.1.3 El requisito del wettbewerbliche Eigenart.

El segundo de los requisitos generales de las conductas de imitación desleal, caracterizado por algunos autores como ver-

639 Ibid. Pág. 571

640 BGH *WRP*, 2017, pág. 1332, Leuchtballon; en un sentido similar ST-GUE de 28 de mayo de 2020 (As.T-677/18), Caso oreo, lo cual es aún más interesante, porque en ese caso el Tribunal General estaba valorando una infracción de marca. La creciente valoración fáctica del juicio de infracción de marca, viene a reforzar la idea de que el TJUE viene desarrollando un juicio en clave concurrencial de la infracción de la marca.

641 KÖHLER H., en KÖHLER H./BORNKAMM J./FEDDERSEN J., *Beckiche Kurzkommentare zum UWG*, cit., pág.572.

642 Ibid.

dadero núcleo del tipo[643] es el *wettbewerbliche Eigenart*. Se trata de uno de los requisitos más antiguos de la doctrina de la imitación desleal alemana, pudiendo trazarse ya en las sentencias *Kathe-Krusse-Puppen* y *Puppenjunge* del RG[644].

Cumple una función delimitadora de la protección[645] de forma que esta no se ofrezca a todo tipo de productos, sino solamente aquellos que cumplan determinadas características objetivas de mérito y que, en esa medida, se alejen de la media de los productos existentes en el mercado[646].

---

643 En esta línea SAMBUC T., "Die Eigenart der Wettbewerblichen Eigenart"- Bemerkungen zum Nachahmungsschutz von Arbeitsergebnissen durch § 1 UWG-", *GRUR*, cit., pág. 130 (*Schlüsselbegriffs des Nachahmungsrecht*); también SAMBUC T., *Der UWG-Nachahmungsschutz*, cit., pág. 51; asimismo da mucha importancia a dicho concepto LUBBEGER A., "Technische Konstruktion oder künstlerische Gestaltung?- Design zwischen den Stühlen-", cit., pág.155; en contra BEATER A., *Nachahmen im Wettbewerb. Eine rechtvergleichende Untersuchung zum §1 UWG*, cit., pág. 96, donde lo define como un punto de conexión prácticamente carente de toda relevancia para ulteriores consideraciones de protección, y sin tampoco relevancia decisoria. En este mismo sentido, el BGH, GRUR 1968, 591, Pulverbehälter, considera que el concepto no tiene un significado propio y que su función es distinguir prestaciones protegibles de las que no la ameritan.

644 RG GRUR 1927, 132, Puppenjunge.

645 KELLER E., "Der wettbewerbsrechtliche Leistungsschutz. Vom Handlungsschutz zur Immaterialgüterrechtähnlichkeit", en AHRENS H.J., BORNKAMM J., GLOY W., STARCK J., y VON UNGERN-STERNBERG J., *FS ERDMANN*, Carl Haymans, Berlín, 2002, págs.595-611, pág. 597; en este mismo sentido también EHMANN T., "Monopole für Sportverbände durch ergänzenden Leistungsschutz?", *GRUR Int.*,cit., pág. 663, lo concibe como un criterio de diferenciación cualitativa; HUBMANN H., "Die sklavische Nachahmung", *GRUR*, cit., pág. 230.

646 HAß P., "Gedanken zur sklavischen Nachahmung", *GRUR*, Heft 6, 1979, págs. 361-367, pág. 364.

Se trata de un criterio criticable para parte importante de la doctrina, pues de él se ha dicho que no aporta ningún elemento clarificador más allá de excluir en abstracto determinados grupos de productos genéricos no conflictivos en vía de principio y, sin embargo, es fuente de confusión entre el Derecho contra la Competencia Desleal y la protección de la PI[647/648].

Siendo una noción de creación netamente jurisprudencial[649] su importancia y naturaleza, varían en función del tipo de conducta imitatoria[650], siendo necesario para los casos de imitación confusoria (donde adquiriría un contenido simi-

647 En este sentido OHLY A., en OHLY A. y SOSNITZA O., *UWG Kommentar,* cit. págs. 371 y 372; BEATER A., *Nachahmen im Wettbewerb. Eine rechtvergleichende Untersuchung zum §1 UWG,* cit., pág. 96; NEMECZECK H., "Wettbewerbliche Eigenart und die Dichotomie des mittelbaren Leistungsschutzes", *WRP* Heft 11, 2010, pág. 1315-1321.

648 No ayuda que los "nuevos Derechos de PI", como es el caso del Diseño Industrial, acudan a nociones similares, como ocurre en el caso alemán, donde se optó por *Eigentümlichkeit* para la idea de carácter singular, un vocablo muy conectado a *Eigenart.* En este sentido SAMBUC T., *Der UWG-Nachahmungsschutz,* cit., pág. 60 y MAIERHÖFER CH., *Geschmacksmusterschutz und UWG-Leistungsschutz: Ein Vergleich unter Berücksichtigung des Konkurrenzverhältnisses,* Herbert Utz, 2006, pág. 51, realizan una crítica a la elección de dicho término, considerando que ello no ayuda a una desvinculación del componente u órbita inmaterial que tradicionalmente se ha venido dando al concepto de *wettbewerbliche Eigenart* (Cfr. Nota anterior). Con la modernización del sistema de Diseño Industrial *Eigentümlichkeit* se sustituyó por *Eigenart,* complicando aún más la distinción.

649 KÖHLER en KÖHLER H./BORNKAMM J./FEDDERSEN J., *Beckiche Kurz-kommentare,* § 4.3, pág. 564, que además destacan que pese a las modificaciones de la UWG dicho concepto se ha mantenido igualmente fuera de la letra de la norma.

650 SAMBUC T., "Die Eigenart der Wettbewerblichen Eigenart"- Bemerkungen zum Nachahmungsschutz von Arbeitsergebnissen durch § 1 UWG-", *GRUR,* cit., pág. 138.

lar a la distintividad marcaria) y mínimo en los demás[651]. El *wettbewerbliche Eigenart* va a darse cuando la forma externa del producto o algunas de sus características son aptas para indicar a los círculos comerciales interesados el concreto origen comercial del producto, u otras de sus particularidades[652]. Solamente puede darse respecto de características de forma[653] y generalmente se excluye de aquellas configuraciones técnicamente necesarias (*technische notwendige Merkmalen*), aunque sí puede darse en formas técnicamente condicionadas (*technische bedingte Merkmalen*), sin que exista mayor justificación para esta distinción que preservar el libre acceso al estado de la técnica[654].

Se ha dicho que el *wettbewerbliche Eigenart* tiene un componente doble a medio camino entre una distintividad marcaria de segundo orden, conforme a la que bastaría con una clara separación o distancia respecto de otros productos existentes en el mercado[655], y el Diseño industrial[656]. Sin embargo, ni constituye un requisito de novedad ni de renombre o notoriedad[657],

---

651 TILMANN W., "Der wettbewerbsrechtliche Schutz vor Nachahmungen", *GRUR*, Heft 12, 1987, págs. 865-870, pág. 867; OHLY A., en OHLY A. y SOSNITZA O., *UWG Kommentar*, cit. pág. 372.

652 En este sentido BGH GRUR 2010, pág. 80, LIKEaBIKE; BGH GRUR 2010, pág. 1125, Femur-Teil; BGH GRUR 2012, pág. 58, Seilzirkus; BGH WRP 2013, 1189, Regalsystem; BGH GRUR 2013, 1052, Einkaufswagen III; BGH WRP 2015, pág. 1090, Exzenterzähne

653 KÖHLER en KÖHLER H./BORNKAMM J./FEDDERSEN J., *Beckiche Kurz-kommentare*, § 4.3, pág.564.

654 Una crítica a esta división en KRUG A., Der lauterkeitsrechtliche Nachahmungsschutz bei technischen Gestaltungsmerkmalen im Kontext des Immaterialgüterrechts, cit., págs. 116-118.

655 KÖHLER en KÖHLER H./BORNKAMM J./FEDDERSEN J., *Beckiche Kurz-kommentare*, § 4.3, pág. 564.

656 OHLY A., "Urheberrecht und UWG", *GRUR Int.*, cit., pág. 699.

657 BGH GRUR 2009, pág. 79, Gebäckpresse

sin perjuicio de que la novedad pueda ser un indicio de su existencia[658] y la notoriedad pueda incrementar su grado de intensidad[659]. No se exige renombre en todo caso, ya que de lo contrario productos recién implantados en el mercado se encontrarían carentes de protección[660]. La defensa que brinda el *wettbewerbliche Eigenart* es de naturaleza concreta, de forma que nunca pueden desplegar dicho carácter[661], ideas abstractas ni generales[662].

Su valoración es especialmente compleja. Para SAMBUC[663] no existiría un *wettbewerbliche Eigenart* en sentido unitario, sino que la naturaleza de este requisito cambiaría de naturaleza y condición para cada grupo de casos[664]. Para otros, la valoración

---

658 NEMECZEK H., "Wettbewerbsfunktionalität und unangemessene Rufausbeutung gem. § 4 Nr.9 lit.b Alt. 1 UWG", *WRP*, cit., pág. 1026.

659 BGH GRUR 2007, pág. 984 *Gartenliege*; BGH WRP 2012, pág. 1379, Sandmalkasten; BGH WRP 2013, pág. 1189, Regalsystem.

660 BGH WRP 1976, pág. 370, Ovalpuderdose

661 *Eigenart* se puede traducir como peculiaridad, pero también como naturaleza o carácter.

662 GÖTTING H.P., "Wettbewerbsrechtlicher Leistungsschutz (§4 Nr.9)", en FEZER K.H., *Lauterkeitsrecht. Kommentar zum Gesetz gegen den unlauteren Wettbewerb,* Band I, C.H. Beck, Múnich, 2010, págs. 1133-1196, pág.1159.

663 SAMBUC T., "Die Eigenart der Wettbewerblichen Eigenart"- Bemerkungen zum Nachahmungsschutz von Arbeitsergebnissen durch § 1 UWG-", *GRUR*, cit., pág. 138.

664 Precisamente por eso, el *UWG Kommentar* de HARTE- BAVENDAMM H./HENNING-BODEWIG F., cuyo capítulo dedicado al § 4.3 corre a cargo de SAMBUC, al menos, hasta la edición de 2016 trata *el wettbewerbliche Eigenart* de forma separada para cada tipo de imitación desleal. Cfr. SAMBUC T., HARTE-BAVENDAMM y HENNING-BODEWIG *UWG Kommentar*, cit., págs. 920 (Rn 15), 931 (Rn 89), pág. 938 (donde se sustituye directamente por *Image*) y págs. 942 y 943, donde desaparece del todo como requisito. Posteriormente, en la imitación sistemática rehabilita el requisito de *wettbewerbliche*

de dicho requisito depende del contexto de las circunstancias del caso[665] y, en particular, de la ya señalada *Wechselwirkung*[666], siendo lo verdaderamente relevante atender a la impresión del tráfico (*Verkehrsauffassung*)[667].

Dado que el juicio de infracción de un derecho de exclusiva no depende (salvo quizá en el caso de la Marca[668] y el Diseño Industrial[669]), de la impresión del público al respecto, podría interpretarse que la valoración del producto en sede de juicio de infracción por deslealtad no orbita tanto en torno al mérito del producto imitado en sí, como a la relevancia de las características inmanentes al producto en y para el mercado. De esta forma, el *wettbewerbliche Eigenart* abandonaría su naturaleza subjetivizada o inmaterial[670], para convertirse en un requisito objetivo de protección, en el que la relevancia de los elementos

---

Eigenart, diferenciando el tratamiento según se trate de productos competitivamente singulares o no (Cfr. págs. 944 y 945).

665 KÖHLER en KÖHLER H./BORNKAMM J./FEDDERSEN J., *Beckiche Kurz-kommentare*, § 4.3, pág.569.

666 GÖTTING H.P., "Wettbewerbsrechtlicher Leistungsschutz (§4 Nr.9)", en FEZER K.H., *Lauterkeitsrecht*, Cit., pág.1158.

667 BGH WRP 2012, pág. 1179, Sandmalkasten.

668 Fundamentalmente por esa relación de interconexión que ya hemos mencionadoOHLY A. y KUR A., "Lauterkeitsrechtliche Einflüsse auf das Markenrecht", *GRUR*, Heft 5, 2020, págs. 457-471.

669 Que atiende a la impresión general distinta en el usuario informado. Elección a la hora de orientar la valoración de la infracción del DI que buscaba hacerlo un sistema de tutela apegado al mercado. Cfr. KUR A. y LEVIN M., "The Design Approach Revisted: background and meaning", en KUR A., LEVIN M. y SCHOVSBO J., *The EU Design Approach. A global Appraisal*, Edward Elgar, Cheltenham/Northampton, 2018, págs.1-27, pág. 17.

670 NEMECZEK H., "Wettbewerbsfunktionalität und unangemessene Rufausbeutung gem. § 4 Nr.9 lit.b Alt. 1 UWG", *WRP*, Heft 9, 2012, págs. 1025-1034.

imitados no se predica solo para el titular de este, sino también para el mercado.

Con ello se da respuesta a uno de los principales problemas (y críticas) que trae consigo el uso del concepto de *wettbewerbliche Eigenart*, cual es la persistencia de la protección concurrencial anudada a su propia vigencia, es decir, la subsistencia de protección frente a la imitación desleal durante tanto tiempo como persista la relevancia comercial del *wettbewerbliche Eigenart*[671/672]. El Derecho alemán viene solucionando este problema, de forma no demasiado convincente, a partir del recurso a una diferencia de propósitos, objeto y sistema de protección[673], pero nunca acaba de cerrar la posibilidad de oponer una crítica fundada en una naturaleza cuasi-inmaterial del *wettbewerbliche Eigenart* y de la protección sobre él diseñada[674].

La mediatización concurrencial de la valoración del *wettbewerbliche Eigenart* mutaría su naturaleza, de forma que la percepción del tráfico no es solo parte integral del mismo, sino también su causa justificante, es decir, la protección contra la imitación de la UWG, surgiría como mecanismo para tutelar

---

671 KEITHE K. y GROESCHKE P., "Jeans- Verteidigung wettbewerblicher Eigenart von Modeneuheiten", *WRP*, cit., pág. 799; KRÜGER CH. "Der Schutz kurzlebiger Produkte gegen Nachahmungen (Nichttechnischer Bereich)", *GRUR*, cit., págs. 123 y 124; SAMBUC T., *Der UWG-Nachahmungsschutz*, cit., págs. 201 y 202.

672 En cambio, cuando el Derecho de la Competencia Desleal se ha utilizado en su *Lückenfüllende Funktion*, esto es, de forma pretorial, siguiendo la lógica de la Propiedad Intelectual, el BGH sí que ha establecido una limitación temporal, como en la doctrina *Modeneuhieten*. Cfr. MAIERHÖFER CH., *Geschmacksmusterschutz und UWG-Leistungsschutz: Ein Vergleich unter Berücksichtigung des Konkurrenzverhältnisses*, cit., pág. 130.

673 KÖHLER en KÖHLER H./BORNKAMM J./FEDDERSEN J., *Beckiche Kurz-kommentare*, § 4.3, pág. 555.

674 BEATER A., *Nachahmen im Wettbewerb*, cit., pág. 96.

una necesidad del mercado: orientar al consumidor ya no solo mediante marcas, sino a través de los productos en sí y sus lo características[675/676].

En cambio, los derechos de PI, aunque admiten una reinterpretación en clave concurrencial, esto es, desde la perspectiva del tráfico, este nunca es causa justificante de la protección, que siempre se encuentra en la órbita de las relaciones entre el inversor-titular del derecho y el bien inmaterial cuya exclusiva se concede *ope legis*. Es decir, la protección basada en Propiedad Intelectual nunca podrá renunciar a valorar la protegibilidad o mérito del bien inmaterial en sí mismo.

2.2. La jurisprudencia del Bundesgerichtshof respecto a la "ergänzenden wettbewerbsrechtliche Leistungsschutz": estudio de los grupos de casos.

El acto imitativo de una prestación ajena revestida de *wettbewerbliche Eigenart* no se considera por sí solo lo suficientemente ajeno a la protección del rendimiento de naturaleza

---

675 De esta forma, como señala OHLY A., "Designschutz im Spannungsfeld von Geschmacksmuster-, Kennzeichen- und Lauterkeitsrecht", *GRUR*, cit., pág. 738, la mayor aproximación hacia la protección del consumidor produciría que el *wettbewerbliche Eigenart* perdiera su significado independiente (adquiriendo una función auxiliar), pues lo decisivo es determinar no la protegibilidad en sí, sino la producción de engaño en el público consumidor.

676 Esta posición, en realidad, no dejaría de suponer en cierto modo el reconocimiento de una suerte de distintividad degradada, de manera que, aplicado el propio concepto de *wettbewerbliche Eigenart* al producto en su conjunto, en cierta forma supone una protección funcionalmente equivalente a la de una marca tridimensional, pero de puro hecho, de forma similar a cómo las denominaciones sociales pueden operar actualmente como marcas desde un punto de vista puramente fáctico.

industrial, no justificando por sí mismo deslealtad concurrencial alguna[677]. Antes bien, la deslealtad requiere que se den determinadas circunstancias concomitando a la imitación que la hagan calificable de desleal[678], siendo estas, específica pero no exclusivamente, las que conforman los grupos de casos a-c del § 4.3 UWG, a los que el BGH ha añadido la protección directa frente a la apropiación y la inserción del producto propio en una serie modular ajena.

2.2.1. § 4.3.a UWG. Confusión evitable sobre el origen comercial (Vermeidbare Herkunftstäuschung)

El supuesto más importante[679] por su incidencia práctica, común con la legislación española, es la imitación generadora de confusión sobre el origen comercial del producto (en adelante, simplemente, confusión). Conducta desleal básica cuya valoración, en España y en el sistema de la Directiva 2005/29/CE, se opera a partir de la remisión al concepto de riesgo de confusión marcario.

El texto del § 4.3.a UWG se limita a afirmar: "*Se comporta de modo desleal quien... ofrece bienes o servicios, imitación de otros bienes o servicios de un competidor, cuando... se orienten a producir una confusión evitable en el receptor sobre su origen comercial*".

Requisito previo inherente a la propia confusión sobre el origen comercial es la existencia de una cierta notoriedad (*gewisse Bekanntheit*) del producto imitado en una parte no

---

677 BGH GRUR 2017, pág. 79, Segmentstruktur

678 BGH GRUR 1997, 459, CB-infobank I; BGH GRUR 1999, 325, Elektronische Pressearchive; BGH GRUR 2002, 629, Blendsegel; BGH GRUR 2005, 600, Handtuchklammern; en este mismo sentido KÖHLER H., KÖHLER H./BORNKAMM J./FEDDERSEN J., *Becki-che Kurz-kommentare*, § 4.3, pág. 572.

679 SAMBUC en HARTE/HENNING, *UWG-Kommentar*, cit., pág. 929.

insignificante del círculo comercial interesado[680], y es que un presupuesto para que pueda detectarse confusión en los consumidores (recordemos, la medida de deslealtad de la conducta es la percepción del consumidor) es que estos conozcan el producto original y lo reconozcan en la imitación[681], sin que sea necesario que el producto alcance implantación o apreciación en el tráfico (*Verkehrsgeltung*)[682]. Esta notoriedad existe separada al *wettbewerbliche Eigenart*[683], aunque puede operar como argumento de refuerzo de su existencia e intensidad. Tampoco se trata de la notoriedad marcaria[684].

Siendo el producto notorio en el sentido definido, el siguiente paso es valorar la confusión sobre el origen empresarial, la cual ocurrirá cuando "*el círculo comercial interesado pueda recibir la impresión de que la imitación se origina del fabricante del [producto] original o de una empresa a él vinculada por lazos comerciales u organizativos*"[685], no bastando la mera asociación[686] al

---

680 BGH GRUR 2005, pág 166 Puppenausstattungen; BGH GRUR 2005, pág. 600, Handtuchklammern; BGH GRUR 2006, pág. 79, Jeans I; BGH GRUR 2007, pág. 984, Gartenliege.

681 SAMBUC en HARTE y HENNING, *UWG-Kommentar*, cit., pág. 931 y 933; KÖHLER en KÖHLER H./BORNKAMM J./FEDDERSEN J., *Beckiche Kurz-kommentare*, § 4.3, pág. 573.

682 En este sentido BGH GRUR 2002, pág. 275 Noppenbahnen; BGH GRUR 2006, pág. 79, Jeans I.

683 Ni si quiera SAMBUC, que parte de una concepción fragmentaria del concepto de *wettbewerbliche Eigenart*, incluye la notoriedad del producto dentro del concepto de *wettbewerbliche Eigenart*.

684 BGH GRUR 2007, pág. 339, Stufenleitern; BGH GRUR 2007, pág. 984, Gartenliege; BGH GRUR 2009, pág. 79, Gebäckpresse; BGH GRUR 2016, pág. 730, Hernhuter Stern.

685 BGH GRUR 1988, pág. 385, WäscheKennzeichnungsbänder

686 Distinta de la asociación entendida como confusión en sentido amplio, propia del juicio de confusión de marcas. Aquí asociación aparece en el sentido amplio de evocación, de puesta en contacto entre ambas prestaciones en la mente del consumidor.

producto original[687]. En este punto KÖHLER[688] entiende aplicables las pautas del juicio de confusión marcario (*Verwechslungsgefahr*), lo que no quiere decir que el juicio concurrencial de infracción se reduzca a aquél. Si la confusión se produjera, no en el comprador, sino en terceros que ven el producto de forma indirecta o momentánea o bien que no pueden distinguir original e imitación por circunstancias del modo de uso, en este caso no habrá confusión sobre el origen comercial (lógicamente), sino en su caso aprovechamiento desleal de la reputación[689].

La doctrina distingue dos formas diferentes de confusión sobre el origen. Así encontraríamos, en primer lugar, la confusión directa (*Unmittelbare Herkunftstäuschung*), donde la confusión deriva directamente de la proximidad de ambos productos en cuanto a impresión general, transmitiendo indebidamente al espectador ese engaño[690]; en segundo lugar, también habla la doctrina de confusión indirecta (*Mittelbare Herkunftstäuschung*), donde la confusión no se produce directamente entre los productos en sí, sino de modo que el parecido induce al

---

687 BGH GRUR 2005, pág. 166, Puppenausstattungen; OLG Köln GRUR-RR 2014, 393.

688 KÖHLER en KÖHLER H./BORNKAMM J./FEDDERSEN J., *Beckiche Kurz-kommentare*, § 4.3, pág. 574.

689 Principio sentado por la magistral Sentencia del BGH Tchibo/Rolex (GRUR 1985, pág. 876) y reiterada en BGH GRUR 2007, pág. 795, Handtaschen, ambas sobre imitación de artículos de lujo. El problema de este planteamiento es que parece configurar el aprovechamiento de la reputación como una especie de conducta confusoria degradada, cuando, en realidad, la confusión no exige reputación alguna.

690 BGH GRUR 2005, pág 166 Puppenausstattungen; BGH GRUR 2005, pág. 600, Handtuchklammern; BGH GRUR 2007, pág. 795, Handtaschen; BGH GRUR 2009, pág. 1090, Knoblauchwürste.

público a asumir que el producto imitador es una suerte de nueva serie o segunda marca a cargo del original[691].

La valoración debe centrarse en el parecido existente entre los productos y no en las diferencias[692]. En concreto, se trata de valorar si las características de forma que se imitan son adecuadas para informar al tráfico sobre el origen comercial o no[693] y cuando la confusión se deba a la imitación de un signo, ahí sí procede acudir al aparato analítico del riesgo de confusión marcario[694].

El último punto relevante para tener en cuenta en relación con la imitación es el horizonte temporal. Generalmente el momento importante en la valoración de la conducta es el previo o concomitante a la compra del producto, esto es, el momento de oferta. No obstante, algunos autores[695] han hablado de una "*post sale confusion*", casos donde comprador y usuario del mismo producto difieren[696] o bien en casos, como ya se aludió previamente, donde la confusión no se produce en el comprador, sino en terceros que observan el bien con poste-

---

691 BGH GRUR 2001, pág 443, Vienetta; BGH GRUR 2009, pág. 1090, Knoblauchwürste

692 BGH GRUR 2007, pág. 795, Handtaschen; BGH GRUR 2010, pág. 80, LIKEaBIKE.

693 BGH GRUR 2001, pág 251, Messerkennzeichnung; BGH GRUR 2005, pág 166 Puppenasutattungen; BGH GRUR 2007, pág. 795, Handtaschen.

694 KÖHLER en KÖHLER H./BORNKAMM J./FEDDERSEN J., *Beckiche Kurz-kommentare*, § 4.3, pág. 575.

695 DORNIS T. W., *Trademark and Unfair competition conflicts. Historical-Comparative, Doctrinal and Economic Perspectives*, cit., págs. 127, 353.

696 Problemática abierta a partir del caso BGH GRUR 2010, pág. 1125, Femur-Teil, sobre imitación de la forma de prótesis de cadera. No obstante ya estaba presente en BGH GRUR 1985, pág. 876, Tchibo/ Rolex.

rioridad a su compra, y que son inducidos a error sobre las características del bien, que toman por original[697].

El segundo de los requisitos propiamente dichos para apreciar una imitación desleal por confusión evitable sobre el origen comercial es la evitabilidad del efecto generado[698], en particular si existen medidas apropiadas y razonables[699] para evitar la confusión. Se trata de dos elementos diferentes: el primero de carácter funcional, mientras que el segundo, en realidad esconde una ponderación de intereses[700] sobre la exigibilidad de dichas medidas. Apropiada para evitar la confusión será cualquier medida apta para romper el nexo mental generado en el consumidor respecto a la identidad de la prestación. Lo que se traduce en una carga de mantener una distancia crea-

---

697 En este caso, ya el propio BGH descartó la represión de la imitación por vía de confusión, dejando la puerta abierta al abuso de la reputación ajena, postura que apoya OHLY A., "Post-sale confusion?", en BÜSCHER W., GLÖCKNER J.,NORDEMANN A., OSTERRIETH Ch., y RENGIER R., *Marktkommunikation zwischen Geistigem Eigentum und Verbraucher Schutz. FS Fezer,* 2016, págs. 615-632, págs. 627 y ss., pero que, por ejemplo, KÖHLER en KÖHLER H./BORNKAMM J./FEDDERSEN J., *Beckiche Kurz-kommentare zum UWG,* cit., pág. 577 prefiere reconducir bajo la obstrucción de competidores (§ 4.4 UWG).

698 Para ROHNKE CH., "Schutz der Produktgestaltung durch Formmarken und wettbewerbsrechtlichen Leistungsschutz", *FS Scricker,* 2005, pág. 464, la evitabilidad es precisamente la circunstancia donde radica el centro de gravedad de la deslealtad de la conducta. Abundando en dicho sentido, la evitabilidad de los efectos es lo que diferencia la protección PI de la ofrecida por la UWG: la PI no entra a valorar si se podía haber adoptado una conducta alternativa o no, el juicio de infracción es taxativo la producción de efectos confusorios ante la identidad o similitud de un signo, por ejemplo, basta para entender infracción de la marca, no así desde el paradigma de la UWG.

699 BGH GRUR 2009, pág. 1069, Knoblauchwürste.

700 KÖHLER en KÖHLER H./BORNKAMM J./FEDDERSEN J., *Beckiche Kurz-kommentare,* § 4.3, pág. 577.

tiva mínima durante la imitación[701]. El énfasis se encuentra, lógicamente, en la utilización de signos distintivos claramente diferenciables[702].

Mayor interés despierta, sin duda, el juicio de razonabilidad de las medidas, ya que supone una ponderación de intereses entre el fabricante original, el competidor imitado y los intereses del comprador. El mecanismo ponderativo aconseja una distinción en el tratamiento en función de si se trata de características puramente estéticas o exclusivamente técnicas. Para los aspectos no técnicos la regla es considerar posible en todo caso mantener suficiente distancia recreadora[703], porque hay un mayor espacio para las variaciones[704]. Distintos son los planteamientos cuando hablamos de características técnicas,

---

701 Implícitamente, en este sentido EMMERICH V., *Das Recht des unlauteren Wettbewerbs*, 5. Auflage, CH Beck, Múnich, 1998, pág. 128, alude a "*Abstand*" (separación, distancia), considerando que la validez de las medidas razonables para diferenciar y lograr esa separación entre productos depende de las circunstancias del caso individual y destacadamente del público objetivo.

702 De ahí que, PRTELLANO DÍEZ P., al trabajar sobre la imitación desleal en *La Imitación en el Derecho de la Competencia Desleal*, cit., pág. 467, llegara a la conclusión de que la obligación de diferenciar que impone el sistema de competencia desleal al imitador, se agota en el uso de un signo distintivo lo suficientemente clarificador, entendiendo por tal, prácticamente cualquier signo. Sin embargo, a nuestro modo de ver ello puede no ser así, cuando el signo se encuentre en un lugar poco visible o sea insignificante dentro de la impresión de conjunto del producto en cuestión. Lo que debe primar es una valoración de conjunto, que tenga en cuenta todas las circunstancias del caso y, particularmente, el efecto diferenciador que, *in concreto*, pueda desempeñar la medida a efectos de valorar su adecuación (Cfr. SJMUE 50/2023, de 8 de noviembre, rec. 596/2020).

703 KÖHLER en KÖHLER H./BORNKAMM J./FEDDERSEN J., *Beckiche Kurz-kommentare*, § 4.3, pág. 578.

704 BGH WRP 2013, pág. 1189, Regalsystem; BGH WRP 2015, pág. 1090 Exzenterzähne.

donde la primacía de la necesidad de garantizar un adecuado y libre acceso al estado de la técnica aconseja una interpretación restrictiva, que tiende a considerar una menor capacidad de diferenciación. Tradicionalmente se distingue entre *elementos técnicamente necesarios*, cuya imitación es permitida de modo incondicional, y *elementos técnicamente condicionados*, donde la necesidad de la imitación se valora a la luz de la importancia del condicionamiento técnico. Cuanto más complejo es un determinado aparato técnico y cuantas mayores funciones técnicas distintas desempeña, más difícil resulta apreciar la necesidad técnica que justifica una apropiación idéntica de todos sus aspectos[705].

No se trata de valorar la conducta en términos estrictos de necesidad competitiva de la imitación, sino de su esencialidad[706] lo que supone valorar tanto necesidad técnica de la imitación, como la necesidad de mercado, valorando hasta qué punto estaría justificado imponer una carga de diferenciación mínima o a partir de qué grado se estarían imponiendo unos sacrificios desproporcionados en forma de peor desempeño en el mercado (*marketability*) de dicha prestación[707]. La ponderación de intereses en juego resulta un elemento, por tanto,

---

705 KÖHLER en KÖHLER H./BORNKAMM J./FEDDERSEN J., *Beckiche Kurz-kommentare,* § 4.3, pág. 579.

706 Concepto propuesto por KUR A., "Too pretty to protect? Trademark Law and the enigma of aesthetic functionality", *Max Planck Institute for Intellectual Property and Competition Law Research Paper series,* Paper 11-16, 2011, pág. 7, a partir de DINWOODIE G., "The death of ontology: a teleological approach to trademark law" *Iowa Law Review,* Vol. 84, 1999, págs. 611- 752, págs. 688-718.

707 En una línea similar, de nuevo, PRTELLANO DÍEZ P., *La Imitación en el Derecho de la Competencia Desleal,* cit., pág. 492.

clave e insustituible en el modelo de Competencia Desleal alemán[708].

Esta ponderación de intereses es el elemento propio y autónomo, el elemento adicional que las circunstancias desleales adicionales aportan a un juicio general que, de otra forma, resultaría de órbita cuasi-inmaterial[709]. Se verá cómo en los sucesivos grupos de casos el juicio de ponderación de intereses es un elemento común.

2.2.2. § 4.3.b UWG. Aprovechamiento o Perjuicio indebido de la Reputación (Unangemessene Rufausbeutung oder Beeinträchtigung)

Se trata del segundo tipo en importancia, aunque esta es cuantitativamente menor que la otorgada a la confusión evitable sobre el origen, configurado a menudo como un tipo de recogida de las conductas no incluidas en el § 4.3.a UWG, lo que ha dificultado su plena separación[710]. Lo que ha hecho que su

---

708 NEMECZEK H., "Wettbewerbsfunktionalität und unangemessene Rufausbeutung gem. § 4 Nr.9 lit.b Alt. 1 UWG", *WRP*, cit., pág. 1029; OHLY A., "Bausteine eines europäischen Lauterkeitsrechts", *WRP*, Heft 2, 2008, pág. 185; KELLER E., "Der wettbewerbsrechtliche Leistungsschutz. Vom Handlungsschutz zur Immaterialgüterrechtähnlichkeit", cit., pág. 605.

709 Esta tradicional "jurisprudencia de intereses" ha ido empastando sorprendentemente bien con los postulados y *modus operandi* del análisis económico del Derecho, que habría acabado por convertirse en la herramienta hermenéutica y argumentativa sobre la que se sustenta la defensa y prelación de unos intereses sobre otros, permitiendo así una aproximación dinámica que rompe el estancamiento típico de sistemas formales cerrados.

710 Así, por ejemplo, SAMBUC T., "Rufausbeutung bei fehlender Warengleichheit", *GRUR*, Heft 10, 1983, págs. 533-539, pág 535 se plantea si es posible hablar de un aprovechamiento de la reputación

ubicación dentro del sistema alemán haya resultado ciertamente compleja, habiendo algunos autores que más que ubicarla dentro de la familia de la confusión la sitúan en el ámbito de la obstaculización[711]. Las dificultades derivan básicamente de la oscura naturaleza de la reputación[712], especialmente dado que, el DUE ha optado por ir introduciendo la reputación dentro de la órbita del Derecho de Marca, mediante el ensanche progresivo de la difusa concepción de *goodwill*. Algo favorecido por el hecho de que la reputación no se trata de un esfuerzo (*Leistung*) protegido en sí mismo[713], ya que en ningún caso puede sostenerse la creación de un derecho exclusivo sobre la reputación[714] en

---

ajena, que no implique un acto previo de confusión, ya que el acto de confusión comporta necesariamente un aprovechamiento de la reputación ajena.

711 KÖHLER H., "Das Verhältnis des Wettbewerbsrechts zum Recht des geistigen Eigentums - Zur Notwendigkeit einer Neubestimmung auf Grund der Richtlinie über unlautere Geschäftspraktiken", GRUR 2007, cit. 552 y también NEMECZEK H., "Wettbewerbsfunktionalität und unangemessene Rufausbeutung gem. § 4 Nr.9 lit.b Alt. 1 UWG", *WRP* 2012, cit., pág. 1030.

712 En este contexto SAMBUC T., "Tatbestand und Bewertung der Rufausbeutung durch Produktnachahmung", *GRUR*, Heft 8/9, 1996, págs.675-678, pág. 675 equipara reputación con la imagen del producto en el mercado.

713 OHLY en OHLY A. y SOSNIZA O., *UWG Kommentar*, cit., pág. 385.

714 Lo cual no quiere decir que no sea protegible desde una perspectiva de mercado. Y es que la buena reputación se puede considerar junto con NEMECZECK H., "Wettbewerbliche Eigenart und die Dichotomie des mittelbaren Leistungsschutzes", *WRP*, 2010, cit., pág. 1316, como una posición concurrencial conseguida a través de una comercialización exitosa que a su vez crea una situación favorable para una mayor comercialización, tutelando, sobre todo, intereses del tráfico; de esta forma, como considera STIEPER M., "Das Verhältnis von Immaterialgüterrechtsschutz und Nachahmungsschutz nach neuem UWG", *WRP*, cit., pág. 295, al margen de que haya *in concreto* una infracción a un derecho exclusivo (marca, por ejemplo), sería posi-

la medida en que esta es resultado no solo de la labor del empresario, sino también de la percepción por parte del público. Sea como fuere, lo cierto es que desde la Directiva de Marcas 89/104/ CEE, de 21 de diciembre de 1988, y su incorporación por el Ordenamiento alemán en la *MarkenG* de 1994, el Derecho europeo y alemán de marcas cuentan con preceptos comparables en el § 14.II.1.3 *MarkenG* y Art. 9.II.c) RM[715].

Comenzando con los requisitos materiales de aplicación, en este caso encontramos no solo los generales, sino también el elemento de aprovechamiento/ perjuicio, la existencia de una reputación ajena que se vea afectada y el carácter indebido (*Unangemessenheit*).

Condición previa de la conducta es la existencia de una Reputación, estima o aprecio (*Wertschätzung*), entendido como la capacidad del producto original de despertar en el comprador potencial una serie de ideas o expectativas positivas de calidad o prestigio. No bastaría la mera notoriedad o renombre en el mercado (lo que sería suficiente para su tutela en el ámbito mar-

---

ble considerar a la reputación como una posición concurrecialmente protegible, no por su valor intrínseco, sino por el valor que tiene para el funcionamiento y ordenación en el mercado; dicha posición concurrencialmente digna de ser protegida puede ser atacada cuando, como señalan KEITHE K. y GROESCHKE P., "Jeans- Verteidigung wettbewerblicher Eigenart von Modeneuheiten", *WRP*, cit., pág. 797, se induce un parecido mental tendente a generar una transferencia de imagen (*imagetransfer*) que incremente y favorezca la comerciabilidad del bien a partir del puro parecido. De esta forma, la justificación de la posibilidad de tutela concurrencial de la reputación se puede operar de forma totalmente ajena a cualquier razonamiento de corte inmaterial, propio de la PI, y, por ello, sería posible sostener una tutela concurrencial propia, ajena a la lógica Inmaterial (por tanto, no pretorial) de la reputación, como estructura informativa del mercado, preservada en su exclusivo interés.

715 KÖHLER en KÖHLER H./BORNKAMM J./FEDDERSEN J., *Beckiche Kurz-kommentare*, cit., pág. 581.

cario), sino que es necesario que se acompañe de esas buenas expectativas o ideas comerciales en el lado de los consumidores.

El segundo de los elementos, de naturaleza dual y divorciada, es alternativamente el aprovechamiento o el perjuicio de dicha reputación. La primera parte de ambos supuestos es idéntica y requiere de la producción de una transferencia de imagen (*Imagetransfer*). La cual tendrá lugar cuando la actividad imitativa haga que el parecido entre ambas prestaciones sea lo suficientemente intenso como para que el aprecio o la estima comercial que tiene el público relevante por el original se transfiera al producto imitador, pasando a predicarse entonces de este idénticas nociones o ideas de calidad y reputación[716], no respaldadas en elementos objetivos y apreciables, sino en la generación de conexiones mentales no racionales (heurísticos).

Los efectos de esa transferencia de imagen pueden tener una doble naturaleza, en función de las circunstancias del caso y, en particular, de la relevancia e intensidad de las expectativas generadas en los consumidores y del grado de satisfacción o insatisfacción de las mismas. Encontramos el aprovechamiento de la Reputación (*Rufausbeutung*) cuando la transferencia de imagen provocada tiene por efecto una mejora relevante en las expectativas y valoraciones de los consumidores y, de esta forma, una mejora en la aptitud de mercado del bien imitador, de forma que permita al competidor imitador situarse en una posición más ventajosa que la que tendría en un escenario alternativo donde dicha transferencia de imagen no se ha producido[717]. Por otro lado, el efecto perjudicial sobre la reputa-

---

716 BGH GRUR 2010, pág. 1125, Femur-Teil; BGH GRUR 2010, pág. 436, Hartplatzhelden.de; entre otras.

717 En este sentido, ya se vio: KEITHE K. y GROESCHKE P., "Jeans-Verteidigung wettbewerblicher Eigenart von Modeneuheiten", *WRP*,cit., pág. 797

ción puede producirse de forma concomitante o alternativa a la mejora en la posición competitiva derivada de la identificación entre los valores subyacentes a ambos productos, y se materializa concretamente cuando el producto imitador no logra cumplir con las expectativas inducidas en el consumidor por el pionero y, como consecuencia de la conexión establecida entre ellos, los consumidores extienden su mala experiencia a los productos originales o, en casos extremos, a todos los productos provenientes del fabricante original, produciéndose un daño a la reputación que este ha venido creando en el mercado (*Rufschädigung*).

Es precisamente por esta segunda vertiente, claramente vinculada a un daño consistente en la destrucción de toda o parte de la posición competitiva ocupada por el empresario imitado[718], que parte de la doctrina califica a esta imitación como acto de obstrucción[719].

El sistema alemán, a fin de alejar la sospecha respecto de la eventual protección directa de la reputación como un activo inmaterial mediante un derecho concurrencial casi exclusivo, exige, además, que el entero acto tenga un carácter indebido (*Unangemessenheit*[720]), cuya determinación se hace depender, a

---

718 NEMECZECK H., "Wettbewerbliche Eigenart und die Dichotomie des mittelbaren Leistungsschutzes", *WRP*, cit., pág. 1316.

719 Al menos, deja abierta esta cuestión KÖHLER en KÖHLER H./ BORNKAMM J./FEDDERSEN J., *Beckiche Kurz-kommentare*, cit., pág. 586; en contra, OHLY en OHLY A., y SOSNITZA O., *UWG Kommentar*, cit., pág 367.

720 Este carácter indebido del uso, analizado desde la perspectiva netamente concurrencial, es el telón de fondo sobre el que valorar si la imitación es lícita o parasitaria y tiene mucho que ver con lo que se planteó *supra* respecto a la disquisición en punto a cuándo una prestación constituye una alternativa equivalente al producto (Tal como se plantea en la STJUE de 23 de marzo de 2010, asuntos acumulados C-236/08 a C-238/08, Caso Google y Google France, par.

su vez, de una valoración conjunta de las circunstancias del caso, bajo la ponderación de los intereses de fabricante original, imitador, comprador y los intereses generales en una competencia no falseada[721]. De nuevo vuelve aparecer la necesidad de una ponderación final de intereses que, a partir de los efectos materiales de la conducta en el mercado, determine si el sacrificio impuesto al imitador, quien se encuentra respaldado por el principio de libertad de empresa y competencia, está justificado, o si, por el contrario, resulta el pionero quien debe soportar la imitación y sus efectos como fenómeno derivado de la competencia en el mercado.

Entre las circunstancias relevantes a estos efectos, la jurisprudencia indica la altura del *wettbewerbliche Eigenart* del producto, la intensidad de la imitación, grado de amortización de los costes por el fabricante original, o el tipo y extensión del uso del producto imitador[722]. No se trata, por tanto, de una

68) y cuándo sería un "sucedáneo improcedente" (en palabras de la STS 369/2004, de 17 de mayo, Rec. 1797/1998, FJ Tercero).

721 KÖHLER en KÖHLER H./BORNKAMM J./FEDDERSEN J., *Beckiche Kurz-kommentare,* § 4.3, pág. 581.

722 Una circunstancia que se puede considerar útil en este sentido, aunque ni la jurisprudencia ni la doctrina alemana hagan referencia expresa a ella sería la comparativa entre las posiciones competitivas de los operadores implicados, de forma que cuanta mayor similitud presenten ambas posiciones, más complejo sería hablar de aprovechamiento, aunque más sencillo de otros efectos, como, por ejemplo, la confusión y, al contrario, una posición competitiva disímil podría favorecer la apreciación de aprovechamiento por el efecto de transferencia de imagen, pero descartar riesgo de confusión.

Competencia Desleal de corte ético[723], sino apegada a la funcionalidad del mercado[724].

2.2.3. §4.3.c UWG. Obtención deshonesta de los conocimientos o documentos necesarios para la imitación (Unredliche Erlangung von Kenntnissen und Unterlagen)

En este caso, se castiga como desleal aquella imitación posibilitada por la obtención fraudulenta o indebida de conocimiento secreto. En su aplicación tradicional este precepto debía ponerse en conexión con los §§ 17 y 18 UWG, reguladores del secreto industrial. Esta obtención fraudulenta de documentos se extiende también no solo a los supuestos delic-

---

723 Aunque, como señala HENNING-BODEWIG F., "UWG und Geschäftsethik", WRP, Heft 9, 2010, págs. 1094-1105, pág. 1095; y reitera en HENNING-BODEWIG F., "Enforcement im deutschen und europäischen Lauterkeitsrecht", *WRP*, cit., pág., 669, no es posible renunciar plenamente a dicho componente, que funciona a su vez como motor de cambio interno del sistema de lucha contra deslealtad competitiva; en contra KÖHLER en KÖHLER H./BORNKAMM J./FEDDERSEN J., *Beckiche Kurz-kommentare*, cit., pág. 28.

724 Postulado que propone NEMECZEK H., "Wettbewerbsfunktionalität und unangemessene Rufausbeutung gem. § 4 Nr.9 lit.b Alt. 1 UWG", *WRP*, cit., pág. 1034, donde lo relevante es valorar la funcionalidad de la respuesta concurrencial, a partir de la correcta composición y ponderación de intereses. En este sentido, esa funcionalidad entroncaría con los planteamientos que el *more economic approach* imprime en la Competencia Desleal, tal como señala PODSZUN R., "Der more economic approach im Lauterkeitsrecht", *WRP*, cit., págs. 509 y 516. En fin, ello no obliga a renunciar a los planteamientos éticos, que podrán seguir siendo tenidos en cuenta en la medida en que no contradigan diametralmente la respuesta que la economía propone al caso, logrando así un cierto equilibrio al conflicto entre consecuencialismo y deontología (Cfr. MERGES R. P., "Philosophical foundations of IP law", cit., págs. 72-97).

tuales cometidos por uno mismo o mediado por terceros, sino también cuando el acceso o comunicación se produce mediante engaño. El caso prototípico es el de la ruptura o abuso de confianza: se obtienen los conocimientos de forma lícita con base en una relación de confianza, normalmente de naturaleza contractual, pero una vez obtenidos, se utilizan tales conocimientos e información para realizar imitaciones, abusando de este modo de la confianza prestada.

Se puede apreciar más claro que en ningún otro supuesto de los hasta ahora analizados, que aquí la deslealtad no radica en la imitación, sino en el acto preparatorio previo destinado a obtener información confidencial de un competidor o empresario a través de la creación de una relación de confianza que, después se rompe.

No puede desconocerse desde la Dir. 2016/943/UE, la incidencia sobre el precepto de la GeschGehG (ley de secreto industrial) y dentro de ella la previsión de una acción específica en su § 6. En general, debe entenderse junto a ALEXANDER[725], que las relaciones que rigen la UWG con la GeschGehG son de una aplicación paralela, de forma similar al resto de derechos de PI, y por tanto, a la hora de interpretar el § 4.3.c UWG es necesario tener en cuenta los valores subyacentes tanto a la Dir. 2016/943/EU como la GeschGehG, respetando los límites específicos establecidos en dicho cuerpo legal y evitando las contradicciones sistemáticas[726].

725 ALEXANDER CH., "Grundstrukturen des Schutzes von Geschäftsgeheimnissen durch das neue GeschGehG", *WRP*, Heft 6, 2019, págs. 673-679.

726 KÖHLER en KÖHLER/BORNKAMM/FEDDERSEN, *Beckiche Kurzkommentare*, § 4.3, pág. 586.

2.2.4. Obstaculización derivada de una imitación (Behinderung durch Nachahmung)

El legislador ha dejado a este grupo imitativo desleal sistemáticamente fuera del cuerpo legal[727]. En contra de lo que pueda parecer, la lista de casos codificados no es concebida como exhaustiva[728] por lo que no es necesaria su incorporación en la ley, la cual es, por lo demás discutida dada la existencia de un tipo, el § 4.4 UWG que recoge el anterior § 4.10 UWG y que sanciona como desleal la obstaculización[729/730]. Dado que la

---

[727] SAMBUC T., en HARTE/HENNING, *UWG Kommentar*, cit., pág. 944.

[728] EHMANN T., "Monopole für Sportverbände durch ergänzenden Leistungsschutz?", *GRUR Int.*, cit., pág 661; OHLY A., "Urheberrecht und UWG", *GRUR Int.*, cit., pág. 703, nos indica que habría en este sentido 2 líneas de pensamiento, la primera que atribuye carácter exclusivo a la enumeración (encabezada por KÖHLER y BORNKAMM, así como NEMECZEK) y la segunda que es favorable a un carácter abierto, aunque disienten en el fundamento (FEZER, GÖTTING y HETMANK, y LUBBEGER, son partidarios de descartar, sin más, el principio de libre imitación; mientras el propio OHLY, SCHRÖER o PEUKERT consideran necesario acudir a una ponderación de intereses favorable; en este sentido cfr. allí las notas al pie 112-114 y las obras citadas); por último, BÜSCHER W. "Neuere Entwicklungen im wettbewerbsrechtlichen Leistungsschutz" *GRUR* Heft 1, 2018, págs. 1-7, pág. 6, pone en duda que la jurisprudencia reciente del BGH admita ese carácter abierto de la enunciación de casos del § 4.3.a-c UWG.

[729] El tenor literal del § 4.4 UWG es sumamente escueto: "*unlauter handelt, wer… Mitbewerber gezielt behindert";* es decir, "se comporta de modo desleal, quien de modo intencionado obstaculiza o perjudica a competidores".

[730] En contra, OHLY A., en OHLY A. y SOSNIZA O., *UWG Kommentar*, cit., pág. 390, que considera prioritario su encuadramiento bajo el § 4.3 al considerarlo como un tipo especial con respecto al § 4.4 porque, en efecto, dicho precepto regula la imitación, mientras que el segundo regula la obstrucción en general.

obstaculización es un fenómeno innato a la competencia[731], se exige una especial intencionalidad u orientación de la conducta competitiva a la producción de un perjuicio al competidor.

La valoración de la intención subjetiva motivadora de la práctica no solo es sumamente compleja, sino contraria a la orientación objetiva de la ley, de modo que únicamente será relevante bajo este precepto cuando despliega aptitud para impedir la entrada o forzar la salida de un competidor en el mercado[732]. Ello evita que la imitación obstaculizadora se convierta en una "bañera recolectora de todo tipo de conducta reprobable[733]". Debemos considerar, por tanto, siguiendo a DOMÍNGUEZ PÉREZ que la órbita de las conductas obstruccionistas está más en línea con el Derecho Antitrust que con el derecho de la PI[734], alejada, por tanto, de la recuperación de costes o inversiones.

En concreto, SAMBUC[735] identifica una sola subcategoría de conducta obstruccionista: la imitación sistemática (*Systematische Nachahmung*). Esta se produce cuando se imitan una pluralidad de elementos y prestaciones del mismo competidor, de forma que, sin concurrir otras circunstancias desleales, la imi-

---

731 SAMBUC T. en HARTE/HENNING, *UWG Kommentar*, cit., pág. 944.

732 En este sentido DOMINGUEZ PÉREZ E. M., "Comentario al Art. 11. Actos de Imitación", en BERCÓVITZ RODRÍGUEZ-CANO A., *Comentarios a la Ley de Competencia Desleal*, cit., pág. 314.

733 SAMBUC T., en HARTE/HENNING, *UWG Kommentar*, cit., pág. 944.

734 De un modo similar DOMINGUEZ PÉREZ E. M., "Comentario al Art. 11. Actos de Imitación", en BERCÓVITZ RODRÍGUEZ-CANO A., *Comentarios a la Ley de Competencia Desleal*, cit., pág. 316.

735 SAMBUC T., en HARTE/HENNING, *UWG Kommentar*, cit., pág. 944; también GÖTTING H.P., "Wettbewerbsrechtlicher Leistungsschutz (§4 Nr.9)", en FEZER K.H., *Lauterkeitsrecht*, cit., pág. 1182.

tación responda a una actuación "planificada y decidida"[736]. Estos son, precisamente los dos elementos constitutivos del tipo desleal: la imitación de una pluralidad de elementos respecto de un mismo sujeto y la planificación con la que se ejecuta la conducta. Se aplica también en este punto el requisito general de *wettbewerbliche Eigenart*[737], aunque, su utilidad valorativa es reducida pues no hay necesidad de exigir un umbral de mérito en el producto cuando la protección se justifica sobre la base de notorios y relevantes efectos concurrenciales.

Respecto a la sistematicidad de la imitación, el BGH no mantiene una postura unitaria, ni si quiera ha ofrecido una pauta hermenéutica, y es que resulta un error valorar la sistematicidad de la imitación y la intensidad de sus efectos a partir de la cantidad de imitaciones, estos efectos dependen tanto de la propia estructura del mercado como de la estructura de costes de cada competidor[738], y de la tipología del producto imitado, así las cosas, puede apreciarse sistematicidad en la imitación de

---

[736] BGH GRUR 1960, 244, Simili-Schmuck; BGH GRUR 1986, 673, Kunstoffzähne; BGHZ 60, 168, Modeneuheit; BGH GRUR 1988, 308 Hemdblusenkleid; BGH GRUR 1996, 212, Vakuumpumpen; BGH GRUR 1999, 923, Tele-Info-CD; en este mismo sentido MASSAGUER FUENTES J., *Comentario a la Ley de Competencia Desleal*, cit., pág. 360.

[737] Cfr. GÖTTING H.P., "Wettbewerbsrechtlicher Leistungsschutz (§4 Nr.9)", en FEZER K.H., *Lauterkeitsrecht*, cit., pág. 1182; aunque sea mínimo, Cfr. SAMBUC en HARTE/HENNING, *UWG Kommentar*, cit., pág. 945.

[738] Así, por ejemplo, GÖTTING H.P., "Wettbewerbsrechtlicher Leistungsschutz (§4 Nr.9)", en FEZER K.H., *Lauterkeitsrecht*, cit., pág. 1182, introduce la amortización de costes como elemento relevante en toda conducta de obstaculización, incluida, claro está, la imitación sistemática.

19[739], 9[740] y hasta 4[741] productos distintos, y negarse cuando se han imitado igualmente 4[742], por ejemplo.

2.2.5. Protección directa del rendimiento (unmittelbar Leistungsschutz)

Se trata del primer grupo de casos desarrollado históricamente por el RG en la década de 1920 y, como vimos, se centraba en la protección del rendimiento en sí. SAMBUC es muy claro cuando indica que "una protección del rendimiento innovador, por sí solo, de acuerdo al entendimiento tradicional del Derecho de la Competencia, no es posible, ya que esto no se opera sobre la prestación en sí, sino en la forma desleal de su utilización"[743]. Más abierto se muestra OHLY[744], mientras que para KÖHLER[745] la tutela nunca podría justificarse en la protección *per se,* sino solamente en función del modo y forma de la imitación. Se omiten, por tanto, las circunstancias comerciales desleales en la valoración.

---

739 BGH GRUR 1996, 210, *Vakuumpumpen.*

740 BGH GRUR 1969, 618, *Kunstoffzähne.*

741 BGH GRUR 1988, 690, *Kristallfiguren.*

742 BGH GRUR 1966, 503, *Apfel-Madonna.*

743 SAMBUC T., en HARTE/HENNING, *UWG Kommentar,* cit., pág. 926.

744 OHLY A., "Hartplatzhelden.de oder: Wohin mit dem unmittelbaren Leistungsschutz?", *GRUR,* cit., pág. 493, donde se manifiesta limitadamente favorable a la protección del rendimiento, siempre que los intereses conjuntos del mercado así lo aconsejen.

745 KÖHLER H., en KÖHLER H./BORNKAMM J./FEDDERSEN J., *Beckiche Kurz-kommentare zum UWG,* cit., pág. 553

Al prescindir del segundo momento de valoración de la conducta en términos de deslealtad[746], sería directamente un supuesto de protección de la inversión[747] análogo al sistema de PI y que comparte con él no solo su naturaleza, sino también su *ratio* operativa, concediendo la protección en beneficio de un mejor funcionamiento de la competencia, con objeto de impedir la destrucción de unos incentivos adecuados[748]. No obstante, la concesión de protección por esta vía ha sido relativamente limitada, otorgándose protección por parte del BGH solo ante la ausencia de protección en sede de PI[749].

Un ejemplo paradigmático de este fenómeno protector del esfuerzo inversor en sí mismo considerado es el de la doctrina *Modeneuheit* (o "novedades de moda" en español), iniciada por sentencia del BGH homónima[750] y donde ausente una protección adecuada para las prendas de temporada, inexistente

---

746 Como considera NEMECZEK H., "Wettbewerbsfunktionalität und unangemessene Rufausbeutung gem. § 4 Nr.9 lit.b Alt. 1 UWG", *WRP*, cit., pág. 1027.

747 En este sentido HILTY M. R., "The Law Against Unfair Competition and its Interfaces", cit., págs. 21 a 24.

748 Desde esta perspectiva, la única solución admisible es su aplicación alternativa al Derecho de la Propiedad Intelectual, esto es, la Competencia Desleal como colmadora de lagunas en la protección especial, pero nunca podremos hablar de una protección cumulativa, pues siempre responden al mismo principio de protección de inversiones.

749 OHLY en OHLY A., y SOSNITZA O., *UWG Kommentare,* cit., pág. 39; En el mismo sentido, cfr., entre otras, sentencias del BGH GRUR 1960, 614, *Figaros Hochzeit;* BGH GRUR 1962, pág. 470, *AKI;* BGH GRUR 1963, pág. 575, *Vortragsabend.*

750 Sentencia BGH GRUR 1973, pág. 478, *Modeneuheit;* y continuada, como ya se vio, por las sentencias BGH GRUR 1984, 453, *Hemdblusenkleid* y BGH GRUR 1998, pág. 477, *Trachtenjanker.*

protección informal desde el Diseño Industrial[751], se estatuye jurisprudencialmente esta protección.

Para un nutrido grupo de autores (con el que coincido), entre los que destacan OHLY[752] y KÖHLER[753], la base jurídica de la protección directa del rendimiento no puede ni debe buscarse en el § 4.3 UWG, sino en el § 3 UWG[754], es decir, en un nuevo desarrollo a partir de la cláusula general.

No pudiendo excluirse plenamente para el sistema alemán,[755] su aplicación debe limitarse y someterse, al menos, a los mismos principios que rigen, en general, las relaciones entre PI y CD. Debe por tanto condicionarse a un doble juicio: por un lado, debe determinarse que la laguna apreciada y que se pretende colmar mediante el recurso a las normas de disciplina del mercado, no responde a un límite intencionalmente diseñado por el legislador, sea este en la forma de un aspecto no regulado por el derecho exclusivo, o sea materializado en

---

751 No obstante, la Sentencia BGH GRUR 2006, 79, Jeans I, parece admitir una protección frente a las novedades de moda en paralelo a la protección que brinda el DINR. Esta misma conclusión alcanzan KEITHE K. y GROESCHKE P., "Jeans- Verteidigung wettbewerblicher Eigenart von Modeneuheiten", *WRP*, cit., pág. 800.

752 OHLY A., "Designschutz im Spannungsfeld von Geschmacksmuster-, Kennzeichen- und Lauterkeitsrecht", *GRUR*, cit., pág. 739.

753 KÖHLER H., "Das Verhältnis des Wettbewerbsrechts zum Recht des geistigen Eigentums - Zur Notwendigkeit einer Neubestimmung auf Grund der Richtlinie über unlautere Geschäftspraktiken", *GRUR*, cit., pág. 548

754 No obstante, para KÖHLER H., en KÖHLER H./BORNKAMM J./ FEDDERSEN J., *Beckiche Kurz-kommentare zum UWG*, cit., pág. 554, resulta una cuestión aún difusa si está plenamente admitido el recurso al § 3 UWG en estos casos o si de forma preferente debe acudirse al § 4.4 UWG (Behinderung)

755 OHLY A., "Gibt es einen Numerus clausus der Immaterialgüterrechte?", *Perspektiven des Geistigen Eigentums und Wettbewerbsrechts. Festschrift für Gerhard Schricker*, cit., pág. 115 y ss.

la ausencia total de protección; en segundo lugar, procede, a partir de la cláusula general de Competencia Desleal del § 3 UWG, operar una ponderación de intereses que será, necesariamente, análoga a aquella que subyace a la decisión legal de regular (y conceder, por tanto) un derecho exclusivo de PI[756]. Concretamente, es necesario determinar si la protección frente a la imitación que reclama el fabricante original está lo suficientemente justificada en la ausencia previsible de incentivos suficientes al desarrollo ulterior de mercados y productos mejorados y alternativos. Para justificar desde un punto de vista concurrencial la protección frente a una imitación por desleal, resulta necesario que el coste impuesto al pionero por

---

756 En este sentido, GONDERT F., *Der wettbewerbsrechtliche Leistungsschutz*, cit., pág. 139 y ss., realiza un análisis de la justificación económica de los derechos de PI haciéndola extensible a la CD, a partir de la semejanza en la protección. Y es que uno de los aspectos más destacables en el estudio científico en la materia de Competencia Desleal es que esta se ha mantenido ajena al fenómeno del análisis económico del derecho (no sin su lógica, dado que dicha disciplina tiene su origen en los países anglosajones, bajo un sistema de *common law* que, como hemos visto, rechaza diametralmente cualquier lealtad en la competencia). Entre las conclusiones más relevantes que extrae el propio GONDERT, interesa en este punto destacar que la reducción en la eficiencia estática impuesta por el Derecho contra la imitación desleal, permite una mejora dinámica en la calidad, de forma que habría un efecto compensación, al generar la mayor calidad de los productos, finalmente, una mayor libertad de elección cualitativa por parte de los consumidores (Cfr. págs. 160 y 161); en este sentido KÖHLER H., en KÖHLER H./BORNKAMM J./FEDDERSEN J., *Beckiche Kurz-kommentare zum UWG*, cit., pág. 28, defiende la necesidad de un equilibrio entre competencia por imitación que evite monopolización del mercado y competencia por innovación que asegure el progreso del estado de la técnica, equilibrio que la Competencia Desleal vendría llamada a alcanzar a partir del análisis del caso concreto en términos de licitud o ilicitud para con los principios inspiradores de la competencia de los medios empleados al competir.

el principio de libre imitación sea tal que, de no corregirse, dicha prestación esté avocada a desaparecer del mercado, no atrayendo, por tanto, ningún interés en lo que respecta a la inversión en su ulterior desarrollo[757/758].

De esta forma, la protección concedida desde el paradigma de las normas contra la Competencia Desleal se configura como una protección derivada de una necesidad de la competencia en el mercado, incluso cuando la misma se dirija a la tutela de una posición individual[759]. Los derechos de PI comparten esa orientación hacia el mercado, pero el juicio de infracción no se orienta en dicho sentido, sino a la valoración de si una posición subjetiva se ha visto vulnerada.

---

757 En este sentido OHLY A., "Urheberrecht und UWG", *GRUR Int.*, cit., pág. 703; PODSZUN R., "Der more economic approach im Lauterkeitsrecht", *WRP*, cit., pág. 517, condiciona la intervención normativa a que haya un fallo del mercado que éste no sea capaz de reparar por sí mismo.

758 En este sentido PEUKERT A., "hartplatzhelden.de – Eine Nagelprobe für den wettbewerbsrechtlichen Leistungsschutz", *WRP*, Heft 3, 2010, págs. 316-321, pág. 320, propone 4 aspectos concretos a valorar: 1) que la creación del producto original suponga la realización de inversiones importantes; 2) que el producto sea replicable por medios técnicos a un coste mínimo; 3) que el fabricante original no haya podido amortizar sus costes como consecuencia de la imitación; 4) que como consecuencia de ello aparezca el riesgo de que ni el fabricante original ni los competidores estén dispuestos a seguir invirtiendo en dicho mercado.

759 Algo similar ocurre con la reputación: la tutela subjetiva se mediatiza a la producción de un beneficio para la competencia, cual es la posibilidad de organizarla mejor. Al mismo tiempo, el carácter fáctico de la reputación y la apreciación del mercado obliga a realizar constantes inversiones en su mantenimiento, lo que garantiza una competencia no solo en precio, sino en calidad. Cfr. en este sentido KEITHE K. y GROESCHKE P., "Jeans- Verteidigung wettbewerblicher Eigenart von Modeneuheiten", *WRP*, cit., pág. 800.

Puede ocurrir, será lo más normal, que, con posterioridad a la protección concurrencial, el legislador acabe por desarrollar un sistema de protección formal sobre la posición subjetiva de un titular en la forma de un derecho de PI o mediante la expansión de alguno de los derechos existentes[760], en lo que KUR describe como una función "incubadora" de la Competencia Desleal[761], pero no tiene por qué ser así, puede que la protección concurrencial se mantenga en dicha posición de protección menos sólida o densa[762], normalmente porque una protección por la forma o de naturaleza general puede tener efectos indeseados en la competencia que una aplicación *ad hoc* no llega a generar[763].

---

760 Este proceso es precisamente el que se produce en el caso de la doctrina Modeneuheit: el desarrollo posterior de un Diseño Industrial no registrado, que complementa al tradicional DI sujeto a registro y rigor formal, ofreciendo una protección limitada a 3 años frente a la copia, constituye una extensión del DI más allá de sus fronteras objetivas donde se acoge la doctrina de la protección concurrencial del diseño frente a la imitación desleal, de suerte que esta acaba por perder su sentido, pues es absorbida completamente por la tutela al diseño

761 KUR A., "What to protect, and How? Unfair Competition, Intellectual Property, or protection *sui generis*", cit., pág. 19.

762 HILTY R. M., "The Law Against Unfair Competition and its Interfaces", cit. pág. 27.

763 Aunque hablamos de la tutela concurrencial como "incubadora", ello no quiere decir que la aplicación de las normas contra la Competencia Desleal no sea autónoma o con base en sus propios presupuestos. Se trata de dos cuestiones distintas; allí donde la Competencia Desleal se aplique siguiendo su propia lógica de mercado y alejada, por tanto, de la tutela individual a la inversión, la aplicación será autónoma y, ello, con independencia de que posteriormente el legislador decida por su cuenta elevar la protección concurrencial al carácter de derecho de PI, alterando con ello su lógica interna y abriendo así nuevos espacios para la complementariedad (en contra la sentencia BGH GRUR 2006, 79, Jeans I). Ello no quiere decir que

Un segundo caso relevante desarrollado a partir del paraguas de la protección directa del rendimiento es el de inserción en serie ajena o *Einschieben im fremde Serie*, desarrollado casi con carácter exclusivo como respuesta al problema que plantea la protección del sistema LEGO de bloques de construcción (Sentencias *Klemmbausteine* I, II y III). Nuevamente se trata de la protección de una prestación de carácter inmaterial, justificada sobre la imposibilidad de recuperar la inversión realizada, con la peculiaridad de que la configuración de la necesidad de recuperación de la inversión no se refiere a la primera venta del producto, sino mediante la creación de una necesidad de continuación y compleción (*Erweiterung und Vervollständigung*)[764], que ha de satisfacerse con la adquisición de prestaciones ulteriores[765].

La doctrina jurisprudencial fue duramente criticada[766]porque, en tanto que referida a una forma o método de comercialización, no estamos hablando de la protección de un rendimiento concreto y determinado, sino de una idea general o abstracta de inducir mediante la comercialización de la prestación propia, ulterior demanda futura, que ha de quedar fuera

---

la protección concurrencial no siga siendo posible, lo es, pero ya no por falta de protección que impide la amortización respecto de las piezas de moda, sino que lo será, por ejemplo, cuando se produzca confusión o un aprovechamiento indebido de la reputación a partir del diseño imitado [en un sentido similar OHLY A., "Designschutz im Spannungsfeld von Geschmacksmuster-, Kennzeichen- und Lauterkeitsrecht", *GRUR*, cit., págs. 734-736.]

764 BGH GRUR 1964, pág. 621, Klemmbausteine I.

765 Lo que se estaría tutelando en este caso no es tanto la pieza de lego en sí, sino un modelo o método de comercialización específico, donde la recuperación de la inversión se trata de lograr mediante la venta de varias unidades complementarias.

766 De ello da cuenta el propio BGH en la sentencia BGH GRUR 2005, pág. 352, Klemmbausteine III.

del modelo de protección UWG como método puramente abstracto y no protegible[767/768]. La fuerte crítica y las inconsistencias de esta doctrina obligaron al BGH a abandonarla mediante su sentencia *Klemmbausteine III*, donde considera que tras 45 años contados desde la entrada en el mercado del sistema de construcción LEGO, el fabricante original ha debido tener ya tiempo de amortizar suficientemente la inversión.

La cuestión de la *unmittelbar Leistungsschutz* se revitalizó en 2011 con el caso *hartplatzhelden.de*, cuando muchos autores, entre ellos OHLY, no consideraron excesivo proceder a una tutela concurrencial y flexible por esta vía[769], sin embargo, finalmen-

767 KÖHLER H., *Beckiche Kurz-kommentare zum UWG*, cit., pág. 563; OHLY A., en OHLY A. y SOSNIZA O., *UWG Kommentar*, cit., pág. 370; SAMBUC T., en HARTE/HENNING, *UWG Kommentare*, cit., pág. 926; GÖTTING H.P., "Wettbewerbsrechtlicher Leistungsschutz (§4 Nr.9)", en FEZER K.H., *Lauterkeitsrecht*. cit., pág. 1160.

768 Cuestión distinta es plantearnos si esta exclusión de la tutela *ad hoc* de ideas generales o métodos de negocio o comercialización está justificada en términos económicos, o es un límite importado desde las normas de PI. En este sentido, sería interesante valorar la funcionalidad de una interpretación concurrencial de abstracción y concreción, alejada de los planteamientos iusautoriales de la que es nativa, buscando determinar si mediante la protección se está enervando el acceso a una estructura esencial sobre la que construir un mercado o si, por el contrario, pese a la protección, se permite el acceso en condiciones de igualdad a otros competidores (Por ejemplo, la protección concurrencial de Videojuegos, entendidos como conjuntos ordenados de normas visualmente representados mediante una obra audiovisual [Cfr. CRUZ GONZÁLEZ M., "Protección de la originalidad en el mercado de los videojuegos: entre el género y la imitación", en MADRID PARRA A. y ALVARADO HERRERA L., Derecho Digital y Nuevas tecnologías, Aranzadi, Navarra, 2022, págs. 571-592], o la protección de los sistemas de Inteligencia Artificial y los algoritmos que les subyacen).

769 OHLY A., "Urheberrecht und UWG", *GRUR Int.*, cit., pág. 703; en una línea similar también KRÜGER CH. "Der Schutz kurzlebiger

te el BGH descartó la idea, aunque sin excluir por completo la posibilidad de seguir acudiendo a la protección directa del rendimiento, manteniendo vivo el debate sobre su pertinencia y adecuación con el sistema legal alemán y la UWG.

2.2.6. Un último asunto que tratar sobre la doctrina alemana de protección complementaria: la cuestión de la duración de la protección

Dado que las consecuencias jurídicas (y económicas) de aplicar las acciones de CD y las acciones de PI son prácticamente idénticas en el sistema alemán[770] (como ocurre en el español), un último punto conflictivo que se plantea es el de la convergencia asimétrica[771] desde la perspectiva de su duración temporal. Como es bien sabido, uno de los límites más importantes que se fija a la protección inmaterial de la innovación es, precisamente, el de naturaleza temporal, estando en muchos casos limitados al tiempo convencionalmente estimado como necesario para amortizar los costes de desarrollo y obtener un cierto beneficio que haga las veces de incentivo[772].

Produkte gegen Nachahmungen (Nichttechnischer Bereich)", *GRUR*, cit., págs. 124 y 126.

770 ROHNKE CH., "Schutz der Produktgestaltung durch Formmarken und wettbewerbsrechtlichen Leistungsschutz", *FS Schricker*, cit., pág. 463

771 KUR A., "Funktionswandel von Schutzrechten: Ursachen und Konsequenzen der inhaltlichen Annäherung und Überlagerung von Schutzrechtstypen", en SCHRICKER G., DREIER T. y KUR A., *Geistiges Eigentum im Dienst der Innovation*, Nomos, 2001, págs.23-50, pág. 34

772 HEYERS J., "Wettbewerbsrechtlicher Schutz gegen das Einschieben in fremde Serien - Zugleich ein Beitrag zu Rang und Bedeutung wettbewerblicher Nachahmungsfreiheit nach der UWG-Novelle", *GRUR*, cit., pág.24; BORNKAMM J., "Die Schnittstellen zwischen

El sistema alemán de complementariedad de protecciones ofrece una protección concurrencial potencialmente ilimitada en el tiempo. Jurisprudencia del BGH y doctrina científica han coincidido en anudar la duración de la protección, fundamentalmente, a la pervivencia del *wettbewerbliche Eigenart*, decayendo la tutela cuando desaparece, con independencia de las circunstancias que hayan causado su desaparición[773]. No solo debe subsistir la singularidad competitiva del producto, sino que en el juicio de infracción las circunstancias comerciales desleales adicionales también son relevantes[774].

Una excepción clara a esta indefinición temporal, la encontramos en los casos de *unmittelbare Leistungsschutz*, donde la obligación de respetar los límites establecidos por la legislación para los derechos de exclusiva, entre los que se incluyen los límites temporales, aconseja limitar la tutela concurrencial a una duración máxima coincidente con la duración máxima del derecho de PI vigente, ya que de lo contrario se socavaría

---

gewerblichem Rechtsschutz und UWG - Grenzen des lauterkeitsrechtlichen Verwechslungsschutzes", *GRUR*, Heft 1, 2011, págs. 1-8, pág. 7; HERMANN P.W., "Leistungsschutz für Sportveranstalter de lege ferenda?", GRUR, Heft 8, 2012, págs. 791-799, pág. 795; DREXL J. "Die Reparaturklausel im Designrecht: Eine wettbewerbs- und immaterialgüterrechtlich gebotene Reform", *GRUR*, Heft 3, 2020, págs. 234-248, pág. 237; para un análisis pormenorizado de las dinámicas implicadas vid. GONDERT F., *Der wettbewerbsrechtliche Leistungsschutz. Ein Beitrag zum wettbewerbsrechtlichen. Schutz von der Ausbeutung fremder Leistungen durch das Einschieben in eine fremde Produktserie*, cit., págs. 116-139.

773 KEITHE K. y GROESCHKE P., "Jeans- Verteidigung wettbewerblicher Eigenart von Modeneuheiten", *WRP*, cit., pág. 799.

774 Para KÖHLER H. en KÖHLER H./BORNKAMM J./FEDDERSEN J., *Beckiche Kurz-Kommentare zum UWG*, cit., pág. 588, la duración de la protección en los casos de confusión de origen y aprovechamiento de la reputación subsiste en tanto se mantengan los efectos desleales de la conducta.

la tutela concedida a los bienes inmateriales a través de los derechos exclusivos reconocidos[775]. Siguiendo esta lógica, la doctrina *Modeneuheit* estableció un límite temporal a la protección en un máximo de dos temporadas[776].

El sistema se orienta, en general, hacia una protección limitada en el tiempo, lo que supone ya un importante contrapeso y distancia respecto del nivel elevado de protección conferida por los derechos PI. En este sentido, al margen de que la duración dependa en cada caso de la intensidad y pervivencia del *wettbewerbliche Eigenart,* lo más habitual será que este tenga una vida menor a la que ofrecen los distintos derechos de PI, principalmente dado que el carácter *ad hoc* y *ex post* de la protección mediante el recurso a la UWG deja al *wettbewerbliche Eigenart* abierto a los embates del sistema de competencia[777].

Siendo el *wettbewerbliche Eigenart* causa necesaria y eficiente de la protección y teniendo dicho concepto una innegable impronta inmaterial, la protección frente a la imitación en sede de Competencia Desleal se encuentra en una línea próxima al carácter intelectual. La solución a este problema pasa por seguir al BGH[778] y entender que lo relevante es la importancia en el mercado de dicho producto imitado[779].

---

775 OHLY A., "Designschutz im Spannungsfeld von Geschmacksmuster-, Kennzeichen- und Lauterkeitsrecht", *GRUR*, cit., pág. 736; en una línea similar SAMBUC T., "Die Eigenart der Wettbewerblichen Eigenart"- Bemerkungen zum Nachahmungsschutz von Arbeitsergebnissen durch § 1 UWG-", *GRUR*, cit., pág. 131.

776 BGH GRUR 1998, pág. 477, *Trachtenjanker.*

777 Un ejemplo en este sentido puede constituirlo la generalización absoluta del color azul aguamarina para botellas de ginebra premium, tal y como se pudo comprobar *supra* en la STS 95/2014, *Bombay Sapphire.*

778 BGH GRUR 2005, pág. 600, *Handtuchklemmen.*

779 En esta misma línea KÖHLER H., en KÖHLER H./BORNKAMM J./FEDDERSEN J., *Beckiche Kurz-Kommentare zum UWG*, cit., pág. 589.

3. LOS PROBLEMAS DE LA DOCTRINA ALEMANA SOBRE COMPLEMENTARIEDAD DE PROTECCIONES

3.1. La impronta cuasi inmaterial del wettbewerbliche Eigenart

Cuando uno comienza a adentrarse en la disciplina de la *Lauterkeitsrechtliche Nachahmungsschutz* lo primero que le suele aparecer es precisamente esta noción que en España dimos en llamar "singularidad competitiva" por traducción literal de su significado. Este *wettbewerbliche Eigenart* tiene una naturaleza compleja y no del todo definida que se vincula vagamente a la capacidad de indicar un determinado origen empresarial o determinadas peculiaridades o características del producto en cuestión. En la medida en que la valoración de su concurrencia se opera sobre la base de un juicio de aptitud o capacidad del producto o características de este para desempeñar las citadas funciones comunicativas, se configura como una característica intrínseca del producto, susceptible de una apreciación granular. De la misma forma, un producto puede tener o no tener distintividad, novedad, carácter singular o ser original. Todos estos requisitos son exigidos a las concretas prestaciones a efectos de cualificarlas como dignas de ser protegidas mediante la atribución de un monopolio de explotación económica a su titular. El propio origen de la disciplina, los casos *Kathe-Kruse-Puppen*[780] y *Puppenjunge*[781], aluden a la imposibilidad de dejar desprotegido un "muñeco tan valioso" ante la falta de aplicabilidad del sistema de PI[782].

---

[780] RGZ 111, 254.

[781] RG GRUR 1927, 132.

[782] De ello nos da cuenta SAMBUC T., *Der UWG-Nachahmungsschutz*, cit., pág. 52.

Encontramos en un tal razonamiento el problema principal que presenta el concepto de *wettbewerbliche Eigenart*: su naturaleza cuasi-inmaterial atribuye y a la vez exige una suerte de mérito en el producto, desdibujando por completo toda diferencia entre PI y CD. La base justificante de la protección sigue siendo la misma, y, aunque es cierto que el elemento relevante de la protección es la concurrencia de circunstancias desleales adicionales a la propia presencia de *wettbewerbliche Eigenart*, la sombra de su naturaleza asimilada a un derecho exclusivo no desaparece.

Es más, desde la perspectiva de las circunstancias concurrenciales desleales, la pregunta no es tanto cuál sea la naturaleza del *wettbewerbliche Eigenart*, sino su necesidad. Pues ni el § 4.3 UWG ni cuantos lo han precedido han incorporado en modo alguno un requisito relativo a la exigencia de algún tipo de mérito en el producto. Cuando uno atiende a estas circunstancias, el requisito de singularidad competitiva se percibe como prácticamente innecesario[783], pues el peso central de la conducta y su prohibición se encuentra en las circunstancias determinantes de la deslealtad y en el caso concreto, es decir, en todo lo ajeno al producto y sus características.

A un mismo tiempo, reconocida la necesidad de limitar temporalmente la duración de la protección, el *wettbewerbliche Eigenart* se convierte en elemento modalizador de la tutela, al exigirse su persistencia como parámetro que convierte a la conducta imitativa en desleal. De este modo, el requisito del *wettbewerbliche Eigenart*, resulta irrenunciable, al convertirse en medida de la necesidad de tutela y de esta forma en límite temporal de protección a falta de plazo fijado de antemano.

En la medida en que no se puede prescindir de este requisito, es necesario separarlo de los requisitos análogos que estable-

---

[783] BEATER A., *Nachahmen im Wettbewerb.*, cit., pág. 96.

cen los derechos de PI. Para MEIERHÖFER[784] dicha similitud se disipa al configurar el *wettbewerbliche Eigenart* como precondición de la deslealtad concurrencial, sin que ello purgue, sin embargo, su naturaleza cuasi-inmaterial. Seguiría siendo, como señala NEMECZEK, un momento inmaterial dentro del juicio concurrencial[785]. Y es por ello que autores como KRUG (también BEATER) pugnan por la abolición de este requisito, por ser fuente de confusión e innecesario[786].

La solución a este problema, a mi modo de ver, estaría en redefinir el *wettbewerbliche Eigenart* no como una propiedad del producto /prestación imitado, sino como el resultado de la interacción de dicho producto con el mercado[787]. Retomando la doctrina del propio BGH[788] lo correcto es entender que el centro de atención se debe situar en la importancia del producto imitado para el mercado, la cual no está unívocamente ligada a los parámetros de mérito *ex* PI[789]. Ahora bien, para que el mercado pueda atribuir una cierta relevancia competitiva al pro-

---

784 MAIERHÖFER CH., *Geschmackmusterschutz und UWG-Leistungsschutz: ein Vergleich unter Berücksichtigung des Konkurrenzverhältnisses*, Herbert Utz Verlag, 2006, pág. 51

785 NEMECZEK H., "Wettbewerbsfunktionalität und unangemessene Rufausbeutung gem. § 4 Nr.9 lit.b Alt. 1 UWG", *WRP*, cit., pág. 1026; y, con mayor profundidad en IDEM, "Wettbewerbliche Eigenart und die Dichotomie des mittelbaren Leistungsschutzes", *WRP*, Heft 11, 2010, pág. 1315-1321.

786 KRUG A., *Der lauterkeitsrechtliche Nachahmungsschutz bei technischen Gestaltungsmerkmalen im Kontext des Immaterialgüterrechts*, cit., pág. 191, con remisión a la pág. 27.

787 En el sentido expresado en BGH WRP 2012, pág. 1179, Sandmalkasten.

788 BGH GRUR 2005, pág. 600, *Handtuchklammern*.

789 Por ejemplo, el producto puede ser importante por su notoriedad en el mercado, por su reputación, por su consagración como un símbolo de prestigio o estatus, etc., en suma, cualquier causa que sea susceptible de despertar en el público relevante un interés en el

ducto, será necesario que previa o paralelamente el producto sea reconocible como tal, lo que exige que difiera de un modo relevante respecto de los demás productos del entorno[790], sin llegar a exigirse una distintividad marcaria[791], sino simplemente singularidad, en su acepción más simple de superioridad o separación respecto de la media de productos en el mercado.

Entre los dos componentes del *wettbewerbliche Eigenart* en nuestra reinterpretación concurrencial (singularidad y valor competitivo para el mercado), hay una relación de interacción (*Wechselwirkung*) de forma que un producto poco singular *a priori* puede, con el tiempo, acabar despertando determinadas ideas en el mercado interesado sobre, por ejemplo, su calidad, confiabilidad, funcionalidad o acabar convertido en un símbolo social relevante. Lo más normal es que estas circunstancias vayan de la mano, puesto que cuanto más se diferencia un producto del resto, más sencillo es que permeen en el público esas expectativas o ideas.

Este aparente cambio nominal en la definición, hace que la *ratio* del *wettbewerbliche Eigenart* no se encuentre en una característica inmanente al producto, sino en la trascendencia que tiene para (y en) la organización del mercado, de forma que su imitación es apta para generar unos efectos distorsionadores

---

producto y a colación determinados planteamientos o expectativas (*Voraustellungen*).

790 BGH GRUR 2000, pág. 521, *Modulgerüst*.

791 La distintividad no debe necesariamente descartarse a la hora de valorar dicha circunstancia, pues puede ser, en su caso, un aspecto relevante o modalidad a través de la cual se expresa el *wettbewerbliche Eigenart*. Cfr. ROHNKE CH., "Schutz der Produktgestaltung durch Formmarken und wettbewerbsrechtlichen Leistungsschutz", *FS Schricker*, pág. 461, quien describe la *Unterscheidungskraft* o literalmente fuerza distintiva, como más estricta ("*enger*") que el *wettbewerbliche Eigenart*, de forma que es posible apreciar la existencia del Segundo, aun sin darse el primero de ambos requisitos.

de su funcionamiento, los cuales se valorarán como circunstancias desleales adicionales. De esta forma, el concepto de *wettbewerbliche Eigenart* no solo se constituye como un requisito diferente a los exigidos por las normas de PI, sino que ha de ubicarse en una dimensión distinta, concurrencial, de la necesidad de protección, tan solo parcialmente solapada con los requisitos que capacitan a acceder a una protección exclusiva. En este contexto es donde cobran importancia las circunstancias desleales especiales, pues de darse, modulan la naturaleza de la protección, ahora de naturaleza incuestionablemente concurrencial, atribuyendo su base legitimadora a unos presupuestos propios, distintos de los típicos de la PI. En cambio, su ausencia implicará la protección de una prestación singular sobre la base de su mérito o valor para el mercado, sin más, en clara conexión con la lógica inmaterial.

Desaparecen bajo este modelo interpretativo los problemas relativos a la duración de la protección, pues nada impide la pervivencia del *wettbewerbliche Eigenart* tras la terminación del periodo de protección establecido *ad hoc* por cada derecho exclusivo, al justificarse en bases claramente diferentes, igual que tampoco habría problema en admitir un carácter evolutivo del mismo, en el sentido de que lo que empezó siendo un producto valorado simplemente por su forma externa, sea ahora un producto protegible por una especial reputación o por ser un producto socialmente valorado como insignia de prestigio o lujo. Lo relevante en este caso, es demostrar la existencia de circunstancias de mercado propias y distintas a las que justificaron en su momento la protección inmaterial.

3.2. La protección directa del rendimiento: la trampa de la teoría de la interacción

El segundo problema que aqueja a la doctrina alemana sobre la protección concurrencial frente a la imitación desleal es el asunto de la protección directa del rendimiento. Aunque la severidad de este problema se disipa en el momento en que reinterpretamos el requisito del *wettbewerbliche Eigenart* en clave concurrencial, siguen planteándose algunos problemas más allá de la decisión, política más que técnica, sobre dónde establecer las fronteras de los diferentes derechos.

Concretamente plantea especial problemática la cuestión de la *Wechselwirkung*. La teoría de la interacción permite compensar el grado de intensidad con que concurren diferentes circunstancias cualificadoras de la deslealtad de la conducta[792]. Es decir, cuanto mayores son el grado de singularidad y el parecido de la imitación, menor importancia cobran las circunstancias concurrenciales desleales fundadas en los efectos de la conducta, hasta el punto de que estas pueden llegar a ser incluso superfluas en la valoración de la conducta[793]. Cuando esto ocurre, la línea entre protección directa (*unmittelbare Leistungsschutz*) y la indirecta (*mittelbare Leistungsschutz*) se desdibuja, siendo virtualmente posible pasar de una protección indirecta a una protección directa, o bien camuflar una protección directa como indirecta. Con ello, se diluye también la diferencia entre la protección concurrencial ofrecida por la UWG y la tutela exclusiva provista desde los derechos de PI.

---

792 GÖTTING H.P., "Wettbewerbsrechtlicher Leistungsschutz (§4 Nr.9)", en FEZER K.H., *Lauterkeitsrecht*, cit., pág.1158.

793 OHLY A., "Designschutz im Spannungsfeld von Geschmacksmuster-, Kennzeichen- und Lauterkeitsrecht", *GRUR*, cit., pág. 734.

Siendo los principios y razonamientos que subyacen a cada uno de estos modelos de protección diversos[794], la confusión generada a través de la valoración móvil capaz de poner peso en requisitos cuasi-inmateriales, hace que la cuestión aparezca como la simple extensión de la protección exclusiva de los derechos de PI más allá de sus límites objetivos, configurando la tutela CD como ubicada en la frontera o "en lugar de", a modo de pleno sustitutivo de la protección PI, cuando, en realidad, solo una parte relativamente pequeña de la protección que puede ofrecerse desde la UWG responde a esa naturaleza.

Con ello se crea la impresión de que la protección concurrencial resulta despreciable por innecesaria, especialmente a medida que el sistema de derechos de PI se expande progresivamente. No se trata de un problema propio del sistema alemán, también, lo hemos visto, el modelo español conduce a un resultado parecido. Así las cosas, algunos autores consideran la necesidad de interpretar la doctrina de la *Wechselwirkung* en términos relativos, es decir, la mayor importancia de uno de los aspectos o circunstancias a tratar relativiza las exigencias respecto a los otros, pero hasta un cierto límite, de forma que nunca pueda llegarse a eliminar por completo la exigencia de los otros en un sentido significativo.

---

794 En un caso la protección es netamente concurrencial, responde a razones de mejora de la transparencia y funcionamiento de los mercados, mientras que, en el segundo de los casos, la protección directa, pese a ser netamente concurrencial responde a una argumentación de corte inmaterial propia e intercambiable con la de los derechos exclusivos

4. BREVES CONCLUSIONES SOBRE LOS SISTEMAS ESPAÑOL Y ALEMÁN DE COMPLEMENTARIEDAD DE PROTECCIONES

Arar con bueyes ajenos[795] o cosechar lo que uno no ha sembrado, siguen contraviniendo hoy, como lo hacían ayer, las bases de la lealtad concurrencial tanto en el sistema alemán como en el español. La razón no debe buscarse, sin embargo, en la injusticia subjetiva que experimenta quien se ve privado de los frutos de su esfuerzo, sino en los desequilibrios que se producen en las dinámicas de mercado cuando, como consecuencia de una situación de pura apariencia, se manipula una asignación eficiente de recursos. Esta es la base real que subyace al principio de competencia por eficiencia que ambos sistemas abrazan, y que arranca de la noción económica básica de que el mercado premia a quien opera de forma mejor, esto es, a quien es más eficiente.

La situación opuesta es la de una competencia falseada o no transparente, donde las transacciones no se basan en la eficiencia de los productores y en su ajuste constante a las necesidades del mercado, sino en la generación de una imagen de eficiencia que no se corresponde con la realidad. Generando transacciones que no debían haberse producido y conduciendo a la insatisfacción de las necesidades de una parte del mercado. Justificación, por tanto, de corte estático.

Hay razones, para justificar una limitación del principio de libre imitación, pues aunque no debe obligarse a los competidores a reinventar la rueda en cada ocasión, sí que es posible entender que, cuando no reinventen la rueda, deben diferen-

---

795 Formulación clásica de LOBE A., "Der Hinweis auf fremde gewerbliche Leistung als Mittel zur Reklame", *Markenschutz und Wettbewerb*, XVI, 1916-1917, pág. 129, referenciada por BEATER A., *Nachahmen im Wettbewerb*, cit., pág. 92

ciar la propia respecto de la del vecino, de forma que sea claro que se trata de dos versiones o visiones del mismo producto, provenientes de diferente empresario creador.

Estos principios acogidos por igual en ambas doctrinas de complementariedad, como también han asumido la necesidad de respetar en este cometido los planteamientos legislativos sobre qué debe quedar protegido y qué no. Llegando desde ópticas ciertamente diferentes (complementariedad, el modelo español; aplicabilidad respetuosa con coordinación, el modelo alemán) a una misma conclusión: la protección mediante la vía CD está justificada siempre que se haga en atención a circunstancias ajenas a los derechos de PI[796] o con base en sus propios presupuestos concurrenciales de aplicación[797] y bajo la necesidad de garantizar que la solución que se alcance por esta vía no contradiga la que condiciona la legislación de Propiedad Intelectual[798], es decir, respetando las fronteras y límites que legislativamente se han establecido a los monopolios legales de explotación sobre bienes inmateriales[799].

---

796 Noción presente en el modelo español; cfr. MASSAGUER FUENTES J., *Comentario a la Ley de Competencia Desleal*, cit., pág.84

797 Noción propia del modelo alemán; en este sentido, a modo de ejemplo, KÖHLER H., en KÖHLER H./BORNKAMM J./FEDDERSEN J., *Beckiche Kurz-kommentare zum UWG*, cit., pág. 555

798 Lógica propia del modelo español; expresada en STS 95/2014, de 11 de marzo (Rec.607/2012), caso *Bombay Sapphire*; tal como la interpreta CARBAJO CASCÓN F., "La doctrina de los círculos concéntricos y de la complementariedad relativa entre el derecho de marcas y de competencia desleal, a la luz del uso de signos ajenos como palabras clave vinculadas a enlaces publicitarios en motores de búsqueda", cit., pág.663.

799 Idea tomada del Derecho alemán; en particular, BÄRENFÄNGER J., *Das Spannungsfeld von Lauterkeitsrecht und Markenrecht unter dem neuen UWG*, cit., págs. 176 y 182.

El sistema español parte, por tanto, de unos buenos y muy sólidos principios ofrecidos por la mejor doctrina patria y acordes, además, a los del sistema más desarrollado en este sentido entre los principales exponentes de la Europa continental. Sin embargo, falla en su amolde al *factum* judicial, lo que evidencia una falta de claridad en torno a las relaciones existentes entre PI y CD. La disciplina es un terreno embarrado y resbaladizo y la coetánea tendencia hacia una flexibilización de los derechos de PI y su reinterpretación en clave procompetitiva y concurrencial acaba por dificultar las cosas. Ambos problemas no resultan ajenos al modelo alemán, en absoluto; sin embargo, este ha tenido la oportunidad de desarrollarse de una forma más sosegada a lo largo de más de cien años, lo que ha permitido que los últimos desarrollos se operaran sobre un sistema de interacción y acumulación ya asentado y con cierto bagaje (resultando aun así, una de las cuestiones más complejas y debatidas en la doctrina jurídica mercantilista alemana).

Capítulo IV.

Hacia la construcción de un sistema propio de complementariedad de protecciones. ¿Es posible una teoría general completa?

1. LA FUNCIÓN ECONÓMICA PROTEGIDA MEDIANTE DERECHO DE PROPIEDAD INTELECTUAL COMO CRITERIO DELIMITADOR DE LAS FRONTERAS DE LA PROTECCIÓN ESPECIAL

El principal problema que encontramos de cara a conocer cuándo es posible hablar de una complementariedad de protecciones tiene que ver con el riesgo de una redundancia de protecciones entre Competencia Desleal y Propiedad Intelectual, concretamente el riesgo de vaciamiento o ahuecamiento de las reglas de derecho especial mediante la concesión de una protección concurrencial.[800] Desde este planteamiento, el razonamiento toma como axioma la presunción de que las

---

800 SAMBUC T., "Die Eigenart der Wettbewerblichen Eigenart"- Bemerkungen zum Nachahmungsschutz von Arbeitsergebnissen durch § 1 UWG-", *GRUR*, cit., pág131; KUR A., "Ansätze zur Harmonisierung des Lauterkeitsrecht im Bereich des wettbewerblichen Leistungsschutzes, *GRUR Int.*, 1998, cit., pág 780; nuevamente OHLY A. y KUR A., "Lauterkeitsrechtliche Einflüsse auf das Markenrecht", *GRUR*, Heft 5, 2020, cit., pág. 461; OHLY A., "Designschutz im Spannungsfeld von Geschmacksmuster-, Kennzeichen- und Lauterkeitsrecht", *GRUR*, cit., pág. 736.

fronteras en el Derecho de PI vienen meditadas y fijadas por el legislador atendiendo a un cuidado balance de intereses[801] (económicos y extraeconómicos). Lo que presenta a la Competencia Desleal como una intrusa que interviene sin estar llamada, generando toda una serie de efectos económicos perversos. Así, se sostiene que la concesión de protección concurrencial más allá del ámbito de los derechos de exclusiva (sea porque nos ubicamos fuera de los mismos, sea porque la concreta prestación no amerita una tutela de ese tipo) supone conceder un monopolio no justificado[802/803].

Este proceder es resultado un examen puramente estático del fenómeno competitivo[804], cuando lo que resulta pertinente es una valoración dinámica. El esquema de mercado genera-

---

801 Cfr. OHLY A., "Gibt es einen Numerus clausus der Immaterialgüterrechte?", *FS Schricker*, cit., pág.107.

802 OHLY A., "The freedom of imitation and its limits- A European perspective", *IIC*, cit., pág. 514.

803 Ahora bien, estos planteamientos desconocen la realidad económica, pues los derechos de PI rara vez constituyen fuente de poder de mercado duradero, al menos por sí solos, Cfr. HOVENKAMP H., "Intellectual Property and Competition", cit., pág. 232, en el mismo sentido GHIDINI G., *Rethinking Intellectual Property. Balancing Conflicts of Interest in the Constitutional Paradigm*, cit., págs. 9 y 73.

804 Tal como indica KATZ A., "The Chicago School and the Forgotten Political Dimension of Antitrust Law", *The University of Chicago Law Review*, Vol. 87, Nº 2, 2020, págs. 413-458, pág. 452, un análisis típicamente estático comienza poniendo de manifiesto la ineficiencia asignativa o pérdida irrecuperable de eficiencia generada por la capacidad del monopolista de exigir precios supracompetitivos a través de la limitación de la producción; Como indica FISHER F. M., "Antitrust and Innovative Industries", *Antitrust Law Journal*, Vol. 69, Nº 2, 2000, págs. 559-564, pág.562, la reducción de la producción es una forma engañosamente simple de pensar sobre los efectos anticompetitivos. Allí donde los productos difieren en calidad, la producción tiene una dimensión tanto de calidad como de cantidad, de forma que la determinación de la reducción en la

do por la concesión de un derecho exclusivo o casi-exclusivo se tiene que dividir necesariamente en dos periodos distintos: el periodo del pionero o de exclusiva y el periodo de competencia[805]. Ambos se producen de manera natural, incluso en ausencia de la concesión de derechos de PI, por las ventajas inherentes que tiene el pionero sobre el resto de competidores[806]. Así, todo producto innovador conduce a un primer estado de mercado (en muchas ocasiones a través de la creación de un nuevo mercado) caracterizado por una estructura de corte monopolístico. Este pionero-monopolista ha incurrido en una serie de costes de investigación, desarrollo, fabricación y apertura de un nuevo mercado que evidentemente tendrá que recuperar. Y no solo recuperar, sino que, para que la actividad innovadora resulte rentable, deberá obtener un beneficio

---

producción requiere un sofisticado y, a menudo, complejo cálculo sobre los cambios producidos sobre ambas dimensiones.

805 NICHOLAS T., "Are Patents creative or destructive?", *Antitrust Law Journal*, Vol. 79, N° 2, 2014, págs. 405-421, pág. 405, los derechos de PI se basan en la idea de recompensar el esfuerzo innovador y que la pérdida irrecuperable de eficiencia producida por ellos en el corto plazo, se compensa con los beneficios de los incentivos a su creación; en este mismo sentido DREYFUSS R.C., "The Challenges facing IP systems: researching for the future", cit., pág. 4.

806 PORTELLANO DÍEZ P., *La Imitación en el Derecho de la Competencia Desleal*, cit., págs. 84-98; también GONDERT F., *Der wettbewerbsrechtliche Leistungsschutz. Ein Beitrag zum wettbewerbsrechtlichen. Schutz von der Ausbeutung fremder Leistungen durch das Einschieben in eine fremde Produktserie*, cit., págs. 111-113; e incluso cuando el derecho de PI llega a conceder poder dominante o de monopolio, ello no significa automáticamente una violación de la Competencia, Cfr. FTC, "To promote Innovation: The proper Balance of Competition and Patent Law and Policy: Executive Summary", *Berkeley Technology Law Journal*, Vol. 19 N° 3, 2004, págs. 861-883, pág. 863.

supracompetitivo asociado a la consecución de rentas monopolísticas[807].

Si la primera etapa se desarrolla con normalidad, aparece un segundo grupo de operadores atraídos por los beneficios derivados de un producto que ya se ha demostrado funcional en el mercado[808], de modo que al ahorro de costes se añade la garantía de éxito comercial. La reducción de costes respecto al pionero permite una comercialización a precio más bajo, lo que a su vez supone un empuje a la baja del precio, consiguiendo un mercado económicamente eficiente. Este fenómeno se produce con la alternancia de ambas fases. Sin embargo, específicamente en la fase de exclusiva se genera un incentivo propio, atribuido al contexto dinámico de la competencia, cual es el de inventar alrededor (*inventing around*) de la exclusiva, es decir, innovación que, tomando la exclusiva como referencia, se aleja de ella para ofrecer al mercado nuevos productos competidores.

---

807 EISENBERG R. S. "Patents and the Progress of Science: Exclusive Rights and experimental Use", *University of Chicago Law Review*, Vol. 56, Nº 3, 1989, págs. 1017-1086, págs. 1024-206; POSNER R.A., "Intellectual Property: The Law and Economics Approach", *The Journal of Economic Perspectives*, Vol. 19, Nº 2, 2005, págs. 57-73, pág. 57; NICHOLSON PRICE II W.; "The Cost of Novelty", *Columbia Law Review*, Vol. 120, Nº 3, 2020, págs. 769-835, pág. 779.

808 HILTY R.M., "The Law Against Unfair Competition and its Interfaces", pág.18; implícita esta idea en GHIDINI G., *Rethinking Intellectual Property. Balancing Conflicts of Interest in the Constitutional Paradigm*, cit., pág. 72, cuando critica que las licencias obligatorias generan *path dependency*; aunque no solamente depende de ello, pues las normas de PI constituyen en sí mismo un incentivo a la innovación de seguimiento o "*follow-on*", al operar, por un lado como garantía de recuperación de la inversión y, por otro, al haber permitido previamente la difusión de la información utilizada para su desarrollo, cfr. ANDERMAN S., "Overplaying the innovation card: the stronger intellectual property rights and competition law", cit., pág. 22.

En este mismo sentido, la interacción innovación-imitación produce en realidad efectos indeterminados sobre la competencia en general[809], al coexistir efectos contradictorios en las dimensiones dinámica y estática. La imitación tiene un efecto predominantemente[810] negativo sobre la competencia dinámica al reducir el atractivo de la actividad innovadora, y, a cambio, tiene un positivo efecto sobre la competencia asignativa o estática, empujando a la baja los precios.

En todo caso, la perspectiva dinámica aconseja atender a la exclusiva no solo como límite a la libertad de imitar, sino como incentivo generador de alternativas relevantes y no meros sustitutos replicantes. Y es que si el competidor pionero no consigue amortizar los costes de desarrollo, todo incentivo a la innovación desaparece y el sistema se estanca[811]. Ahí es precisamente donde se hacen necesarios expedientes destinados a la protección de inversiones[812], interviniendo CD y PI, aunque desde perspectivas muy distintas, que marcan una relevante diferencia en los modos de intervención. Mientras que la PI se encamina a la tutela en sí de la inversión empresarial social-

---

809 KOLSTAD O., "Competition law and intellectual property rights – outline of an economics-based approach", cit., pág. 9.

810 Debe tenerse en cuenta que la imitación constituye también un incentivo dinámico a la innovación, en la medida en que al colmarse el mercado de competidores, al monopolista-pionero se le pone en riesgo de perder su posición. A partir de este punto, si quiere mantenerse liderando en el mercado, o, incluso, simplemente mantenerse en el mercado, deberá tratar de continuar innovando y mejorando su producto. Cfr. PORTELLANO DÍEZ P., *La Imitación en el Derecho de la Competencia Desleal*, cit., págs. 104 y ss.

811 GONDERT F., *Der wettbewerbsrechtliche Leistungsschutz. Ein Beitrag zum wettbewerbsrechtlichen. Schutz von der Ausbeutung fremder Leistungen durch das Einschieben in eine fremde Produktserie*, cit., págs. 133 y 134.

812 HILTY R., "The unfair competition law", cit., *passim*; aunque es discutible que la única función que cumple la Competencia Desleal sea en este ámbito una tutela de la inversión empresarial.

mente útil, la función protectora de la Competencia Desleal se manifiesta en una vertiente autónoma que no responde a la aseguración *per se* de la inversión, sino a la garantía de un funcionamiento transparente y, por tanto, eficiente del mercado. Bajo este prisma la protección de la inversión sería reflejo o consecuencia de la atención al mercado y su funcionamiento.

Dado que tanto el sistema español como el alemán resuelven la cuestión de la acumulación dando prioridad al derecho exclusivo, es indispensable identificar la concreta función económica que cada figura de Propiedad Intelectual viene llamada a desempeñar[813/814] a fin de determinar cuál es su objeto de protección y sobre la base de qué planteamientos se concede dicha tutela. Solo así podremos clarificar si la Competencia Desleal proporciona una protección redundante o necesaria, excesiva o proporcionada. En este sentido, la intervención del Derecho de la Competencia Desleal estará justificada siempre que los beneficios generados mediante la intervención legal en el mercado superen los costes en recursos derivados de dicha

---

813 A un análisis funcional como mecanismo de autolimitación de los derechos de PI nos anima VIVANT M., "Reversing Logic…" en GHIDINI G. FALCE V., *Reforming Intellectual Property*, cit. pág. 257, para descubrir con ello la *"raison d´être"* de cada figura.

814 No se pretende analizar de manera exhaustiva cada una de las funciones de los derechos de PI, por cuanto solo esa labor requeriría un estudio monográfico para cada concreta figura. Antes al contrario, lo que se pretende es establecer una noción aproximada de dicha función con objeto de emplearla como criterio hermenéutico sobre su ámbito de protección. Es decir, la determinación de la funcionalidad que pretendemos sería más bien la determinación funcional del objeto de protección de cada derecho (hallar su "para qué") y a partir de ahí reinterpretar su ámbito de protección. Sobre esta distinción vid. BEIER F.-K., "Ausstattung für Farben", *GRUR*, Heft 6, 1980, págs. 605-612, pág. 605.

intervención, pues cumpliéndose esta regla, la intervención es eficiente desde el punto de vista dinámico[815].

Cumpliendo la Competencia Desleal también una función dinamizadora de la competencia, se sitúa en paralelo a los derechos exclusivos concedidos por el sistema de PI. Una igualdad de rango que impone una ponderación de los intereses de protección de una y otra normativa atendiendo a los efectos económicos de ambas tutelas[816], teniendo en cuenta que el distinto enfoque de una y otra disciplina impide una plena subsunción o consunción aplicativas. Solo debe tenerse en cuenta un eventual efecto limitante de las normas de PI cuando la protección contra la imitación desleal se fundamente en identidad de principios, es decir, cuando nos encontremos en un caso de función pretorial de la CD, donde la intervención opera en garantía de la inversión del sujeto individual. Coincidencia teleológica y funcional que impone el respeto a los límites trazados desde la norma de PI.

Ello nos obliga a delimitar, por tanto, qué ámbito confiere el sistema actual de PI a cada derecho exclusivo, a fin de hacer una doble comprobación: qué funciones cumple en cada caso el derecho exclusivo, es decir, qué ámbito material se protege y cómo dicha función afecta a sus límites temporales, objetivos, así como a sus límites intrínsecos o de diseño normativo. Para ello, la mejor forma de delimitar el ámbito aplicativo del con-

---

815 GONDERT F., *Der wettbewerbsrechtliche Leistungsschutz. Ein Beitrag zum wettbewerbsrechtlichen. Schutz von der Ausbeutung fremder Leistungen durch das Einschieben in eine fremde Produktserie*, cit., pág.148

816 Téngase en cuenta, sin embargo, que mientras las normas de PI se orientan a la protección de la posición competitiva exclusiva del titular del derecho como resultado de su función esencial de incentivo a la innovación, el juicio de Competencia Desleal exige la ponderación de la tríada de intereses (*Schutzzwecktrias* del § 1 UWG en Alemania; implícito en Modelo Social de Competencia Desleal en España, en concreto art. 1 LCD)

creto derecho de PI es partir de la función económica que desempeña, pues es la que garantiza que se confiera exactamente la protección legítima, en el sentido de necesaria, de forma que no se afecte en exceso la libertad de competencia[817] (y, por tanto, de imitación).

1.1. Función económica y objeto de protección de la Marca

De acuerdo con lo expresado ya por OHLY y KUR, el derecho de marca se legitima y autolimita mediante su función[818]. La marca, como derecho de PI presenta, sin embargo, una naturaleza jurídica y una justificación económica harto distintas a la general compartida por todos los otros derechos exclusivos[819]. Así, aunque, en general, de ella resulta predicable un eventual incentivo a la innovación, este debe ser reinterpretado en un sentido diferente, constituyendo un incentivo en una

---

817 KREBS P., BECKER M., y DÜCK H., "Das gewerbliche Veranstalterrecht im Wege richterlicher Rechtsfortbildung", *GRUR*, Heft 5, 2011, págs. 391-397, pág. 395; enfoque también seguido por VIVANT M., "Intellectual property rights and their functions: determining their legitimate enclosure", cit., págs. 44-69, passim.

818 OHLY A. y KUR A., "Lauterkeitsrechtliche Einflüsse auf das Markenrecht", *GRUR*, cit., pág. 471.

819 En esta misma línea GÓMEZ SÉGADE J. A., "Fuerza distintiva y 'secondary meaning' en el Derecho de los signos distintivos", *Cuadernos de Derecho y Comercio*, 16, 1995, págs. 175-200, pág.178; BAYLOS CORROZA H., *Tratado de Derecho Industrial. Propiedad Industrial, Propiedad Intelectual, Derecho de la Competencia, Disciplina de la Competencia Desleal*, cit., pág. 289; en este mismo sentido se pronunció CARBAJO CASCÓN F., "El uso de marcas ajenas como palabras clave en servicios de referenciación en internet (Comentario a las sentencias del Tribunal Supremo de 19 y 26 de febrero de 2016, sobre la marca Masaltos)", *Revista de Derecho de la Competencia y la Distribución*, N º 18, 2016, publicación online, págs. 1-15, pág. 2.

acepción mucho más amplia o indirecta que las otras modalidades de derecho exclusivo[820].

La realidad del fenómeno competitivo material (competencia monopolística no ideal o trabajable), determina el surgimiento de un gran número de costes, especialmente, de información para el lado de la demanda, para los consumidores[821]. Ello porque, al haber distintas posiciones en el mercado integradas por un ingente número de empresarios competidores y diferentes estrategias competitivas, habría, en suma, una cierta diferenciación en el producto ofrecido. El consumidor se ve obligado a elegir en condiciones de incertidumbre entre productos diferentes – la heterogeneidad, por tanto, tiene un coste económico – sin una guía clara ni una forma de poder identificar el producto que sí satisface sus necesidades respecto de los demás. Aquí es, precisamente, donde intervienen los signos distintivos, bienes inmateriales especialmente creados y diseñados para garantizar la posibilidad de desarrollar una

---

820 Doctrina autorizada ha venido criticando en los últimos años la relación del derecho de marcas con la innovación. En este sentido OHLY A., "Free-Riding on the Repute of Trade Marks – Does Protection Generate Innovation?" *SSRN Electronic* Journal, 2017, disponible en SSRN: https://ssrn.com/abstract=3223325 (última consulta el 30 de abril de 2024). Al igual que expone el autor, desde nuestro punto de vista, se expondrá, no creemos que la relación sea inexistente, pero tampoco tan intensa como en el caso de otros derechos de PI, funcionando como un incentivo indirecto y básico para una competencia no solo en precio, sino en calidad; de forma más general GANGJEE D., "Trade marks and Innovation?", DINWOODIE G.B. y JANIS M.D., *Research Handbook on Trademark Law Reform,* Edward Elgar, Cheltenham/Northampton, 2021, págs. 192-224.

821 MIGUEL CARVALHO M., "Propiedade Intelectual", en AA. VV. *Direito da União Europeia – Elementos de Direito e Políticas da União,* 2016, Almedina, págs. 688-708, pág.688.

relación entre cada concreto producto posicionado en el mercado con un determinado origen empresarial[822].

Para que los signos distintivos, en especial las marcas, cumplan adecuadamente esta función, necesitan de forma imperativa tener carácter exclusivo: la relación de asignación canalizada y facilitada[823] por la marca peligra en el momento en que productos fabricados por sujetos diferentes se pueden marcar con el mismo signo distintivo, ya que entonces, la vinculación "origen comercial-producto" deja de ser unívoca y, en consecuencia, conduce a confusión[824]. Cuando esto ocurre, la marca contraviene su propia naturaleza y función: deja de ser un bien inmaterial orientado a la reducción del riesgo de confusión y pasa a convertirse en una fuente de confusión para el mercado.

Esta es la justificación fundacional, básica, real y vigente de la marca como bien inmaterial que amerita protección legal exclusiva. Como vemos, esa justificación no atiende a cuestiones de carácter dinámico o innovador, sino a la salvaguarda de

---

822 Nótese que aquí no hacemos referencia ni a oferente ni a empresario. Ello es porque en el moderno derecho de marcas y signos distintivos, la figura del fabricante/oferente queda en un segundo plano. Muchas veces los consumidores no identifican la empresa detrás de la marca, pero sí saben que los productos por ella fabricados y que, por tanto, cuentan con dicha concreta marca, tienen una calidad que les resulta deseable. En este sentido GALÁN CORONA E. "Prólogo. Las marcas y la distribución comercial", en GALÁN CORONA E. y CARBAJO CASCÓN F., *Marcas y Distribución comercial*, Ediciones Universidad de Salamanca, Salamanca, 2011, págs. 9-16, pág.10.

823 LANDES W.M., Y POSNER R. A., "Trademark Law: An economic Perspective", *The Journal of Law and Economics*, cit., pág. 269, indican que la marca ofrece ante todo y sobre todo una facilitación de la comunicación sintética de información comercial relevante para la decisión de compra.

824 Entendida en un sentido no técnico, como distorsión informativa del mercado.

la competencia asignativa. Para que el mercado pueda asignar oferta y demanda es necesario que la segunda pueda conocer la primera. La marca, por tanto, no es un bien inmaterial "denso" como puede serlo una patente o una obra protegida por Derecho de Autor, la marca es un bien inmaterial "hueco", es un canal de comunicación[825/826], una suerte de "etiqueta en un fichero"[827] donde los consumidores y el empresario titular de la misma, pueden ir incluyendo toda la información (documentación en el símil) relativa al propio producto contraseñado y al empresario[828/829].

---

825 LEHMANN M., "Unfair use of and Damage to the Reputation of Well-known Marks, names and Indications of Source in Germany. Some Aspects of Law and economics", *IIC*, Issue 6, 1986, págs. 741-767, pág. 761; también MASSAGUER FUENTES J., *Comentario a la Ley de Competencia Desleal*, cit., pág.169; en este mismo sentido GARCÍA PÉREZ R., *La expansión del Derecho de Marca. De la marca como indicación de la procedencia empresarial a la multifuncionalidad jurídica de la marca*, Marcial Pons, Madrid, 2021, pág.10.

826 Asumimos, por tanto, la llamada teoría comunicativa de la marca, conforme a la cual esta sirve como canal para transmitir diferentes mensajes al mercado (Cfr. LANDES W.M y POSNER R., "The economics of Trademark Law", *Trademark Rep.*, vol. 78, 1988, págs. 267-306, págs. 270-279), pero matizamos la amplitud de dicha comprensión reduciendo el contenido exclusivo de la marca al canal comunicativo y no al contenido comunicado.

827 HAYMANN L. A., "What is the meaning of a trademark?", DINWOODIE G.B. y JANIS M.D., *Research Handbook on Trademark Law Reform*, cit., págs 250-276, pág. 257.

828 En este sentido GARCÍA VIDAL A., *El uso descriptivo de la Marca Ajena*, Marcial Pons, Madrid, 2000, pág. 20, la define como vehículo a través del cual se relacionan empresario y clientela.

829 Así, por ejemplo, un usuario promedio puede identificar los coches marcados con la marca denominativa y el logotipo "Mini" como pertenecientes a un determinado fabricante de automóviles. La relación de asignación resulta ya completa, en la medida en que sabe que una determinada tipología de coches, que cuenta con deter-

En su función más elemental, básica, común y generalizada, la marca es un mero receptáculo de información, es un indicador que permite identificar un producto en el mercado y asociarlo a su origen comercial, de modo que su valor depende del éxito comunicativo, y este depende, a su vez, del saber hacer del empresario detrás de la marca, de ofrecer productos de calidad, servicios adecuados y de saber comunicar todo lo anterior mediante las pertinentes y adecuadas campañas publicita-

---

minadas prestaciones idiosincráticas, es fabricada por la empresa titular de dicha marca. De tal forma, que cuando el consumidor acude al mercado y pide "un mini" sabe qué está comprando y puede identificar cuándo lo que le están dando no es "un mini". Un usuario más diestro o informado en el mercado automovilístico añadirá más información dentro de la "carpeta" que es la marca "Mini". Por ejemplo, puede incluir dentro de esa carpeta que el fabricante de los vehículos de la marca "Mini" es el grupo BMW, titular de la marca de automóviles "BMW". Es más, en función de cómo valore ese usuario no ya la marca "BMW", sino al grupo BMW como fabricante, su percepción de la marca "Mini" mejorará o empeorará [En este mismo sentido FERNÁNDEZ NÓVOA C., "Las Funciones de la Marca", ADI, V, 1978, págs. 33-65, pág. 61; La alternativa a este escenario, sería lo que AKERLOFF calificó como "mercado de limones" (market for lemons), siendo "lemon" jerga en inglés americano para un coche que es mejor evitar comprar. Cfr. AKERLOF George A., "The Market for 'Lemons': Quality Uncertainty and the Market Mechanism, Quarterly Journal of Economics, Vol. 84, Nº 3, págs. 488-500, en especial págs. 489 y 490, donde expone cómo ante la falta de incentivos a mantener una calidad apropiada, las empresas tenderán a competir rebajando calidad, dado que no hay efectos reputacionales que les perjudiquen, pues los coches son materialmente indistinguibles.]
De la misma manera, el grupo BMW puede optar por lanzar una campaña publicitaria de gran impacto para identificarse como los fabricantes de la marca "Mini" o para asociar los coches comercializados bajo dicho signo con el espíritu inglés, o con las excursiones familiares de fin de semana, puede identificarlo como un vehículo adecuado para la ciudad o como un vehículo poco contaminante.

rias. La notoriedad, el reconocimiento o el prestigio de la marca son reflejo[830] de esas mismas propiedades en el empresario, aunque este en ocasiones pueda preferir renunciar a su propia identidad en el mercado y usar la marca como pantalla[831].

Aquí, entramos ya, sin embargo, en el componente dinámico de la marca, en por qué la marca opera como incentivo de la innovación de un modo impropio o indirecto. Para ello partimos de la marca como ese "bolsillo mágico" donde introducir información y que esta aparezca en el mercado a disposición de todos los participantes, debidamente catalogada y organizada. En la medida en que la marca garantiza una exclusiva sobre ese almacén-escaparate de información, el único empresario autorizado a llenarlo va a ser el titular del derecho exclusivo. Los consumidores en función de su percepción de la información emitida por el empresario bajo la etiqueta de la marca, también harán aportaciones subjetivas. Es decir, la marca se va a colmar fundamentalmente con la información[832] emitida por

---

[830] De ahí que la mejor doctrina nacional siempre haga referencia a función indicadora de Calidad o condensadora de *Goodwill*. La marca no genera ni uno ni otro por sí misma, sino mediante la actuación del empresario titular en el mercado. Es fruto de la influencia norteamericana, donde, recordemos, no hay una distinción nítida entre Derecho de Marcas y *Unfair Competition*, donde la mera indicación se exacerba hasta acabarse considerando como causación a partir de la marca.

[831] Como nos da excelente cuenta GALLEGO SÁNCHEZ E., "Marca negra y derecho", *Revista La Ley Mercantil*, N.º 66, febrero 2020, págs. 1-14.

[832] Esta información debe entenderse en su sentido más amplio, no constreñida al fenómeno publicitario, sino como generada por el propio y constante proceso de comercialización de los productos marcados en el entorno de mercado. La calidad del producto, su precio, la relación existente entre ambos, su diseño, su potencial técnico, su funcionalidad, su versatilidad, su utilidad, la creatividad detrás del producto, etc.

el empresario titular[833] y la interpretación que de dicha información haga el consumidor[834].

Todo elemento informacional relativo al producto y su origen comercial, sus características en términos generales, van llenando la "bolsa" de la marca[835], generando lo que podemos denominar imagen de marca. La imagen de marca no es, sino la acumulación progresiva y continuada de información respecto de un (o unos) determinado(s) producto(s) o servicio (s) proveniente(s) de un determinado empresario y

---

833 En este sentido, parece interesante destacar que la naturaleza del derecho exclusivo sobre la marca es predominantemente negativa. La vertiente positiva, el *ius utendi* pertenece al mercado (especialmente con la posibilidad reconocida de uso descriptivo de la marca). La vertiente negativa queda en manos del titular que pasa a ser el único competidor que puede introducir nueva información en la "carpeta". Los otros competidores pueden usar la "carpeta" con el exclusivo fin de mejorar la información disponible para los consumidores (el fin suficiente y justificante de la publicidad comparativa), lo que no pueden es introducir nueva información comercial en ella sin el permiso del titular.

834 El consumidor tampoco tendría una capacidad para introducir nueva información en la carpeta, sino que tiene capacidad de interpretar la información existente de un modo libre, utilizando para ello, todos los datos que pueda encontrar a su alcance. Lo que hace, realmente, es crear una copia de la carpeta con la documentación y reinterpretarla de acuerdo a sus intereses y a la guía que constituye el modelo "oficial" de información distribuido por el titular de la marca.

835 Incluso elementos tan aparentemente ajenos a la marca como el canal de distribución y la forma en que se distribuyen los productos pueden contribuir a la conformación de una concreta imagen de marca. Cfr. CARBAJO CASCÓN F., "La marca en los sistemas de distribución selectiva (el problema de las ventas paralelas", en GALÁN CORONA E. y CARBAJO CASCÓN F., *Marcas y Distribución comercial*, Ediciones Universidad de Salamanca, Salamanca, 2011, págs. 153-212, págs. 163 y 164.

denotado(s) bajo un concreto signo comercial. Pero la imagen de marca no es la marca, la imagen de marca es el resultado de toda la inversión empresarial realizada para posicionarse en el mercado, es una fotografía de la posición competitiva alcanzada y pretendida por el empresario a cada momento. Pero no es la marca, la marca en todo caso comunica, canaliza y contiene todo o parte de esa información[836].

Esta realidad determina dos cuestiones de la máxima relevancia: por un lado, la marca en sí no tiene valor propio, sino que su valor más allá de indicar origen es reflejo de la conducta comercial empresarial de uso. Ello determina, de forma coherente, que la marca vaya conquistando protección jurídica a medida que aumenta no tanto su valor intrínseco, como el valor que le subyace y que se encuentra en la posición jurídica del empresario que la marca condensa y refleja[837]; por otro, surge un límite necesario e intrínseco a la protección marcaria en tanto que protección de la marca: solamente se protege el canal comunicativo en sí mismo, y, en su caso, los valores de que dicho canal se ve impregnado de un modo reflejo e in-

---

836 FERNÁNDEZ NÓVOA C., "Las Funciones de la Marca", cit., pág. 60.

837 Esto constituye una diferencia esencial con respecto a los sistemas de protección basados en innovación, como la Patente, los Derechos de Autor o el Diseño industrial. Se trata de expedientes jurídicos, todos ellos, destinados a la protección de una creación materialmente valiosa. En cambio, la marca, cuando se registra tiene escasísimo valor, de forma que a través de ella, lo que se llega es proteger la inversión hecha, su valor económico sería *ex post* y no *ex ante* a su concesión. Esta realidad es la que conduce a VIVANT M., "Intellectual Property Rights and their functions", cit., pág. 56, a, partiendo del hecho de aceptar en la marca una eventual función de protección de la inversión, expandir en lugar de cerrar su ámbito. En realidad ocurre porque, mediante la función de inversión, la reputación, que sería una simple expectativa dependiente del contexto de mercado, se "dominicaliza".

disociable, expresado mediante las funciones accesorias de la marca.

La tutela de la imagen de marca es posible e incluso necesaria, pero ya no se encuentra propiamente dentro de los límites naturales de la marca como bien inmaterial. Es decir, la protección jurídica de la marca más allá de su función como canal de comunicación, esto es, más allá del daño a lo que se delimita en el Derecho de Marca como distintividad, supone una protección extramuros de los límites funcionales propios de la figura. El Derecho va más allá en esos casos de la función que el bien inmaterial desarrolla en el mercado, y, por tanto, se protege bajo la etiqueta de derecho de marca algo que, en realidad, no es en sentido estricto una función marcaria. Es por eso que una buena parte de la doctrina internacional[838] percibe con cierto recelo la protección de la marca más allá de la función distintiva estricta[839].

838 OHLY A., "Blaue Kürbiskerne aus der Steiermark. Die Interessenabwägung beim Schutz bekannter Marken gegen die unlautere Ausnutzung von Ruf oder Unterscheidungskraft", AA.VV. *Festschrift für Irmgard Griss*, Jan Sramek Verlag, Austria, 2011, págs. 521-540, pág. 527; GHIDINI G., *Innovation, competition and consumer welfare in Intellectual Property Law*, Edward Elgar, Cheltenham/Northampton, 2010, págs.182-184; en cambio, para KUR A., "Trademark and Design from a Personal Perspective", en DRAHOS P., GHIDINI G. y ULLRICH H., *Kritika: Essays on Intellectual Property*, Volume 5, Edward Elgar, Cheltenham/Northampton, 2021, págs. 49-69, pág.67, el reconocimiento de funciones marcarias ajenas al origen fue el primer paso en la "concurrencialización" de la marca, creándose un hibrido legal que, partiendo de las provisiones de la marca, ofrece la amplitud valorativa de la Competencia Desleal.

839 En particular, quizá lo más complejo resulte garantizar una protección inmaterial a algo tan efímero y contexto-dependiente como es la reputación asociada al signo. Tal y como expone FERNÁNDEZ NÓVOA C., "Las Funciones de la Marca", cit., pág. 56, esa reputación, identificada como *Goodwill* en la doctrina angloamericana, no

La relación que se sustancia entre la marca como canal, la imagen de marca como reflejo y la posición competitiva reputacional como realidad comunicada puede resultar muy compleja (si no imposible) de escindir claramente a efectos de su tratamiento jurídico. La sinergia generada es tan fuerte que resulta imposible distinguir claramente los efectos de retroalimentación que se producen entre esos tres elementos. Este fenómeno está en la base del reconocimiento por el TJUE de que la marca puede cumplir tanto la función esencial de indicar el origen empresarial[840], como otras funciones comunicativas más débiles o accesorias.

La marca habilita para el empresario una pluralidad de estrategias competitivas diferentes, tales como el desarrollo de una campaña publicitaria, la mejora de la apariencia estética del producto, la mejora de la funcionalidad del producto, el establecimiento de un sistema novedoso de distribución, etc. Todo aquello que contribuye al fortalecimiento de una determinada imagen de marca puede quedar protegido a través del signo. La generación de valor no es el objetivo del sistema de marcas, sino el resultado de la búsqueda por incrementar el valor del acervo reputacional propio[841] posibilitado por ellas. En algunas ocasiones, la creatividad de la mejora será tal que permita su protección mediante otro derecho exclusivo, pero en muchos casos, la mejora será modesta y no encajará bajo las formas jurídicas de protección inmaterial, o lo hará malamente, quedando recogida como parte de la imagen de marca.

De ahí el riesgo sistémico que trae consigo la utilización de la marca para proteger la imagen de marca, es decir, dado que

---

es más que una expectativa, un activo no apropiable, como ocurre con la clientela, porque depende del desempeño en el mercado.

840 STJUE de 23 de abril de 2009, as. C-59/08, Christian Dior, pár. 22.

841 En una línea similar GANGJEE D., "Trade marks and Innovation?", cit., págs. 205 y 206.

la marca resulta a primera vista indisociable de la imagen de marca (y/o del producto o servicio designado), todo aquello que consigamos incluir como imagen de marca, se convierte en parte de la marca y como tal se protege bajo el paradigma de un sistema de derecho exclusivo que supone la incorporación a la posición subjetiva individual de corte dominical que es la marca, de un elemento característico más. Este es el fenómeno detrás de una expansión impropia del término distintividad, donde este ya no se usa como significante de la capacidad intrínseca de un determinado rasgo o elemento para identificar un concreto y específico origen empresarial, sino para conceptualizar la mera singularidad en el mercado, es decir, la diferencia relevante de un determinado producto respecto de los demás[842/843] (*Überdurchschnittlichkeit* en alemán; literalmente, cualidad de estar por encima de la media). Cuando ambos elementos se confunden –y pueden confundirse en una interpretación amplia de la noción de distintividad inducida por una aceptación generosa del concepto de marca –, surge el riesgo de proteger lo que es meramente distinto como distintivo y, por tanto, tutelar bajo marca lo que en realidad no resulta funcionalmente su objeto de protección.

---

842 Como ilustrativo de este sentir y razonar general de la doctrina Cfr. LOUREDO CASADO S., *Las Marcas Tridimensionales*, cit., pág. 55, donde parte de la definición de "distinguir" proporcionada por la RAE, para identificar "distinguir" con "diferenciar"; muy claramente se expresa en la sentencia del BGH GRUR 2000, 521, Modulgerüst; Crítica con dicha tendencia KUR A., "Too Common, too splendid, or 'just right'? Trade mark protection for product shapes in the light of CJEU case law", cit., pág. 26.

843 En este sentido, la distintividad se relaciona con la capacidad para generar adhesión asociativa en la mente de los consumidores. Cfr. En una línea similar GANGJEE D. "Trade marks and Innovation?", cit., pág. 196.

Ejemplo paradigmático de este fenómeno de inflamación es, en realidad, la protección de la reputación mediante derecho de marca. Se ha hecho habitual, fundamentalmente gracias al impulso europeo, que los diferentes estados miembros ofrezcan una protección a la marca renombrada[844]. Dicha protección, en su interpretación más estricta, atiende al grado de conocimiento de la marca en el mercado, es decir, atiende a una forma cualificada de su capacidad distintiva (Cfr. STJUE de 27 de noviembre de 2008, As. 252/07, Caso Intel), donde la marca no solo es capaz de indicar un origen empresarial, sino que se ha convertido, además, en un referente en el mercado, llegando a trascender en su función indicadora del origen al concreto nicho que ocupa. De esta forma, se protege la marca frente a su uso por terceros para productos no necesariamente semejantes (es decir, rompiendo la regla de la especialidad) y ello por entender que puede generarse una situación de vinculación o puesta en conexión en sentido amplio (más allá de la confusión/asociación), donde el consumidor, debido a la separabilidad de la marca respecto del empresario titular, se ve inducido a considerar que los productos también denotados por dicha marca – u otro signo similar – son fruto de la labor industrial del titular original (riesgo de confusión) o por otro empresario con su consentimiento (riesgo de asociación) o, en fin, que están conectados a aquél de cualquier otro modo (protección *stricto sensu* de la marca renombrada).

Hasta este punto, en realidad, una interpretación amplia pero ajustada a la naturaleza y funcionalidad económica de la marca permiten sostener la protección a la marca renom-

---

844 La reciente reforma de la LM de 2018 (operada por el Real Decreto-ley 23/2018, de 21 de diciembre) corrige el error histórico en relación con el renombre y la notoriedad de la marca. De modo que renombre adquiere su significado histórico internacional y la notoriedad se entiende referida a la marca notoria en el sentido del art. 6 bis CUP.

brada. El problema aparece en el supuesto siguiente de protección: la protección de la marca renombrada frente a signos idénticos o similares para productos idénticos o similares cuando de la conducta se derive la obtención de una ventaja desleal de la reputación del signo[845]. Y en este punto, la letra del supuesto no engaña. Una lectura suficientemente atenta nos permitirá entender que lo que se protege aquí no es ya el renombre de la marca en su sentido estricto, sino la reputación asociada a la marca[846] (que no al producto marcado ni al empresario). Interpretando este supuesto de infracción de forma coherente con la función propia de la marca, debemos entender que, en la medida en que la imagen de marca no resulta del todo escindible de su continente, es posible que la marca, en tanto que signo distintivo, acoja de cara al mercado alguna de las propiedades de la imagen de marca, de tal forma que estas se independizan de la concreta relación productiva que las origina y permite su traslado a otro tipo de productos, cuyo valor ya no radica en la procedencia respecto de dicho empresario, sino en su asociación con el signo distintivo. Aquí

---

845 Literalmente este es el tipo de conducta que recoge el Reglamento (UE) 2017/1001 del Parlamento Europeo y del Consejo, de 14 de junio de 2017, sobre la marca de la Unión Europea, art.9.2.c; también la Directiva (UE) 2015/2436 del Parlamento Europeo y del Consejo, de 16 de diciembre de 2015, relativa a la aproximación de las legislaciones de los Estados miembros en materia de marcas, art.10.2.c; la misma redacción manifiesta la Ley (española) 17/2001, de 7 de diciembre, de Marcas, art. 34.2.c.

846 Con acierto a nuestro modo de ver la STJUE de 27 de noviembre de 2008, As. C- 252/07, Caso Intel Corp., párrs. 34-35, 69, 73 y 80 construye el renombre como un concepto relacional fruto de la interacción entre el carácter distintivo, el público objetivo y la idea de vínculo o evocación, sin que en ningún caso ese renombre tenga relación conceptual alguna con las buenas o malas consideraciones que la relación de asignación inducida por la marca pueda tener en el público.

no hablaríamos tanto de una reputación de la marca, como, en puridad, de una suerte de función simbólica[847], originada por la superación del renombre de la marca respecto de los límites comerciales del mercado, para convertirse en un icono cultural popular[848].

Aquí sí tiene sentido hablar de ventaja desleal; es más, tiene un doble sentido: por un lado, el más evidente deriva de que la ventaja obtenida por el competidor se debe a la explotación del valor simbólico/reputacional de la marca copiada o imitada, pues su prestación solamente tiene valor en el mercado en tanto que derivada de la propia marca[849]. En estos supuestos los perjuicios pueden ser varios: daño a la función distintiva de la marca por perjuicio de su capacidad distintiva, y daño al valor intrínseco de la marca como símbolo[850]. El segundo sentido de ventaja desleal tiene que ver precisamente con la conexión con el Derecho de la Competencia Desleal: bajo esta óptica, el uso de "ventaja desleal" indica que se trata de un acto *a priori* sujeto a la disciplina del mercado, pero que por una serie de opciones de política legislativa[851], su lugar natural en sede de Competencia Desleal se ha visto desplazado en favor de una

---

847 Reconoce también esta función OHLY A., "Blaue Kürbiskerne aus der Steiermark. Die Interessenabwägung beim Schutz bekannter Marken gegen die unlautere Ausnutzung von Ruf oder Unterscheidungskraft", cit., pág 529.

848 Un ejemplo de este proceso podría ser la marca Ferrari y sus diversos logotipos, capaces de atraer a buena parte de los ciudadanos, al margen de que sean consumidores de dicha marca o no en el mercado original, que es el del automovilismo.

849 Por ejemplo, un producto de *merchandising* no licenciado.

850 Este fenómeno, en realidad, es fruto de una progresiva confluencia entre el mercado y la cultura propia de una sociedad de consumo.

851 Por la relevancia de la marca, por un solapamiento de funciones, por la mayor protección PI, etc.

protección más intensa mediante derecho de marca[852]. Como consecuencia de ese poso de deslealtad y, por tanto, de dimensión institucional, se puede apreciar la infracción del derecho aun ausente perjuicio directo al titular[853].

La interpretación a partir de la función comunicativa de la marca pone el límite a la protección en el daño a la función simbólica/reputacional de la marca. En cambio, cuando la infracción de la marca no se utiliza para la explotación del valor simbólico de la marca en sí, sino como mecanismo para el expolio de la más amplia imagen de marca que se ha construido y que se comunica mediante la marca, no resulta tan claro que el sistema de protección marcario constituya un mecanismo de tutela adecuado, pues constituye una expansión exorbitante de la protección capaz de poner en riesgo la competencia en el mercado.

Nos encontramos, por tanto, en una encrucijada entre dos tendencias claramente contradictorias. Por un lado, la marca está fagocitando, a través de la integración de su protección con el componente reputacional o de imagen de marca todo elemento susceptible de diferenciar (no así de distinguir) y todo aspecto reputacional. Por el contrario, las normas del De-

---

852 En esta misma línea, el maestro BERCÓVITZ RODRÍGUEZ-CANO A., *Apuntes de Derecho Mercantil*, cit. pág. 390, alude a una mutabilidad de las fronteras entre los círculos concéntricos por vía legislativa; la mutabilidad existe pero deja una cierta huella de forma que es posible trazar su origen en la Competencia desleal. Ello ocurre, por ejemplo, en el art. 37 de la LM española, donde la deslealtad en el uso permitido aparece a su vez como límite a los propios límites al derecho de marca, de modo que un uso que, estando permitido, devenga, sin embargo, en un uso desleal, acabará constituyendo un uso infractor del signo protegido. Ello conlleva necesariamente a una interpretación del límite al derecho de marcas en clave de competencia desleal.

853 Cfr. SSTJUE de 27 de noviembre de 2008, As. C-252/07, párr. 81 y, la de 18 de junio de 2009, as. C-487/07, párr. 4.

recho de la competencia aconsejan una interpretación restrictiva de los derechos de PI a fin de que su efecto revulsivo de la innovación se maximice, minimizando a la vez los efectos monopolísticos negativos que pudieran traer asociados. Esta tensión no se habría podido resolver por sí misma, en la medida en que el Derecho de Marca es un sistema de tutela a medio camino entre la protección del mercado y la protección individual. Para muchos sistemas jurídicos, como el americano o tradicionalmente el alemán, la Marca formaba parte del sistema de Competencia leal[854].

Competencia Desleal y Marca comparten una función similar de tutela subjetiva mediatizada a los intereses del mercado, especialmente en la garantía de unas condiciones de transparencia y acceso a la información óptimas[855]. Concomitancia muy bien aprovechada desde el legislador europeo apoyado por la labor interpretativa del TJUE, comenzando con la inclusión de la tutela del renombre y la reputación en el ámbito marcario operada por la DM de 1988 y continuado progresivamente en un proceso de "concurrencialización" de la marca, de forma que el juicio de infracción en el derecho de marca, tanto en la vertiente de confusión, como en el caso de marca renombrada, así como algunos conceptos como el requisito de uso a título de marca han ido incorporando progresivamente una visión *ad hoc*, propia del Derecho de la Competencia y, particularmente, de la Competencia Desleal[856]. Las fronteras legales entre marca

---

854 La *Lanham Act* americana es considerada una norma de competencia desleal; en Derecho alemán la marca formaba parte del sistema UWG hasta la reforma de 1994 de la WZG.

855 En una línea similar respecto del Derecho de Marca, MIGUEL CARVALHO M. "A tutela da propiedade intelectual na Carta dos Direitos Fundamentais da União Europeia" , AA. VV., *Liber Amicorum Benedita Mac Croire*, UMinho Editora, 2022, págs. 227-248, pág. 235.

856 En este sentido OHLY A. y KUR A., "Lauterkeitsrechtliche Einflüsse auf das Markenrecht", *GRUR*, cit. pág. 471; esta misma tendencia

y Competencia Desleal se han desdibujado en algunos puntos concretos, abriendo una suerte de "vasos comunicantes" entre ambas disciplinas, que favorecen la transición de un modelo de complementariedad a un modelo simbiótico[857] integrado. Ya no hablaríamos simplemente de una aplicación coordinada pero independiente de ambas disciplinas, sino de un modelo aplicativo conjunto y, a menudo, indiferenciado, donde el juicio concurrencial impregna las valoraciones de la infracción formal a la marca.

De esta forma, la naturaleza cada vez más apegada al mercado que exhibe la marca ha constituido un contrapeso suficiente como para permitir su expansión a través de las llamadas funciones de la marca. Aunque el asunto de las funciones de la marca siempre ha constituido una cuestión doctrinalmente debatida[858], nunca había llegado a explicitarse de forma jurídico-práctica hasta el desarrollo de la doctrina jurisprudencial de las funciones de la marca por parte del TJUE[859], donde se reconoce por primera vez la existencia de funciones más allá de la indicación del origen en la marca, como son la de indicación de calidad, la función publicitaria y la de condensación del *goodwill* (identificada como función comunicativa), todas vinculadas, como puede verse, a la relación de la marca con la imagen de marca. Este haz de funciones se ve completado

---

fue ya identificada por CARBAJO CASCÓN F., "La marca en los sistemas de distribución selectiva (el problema de las ventas paralelas", en GALÁN CORONA E. y CARBAJO CASCÓN F., *Marcas y Distribución comercial*, cit., pág. 196 en relación con la valoración de las excepciones al agotamiento del derecho de Marca.

857 BÄRENFÄNGER J., *Das Spannungsfeld von Lauterkeitsrecht und Markenrecht unter dem neuen UWG*, cit., pág. 176.

858 KUR A., "Trademark and Design from a Personal Perspective", cit., pág. 62.

859 STJUE de 18 de junio de 2009 (As. C-487/07), caso L´Oreal/Bellure, en especial, apartados 51y 58.

con una ulterior decisión, caso Interflora[860], donde el TJUE reconoce además la función de inversión, como una suerte de tutela provisional en la construcción de una imagen de marca[861]. Dichas funciones se tutelan de un modo independiente, en el sentido de autónomo respecto a la función indicadora de origen, pero, esta sigue siendo la función esencial de la marca, en tanto que justificante de la tutela de la marca en cuanto a tal institución. Sería posible limitar el ámbito de protección de estas nuevas funciones mediante el recurso a una interpretación conforme a la naturaleza y función principal de la marca[862], de forma que dichas nuevas funciones de la marca protegen la parte concreta de imagen de marca, reputación o poder publicitario del que queda impregnada la marca en tanto que canal, siendo esta distinta del corpus de la imagen de marca. Sin embargo, como ya hemos apuntado, el vínculo existente entre marca e imagen de marca complica mucho la estructuración de un sistema de tutela dual coherente.

Un sistema, como este que se ha venido materializando desde el ámbito europeo, donde el juicio concurrencial se enmascara en algunos aspectos bajo la etiqueta de juicio de infracción

---

860 STJUE de 22 de septiembre de 2011 (As. C-323/09), Caso Interflora, apartados 38 y 61-63.

861 Ibid. apartado 61, literalmente: "Cuando el uso por un tercero –como un competidor del titular de la marca– de un signo idéntico a dicha marca para productos o servicios idénticos a aquellos para los que esté registrada supone un obstáculo esencial para que dicho titular emplee su marca para adquirir o conservar una reputación que permita atraer a los consumidores y ganarse una clientela fiel, debe considerarse que dicho uso menoscaba la función de inversión de la marca"

862 En línea con lo propuesto por CURTO POLO M., *La cesión de marca mediante contrato de compraventa*, Thomson Reuters Aranzadi, Navarra, 2002, pág. 158, cuando reconduce y mediatiza la función comunicativa de la marca a través de la función de origen o distintiva.

de marca, bien acotado, puede resultar una solución solvente y flexible a la incesante expansión de la marca, dotando a este Derecho de importantes "anticuerpos competitivos"[863]. Desde esta perspectiva, sería necesario un esfuerzo clarificador y sistematizador, donde se haga manifiesto lo que ya materialmente puede apreciarse y se aclare cómo debe operarse el juicio concurrencial de infracción de la marca. En este sentido, resulta pacífico entender que el juicio de marcas en los casos de doble identidad debe tener una naturaleza de corte más formal[864], admitiendo una valoración *ad hoc* y en la perspectiva del consumidor medio destinatario en lo que se refiere al parecido entre los signos[865]. El riesgo de confusión es un juicio fuertemente concurrencializado, donde el único aspecto formal sería la comparación del signo imitador con el signo registrado, a partir de ahí, se opera una valoración de los efectos del parecido en el mercado y, en concreto, si es aquel capaz de inducir al consumidor a una decisión de compra errónea o adulterada[866].

---

863 Expresión tomada de GHIDINI G., *Rethinking Intellectual Property. Balancing Conflicts of Interest in the Constitutional Paradigm*, cit., pág. 69, pero que usa en el contexto de patentes y no de marcas.

864 En este caso, el límite concurrencial es previo y se encuentra en el requisito de uso a título distintivo o a título de merca, reconvertido modernamente en el uso en el mercado y para productos y servicios, cfr. GARCÍAVIDAL A., "La reproducción a escala de productos de marca", cit., pág.71 y ss.; si bien, se manifiesta en contra de la opinión emitida por el TJCE en sentencia de 23 de febrero de 1999, As. C-63/97, BMW v. Deenik, donde se opera una interpretación sumamente amplia de uso marcario, confirmado por la STJUE de 23 de marzo de 2010, Ass. C-236/08 a C-238/08, Google France sobre la base de las funciones de la marca.

865 Cfr. SSTJUE de 18 de junio de 2009, C-487/07 (Caso O2) y de 18 de julio de 2013, C-252/12 (Caso Specsavers).

866 Obsérvese una identidad con las prácticas desleales de la Dir. 2005/29, en particular con la cláusula general en su vertiente de va-

El último aspecto lo constituye la infracción de la marca renombrada derivada de la obtención de una ventaja desleal por aprovechamiento del renombre o reputación[867], juicio sobre el que conviene detenerse para hacer algunas apreciaciones relevantes: en primer lugar, se puede apreciar un uso ciertamente indistinto de renombre y reputación, cuando lo correcto es distinguir claramente ambos conceptos. Así, renombre sería aquella parte de la reputación de un competidor que está directamente vinculada a la imagen de marca por ser parte inextricable de ella, conectado, por tanto, al conocimiento y reconocimiento de la marca en el mercado. En cambio, reputación es un concepto más general que acoge no solo la imagen de marca, sino la valoración que tiene el concreto producto en el mercado (en una perspectiva micro), y la imagen de empresa y de grupo corporativo que tiene el competidor, en tanto que tal[868]. Hablamos, por tanto, de posición integral en el mercado; en segundo lugar, una vez determinado que el aprovechamiento deriva de la imagen de marca indirectamente tutelada mediante la marca, la pregunta que se nos plantea es cómo operar el juicio de infracción marcaria en tal supuesto, en particular, si determinar la existencia de un aprovechamiento desleal de la reputación tomando como base el Derecho de Competencia Desleal y, una vez verificado el aprovechamiento, determinar

---

loración de efectos de la conducta desleal por afectar a la capacidad de decisión autónoma del consumidor. La identidad es absoluta.

867 Cuyo ejemplo más claro a los efectos que aquí interesa demostrar lo constituye la STGUE de 28 de mayo de 2020 (As. T-677/18), caso Oreo.

868 En este sentido, nuevamente la STJUE de 27 de noviembre de 2008, As. C-252/07, Caso Intel, vincula el renombre con la fuerza distintiva, alejándolo así de la noción de reputación. Así las cosas, volviendo al ejemplo de la marca Mini, esta tiene una imagen de marca concreta, parcialmente construida sobre la reputación que tienen sus vehículos en el mercado, pero que es distinta a la imagen que tiene BMW Group en el mercado automovilístico.

la infracción del *ius prohibendi*[869] o si, por el contrario, de un modo más coherente con la práctica hasta ahora mantenida por el TJUE, incorporar los elementos concurrenciales esenciales del juicio de aprovechamiento CD al ámbito de la infracción de la marca.

Cuestión muy compleja donde es necesario valorar los efectos que una u otra opción pueden tener sobre la relación de tensión existente entre Competencia y PI. Si asumimos que el juicio marcario se construye sobre el desarrollo previo de la CD[870] corremos el riesgo de socavar la autoridad del derecho

---

869 Así parece entenderlo GALACHO ABOLAFIO A. F., *La nulidad de la marca inscrita ante la mala fe del solicitante*, cit., págs. 178, 180, 192, 193 y 195, por lo demás muy crítico con el proceder del TJUE (Cfr. pág. 179). En particular, en la pág. 180 expone de modo muy sugerente que el TJUE pretende confinar al ámbito estrictamente marcario el juicio de infracción de la función de origen y tamizar a través de la Competencia Desleal la afectación a las otras funciones de la marca.

870 Realidad cada vez más generalizada en el mercado, pues no solo la protección de la marca de renombre se construye por referencia a la obtención de una ventaja ilícita inicial. Se ha ido viendo que la doctrina de las funciones de la marca (reconocida, de momento, para supuestos de doble identidad), que ahora mediatiza la moderna concepción del mercado comunitario (FEZER K.H., "Schutzgegenstandtheorie. Die Produktbedingtheit eines Zeichens als ein absolutes Schutzverbot im Kennzeichenrecht" AA.VV. *Festschrift für Irmgard Griss*, Jan Sramek Verlag, Austria, 2011, págs. 149-159, pág. 149), en realidad no ha supuesto una extensión de la protección (aunque sí del ámbito) conferida por la marca, y ello ha sido gracias a la configuración fáctica que se ha utilizado en su creación y que ha supuesto la unión de la perspectiva marcaria con la sistemática concurrencial (KUR A., "Trademark and Design from a Personal Perspective", cit., págs. 67 y 68); pero también los tradicionales juicios de confusión y asociación se operan atendiendo a las circunstancias del uso de la marca y es posible considerar la posibilidad de que la Directiva sobre Publicidad Comparativa "purgue" la deslealtad del uso de una marca ajena en la publicidad (OHLY A., "Interfaces bet-

de marcas en este contexto, sacrificando su autonomía, pero ganando en claridad y sistematicidad, pues todo juicio reputacional se pasa a operar bajo el paradigma de la CD, proporcionando una tutela fáctica acorde con su carácter no apropiable por el empresario. Alternativamente, puede optarse por atribuir prioridad al Derecho de marcas, desdibujando, entonces, la frontera entre marca y Competencia Desleal, privando de autonomía al ámbito de aprovechamiento de la reputación fuera del renombre de la marca y obligando a una diferencia tajante entre renombre y reputación si quiere mantenerse una autonomía aplicativa real de la CD.

Por su parte, la influencia recíproca impuesta en una comprensión simbiótica de las relaciones que deben mediar entre CD y PI no solo exhibe una faceta extensiva de la marca, sino también una dimensión limitadora de los derechos. Así ocurre en casos de usos concurrencialmente inocuos de la marca, tales como el uso descriptivo (o puramente referencial) de la marca ajena, que no constituye uso marcario relevante para la doctrina del TJUE[871] y que, perfectamente, admite una justificación a partir de la ponderación de intereses relevantes en

ween trade mark protection and unfair competition law: Confusion about confusion and misconceptions about misappropriation", cit., págs. 45 y 52-54, respectivamente).

871 Modernamente, partiendo de la STJUE de 18 de junio de 2009 (As. C-487/07), caso L´Oreal/Bellure, no todo uso de la marca es un uso infractor, solo aquel que afecte de modo relevante las diferentes funciones que, a cada momento, se reconozcan como propias del derecho de marca. Todo uso ajeno a las funciones de la marca, es un uso no distintivo y, por tanto, un uso concurrencialmente neutro o descriptivo de la marca.

juego desde la perspectiva de la CD[872], dando "justa causa" al uso[873].

Como corolario al tratamiento funcional de la marca, corresponde mencionar la necesidad de mantener la marca contenida, dada la actual tendencia hacia una interpretación restrictiva de los derechos exclusivos y su revisión crítica. En este sentido, creo que hay un sólido camino marcado en la doctrina y jurisprudencia concerniente a la protección de la marca

---

[872] En este sentido, hay que tener en cuenta que el art. 6.1 de la Directiva 89/104/CEE de 21 de diciembre de 1988, relativa a la aproximación de las legislaciones de los Estados Miembros en materia de marcas (Equivalente al art. 14.1 DM 2015/2436) establecía una remisión en bloque a las normas de Competencia Desleal de los Estados Miembro a la hora de valorar el entonces denominado "uso descriptivo" de la marca ajena. (Cfr. GARCÍAVIDAL A., "La reproducción a escala de productos de marca", cit. pág. 85 y ss). Conforme a este paradigma interpretativo el uso se permitiría o se prohibiría en función de lo que aporte al mercado en términos de información y de claridad. Así, cuando el uso de la marca sea para indicar compatibilidad o accesoriedad será un uso claramente permitido y permisible, pues proporciona información clara al consumidor sobre alternativas de compra. En esta misma línea se plantean los razonamientos del TJUE sobre los casos de uso de marca como palabra clave para motores de búsqueda. En estos casos, donde no hay uso marcario relevante, se presumiría la utilidad de la información comunicada.

[873] Da cuenta MIGUEL CARVALHO M., "As Marcas e a Concorênza Desleal", *Scientia Iuridica,* Tomo LII, Nº 297 2003, págs. 525-557, pág. 539, de la implantación en el Código de PI portugués del art. 266º (actualmente art. 232º.1.b por remisión del art. 260º CPI) que permite declarar la anulabilidad del registro de marca cuando este responda a una intención de uso desleal de dicho signo, es decir, la pretensión de uso desleal se castiga mediante la nulidad del signo causante de la deslealtad. Esto es un claro ejemplo de reciprocidad entre Derecho de Marcas y Competencia Desleal.

tridimensional[874], en ocasiones criticada como excesivamente rigurosa[875], pero lo cierto es que este rigor garantiza una apropiada distinción, aunque lo haga implícitamente, entre lo meramente distinto y lo distintivo. La tutela de lo distintivo es el ámbito propio del Derecho de marca, la tutela de lo distinto, de lo diferente, de aquello que destaca, es el ámbito típico de la Competencia Desleal.

1.2. Función económica y objeto de protección del Diseño Industrial

El Diseño Industrial constituye también un supuesto complejo[876] de delimitación respecto del Derecho de la Compe-

---

874 Como nos expone con soberbia claridad LOUREDO CASADO S., *Las Marcas Tridimensionales*, cit., págs. 60-64, aunque formalmente los requisitos para apreciar la distintividad en el caso de las marcas tridimensionales son idénticos al resto de tipologías de marca, el problema estriba en la inseparabilidad entre signo y producto, lo que conduce al TJUE a venir considerando que el consumidor no atiende normalmente a las formas de los productos ni los percibe como elemento indicativo de un origen comercial. La necesidad de identificar la distintividad la hace el juzgador comunitario depender, además, de una cierta idea de singularidad (diferencia sustancial a ojos del consumidor respecto a la forma habitual en el mercado), lo que desdibuja las fronteras entre ambos conceptos.

875 Id., pág. 63; Cfr. KUR A., "Too Common, too splendid, or 'just right'? Trade mark protection for product shapes in the light of CJEU case law", cit., passim.

876 Indica OTERO LASTRES J.M., "En torno a la directiva 98/71/CE sobre la protección jurídica de los dibujos y modelos", ADI, XIX, 1998, págs. 21-50, pág. 21; idea que reitera en Ibid., "El Diseño Industrial según la Ley de 7 de Julio de 2003", OLIVENCIA M. y FERNÁNDEZ-NÓVOA C., *Tratado de Derecho Mercantil*, Volumen 2, Marcial Pons, Madrid, 2003, pág. 20, que el Diseño Industrial es la figura más compleja de cuantas integran el Derecho Industrial.

tencia Desleal, en la medida en que constituye un sistema de tutela híbrido entre una protección por Derechos de Autor descafeinada, la protección de la singularidad en el mercado confundida con la distintividad de la marca[877] y la protección al mérito concurrencial por parte del derecho de la Competencia Desleal bajo la forma de protección de las inversiones[878]. No debe extrañarnos, por tanto, que el Diseño Industrial moderno, prácticamente de nuevo cuño, haya nacido y se haya criado anémico, en relación con sus hermanos mayores[879]. El mejor

---

877 OHLY A., "«Buy me Because I´m cool»: the «marketing approach» and the overlap between design, trademark and unfair competition, en KUR A., LEVIN M. y SCHOVSBO J., The EU Design Approach: A Global Appraisal, Edward Elgar, 2018, págs. 108-141, págs. 113-116.

878 Cfr. OHLY A., "Designschutz im Spannungsfeld von Geschmacksmuster-, Kennzeichen- und Lauterkeitsrecht", *GRUR*, cit., pág 731; en una línea similar DOMINGUEZ PÉREZ E.M., "La protección jurídica del diseño industrial: la novedad y el carácter singular. Reflexiones en torno al Proyecto de Ley de protección jurídica del diseño industrial", *ADI*, XXIII, 2002, págs. 87-111, pág. 91 ;ello es fruto de los intentos del grupo de trabajo de resolver la dicotomía entre si seguir un modelo basado en DA o en Patente, existente en la época, mediante el recurso a un modelo propio ("*design approach*"), centrado en su funcionalidad en el mercado, la cual no es otra que favorecer la individualidad y comerciabilidad del producto, cfr. KUR A. y LEVIN M., "The Design Approach Revisited: background and meaning", cit., págs. 7 y 8; en este mismo sentido, como indica CARBAJO CASCÓN F., "Objetos industriales, derecho de autor y libre competencia consideraciones a partir de las SSTJUE de 12 de septiembre de 2019 ("cofemel") y 11 de junio de 2020 ("brompton"), *Cuadernos de Derecho Transnacional*, Vol. 12, N.º 2, 2020, págs. 913-942, págs. 914 y 915, el núcleo funcional del Diseño Industrial sería proteger la "plusvalía-estética", fruto de la saturación de los mercados propia de la sociedad postindustrial, donde la competencia no tiene lugar únicamente en precio o en marca, sino también en singularidad estética.

879 Esta "debilidad" en su tutela genera, indudablemente, problemas de convergencia asimétrica (cfr. KUR A., "Funktionswandel von

intento de definir al Diseño Industrial con autonomía lo identifica con una aproximación comercial o *marketing approach*[880], lo que lo ubicaría entre el incentivo puro a la innovación y la salvaguarda del proceso informacional del mercado[881].

Esta circunstancia plantea ulteriores y mayores problemas a la hora de definir funcionalmente la protección mediante diseño industrial, ya que una definición incorrecta supone adscribir el diseño industrial a una función que le es ajena y viene tutelada mediante otro derecho de PI diferente o mediante la disciplina del mercado.

En este sentido, hay autores[882], para los que el objeto de protección del diseño industrial coincide con el propio del derecho de autor, al menos en parte, en lo tocante con la protección de la apariencia estética de los productos, protegida por la normativa autoral bajo la noción de obra de arte aplicado (*artistic works*). Esta definición del objeto de protección y función que despliega el Diseño Industrial, que ya adelantamos, no sus-

---

Schutzrechten: Ursachen und Konsequenzen der inhaltlichen Annäherung und Überlagerung von Schutzrechtstypen", cit., pág. 34), lo que aunado al parecido conceptual con ramas mucho más "sólidas" (como el Derecho de Autor) favorece un vaciamiento del ámbito de aplicación que le es propio.

880 KUR A. y LEVIN M., "The Design Approach Revisited: background and meaning", cit., pág. 8.

881 OHLY A., "Buy me because I´m cool": the marketing approach and the overlap between design, trademark and unfair competition law", KUR A., LEVIN M. y SCHOVSBO J., *The European Design Approach. A global appraisal,* cit., págs. 108-141, págs.114-115.

882 TOMKOWICZ R., *Intellectual Property Overlaps: Theory, Strategy and Solutions,* Routledge, Nueva York, 2012, págs. 163-164, postura típicamente mantenida por la doctrina francesa y su teoría de la unidad del arte; También en la doctrina alemana el DI se configura como la *kleine Münze* de las obras de arte aplicado.

cribimos, al menos en su totalidad[883], es fruto de la compleja relación y ubicación que el diseño industrial mantiene con el resto de derechos de PI, lo que determina que carezca de un lugar propio claramente definido en el panorama de los derechos exclusivos[884]. En el afán, por tanto, de crear un derecho sumamente apegado al mercado, el legislador europeo se olvidó de darle un contenido material propio, claramente delimitado, más allá de la tenue protección de la creación estética relevante. Se aprecia aquí cómo una excesiva concurrencialización de la estructura morfológica de un derecho de PI acarrea una debilidad ontológica de su importancia y genera una posición protegida ciertamente débil.

Ello nos obliga a su misma vez a tener especial precaución a la hora de delimitar su objetivo y, por tanto, el tipo de relaciones que mantiene con los demás derechos de PI y, especialmente, las relaciones que mantiene con el Derecho contra la Competencia Desleal. Una definición excesivamente restrictiva de la función propia del diseño industrial nos conduce a negar prácticamente su espacio, quedando definido como una especie de tutela intersticial que resulta fácilmente absorbida por el Derecho de la Competencia Desleal, de naturaleza mucho más amplia, y a menudo observado como la juntura existente entre los distintos derechos de PI, señaladamente como

---

883 Sobre nuestra interpretación de la interacción de diseño y derecho de autor vid. CRUZ GONZÁLEZ M., " La naturaleza híbrida de las creaciones de forma y su protección mediante propiedad intelectual e industrial. El problema de los interfaces en el diseño industrial", La Ley Mercantil, Nº 111, 2024.

884 Se pretendió crear, al menos a nivel UE, un Derecho de Diseño Industrial moderno, que atendiera a las necesidades de la competencia en el mercado y que fuera, por tanto, de protección muy concreta. Cfr. KUR A. y LEVIN M., "The Design Approach Revisited: background and meaning", cit., pág. 7.

puente entre marca (por su apego al mercado) y derecho de autor (por su conexión con la forma estética).

El punto de partida ha de ser necesariamente entender que el objetivo pretendido cuando se creó el Diseño Industrial era promocionar el desarrollo, la inversión y la innovación en la mejoría estética de la apariencia general de los productos[885]. De ahí que entre sus requisitos objetivos encontremos las nociones de singularidad o individualidad (carácter singular)[886], y novedad en un sentido relativo[887]. Se trata de premiar todo valor añadido que sea posible conferir al producto por vía de su diseño externo. Es por ello que, la valoración de infracción de la forma del producto debe hacerse sobre la impresión ge-

---

885 GÓMEZ SEGADE J.A., "Panorámica de la nueva ley española de diseño industrial", *ADI*, XXIV, 2003, págs. 29-51, pág. 47, reconoce que el foco está puesto en el valor comercial y de marketing, esto es, la "plusvalía estética".

886 La escisión de los requisitos en dos elementos distintos pero parcialmente convergentes desde el punto de vista ontológico (novedad y carácter singular) tiene su razón de ser en la necesidad de facilitar un juicio *a priori* de protección (novedad) para posteriormente operar el juicio realmente relevante que es el de carácter singular. En este sentido LOUREDO CASADO S., *El Diseño Industrial no Registrado*, Thomson Reuters Aranzadi, Navarra, 2019, pág. 100.

887 Tal como indica OTERO LASTRES J.M., "En torno a la directiva 98/71/CE sobre la protección jurídica de los dibujos y modelos", *ADI*, cit., pág.31, el concepto de novedad se compone de dos pilares: divulgación e identidad respecto a diseños previos, lo que lo configuraría como un juicio comparativo de carácter relativo (pág. 32); DOMINGUEZ PÉREZ E.M., "La protección jurídica del diseño industrial: la novedad y el carácter singular. Reflexiones en torno al Proyecto de Ley de protección jurídica del diseño industrial", *ADI*, cit., pág. 97.

neral[888] de un usuario informado[889], y a una protección restringida a la apariencia externa del producto en cuestión[890].

Otro elemento adicional que podemos tomar para tratar de definir el objeto que el Diseño Industrial pretende promocionar, pasa por acudir a la regulación europea sobre derecho de marcas. Concretamente al art. 7.1.e del Reg. 2017/1001, de marcas y 4.1.e de la Directiva 2015/2436[891]. Ambos preceptos contienen una serie de prohibiciones al registro. Concretamente, se ha venido interpretando que la tercera prohibición, relativa a "la forma que dé valor sustancial al producto", se refiere a la imposibilidad de registrar como marca una forma

---

888 OTERO LASTRES J.M., "Concepto de diseño y requisitos de protección en la nueva Ley 20/2003", *ADI*, XXIV, págs. 53-80, pág.76, la identifica como "efecto o sensación que produce en el ánimo, el diseño de que se trate, resultante de la visión global del diseño".

889 Concepto que eleva el listón un poco más de lo que viene siendo habitual para el Derecho de la Competencia Desleal. Pues no basta con ser un diseño atractivo para el consumidor medio, sino para una parte específica de este, aquel que ha desarrollado un particular interés y sensibilidad por la concreta significación de las formas estéticas, que la legislación europea sobre Diseño Industrial ha venido en denominar precisamente el usuario informado.

890 Elementos internos no visibles a simple vista en esa impresión general de conjunto que resulta relevante para la determinación de la infracción de los derechos, quedan fuera de toda protección, por original o atractivo que el diseño pueda ser y todo lo al margen de su funcionalidad técnica que dicha forma se mantenga. En este sentido cfr. art. 3.3.a de la Dir. 98/71/CE del Parlamento Europeo y del Consejo, de 13 de octubre de 1998, sobre la protección jurídica de los dibujos y modelos.

891 Resulta ciertamente llamativo que la ni el Reg. 6/2002, del Consejo, de 12 de diciembre de 2001, sobre dibujos y modelos comunitarios, ni la Dir. 98/71/CE presenten una exclusión homóloga a efectos de facilitar la coordinación normativa.

estética protegible mediante Diseño Industrial[892]. Lo cierto es que dicha exclusión se refiere no solamente a las formas estético-funcionales protegidas mediante el derecho exclusivo de Diseño Industrial, sino también, a la sazón del punto de partida de este apartado, del Derecho de Autor. No obstante, contribuye esta sistematización de protecciones a favorecer un concepto de objeto protegible mediante diseño industrial: la forma que da un valor sustancial al producto, donde la noción "valor sustancial" opera como pauta hermenéutica interpretativa del confín funcional del Derecho.

El grado de valor sustancial añadido por la forma se configura, a un mismo tiempo, como criterio de atribución de competencia en la tutela de la forma respecto al Derecho de Autor, de modo que la diferencia de protecciones sería de grado: la forma estéticamente atractiva, pero que no confiere valor sustancial al producto puede protegerse como marca siempre que sea distintiva; la forma que confiera valor sustancial al producto, pero que no constituya su principal y casi exclusivo atractivo se protegería por Diseño Industrial; la forma portadora de valor sustancial, pero necesaria para la satisfacción de una imposición técnica quedará dentro de la órbita del derecho de Patentes; y, por último, la forma cuyo valor es completamente separable del producto que la incorpora hasta el punto de constituirse en principal y exclusiva fuente de su atractivo, deberá entenderse protegida mediante Derecho de Autor como "obra de arte aplicado"[893]. La forma atractiva que no cumpla

---

892 Crítica con esa exclusión por la forma, KUR A., "Too pretty to protect? Trademark Law and the enigma of aesthetic functionality", *Max Planck Institute for Intellectual Property and Competition Law Research Paper series,* Paper 11-16, cit., págs. 15 y 17-18.

893 CARBAJO CASCÓN F., "Objetos industriales, derecho de autor y libre competencia consideraciones a partir de las SSTJUE de 12 de septiembre de 2019 ("Cofemel") y 11 de junio de 2020 ("Brompton"), *Cuadernos de Derecho Transnacional,* cit., pág. 938.

ninguna función de las anteriores ni ofrezca valor sustancial al producto sería el ámbito propio de la tutela complementaria de la Competencia Desleal.

Desde esta perspectiva el Diseño Industrial no presenta ningún tipo de autonomía, es simplemente una red de seguridad para aquellas creaciones formales de originalidad tibia (la *Kleine Münze* de las formas estético-artísticas[894]). Por ello se hace necesario encontrar otra óptica desde la que observar al diseño industrial. En este sentido, los trabajos preparatorios del grupo de expertos proponente del grueso de la regulación actual sobre Diseño Industrial nos presentan una función ligeramente diferente. No se pretendía crear un incentivo a la generación de formas intrínsecamente valiosas, eso es tarea propia de los derechos de autor. Al contrario, se pretendía la mejora estética de los productos puestos a disposición en el mercado[895]. Dicha mejora estética no equivale a creatividad ni a la provisión de un valor mayoritario en el producto a causa del diseño, sino al favorecimiento de un mejor desarrollo estético de los productos. Ello sitúa la función del Diseño Industrial a medio camino entre la distintividad marcaria y la creación estética artística. Pero lo hace únicamente desde la perspectiva estético-formal, no conceptual[896].

---

894 Curiosamente el BGH ha negado en numerosas ocasiones la existencia de *kleine Münze* para las obras de arte industrial. Cfr. BGH, GRUR 1972, 38 (39), Vasenleuchter; GRUR 1979, 332 (336), Brombeerleuchte; GRUR 1983, 377 (378), Brombeer-Muster; GRUR 1995, 581, Silberdistel; GRUR 2004, 941 (942), Metallbett; de forma que cobra consistencia la idea de que el Diseño Industrial es la "calderilla" de las obras de arte aplicado (al menos hasta la STJUE de 12 de septiembre de 2019, As. C-683/17, Caso Cofemel).

895 KUR A. y LEVIN M., "The Design Approach Revisited: background and meaning", cit., pág. 26.

896 Somos conscientes de lo indeterminado de la función que asignamos al diseño industrial, sin embargo, ofrecer una definición más fuerte

Es posible, por tanto, delimitar la función que viene llamado a desempeñar el Diseño Industrial como el incentivo al desarrollo de productos más atractivos estéticamente (aunque sin llegar al nivel artístico). Con tal encomiable fin se concede un periodo de protección legalmente tasado de un máximo de 25 años, plazo superior al propio del derecho de patentes, pero que resulta muy inferior al de sus dos grandes "primos", ilimitado en el caso de la marca y 70 años *post mortem auctoris* en el caso del derecho de autor. La falta de diferenciación junto a la proximidad funcional de los otros Derechos ha venido determinando un relativo fracaso[897] del diseño industrial[898]. En este sentido, quizá uno de los sectores donde peor predicamento

---

o clara de su funcionalidad no resulta cabal sin realizar una interpretación correctora de la institución en su conjunto, por cuanto el incentivo al desarrollo de productos estéticamente valiosos fuera del ámbito de la creatividad artística propio del derecho de autor es un oxímoron; por el contrario, sostener que el diseño industrial busca incentivar el desarrollo de formas estéticas atractivas para el mercado, sin más, supone una problemática adicional: cuestionar su necesidad material, en un contexto donde la creciente presión competitiva de los mercados impulsa a los oferentes a crear nuevos productos y nuevas prestaciones cada vez más llamativos estéticamente. Si el incentivo a la innovación estético-comercial ya se encuentra en el propio funcionamiento del sistema de competencia, la intervención legislativa en favor de un régimen específico de diseño industrial no estaría justificada dada la inexistencia de un fallo de mercado.

897 No en cifras de registro, pero sí en su litigación, no habiendo proporción entre el número de diseños registrados y número de litigios sustanciados. Falta de litigiosidad que deriva no solo del buen diseño legal, sino, especialmente, del carácter transitorio o adjetivo con que suele emplearse la tutela del Diseño Industrial.

898 Que en este sentido ha sido calificado por OHLY A., "Designschutz im Spannungsfeld von Geschmacksmuster-, Kennzeichen- und Lauterkeitsrecht", *GRUR*, cit., pág. 731 como la "cenicienta" (*Aschenputtel*) de los derechos de PI ocupados de la protección estética de la forma.

ha tenido ha podido ser el de las carrocerías de vehículos a motor[899] (siendo aquel el que presentó los principales obstáculos en su creación), junto al sector de la moda (principal objetivo de tutela del régimen diseñado), donde se ha venido produciendo una transición del peso desde el diseño a la consolidación de una potente imagen de marca[900].

No obstante, al margen de la debilidad conceptual y funcional que aquejan al régimen de protección del diseño industrial, es posible, a partir de estas nociones, escindir adecuadamente su ámbito de aplicación respecto del propio de la Competencia Desleal. En la medida en que el diseño industrial protege al creativo frente a la similitud estético-formal de un producto en el mercado, se ponen de relieve, al menos, dos ámbitos de complementariedad. Precisamente, dado que la imitación de la forma de un producto puede resultar un medio adecuado para lograr un acercamiento intencionado e innecesario entre dos productos competidores, la infracción del Diseño es una conducta apta para generar confusión (en sentido marcario) con el otro producto y/o la apropiación de la imagen del pro-

---

899 DREXL J., "Die Reparaturklausel im Designrecht: Eine wettbewerbs- und immaterialgüterrechtlich gebotene Reform", *GRUR*, Heft 3, 2020, págs. 234-248, pág. 236.

900 Implícitamente RAUSTIALA K. y SPRINGMAN Ch., *The Knockoff Economy*, Oxford University Press, 2012, pág. 5; de forma mucho más explicita, BEEBE B., "Intellectual Property and the Sumptuary Code", *Harvard Law Review*, Vol. 123, Nº 4, 2010, págs. 810-889, pág. 837 y 838, expone cómo cada vez más diseñadores tienden a interrelacionar logos y denominaciones protegidas como marca con estampados y sus diseños; en una línea similar BENAVIDES PÉREZ M. y GONZÁLEZ JIMÉNEZ P. M., "La protección de los identificadores secundarios del diseño gráfico: el Caso Burberry", *Diario La Ley*, N.º 9861, 2021, hacen referencia al uso de un patrón tartán como "identificador secundario" de la Marca Burberry; queda pues, de manifiesto, que la tendencia a imbricar diseño en marca (más bien imagen de marca) tiene amplio recorrido.

ducto ajeno, pues el parecido a ojos del consumidor le manda un mensaje de equivalencia entre ambas prestaciones. Se trata del fenómeno de los *look-alikes*[901].

En la medida en que la función del diseño industrial no se encuentra en garantizar la capacidad de distinguir el producto de otros, ni en el incentivo a la creación estético-artística[902], sino en el favorecimiento de un mayor atractivo comercial a los productos a partir de su mejora meramente estética[903], todo efecto que trascienda la mera imitación estético-formal en cla-

---

901 Como indica HAHN P.-V., *Schutz vor "Look-alikes" unter besonderer Berücksichtigung de § 5 II UWG*, Dr. Kovc, Hamburg 2014, pág. 27, no hay una definición propia de *look-alike* pero ello no impide definirla como aquella conducta imitativa centrada no en la apropiación de un esfuerzo o marca ajena, sino de aquellos elementos de diseño que caracterizan a un producto y que generan, por tanto, una poderosa asociación con dicho otro producto; como exponen SLOPEK D., y PETERSEN M., "Lookalikes in der Lebensmittelindustrie. Die lauterkeitsrechtliche Rechtsprechung im Überblick", *WRP*, Heft 9, 2014, págs. 1030-1040, es un fenómeno que se produce con especial asiduidad en el mercado de la alimentación, siendo el objetivo siempre el mismo: parasitar el producto reconocido en el mercado consiguiendo una transferencia de imagen desde el original al producto de imitación, generando la idea de igualdad de calidad y combinada, además, con un precio mucho más favorable para el consumidor (págs. 1037-1039).

902 En este sentido DREXL J. "Die Reparaturklausel im Designrecht: Eine wettbewerbs- und immaterialgüterrechtlich gebotene Reform", *GRUR*, cit., pág. 243, niega sin tapujos que el Diseño Industrial se preocupe funcionalmente de favorecer una determinada calidad ni en los productos ni en los diseños.

903 Así puede deducirse de una lectura de la legislación tanto europea como nacional armonizada, donde no se aprecia atisbo o referencia alguna a un sistema de incentivos distinto al general propio del Derecho de Patentes. Cfr. OHLY A., "Buy me because I´m cool": the marketing approach and the overlap between design, trademark and unfair competition law", cit., pág. 115.

ve comercial, queda fuera del ámbito funcional de aplicación, permitiendo la captación del desvalor de resultado por otros expedientes más tuitivos[904].

El fenómeno de la "función comunicativa"[905] o "función simbólica" [906] del diseño, como aquella que ubica al objeto en

---

904 Esto es precisamente lo que genera que, con tanta frecuencia, la tutela propia del diseño industrial se vea acompañada de otros derechos de PI, como es, señaladamente, el caso de las marcas. Es el propio carácter híbrido y pluridimensional de la forma, que se protege de manera fragmentaria a través de diferentes expedientes jurídicos, el que determina la superación de la protección de la forma en tanto a tal, y aconseja una tutela sobre los efectos de la forma en el mercado.

905 KUR A. y LEVIN M., "The Design Approach Revisited: background and meaning", cit., pág. 8.

906 OHLY A., "Designschutz im Spannungsfeld von Geschmacksmuster-, Kennzeichen- und Lauterkeitsrecht", *GRUR*, cit., pág. 731, identifica una cierta función de transporte de Imagen, que posteriormente acepta puede implicar el diseño un símbolo de estatus (*Statussymbol*); posteriormente, HEEP S., *Lauterkeitsrechtliche Schutz vor Herkunftstäuschung (§4 nr.9 lit . a UWG und Rufausbeutung (§4 nr. 9 lit. b, 1, alt UWG) im Verhältnis zum Geschmacksmuster- un Kennzeichenrecht*, Jaener Wissenschaftliche Verlag (JWV), Alemania, 2010, pág. 31, reconoce el aspecto o valor simbólico del diseño, entendiéndolo como la vinculación de la forma del producto a determinadas consideraciones sociales sobre su calidad y precio, de forma que su tenencia permite proyectar a los demás determinadas ideas, operando, con ello, como símbolo de *status*, de esta forma ese valor simbólico puede ser objeto de imitación desleal por parte de imitadores (pág. 180), no solo mediante confusión sino también mediante el aprovechamiento de expectativas de calidad a él asociado (pág. 249); en la misma línea aunque en tono menos positivo, BEEBE B., "Intellectual Property and the Sumptuary Code", *Harvard Law Review*, cit., págs. 883 y 888 donde el diseño se convierte en un símbolo de riqueza, de forma que quien posea determinados diseños asociados a determinadas marcas, será automáticamente ubicado en un determinado *status* social.

un determinado lugar, momento y posición en el mercado y, por extensión, a su tenedor dentro de un particular espectro sociocultural. La función simbólica de la forma es la culminación de la función básica del Diseño Industrial, donde el efecto estético que pretende incentivar trasciende del producto al mercado y de este, en la medida en que en la sociedad de consumo hay una vinculación de extraordinaria potencia entre el componente social y el mercado, se convierte en un significante de carácter cultural. Es lo que ocurre con diseños icónicos de alta costura, de joyas o de automóviles de lujo[907].

Esta función comunicativa o simbólica de la forma, en realidad, es resultado de la interacción del mercado con el bien inmaterial, y, por tanto, aunque debe tutelarse, no debe hacerse desde el paradigma del derecho exclusivo, pues surge la duda en torno a qué persona atribuir titularidad del resultado de un proceso comunicativo derivado de la interacción de sujetos en el mercado. Al contrario, la función simbólica de la forma es una noción asimilable a la reputación empresarial: es imputable a un competidor, pero este no debe tener una exclusiva sobre ella. La tutela del mensaje comunicado únicamente cabe cuando el perjuicio causado con el uso de la forma no se vea compensado por los beneficios generados en el mercado, lo que supone llevar a cabo ponderación de intereses contrapuestos, propia del sistema valorativo del Derecho de la Competencia Desleal.

Queda, pues, suficientemente acreditado cómo la protección que confiere el DI se agota en la propia protección de la forma estéticamente atractiva frente a la imitación, sin atender

907 Es lo que en el fondo subyace de los razonamientos del BGH cuando en GRUR 1986 Tchibo/Rolex, ofrece protección por aprovechamiento de la reputación, aun extinguido el DI sobre el reloj imitado, por ser la imitación susceptible de inducir a error a los terceros observadores de producto y ser, precisamente, ahí donde radica el valor del producto imitador.

a sus efectos en el mercado. Al no proteger las funciones concurrenciales que la forma estética pueda llegar a desarrollar, su tutela debe operarse desde otros sectores normativos y, en particular, desde la Competencia Desleal, que abarcará tanto la tutela de la faceta comunicativa del Diseño Industrial en todo lo no acogido por una eventual Marca, como los posibles efectos confusorios o parasitarios que puedan sustanciarse.

En este complejo aplicativo, la limitación intrínseca a un periodo máximo de protección de 25 años debe ser debidamente atendida. En este contexto, debe interpretarse que el desempeño de funcionalidades distintas a las previstas específicamente por la legislación de DI, no se ve vinculado por la terminación del plazo de protección. De igual forma, aparecen algunos pocos límites materiales[908], donde destaca aquel que pretende la compatibilidad de productos accesorios o de recambio, tanto en una vertiente de técnica, como en una vertiente de homogeneidad estética[909]. Resulta intrigante, sin embargo, por qué el DI opta directamente por excluir en estos casos la aplicabilidad del derecho y no condicionar como hace el sistema de patentes a la negociación entre las partes de una licencia. En

908 KUR A. y LEVIN M., "The Design Approach Revisited: background and meaning", cit., pág. 25, reconocen que la creación de límites al DI fue quizá la parte menos cuidada de la propuesta y, por tanto, de la actual legislación, al traer esta causa de aquella.

909 En este sentido DREXL J. "Die Reparaturklausel im Designrecht: Eine wettbewerbs- und immaterialgüterrechtlich gebotene Reform", *GRUR*, cit., pág. 244 nos da cuenta de una propuesta de modificación del § 40a de la DesignG alemana donde a la cláusula de *must fit* se le añadiría la posibilidad de *must match*, esto es, la posibilidad de que la excepción a la protección del diseño se extienda a su vez a adaptar la estética de la pieza de repuesto a la forma original como si procediera del fabricante original. Con ello Alemania finalmente se amolda a la solución mayoritariamente seguida por los Estados Miembro, que reconocen (incluida España) un límite de compatibilidad formal en las piezas de repuesto.

todo caso, el límite al diseño por razones de compatibilidad debe respetarse también desde el ámbito de la CD[910].

La Competencia Desleal está, por tanto, llamada a ofrecer una tutela que refuerce la debilidad actual del Diseño Industrial, aunque sin la necesidad de que la integración sea tan intensa como ocurre en el caso del Derecho de Marca. En efecto, dos son los argumentos que enervan tal proceso de integración: por un lado, el solapamiento funcional y sistemático no es tan intenso como ocurría en el caso de Derecho de Marcas, pudiéndose separar de manera relativamente sencilla las funciones de una y otra disciplina en cada caso; por el otro, el mantenimiento de ambas disciplinas separadas es más acorde con su respectiva autonomía y asegura la posibilidad de recurrir a la Competencia Desleal como mecanismo hermenéutico desde el que comprobar el ámbito de tutela conferido por el Diseño Industrial en cada caso, especialmente desde la perspectiva de los principios de libertad de competencia e imitación consagrados por la primera.

En este sentido sería posible, a partir de una valoración de una conducta imitativa o de uso de un diseño, concluir que, pese a infringirlo desde una perspectiva formal, el acto genera un impacto positivo desde el punto de vista concurrencial, que justifica la licitud de la conducta. Por ejemplo, este razonamiento subyacía cuando el TJUE[911] creó un límite de cita (bidimensional) *ad exemplum* del uso descriptivo marcario[912]para

---

[910] Lo cierto es que si aplicáramos el juicio de deslealtad concurrencial acabaríamos sancionando la licitud de la práctica por inevitabilidad o esencialidad competitiva.

[911] Sentencia STJUE de 27 de septiembre de 2017 (Ass. C-24/16 y C-25/16), caso Nintendo.

[912] En un sentido similar JIMÉNEZ SERRANÍA V., "Caso Nintendo: ¿Evolución o Involución en la Protección del Diseño Comunitario? Comentario de la Sentencia de 27 de septiembre de 2017, asuntos

el diseño industrial, en lo tocante a la venta de productos complementarios.

1.3. *Función económica y objeto de protección del Derecho de Autor*

Corresponde ahora analizar los contornos que exhibe la actual manifestación de la conocida como Propiedad Intelectual en sentido estricto, contrapuesta a la Propiedad Industrial, y que se configura por un conjunto de derechos exclusivos correspondientes al Autor y a otra serie de sujetos cuya labor creativa (o inversora más bien) posibilita la ejecución y distribución del fruto de la creación intelectual en su vertiente más pura. Estamos hablando de los derechos de Autor y los derechos conexos.

Con ello entramos ya dentro de las protecciones sólidas[913], lo que tiene innegables repercusiones, se verá, sobre cómo se puede amoldar la CD a este nuevo paradigma de protección. Centrándonos propiamente en la delimitación funcional de la Propiedad Intelectual en sentido estricto, el moderno Derecho de Autor, estaría particularmente definido por la noción de dualidad; dualidad de derechos (morales y económicos o patrimoniales), dualidad de contenidos (Creativos y tecnológicos),

---

acumulados C-24/16 y C-25/16, *Cuadernos de Derecho Transnacional*, Vol. 11, N° 2, 2019, págs. 652-665, pág. 662; así lo reconocen claramente también KUR A. y LEVIN M., "The Design Approach Revisited: background and meaning", cit., pág. 25, y, en particular, allí, nota al pie 68; en contra de una interpretación tan generosa del límite de cita en el diseño industrial se muestra con buenos argumentos LOUREDO CASADO S., *El Diseño Industrial no Registrado*, cit., págs. 249-251.

913 HILTY M. R., "The Law Against Unfair Competition and its Interfaces", cit., pág. 45.

dualidad de intereses (autor y distribuidor/editor), dualidad en el objeto protegido (expresión e idea[914]) y dualidad en el medio (analógico y digital). Se trata, con mucho, de uno de los sistemas de tutela más críticos, por la dificultad que impregna su objeto y función, al subyacer al mismo una nueva dualidad, la funcional, pues no solo se configura como un motor de progreso y expansión[915] (difusión) de la cultura humana, garantizando el ejercicio al derecho a la libertad de expresión, sino que también ha asumido una función garante de protección al autor, como sujeto débil en el conjunto de relaciones comerciales que se desarrollan en torno al acto de creación cultural[916].

El contexto económico sobre el que opera el Derecho de Autor viene marcado por una dependencia para su difusión y publicación, de modo que todo autor de una obra[917] necesita

---

914 Dicotomía ésta que resulta central en la delimitación del objeto de protección y que está siendo hoy en día objeto de revisión crítica. En este sentido, a modo de ejemplo, ROSATI E., "The idea/expression dichotomy: friend or foe?", en WATT R., *Handbook on the Economics of Copyright*, Edward Elgar, Cheltenham/Northampton, 2014, págs. 51-72; directamente crítico: MASIYAKURIMA P., "The futility of the Idea/Expression Dichotomy in UK Copyright Law", *IIC*, Issue 5, 2007, págs. 548-572, passim.

915 Hablamos, por tanto, de innovación, no científica (aunque puede que también) sino cultural y de las artes. Coincide en esta opinión HANDKE Ch., "Intellectual Property in creative Industries: the economic perspective", en BROWN A., WAELDE Ch., *Research Handbook on Intellectual Property and Creative Industries*, Edward Elgar, Cheltenham/Northampton, 2018, págs. 57-76, pág.60.

916 En un sentido similar GHIDINI G., *Innovation, competition and consumer welfare in Intellectual Property Law*, cit., pág. 99.

917 Incluso la obra como objeto de protección natural en el Derecho de Autor se ha sometido a cuestionamiento. Cfr. VIVANT M., "Intellectual property rights and their functions: determining their legitimate enclosure", cit., pág. 67.

de la asistencia de un sujeto que aporte los medios necesarios para que su trabajo sea comunicado y, por tanto, conocido en el mundo, como precondición para su explotación económica[918].

Los Derechos de Autor cumplen, por tanto, con la función primordial de incentivar la innovación cultural. Hablar de cultura supone indefectiblemente referirse a la dignidad de la persona, pues el reconocimiento de esta exige la garantía de su participación en la cultura del momento histórico que habita, y participar, no solo de un modo pasivo, en su vertiente de mero acceso a la vida cultural, sino tomando un rol activo, como sujeto creador de cultura[919]. Desde el punto de vista individual, innegable resulta que el individuo a lo largo de su vida acaba creando un microcosmos cultural, que comparte con aquellos de su entorno más inmediato. Sin embargo, la participación en la creación cultural no solamente debe limitarse a la interacción del individuo con su entorno inmediato, también debe haber una garantía de que pueda ofrecer su visión

---

918 Serán muy pocos los ámbitos propios del Derecho de Propiedad Intelectual en sentido estricto donde no haya una dependencia respecto a un tercero que posea los medios para poner en circulación la creación y, normalmente, serán fruto de una integración vertical.

919 Como reconoce MIGUEL CARVALHO M. “A tutela da propiedade intelectual na Carta dos Direitos Fundamentais da União Europeia” , AA. VV., *Liber Amicorum Benedita Mac Croire,* cit., pág.229, el bien mencionado en el art. 1 del Protocolo Adicional N.º 1 a la CEDH, de conformidad con la interpretación realizada por el TEDH, ha sido considerada como “espina dorsal” de la protección europea de los Derechos de Propiedad Intelectual, manifestando claramente el innegable vínculo que tiene la tutela *iusautoral* con los derechos fundamentales. Y su inclusión en la carta tendría un simbolismo innegable: constituyen un principio de referencia para la jurisprudencia y han sido considerados por alguna doctrina como manifestación de la tendencia a la propertización y constitucionalización de la PI (pág. 234).

de un modo general para cualquier otro sujeto interesado. Es más, diría que dicha posibilidad de comunicarse y aportar a la cultura como individuo perteneciente a la misma, no se limita al momento presente, sino también al momento futuro, "a la posteridad", a través de la pervivencia de los planteamientos idearios del sujeto conseguida con su plasmación en un medio imperecedero. En todo el proceso están implicados dos derechos fundamentales y humanos del máximo rango: libertad de expresión y, de información y comunicación. Nuevamente aparece una dicotomía, pues, aunque el individuo tenga por sí mismo pleno dominio y capacidad sobre los medios de creación y expresión culturales, carecerá, como regla[920], de la capacidad de comunicación al público, entendido como la generalidad de las personas.

Abandonando esta perspectiva sobre la naturaleza jurídica del acto de participación cultural, retomamos con la dicotomía existente entre creación y comunicación culturales, en la medida en que esta escisión tiene especial importancia en la configuración del mercado cultural[921], y es que, en efecto, al menos una parte de la cultura humana es objeto de comercio[922].

---

920 Me atrevería a señalar que el individuo carece por sí mismo siempre y en todo caso de la capacidad de comunicación, pues todo acto de comunicación requiere, al menos, un segundo individuo que reciba el mensaje.

921 Mercado cultural entendido en un sentido sumamente amplio, como aquel sector de la actividad económica donde el objeto de contratación y transacción es toda forma de expresión cultural humana.

922 En este sentido, la creación de derechos de propiedad sobre productos culturales forma parte de un sistema diseñado para hacer dichos productos líquidos y ello con el fin de facilitar la inversión, de forma que el sistema favorezca la acumulación de capital en aquellos mejor preparados para obtener rendimientos, Cfr. MACMILLAN F., " 'Love is blind and lovers cannot see': resisting copyright´s romance", en DRAHOS P., GHIDINI G. y ULLRICH H., *Kritika: Essays*

Algo, en realidad impuesto por la propia naturaleza del proceso creativo de generación cultural, cuya consecución requiere notables inversiones de esfuerzo intelectual, tiempo y dinero, que el individuo creativo quiere, naturalmente, recuperar.

Evidentemente, el autor o creador, difícilmente puede tener la capacidad económica suficiente como para asumir por sí mismo los elevados costes ni tiene los medios ni la capacidad necesaria para acometer la titánica labor de poner en conocimiento del mundo entero su obra. Es por ello que, en torno a la figura creativa del autor se desarrolla todo un complejo industrial que tiene por fin soliviantar la pesada carga de la elaboración y comunicación cultural que el autor se propone llevar a cabo.

Debe entenderse, por tanto, que la función del derecho de autor, muchas veces obviada, es también dual. En efecto, la protección jurídica de los intereses del autor en comunicar y explotar la obra se ve acompañada de los intereses de esa industria en obtener rendimientos por su labor de asistencia y comunicación del producto cultural[923]. La necesidad de mantener un delicado equilibrio de intereses entre el incentivo a la

---

on Intellectual Property, Volume 3, Edward Elgar, Cheltenham/Northampton, 2018, págs. 1-22, pág. 13.

923 En este sentido, dada la dependencia del autor y su posición en muchos casos de debilidad, resulta bastante ingenuo limitar el ámbito funcional del Derecho de Autor pensando en él como un individuo totalmente aislado que explota por sí mismo el fruto de su creación. En la misma vena VIVANT M., "Intellectual property rights and their functions: determining their legitimate enclosure", cit., pág. 62; es por ello que idealmente, la duración de la protección y su intensidad debería limitarse a lo indispensable para la inducción al acto creativo en cuestión WATT R., "The Basic economic Theory of copyright", *Handbook on the Economics of Copyright*, cit., págs. 9-25, pág.13.

creación y el incentivo a la comunicación cultural[924] confiere al derecho de Autor de una función no solo de estímulo creativo, sino también, especialmente, de reequilibrio o, incluso, directamente de protección del autor. Lo hemos visto, el propio desarrollo y atribución de los derechos de autor se debe fundamentalmente a la necesidad práctica de poder atribuir una serie de derechos sobre los que la industria pudiera actuar y organizarse[925].

Una segunda dualidad que marca el entero sistema de protección, condicionada a su vez por la naturaleza de la actividad cuyo incentivo se pretende, es la referente a la naturaleza del objeto protegido: la obra o creación intelectual o cultural relevante. Aparece aquí un límite fundamental a la capacidad de monopolizar la creación cultural, manifestada en la dicotomía

---

924 Especialmente cuando, se considera que el Derecho de Autor protege información y forma parte del Derecho de Información, Cfr. HOEREN Th., "The hypertrophy of German copyright law- and some fragmentary ideas on information law", en DRAHOS P., GHIDINI G. y ULLRICH H., *Kritika: Essays on Intellectual Property*, Volume 3, Edward Elgar, Cheltenham/Northampton, 2018, págs. 23-47, pág.36; la conexión más clara puede quizá apreciarse en el sector de la prensa escrita, por cuanto se dedican de forma indiscutible a la información y a la misma vez los editores de prensa son considerados autores (a través del mecanismo de la obra colectiva *ex* art. 8 TRLPI) o, en el nuevo régimen, titulares de derechos conexos en el contexto del Derecho de Propiedad Intelectual, Cfr. CARBAJO CASCÓN F., "El mercado de la prensa digital (Propiedad Intelectual, libre competencia, cadena de valor y pluralidad informativa)", en MADRID PARRA A., y ALVARADO HERRERA L., *Derecho Digital y Nuevas tecnologías*, Thomson Reuters Aranzadi, Navarra, 2022, págs. 417-460, pág. 421; Cfr. MIGUEL CARVALHO M., "A tutela da propiedade intelectual na Carta dos Direitos Fundamentais da União Europeia" , AA. VV., *Liber Amicorum Benedita Mac Croire*, cit., pág. 237 y ss.

925 Cfr. GHIDINI G., *Rethinking Intellectual Property. Balancing Conflicts of Interest in the Constitutional Paradigm*, cit., pág. 157.

idea/expresión. El derecho de autor no protege la idea, entendida como planteamiento general y abstracto de lo que constituye la creación intelectual, sino que lo que se tutela es la expresión concreta que dicho sujeto ofrece a la idea, es decir, no solo su expresión formal (pictórica o lingüística), sino también la suficiente concreción conceptual de una idea abstracta[926] (plagio). Con ello se pone un límite decisivo a la capacidad de explotar de forma monopolística la creación cultural, pues solo se puede explotar la concreta creación tal y como el autor la ha concebido y expresado, y no toda la idea abstracta que le subyace o de ella derive. Esta cortapisa es relevante a la hora de determinar las relaciones existentes entre PI y CD, pues lógicamente, todo lo que quede fuera de su ámbito de protección puede ser abarcado por la CD si se cumplen sus propios requisitos de aplicación[927], y, al contrario, debe extremarse la atención toda vez que existe un riesgo real de que las normas CD acaben protegiendo ideas más generales, deliberadamente excluidas desde el ámbito de los derechos de autor.

Esto tiene particular interés cuando uno atiende a cómo maneja el sistema de derechos de autor la imitación. La interpretación de qué es imitación y cuándo la expresión es afectada por ésta y no solo la idea general que le subyace es una cuestión

926 Sintetiza de manera muy sugerente esta cuestión MASSAGUER FUENTES J., en "Las Creaciones Publicitarias protegibles mediante derecho de autor: propuestas creativas, conceptos publicitarios, creatividades e ideas publicitarias", *Revista InDret,* Núm. 2, 2021, 24 págs., pág. 4 (y reiterada en pág. 6), cuando indica que "la prohibición de la protección de las ideas mediante derecho de autor solo alcanza a las ideas "en sí", pero no *per se...*"

927 En una línea similar CARBAJO CASCÓN F., "La originalidad de las obras publicitarias y las páginas web", cit., pág. 43, respecto de las denominadas "Obras calderilla" o de baja originalidad.

compleja[928], de valoración *ad hoc*, que debe operarse sobre la base del requisito de acceso a la protección mediante derecho de autor: la originalidad. En todo caso, hablamos del grado de aportación individual del sujeto con respecto a la idea general, de forma que el resultado sea una creación lo suficientemente única, distinta o propia, comparada con otros contenidos de naturaleza análoga[929]. Si la imitación no posee suficiente grado de originalidad, estaremos ante una infracción del derecho, pero si lo posee, nos encontramos ante o bien una creación autónoma o bien una obra derivada. Es decir, el sistema de derecho de autor desarrolla toda una gradación de la imitación desde la creación autónoma hasta la copia servil, pasando por distintas intensidades de plagio, que podemos entender como

---

928 De hecho, es posible que la dicotomía idea/expresión resulte inútil en este contexto valorativo, por cuanto traza engañosamente una distinción de naturaleza vertical entre las creaciones protegibles y no protegibles (como si unas fuesen superiores a otras), cuando en realidad dicha diferencia es más bien de carácter horizontal. Sobre esto último cfr. ROSATI E., "The idea/expression dichotomy: friend or foe?", cit., pág.71.

929 La clave es la determinación de la abstracción o concreción del contenido a proteger y no tanto si es una idea o una expresión de una idea, y ello porque cuanto más concreto sea el contenido estético o intelectual, más fácilmente se percibe como ilimitadamente sustituible y a la vez más se convierten el resto de obras en alternativas imperfectas, de forma que no se generan barreras a autores o creadores posteriores (en una línea similar GHIDINI G., *Innovation, competition and consumer welfare in Intellectual Property Law*, cit., pág. 123). Se entenderá claramente con un ejemplo: pensemos en el mercado de las novelas policíacas, donde en todas se reproduce más o menos el mismo esquema: un policía o investigador tiene que resolver un brutal y enigmático crimen, ahora bien, los lectores asiduos a este formato narrativo estarán de acuerdo en que cada novela es un mundo en sí misma y que, hasta la fecha, no han encontrado aquella que les elimine por completo la necesidad de leer las demás existentes.

una reelaboración casi idéntica o con cambios insignificantes, de una obra original previa.

La existencia de una obra derivada, entendida como aquella obra que, teniendo un grado de originalidad suficiente, mantiene una conexión lo bastante estrecha con otra obra que le precede como para que resulte imposible concebirla como una creación totalmente independiente, supone entender que el derecho de Autor provee su propia solución al problema de la imitación. Y lo hace nuevamente en una perspectiva dual, pues se reconoce el carácter de obra original en la obra derivada, con la correspondiente asignación de derechos al autor y, al mismo tiempo, se condiciona su explotación económica a la previa autorización por parte del titular de los derechos de la obra original. La existencia de mecanismos internos al Derecho de Autor tendentes a analizar de forma granular la imitación, impone una barrera a la entrada de tutela concurrencial, de modo que la CD tendría que ubicarse fuera del ámbito de la obra derivada. Quedan expuestas a la tutela complementaria situaciones muy marginales, donde el soporte, esto es, el elemento en el que se materializa la obra cambie de un modo tan relevante que sea difícil estimar plagio o derivación, quizá cuando se ofrece una prestación plenamente independiente de la obra, de componente no creativo ni protegido por Derecho de Autor, pero claramente basado en – y, por tanto parasitario de – la importancia social de dicha obra o parte de ella[930].

930 Por ejemplo la Sentencia del BGH GRUR 2018, pág. 301, Pippi-Langstrumpf -Kostum -II, donde se imita la apariencia del personaje de ficción Pippi Calzaslargas para su uso como disfraz de carnaval. El BGH finalmente deniega la protección, por entender que hay un interés superior en la comercialización de esta prestación, por otra parte, no suficientemente determinada en la obra literaria de la que trae causa. Un comentario a dicha sentencia, desde el punto de vista de la imitación concurrencial está disponible en BÜSCHER W. "Neuere Entwicklungen im wettbewerbsrechtlichen

Otro ejemplo podría darse cuando estemos ante creaciones intelectuales no culturalmente creativas, tal como puede ser la disposición original de una instalación de juegos de un parque infantil[931], o bien casos donde lo que protege la CD no es tanto la idea creativa, como la idea comercial original subyacente, como, por ejemplo, pueda ser la venta de una "tarta infantil de cumpleaños"[932] en forma de tren, donde la CD no protegería tanto la calidad artística en la ejecución del tren como la originalidad de la idea comercial.

Aunque estos casos pueden ser observados como una intromisión ilegítima de la CD en el ámbito del Derecho de Autor, la valoración del componente creativo, concretamente su ubicación dentro del ámbito comercial, demuestra más bien que nos encontramos ante creaciones comercialmente valiosas, no necesariamente artística ni culturalmente relevantes, a las que sin embargo, por la laxitud y debilidad del requisito de originalidad exigido, resulta posible extender (en muchos casos de forma indebida) la protección autoral. Las líneas entre funcionalidad y creatividad, entre finalidad artística y comercial son complejas y difíciles de deslindar, lo que favorece la proliferación de híbridos[933].

Leistungsschutz" *GRUR*, cit., págs. 4-6; una vez más, favorable a estos planteamientos CARBAJO CASCÓN F., "La originalidad de las obras publicitarias y las páginas web", cit., pág. 44.

931 Sentencia BGH GRUR 2012, 58, caso Seilzirkus. Un comentario a partir de esta sentencia en OHLY A., "Urheberrecht und UWG", *GRUR Int.*, cit., págs. 693-704.

932 BGH GRUR 2014, 175, Geburgstagszug. Un comentario a esta sentencia en OHLY A., "Where is the Birthday Train Heading? The copyright-design interface in German Law", en AA.VV. *Liber Amicorum Jan Rosén*, eddy.se ab, Författarna, 2016, págs. 591-607.

933 En este sentido CARBAJO CASCÓN F., "Objetos industriales, derecho de autor y libre competencia consideraciones a partir de las SSTJUE de 12 de septiembre de 2019 ('cofemel') y 11 de junio de

Retornando a la delimitación funcional del derecho de Autor como sistema de tutela de la creación cultural humana, otra particularidad que exhibe este sistema frente a los propios del Derecho Industrial es el establecimiento de un complejo catálogo de facultades, de naturaleza dual (económica y moral), acompañado de un igualmente abigarrado complejo de límites y excepciones. Esto lo diferencia de otros sistemas de protección donde no hay un énfasis tan cuidado en los derechos concedidos. La escisión de las facultades del titular en tantas prerrogativas concretas se explica, precisamente, por la disociación existente entre el acto de creación y el acto de comunicación, siendo el primero ajeno a la comunicación, y, con ello, a la explotación económica. En cambio, la comunicación de la obra (o prestación) ya creada sí que tiene un componente fundamentalmente económico, al menos, para quien posibilita la divulgación, mediante la puesta de los medios necesarios para el éxito del acto comunicativo. Dado que ambos intereses, los del autor y los del difusor de la obra pueden ser, a menudo lo son, contradictorios, y dado que las posiciones negociales no son, ni de lejos, simétricas, el sistema de derechos de autor se ve obligado a separar y entregar uno a uno al autor el haz de facultades que de otro modo integrarían un *ius utendi* unitario[934], con objeto de garantizarle al autor la posibilidad de ele-

---

2020 ('brompton')", cit., pág. 921; en una línea similar SCHOVSBO J. y RIIS Th., "Design Law: caught between chairs?" DRAHOS P., GHIDINI G. y ULLRICH H., *Kritika: Essays on Intellectual Property*, Volume 2, Edward Elgar, Cheltenham/Northampton, 2017, págs. 88-118, en especial, págs. 91-100.

934 De ahí la teoría del *bundle of rights*, definida en DUSOLLIER S., "Intellectual property and the bundle-of-rights metaphor", pág.157, conforme a la cual no es que el Derecho de Autor no sea un derecho de Propiedad, sino que se reestructura la propia noción de propiedad, alejada del clásico "*ius utendi et abutendi re sua quatenus iuris ratio patitur*", que la concibe como el poder más absoluto y libérrimo sobre la cosa propia, para concebirlo como un conjunto de

gir qué derechos de explotación autoriza a utilizar y, por tanto, por cuáles recibirá una compensación económica[935].

Pero la complejidad no acaba ahí, pues sobre los derechos de explotación económica, como correlato necesario de la vinculación de la actividad creativa a la dignidad del ser humano a través de la consagración de los derechos a la libertad de expresión, información y comunicación, surge en la tradición continental[936] la necesidad de garantizar al autor un control sobre los actos de terceros en relación con su su obra, no solo en términos económicos o patrimoniales, sino también morales, reconociendo, a la sazón, un subconjunto de facultades vinculadas a la personalidad del autor, a menudo obviadas en el campo de esta disciplina, como el derecho a ser reconocido autor de la obra, el derecho a impedir su modificación cuando

---

habilitaciones para regular las relaciones entre diferentes personas respecto de una misma cosa.

935 Concretamente, la forma habitual de operar en los mercados de difusión de cultura, no pasa por acordar un pago por autorizar la explotación, sino la cesión completa del derecho económico, que deja, por tanto, de pertenecer al autor y pasa a ser exclusiva jurisdicción del concreto empresario que se compromete a la difusión y comercialización de la obra, pactando una remuneración, generalmente en forma de un tanto por ciento de los ingresos obtenidos, derivados de la explotación de la obra en las modalidades comunicativas pactadas.

936 No tanto en los países del *common law*, al principio resistentes frente a la idea de conceder un derecho bajo una teoría de la personalidad o la inmanencia a la dignidad del autor, aunque finalmente se hayan amoldado, como prueba la aceptación de la existencia de una vertiente moral de los derechos de autor por parte de EEUU con la aceptación en 1989 del Convenio de Berna.

no esté el autor de acuerdo[937], o incluso el derecho a pedir la retirada de la obra de su difusión en algunos casos[938].

De esta forma, el autor tiene una doble potestad, tasada y muy limitada, para controlar la explotación comercial y, por tanto, la comunicación que ese intermediario realiza de su obra, una estrictamente económica, otra puramente moral.

Posteriormente, este complejo sistema de facultades y titularidades se ve sometido a una serie de límites intrínsecos, basados, fundamentalmente, en un doble argumentario: por un lado, una serie de limitaciones a la explotación económica sobre la base del derecho de acceso a la cultura; por otro, una serie de límites de naturaleza concurrencial, que buscan evitar que el sistema de derechos de Autor se anquilose y la creación intelectual y cultural se ralenticen, ya no el nivel estrictamente creativo, sino, sobre todo, en la dimensión comunicativa, de suerte que la industria aproveche el carácter absoluto de los derechos de los que es en parte cesionaria y en parte titular (derechos conexos) para impedir el desarrollo de nuevas formas de comunicación y difusión cultural. Estos límites a los derechos son de configuración legal y, por tanto, tasados. Sin embargo, a partir de la denominada regla de los tres pasos, contenida en el art. 13ADPIC (tomada del art. 9.2 CB) y orientada la exégesis de intereses relevantes a efectos de configurar

---

937 Así, por ejemplo, Anthony Burgess, Autor de la novela "La Naranja Mecánica", relata con cierta amargura en la introducción (La naranja mecánica exprimida de nuevo) de la edición española hecha por Minotauro, 2012, págs. Vii-Xiii, que la editorial americana a la que cedió los derechos le obligó a renunciar expresamente a la publicación del capítulo XXI de dicha novela, por encontrarlo poco comercial. Es decir, se le obligó a renunciar a un derecho moral a la integridad de la obra a cambio de su publicación.

938 No todos los ordenamientos lo admiten. Por ejemplo, Italia y España sí. Cfr. GHIDINI G., *Rethinking Intellectual Property. Balancing Conflicts of Interest in the Constitutional Paradigm*, pág. 172.

legalmente un límite, algunos autores[939] proponen la creación jurisprudencial de límites[940].

---

939 Fundamental, pero no exclusivamente, GEIGER Ch., GERVAIS D. y SENFTLEBEN M., "Understanding the 'three-step test'", *International intellectual property*, Edward Elgar, Cheltenham/Northampton, 2015, págs. 167-189, págs. 183-184 y 189.

940 Fundamentalmente hablan de "invertir" la regla de los tres pasos tal y como se incorporó en el Derecho Europeo (Dir. Infosoc), de tal manera que a la vertiente exclusivamente limitadora con que aparece en el texto se aplique una segunda lectura habilitante de la creación de nuevos límites siempre que cumplan los tres requisitos por ella exigidos. Cfr. SENFTLEBEN M., "EU copyright 20 years after Infosoc Directive – flexibility needed more than ever", en GHIDINI G. y FALCE V., Reforming Intellectual Property, cit., págs. 185-207, págs. 192 y ss.; en este sentido CARBAJO CASCÓN F., "Flexibilización del derecho de autor mediante límites externos a la normativa específica. El caso Megakini V. Google", *ADI*, Tomo XXXIII, 2012-2013, págs. 543-547, pág. 545, da cuenta de la posibilidad de estimar la existencia de usos de una obra de los que no se deriva daño alguno ni mucho menos un perjuicio injustificado a los intereses del titular, y, por tanto, la imposibilidad de prohibirlos incluso aunque encajen dentro del ámbito del *ius prohibendi* y no se encuentren amparados en un límite explícito a los derechos de Autor, y en pág. 546 hace referencia incluso a la posibilidad de imponer límites exógenos a los derechos de Autor en casos en que su (ab)uso pudiera superar los contornos de normal ejercicio, habilitando, en suma, la posibilidad de creación jurisprudencial de límites con recurso al art. 40 bis TRLPI a modo de cláusula general inspirada en la retórica de la buena fe del art. 7 CC; HUGENHOLTZ B., "Flexible Copyright. Can the EU Author´s Right Accommodate Fair Use?, en OKEDIJI R. L., *Copyright Law in an Age of Limitations and Exceptions*, Cambridge University Press, Cambridge, 2017, págs. 275-291, págs. 285 y 286 da cuenta de cómo existe una tensión entre el recurso a la regla de los tres pasos como mecanismo de interpretación judicial en materia de usos permisibles en derecho de Autor y el principio propio de la óptica iusnaturalista del Derecho de Autor de entender que las limitaciones y excepciones son precisamente esto: la excepción y no la regla. Sin embargo, el lenguaje utilizado en la letra de ciertos

Esta interpretación puede constituir una línea interesante a través de la cual explorar las relaciones entre Derecho de Autor y Competencia Desleal desde un punto de vista no meramente unidireccional, es decir, se podría incorporar mediante el aparato analítico de la CD y la ponderación de intereses que subyace, la posibilidad de crear límites concurrenciales (extrínsecos) a determinados usos. De igual forma, aquellos límites de naturaleza concurrencial podrán ver en la ponderación de intereses operada mediante el recurso a la CD una confirmación. Confiriendo a las normas de disciplina del mercado un valor hermenéutico en determinados casos para la legislación iusautoral[941].

---

límites y excepciones así como el eventual recurso a una ponderación con el derecho a la libertad de expresión, podrían favorecer una mayor flexibilidad que, aunque no constituye el nivel más alto de *fair use*, podría ser útil para podar la rigidez y expansividad del Derecho de Autor contemporáneo (Pág. 287).

941 En una línea similar SCHOVSBO J., "Making sure copyright works-safeguarding authors´ and users´ rights", en GHIDINI G. y FALCE V., *Reforming Intellectual Property*, cit., págs. 208-221, pág. 210-2017, opina que es necesario que las normas de PI internalicen pautas regulatorias que les permitan luchar contra la desigualdad, el abuso y la deslealtad que imperan en el contexto contractual habilitado por las normas que estatuyen los Derechos de Autor; este modo de razonar estaría ya presente en la STJUE de 8 de septiembre de 2016, As. C-160/15, caso GSMedia/PlayBoy/Sanoma, donde el Tribunal valora la infracción en función de la concurrencia de intereses comerciales en el acto de comunicación llevado a cabo en internet; en cambio en STJUE de 3 de junio de 2021, as. C- 762/19, Caso CV-Latvia, el TJUE considera que la indexación y catalogación por un motor de búsqueda de ofertas de empleo obtenidas de otro sitio web que contiene una base de datos creada *ad hoc* infringe el derecho sobre dicha base de datos, realizando una extracción y reutilización de contenido, siempre que efectivamente suponga un riesgo para las posibilidades de amortizar la inversión realizada en la creación de la base de datos.

Finalmente, todas las facultades de explotación que hemos analizado se ven sometidas, además de a sus límites específicos y concretos, a un límite intrínseco, de naturaleza general, e inamovible en la forma de la duración del derecho de Autor. Una duración que, debemos señalar, es francamente generosa, al menos en el entorno de la UE, al dilatarse durante toda la vida del autor (plazo variable) y un lapso de setenta años tras su muerte (plazo fijo)[942]. La duración es, comparativamente, la más larga de que dispone un titular de derecho exclusivo, con la salvedad del imperecedero derecho de marcas. Una extensión temporal de estas características hace prácticamente imposible argumentar una eventual aplicación de las normas concurrenciales una vez transcurridos los límites temporales, al no ser previsible que pueda darse una pervivencia del valor comercial que haya podido pasar inadvertida en legislación iusautoral. Ello no puede ser discutido mediante el recurso al hecho de que obras ya sin derechos vigentes se siguen editando comercialmente hoy en día. Y es que transcurridos la vida del autor y setenta años desde su fallecimiento el único valor comercial que puede tener la obra es su valor cultural venal.

En estos casos, igualmente, resulta dudoso plantear un eventual interés confusorio autónomo (pues el autor va a ser sobradamente conocido, así como toda su obra) ni tampoco podrá un tercero aprovecharse de su reputación (ya sea del autor o de la obra), siendo, además, el plagio una figura capaz de conjurar ambos efectos. Más bien responderá la reutilización a una libertad creativa, una forma de homenaje o simplemente el recurso a la libre explotación de lo que es patrimonio común por ser de dominio público. Todo lo más en que podemos pensar es el uso confusorio o ventajista de un nombre artístico

---

942 Los derechos conexos tampoco se quedan atrás en duración. Cfr. GHIDINI G., *Rethinking Intellectual Property. Balancing Conflicts of Interest in the Constitutional Paradigm*, cit., pg. 189.

o título de la obra con fin de captar tráfico comercial de forma inmerecida, y, un caso no descartable, especialmente en el mundo del arte pictórico, podría ser la imitación del estilo del autor para hacer pasar por original una obra que no es de su autoría, habiendo para tales casos mecanismos preferibles a la Competencia Desleal para sancionar una conducta con un cariz tan grave[943].

En fin, tampoco ha de desconocerse que el sistema de Derecho de Autor ha sido sensible a las necesidades del mercado, ofreciendo no en pocas ocasiones un expediente de protección para tutelar la inversión empresarial en su sentido más crudo, mediante los denominados Derechos Conexos. El productor o el radiodifusor de las diferentes obras fonéticas y audiovisuales llevan a cabo una actividad de contenido más inversor que creativo, cuya tutela se orienta precisamente a purgar la imitación injustificada de su contribución, aprovechando, precisamente, la baja creatividad inherente a tales actividades.

1.4. Función económica y objeto de protección de la Patente

La patente dentro del esquema de protecciones es aquel derecho que asume una de las funciones más relevantes: la garantía del progreso técnico de la sociedad. Patente e innovación constituyen un binomio indiscutible en la tratadística contemporánea. La vinculación es clara y está plenamente desarrollada (aunque no por ello deja de resultar problemática):

---

943 Un caso donde, sin embargo, resulta apropiado es en el supuesto planteado en la STS 888/2010, de 30 de diciembre (Rec. 1396/2006), Super Verano Mix, ya comentada, donde sin afectar a los derechos de autor sobre los fonogramas y satisfaciendo el resto de licencias, el modelo de negocio buscaba obtener una ventaja induciendo a confusión a los consumidores sobre el artista ejecutante (y, por tanto, sobre origen en sentido laxo) de la canción.

la innovación tecnológica es una actividad muy costosa en términos de tiempo y de dinero, requiere importantes equipos humanos y la recombinación de tecnologías distintas y cada vez más distantes[944] para la consecución última de la innovación, entendida como ambos: proceso y resultado, por los que, a un mismo tiempo, se satisfacen necesidades humanas de forma nueva o más eficiente, a la vez que se expande la frontera de posibilidades de producción. De ahí que la innovación se haya definido como un proceso autogenerativo y cumulativo[945] ya que "los avances actuales se apoyan en los hombros de los predecesores"[946].

El cambio en el modelo de hacer ciencia, donde esta deja de ser resultado de un solo sujeto investigador, para ser un pequeño paso dentro de una línea de investigación general y consolidada en el tiempo, dado por un nutrido grupo de científicos a cada momento, impone una modulación del sistema de patentes, que debe establecer, *ad intra,* mecanismos flexibles que compaginen rentabilidad inversora con acceso al conocimiento científico.

---

944 PEDRAZA FARIÑA L. y WHALEN R., "A Network Theory of Patentability", *The University of Chicago Law Review,* Vol.87, N° 1, 2020, págs. 63-144, pág. 72.

945 PORTELLANO DÍEZ P., *La Imitación en el Derecho de la Competencia Desleal,* cit., pág. 98.

946 Máxima atribuida a NEWTON (citado en WERNICK A., *Mechanisms to Enable Follow-On Innovation. Liability Rules vs. Open Innovation Models,* Springer, Suiza, 2021, pág. 1), erróneamente (cfr. GHIDINI G., *Rethinking Intellectual Property,* cit., pág. 129, indicando que en realidad se atribuye a BERNARD DE CHARTRES.) que a partir de la fuerte vinculación innovación-competencia, ha acabado extendiéndose a la propia actividad competitiva, en una reelaboración, siendo habitual decir que los "competidores" se apoyan en los hombros de sus "predecesores". A mi modo de ver, esto en realidad no es sino muestra de la cosificación del conocimiento que ha traído consigo la sociedad de consumo.

El necesario reposo del proceso científico de consolidación del conocimiento contrasta con el modelo de mercado de la sociedad de consumo, marcado por una clara inmediatez. La aceleración del proceso de evolución científica, que busca, sobre todo, acompasar ciencia y mercado, han impuesto dos cambios fundamentales: la democratización de la ciencia, tanto en el acceso al conocimiento como en la participación de la comunidad científica; y la revisión de los incentivos dispensados por el sistema de Patentes.

La patente debe analizarse no únicamente como motor de la inversión, perspectiva tomada por la inmensidad de la doctrina especializada[947], sino también en pie de igualdad como una herramienta de difusión del conocimiento[948], al consti-

---

947 Cfr. en este sentido DREYFUSS R.C., "The Challenge Racing IP systems: researching for the future", cit., pág. 8; en una línea similar, implícito en el pensamiento de ANDERMAN S., "Overplaying the Innovation Card: The strenger Intellectual property rights and competition law", cit., en especial págs.18 y 19; el razonamiento puramente estático se aprecia también especialmente bien en HYLTON K. N., "Antitrust and Intellectual Property: A Brief Introduction", en BLAIR R. D. y SOKOLOVICS D. D., *The Cambridge Book of Antitrust, Intellectual Property and High Tech,* Cambridge University Press, 2017, págs. 81-91, págs. 83 y 84.

948 En un sentido similar GRANSTRAND O., "Patents and policies for innovations and entrepreneurship" en TAKENAKA T., *Research Handbook on Patent Law and Theory,* Second Edition, Edward Elgar, Cheltenham/Northampton, 2019, págs. 55-86, págs. 60 y 61 distingue entre la justificación clásica del incentivo a inventar y los nuevos planteamientos que conciben la patente como un incentivo conjunto a innovar, pero también a difundir la información y a comerciar con ella (en ese mismo sentido, Cfr. págs. 63 y 64); en esta misma línea FTC, "To promote Innovation: The property Balance of Competition and Patent Law and Policy: Executive Summary", *Berkeley Technology Law Journal,* cit., pág 862; también NICHOLAS T., "Are Patents Creative or Destructive?", cit., pág.407.

tuirse como un mecanismo especialmente apropiado[949] para favorecer la difusión de la información científica generada por el proceso innovador, del que a su vez es incentivo, y que cristaliza en un nuevo producto, proceso o mejora de eficiencia en su fabricación o uso.

La contraposición al secreto industrial[950] resulta especialmente útil para identificar esta faceta del sistema de protección de la invención. En términos de incentivo puramente económico a la producción, patente y secreto llevan a cabo exactamente la misma labor: *grosso modo,* permiten privatizar el conocimiento necesario para la producción de nuevas prestaciones o la satisfacción nueva a necesidades humanas, pero lo hacen interviniendo sobre fases diferentes del proceso. Así, el secreto industrial garantiza una exclusiva fáctico-jurídica en el nivel de innovación, mediante el mantenimiento en secreto del propio conocimiento necesario para la producción del bien; mientras que la patente no interviene estableciendo una exclusiva en el nivel de generación de conocimiento[951], al contrario: el *ius prohibendi* interviene en el nivel de la producción o aplicación

---

949 No obstante, la clave de un buen sistema de incentivos está precisamente en alcanzar el adecuado punto de equilibrio entre difusión y acceso. Como expone GRANSTRAND O., "Patents and policies for innovations and entrepreneurship" cit., págs. 55-86, pág. 58, (aunque habla en nombre de una nutrida corriente doctrinal) un sistema de patentes excesivamente protector constituye un límite no solo desde el punto de vista estático, sino también dinámico, contrarrestando el propio incentivo innovador que supone.

950 TOMKOWICZ R., Intellectual Property Overlaps. Theory, strategies and solutions, cit., págs. 31-34.

951 De hecho, como indica GHIDINI G., *Rethinking Intellectual Property*, cit., pág.79, la excepción de investigación permite acceder y reelaborar el conocimiento que subyace, sin necesidad de pagar una renta por ello. La exclusiva opera solamente en la explotación industrial del conocimiento protegido y del derivado a partir de su uso.

industrial de dicho conocimiento[952], no solo no limitando la publicidad del conocimiento que subyace a la invención, sino favoreciendo, además, su difusión, al exigir para su concesión la divulgación del conocimiento científico relevante en la forma del requisito formal de suficiencia de la descripción de la invención reivindicada que se impone sobre la solicitud (Cfr. Arts. 78.1.a y 83 CPE[953]).

El fallo metodológico que impide apreciar el efecto difusor de la PI vendría causado por dos sesgos relevantes: por un lado, una dicotomía errónea entre monopolio de explotación y libre acceso al conocimiento; en segundo lugar, parcialmente vinculado al primer error de concepción, consideramos que el efecto subsanador de las deficiencias del sistema de PI se consigue mediante el recurso a la imitación como fenómeno esencialmente vinculado a la competencia.

De esta forma, se operaría un juicio simplificado (incluso heurístico) donde se asigna "innovación" a "exclusiva" y esta a "Propiedad Intelectual", y "difusión" a "competencia" y ésta a "imitación", y, así, se atribuye a la PI la función de generar innovación, y a la competencia su generalización, a través de la imitación. Este esquema, incompleto en el mejor de los casos, funciona especialmente bien cuando se trata de prestaciones

---

952 Buen ejemplo de ello es el requisito que se viene exigiendo de que la invención tenga aplicación o uso industrial (cfr. Arts. 4.1 y 9 de la Ley 24/2015, de 24 de julio, de Patentes). De esta forma legislativamente intenta dejarse fuera de todo orden de protección aquellas invenciones propias de la "ciencia básica", sin perjuicio de que, en ocasiones, pueda llegar a extenderse por una combinación de una inteligente formulación de las reivindicaciones, la desidia de la Oficina de Patentes y una actitud favorable a los derechos del titular por parte de los Tribunales, que operan una interpretación generosa de lo protegido.

953 Convenio de la Patente Europea, hecho en Múnich, el 5 de octubre de 1973.

de baja complejidad y fácil comprensión, donde la mera puesta en el mercado permite a los competidores imitar directamente el principio sobre el que se sustenta el producto. En cambio, cuando el producto es complejo, la imitación va precedida de una fase intermedia que sería la de análisis, descomposición y comprensión, comúnmente aglutinada bajo la expresión "ingeniería inversa". La patente abarata enormemente (aunque lógicamente no logra eliminar) los costes necesarios para entender la ciencia subyacente al producto pionero, al imponer su explicitud en la propia solicitud de patente, cuya presentación se condiciona, entre otros requisitos, a la descripción suficiente del objeto patentado de forma que sea ejecutable por un sujeto experto en la materia.

Precisamente, el requisito de ejecutabilidad por un experto en la materia, necesario en todo caso, da pie a poder omitir en la solicitud todos aquellos datos no indispensables para ejecutar el elemento patentado, pero que sí se orientan a posibilitarla de un modo mejor, más rápido o más seguro. No existe, por tanto, obligación de explicar cuál es la mejor forma de ejecutar la invención[954], como tampoco la hay en el momento de conceder una licencia de explotación[955]. De este modo, la patente alivia el grueso de costes impuestos por la necesidad de descubrir los principios sobre los que opera el producto o

---

954 GRANSTRAND O., "Patents and Innovations for growth and welfare- a literature Review", *Evolving Properties of Intellectual Capitalism*, Edward Elgar, Cheltenham/Northampton, 2018, págs. 81-123, pág. 84.

955 MARTÍN ARESTI P., "Transferencias, licencias y gravámenes", en BERCÓVITZ RODRÍGUEZ-CANO A., *La Nueva Ley de Patentes*, Aranzadi, Pamplona, 2015, págs. 347 y ss., pág. 371; vid. También respecto las Variedades Vegetales y su protección CURTO POLO M., "Cotitularidad y transmisión del derecho del obtentor" en GARCÍA VIDAL A., *El Derecho de las Obtenciones Vegetales*, Tirant lo Blanch, Valencia, 2017, págs. 785-818, pág. 811; Cfr. en este mismo sentido el art. 84 de la Ley 24/2015, de Patentes.

procedimiento patentado, facilitando, por tanto, el flujo de información, sin interferir de un modo excesivo sobre la estrategia comercial del titular de la patente, al posibilitarle mantener bajo secreto industrial información que permite abaratar costes o agilizar el procedimiento de producción, logrando con ello mantener una expectativa de ingresos supracompetitivos a largo plazo que compensa los efectos negativos que la divulgación del conocimiento puede tener.

Tampoco los efectos de la divulgación de dicho conocimiento son meramente unívocos. Al contrario, junto al efecto esperable de garantizar un acceso adecuado a las bases operativas del nuevo objeto patentado por parte de la comunidad científica, se logra asimismo un efecto derivado de reelaboración a partir de dicha información, en, de nuevo, una doble vía: en primer lugar, arranca un proceso de comprobación y verificación de la realidad científica de los postulados contenidos en la patente, que culminará con la elaboración de mejoras, bien en términos de producción eficiente, bien en mejores resultados finales del proceso de fabricación; en segundo lugar, otro conjunto de trabajos desgajados a partir de la patente publicada se centrará no en la mejora, sino en la creación de alternativas aptas para dar mejor respuesta a la misma o a nuevas necesidades técnicas a partir del conocimiento generado por el procedimiento objeto de patente. Ambos fenómenos se integran dentro de los efectos dinámicos del Derecho de Patentes, donde la propia exclusión favorece a su vez la innovación durante la vigencia de la protección exclusiva.

Estos efectos dinamizadores de la innovación alternativa y subsiguiente los consigue favorecer el Derecho de Patentes a través de una figura especialmente flexible: la patente dependiente, que *ad exemplum* de la obra derivada, permite patentar invenciones derivadas de patentes vigentes, siempre que se pueda apreciar un salto cognitivo que va más allá de lo que la patente original alcanzó y no evidente para el experto en la materia. Por tanto, se permite patentar una invención derivada a su vez de otra, por parte de sujetos ajenos al primer titular de la patente, siempre que se solicite correspondiente licencia al titular primero para explotar comercialmente la segunda, arbitrándose para el caso de falta de acuerdo entre titulares el expediente de licencia obligatoria por dependencia.

Se logra, con ello, un flexible sistema de licencias cruzadas, permitiendo así la interconexión de tecnologías patentadas de modo fiel a la forma actual de desarrollo científico y tecnológico, mediante el acceso recíproco y remunerado, propiciando un auténtico ecosistema innovador[956/957], que permite, incluso explotar económicamente la patente aun a falta de medios propios y de terceros interesados a través de la licencia de pleno derecho, que constituye también un excelente sistema para, voluntariamente, abrir la patente al mercado[958].

Para que la patente pueda desplegar esa función generadora de un ecosistema competitivo e innovador sano y fuerte, adaptado a la producción multipolar y en red de innovación, se impone la consagración de muy cuidados límites que aseguren el equilibrio adecuado en una cuestión tan vital como

---

956 En esta misma línea GHIDINI G., *Rethinking Intellectual Property*, cit., págs. 79 y 80.

957 El problema, llegados a este punto, es que finalmente un mercado de tecnología desarrollado o maduro vendrá conformado por un complejo entramado de licencias sobre un conjunto de patentes cohesionadas que reduce las posibilidades de entrada a nuevos competidores, cerrando finalmente el mercado en unos pocos titulares pioneros.

958 Como se describe en WERNICK A., *Mechanisms to Enable Follow-On Innovation. Liability Rules vs. Open Innovation Models*, cit., pág. 126, la licencia de pleno derecho constituye un mecanismo que permite al titular convertir su derecho de propiedad en una regla de pago por uso.

la innovación. GHIDINI habla en este sentido de anticuerpos competitivos.[959]

Una primera forma de limitación intrínseca[960] a la patente viene precisamente impuesta por la naturaleza del objeto patentado (en general, el conocimiento científico y técnico), y es que no todo conocimiento científico puede patentarse. De esta forma, la patente somete la protección exclusiva a dos requisitos: la suficiente concreción del conocimiento, de forma que las ideas, principios o métodos sobre los que se opera la ciencia en general no resulten patentables; y, por otro lado, que el conocimiento sea fruto de la actividad inventiva de su creador y no resultado de interpretar meramente la evidencia existente y darle un cierto componente aplicable.

Si partimos de una gradación de la ciencia en tres estamentos o niveles de especificidad: básica, intermedia[961] y aplicada, el Derecho de Patente solo permite proteger en su vertiente material la parte más concreta de la ciencia intermedia y la

---

959 GHIDINI G., *Rethinking Intellectual Property. Balancing Conflicts of Interest in the Constitutional Paradigm*, cit., pág. 69.

960 Somos conscientes de lo inadecuado de la conceptualización de la delimitación del objeto de protección desde la perspectiva de los límites (al menos en su visión ortodoxa), su uso únicamente se emplea a efectos de destacar y llamar la atención a sobre el modo en que el diseño legal conforme al cual se ha configurado este derecho de PI ya constituye una modulación en función de su afectación a la operatividad del mercado.

961 Entendida como aquella rama de la ciencia lo suficientemente concreta como para no ser ciencia básica, pero cuyo desarrollo es susceptible de ulterior precisión, de forma que, si se protegiera por patente, se corre el riesgo de atribuir todo el rango de utilidades a un solo titular. El ejemplo paradigmático sería el de algunas herramientas biotecnológicas, como la tecnología CRISPR de edición genómica, cuya patente se autorizó, por las diferentes oficinas, en abstracto, y de la que luego han ido desarrollándose aplicaciones muy concretas.

totalidad de las ciencias aplicadas, dejando libre toda la ciencia básica y buena parte de ciencia intermedia. La frontera de lo protegible debe ubicarse, por tanto, en algún punto de la ciencia intermedia, si bien, por diferentes razones, como la rebaja de los requisitos de patentabilidad derivada de una ralentización en un progreso científico cada vez más dependiente del paso anterior, o el avance en algunas ramas donde resulta especialmente complejo establecer límites respecto de la noción "básico", como ocurre en la Inteligencia Artificial, la química, la farmacéutica o la biotecnología, donde son habituales inventos que tienden a difuminar la frontera entre ciencia básica y aplicada. Es decir, hay una tendencia de empuje hacia la patentabilidad de ciencia cada vez más básica, que debería ser objeto de mayor atención jurídica, actualmente más centrada en la flexibilización de la explotación mediante licencias y reglas de responsabilidad por infracción[962].

---

962 Es quizá en la patente donde más claramente se aprecia de un modo completo el cambio de paradigma que supone la *flexible IP*: la mayor posibilidad de explotación económica en forma de licencias obligatorias, reglas de indemnización por infracción pero sin cesación de la conducta y otros expedientes de solución del conflicto *a posteriori*, favorecen una rebaja en los requisitos de acceso a la tutela, pues si, al final, el abanico de usos potenciales resulta relativamente libre, no hay una necesidad tan apremiante de asegurar que solo accedan a la protección creaciones o innovaciones verdaderamente meritorias. Puede apreciarse aquí, cómo el derecho de PI en general, pero el Derecho de patentes en particular, a medida que se flexibiliza, se diluye en una suerte de modalidad Derecho de la Competencia, aplicable a la ciencia, al perderse el acento de la protegibilidad de la invención en sí, a las posibilidades de explotación de la invención. Este, recordemos, es el camino inverso que hemos recorrido con la CD: el de separarla de la PI mediante la concurrencialización de sus requisitos, alejándonos de los méritos individuales de la prestación protegida, para centrarla en las necesidades y problemas del mercado. La patente está experimentando un proceso similar a través de su flexibilización, a mi modo de ver innecesario, pues la

El segundo de los elementos impone al conocimiento patentable diferenciación cognitiva respecto de lo ya conocido. Este requisito viene a sintetizarse en la exigencia de una cierta distancia intelectiva (y no meramente imitativa) entre lo ya divulgado y lo que se pretende proteger. Tal lapso se descompone a su vez en un doble requisito: novedad y actividad inventiva/no obviedad. Empezando por la novedad, se trata de un requisito de naturaleza general que exige una comparación entre el conocimiento a patentar y el estado de la ciencia, de forma que no haya identidad entre lo ya divulgado y, por tanto, generalizado, con la invención cuya protección se pretende. En segundo lugar, como criterio de mérito abstracto de la invención, encontramos el juicio de actividad inventiva, concretado en el desarrollo de un juicio de no obviedad. Se modaliza a partir de un patrón interpretativo concreto: el experto en la materia, equivalente a investigador promedio del ramo de ciencia relevante; y se concreta en la valoración de si tal experto en la materia sería capaz de deducir a partir del estado de la técnica dicha concreción que se pretende patentar sin especiales dificultades.

Una vez tenemos una invención lo suficientemente concreta como para no ser atribuible a la ciencia básica ya conocida (novedad) y lo suficientemente diferente desde el punto de

---

flexibilización de la explotación no tiene por qué necesariamente ir acompañada de una rebaja de los estándares objetivos de acceso a dicha tutela, cuya única consecuencia será un empeoramiento de la calidad de la ciencia y un acortamiento de cada "paso científico" en el continuo de progreso e innovación. En suma, pese a la flexibilización progresiva que experimenta, la patente no debe perder su fuerza o de lo contrario perderá su utilidad como incentivo a una innovación de calidad, que realmente resulte significativo incrementar y que justifique a su vez la necesidad de imponer un sacrificio competitivo durante un lapso temporal, en la forma de un derecho de exclusión.

vista epistemológico a lo ya consolidado y divulgado (actividad inventiva), la siguiente cortapisa aparece en la forma de determinadas excepciones a la patentabilidad que se codifican en los distintos cuerpos legales y que tienen dos funciones primordiales: asegurar el respeto a la dignidad humana (fundamentalmente se trata de excepciones relacionadas con la edición genética, la clonación y el uso industrial de embriones, o partes del cuerpo humano), limitaciones impuestas por existir previamente al proceso científico que las hace accesibles, esto es, ser un descubrimiento (es el caso, por ejemplo, de las razas animales y variedades vegetales naturales, donde aunque pueda haber una intervención humana determinante, los componentes y resultados son elementos esencialmente biológicos ajenos a la técnica) y excepciones en casos concretos relacionados con la ciencia básica (elementos naturales del cuerpo no aislados, el genoma humano tanto en general como en particular, gen por gen). Muchas de estas exclusiones aparecen, como puede apreciarse, con la inclusión de la biotecnología como materia susceptible de ser patentada.

Un límite intrínseco es el de la duración de la protección conferida por patente, una cantidad de años uniformemente aceptada en la comunidad internacional (art. 33 ADPIC) que se extiende por un máximo inextensible de veinte años desde la solicitud. La única excepción son los europeos certificados complementarios de protección, que buscan garantizar una duración efectiva de veinte años en las patentes de productos que deben posteriormente someterse a un control de comercialización, como es el caso de los productos farmacéuticos. Una vez transcurrido el periodo de protección absoluta de la aplicación del conocimiento científico divulgado, la patente cae inexorablemente en dominio público y pasa a ser libremente utilizable. Este mecanismo tiene un doble fin: garantizar un acceso libre a todos los operadores respecto a la aplicación técnica del conocimiento científico y obligar a los titulares de derechos de Patentes a seguir innovando si quieren mantenerse en el mercado, sin poder explotar económicamente de un modo indefinido una invención ya superada. Podrán pervivir aún patentes dependientes (derivadas) de la original, o aplicaciones nuevas de dicho producto o proceso, pero no aquello que se configuró inicialmente como objeto de exclusiva.

Con esto concluye la delimitación estructural a la naturaleza del Derecho de patente y llegamos, por tanto, a los límites intrínsecos, recibidos por la legislación de patentes, pero desarrollados por el Derecho de la Competencia. Un límite que comparte con el resto de derechos de PI es el de agotamiento, que impide el ejercicio del derecho de exclusiva una vez comercializada la prestación por o con consentimiento del titular para todo el EEE, y cuyo fin se concreta en evitar la reducción del nivel de competencia y la ruptura del mercado interior, a través de una compartimentación nacional a la circulación de mercancías. La gran mayoría del resto de límites se vinculan a la flexibilización a través del régimen de licencias, para reducir al mínimo la ya de por sí relativamente rara situación en la que una patente suponga por sí sola la concesión de un monopolio de mercado[963]. Así, ante una negativa a explotar la patente susceptible de causar desabastecimiento en el mercado, contamos con las licencias obligatorias por falta de explotación; y, ante la negativa injustificada a licenciar aparece la licencia obligatoria por dependencia de patentes, una suerte de "espada de Damocles"[964]que pende sobre el titular de la patente y que favorece un claro incentivo a negociar y licenciar.

---

963 En este sentido HOVENKAMP H., "Antitrust and Innovation: where we are and where we should be going", *Antitrust Law* Journal, Vol. 77, Nº 3, 2011, págs. 749-756, pág.749, niega que la patente conceda posición de dominio por sí misma.

964 GHIDINI G., *Rethinking Intellectual Property*, cit., pág. 138; en una línea similar CARBAJO CASCÓN F., "Las Licencias Obligatorias" en GARCÍA VIDAL A., *El Derecho de las Obtenciones Vegetales,* Tirant lo Blanch, Valencia, 2017, págs. 867-909, págs. 871 y 872; y también

Junto a estos límites asimilados por el sistema de patentes, encontramos otro, netamente concurrencial hasta el momento, que recibe la forma de "doctrina de las infraestructuras esenciales" (*essential facilities doctrine*) desarrollada por el TJUE[965], donde se juega con la idea de excepcionar el derecho de patente indemnizando por ello, cuando la estructura de la competencia en el mercado pueda verse comprometida por la negativa a negociar una licencia. Hasta ahora, todos los casos relevantes han tenido que ver, fundamentalmente, con la creación de mercados secundarios a partir de una patente, pero supone, sin duda, el reconocimiento de la posibilidad de crear, si quiera por vía jurisprudencial, un límite concurrencial general o "por razón de competencia" sobre la patente concedida y en vigor.

De todo el análisis que antecede, conviene extraer dos conclusiones a efectos de delimitar la capacidad de intervención de la CD en el ámbito de lo protegido por patente: la regulación del derecho de Patentes es, de todas las regulaciones de PI, la que incorpora un sistema de equilibrio de intereses más complejo, volátil y con las implicaciones más graves; precisamente por ello se ha medido minuciosamente cada detalle y se ha valorado cada posible consecuencia en términos de pro-

---

CARBAJO CASCÓN F., "Obligación de explotar. Licencias obligatorias" BERCÓVITZ RODRÍGUEZ-CANO A., *La Nueva Ley de Patentes*, Thomson Reuters Aranzadi, Navarra, 2015, págs. 401-433, pág. 407.

965 SSTJCE de 5 de octubre de 1988, (As.238/87), Volvo; de 6 de abril de 1995 (As. C-241/91 P y C-242/91 P) Magill, de 26 de noviembre de 1998 (As. C-7/97) Oscar Bronner, de 29 de abril de 2004 (As. C-418/01) IMS health. Sobre la doctrina de las facilidades esenciales y su relación con los derechos de PI cfr. OLMEDO PERALTA E., "Una Vuelta a la aplicación de la doctrina de las facilidades esenciales (*essential facilities*) a la propiedad intelectual e industrial", *Revista de Derecho de la Competencia y la Distribución*, N ° 19, 2016, publicación online.

tección, lo que confiere a la misma un carácter excluyente de otras protecciones. De esta forma, la aplicación de la CD debe ser muy limitada, en supuestos puramente marginales que escapen de un modo total al paradigma de tutela de los derechos protegidos[966].

Todo lo más que podría desarrollar una patente podría ser una función estética, en cuyo caso, deberá valorarse si el mercado aprecia la forma estética del producto de forma separada completamente a su función técnica y si la función técnica está necesariamente vinculada a dicha forma. En caso de respuesta afirmativa a la primera pregunta y negativa en la segunda, podrá plantearse una protección concurrencial que, bajo ningún caso, podrá impedir el uso de la solución técnica concretamente utilizada, aunque sí podrán imponerse obligaciones razonables que permitan desvincular la prestación imitadora del producto original ya no protegido por patente, en forma de una carga o distanciamiento estético limitado siempre por el no perjuicio del funcionamiento técnico del producto en cuestión.

Por su parte, la protección para creaciones técnicas por debajo del nivel de no obviedad exigido resulta extremadamente difícil de sostener, ya que el criterio elegido es absolutamente

---

966 En este contexto, el plazo de duración de la protección tiene un carácter excluyente de la protección concurrencial en lo que respecta al objeto de la patente, pudiendo no obstante protegerse concurrencialmente elementos concomitantes al objeto patentado (nombre, marca, diseño del embalaje) siempre que haya un interés relevante en el mercado que aconseje su protección. En un sentido similar, PARCHOMOVSKY G. y SIEGELMAN P., "Towards an Integrated Theory of Intellectual Property", *Virginia Law Review*, cit., pág. 1479, muestra como los efectos sinergéticos entre derechos de Propiedad Intelectual pueden alterar la composición de intereses individual del titular y compatibilizarla con los intereses de terceros consumidores.

dicotómico: si no es obvio amerita protección mediante patente, haciendo ociosa la protección CD por la misma causa, y si resulta obvio y, por tanto, no protegible, pertenece al estado de la técnica y, por ende, no puede justificarse una protección de la prestación basada en el eventual valor que para el mercado pueda tener dicha misma función técnica (de nuevo no se pueden excluir otras razones ajenas al valor estrictamente técnico). Aun tratando de forzar el encaje, nos encontramos con un ulterior problema: la existencia de un expediente de tutela técnico de recogida en el Modelo de Utilidad, de modo que la protección que escapa a la patente por falta de mérito queda, en primer orden, recogida por el modelo de utilidad, con un régimen de acceso más laxo y una protección menor (diez años)[967].

En lo que respecta a una acumulación de protección durante la vigencia del derecho exclusivo, sería posible, aunque difícil, pensar en casos que ameriten una tutela concurrencial adicional. Si esta se diera, tendrá que ser por razones diametralmente distintas a las que motivan la protección mediante patente. Un ejemplo de lo anterior, podría ser la distintividad generada por la patente respecto al origen comercial de la so-

---

967 Un plazo quizá demasiado extenso para GHIDINI G., *Rethinking Intellectual Property*, cit., pág. 119. En esta línea de pensamiento, puede resultar ciertamente preocupante (así lo indica el informe IPN/CNMC/024/22, de 26 de julio de 2022, p. 15, sobre la proyectada ampliación mediante el Anteproyecto de Ley de modificación de la Ley 17/2001, de marcas, la ley 20/2003 de protección jurídica del diseño industrial, y la ley 24/2015 de patentes) la proyectada expansión objetiva del modelo de utilidad a "sustancias o composiciones farmacéuticas" (art. 137.2 LP en la versión propuesta por el Anteproyecto), lo que combinado con la posibilidad de solicitar modelos de utilidad derivados (art. 147 bis LP introducido por el Anteproyecto), permitirá blindar las patentes farmacéuticas a la innovación subsiguiente, concentrando la innovación farmacéutica en los titulares de grandes *portfolios* de patentes.

lución técnica explotada en exclusiva[968]. El aprovechamiento de la reputación, aunque difícil, tampoco debería descartarse, en casos donde la forma del producto sea considerada por el sector interesado como garante de una cierta seguridad o fiabilidad técnica de ese producto en concreto. En fin, podríamos pensar en casos donde la solución técnica va más allá de lo técnicamente necesario, en una vertiente más próxima al DI o al DA[969], en estos casos, ante la falta de cumplimiento de los requisitos de protección (formales o materiales), la competencia desleal podría recoger esa "plusvalía estética", siempre que esta resulte relevante para el mercado (de lo contrario se estaría protegiendo el mérito y creando un derecho cuasi-exclusivo de tercer nivel) y genere en consecuencia esa particular apreciación para el mercado susceptible de aprovechamiento, ya se vincule aquella a una vertiente más distintiva o más reputacional.

A modo de conclusión, podemos señalar que las relaciones imaginables entre patente y CD, aunque no excluibles en absoluto, resultan mucho más difíciles de concebir y mucho más marginales en su naturaleza. Esto es debido a dos circunstancias muy claras: la primera tiene que ver con la importancia procompetitiva que tiene la innovación técnica y que aconseja una separación estricta entre lo protegido y lo libremente imitable, pues el complejo de intereses en estos casos está tan tensionado que no hay intermedios aceptables, pasándose directamente entre dos situaciones extremas; la segunda circunstancia, tiene que ver con la propia estructuración legal de los preceptos reguladores del sistema de patentes, que son mucho

---

968 Algo similar ocurre en el caso BGH GRUR 2010, 1125, Femur-Teil.

969 En este sentido, se ha abierto una cierta polémica doctrinal con una de las últimas resoluciones del TJUE, el caso Brompton, (STJUE de 11 de junio de 2020, As. C-833/18, Brompton Bicycle) sobre el carácter artístico y original del diseño de una bicicleta plegable.

más expeditivos y categóricos, no admitiendo, generalmente, gradación (ni flexibilización). Estas características determinan un desplazamiento de la intervención de la CD en favor de la aplicación directa del Derecho de la Competencia: la mayor importancia del objeto material para la competencia en y por los mercados se manifiesta en que las obstaculizaciones o negativas a licencias normalmente redundan directamente en la exclusión de competidores del mercado y, por tanto, tienen un efecto anticoncurrencial muy marcado desde un punto de vista estructural (al que, recordemos, atiende el Derecho Antitrust); de la misma forma, la rigidez de las reglas hace que la única vía para flexibilizar el régimen y adaptarlo a las necesidades del mercado, sea directamente la amenaza con la "expropiación" parcial o total de la patente, mediante la obligatoriedad de conceder licencias. Mecanismos más sutiles y progresivos no tendrían efecto ni envergadura suficientes como para producir el resultado deseado en el sistema de incentivo a la innovación por excelencia, dejando reducido el papel de la CD a un muy diluido segundo, o, incluso, tercer plano (al contar con figuras menores como el modelo de utilidad). La función de antesala de la CD[970] queda, por tanto, suprimida: el amolde entre Patente y Competencia es sumamente compacto.

1.5. La naturaleza y función económica del Secreto empresarial

Cuando acometimos la tarea de delimitar funcionalmente el ámbito de protección de la Patente, ya en ese momento apareció una contraposición entre la función comunicativa del Derecho de Patente por contraposición al Secreto Industrial o, más ampliamente considerado, empresarial. Ello hace que tengamos que dedicar algún esfuerzo a caracterizar a este subconjunto de normas de tutela que, ya aclaramos, debemos con-

---

970 OHLY A. y SATTLER A., "120 Jahre...", GRUR 2016, cit., pág. 1231.

siderar integrado dentro del sistema general de Competencia Desleal.

En particular, la necesidad de la que decimos nos demanda las explicaciones de este epígrafe surge de la reciente Ley 1/2019, de Secretos Empresariales[971]. Dicha norma es resultado de la transposición de la Dir. 2016/943, de 8 de junio, relativa a la protección de los conocimientos técnicos y la información empresarial no divulgados (secretos comerciales) contra su obtención, utilización y revelación lícitas. En fin, un tándem legislativo que ha pretendido para algunos sectores doctrinales dotar de una apariencia de inmaterialidad, una tutela que es eminentemente fáctica y de mercado y que, por tanto, entronca en cuerpo y alma con las normas de Competencia Desleal[972]. Tal como lo expresa con acierto RICOLFI la base de la protección de los derechos PI viene caracterizada por la sanción o creación legal del estatuto jurídico, acompañada de la ostentación de un título formal que sanciona la protección, lo cual se compadece mal con la propia naturaleza del secreto empresarial[973].

---

971 Causante simultáneo de un perfeccionamiento y mejora del sistema de secreto industrial, pero a la vez del germen de un cierto debilitamiento en la protección. Cfr. MASSAGUER FUENTES J., "De nuevo sobre la protección jurídica de los secretos empresariales (A propósito de la Ley 1/2019, de 20 de febrero, de secretos empresariales)" , *Actualidad Jurídica Uría Menéndez*, núm. 51, 2019, págs. 46-70, pág. 50.

972 Algo que la propia directiva de 2016 parece querer indicar cuando en el considerando 17 vincula secreto empresarial y competencia desleal. Opinión también mantenida por GÓMEZ SEGADE J.A., "La nueva ley de secretos empresariales", *ADI*, Tomo XL, 2019-2020, págs. 141-164, pág. 144. Confirmando esta misma postura, la nueva ley 1/2019 no deroga el art. 13 LCD, donde históricamente ha residido en España la protección jurídica del secreto empresarial.

973 RICOLFI M., "Regulating de facto Powers: shifting the focus", en GHIDINI G., FALCE V., *Reforming Intellectual Property*, cit., págs. 174-184, pág. 174.

En este sentido, el secreto empresarial no es un derecho, sino un objeto de derecho[974], una posición puramente fáctica con un cierto reconocimiento jurídico, basada en información y su conocimiento[975]. Tal como la concibe HILTY se trataría de una tutela concurrencial de segundo nivel o grado de solidez[976], en tanto que sería una institución concreta vinculada a la normativa general sobre Competencia Desleal. Su base justificante no es otra que la intención de preservar una ventaja competitiva[977] sustentada sobre una situación de puro hecho, cual es la no divulgación de la información secreta con la realización del acto comunicativo que dicho secreto permite[978].

Consecuentemente con una naturaleza tal, la protección concurrencial se condiciona a que la información se mantenga

---

974 GÓMEZ SEGADE J.A., "La nueva ley de secretos empresariales", *ADI*, cit., pág. 148.

975 MASSAGUER FUENTES J., "De nuevo sobre la protección jurídica de los secretos empresariales...", *Actualidad Jurídica Uría Menéndez*, cit., pág. 51, alude tanto a los datos estructurados, sistematizados ordenados y conjuntados, pero también a su efectiva inteligencia o comprensión de su significado.

976 HILTY M. R., "The Law Against Unfair Competition and its Interfaces", en HILTY M. R. y HENNING-BODEWIG F., *Law Against Unfair Competition*, págs. 28-30

977 En atribuirle este carácter coinciden GÓMEZ SEGADE J.A., "La nueva ley de secretos empresariales", *ADI*, cit., pág. 142 y RICOLFI M., "Regulating de facto Powers: shifting the focus", en GHIDINI G., FALCE V., *Reforming Intellectual Property*, cit., pág. 175.

978 Sobre esta cuestión llaman la atención MARTÍN ARESTI P. y DE HARO IZQUIERDO, M. "Los contratos sobre know how" en YZQUIERDO TOLSADA M., *Contratos Civiles, Mercantiles, Públicos, Laborales e Internacionales, con sus implicaciones tributarias*, Thomson Reuters Aranzadi, 2014, Cap. 6, Epígrafe 1, apartado 1, párrafo 2 (publicación consultada en línea)

en secreto[979] en relación con la generalidad del mercado y de los competidores, para lo cual, además de ese elemento de no auto-divulgación es necesario que se adopten medidas oportunas tendentes a mantener la situación de secreto[980], lo que a su vez es correlato de la importancia que tendría para la empresa la ventaja competitiva[981] que concede el carácter secreto de la información o conocimientos relevantes[982].

Estos tres elementos se retroalimentarían: el secreto de la información es fuente de la ventaja competitiva del empresario, de modo que si este quiere mantener dicha ventaja deberá adoptar medidas tendentes a dejar claro que pretende dificul-

---

979 Cualidad que GÓMEZ SEGADE J.A., "La nueva ley de secretos empresariales", *ADI*, cit., pág. 152, califica como de requisito ontológico.

980 Medidas que, como apunta GARCÍA PÉREZ R., "La adopción de medias razonables para mantener secreta la información como requisito para la existencia de un secreto empresarial", *ADI*, Tomo XLII, 2022, págs. 81-106, págs. 83-85 tendría dos funciones: por un lado, comunicar al resto de competidores el carácter pretendidamente reservado de dicho conocimiento, de modo que están en posición de conocer la reivindicación de propiedad sobre el conocimiento o información confidencial; por otro, impone una actitud de vigilancia en el pretendido titular y no meramente pasiva. A mi modo de ver, ello es trasunto de la combinación de dos circunstancias muy relevantes: la inmaterialidad del secreto, lo que impide la exhibición de una posesión material sobre la cosa, y , de otra, de la imposibilidad del Derecho de la Competencia para conceder un estatus de mercado privilegiado, de modo que el esfuerzo vigilante en mantener la información comercial o industrial en secreto es el que permite, precisamente, fundamentar una protección basada en méritos, no necesariamente vinculada, como ocurre en la órbita inmaterial a las cualidades objetivas de aquello protegido.

981 Configurada como requisito de protección. Cfr. MARTÍN ARESTI P. y DE HARO IZQUIERDO, M., "Los contratos sobre know how" (consultada en línea), cit., Epígrafe 1, apartado 1, párrafo 6.

982 Una vez más GÓMEZ SEGADE J.A., "La nueva ley de secretos empresariales", *ADI*, cit., pág. 153.

tar el acceso a dicha información sensible o relevante para su negocio[983]. El carácter sensible es a su vez lo que propicia su secreto. El elemento esencial, no obstante, es la actitud proactiva del pretendido titular *de facto*, pues sobre ella recae todo el peso de la protección: cuando la actitud no sea lo suficientemente diligente, alguien accederá al secreto y, en consecuencia, la protección decae y la ventaja competitiva se volatiliza.

No solo la actitud del interesado es tenida en cuenta en el sistema de secreto empresarial, sino que también la actitud del resto de competidores resulta relevante, en particular, la de aquel competidor que es descubridor del secreto. Aquel que hace aflorar a la luz del mercado la información hasta entonces confidencial, se ve gravado con una carga de naturaleza modal, pues no puede emplear todo tipo de estrategias para desvelar la información, sino solamente aquellas que son consideradas lícitas. La distinción entre licitud e ilicitud de los modos de acceso al – y divulgación del – secreto, constituye una valoración del actuar del empresario descubridor que atiende no solo a un fin resultadista (dicotomía publicidad/secreto de la información), sino, que, en particular, incorpora una valoración sobre el modo en que dicha información ha aflorado, lo que, en el fondo, supone la realización de una ponderación de los intereses en conflicto, en garantía de que el interés del competidor en mantener el conocimiento secreto se vea lesionado del mínimo modo posible por quien, al final, accede al mismo y lo difunde, lo cual se opera mediante la proscripción de ciertos medios de acceso particularmente lesivos para los intereses y esfuerzos del incumbente.

---

983 Medidas que a su vez deberán ser suficientes y adecuadas en su tarea de evitar el acceso a la información sensible, no bastando meramente la intencionalidad subjetiva de su titular. Cfr. MASSAGUER FUENTES J., "De nuevo sobre la protección jurídica de los secretos empresariales..." , *Actualidad Jurídica Uría Menéndez*, cit., pág. 57.

De este modo se hace una distinción entre modos de acceso legítimos (descubrimiento o creación independientes, ingeniería inversa o divulgación no desleal de los empleados del otro), frente a los mecanismos de afloración ilícitos (copia de documentación, inducción a la divulgación desleal por los empleados, divulgación con defraudación de deberes de confidencialidad o usos secundarios a partir de una comunicación ilícita de un tercero). Precisamente, si hay medios lícitos de acceso es por el carácter fáctico del secreto y la ausencia de una protección exclusiva[984].

Llegados a este punto, poca duda puede haber con respecto al carácter de mercado o fáctico (por contraposición al inmaterial o exclusivo) de la protección que brinda el secreto empresarial. Ahora bien, se nos plantea una duda esencial, por cuanto la transmisibilidad del secreto empresarial ha sido posible históricamente y actualmente lo permite el art. 4 de la ley 1/2019[985/986]. La cesión presupone la completa desvinculación de la persona del titular respecto del bien cedido, algo que en este contexto, sin llegar a ser intelectivamente imposible, plantea algunas dificultades adicionales dada la naturaleza fáctica y no registral de la posición cedida, y es que el primitivo tenedor del secreto industrial no podrá, de ordinario y por el mero acto de pactar su íntegra transmisión, olvidar dicho conocimiento,

---

984 GÓMEZ SEGADE J.A., "La nueva ley de secretos empresariales", *ADI*, cit., pág. 156.

985 Norma que es un *novum* introducido por la legislación española, no exigido en la Dir. 2016/943 de la que la ley nacional trae causa. Cfr. COSTAS COMESAÑA J., "La transmisibilidad del secreto empresarial", *ADI*, Tomo XLI, 2020-2021, 79-108, pág. 80.

986 Así lo entienden MARTÍN ARESTI P. y DE HARO IZQUIERDO, M. "Los contratos sobre know-how" (consultada en línea), cit., Epígrafe 1, apartado 4, párrafo 2, cuando reconocen el carácter peculiar y distinto del secreto empresarial o *know how* respecto el resto de derechos de PI en cuanto se refiere específicamente a su transmisión.

de modo que, será necesario fijar contractualmente una obligación de abstención en el empleo de dicho conocimiento secreto, acompañada de un pleno desprendimiento respecto de los medios de control y contención del conocimiento, así como de la capacidad de decisión en torno a su mantenimiento como tal, esto es, oculto a ojos de los competidores. Junto a la cesión del secreto empresarial, de naturaleza absoluta, es posible hablar a su vez del contrato de licencia, consistente en permitir una puesta en conocimiento del adquirente respecto de la información relevante, sin exigir un correlativo desprendimiento del conocimiento de la parte transmitente[987], esto es, la autorización de una intromisión controlada en la esfera de secreto comercial del licenciante, que mantiene, de esta forma, el control sobre la información secreta, de cuyo uso puede quedar finalmente excluido en caso de licencia exclusiva[988].

La posibilidad de licenciar o ceder el secreto industrial, sin embargo, no impide seguir considerando al secreto empresarial como un sistema de protección eminentemente fáctico y concurrencial. En efecto, el contrato de transmisión no tendría *per se* un efecto materialmente traslaticio, sino más bien se construye sobre una autorización a una intromisión en esa esfera de privacidad empresarial, que puede ir acompañada, ade-

---

987 En este mismo sentido, MASSAGUER FUENTES, J., *El contrato de licencia de Know-How*, Bosch, Barcelona,1989, pág. 69. De la misma forma, el Tribunal Supremo en sentencia de 30 de mayo de 2002, núm. 1378/1997, atribuye un contenido puramente obligacional al contrato por el que se transmite el *know-how* empresarial. Ambos citados en COSTAS COMESAÑA J., "La transmisibilidad del secreto empresarial", *ADI*, cit., pág. 84, nota al pie 21; también MARTÍN ARESTI P. y DE HARO IZQUIERDO, M. "Los contratos sobre know-how" (consultada en línea), cit., Epigrafe 1, apartado 4, párrafo 4.

988 En la misma línea, una vez más, MARTÍN ARESTI P. y DE HARO IZQUIERDO, M. "Los contratos sobre know how" (consultada en línea), cit., Epígrafe 1, apartado 4, párrafos 4, 5 y 8.

más, de una renuncia, tanto a su utilización con fines comerciales, como respecto del control y mantenimiento de dicha situación fáctica que rodea a la información transmitida. De este modo, el contrato sirve de soporte para facilitar materialmente el conocimiento del contenido secreto (con eventual cesión de documentación) a la par que purgaría de ilicitud el propio acceso. En el fondo, no es más que dar un soporte jurídico-contractual a la voluntad selectiva del poder fáctico, pues él y solo él puede poner a otro sujeto en posición de conocer la información secreta.

En fin, concluiríamos con una última idea, apuntada por RICOLFI, que parte del entendimiento de que si bien el secreto industrial es un expediente fáctico reconocido por el Derecho, dicho reconocimiento, acaba por juridificar la tutela, por cuanto que la infracción del espacio correspondiente al secreto se tutela por una vía netamente jurídica[989].

A partir de esta caracterización del secreto empresarial e industrial, queda el camino expedito para explicar la relación de complementariedad entre esta figura concurrencial y los derechos de Propiedad intelectual, especialmente el derecho de patente[990]. En efecto, dado que es una protección de mercado, presenta un fundamento normativo diverso y, por ende, puede servir para proteger, no la información divulgada bajo el expediente de solicitud (y posterior concesión) del derecho de patente, sino la información no divulgada pese la existencia de dicho expediente. Siendo el requisito de divulgación exigido por el sistema de Patente "de mínimos", en el sentido de garantizar solamente la ejecutabilidad de la invención y no su reali-

---

989 RICOLFI M., "Regulating de facto Powers: shifting the focus", en GHIDINI G., FALCE V., *Reforming Intellectual Property*, cit., pág. 177.

990 Algo patente ya en MARTÍN ARESTI P. y DE HARO IZQUIERDO, M., "Los contratos sobre know how" (consultada en línea), cit., Epígrafe 1, apartado 2, párrafo 1.

zación eficiente o de la mejor forma conocida, la propia norma de tutela exclusiva está habilitando la creación de un enorme hueco de información que, si bien no es objeto de tutela, tampoco lo es de divulgación, permitiendo un espacio estratégico de enorme riqueza para el titular, habilitándolo a organizar su actividad de la forma más beneficiosa posible, aun a costa de la eficiencia estática[991]. No es objeto de esta exégesis valorar si subsisten razones dinámicas que justifiquen la creación de ese vacío de protección y acceso, no obstante, sí que señalamos que la función del Derecho de patentes debe primar sobre los efectos negativos que el propio sistema genera, de modo que no pueden prevalecer estos en caso de clara contradicción con los fines y objetivos perseguidos por la legislación de PI.[992]

La interferencia es compleja, pero no cabe ninguna duda de que la importancia del *know-how* tanto industrial[993] como comercial[994].

---

991 Exceptuándose aquellos que sean necesarios o indispensables para la ejecución de la patente licenciada, Cfr. Ibid,, Epígrafe VI, Apartado 2.1, párrafo 4; sobre el alcance de la extensión de esta obligación Cfr. MARTÍN ARESTI, P., "Cesión y licencia de patente y marca", en BROCVITZ A., *Contratos Mercantiles*, Tomo III, 5ª ed., Aranzadi, 2013, págs. 237-368, págs. 304-307.

992 En este sentido DI CATALDO V., "Towards a general research exemption", en GHIDINI G. y FALCE V., *Reforming Intellectual Property*, cit., págs. 18-29, pág. 26.

993 En este sentido DRAHOS P., "Public lies and public goods: ten lessons from when patents and pandemics meet", también en GHIDINI G. y FALCE V., *Reforming Intellectual Property*, cit., págs. 30-44, pág. 41.

994 En este último aspecto, resulta destacable el Reg. 2022/1925, de 14 de septiembre, sobre mercados disputables y equitativos en el sector digital (conocido como RMD, en español, o DMA, en inglés), donde se imponen relevantes obligaciones de transparencia accesibilidad a datos propios en el contexto de los grandes gigantes digitales, como medio para impedir el control de facto sobre la operatividad de los mercados digitales.

Se trata, el secreto comercial, de un sistema de tutela a medio camino que arranca desde el tradicional Derecho contra la Competencia Desleal (art. 13 LCD española) pero que se refuerza, en el sentido de desgajarse e independizarse de aquél para convertirse en una suerte de expediente de protección cuasi-exclusivo[995]. La nueva tutela del Secreto empresarial no se queda huérfana de sus orígenes, pues no deroga la Ley 1/2019 el precepto llave en la LCD, permitiendo, de este modo, la subsistencia de dos niveles de tutela fáctica sobre el mismo activo empresarial, siempre que efectivamente se hayan tomado medidas necesarias y razonables para mantener la ventaja competitiva fuera del alcance de competidores, buscando este último corolario garantizar que únicamente se proteja información sensible y solo en la medida en que sea relevante para la actividad de la empresa. De este modo, el expediente fáctico de protección no resulta tan amplio como el pretérito art. 13 LCD, buscando un mejor juego de incentivos en el mercado.

1.6. Resultados de la aproximación funcional a la complementariedad: la Competencia Desleal aplicable "más allá" de los derechos exclusivos

La delimitación funcional de los confines de los derechos de PI orientada a la verificación de cuándo la regla en ellos contenida tiene carácter excluyente de la aplicación de la CD y en qué momento no (conclusión que extraíamos a partir del estudio del sistema alemán), nos conduce a concluir lo que señala, no sin cierta confusión en su expresión, el Tribunal Su-

---

995 Algo coherente teniendo en cuenta que, como indica MASSAGUER FUENTES J., "De nuevo sobre la protección jurídica de los secretos empresariales...", *Actualidad Jurídica Uría Menéndez*, cit., pág. 47, la tutela ofrecida por el art. 13 LCD pese a proveer un "nivel de protección razonablemente satisfactorio...no era una regulación acabada".

premo español en su sentencia inaugural de la cuestión de la complementariedad (Recordamos, la STS 369/2004): la aplicación de la Competencia Desleal debe discurrir "*ad extra*, en el concierto del mercado".

Y es que, efectivamente, ahí aparecen los dos requisitos sobre los que debe operarse la complementariedad de protecciones: por un lado, que la aplicación de la CD sea "*ad extra*" de los derechos exclusivos[996]; por el otro, su aplicación se condiciona al "concierto del mercado" en un doble sentido: debe tratarse de prácticas que tengan lugar en y afecten al mercado, y, además, en su valoración debe tenerse en cuenta cuál sea en cada caso el "concierto" del mercado. Por ahora, desarrollemos más estas ideas.

En cuanto a la aplicación *ad extra* del ámbito PI, resulta ya lo suficientemente claro que estamos negando una aplicación cumulativa absoluta de ambos sistemas. Se trata de favorecer una aplicación más allá, "en lugar de", que se debe interpretar en dos sentidos a su vez:

El primero de ellos iría en la línea de entender la aplicación de la Competencia Desleal con base en sus propios presupuestos, ajenos al sistema de derechos de PI, lo que implica atender a que la CD se aplique realmente cumpliendo unos presupuestos propios y distintos conformados por la utilización de los tipos específicos del catálogo. Como hemos podido concluir a partir del Derecho alemán, la delimitación de cuándo la aplicación de las reglas de comportamiento leal en el mercado constituye un solapamiento inadmisible con la tutela inmaterial de la PI es una cuestión que depende de la interpretación que

---

996 En una línea similar a lo que MASSAGUER FUENTES J., *Comentario a la Ley de Competencia Desleal*, cit., pág. 85, expresa como el requisito de que la conducta presente facetas ajenas al derecho de Propiedad Intelectual.

hagamos de estas últimas. Así, podemos hablar de una autonomía ontológica y una complementariedad teleológica de la CD respecto de la PI.

El segundo de los sentidos tiene que ver con la aplicabilidad de la Competencia Desleal en defecto de protección exclusiva, con base a lo que en el Cap. I denominamos función pretorial, donde la diferencia se encuentra, no tanto en la *ratio* entre ambas normativas, como ocurre en el contexto anterior, sino en la necesidad de cubrir, si quiera de modo transitorio, un potencial fallo en el mercado[997]. Este segundo sentido debe partir necesariamente de una negación del principio de *numerus clausus* en materia de derechos de PI[998], y ello como consecuencia necesaria del reconocimiento de la naturaleza mutable de la competencia y de las creaciones humanas, que no se estancan, sino que evolucionan hacia nuevas formas de creación y comunicación. Obligar al encaje dentro de un sistema de reglas que le resulta ajeno a una nueva institución, como ha ocurrido, por ejemplo, con la protección de los programas informáticos mediante DA[999], trae problemas de adecuación, de incentivos y de delimitación entre los diferentes derechos

---

997 Recordemos en este punto que la justificación de la Propiedad Intelectual se encuentra, precisamente, en la corrección del fallo de mercado de infraproducción de bienes inmateriales derivado de su carácter de bienes públicos.

998 En este mismo sentido, OHLY A., "Gibt es einen Numerus clausus der Immaterialgüterrechte?", cit., pág. 121.

999 KARJALA S. D., "Copyright, Computer Software and the New Protectionism", *Jurimetrics*, Vol. 28, Nº 1, págs. 33-96, págs. 50, 55, 58 y 60; DETERMANN L. y NIMMER D., "Software Copyright´s Oracle from the Cloud", *Berkeley Technology Journal*, Vol. 30, Nº 1, págs. 161-211, pág. 165, hablan de mal matrimonio entre programa de ordenador y Derecho de Autor; BERCÓVITZ RODRÍGUEZ-CANO R., "La Obra", *Manual de Propiedad Intelectual*, Tirant-lo blanch, Valencia, 2022, págs. 53-82, pág. 61

de PI. Frente a la mutación incontrolada de los derechos exclusivos, postulamos el desarrollo ordenado de nuevos sistemas de tutela a partir de una necesaria gradación de protecciones, en función de la intensidad (solidez) de su protección[1000], teniendo en cuenta siempre que la escalera de tutela únicamente admite la subida[1001].

En todo caso, el punto de partida pasa por detectar un problema en el mercado cuyo conflicto subyacente de intereses exija solución en el plano normativo. En el caso de aplicación autónoma, dicho conflicto de intereses debe ser ajeno, aunque pueda ser concomitante, al propio de los derechos exclusivos. En la aplicación subsidiaria, el conflicto de intereses es el propio de los derechos de PI, es decir, la necesidad de incentivar la innovación restringiendo la imitación, caso en que deberá explicitarse la existencia de un fallo de mercado que se pretende cubrir mediante la intervención legal habilitante de una exclusiva jurídica que posibilite la obtención de beneficio y con ella la amortización de los costes hundidos incurridos, dando cuenta de que, además, la situación de desprotección no responde a la política industrial desarrollada por el legislador.

Por su parte, la atención al "concierto" en el mercado, debe prestarse en un doble contexto, ya se anticipó. Por un lado, debe cuidarse de que la práctica que la aplicación de la CD inhibe, produzca un efecto en el mercado distinto al generado desde el prisma del derecho exclusivo (esa dimensión anticoncurrencial específica y propia de la que habla MASSAGUER).

Ya hemos visto que salvo en el caso de la marca, donde las coincidencias entre ambos sistemas de tutela son mucho ma-

---

1000 Siguiendo el modelo propuesto por HILTY M. R., "The Law Against Unfair Competition and its Interfaces", cit., págs. 1-50.

1001 KUR A., "What to protect, and how? Unfair Competition, Intellectual Property, or protection *sui generis*", cit., pág. 29.

yores, en el resto de casos la aplicación de la prohibición de imitación por confusión y por aprovechamiento indebido de la reputación son completamente viables, pues la única función que cumplen el DI, DA y Patente es la de servir de incentivo estático y dinámico a la innovación. El cómo se perciba la prestación en el mercado les resulta completamente ajeno e indiferente y, por tanto, también lo será el cómo dicha percepción se explote.

Y aquí enlazamos precisamente con la segunda dimensión de "concierto" en el mercado, entendido como la impresión mayoritaria que el mercado tiene respecto del bien cuya imitación es cuestionada por desleal; terminábamos criticando del Derecho alemán que la valoración del criterio de *wettbewerbliche Eigenart*, equivalente a la noción de singularidad competitiva (de la que es, por tanto, predicable el mismo fallo), se hacía depender de la inmanencia al producto de un cierto mérito competitivo, de forma que el juicio de deslealtad se limitaba innecesariamente con respecto a un conjunto de productos genuinamente meritorios, en un esquema que resultaba análogo al que seguían las normas PI, desdibujando las fronteras entre una y otra modalidad de protección. Ante ello, teorizábamos con la necesidad de desvincular la valoración de la concurrencia del *wettbewerbliche Eigenart* de la identificación de una cualidad o aptitud digna de protección en el producto imitado, y anudarla, más bien a la percepción que de dicho producto tenía el tráfico interesado. Esa percepción no es sino la expresión mayoritaria de los participantes del mercado o, lo que es lo mismo, el "concierto" del mercado.

De este modo, la valoración del *wettbewerbliche Eigenart* o singularidad competitiva se dota de un componente diferenciador respecto a la valoración en materia de PI, preguntando si el producto tiene una concreta valoración generalizada en el mercado o en el tráfico relevante, que resulte significativa desde un punto de vista competitivo, es decir, si se le vincula un determinado estatus en el mercado (reputación, de cualquier tipo) o si incluso se ha llegado a considerar al producto como único (función distintiva débil). Hablamos de un elemento individualizador que, sin ser fuente de valor por sí mismo, puede constituir un aspecto relevante para la posición competitiva del fabricante al atraer de forma destacada la atención del tráfico[1002], de manera que otros operadores decidan imitarlo (lo cual pueden lícitamente hacer) y, como consecuencia de ese acto de imitación, se produzca una distorsión relevante para la competencia en la forma de una alteración de la representación del panorama de mercado, que tienda, bien a *confundir* posiciones competitivas diferentes, o bien a equiparar posiciones competitivas claramente diferentes (aprovechamiento de la reputación) o, incluso, a igualar a la baja dichas posiciones (perjuicio a la reputación). Lo que se castiga no es la alteración de dicho panorama sobre la base de los propios méritos competitivos (competencia por eficiencia), sino la tergiversación del "concierto" en el mercado puramente ilusoria, es decir, no respaldada por la prestación imitadora, no basada, por tanto, en la propia eficiencia, sino en la explotación de la ajena[1003].

[1002] Puede ocurrir, se expondrá más adelante con mayor detenimiento, que ese elemento individualizador relevante para el mercado coincida exactamente con un mérito o propiedad del producto protegible en sede de PI. Este es el riesgo que trae consigo espejar la valoración concurrencial no al producto en sí, sino a la percepción que del producto tiene el mercado. Por ejemplo, que el producto tiene una buena posición en el mercado con respecto otros equivalentes al contar con un diseño peculiar que favorece un mejor desempeño de su función y que dicho elemento esté protegido por patente. Ello hace necesario establecer un criterio de atribución *ex ante*.

[1003] Ello contribuye a alejar a la Competencia Desleal de la órbita inmaterial y lo convierte en una suerte de Derecho sobre la correcta información en el mercado, más próximo, por tanto, al Derecho de Consumo. Cfr. HENNING-BODEWIG F., "Das ungeklärte Verhältnis der IP-Rechte zum Lauterkeitsrecht", cit., pág. 325.

En la medida en que el elemento relevante es la impresión del mercado, se hace necesario acudir a un baremo de medición que ya se encuentra incorporado en los textos nacionales sobre Competencia Desleal, si bien por un incomprensible y errado énfasis de la normativa comunitaria que lo hace incorporar, solo resulta aplicable a conductas comerciales que tienen como destinatario y perjudicado al consumidor. Y es que el consumidor como destinatario de una práctica no tiene por qué ser su único perjudicado, puede haber otros competidores afectados cuyos intereses sean dignos de tutela.

Lo cierto es que no se aprecian motivos materiales de peso contrarios a utilizar el criterio de consumidor medio, o de destinatario medio del grupo interesado, en la valoración de los efectos distorsionadores de la conducta, aunque técnicamente se utilicen fuera del ámbito deseado por el legislador europeo.

Como corolario de toda esta transformación, el juicio de deslealtad concurrencial pasa a tener su centro de gravedad en la alteración de la transparencia en el mercado y no en la protección individual del competidor, independientemente del motivo que la justifique, siendo así completamente ajeno a la justificación de la tutela exclusiva, pese a que pueda producir efectos análogos o similares. Es por ello también que, teóricamente, ningún problema habría para admitir acciones de Competencia Desleal por imitación confusoria o ventajista por parte de los consumidores y sus asociaciones, dado que ahí no habría solapamiento alguno posible con los derechos exclusivos, ni subjetivo, ni material.

2. EFECTOS ECONÓMICOS DE LA PROTECCIÓN DE LAS CREACIONES INTELECTUALES MEDIANTE COMPETENCIA DESLEAL: LA DISCIPLINA DINÁMICA DE LA COMPETENCIA.

Una cuestión que resulta de primordial importancia, por tanto, es determinar si la protección autónoma por parte de la CD está justificada en términos económicos o si, por el contrario, produce efectos perjudiciales sobre la competencia en el mercado y el régimen de incentivos dinámicos que se establecen en él. El objetivo ahora es tratar de valorar los efectos económicos en términos de mejora no solo estática, sino también dinámica de la competencia. Se tratará de hacer una exposición coherente de los efectos que razonablemente puedan predicarse a partir de la combinación de los análisis económicos sí llevados a cabo sobre Derecho de la Competencia y sobre los derechos de PI, dada la ausencia de un estudio económico que haya analizado los efectos de las normas de Competencia Desleal.

Es por ello que los efectos económicos de las conductas desleales son mucho más inciertos[1004] que los de aquellas conductas de relevancia *antitrust*, algo coherente con su menor dimensión y su régimen de intervención no erga *omnes* como el de los derechos de PI, sino *inter partes*. En todo caso, comparte con ellos una cierta similitud en la lógica económica básica en cuanto a los efectos procompetitivos de la intervención legal sobre el principio de libre competencia, lo que limita su aplicación a la constatación de un mínimo fallo de mercado[1005].

[1004] Cfr. FALKOWSKI J., "The economic aspects of Unfair trading practices: measurement and indicators", cit., pág. 33

[1005] OHLY A., "Hartplatzhelden.de oder: Wohin mit dem unmittelbaren Leistungsschutz?", *GRUR*, cit., pág. 493, en relación con la protección concurrencial de un bien inmaterial (aún) no protegido por PI; NEMECZEK H., "Rechtsübertragungen und Lizenzen beim wett-

El cual, en el caso de la Competencia Desleal, aparece explícita o implícitamente contemplado a través de los diferentes grupos de casos en la Ley. En lo que respecta a las conductas analizadas en este trabajo, el fallo de mercado es de naturaleza informativa, vinculada a la alteración de las condiciones aparentes de competencia en el mercado, con entidad suficiente como para inducir al consumidor medio (es decir, a un grupo no mínimo o despreciable de consumidores) a una incorrecta representación de la realidad económica, capaz de inducir a una decisión de compra que de otro modo no habría llevado a cabo[1006].

---

bewerbsrechtlichen Leistungsschutz - Zugleich ein Beitrag gegen den unmittelbaren Leistungsschutz", *GRUR*, cit., pág. 295 también en relación con la *unmittelbare Leistungsschutz* o tutela pretorial; también lo reconoce BÜSCHER W. "Neuere Entwicklungen im wettbewerbsrechtlichen Leistungsschutz" *GRUR*, cit., pág. 6, en relación con la protección de los productos de *merchandising* (nuevamente, protección concurrencial pretorial o directa); en una línea un tanto distinta se pronuncia PODSZUN R., "Der more economic approach im Lauterkeitsrecht", *WRP*, cit., pág. 510, quien limita en línea general la intervención del Derecho de la Competencia Desleal solo a aquellos fallos de mercado que este no pueda resolver por sí mismo, bajo el paradigma de la "funcionalidad concurrencial de la Competencia Desleal" (*Wettbewerbsfunktionalität des Lauterkeitsrecht*); por su parte, nosotros consideramos junto con DREXL J. "Die Reparaturklausel im Designrecht: Eine wettbewerbs- und immaterialgüterrechtlich gebotene Reform", *GRUR*, que el déficit informativo del consumidor es, en efecto, un fallo del mercado. Y añadimos que dicho fallo del mercado puede (y debe) resolverse favorablemente mediante el recurso a las normas de Competencia Desleal (especialmente cuando no tenga que ver con el incentivo a la innovación, materia propia de la PI, sino más bien con los efectos perjudiciales que el uso estratégico de los derechos exclusivos traiga al mercado).

1006 Se aprecia claramente que la lógica que subyace aquí es la misma que permea por entero la Directiva 2005/29/CE, de 11 de mayo, relativa a las prácticas comerciales desleales de las empresas en sus relaciones con consumidores en el mercado interior. Precisamen-

Producido ese efecto falseador de la transparencia apto para distorsionar notablemente la competencia, la intervención del aparato normativo está justificada *a priori*. Y ello tanto desde el punto de vista estático como dinámico.

Los efectos estáticos o asignativos son bastante claros: la prohibición de la conducta inhibe la causa de la deficiencia asignativa, de forma que la distorsión se corrige y el público vuelve a elegir las transacciones mutuamente beneficiosas sobre la base de una información correcta y suficiente. Ello contribuye al normal desenvolvimiento del mercado y favorece un punto de equilibrio maximizador de los intereses de ambas partes. Admitir la imitación supone dar carta de naturaleza a una alteración del equilibrio en el sentido de generar un influjo distorsionador sobre los diferentes grupos de demanda, capaz de impulsar su propensión a la compra en un mercado determinado. El emborronamiento del mercado supondría, a su vez, la generación de costes de transacción adicionales para el consumidor, que debe, a partir de entonces, verificar si la información de que dispone es correcta y fiable. En general, apoyándonos precisamente en el análisis económico de la marca, que comparte gran parte de objetivo y función con la moderna Competencia Desleal (al menos a partir de los planteamientos que conciben la función económica de la marca desde un punto de vista eminentemente comunicativo o informativo),

te, por suponer un cambio de paradigma sin precedentes ha sido calificada de "game-changer" (HENNING-BODEWIG F., "Das ungeklärte Verhältnis der IP-Rechte zum Lauterkeitsrecht", cit., págs. 323 y 324) o se ha dicho de ella que ha venido a darle "la vuelta a la tortilla" (BERCÓVITZ RODRÍGUEZ-CANO A., *Apuntes de Derecho Mercantil*, cit., pág. 391). Sin embargo, un defectuoso enfoque sectorial acabó por generar más efectos perjudiciales que beneficiosos, especialmente, en los países defensores de un modelo integrado, donde la sistemática de la norma europea resultaba simplemente incompatible.

podemos concluir que la intervención de la Competencia Desleal solucionando problemas de distorsión informativa es estáticamente eficiente[1007].

En términos dinámicos, la respuesta es más compleja. Huyendo de formalismos, debemos entender que, si la marca opera como un incentivo indirecto a la innovación al favorecer la inversión empresarial en la creación de una imagen de marca y de producto, lo mismo debe poder predicarse de la Competencia Desleal. El esfuerzo adicional (al margen de su intensidad o mérito) en crear un producto singular, que se diferencie del resto de un modo tal que ese distanciamiento acabe siendo, a la postre, relevante para el mercado, se ve compensado con la carga que la CD impone al resto de competidores de mantener una cierta distancia imitativa[1008]. De esta forma se incentiva una actividad de diferenciación o distinción al contarse con la seguridad relativa de que, llegado el caso, se puede activar

---

1007 En este caso, la intervención correctora de la Competencia Desleal operaría impidiendo un trasvase injustificado de excedente del consumidor a excedente del vendedor, de forma que microeconómicamente, los actos de engaño no son perjudiciales para la competencia en el sentido de generar una pérdida irrecuperable de eficiencia (como sí ocurre estáticamente con los derechos exclusivos). Ello vincula la intervención concurrencial a la corrección de situaciones de injusticia económica a partir del quebranto del principio de competencia por eficiencia. Como consecuencia de esa "sustracción" de excedente, que el consumidor podría dedicar a otras transacciones no es descartable que se genere una pérdida irrecuperable de eficiencia en el agregado entre mercados, como tampoco lo es que los costes informativos añadidos desincentiven a consumidores de llevar a cabo transacciones, sobre todo, respecto de aquellos que presentan una mayor aversión al riesgo.

1008 PORTELLANO DÍEZ P., *La Imitación en el Derecho de la Competencia Desleal*, cit., pág. 98; DOMINGUEZ PÉREZ E. M., "Comentario al Art. 11. Actos de Imitación", cit., pág. 300.

una protección jurídica concreta. En este sentido, el sistema de incentivos es análogo al que subyace a la PI[1009].

Ahora bien, el incentivo a la creación de prestaciones singulares será necesariamente más débil que en el caso de un derecho de PI, por la sencilla razón de que las normas de CD ni crean derechos, ni atribuyen propiedad a un determinado empresario sobre el elemento "singularizante" que él mismo ha creado. El incentivo por diferenciarse se deja a la presión competitiva e idiosincrasia propias del mercado, y lo que establece la CD es una prohibición de imitar esos elementos singulares o, mejor dicho, una carga[1010] de mantener una distancia imitativa suficiente. Tampoco se prohíbe imitar, puesto que es posible obtener creaciones de efecto estético equivalente lo suficientemente separadas como para no incurrir en deslealtad[1011]. Y es que el Derecho de la Competencia Desleal establece, ante todo, normas de comportamiento lícito en el mercado[1012], enuncia de forma negativa todo lo que no es ex-

---

1009 Cfr. GONDERT F., *Der wettbewerbsrechtliche Leistungsschutz. Ein Beitrag zum wettbewerbsrechtlichen. Schutz von der Ausbeutung fremder Leistungen durch das Einschieben in eine fremde Produktserie*, cit., pág. 148, donde equipara el conflicto que la CD supone entre eficiencia estática y dinámica con el mismo que subyace a la marca.

1010 Nuevamente, en el sentido mantenido por GALLEGO SÁNCHEZ E., "Marca negra y derecho", *Revista La Ley Mercantil*, N.º 66, febrero 2020, págs. 1-14, pág. 8.

1011 Lo que está haciendo, la Competencia Desleal, en realidad, es legitimar la imitación como mecanismo competitivo. A través de esa carga de distanciarse se está admitiendo el valor positivo de la imitación, si bien se condiciona a que esta no sea causa de mal funcionamiento del mercado.

1012 BERCÓVITZ RODRÍGUEZ-CANO A., *Apuntes de Derecho Mercantil*, cit., págs.382, 385 y 397; CARBAJO CASCÓN F., "Introducción al Derecho de la Competencia (Principios, Funciones y Alcance)", cit., pág 35; HENNING-BODEWIG F., "Das ungeklärte Verhältnis der IP-Rechte zum Lauterkeitsrecht", pág. 325; OHLY A. y SATTLER A.,

presión de una competencia eficiente. Lo que castiga no es la imitación sino la creación de distorsiones que deriva de dicha imitación cuando esta se realiza de un modo inadecuado[1013].

De esta forma, el incentivo a distanciarse de la media de productos en el mercado se refuerza por la protección concurrencial que brinda la CD, pero no de un modo tan intenso como cuando hay una asignación legal y clara de un derecho a impedir que los demás imiten la prestación protegida o el bien inmaterial que le subyace. Además, introduce exactamente el mismo incentivo que las normas de PI desde el punto de vista esencialmente dinámico a la creación de productos alternativos que aporten un valor adicional o diferencial significativo. Al imponer una carga de mantener una distancia creativa respecto del producto imitado lo suficientemente grande como para impedir efectos distorsionadores en el mercado, se está creando un incentivo a innovar análogo al que crean los derechos de PI mediante la prohibición taxativa de imitar la prestación de un modo idéntico o similar. Es decir, se crean pequeños incentivos en favor de una competencia dinámica, sin socavar por completo el principio de libre imitación, núcleo duro de la eficiencia asignativa. De esta forma se está autorizando una imitación "con sentido", encaminada a la ampliación de variedad en el mercado y a la generación de valor propio en el producto y que atiende a un adecuado equilibrio de intereses entre imitación e innovación, no dependiente de una alternancia temporal entre fases, donde la imitación es primero restringida sin cortapisa, para después pasar a ser libre de un modo irrestricto.

"120 Jahre UWG im Spiegel von 125 Jahren GRUR", *GRUR*, cit., pág. 1239.

1013 En un sentido similar KRUG A., *Der lauterkeitsrechtliche Nachahmungsschutz bei technischen Gestaltungsmerkmalen im Kontext des Immaterialgüterrechts*, cit., pág. 191.

Tampoco debe apreciarse esta tutela como un privilegio del innovador a permanecer inmóvil[1014], absolutamente protegido en una suerte de castillo anti-imitación, puesto que no hay una eliminación absoluta de la competencia por imitación, sino una dinamización de esta, que deja de ser por imitación de un modo exclusivo para ser híbrida: imitación-innovación. Aunque esta será la regla general en el mercado, el sistema se encuentra a su vez preparado para sancionar sin ambages prácticas imitativas carentes de todo valor propio más allá de añadir un sustituto más. La ventaja de este sistema es, ante todo, su flexibilidad, permitiendo ajustar la respuesta a la situación de los intereses del conflicto y a las necesidades del mercado. De esta forma, sería posible, por ejemplo, defender el carácter desleal por parasitario de un *look-alike* en el mercado de las galletas[1015], y negarlo, en cambio, respecto de la imitación de una pieza de repuesto para carrocería de un coche que imita a su vez el diseño de otro no protegido por DI[1016], o bien negar el carácter desleal de una imitación cuando en el mercado de referencia el producto imitado no esté protegido y sea el único comercializado (monopolio de facto), o bien cuando la imitación no hace sino seguir la línea de un competidor claramente dominante, que condiciona mediante sus decisiones el estándar del mercado.

Del mismo modo y en sentido inverso, el perjuicio a la eficiencia en una vertiente estática existe, pero es mucho menor que en el caso de los derechos de PI, precisamente por la situación de incertidumbre que rodea la valoración de la con-

---

[1014] Crítica (ciertamente algo velada) que podemos encontrar en GHIDINI G., *Rethinking Intellectual Property. Balancing Conflicts of Interest in the Constitutional Paradigm*, cit., págs. 385 y 386.

[1015] STS 450/2015, de 2 de septiembre, caso Oreo y ChipsAhoy!

[1016] Decisión del Tribunal de Apelación del Sexto circuito, Ferrari, Vs. Roberts, Ferrari S.P.A v. Roberts, 944 F.2d 1235 (6th Cir. 1991).

ducta como desleal. Al no crearse una posición subjetiva especialmente tutelada, el competidor imitado no tiene la garantía que supone una protección más tangible o sólida, de forma que se favorece, por un lado, prácticas de tolerancia hacia conductas que no se perciben directamente como un ataque, a la par que, por el otro, se incentiva la solución convencional en la forma de licencia (más bien autorización), dado el contexto de incertidumbre sobre el eventual éxito de la pretensión de cada parte.

Resulta igualmente evidente que un modelo como este, incrementa necesariamente la inseguridad jurídica, lo que aumenta los costes de transacción, pues las empresas pasan a operar en una mayor cota de incertidumbre. Un sistema móvil generará mayor litigiosidad incrementado esos costes o exigiendo soluciones convencionales, que igualmente imponen, a su vez, una elevación de los costes para las partes. No obstante, los efectos sobre la elevación de los costes de transacción podrían no ser lo suficientemente intensos, en la medida en que la incertidumbre generada por el "nuevo sistema" no parece sustancialmente diferente de la que deriva de un modelo como el actual donde hay una fuerte indefinición legal de las relaciones que deben mediar entre CD y PI. Además, el aumento de los costes de transacción sería marginal dentro del mercado, afectando de un modo intenso solamente a aquellos empresarios cuyo modelo de negocio se basa más intensamente en la imitación de prestaciones ajenas[1017], mientras que, para el resto de empresarios los costes de transacción deberían mantenerse en una línea similar a la existente, pues los grupos de

1017 La particular elevación de los costes de transacción para los empresarios particularmente imitadores se puede considerar no como una deficiencia del sistema, sino como el resultado deliberado de desincentivo de la conducta.

casos ya existen y el incentivo se encuentra incorporado, por tanto, al panorama regulador del mercado[1018].

En cuanto a la evolución de los precios, es presumible que al reducirse la imitación, estos se encuentren por encima de lo que sería esperable, sin embargo, esa plusvalía se traduce en el acceso a una gama más diversa de productos, ya no solamente sustitutivos, sino también alternativos, cada uno de ellos con funciones específicas o elementos individualizadores que favorece una posibilidad de elección relevante para el consumidor, frente a un modelo donde la capacidad de elección es más formal que material, donde el consumidor se ve en la disquisición de elegir entre un producto original conocido y seguro, y un grupo de productos claramente imitadores que no presentan ningún elemento adicional que los ponga en valor más allá de la mera diferencia de precio, favoreciendo, con ello, el tránsito de un modelo de competencia por precios a una competencia en precio y prestaciones, que dota de significado a la elección tomada por el consumidor.

Para sintetizar adecuadamente cómo debe interpretar el lector el lugar que ocupa la Competencia Desleal dentro del panorama de competencia en el mercado, podemos partir de la imagen que describe la competencia como un complejo sistema de poleas y engranajes. El motor constituye el esfuerzo inversor, material y temporal que las empresas vierten en el desarrollo de su actividad. Ese motor mueve en primer lugar los grandes engranajes del Derecho de la Competencia, que se asegura de que la dirección sea de empuje y que el sistema

[1018] En este sentido conviene recordar lo que dijo SCHRICKER G., "Hundert Jahre Gesetz gegen den unlauteren Wettbewerb- Licht und Schatten", *GRUR Int*, cit., pág. 474: los grupos de casos, una vez creados se vuelven rígidos, resistentes al cambio. Ello favorece, sin duda un mayor grado de seguridad jurídica del que inicialmente podríamos pensar.

no se pare ni se vea obstaculizado. Esa inercia es canalizada y potenciada por un segundo conjunto de poleas que constituyen los derechos de PI, que adecuadamente ubicadas y con la dimensión debida tienen por función incrementar la potencia de la maquinaria y acelerar la marcha. En cambio, cuando se descolocan o se sobredimensionan, en lugar de favorecer y acelerar la marcha del sistema de mercado, lo que hacen es obstaculizarlo y privarlo de fuerza. Por último, tenemos un conjunto de pequeños engranajes y correas de transmisión cuya función esencial es corregir las inercias generadas por los otros grandes dos sistemas, garantizando un redireccionamiento de las mismas hacia el favorecimiento de la marcha. Este último conjunto de elementos es la Competencia Desleal: no es una parte indispensable del sistema, tampoco tiene un impacto realmente significativo por sí solo, pero su presencia favorece un mejor funcionamiento del mismo, a la par que evita las averías que pudieran surgir, es decir, ayuda a prevenir los fallos del mercado, mediante la adecuada ordenación y dirección de las fuerzas competitivas del mercado.

3. REDEFINICIÓN DE LAS BASES OPERATIVAS DE LA COMPLEMENTARIEDAD: EL EQUILIBRIO ENTRE LA PRIORIDAD DE LA PROPIEDAD INTELECTUAL Y LA ACUMULABILIDAD ABSOLUTA. EL MODELO DE ANÁLISIS EX ANTE DE LA CONDUCTA

Queda de esta forma demostrado cómo es posible hablar de una protección de las prestaciones sobre la base de la Competencia Desleal fundada en unas bases funcionales y objetivas completamente diferentes a aquellas que pertrechan el sistema de Propiedad Intelectual. No solo hablamos de una distinta *ratio*, sino una diferencia en la naturaleza jurídica, en el enfoque aplicativo e, incluso, en el objeto de protección. Partiendo de esta base, hay que coincidir con KÖHLER en el sentido de entender que hablar de "*ergänzung*", esto es, complementariedad, debe matizarse[1019], pues no hablamos ya de una complementariedad en el sentido de ampliación de la Propiedad Intelectual y la protección que brinda, sino más bien de un contexto de apoyo recíproco entre ambas disciplinas en aras a la consecución del objetivo común de alcanzar un funcionamiento más eficiente del mercado y favorecer el progreso económico, científico, cultural y social. La complementariedad se transforma, por tanto, y pasa a referirse a una aplicación conjunta o cumulativa, con base en sus propios y respectivos presupuestos aplicativos, dirigida hacia la consecución de ese logro común.

El planteamiento dogmático se aproxima al modelo propuesto por FEZER, defensor de una plena autonomía aplicativa de CD y PI, al sostener que su base estaría integrada por principios diferentes, y orientarse a funciones distintas[1020]. Ahora bien, no puede negarse que los efectos económicos pueden ser (o, más bien, parecer[1021]) coincidentes[1022], especialmente

---

1019 KÖHLER no habla de matizaciones, sino que directamente califica de inexacta la expresión "*ergänzende wettbewerbsrechtliche Leistungsschutz*" y propone el alternativo "*wettbewerbsrechtliche Nachahmungsschutz*". Cfr. KÖHLER H., "Das Verhältnis des Wettbewerbsrechts zum Recht des geistigen Eigentums - Zur Notwendigkeit einer Neubestimmung auf Grund der Richtlinie über unlautere Geschäftspraktiken", *GRUR*, cit., pág. 549-550 y 554.

1020 Cfr. FEZER KH., *Lauterkeitsrecht*, cit., págs. 109-116.

1021 Recordando lo ya señalado en un momento anterior, la tutela de la CD produce efectos mucho más tenues al no contar con una garantía general de protección, es decir, la tutela concurrencial se configura como una excepción más que como la regla, que en este caso será el principio de libre imitación.

1022 OHLY A., en OHLYA., SOSNITZA O., *UWG Kommentar*, cit., pág.150; en una línea similar HEYERS J., "Wettbewerbsrechtlicher Schutz gegen das Einschieben in fremde Serien - Zugleich ein Beitrag zu Rang und Bedeutung wettbewerblicher Nachahmungsfreiheit nach der UWG-Novelle", *GRUR*, cit., pág.24

cuando atendemos a las acciones que uno y otro sistema de sanción configuran y que, en general, pueden suponer un cierto solapamiento si se aplican de forma no discriminada. Hace falta, por tanto, un mecanismo que permita separar en qué supuestos es lícito operar una aplicación acumulada y en qué casos sería redundante.

En este contexto, debemos encontrar, un equilibrio entre la aplicabilidad indiscriminada y la plena exclusión, para lo que la propuesta hecha por el profesor MASSAGUER[1023] se arbitra como el instrumento preferente, tratando de sintetizar en una serie de reglas generales (por tanto, abiertas a interpretación) los principios básicos sobre los que operar la acumulabilidad[1024]. Sin embargo, en la aplicación jurisprudencial de la doctrina encontramos que, dada la inercia de la doctrina fundacional en la materia (círculos concéntricos), el modelo aplicativo parte necesariamente de una prioridad basada tanto en importancia como en intensidad (consunción) de las acciones en favor de las normas de PI. Ilustrativo es, en el planteamiento de los círculos concéntricos, el cómo se opta por calificar la protección del círculo interior como más fuerte e intensa y, por ende, como preferible y prioritaria[1025].

En realidad, todo el modelo gira en torno a la idea del desplazamiento de la norma de Competencia Desleal por parte

---

1023 MASSAGUER FUENTES J., *Comentario a la Ley de Competencia Desleal*, cit., pág. 84.

1024 En este contexto, el modelo alemán hace lo propio al llegar a la conclusión, que asumimos funcional, de determinar la aplicabilidad de la norma de CD en base a unos presupuestos propios y condicionada a que la norma de PI no posea un carácter exclusivo y, por tanto, excluyente de otros sistemas de tutela, Cfr. BÜSCHER W., "Schnittstellen zwischen Markenrecht und Wettbewerbsrecht", *GRUR*, cit., pág. 232; FEZER KH., *Lauterkeitsrecht*, cit., pág. 115.

1025 BÉRCOVITZ RODRIGUEZ-CANO A., *Apuntes de Derecho Mercantil*, pág. 390.

del círculo de tutela inmaterial. Lo cual tiene dos efectos significativos: por un lado, el que hemos venido poniendo de relieve, es decir, la prioridad aplicativa basada en una cierta idea de especialidad inducida por la mayor intensidad y conveniencia estratégica de la protección[1026]; por otro, la Competencia Desleal pierde autonomía aplicativa en la medida en que se puede ver desplazada unidireccionalmente por la norma específica de tutela exclusiva sin mayor argumento[1027].

Este doble axioma de partida, que no resulta contradicho por la doctrina de la complementariedad relativa de MASSAGUER, pues también parte de privilegiar la aplicación de la normativa PI y, en su caso, amoldar la norma concurrencial al juicio de infracción de la exclusiva, se adapta a una cierta tendencia en los operadores a subsidiarizar la Competencia Desleal, tanto en las demandas como en las resoluciones judiciales. De esta forma, se ha consolidado un esquema aplicativo donde la conducta se valora primero bajo el foco de la PI y solo des-

---

1026 La cuestión en este punto es en qué medida debe entrarse a valorar la aplicabilidad de una acción en términos de mejor o peor conveniencia en lugar de con base en una cuestión de pertinencia. El juzgador podrá valorar si la acción y derecho invocado en defensa de unas pretensiones propias es pertinente, en términos de aplicable, que existan otros medios de tutela que a este le parecen preferibles es asunto ajeno a la valoración de aplicabilidad de la norma invocada, máxime cuando no existe una regla de especialidad que desplace formalmente la protección invocada. Todo lo más que podrá y deberá hacer es llamar la atención en la sentencia sobre la existencia de un sistema de protección no alegado, que bajo su entendimiento de la ley y del caso, resulta más favorable a los intereses defendidos.

1027 Se convierte en un derecho "a falta o en lugar de" protección específica, incapaz de esta forma de "desplazar la protección ofrecida en sede de PI". En este sentido, SSTS 2727/2008, de 20 de mayo (Rec. 1216/2001) y 887/2007, de 17 de julio (Rec. 3436/2000).

pués bajo la perspectiva concurrencial[1028]. Lo que, de nuevo, conduce a situar la protección que brinda la CD en función de la protección intelectual, favoreciendo la apreciación de redundancias en términos de protección[1029].

Este es, a mi modo de ver, el resultado de tratar de ofrecer una única respuesta a lo que, en realidad, son dos cuestiones diferentes: la naturaleza jurídica de las relaciones entre "ambos círculos" y la cuestión de cómo organizar su aplicación conjunta. La segunda, es cierto, depende de conocer la primera, pero una vez determinado que la naturaleza jurídica, por sí sola, favorece una aplicación autónoma, aunque coordinada, sigue siendo necesario responder a la cuestión concernida con

---

1028 Todas las sentencias del Tribunal Supremo adscritas a la línea de la "complementariedad relativa" aplican bajo este sistema ambos conjuntos de normas. Cfr. En particular STS 616/2009, de 7 de octubre (Rec. 409/2005); STS 586/2012, de 17 de octubre (Rec. 595/2010); STS 95/2014, de 11 de marzo (Rec. 607/2012); o STS 450/2015, de 2 de septiembre (Rec. 2406/2013); vid. también SSAP de Barcelona, Sección 15ª, núm. 654/2019, de 5 de abril (Rec. 1086/2018); núm. 814/2018, de 23 de noviembre (Rec. 74/2017); 81/2018, de 17 de febrero (Rec. 483/2016); núm. 119/2017 de 24 de marzo (Rec. 706/2015), donde, repitiendo el error del TS en el caso Oreo, atiende a la distintividad del signo a la hora de valorar la concurrencialidad de la conducta; 95/2013, de 5 de marzo (Rec. 414/2012); de Madrid, Sección 28ª, núm. 131/2019, de 15 de marzo (Rec. 514/2017); núm. 82/2019, de 15 de febrero (Rec. 597/2017). En todas ellas puede dilucidarse (en algunas explícitamente) que el afán del Tribunal es determinar si la protección exclusiva era "suficiente" dado el caso. En caso de insuficiencia, presumimos, admitiría el juzgador el recurso a las normas de Competencia Desleal.

1029 Ello conduce al TS a excluir por redundante la CD cuando el juicio de PI se ha llevado a cabo, se haya determinado la existencia de infracción o no. Cfr. En especial, SSTS 94/2017, de 15 de febrero (Rec. 1575/2014) y STS 504/2017, de 15 de septiembre (Rec. 370/2015).

la creación de un criterio que permita delimitar la aplicabilidad conjunta bajo un panorama de racionalidad normativa.

La racionalización de la interacción es algo incompleto en las teorías doctrinales sobre las cuales se ha venido operando en el sistema español, y con buena razón, pues su objeto no era ocuparse de tales desarrollos, cuanto de establecer los mimbres normativos a partir de los cuales deducir su respuesta. Siendo, por tanto, necesaria una acumulabilidad limitada[1030], la aplicación judicial y operativa de este principio exige la realización de una valoración previa de la conducta, de forma que esta se califique a efectos de aplicación en uno de los sistemas de tutela aplicables al caso, parcialmente coincidentes en cuanto a sus consecuencias legales. Es decir, es necesario operar un juicio *ex ante* de la conducta a efectos de valorar su calificación jurídica.

En la actualidad, dicho juicio *ex ante,* sobre el cual nos extenderemos en el capítulo siguiente con una mayor profundidad, está condicionado por la idea de desplazamiento a causa de la prioridad de la norma de PI respecto de la LCD y, justificado bajo dos premisas: allí donde la PI es aplicable el juicio de CD queda desplazado; allí donde el juicio de CD no queda desplazado, resulta despreciable porque la norma de PI ya ha dado una respuesta en sentido de negar protección[1031]. Por el contrario, se desconoce la diferente naturaleza aplicativa que tiene la CD como complemento de la PI en la perspectiva ya no solo subsidiaria o pretorial, cuanto también en una vertiente autónoma que tiende al favorecimiento de una mejor circulación de la información en el mercado. De esta forma, el modelo actual desplaza sin deber hacerlo y omite el juicio concurrencial en ocasiones en que este es mandatorio, bien por fallar la

---

1030 MASSAGUER FUENTES J., *Comentario a la ley de Competencia Desleal*, cit., págs. 84 y 85.

1031 STS 95/2014, Caso *Bombay Sapphire.*

protección PI, bien por ser pertinente la aplicación autónoma de las reglas de competencia.

4. UN PROBLEMA NUEVO A RESOLVER: LA INDEMNIZACIÓN POR DAÑOS MORALES Y POR DESPRESTIGIO DE LOS DERECHOS DE PI Y SU COMPATIBILIDAD CON LAS VÍAS ACCIÓN CONCURRENCIAL

4.1. La problemática de la indemnización por desprestigio

Un obstáculo que se presenta, en particular una vez aplicada la aproximación funcional a los derechos de PI para definir (en su caso) los límites del ámbito de protección que se diseña su tutela, de cara a compatibilizar su aplicación con la normativa de Competencia Desleal, lo encontramos en las referencias que aparecen en algunos preceptos del sistema español de Propiedad Industrial[1032], a la posibilidad de indemnizar, por un lado, el desprestigio y, por otro, el daño moral en sentido estricto.

1032 En este punto, el régimen de protección de los Derechos de Autor y conexos no resultarían problemáticos, por cuanto acogen un tratamiento *ad hoc* de la vertiente moral correspondiente a la posición subjetiva del creador de una obra o prestación protegible, de modo que no se plantean riesgos de solapamiento a través de la tutela moral, que aparece funcionalmente contenida por medio de las diferentes facultades morales asignadas al estatuto de autor. La definición de cada una de esas facultades se lleva a cabo en la ley de un modo tan concreto que, en principio, no se aprecian especiales complejidades en el deslinde respecto de la acción concurrencial, que adquiere un componente no tanto personalista, como en el caso de los derechos morales, sino comercial o de mercado.

Se trata, esta, de una cuestión escasamente tratada en la doctrina española, siendo la obra de MASSAGUER[1033] y posteriormente de GARCÍA VIDAL[1034] referencias obligadas en la materia[1035]. Así, el art. 76 LP, 43.1 LM y 55 LDI, contemplan una regla indemnizatoria muy similar que dispone lo que genéricamente podemos denominar como "indemnización por desprestigio"[1036]. En ellas se hace referencia al daño al "prestigio" de la invención, la marca o del diseño (respectivamente), causada "por una realización defectuosa o una presentación inadecuada" de la prestación (invención, producto o imitación) y su comercialización en el mercado. Daño que debemos entender es de naturaleza patrimonial[1037].

Acoge o parece acoger la acción todos aquellos supuestos donde el acto de imitación (al margen de su intensidad) tiene un efecto no solo ventajista o parasitario respecto del objeto protegido por PI, sino que despliega una vertiente directamen-

---

1033 MASSAGUER FUENTES J., *Acciones y Procesos de Infracción de derechos de Propiedad Industrial,* Civitas, Navarra, 2018, párrafos 103, 120 y 144-147.

1034 GARCÍA VIDAL A., *Las acciones civiles por infracción de la propiedad industrial,* Tirant lo Blanch, Valencia, 2020, págs. 610-616.

1035 Sin desmerecer las aportaciones ya realizadas por PORTELLANO DÍEZ P., *La Defensa de la Patente,* Civitas, Madrid, 2003, págs. 139 y ss., centrada eso sí en la anterior Ley de Patentes.

1036 GARCÍA VIDAL A., *Las acciones civiles por infracción de la propiedad industrial,* cit., pág. 610.

1037 MASSAGUER FUENTES J., *Acciones y Procesos de Infracción de derechos de Propiedad Industrial,* cit., párrafo 145.

te dañina, al provocar la minusvaloración del bien inmaterial protegido en el mercado[1038]. No nos encontraríamos, por tanto, ni en el ámbito del art. 6, ni en el del 11 o 12 LCD, sino del art. 9 LCD, referido a actos de denigración. El tenor literal del mencionado precepto nos puede sacar de dudas al indicar: "*se considera desleal la realización o difusión de manifestaciones...*" (art. 9.1 LCD); pues, sin necesidad de reproducir el precepto en su totalidad, podemos verificar que existe una limitación específica del ámbito aplicativo de la conducta a la "realización o difusión de manifestaciones", noción esta, de manifestación, de la que *a priori* debemos excluir la mera imitación o ejecución a semejanza de un modelo.

Lo desleal conforme al art. 9 LCD no es el desprestigio por sí solo, sino el desprestigio derivado de manifestaciones, lo que exige un acto comunicativo positivo no reconducible a la mera puesta en el mercado de un producto deliberadamente imitador, no debiendo llegar la interpretación ni doctrinal ni jurisprudencial al punto de entender que la simple imitación, pese a ser deliberada, constituye una manifestación implícita de orden publicitario. De este modo, el eventual solapamiento aparece, en su caso, a partir del art. 4 LCD y la cláusula general en él contenida. Una aplicación coherente de dicho precepto nos llevaría a valorar los intereses tenidos en cuenta en la eventual prohibición de una imitación con efectos denigratorios, pudiendo señalar que habría un perjuicio a la relación de asignación que perjudica tanto al imitado como al público consumidor, sin que una práctica de estas características tenga efecto positivo sobre el mercado. Del mismo modo, cada uno de los preceptos (art. 76 LP, 43.1 LM y 55 LDI) realiza una valoración anticipada de los perjuicios del titular del derecho afectado (primera parte del juicio de concurrencia de este concepto indemnizatorio) y lo ponen en relación con un

---

[1038] Ibidem, párrafo 147.

objeto de protección[1039] y con los efectos que en el mercado ha producido la imitación. Salvo en el supuesto de infracción de la patente, en efecto, si ponemos esta regla indemnizatoria en relación con sus concordantes (arts. 43.3 LM y 55.3 LDI) nos encontramos con la necesidad de atender "a las circunstancias de la infracción, gravedad de la lesión y grado de difusión en el mercado", lo que supone, en realidad, una valoración en clave concurrencial y fáctica de la lesión.

De este modo, tanto la ley de marcas como la de diseño industrial darían cabida a la ponderación de intereses concurrenciales *ex* art. 4 LCD, habilitando con ello la moderación concurrencial de la indemnización atendiendo a los efectos que, sobre el mercado y, en particular, la posición competitiva del titular afectado, ha tenido el daño reputacional causado sobre el producto o prestación. En cambio, la Ley de Patentes, en esa vertiente más articulada con la idea de lograr un sistema de protección exclusivo y excluyente, no se da entrada a una tal moderación, imprimiéndole a la acción una apariencia mucho más absoluta, siendo necesaria una limitación correctora de dicha prescripción a partir de una interpretación sistemática

---

1039 En este sentido, el art. 76 LP habla de "...realización defectuosa o una presentación inadecuada de [la invención]" que, entendemos, sí estaría aludiendo al bien inmaterial protegido por la patente y sería distinto al simple producto que la incorpora y que es el que causaría la incorrecta ejecución. En cambio, los arts. 43.1 y 55.1 LDI al hablar de "realización defectuosa de los productos..." generan mayores ambigüedades respecto al ámbito realmente referido por ellos, generando dudas en torno a si también pudieran abarcar el propio desprestigio al producto que incorpora el bien inmaterial o a la reputación empresarial ajena. Nosotros en todo caso, entendemos que debe primar una interpretación estricta y entender que la indemnización por desprestigio debe abarcar únicamente los derivados exclusivamente al bien inmaterial afectado en cada caso si los hubiera, esto es, invención, marca y diseño. El resto de daños reputacionales deberían reclamarse por vía de competencia desleal.

del art. 76 LP en relación con los arts. 43 LM, 55 LDI y 4 LCD, que parece aconsejar una corrección de su taxatividad en favor de un análisis del perjuicio más cohonestado con la dinámica del mercado en el que se integra.

Sea como fuere, salvo que se acote de un modo muy preciso el asunto[1040], puede apreciarse cómo a las acciones indemnizatorias por desprestigio trasciende una dimensión que iría más allá del ámbito de protección funcional asignado, entrando en una protección de la posición competitiva *extramuros* de la función justificativa e invadiendo en cierta forma una eventual perspectiva concurrencial. No se trata, ni con mucho, de algo necesariamente negativo, dada la mayor facilidad que trae consigo habilitar su reclamación con recurso a la ley específica, sin embargo, ello no debe oscurecer, ni la necesidad del juicio de los efectos del desprestigio en el mercado, ni la oportunidad de llevar a cabo la valoración de los mismos desde un prisma alejado a subjetividad del reclamante, al menos, si no se quiere privar de legitimidad a un tal concepto indemnizatorio. Por tanto, salvo en el Derecho de patente, hay un desplazamiento de la normativa concurrencial, pero no del juicio que le subyace, que sobrevive ahora bajo la envoltura formal de un derecho subjetivo[1041] de Propiedad Intelectual.

[1040] Algo que no hacen algunos cuerpos legales, pero sí MASSAGUER FUENTES J., *Acciones y Procesos de Infracción de derechos de Propiedad Industrial*, cit., párrafo 145, quien vincula el perjuicio claramente a la pérdida del crédito estrictamente referido a la invención, la marca o el diseño industrial, pero no al producto en sí, algo que quedaría ya fuera de las fronteras de protección de los distintos derechos exclusivos y que, por tanto, podría ser abarcado desde la Competencia Desleal, sin perjuicio de que, en el caso de la marca, como ya vimos, pueda quedar incorporado a la imagen de marca o a la reputación del grupo.

[1041] Cuestión que consideramos importante resaltar, por cuanto este tipo de prácticas legislativas fagocitantes trae consigo el riesgo, en

4.2. Breve referencia a la cuestión de la indemnización del daño moral.

Si la indemnización por desprestigio se presenta con una naturaleza de corte objetivo, como perjuicio reputacional sufrido por el objeto de imitación en sí, la indemnización del daño moral se presenta como la vertiente del daño a la reputación de carácter esencialmente subjetivo[1042] que haya tenido lugar con ocasión de la infracción de un derecho de PI.

De nuevo aquí habría que distinguir el perjuicio o zozobra moral experimentada por el actor diferenciando entre aquella derivada en tanto que titular de un derecho subjetivo de propiedad intelectual[1043], esto es, en lo que se refiere a la relación entre el sujeto pasivo de la conducta y el bien inmaterial cuyo

---

cierta forma ya consolidado en los sistemas de PI modernos, de equiparar la tutela subjetiva de una relación de titularidad con la de la posición competitiva ostentada en el mercado. Como se tendrá ocasión de exponer con posterioridad, que la posición competitiva se construya sobre una titularidad subjetiva inmaterial no implica que la totalidad de la posición sea de naturaleza inmaterial y, por tanto, reconducible a la legislación de PI a efectos de su tutela. El esfuerzo analítico ha de ser más fino y deslindar (diseccionar, incluso) la posición competitiva y descomponerla en sus diferentes elementos. En este sentido, la delimitación funcional del derecho exclusivo y su ámbito de protección pueden ser de gran ayuda.

1042 Al menos si acogemos la definición de daño moral manifestada por GARCÍA VIDAL A., *Las acciones civiles por infracción de la propiedad industrial*, cit., pág. 618, entendiéndolo como los daños que sufre la imagen del titular del derecho, así como la pérdida de prestigio e imagen en el sector y la frustración del proyecto empresarial, así como los daños en la sensibilidad del titular del derecho.

1043 Así lo entiende también MASSAGUER FUENTES J., *Acciones y Procesos de Infracción de derechos de Propiedad Industria*l, cit., párrafo 149.

señorío le viene legalmente atribuido[1044], respecto de aquella otra que tiene que ver con la trascendencia al mercado de dicha relación, exteriorizada a través de la consecución de una posición que, insistimos, no es subjetiva, sino competitiva y, de esa forma, objeto de valoración en y desde el mercado.

A fin de no extendernos de nuevo en argumentaciones replicantes, consideramos predicables en este caso los mismos planteamientos ya analizados sobre la base de la acción por desprestigio, entendiendo que el art. 9 LCD se refiere a la denigración por medio de comunicaciones y manifestaciones comerciales y no meramente actos competitivos concluyentes. De nuevo, no prejuzgamos la oportunidad de la extensión *ultra vires* de la tutela inmaterial para casos tan puntuales, si bien no debe perderse de vista la perspectiva de que el daño a la posición competitiva que bajo esta fórmula se alega, tiene un componente exclusivo y una vertiente de mercado, no siendo tan sencillo acoger la tutela de la perspectiva concurrencial por medio de una acción de naturaleza inmaterial.

Baste un ejemplo para entender cuanto señalamos: no es lo mismo el daño moral (reputacional, de valoración, de imagen o prestigio) que experimenta un inventor en tanto que tal, que el que puede experimentar como fabricante del producto, ni es el mismo perjuicio que se sufre como diseñador que el que se sufre como fabricante, aunque ambas posiciones puedan estar subjetivamente solapadas. En fin, la marca plantea una problemática específica por cuanto un daño de esta índole no

---

1044 Este es precisamente el interés protegido, la relación subjetiva (y emocional) del titular del derecho respecto de su exclusiva, claramente distinto del propio de la indemnización por desprestigio, donde se atiende al valor objetivo del bien inmaterial y su menoscabo; Cfr. una vez más en este sentido, MASSAGUER FUENTES J., *Acciones y Procesos de Infracción de derechos de Propiedad Industrial*, cit., párrafo 151.

recae sobre la distintividad (dilución), sino sobre la imagen de marca y la imagen empresarial a ella adscrita, una imagen funcionalmente anudada por medio de la marca a la persona de su titular, de modo que en la marca habría un efecto de polución reputacional mayor, extendiéndose de este modo al titular de la marca.

De este modo puede concluirse que la tutela estrictamente integrada en los confines de la indemnización por daño moral adscrita a la infracción de un derecho exclusivo, sería aquella sufrida por el titular en tanto que tal (salvedad hecha a la marca), de modo que solo cabría el daño moral del inventor respecto de su invención, del diseñador respecto de su diseño, o, como puede apreciarse de modo especialmente claro, del autor respecto de su obra. El resto de contenido indemnizable no es de contenido inmaterial, sino concurrencial. Cuestión distinta es que por la vía legal se haya operado una extensión de la tutela especial que pasa a desplazar entonces la que corresponde al competidor en tanto a tal participante del mercado[1045], que, ontológicamente, absorberá la basada estrictamente en la titularidad del derecho subjetivo y, ocasionalmente, pueda ser mayor.

La complicación crece a la hora de deslindar y fundamentar las diferentes pretensiones indemnizatorias a medida que nos alejamos del núcleo funcional duro propio de la PI y entramos en un terreno cada vez más próximo a la tutela del competidor en cuanto a tal. Sea como fuere, dichas acciones no impiden plantear por vía concurrencial la recuperación del beneficio ilícito obtenido por el imitador (transferencia de imagen positiva).

[1045] En vena con lo señalado por BERCÓVITZ RODRÍGUEZ-CANO A., *Apuntes de Derecho Mercantil*, cit., pág. 390.

Capítulo V.

Construcción de un nuevo modelo de interacción entre competencia desleal y propiedad intelectual acorde a sus fundamentos axiológicos y funcionales

1. EL ANÁLISIS EX ANTE DE LA CONDUCTA COMO MECANISMO DE DETERMINACIÓN DE LA COMPLEMENTARIEDAD: NECESIDAD DE CORRECCIÓN

1.1. El problema del juicio ex ante: la prioridad valorativa de la Propiedad Intelectual, preclusión y desplazamiento del juicio de Competencia Desleal. Reconducción, el modelo de "círculos secantes"

El modelo sobre el cual se opera el juicio aplicativo CD-PI basado en la llamada complementariedad relativa, se opera jurisprudencialmente con recurso a un juicio de calificación *ex ante* de la conducta controvertida. La forma lógica mediante la cual el sistema jurídico busca la eliminación de antinomias en caso de conflicto de normas pasa por la identificación del supuesto de hecho y su calificación apriorística dentro de aquel conjunto de normas que más adecuadamente se ocupa de ello, generalmente bajo un principio de *lex specialis*[1046].

Sin embargo, la diferencia de objeto, fin y metodología en este supuesto tan complejo impide utilizar los criterios típicos para una atribución rápida de competencia normativa[1047]. Ello implica que este juicio se debe operar *ad hoc*, es decir, ante cada conducta relevante, determinando en cada caso qué encaje es preferible. En este contexto, la *complementariedad relativa* asume el papel de orientar la calificación jurídica de los hechos de forma apriorística y determina la norma aplicable mediante un principio basado en la intensidad de la protección o consunción, primando la valoración en sede de PI[1048] y solo cuando esta falle o no aplique[1049], se activa la perspectiva concurrencial.

1046 Este proceder vendría determinado, a su vez, por la estructuración del *petitum* que la parte hace al juzgador mediante su escrito de demanda y/o contestación a la demanda; arrancando, por tanto, con el planteamiento de parte, sin que el órgano jurisdiccional pueda organizar o reestructurar *a posteriori* el planteamiento de un modo dogmáticamente distinto.

1047 La razón a esta cuestión se ha expuesto ya en varias ocasiones a lo largo de este trabajo: no hay una coincidencia absoluta entre las normas de PI ni las de CD, de forma que ninguna puede verse como ley especial frente a la otra por ser diferentes los fines y medios a través de los cuales intervienen sobre las conductas en el mercado.

1048 No en vano, la Propiedad Intelectual constituye el "círculo interior", que ofrece protección más sólida; Cfr. BERCÓVITZ RODRÍGUEZ-CANO A., *Apuntes de Derecho Mercantil*, cit., pág. 390.

1049 Lo que ULMER E., *Urheber-und Verlagsrecht*, cit., pág. 40 concebía con su "*Schrittmacherfunktion*", al menos, tal y como lo reinterpreta OHLY; en una línea similar MASSAGUER FUENTES J., *Comentario a la Ley de Competencia Desleal*, cit., pág. 84, exige una diferencia de aspectos y efectos valorados desde cada sector respecto de una misma conducta, lo que es tanto como situar el reproche concurrencial *fuera* del ámbito de la PI.

Es decir, la calificación *ex ante* de la conducta se opera, bajo el prisma de concentricidad de las protecciones, de un modo ciertamente automatizado, generalizado, para todo tipo de supuestos y pasa por "filtrar" aplicativamente la conducta por el tamiz del derecho exclusivo[1050] y licuar "la pulpa" restante mediante el recurso a la Competencia Desleal[1051]. Por este efecto el caso queda condenado a resolverse desde la perspectiva del derecho exclusivo, y su lógica posteriormente impregna el subsiguiente juicio de deslealtad, de tal manera que corre el riesgo de percibirse como redundante, especialmente cuando existe ya una respuesta dada por la PI, lo haya sido o no en el sentido de castigar la conducta como infracción de la exclusiva[1052]. En este caso, el reproche de deslealtad resulta a menudo percibido como superfluo, ya que la conducta ha sido debidamente

---

1050 Seleccionando, por tanto, de una vez y para todo el litigio los hechos relevantes, que se eligen desde la perspectiva del derecho PI y no desde un prisma general que sí permitiría el orden inverso, esto es, primero valorar la conducta desde la Competencia Desleal y luego, *in concreto*, desde el prisma de la exclusividad.

1051 De este modo, cuando el litigio se analiza desde el prisma concurrencial, la valoración de los hechos relevantes aparece ya sesgada por la perspectiva PI, pudiéndose excluir perspectivas generales o conductas relevantes a nivel concurrencial por su pobre encaje en sede de exclusiva. Aquí el defecto no es achacable tanto al Tribunal como a quien formula sus pedimentos y, con ello, acota el *factum* sobre el que debe pronunciarse el juzgador.

1052 De esta forma, el razonamiento es sencillo: "si ya se ha ocupado del asunto la normativa especial, el círculo interior, la tutela fuerte (como se prefiera), ¿qué necesidad habría de acudir a las normas de Competencia Desleal?". Con ello, la Competencia Desleal aparece y se concibe como una simple adenda a la tutela subjetiva del competidor ya materializada mediante el derecho exclusivo, y su aplicación cumulativa se deslegitima como una extensión indebida e indeseable de la protección.

castigada como corresponde por el derecho de PI aplicable[1053]. Coherentemente, será lo más habitual, la Competencia Desleal asume un papel auxiliar o de red de seguridad en el planteamiento de las demandas[1054], circunstancia que es precisamente lo que la judicatura trata de evitar mediante una interpretación restrictiva, buscando con ello que la acumulación se base en razones objetivas y reales extraídas de los hechos del caso y no habilitar con ello una vía de reclamación sistémica que

---

1053 Cfr., a modo de ejemplo, SSAP de Madrid, Sección 28ª, núm. 131/2019, de 15 de marzo (Rec. 514/2017); núm. 82/2019, de 15 de febrero (Rec. 597/2017); o, en especial, la núm. 338/2018, de 8 de junio (Rec. 577/2016), donde explícitamente señala "*centrado de ese modo el problema, parece claro que de lo que se trata es de* dilucidar si la Ley de Marcas dotaba a la actora de suficientes instrumentos de defensa *frente al tipo de agravio que denuncia o si, por el contrario, existe algún aspecto antijurídico en la conducta de la demanda para cuya adecuada represión se haga preciso el recurso complementario a la Ley de Competencia Desleal*".

1054 Especialmente clara esta circunstancia en la SAP de Barcelona sección 15.ª núm. 280/2017, de 29 de junio, asunto "Asco de vida"; de nuevo vuelve a incidir en esta crítica la SAP de Barcelona, Sección 15ª núm. 2250/2020, de 21 de octubre (Rec. 221/2020), donde literalmente señala el Tribunal: "*Tanto la demanda como el recurso alegan como ilícitos concurrenciales los tipos de los arts. 4 , 6 , 11 y 12, si bien se limitan a citar tales artículos, junto con los arts. 18 , 25 y 32 LCD , pero sin hacer el menor análisis de detalle de cada uno de los tipos invocados. Se limitan las demandantes a hacer una invocación genérica de contrariedad a la buena fe y de la confusión que no permiten al tribunal identificar con el debido detalle cada una de las conductas imputadas para ponerlas en relación con cada uno de los concretos tipos, más allá de la referencia a la mala fe con la que habría procedido la demandada al intentar registrar el signo "X" sin el elemento denominativo NOX. Por eso creemos que ha actuado correctamente el juzgado mercantil cuando se ha limitado a desestimar tales acciones sin entrar tampoco en mayor detalle y limitándose a hacer una aplicación del principio de la complementariedad relativa.*"

introduce alteraciones de diverso tipo, entre ellas la relativa a la competencia territorial para conocer del litigio[1055].

Resuelto el caso desde un punto de vista negativo, en el sentido de rechazar una intromisión en el derecho exclusivo invocado, el juicio de Competencia Desleal se percibe, entonces, como una extensión subrepticia de los intereses de la parte con el objeto de obtener una tutela mayor de la ameritada por el bien inmaterial. Se pueden apreciar en este segundo escenario algunos intentos de valorar la aplicación de la CD con base en unos presupuestos propios, pero en muchos casos finalmente se acaba operando una valoración reduccionista donde

---

[1055] Como ya es de sobra conocido, los juzgados y Tribunales habilitados para conocer de la infracción de derechos de Propiedad Industrial serían aquellos radicados en la provincia donde tenga su sede el TSJ (art. 118.2 LP) y no todos, pues dicho precepto, *in fine* condiciona dicha habilitación territorial a un previo acuerdo del CGPJ. Esta remisión debe contemplarse en relación con el art. 118.3 LP, norma habilitante para la adopción de sendos acuerdos a este respecto. En este sentido el Acuerdo de la Comisión Permanente del CGPJ de 21 de diciembre de 2016 (BOE-A-2016-12566) establecía competencia exclusiva en juzgados de Cataluña (Barcelona), Madrid (Madrid) y Comunidad Valenciana (Valencia). Dicha habilitación se modifica mediante Acuerdo de la Comisión Permanente del CGPJ de 2 de febrero de 2017 (BOE-A-2017-1770) que simplemente reordena los juzgados competentes. Finalmente, el Acuerdo de la Comisión Permanente del CGPJ de 18 de octubre de 2018 (BOE-A-2018-15544) determina la atribución de competencia a los juzgados en Andalucía (Granada), Canarias (Las Palmas de Gran Canaria), Galicia (A Coruña) y País Vasco (Bilbao). Criterio territorial que no se ve alterado con la entrada en vigor de la Ley Orgánica 7/2022, que se amolda a dicha estructura, y cuya principal novedad en este sentido sería la habilitación competencial de la jurisdicción especializada para conocer de los recursos contra las resoluciones de la OEPM que pongan fin a la vía administrativa (hasta ahora atribuidas a la jurisdicción contencioso-administrativa), y que entró en vigor el pasado 14 de enero de 2023.

la respuesta negativa dada por el derecho exclusivo obliga a descartar cualquier valoración de deslealtad concurrencial[1056].

En todo caso, el efecto es siempre el mismo: los planteamientos en sede de derecho inmaterial afectan, prejuzgándolos, aquellos sustanciados desde el Derecho de la Competencia Desleal, quedando desarticulados, bien por excesivos, bien por redundantes. Esta línea de razonamiento culmina con la pérdida de toda autonomía del Derecho de la Competencia Desleal, que pasa a ser concebido como una mera elongación a partir de la lógica subyacente a los derechos de PI[1057].

Es decir, el juicio *ex ante*, tal y como se desarrolla actualmente, conduce a una reelaboración de las normas de Competencia Desleal aplicables al caso, a partir de una coincidencia aplicativa, con unos efectos que llegan a alcanzar hasta sus principios más básicos. Ello junto con su carácter abierto, flexible, centrado en el mercado y anudado a la tradicional atención a los intereses de los competidores, conduce a calificar la Competencia Desleal como un Derecho en cierta forma derivado de las reglas PI, que comparte, por tanto, su lógica puramente tuitiva del interés empresarial, y que es utilizado como freno a conductas concurrencialmente lícitas amparadas bajo el principio de libertad de imitación[1058]. Valoración insostenible a partir de la (re)construcción axiológica de las relaciones entre ambas disciplinas.

1056 El ejemplo más claro lo constituye la regla que prohíbe emitir un juicio de valoración de deslealtad de la conducta que contradiga la solución dada desde la norma PI, formulado en la STS 95/2014, de 11 de marzo, caso *Bombay Sapphire*.

1057 Dicha elongación es vista desde un punto de vista negativo, especialmente desde la perspectiva asignativa en la medida en que supone una restricción ilegítima del principio de libre imitación, que se percibe, entonces, como irrestricto salvo por las islas de tutela de PI.

1058 En clara conexión con la lógica que exhibía en su momento el artículo 10 bis CUP.

A medida que este modelo de la "complementariedad prioritaria" (llamémosla así para mayor claridad) se aquilata, resulta cada vez más complejo deslindar la aplicación lícita de la CD respecto de la que se debe evitar por redundante o injustificada.

La aplicación cumulativa indiscriminada de la CD junto a la PI acabará por debilitar la base sobre la que se aplica el Derecho de exclusiva, erosionando lentamente la protección por este conferida, haciéndola dependiente de su compleción mediante el recurso a un sistema que es a un mismo tiempo ajeno y autónomo. El resultado final es una interdependencia manifiesta de ambos sistemas para lograr una solución que, desde el punto de vista de las acciones de defensa concretamente a disposición de la parte, puede incurrir en redundancia, cuando se aplica impropiamente.

Es esencial, en efecto, garantizar una aplicación autónoma, aunque complementaria (en el sentido de coordinada), entre ambas disciplinas[1059], evitando que surjan contradicciones sistemáticas. Para esto, *requisito sine qua non* resulta el adecuado entendimiento de qué constituye una contradicción con el sistema de PI, pues ni una ni otra normativa se sustancian sobre las mismas bases ni atienden a la misma perspectiva. La clave en este punto la tomamos del sistema alemán que, aunque con sus imperfecciones, cuenta con uno de los aspectos clave en la disquisición de cuándo admitir la complementariedad: la Competencia Desleal será aplicable con base en unos presupuestos aplicativos propios (explicitados en los grupos de casos concretamente invocados), siempre que su aplicación no suponga el vaciamiento de una regla reguladora de la PI que tenga carácter excluyente, es decir, siempre que no se atente contra un límite expreso o implícito propio del sistema de ex-

[1059] En un sentido similar BÄRENFÄNGER J., *Das Spannungsfeld von Lauterkeitsrecht und Markenrecht unter dem neuen UWG. Symbiotische Theorie zum Kennzeichen- und Lauterkeitsrecht,* cit., pág. 179.

clusiva susceptible de afectar su funcionamiento y alterar, por tanto, el régimen de incentivos que trae al mercado, sin que sea posible encontrar una justificación suficiente para dicha alteración. Pero incluso el límite en sede de PI puede estar construido con carácter flexible, mediante la apertura de la valoración de la conducta conforme a parámetros de lealtad o licitud concurrencial (piénsese por ejemplo en los ya citados arts. 37 LM o 40bis TRLPI).

Ya hemos operado la limitación funcional necesaria, concluyendo (con matices) que la CD es aplicable de forma autónoma con carácter general cuando se aplica sobre la base de los supuestos de imitación desleal por confusión evitable y aprovechamiento de la reputación ajena, así como por efectos obstruccionistas no vinculados al impedimento de recuperar inversiones característico de los derechos de PI[1060]. Este posicionamiento nos deja, sin embargo, próximos a una teoría de la aplicación cumulativa indiscriminada[1061], aunque justificada a partir de una interpretación acorde mutua entre ambas disciplinas en liza. Esto es, desde el punto de vista axiológico y ontológico se impone una acumulación absoluta, pero que resulta incompatible con las redundancias y solapamientos que se aprecian desde el ámbito puramente práctico.

1060 Por ejemplo, sería aplicable a supuestos de imitación desleal a partir de la consecución de información secreta a la que se accede a partir de forzar una infracción contractual (supuesto literal del § 4.3.c UWG) o una imitación sistemática. Estos constituyen los mejores ejemplos de una aplicación propia (y no pretorial) de las normas de Competencia Desleal por la vía argumentativa de la obstrucción competitiva.

1061 Similar a la defendida por pronuncia FEZER K.H., *Lauterkeitsrecht*, cit., pág. 111; pero también LUBBERGER A., "Grundsatz der Nachahmungsfreiheit?", en AHRENS H-J., BORNKAM J., y KUNZ-HALLSTEIN H.P., *Festschrift für Eike Ullmann*, Juris, Saarbrücken, 2006, págs.737-793, págs. 745 y ss.

Comprobamos, por tanto, que la solución a este problema no se encuentra en la compatibilización dogmática general de las relaciones existentes entre PI y CD. La respuesta debe buscarse en la configuración de ese juicio *ex ante* de calificación operativa, pues este, tal y como se ha venido estructurando, impone una perspectiva que tiende a invertir los términos de valoración, respecto de aquel orden que aconseja la naturaleza de ambos cuerpos legales, y que supone que, en lugar de determinar primero la deslealtad de la conducta y, a partir de ello, valorar si la misma se fundamenta en un tipo de conducta consistente en la infracción de un derecho exclusivo[1062], se valora la infracción a la exclusiva de explotación, para, una vez determinada, proceder a valorar la conducta como desleal, por tanto, "empezando la casa por el tejado". En este contexto, lo relevante es encontrar una fórmula que permita abandonar una sistemática basada en la aplicación exclusivamente prioritaria de las normas de PI bajo el argumento de una mayor intensidad normativa y de tutela, concediéndole entonces a la CD un carácter condicional, "no susceptible de desplazar"[1063] la protección ofrecida por los derechos de exclusiva.

1062 Sistema de proceder lógico partiendo de un supuesto de especialidad con base en la lógica de los círculos concéntricos. En efecto, partiendo de la doctrina de los círculos concéntricos de BERCÓVITZ RODRÍGUEZ-CANO se observa una relación de inmanencia, de modo que todo acto de infracción de un derecho exclusivo se puede concebir como un acto desleal cualificado, por lo que la conducta infractora de un derecho exclusivo necesita ser previamente una conducta desleal que después, por razón del objeto (inmaterial) perjudicado o dañado, se cualifica en términos de protección. Esto es, todo acto de infracción de un derecho de PI puede interpretarse como una subespecie de acto desleal, si bien no todo acto desleal afectará a un derecho exclusivo ni, por tanto, se cualificará como infracción del derecho de PI.

1063 En reiteradas ocasiones lo manifiesta así el TS, especialmente en sus primeros pronunciamientos. Cfr. SSTS 13 de junio de 2006,

Ahora bien, tampoco puede considerarse plenamente adecuada la solución que opta por invertir lo que acabamos de describir, es decir, valorar en primer término la deslealtad de la conducta y solo después la infracción de la exclusiva, pues aunque este sistema evita el sesgo que reprochamos al juicio operativo en la práctica, no aporta criterio hermenéutico o exegético alguno, obligando a realizar los dos juicios de infracción igualmente basados en un esquema de prioridad, primero el de lealtad del comportamiento en el mercado y luego el de infracción de la exclusiva, para finalmente, estimada la intromisión ilegítima en las facultades cuasi dominicales vigentes, acabar desechando la infracción de las normas de Competencia Leal o teniendo que operar una ulterior valoración a fin de verificar qué norma es aplicable preferentemente y por qué.

La única certeza es que el esquema de concentricidad impone aceptar una relación de contención entre ambas disciplinas, de modo y manera que el sistema prioritario de aplicación deberá ser, necesariamente, el ontológicamente previo, es decir, aquel que por su naturaleza es más amplio, esto es, el juicio de deslealtad[1064], conformando la infracción del dere-

---

N.º 569/2006 (Rec. 2807/1999); N.º 836/2006, de 4 de septiembre (Rec. 3389/1999); o N.º 887/2007, de 17 de julio (Rec. 3436/2000).

1064 En contra del modelo aplicativo habitual en la jurisprudencia basado en un criterio de especialidad no por materia, sino en términos de intensidad de protección que propone en el fondo BERCÓVITZ RODRÍGUEZ-CANO A., *Apuntes de Derecho Mercantil*, cit., pág. 390; idea que también está presente en KUR A., "What to protect, and how? Unfair Competition, Intellectual Property, or protection *sui generis*", cit., pág. 15, cuando indica que normalmente, la coincidencia en sancionar entre ambos sistemas de tutela jurídica no será problemática, porque, al ser las sanciones en sede de PI más severas, las acciones de CD devienen en una pura disquisición teórica.

cho exclusivo como una modalidad de deslealtad cualificada por el objeto sobre el que recae la conducta[1065]/

[1065] Del mismo modo que FONT GALÁN J.I. y MIRANDA SERRANO L. M., *Competencia Desleal y Antitrust. Sistema de Ilícitos*, cit., pág. 36 configuran al ilícito desleal como el general ilícito en el Derecho de la Competencia, de forma que el ilícito *Antitrust* sería solo una subespecie cualificada de él, lo que permite concluir que todo ilícito *Antitrust* es ontológicamente desleal (pág. 55), sin que ello implique que los medios de ilicitud deban ser idénticos, ni suponga una inmanencia absoluta del ilícito antitrust respecto del desleal (como se sigue de las págs. 64 y 65). Por tanto, el ilícito *Antitrust* se convertiría en un ilícito ontológicamente vinculado al desleal, pero morfológicamente autónomo, con perfiles propios y unos criterios de injusticia específicos y no necesariamente coincidentes. La vinculación ontológica se podría retrotraer a una unidad teleológica, bajo el prisma de que ambas piezas del Ordenamiento concurrencial se orientan funcionalmente al fin último de preservar un adecuado funcionamiento en el mercado. Esta particular conexión estaría muy viva bajo la figura de las conductas de menor importancia (art. 5 LDC), expulsadas del ámbito de relevancia *Antitrust*, pero que no por ello dejarían de poder constituir actos desleales, reprensibles eso sí, bajo la normativa del correcto comportamiento en el mercado. Incluso, dada la autonomía de los ilícitos, podría pensarse en el supuesto en que una conducta considerada de menor importancia sea enjuiciada por la LCD en base a lo expuesto y se encuentre que por los efectos para la competencia pueda ser una conducta relevante para el Derecho *Antitrust* por vía del art. 3 LDC. En este mismo sentido MARTÍN ARESTI P., "Los excesos regulatorios de la reforma de la Ley 12/2013 sobre el funcionamiento de la cadena alimentaria"; *ADI*, Tomo XLII, 2022, págs. 149-174, pág. 157 y 158 alude a la eventual incidencia para el art. 101 TFUE – y 1 LDC – podría tener un pacto contractual impuesto en virtud de una práctica comercial desleal impuesta explotando la situación de debilidad bilateral de la parte débil ante supuestos de poder, al menos, relativo de mercado, para lo que habría que "*distinguir con claridad entre la actuación de quien tiene un poder de negociación superior e impone desde él prácticas comerciales que limitan sus efectos a la relación bilateral...* [lo que sería ajeno al Derecho *Antitrust*] *de la actuación de quien ostenta un lla-*

[1066]. No es una conclusión jurídicamente insostenible, la de

mado poder ... de mercado, cuyo ejercicio – más allá del perjuicio que pueda causar al operador al que se impone – afecta al funcionamiento del proceso competitivo y [sí que atraería] *la aplicación del Derecho Antitrust"*. Esta tradicional diferencia *Antitrust*-Desleal, se habría visto superada por la Dir. 2019/633 (así como, posteriormente por el Reg. 2022/1925) al calificar ciertas prácticas comerciales impuestas a la parte débil de la relación como conductas desleales sobre la base de la explotación abusiva de la situación de dependencia, que queda, por tanto, convertida en presupuesto de prohibición de la conducta (pág. 160). Se aprecia, en fin, un afán superador de las limitaciones autoimpuestas por el Derecho *Antitrust,* mediante el recurso a normas que, ontológicamente, se orientan a la disciplina del comportamiento en el mercado y, por tanto, entran bajo la etiqueta del Derecho contra la Competencia Desleal.

1066 Ahondando en los planteamientos expuestos en la nota al pie inmediatamente anterior, podemos construir el ilícito inmaterial o exclusivo a partir del prisma de la conexión funcional, dada la reconstrucción del sistema de PI como instrumento teleológicamente orientado al correcto funcionamiento del mercado, al menos desde una óptica institucional, alejada de la perspectiva puramente subjetiva. Tal y como se aprecia en HILTY M. RETO, "The Law Against Unfair Competition and its Interfaces", en HILTY M. R. y HENNING-BODEWIG F., *Law Against Unfair Competition,* págs. 22-24, es posible reconstruir el sistema de PI en clave de protección del mercado y la competencia. Esta nueva conexión funcional, no tan intensa como en el caso del Derecho *Antitrust* y Derecho de la Competencia Desleal, indicaría la necesidad de una coordinación entre las tres normativas en liza. A mi modo de ver, la naturaleza general del ilícito desleal lo hace propicio para ser utilizado como el epicentro a partir del cual construir la teoría de la interacción y es que la propia tipificación de la PI responde a la protección de creadores e industria respecto de las inversiones realizadas frente a usos no autorizados de sus bienes inmateriales, actos de parasitismo con capacidad para alterar el orden concurrencial. La expansión de la tutela bajo este prisma se aprecia especialmente bien en ciertos Derechos conexos de naturaleza menos creativa y tendría su máxima expresión en el derecho *sui generis* del Fabricante de Bases de Datos,

defender que la infracción de un derecho de exclusiva constituye un acto desleal *per se*, pero conduce a negar la autonomía de ambos sistemas jurídicos, contribuyendo a la creación de confusión y desdibujando las (diferentes) *ratios* aplicativas existentes, especialmente, cuando pensamos en la normativa CD, que acoge en su seno una pluralidad de objetivos de protección, manifestados en la pluralidad de intereses en juego[1067] y que, en principio, le resultan ajenos al ámbito de exclusiva. Atendiendo a la naturaleza y configuración del derecho de la PI, esta se centra en la garantía de la indemnidad de una relación de titularidad (cuasi dominical o como prefiera caracterizarse) entre el competidor-creador y su creación (entendidos ambos términos *lato sensu*), los intereses ajenos a esa relación son ponderados (en su caso) en el momento legislativo previo (diseño legal) y no tanto en el momento aplicativo orientado al caso concreto[1068].

---

donde más que premiar la creación intelectual, se pretende frenar la explotación desleal por abusiva de la inversión ajena, orientada a la estabilización y consolidación de la sociedad (y economía) de la información.

1067 En este sentido OHLY A. y SATTLER A., "120 Jahre UWG im Spiegel von 125 Jahren GRUR", *GRUR*, cit., pág. 1239, hablan de la Competencia Desleal como un Derecho del Comportamiento en el mercado multifuncional, porque protege los intereses de competidores y consumidores, pero, al mismo tiempo, contribuye significativamente a las condiciones marco de una economía moderna.

1068 La principal diferencia sería el momento jurídico en el que tiene lugar la ponderación de intereses subyacentes a uno y otro sistema de tutela. No es cierto que en las normas de PI no haya una ponderación de los intereses del mercado, la hay, pero esta tiene lugar *ex ante* en el momento legislativo, cuando se disponen las normas que estatuyen la protección especial. En cambio, la Competencia Desleal viene a ofrecer un sistema diverso, donde la ponderación de intereses tiene lugar *ex post* en sede judicial y centrada en el adecuado equilibrio dado el caso concreto. Precisamente por esto, MASSAGUER FUENTES J., *Comentario a la Ley de Competencia Desleal*, cit.,

Por esta razón, quizá sea preferible, para favorecer una autonomía bastante a ambos sectores que permita clarificar su aplicación conjunta, evitando operar desde una u otra perspectiva necesariamente, reconstruir la relación a partir de un nuevo planteamiento. Partiendo igualmente de la metáfora visual basada en diferentes círculos, podría reconceptualizarse la interacción más bien en términos de "círculos secantes"[1069]. Esta nueva metáfora visual permite reconocer la existencia de una zona donde PI y CD pueden solaparse, a la par que concebir una zona autónoma para cada una de las normas[1070], que en el

---

pág. 83, plantea una disquisición en la naturaleza de ambos juicios, considerando el juicio de infracción de las normas de PI un juicio de naturaleza normativa (la ponderación de intereses se opera en abstracto, en el momento de codificar la norma legal) mientras que el juicio de infracción de la lealtad concurrencial tendría naturaleza fáctica (la ponderación de intereses se hace *ad hoc* atendiendo a los efectos perjudiciales que sobre todos los intereses del mercado tiene la conducta enjuiciada).

1069 La base de estos planteamientos aparece ya en CARBAJO CASCÓN F., *Conflictos entre Signos Distintivos y Nombres de Dominio en Internet*, cit., págs. 327-329 y posteriormente del mismo autor en "Nombres de Dominio", en PLAZA PENADÉS J., VÁZQUEZ DE CASTRO E., GUILLÉN CATALÁN R. y CARBAJO CASCÓ N F., *Derecho y Nuevas Tecnologías de la Información y la Comunicación*, Aranzadi, Navarra, 2013, págs. 919-1016; por último, idea claramente manifestada por CARBAJO CASCÓN F. en conversaciones durante la elaboración del presente trabajo; una configuración similar puede apreciarse en FARKAS Th. J., *Nachahmungsschutz und Schutzrechtskumulation am Beispiel von Modekreationen*, Nomos, 2016, págs. 304 y 305.

1070 En este sentido, por ejemplo, es posible asumir que el uso registral de un signo infractor de un Derecho de Marca, no acompañado de un uso comercial, constituye una infracción del derecho de marca prioritaria, pero no un uso desleal del signo, en la medida en que la deslealtad de la conducta se predica de un acto en el mercado con fines concurrenciales, circunstancias a las que el registro, por sí solo, es ajeno. Aunque el registro de una marca se orienta al mercado y tiene, por tanto, finalidad concurrencial, no es un acto en el

contexto de un círculo concéntrico solo sería predicable de la CD, pues la inmanencia de la PI en ese caso impone que todo acto que afecte a la exclusiva pueda ser un acto desleal. De esta forma, podemos reconocer dos zonas de contacto en cada uno de los círculos: la primera, de intersección, se caracteriza por que la aplicación de ambas normativas es potencialmente posible y se sustenta sobre el mismo objeto y con base en la misma razón. Es decir, la zona de intersección corresponderá siempre a la función pretorial de la CD, aplicándose a falta o en defecto de una protección inmaterial directa. La otra zona[1071] se caracteriza por el hecho de que las disciplinas no mantienen contacto directo entre sí, sino que la conexión entre ambas responde a una aplicación complementaria, de forma que nos ubicamos en la zona próxima a la frontera entre ambos círculos, y por tanto, es resultado de la operación previa de deslinde del centro de valoración de ambas conductas a partir del acto de espejar el concepto de protegibilidad (singularidad competitiva) en el ámbito de la CD y ubicarlo en función de la necesidad de protección para el tráfico, justificada en una especial valoración por y para este de la prestación afectada.

---

mercado, esto es, un acto con trascendencia para el mercado relevante, pues todavía no se ha empezado a actuar en él.

1071 Que podemos identificar con la "zona gris" de la que habla HAHN P. V., *Schutz vor "look-alikes". Unter besonderer Berücksichtigung des §5 II UWG*, cit., pág. 32, donde incluiríamos junto a este autor la copia parasitaria, los *look-alikes*, el *copycat packaging* y, en general, la *imitationsmarketing*. Todas y cada una de estas prácticas ameritan desde la perspectiva del consumidor engañado una sanción, en cambio desde la perspectiva del competidor imitado u otro competidor perjudicado, lo cierto es que cuesta tradicionalmente más verlo, al interferir el problema de las relaciones entre PI y CD.

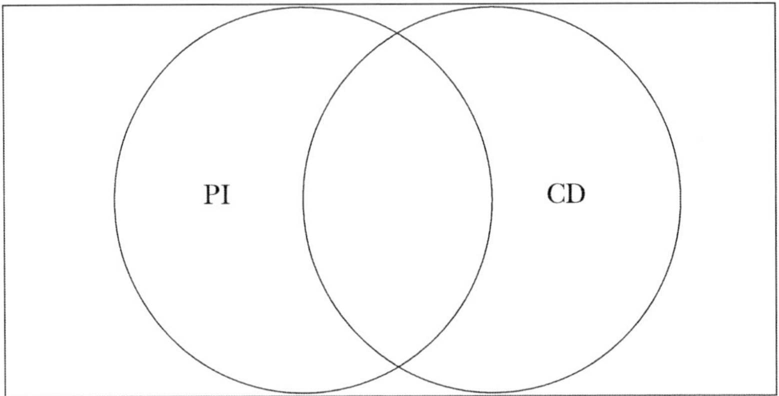

Fig. 2.- Representación visual de la Teoría de los Círculos Secantes. Elaboración propia.

A partir de este nuevo modelo de interacción, siempre será posible determinar un ámbito de aplicación autónomo entre CD y PI tributario de ese principio de acumulabilidad absoluta, solución a la que llegamos desde el punto de vista dogmático, a la par que se reconoce la necesidad de establecer criterios de coordinación entre ambas disciplinas. Volviendo de nuevo sobre los efectos derivados de la necesidad de espejar la protección en dos perspectivas (de mercado y subjetiva del competidor), se consigue escindir el juicio de aplicación de PI y CD en dos conductas separadas, cada una de las cuales atiende a sus propias razones y objetos: la imitación puede ser valorada desde dos dimensiones diferentes, con base en fundamentos diferentes. Tal y como indicábamos previamente desde la perspectiva de la reconceptualización de la singularidad competitiva, pero ello introduce un nuevo riesgo, la posibilidad de aplicar sobre el mismo objeto y por razones idénticas o casi idénticas, ambas protecciones a una misma vez[1072]. Este es el riesgo que tendrá ahora que tratar de reducir el juicio *ex ante*.

De esta forma, el nuevo modelo propuesto descansa en la circunstancia de que el juicio *ex ante* aplicado sobre el modelo de interacción de círculos secantes ya no exige calificar ni, por tanto, valorar de forma prioritaria la conducta desde uno de los sectores del Derecho del Mercado, posibilitando una valoración simultánea desde ambos puntos de vista, a fin de determinar los contornos materiales del caso, esto es, se trata de identificar si es relevante para un círculo, para el otro, o para ambos[1073]. Una vez confirmado que la conducta es relevante para uno de los círculos o para ambos, el siguiente paso es, sin prejuzgar el carácter final de la conducta, valorar *ad hoc* si la *ratio* que subyace a ambos sistemas es coincidente o no y en qué medida esta posible dimensión adicional presenta relevancia para los hechos del caso, es decir, se trata de valorar *ex ante* cuál de ambos sectores implicados (o quizá los dos) se ocupa de un modo preferible del total de la conducta o conductas

---

1072 Este riesgo puede verse favorecido por una falta de claridad en la naturaleza de la CD de suerte que no haya distinción entre la aplicación de la CD "a falta de" derecho exclusivo y la aplicación de la CD con base en sus propios presupuestos. En el primer caso, la aplicación de la CD responde a la creación del mismo juego de incentivos que subyace a la PI y, por tanto, su función es análoga o pretorial. En el segundo supuesto, la función es autónoma porque responde a motivos diversos, más directamente implicados en la eficiencia asignativa generadora de transparencia. Sin embargo, tal y como pudimos comprobar con el sistema alemán, la inclusión de figuras de transición y flexibilización (*Wechselwirkungslehre*) en ocasiones puede llevar a camuflar como juicio autónomo en sede de CD lo que en realidad es un juicio de lógica inmaterial. Este es el riesgo cuya resolución atribuimos a renglón seguido al juicio *ex ante*.

1073 En línea coherente con lo expuesto en la STS 586/2012, el Abuelo Ángel, donde el TS habla de que la aplicación de una normativa, la otra o ambas a la vez dependería del *factum* alegado por las partes.

litigiosas. Para ello hay que operar una nueva forma de juicio *ex ante* basado no ya en una presunta prioridad consuntiva de una norma respecto de la otra, sino en una valoración del impacto de la conducta para cada sector de normas en juego.

1.1.1. El problema de la concurrencialización de la marca: un gran obstáculo (u oportunidad) para la complementariedad

Antes de entrar a exponer qué pasos e implicaciones tiene la reconceptualización del juicio *ex ante* de uno basado en la prioridad a uno basado en la valoración del impacto concurrencial de la conducta, es necesario reconocer que el esquema de círculos secantes que hemos expuesto no resulta predicable de la misma forma para todos los derechos de PI.

Del análisis funcional de los diferentes derechos exclusivos sobre creaciones inmateriales, se hizo patente una importante diferencia funcional entre los Derechos de Patente, Diseño Industrial y de Autor, con respecto a la Marca[1074], en la medida en que esta última se vincula más estrechamente a la transparencia en el mercado, posibilitadora de una eficiencia asignativa y habilitante de un eventual incentivo a la innovación al permitir la apropiabilidad de las mejoras e inversiones realizadas[1075]. Concluíamos entonces que la reinterpretación funcional de la marca aconsejaría una escisión en términos de protección entre la marca en sí, como mero canal comunicativo[1076], y la

---

1074 Especialmente claro es el énfasis que en ello pone BAYLOS CORROZA H., *Tratado de Derecho Industrial...*, cit., pág. 289.

1075 En este sentido LANDES W.M., Y POSNER R. A., "Trademark Law: An economic Perspective", *The Journal of Law and Economics,* cit., págs. 269 y 270.

1076 LEHMANN M., "Unfair use of and Damage to the Reputation of Well-known Marks, names and Indications of Source in Germany. Some Aspects of Law and economics", *IIC,* cit., pág. 761.

imagen de marca que a través de ella se proyecta y que tiene un componente más vinculado a la perspectiva concurrencial[1077].

Ante los problemas que plantea la dificultad de separar marca e imagen de marca, nos fijamos en el modelo europeo de armonización marcaria, y observábamos junto con OHLY y KUR[1078], que dicho modelo parecía optar por una solución ciertamente original: la flexibilización de la aplicación del derecho de marca a partir de la teoría de las funciones[1079], mediante un enfoque concurrencial centrado en el caso concreto, que daba una respuesta a partir de una ponderación de intereses compleja, en el sentido de incluir no solo los intereses de demandante y demandado, sino también los intereses del mercado, fundamentalmente aquellos de los consumidores[1080].

1077 STIEPER M., "Das Verhältnis von Immaterialgüterrechtschutz und Nachahmungsschutz nach neuem UWG", *WRP*, cit., pág. 295.

1078 OHLY A. y KUR A., "Lauterkeitsrechtliche Einflüsse auf das Markenrecht", *GRUR*, cit., pág. 458, literalmente hablan de que el Derecho Europeo de Marcas se ha convertido en un "caballo de Troya" para el sistema tradicional (formal) de marca.

1079 FEZER K.H., "Schutzgegenstandtheorie. Die Produktbedingtheit eines Zeichens als ein absolutes Schutzverbot im Kennzeichenrecht", cit., pág. 149, considera que el entero concepto del mercado europeo se hace depender de la idea de multifuncionalidad en la Marca.

1080 Intereses que aparecen interpretados, por cierto, en una perspectiva puramente asignativa. No se razona que junto al interés del consumidor en poder acceder a los productos en el mercado a un precio bajo o conveniente, el consumidor también tiene otros intereses, como, por ejemplo, que los productos sean duraderos o de calidad, que los productos ofrezcan una utilidad con sentido o coherente, poder diferenciar los productos de un modo sencillo, que productos que no sean iguales no se presenten como tales, etc. En este sentido, el Consumidor medio y su interés se pueden convertir en la puerta de entrada para toda una serie de intereses colectivos, tradicionalmente extraconcurrenciales, en la medida en que su relevancia para la decisión de compra los convierte en intereses concurrencialmente relevantes, como está ocurriendo ahora con

La difuminación de las fronteras entre ambos sectores, que de ello se deriva, va a suponer una alteración del esquema de círculos secantes (aunque también afectaría al esquema de círculos concéntricos), en la medida en que ya no se puede hablar propiamente de "círculos", sino solamente de "círculo". La creación de fracturas en los límites o márgenes de la protección, permite el desarrollo de un cierto flujo interpretativo entre ambas disciplinas, a modo de "vasos comunicantes". La intensidad y dirección del intercambio de contenidos hermenéuticos, resulta, sin embargo, algo aún indeterminado, en la medida en que la jurisprudencia del TJUE está todavía construyendo los canales de comunicación, a medida que en su interpretación de la marca como tutela exclusiva la dota de un mayor contenido de mercado o concurrencial.

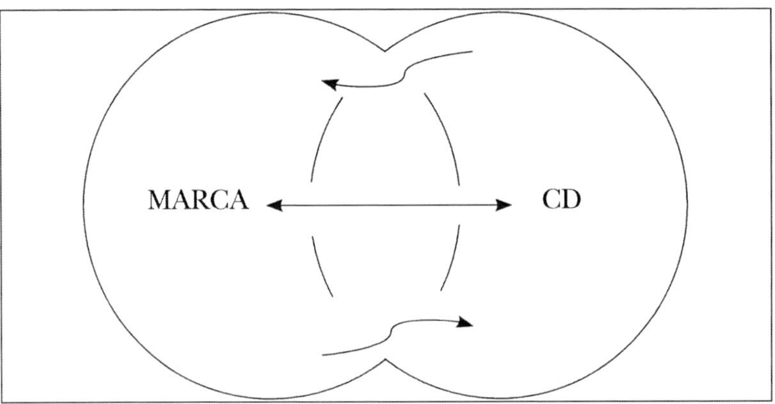

Fig. 3.- Representación visual de la Teoría de los Vasos Comunicantes. Elaboración propia.

la sostenibilidad y la obsolescencia (programada o por diseño) de buena parte de los productos de consumo, donde hay imbricados intereses de consumo en la calidad de los productos y en la transparencia del mercado, pero también intereses en la sostenibilidad de los productos y, por tanto, si quiera de modo indirecto los intereses colectivos y difusos en el cuidado y respeto al medioambiente.

Desde esta perspectiva, el juicio *ex ante* ya no debe tratar de ubicar la conducta en uno u otro sector del círculo, pues el ámbito pasa a ser unitario, sino que debe tratar de delimitar, en la medida en que sea posible, qué *ratio* inspira en cada caso el elemento del juicio que está teniendo lugar. En particular, la respuesta pasa por identificar cuándo se infringe la marca en el sentido de causar un daño subjetivo al titular y cuándo la marca se ve afectada de forma instrumental para la consecución o producción de un efecto concurrencial ulterior, algo que puede apreciarse especialmente bien en el concepto de ventaja desleal al que acude la marca como herramienta, a la vez, de escape y de cierre[1081].

En el primer caso, esto es, la infracción de la marca no renombrada ni reputada, el juicio de impacto concurrencial debe valorar en qué medida hay circunstancias desleales adicionales ajenas a las inherentes al contexto de marca, de forma que se pueda sostener la existencia de un desvalor ulterior, esto es, más allá de los límites funcionales a la marca. Normalmente, mediante la conceptualización de una conducta mayor de la que la infracción de la marca es solamente parte. Aquí nos aproximamos, en efecto, a la doctrina mantenida por el TS y calificada como "complementariedad relativa", en el sentido

[1081] La actual redacción de los preceptos europeos hace referencia a "aprovechamiento de la reputación o renombre por obtención de una ventaja desleal". Ello da pie a entender que el juicio de infracción de marca operado en clave concurrencial se construye sobre la valoración consistente en determinar cuándo la ventaja es desleal (o ilícita). Hoy por hoy no queda completamente claro el contenido de dicha "ventaja desleal", pero no cabe duda de que se puede interpretar como una llamada a aplicar el esquema valorativo propio de la Competencia Desleal, esto es, con base en el principio de competencia por eficiencia, dentro del Derecho de Marcas

de necesitar que se aprecien facetas de desvalor (al mercado) ajenas al ámbito de tutela de la marca[1082].

En el segundo supuesto, *sensu contrario*, de lo que se trata es de construir una infracción de marca a partir de la determinación de la existencia de una conducta de prevalimiento mediante la cual se obtiene una ventaja desleal, es decir, se trata de verificar la existencia de un aprovechamiento indebido de la reputación que, de darse, integraría parte del juicio de infracción marcaria. De esta forma, lo más razonable es entender que es necesario operar un juicio concurrencial de aprovechamiento de la reputación y, si dicho análisis resulta ser confirmatorio de la existencia de una infracción, en lugar de sancionarse como un tipo autónomo de Competencia Desleal, pasaría a integrarse dentro de un tipo más amplio de infracción marcaria[1083/1084]. La cuestión que resta por dilucidar en

---

1082 Se podría sostener la aplicación de las normas de Competencia Desleal, pero en una órbita alejada de la tutela puramente individual del competidor y más próxima al contexto *Antitrust*, como mecanismo de protección de la competencia (daños al mercado), o bien en el entorno de la protección de los consumidores, imbricada en el contexto contractual (y negocial) en el que se produce la transacción. Un buen ejemplo de ello es el engaño a consumidores del art. 20 LCD, aplicable de forma autónoma a la infracción marcaria

1083 Este resultado es natural si tenemos en cuenta que, tradicionalmente, la protección de la marca renombrada había sido materia propia de los regímenes de Competencia Desleal, para los que se había estatuido ya un sistema de valoración *ad hoc* de la afección a la reputación.

1084 Este proceder tenía como ventaja que a su mismo tiempo facilita la persecución de la conducta del intermediador que facilita la actividad infractora. Y es que como muy bien expuso CARBAJO CASCÓN F., "Las plataformas digitales ante la distribución de mercancías y el suministro de contenidos digitales ilícitos", *Revista de Derecho de la Competencia y la Distribución*, N.º 30, 2022, publicación digital, págs. 10-13, la vía marcaria parecía haber sido descartada por el

ese caso sería la de determinar si bajo la infracción de marca se castiga todo aprovechamiento de la reputación o solamente el aprovechamiento de aquella parte de reputación que la marca

---

TJUE como camino válido para lograr justificar una responsabilidad directa del intermediador en aquellos casos donde no intervenga prestando labores de asistencia activa o proactiva (almacenamiento, distribución, etc.), debiéndose recurrir, siguiendo los postulados del AG SZPUNAR, a una vía paralela con recurso al Derecho nacional. En este sentido, el profesor CARBAJO recurre con brillantez a las normas de Competencia Desleal, en particular, al ilícito de la cláusula general (art. 4 LCD). Siguiendo esta línea, pero desde nuestra óptica, sería posible considerar que el acto de aprovechamiento se constituiría en base de una doble infracción: para el usuario del servicio, una infracción del renombre de la marca por obtención de una ventaja desleal y, para el prestador del servicio podría anudar una responsabilidad indirecta, como colaborador necesario, en una conducta de aprovechamiento desleal de la reputación ajena, que podrá ser por imitación (art. 11.2 LCD) o de otro tipo (art. 12 LCD), según concurran los distintos hechos, pero facilitando en todo caso la posibilidad de anudar responsabilidad al prestador de servicios de referenciación o plataforma. Sin embargo, desde la STJUE de 22 de diciembre de 2022, Ass. C-148/21 y C.184/21, Caso Louboutin c. Amazon, pár. 54, se reconoce la responsabilidad marcaria directa a la plataforma de comercio en línea siempre que: 1) genere una impresión en el usuario informado de vinculación de signo y plataforma y 2) preste servicios de asistencia o complementarios a los infractores como, en particular el almacenamiento y envío de dichos productos. Aunque este supuesto limita con mucho la utilidad de cuanto hemos aquí vertido, mantendría, sin embargo, una vigencia residual en casos donde no se presten esas labores complementarias de facilitación activa de la inversión, esto es, cuando la actividad del prestador quede confinada a la neutralidad operativa.

es capaz de reflejar o comunicar, debiendo perseguirse el resto por la vía concurrencial[1085/1086].

En realidad, este esquema aplicativo constituye en sí mismo el reconocimiento de una cierta reciprocidad entre ambos sectores de normas, donde no solo habría que configurar el juicio de infracción de la marca en la previa deslealtad del aprovechamiento, sino que cuando hablamos de una desleal-

---

1085 En el fondo esta es una cuestión que deberá resolver la literatura especializada en el Derecho de Marca y en la naturaleza de la misma, por cuanto supone determinar, en primer lugar, si renombre y reputación constituyen circunstancias coincidentes. Bajo mi perspectiva habría argumentos suficientes para sostener que no se refieren al mismo cuerpo fenomenológico, por cuanto renombre parece ser una forma especialmente intensa de distintividad fundida con una potente implantación en el mercado, es decir, hablamos de fama, pero en el sentido de ser ampliamente conocida. En cambio, reputación se refiere más bien a las expectativas de calidad (buena o mala) que tiene a cada momento el público en el mercado. Esa reputación estará naturalmente vinculada a la marca, en el sentido de que esta invocará en la mente del consumidor determinados pensamientos (función condensadora del *Goodwill*). La cuestión, llegados a este punto pasa por dilucidar si la marca constituye la puerta de entrada a toda la reputación empresarial o solamente a una parte muy concreta de la llamada imagen de marca (en cuyo caso operamos una identificación Imagen-reputación como la que hizo SAMBUC T., "Tatbestand und Bewertung der Rufausbeutung durch Produktnachahmung", *GRUR*, cit. pág. 675). Si consideramos lo primero, el juicio de aprovechamiento desleal pasará a estar totalmente circunscrito dentro de la infracción de la marca, mientras que si nos alineamos con lo segundo, será posible concebir un espacio de aplicación autónoma, más allá del juicio de infracción de la marca, del que también forma parte.

1086 El TJUE deja esta puerta abierta de un modo implícito en el ámbito del *keyword-advertising*, siendo el TGUE mucho más explícito cuando trata desde la perspectiva marcaria un caso sobre registro de un look-alike. Cfr. STGUE de 28 de mayo de 2020, As. T-677/18, Caso Oreo.

tad ulterior a la imitación de la marca, el juicio de infracción marcario también se convierte en requisito *sine qua non* sobre el que apreciar la conducta conjunta de la cual se predica deslealtad[1087].

1.2. Sustitución del esquema de prioridad por una valoración del impacto concurrencial de la conducta

Salvedad hecha a la situación actual de progresiva "fusión" entre CD y Marca, corresponde ahora trazar el esquema básico sobre el que debe operarse el nuevo formato de juicio *ex ante*, a fin de valorar el encaje de la conducta, para lo cual debe partirse, como se ha venido haciendo, de un análisis funcional del juicio apriorístico de calificación de la conducta o juicio *ex ante*. Su finalidad esencial, ya lo vimos, es resolver el problema que trae consigo el hecho de que ambos sistemas de tutela se encuentren espejados o reflejados sobre un mismo objeto de análisis.

A la hora de trasladar esa situación de reflejo o espejo entre ambas disciplinas al esquema de círculos secantes, sin embargo, se nos plantea un problema adicional en el caso de una conducta potencialmente pluriofensiva, y es que habrá que determinar de antemano cuándo la conducta que pretendemos analizar desde la CD es materialmente distinta a aquella que no sería sino simple reflejo de la conducta prohibida por PI

[1087] Se trata, en ambos supuestos, de aquello que trataba de describir BÄRENFÄNGER J., *Das Spannungsfeld von Lauterkeitsrecht und Markenrecht unter dem neuen UWG. Symbiotische Theorie zum Kennzeichen- und Lauterkeitsrecht*, cit., pág. 191, cuando aludía a una simbiosis entre Derecho de Marca y Competencia Desleal, la cual determinaba la necesidad de entender las relaciones entre ambas no en términos de unidireccionalidad, sino de reciprocidad aplicativa, de forma que sea posible admitir dentro del Derecho de Marcas salvedades impuestas por la Competencia Desleal

– esto es, tiene unos perfiles y caracteres propios y distintos evaluables desde el prisma o espejo concurrencial – y cuándo el efecto espejo induce a identificar una dimensión concurrencial adicional o autónoma en la conducta que en realidad no es tal, sino un espejismo causado por la refracción de la conducta en ángulos de observación ligeramente diferentes.

Nos encontramos, pues, faltos de un sistema que permita atribuir la conducta a uno, otro o ambos sectores autónomos que integran los círculos secantes. Siendo, por tanto, necesario crear un criterio delimitador capaz de evitar contaminaciones cruzadas entre ambos tipos de enfoque jurídico[1088]. Para ello, debemos partir de la descripción funcional que operan los derechos de PI en cada caso, tomando la función que el sistema de mercado asigna a cada uno de estos derechos como punto de partida, a fin de delinear los contornos que caracterizan (y limitan) dicha protección.

La delimitación funcional nos proporciona, por tanto, un primer criterio exegético sobre el que operar la disociación entre el juicio de infracción del derecho exclusivo y el juicio autónomo de deslealtad concurrencial. Como expresamos durante el análisis funcional, en la mayoría de los casos, este simplemente protege frente a la imitación del producto como mecanismo de incentivo a la innovación y protección de la recuperación de la inversión, de modo que situaciones o intereses diversos a los centrados en proteger la inversión en sí, pueden dar lugar a una aplicación complementaria entre CD y PI.

Implícita en el paso anterior, se encuentra una valoración de los intereses afectados en juego. Es posible que una conducta infractora de un derecho de PI y que, por tanto, implica

---

[1088] Evitar, por ejemplo, el híbrido creado en la STS 95/2014, de 11 de marzo (Rec. 607/2012), Caso "*Bombay Sapphire*", de "distintividad competitiva".

una afección relevante a un determinado conjunto de intereses (los contemplados específicamente dentro del constructo funcional del derecho exclusivo), suponga a su vez un perjuicio para intereses adicionales contemplados en la normativa de CD. En este caso, su específica tutela podrá operarse mediante el recurso a la CD, mientras que los conflictos de intereses totalmente solapados entre ambas disciplinas tendrán que solventarse conforme al juicio de PI[1089]. De esta forma, un acto de infracción por imitación de un derecho de PI deberá perseguirse por la vía de la tutela inmaterial respecto del titular del derecho, pero no por ello se impide que un consumidor que ha sido inducido erróneamente a una transacción sobre la base de una incorrecta representación de la realidad inducida por el parecido de la imitación pueda acudir bajo el ilícito concurrencial de prácticas de engaño, por ejemplo[1090/1091].

1089 En una línea similar, analizando el supuesto de confusión del art. 6 LCD y, por tanto, en las relaciones entre signos distintivos y Competencia Desleal, MASSAGUER FUENTES J., *Comentario a la Ley de Competencia Desleal*, cit., pág. 170.

1090 En la misma vena, HENNING-BODEWIG F., “Das ungeklärte Verhältnis der IP-Rechte zum Lauterkeitsrecht”, cit., pág. 329, considerando que la tutela del consumidor y de los otros competidores no deben dejarse a la suerte de la decisión individual del titular de activas su protección exclusiva.

1091 En esta línea favorable a la expansividad consumerista de las normas de Competencia Desleal destacan los trabajos de CASADO NAVARRO A., “Conexiones axiológicas, funcionales y normativas entre el derecho de contratos y la normativa represora de la competencia desleal en las relaciones de consumo”, en MIRANDA SERRANO L. y PAGADOR LÓPEZ Javier, *Desafíos del Regulador mercantil en materia de contratación y competencia empresarial*, Marcial Pons, Madrid, 2021, págs. 427-442; del mismo “Consideraciones críticas sobre la opción del Real Decreto-ley 24/2021 de no incorporar medidas correctoras frente a las prácticas comerciales con consumidores”, *La Ley Mercantil*, N.º 88, 2022 (publicación en línea).

De esta forma, un sistema que atienda no solo a los límites funcionales, sino también al complejo de intereses afectados por la práctica en cuestión, determinando cuáles se encuentran tutelados específicamente por una y otra institución, resulta conforme al modelo establecido por la Dir. 2005/29/CE. Con tal sistema se está reconociendo, por un lado, la autonomía del Derecho de la Competencia Desleal, que permite la tutela independiente de intereses del consumidor, a la par que se habilita, por el otro, una suficiente claridad con respecto a cuándo los intereses de los competidores (verdadero centro de gravedad del problema de la interacción) pueden ser concurrencialmente protegidos, y ello, sin eliminar la autonomía de la CD en el sentido de convertirla en un sistema de tutela expansiva del consumidor[1092].

Centrándonos propiamente en la tutela de los intereses de los competidores, concluíamos el estudio del sistema vigente considerando que está justificada la tutela de sus intereses cuando concurran circunstancias desleales diferentes a las te-

1092 El problema en el caso del consumidor se transforma en uno de legitimación: quién tiene la capacidad para interceder en la defensa de los intereses del consumidor, más allá, obviamente, del propio consumidor afectado. Hasta época reciente (ya se vio) en Alemania el consumidor carecía de legitimación individual. El núcleo duro de la problemática pasaría por determinar si un competidor afectado (sea titular de un derecho subjetivo o no) tendría legitimación para reclamar alegando vulneración de los tipos de tutela del consumidor de la LCD. De acuerdo a la mejor doctrina la legitimación en la Ley española no estaría sometida a ningún tipo de restricción en este sentido. Cfr. BERCÓVITZ RODRÍGUEZ-CANO A., *Apuntes de Derecho Mercantil*, cit., pág. 442; en el mismo sentido PÉREZ BENÍTEZ J. J. y GARCÍA-CHAMÓN CERVERA E., "La Competencia Desleal (II). Acciones y procedimiento. Falseamiento de la Competencia" en CARBAJO CASCÓN F. *Manual Práctico de Derecho de la Competencia*, cit., págs.414-452, pág. 427.

nidas en cuenta por el juicio de infracción PI[1093], expresadas en el sistema de CD a través de los grupos de casos especiales. Fundamentalmente, destacan la confusión sobre el origen (fuera del ámbito de la marca) y el aprovechamiento de la reputación ajena. El modelo de ordenación y calificación *ex ante* propuesto aquí, permite no limitar el número de circunstancias potencialmente relevantes para el Derecho de CD[1094], y ello porque, en realidad, el sistema que sí cuenta con un conjunto de circunstancias limitadas justificantes de su protección es la PI; la CD, como Derecho centrado en el mercado y como sistema flexible con recurso a una cláusula general sancionadora, capaz de abarcar toda conducta que tenga lugar en el mercado y susceptible de calificarse como contraria a la buena fe objetiva, tiene un potencial ilimitado de intervención, siempre que se garanticen dos circunstancias en dos momentos cronológicos distintos: en primer lugar, que el complejo de intereses que subyace a la aplicación de la CD sea materialmente diferente al que subyace al juicio de infracción (resulte fallido o exitoso), esto es, una autonomía objetiva que habilita la aplicación de la CD en vía de principio; en segundo lugar, que la protección que se ofrezca desde el ámbito de la CD no socave aspectos legalmente reservados a la valoración en sede de PI, esto es, el respeto a los límites del derecho de PI a la hora de aplicar la CD de forma efectiva[1095], lo cual, adquirirá importancia en un

---

1093 Lo que en nuestro esquema se respeta a partir de la valoración funcional de la protección exclusiva.

1094 Así, por ejemplo la SAP Barcelona, sección 15ª, núm. 654/2019 de 5 abril de 2019, (Rec. 1086/2018), valora en un contexto de complementariedad relativa de protecciones la posibilidad de aplicar el art. 14.2 LCD sobre inducción a la infracción contractual.

1095 De esta forma, la proscripción de socavación de la normativa especial, que importamos del modelo alemán, tiene lugar, pero una vez determinada *ex ante* la aplicabilidad autónoma de las normas de Competencia Desleal, deslinando así la aplicación potencial de la material, de forma que, bajo este sistema, es posible hablar de una

momento necesariamente posterior a la calificación inicial de hechos.

Ninguno de los dos momentos analíticos es prescindible. La valoración de los intereses en juego parece ser el elemento clave en la distinción, pero en realidad, el juicio funcional aporta un valor delimitador, al menos, equivalente. Bajo el juicio funcional lo que se trata de determinar son los contornos de la protección desde un punto de vista objetivo, por contraposición al juicio de intereses de naturaleza más bien subjetiva. De esta forma, es posible que, aunque los intereses en juego sean los mismos, la CD resulte aplicable por responder a razones funcionalmente diferentes o ajenas al juicio de exclusiva. Esto ocurrirá, sobre todo, en el ámbito marcario, donde hay una coincidencia de intereses mucho más acusada[1096], pero está presente también en la tutela concurrencial a aspectos funcionales no protegidos en el esquema actual de la PI, como la función simbólica[1097] de determinadas creaciones intelectuales, algunas marcarias, otras meramente estéticas[1098].

---

aplicación potencial de las normas de Competencia Desleal que, sin embargo, por suponer una contradicción sistemática con la *ratio* subyacente a un límite de un derecho exclusivo, queda, sin embargo descartada *in concreto.*

1096 De esta forma, las legislación de marcas se aplica al perjuicio individual sufrido por el titular de la marca en tanto que "dueño" de la misma. En cambio, los perjuicios experimentados como competidor, así como los generados externamente al mercado y manifestados en el daño a terceros competidores y, eventualmente, a consumidores, corresponderá a las normas de Competencia Desleal.

1097 Reconocida, como ya se vio, de un modo muy claro por HEEP S., *Lauterkeitsrechtliche Schutz vor Herkunftstäuschung (§4 nr.9 lit . a UWG und Rufausbeutung (§4 nr. 9 lit. b, 1, alt UWG) im Verhältnis zum Geschmacksmuster- und Kennzeichenrecht,* cit., pág. 31.

1098 Un debate por completo distinto es si dicha función simbólica debe tutelarse o por el contrario no. A mi modo de ver en la medida en que es una realidad existente en el mercado, la normativa que

Mediante el recurso al análisis de estas dos vertientes, el juicio *ex ante* deja de ser un juicio apriorístico centrado en una preferencia aplicativa preconcebida, para ser un juicio orientado hacia la mejor precisión aplicativa, garante de una respuesta correcta tanto desde el punto de vista de la eficiencia (estática y dinámica) en el mercado, como desde la óptica centrada en la justicia material para el conjunto de intereses implicado. De esta forma, la exclusión solamente se produce cuando los mismos elementos objetivos afecten a unos mismos intereses[1099], de forma que, entonces sí, la prioridad pueda atribuirse sobre la base de una mayor precisión o mejor posición del Derecho de PI para dar respuesta al asunto desde la particular posición del competidor-titular, sin prejuzgar de un modo genérico si la PI debe valorarse como prioritaria en todo caso y tratando de evitar una aplicación en dos fases, tiempos o compases, que, como se ha expuesto, trae como único resultado condicionar el juicio que tiene lugar en segundo momento al resultado del primero, haciendo un juicio concurrencial en función del inmaterial que se haya en cada caso podido operar. Todo ello, además, en una perspectiva que sobredimensiona la noción de solapamiento y de redundancia aplicativa y de tutela.

Representando de un modo más visual lo que implica esta modalidad de juicio *ex ante* de impacto concurrencial, puede concebirse orientada a trazar un (tercer) círculo, un área fácticamente condicionada donde interviene perjudicialmente la conducta enjuiciada, y, sobre ella, se aplica el resultado de la combinación de criterios funcionales y de la adecuada representación de intereses relevantes. A partir de ahí, el aplicador

---

lo regula debe darle algún tipo de reconocimiento, pues ignorarlo previsiblemente traerá más inconvenientes que beneficios en lo que respecta a lograr un funcionamiento eficiente del mismo.

1099 Tal y como manda MASSAGUER FUENTES J., *Comentario a la Ley de Competencia Desleal*, cit., pág. 84.

dispone sobre ese "entorno" la conducta competitiva que debe valorar de manera detallada. De esta forma, es probable que la conducta no sea un único punto, sino que se componga de un "punto de impacto" y una suerte de "colateral", conformado por las consecuencias que de ella derivan. En la medida en que todas o parte de las consecuencias sobrepasen los límites funcionales que hemos trazado sobre el derecho de exclusiva, será posible el recurso a otras ramas del OJ, incluida la CD. Pero para que, finalmente, la CD sea un sector relevante, deberá hacerse lo propio y verificar si la conducta o alguna de sus ramificaciones entra dentro del ámbito de aplicación típico de la norma.

Todo ello, naturalmente operado, no sobre el vacío de la abstracción, sino atendiendo al contexto de mercado en el que tiene lugar la conducta. Lo que implica la necesidad de valorar cómo dicho comportamiento afecta, no ya desde un punto de vista normativo al competidor, sino qué efectos materiales tiene con respecto a su lugar en el mercado, esto es, su posición competitiva relativa[1100]. De esta forma, podemos encontrarnos con una pluralidad de escenarios diferentes de conductas que refiriéndose a un derecho de PI afectan al mercado de un modo relevante. En concreto, identificamos, al menos, cuatro escenarios distintos sobre cómo esa determinada conducta puede impactar entre ambos círculos. Veámoslo con mayor detenimiento.

1.3. Cuatro escenarios posibles de complementariedad: la afección a la posición competitiva

Los escenarios que a partir de un estudio jurisprudencial exhaustivo se han podido detectar, responden fundamental-

[1100] De nuevo, no considerada como un objeto de protección en sí mismo, sino en tanto que elemento del mercado.

mente a uno de cuatro modelos de interacción posibles. Para el despliegue de cada escenario, en la medida en que nos centramos en los intereses del competidor, hay que partir de una distinción previa entre el elemento competitivo protegido (potencialmente) mediante un derecho exclusivo y la posición que el competidor titular de dicho elemento competitivo ostenta en el mercado[1101].

Todo acto enjuiciable desde la perspectiva de la CD supondrá para el competidor una afectación relevante[1102] a su posición competitiva en el mercado. Tanto los actos de parasitismo,

---

1101 De posición competitiva habla la SAP de Valencia, Sección 8ª, de 5 de mayo de 1993 (Caso Vidal Sassoon). La posición competitiva puede estar integrada al margen de un derecho de PI (el caso de la reputación en el mercado al que acabamos de hacer referencia) o puede sustentarse *sensu contrario* sobre uno o una pluralidad de derechos de PI. La afección a la posición en el mercado puede a su vez, en este segundo escenario, producirse de forma autónoma a la afección a los derechos de PI, o puede derivar de ella y, en este contexto, a su vez, podríamos distinguir entre la infracción medial de la exclusiva como forma de afectar a la posición competitiva o el ataque a la posición competitiva del que la infracción de los derechos es simplemente una consecuencia.

1102 Recordemos que junto con el moderno entendimiento institucional de la Competencia Desleal, esta deja de poder usarse para reprimir prácticas comerciales meramente incómodas (CARBAJO CASCÓN F. "La Competencia Desleal (I). Cláusula general e ilícitos por Competencia Desleal. La Publicidad Comercial Desleal" cit., pág. 345), pues la concepción funcional para la competencia del Derecho contra la Competencia Desleal (*Wettbewerbsfunktionalität*) impuesta por el enfoque "*more economic approach*" seguido en la Unión (Cfr. PODSZUN R., "Der more economic approach im Lauterkeitsrecht", *WRP*, cit., pág. 516) obliga a garantizar, al menos, una coincidencia entre el componente ético irrenunciable (Cfr. HENNING-BODEWIG F., "Enforcement im deutschen und europäischen Lauterkeitsrecht", *WRP*, cit., págs. 669 y 670) y los efectos de la competencia en el mercado (Cfr. NEMECZEK H., "Wettbewerbsfunktionalität und unan-

como los actos de obstrucción que es posible articular a través de la imitación, afectan a la posición competitiva que el imitado tiene a cada momento. La protección de esa posición competitiva es una tarea que asume indirectamente la CD, a través de la garantía de suficiente transparencia en el mercado, que permite a su vez, partiendo del principio de competencia por eficiencia, asegurar que la posición competitiva conquistada en el mercado responde a la bondad de las prestaciones del empresario que la ostenta, lo que implica, en última instancia, que es correlato del esfuerzo empresarial del concreto competidor[1103].

A su vez, la posición competitiva se sustenta sobre la base de una serie de puntos de acción estructurales a través de los cuales el competidor canaliza su estrategia en el mercado, que vamos a denominar elementos competitivos. Muchos de esos elementos competitivos, precisamente, cuentan con protección desde la perspectiva del derecho de PI. Por tanto, en la aplicación del juicio *ex ante* al caso, el primer paso consistirá en la determinación de aquellos elementos o valores sobre los que se sustenta la concreta posición competitiva afectada, identificando si dichos elementos: son protegibles bajo el paradigma de algún derecho exclusivo; y si están concretamente protegidos en el caso en cuestión[1104].

---

gemessene Rufausbeutung gem. § 4 Nr.9 lit.b Alt. 1 UWG", *WRP*, cit., *passim*, en especial pág. 1029).

1103 Este sería, *rectius*, el único contenido protegido de la posición competitiva, que aparece en tanto que elemento relevante del funcionamiento del mercado.

1104 Se puede apreciar una cierta similitud con la SAP de Madrid, Sección 28ª núm. 338/2018, de 8 de junio (Rec. 577/2016), pero aquí es donde opera la diferencia de perspectiva analítica. Mientras el juzgador en la sentencia comentada se centra en valorar si la protección es adecuada desde el punto de vista del titular registral del derecho exclusivo, lo que aquí se trata de valorar es, si al margen de

Si la respuesta a esa primera pregunta es negativa, en el sentido de no encontrarse los valores competitivos afectados debidamente protegidos, entonces el impacto concurrencial de la conducta sobre el ámbito de los derechos exclusivos es nulo y, por tanto, la CD puede entrar a conocer del asunto con las limitaciones que seguidamente veremos. En lo que se refiere a la pregunta de si están concretamente protegidos, esta resulta más relevante, ya que supone no solo valorar si se han seguido todos los pasos para activar la protección exclusiva correspondiente (en muchos casos el procedimiento formal de registro), sino también si, siendo aplicable la concreta tutela inmaterial, el impacto de la conducta recae de un modo exclusivo dentro de los confines de la protección inmaterial o habría una afectación a la posición competitiva que vaya más allá de lo legalmente protegido por las normas de PI, habilitando entonces el recurso a la normativa de tutela concurrencial.

Se trata, así, de valorar la trascendencia para el mercado que tiene dicha conducta *extramuros* de los contornos funcionales de la protección. De esta forma, podemos encontrarnos hasta cuatro escenarios diferentes a valorar.

1.3.1. Daño al Derecho de Propiedad Intelectual y perjuicio adicional a la posición competitiva no tutelada por este.

Este caso será, previsiblemente, el escenario prototípicamente más complejo para resolver desde la perspectiva judicial. Una vez identificado o identificados los elementos com-

---

la protección inmaterial, la conducta afecta a la posición competitiva que dicho sujeto ostenta en el mercado, de forma o en facetas diferentes a las relevantes para la legislación de PI. Este segundo análisis no analiza solamente la afección a intereses individuales del reclamante, sino de todos los intereses del mercado, habiendo, por tanto, al menos, dos elementos diferenciales a este respecto.

petitivos básicos en la posición competitiva afectada y una vez delimitado cuáles de estos se ven afectados, el juicio *ex ante* de impacto concurrencial revela que, aunque efectivamente hay una infracción apreciable desde el punto de vista de la exclusiva, hay efectos colaterales relevantes para el Derecho de la Competencia Desleal. Especialmente relevante para estos casos son los supuestos de imitación obstruccionista.

Pongamos un ejemplo para entender mejor la situación. Pensemos en una patente sobre un mecanismo de pliegue de una tumbona reclinable. Comercializada la tumbona, un imitador copia por equivalente el sistema de pliegue patentado, cambiando únicamente la forma exterior que recubre las piezas y el punto de pliegue, pero copiando de modo esencial el sistema de cierre. En este caso, resulta evidente que el juicio de impacto concurrencial va a determinar infracción del derecho de PI. Ahora bien, no acaban ahí las implicaciones del caso: como consecuencia de los cambios introducidos, fundamentalmente por un abaratamiento de los materiales utilizados, el sistema de pliegue imitador funciona peor, y en ocasiones puede doblarse de forma súbita mientras está siendo utilizado.

Quien compró la tumbona reclinable pensando en que el sistema de pliegue era confiable, no solo va a haber comprobado que no lo es, sino que, en lugar de achacar el problema a la peor calidad de la tumbona de imitación va a culpar de esos problemas al diseño patentado del otro competidor, de forma que esos problemas de calidad, va a transferirlos a la tumbona original, provocando una transferencia de imagen perjudicial para el fabricante pionero. De esta forma, como consecuencia de la infracción de una patente, se produce, además del efecto parasitario inicial de la reputación de la tumbona original, un efecto desacreditador de la imagen del producto copiado, de tal manera que su reputación se ve afectada[1105].

Aplicando la valoración *ex ante,* el perjuicio reputacional que sufre el pionero en este caso no entra dentro del contexto funcional de la patente, sino que su tutela corresponde a la corrección del devenir del mercado y, por tanto, es un elemento que enjuiciar desde el punto de vista de la CD[1106].

Lo normal, sin embargo, es que tengamos involucrada, además, una marca a través de la cual se comercializa el producto. Por ello, vamos a plantear el mismo supuesto, pero aquí el producto se comercializa bajo una misma marca hasta un determinado momento[1107]. Aquí habrá que distinguir dos casos diferentes a su vez: en el primero, la marca utilizada por el imitador infringe la previa por inducir a confusión; en el segundo, las marcas son suficientemente diferentes.

En el primer supuesto, habría que sumar a la infracción de la patente, una infracción de la marca. No obstante, los efectos concurrenciales de la conducta siguen siendo los mismos,

---

1105 Esta es una cuestión que la legislación española de PI ha internalizado por medio de dos acciones diferentes aunque a menudo confundidas entre sí, estamos hablando de la acción por desprestigio y la acción por daño moral, como ya se vio supra.

1106 Este es un caso donde el juicio *ex ante* de impacto concurrencial nos permite determinar no solo dónde se debe atribuir el peso de la conducta, sino comprobar también que, en este caso, los efectos de esta son híbridos, en el sentido de comenzar en la infracción al derecho de PI y extenderse hacia la desestabilización del competidor en el mercado

1107 Un caso similar se plantea en la sentencia del BGH GRUR 2007, 984, Gartenliege, donde el fabricante de unas tumbonas reclinables que había venido distribuyendo bajo la marca Tchibo en una colaboración entre ambos empresarios, terminada la relación demanda a Tchibo por continuar comerciando con su marca tumbonas idénticas o similares a las que él fabricaba.

o quizá no. Todo depende en este caso del contorno funcional del que dotemos al derecho de marca. De esta forma, si entendemos que la marca abarca el daño a la reputación del producto, esta pasaría a sustituir, desplazaría, a la norma de CD, que se integraría, dado el caso, como parte del juicio de infracción de marca. En cambio, si entendemos que la imagen de marca y la imagen del producto son dos elementos distintos, podremos identificar dos daños reputacionales diversos: el que experimenta el pionero imitado derivado de la infracción marcaria aunada a la infracción de la patente (juicio de infracción de marca) y que se concentraría en la generación de confusión entre los respectivos productos y el que experimenta el producto o incluso el empresario pionero, derivado no ya de la infracción de la patente, sino de la confusión inducida por la infracción de la marca, que refuerza la transferencia de imagen. De esta forma, los efectos desleales sobre la reputación podrían ser más intensos, pues no solamente son fruto de la asociación mental, operada por el consumidor afectado, de que todas las tumbonas con el mismo sistema de pliegue son iguales y fallan de la misma manera, sino que dicha asociación, en este caso, se reduce a pensar que todas las tumbonas de ese concreto fabricante utilizan un mal sistema de pliegue y fallan. En este caso, habría una mayor intensidad en el perjuicio que el derecho de marca difícilmente podría captar.

1.3.2. Daño al derecho de Propiedad Intelectual y perjuicio a la posición competitiva tutelada en todo o en parte por las normas de exclusiva.

Este segundo escenario, por el contrario, resulta aquel con una solución más sencilla. En este caso nos encontramos con la afección a un elemento competitivo protegido por derecho exclusiva, siendo el daño a la posición competitiva mero reflejo del producido al derecho exclusivo. Es decir, no habría a priori efecto adicional más allá de la propia imitación.

Como ejemplo de esta tipología de complementariedad cabría pensar en la imitación de una carrocería de un vehículo para otro modelo de vehículo distinto, por parte de otro fabricante. En este caso, evidentemente hay una infracción del diseño industrial, pero no hay *per se* un elemento adicional que favorezca la confusión o aprovechamiento de la reputación, ni tampoco habría tintes obstruccionistas. En realidad, aquí encontramos una simple imitación, que podría ser concebida como desleal en el sentido de suponer un aprovechamiento del esfuerzo creativo ajeno, pero que, en realidad, está ya suficientemente tutelada desde el punto de vista del competidor por la vía de Diseño Industrial. Aquí, el juicio de deslealtad no aporta ningún contenido adicional y, de admitirse, simplemente constituiría una valoración a mayor abundamiento, sin ningún tipo de incidencia económica, por ejemplo, en términos de indemnización.

En cambio, si la imitación no fuese para un vehículo nuevo, sino que en realidad lo que se vendiese fuera la pieza de carrocería imitada, con objeto de que los titulares de un modelo de vehículo diferente, de peor gama, pudieran "disfrazar" su vehículo para que pareciese el de mejor gama[1108], aquí ya no hablaríamos simplemente de una imitación relevante para el derecho exclusivo, sino que se puede apreciar un componente parasitario adicional, que pretende explotar el parecido de un modelo de coche barato a otro de mejor gama para comercializar unos kits que, infringiendo un derecho de Diseño Industrial, permiten simular frente a terceros ser el dueño de un vehículo mucho mejor de lo que en realidad es[1109]. De

---

[1108] Supuesto al que se da respuesta en Decisión del Tribunal de Apelación del Sexto circuito, Ferrari, Vs. Roberts, *Ferrari S.P.A v. Roberts*, 944 F.2d 1235 (6th Cir. 1991).

[1109] Se puede apreciar en este caso un cierto parecido a los efectos de la conducta imitativa en la sentencia BGH GRUR 1985, 876, caso

esta forma, la conducta escapa parcialmente al juicio clásico de infracción de DI, centrado en la imitación en sí, debiendo valorarse desde la CD si, efectivamente, la imitación infractora del diseño produce el efecto de lograr confundir a terceros sobre el origen del producto que exhibe el comprador y, en esa medida, constituye un acto de aprovechamiento indebido, al basarse la demanda de la pieza de carrocería no en su valor objetivo, sino en el valor que tiene en tanto que guarda parecido a otro vehículo de un fabricante ajeno, o si por el contrario falta suficiente intensidad en dicho efecto.

En este segundo caso, resulta evidente la necesidad de valorar la conducta no ya desde un único aspecto de infracción inmaterial, lo que nos ubicaría en un escenario tipo del primer supuesto: daño a un derecho exclusivo con afección adicional a la posición competitiva no tutelada. La pregunta que se planteaba en el litigio, *Ferrari S.P.A v. Roberts*, 944 F.2d 1235 (6th Cir. 1991) es si, finalizado el periodo de protección del diseño industrial (*design patent* en el caso original), pero habiéndose convertido el vehículo imitado en una referencia para el mercado automovilístico, la conducta podría ser considerada desleal. El acto de aprovechamiento de la reputación ajena sería autónomo respecto a la existencia de un valor estético en el producto[1110], lo que aconseja mantener la protección concu-

---

Tchibo/Rolex, donde el valor del reloj de imitación comercializado por Tchibo derivaba de su capacidad para engañar a terceros sobre su origen empresarial, induciéndoles a pensar que se trataba de un Rolex auténtico.

1110 Es decir, el Diseño Industrial no acoge funcionalmente la tutela del prestigio o reputación que se pueda llegar a comunicar por medio de la forma estética protegida. Ello es coherente con su protección como elemento de Marketing (Cfr. MAIERHÖFER CH., *Geschmacksmusterschutz und UWG-Leistungsschutz: Ein Vergleich unter Berücksichtigung des Konkurrenzverhältnisses*, cit. págs. 10 y 11; en este mismo sentido KUR A. y LEVIN M., "The Design Approach Revisited: bac-

rrencial en tanto que subsista ese valor reputacional relevante para el mercado, asociado al modelo (tradicionalmente en la forma de singularidad competitiva, aunque como ya vimos, el concepto es prescindible[1111]). Si aplicáramos una prohibición de imitación se daría, sin embargo, el absurdo de que se estaría prohibiendo por desleal la venta de estos kits para modificar vehículos, pero se estaría permitiendo comercializar piezas de repuesto idénticas al diseño hasta ahora protegido para el vehículo original. Por ello, a falta de un interés comercial superior que justifique, tras un máximo de 25 años que dura la protección por diseño, la necesidad de ofrecer una tutela concurrencial[1112], entiendo que el límite temporal de la protección fijado para el DI debe primar en este caso, limitando la protección concurrencial más allá de la duración temporal del derecho exclusivo. De la misma forma, estando vigente el derecho de Diseño Industrial, pero habiendo cesado ya la distribución del vehículo original, la composición de intereses (o más bien su falta de vigencia) condicionarían una respuesta concurrencial favorable a la no sanción de la conducta[1113].

---

kground and meaning", cit., pág. 7) donde se pretende la tutela del diseño como coadyuvante a la venta y no como indicador.

1111 BEATER A., *Nachahmen im Wettbewerb*, cit., pág. 96; KRUG A., *Der lauterkeitsrechtliche Nachahmungsschutz bei technischen Gestaltungsmerkmalen im Kontext des Immaterialgüterrechts*, cit., pág. 191.

1112 Por ejemplo, el vehículo cuya carrocería se imita continúa siendo comercializado y fabricado por el titular original del diseño.

1113 Aquí podría hablarse de lo que BÄRENFÄNGER J., *Das Spannungsfeld von Lauterkeitsrecht und Markenrecht unter dem neuen UWG. Symbiotische Theorie zum Kennzeichen- und Lauterkeitsrecht*, cit., pág. 191, identifica como de "salvedad" o límite concurrencial al ámbito de tutela del derecho exclusivo vigente (en el caso concreto, él se refiere al Derecho de Marca), pero su teoría se presenta como extrapolable a todo tipo de derechos de PI (Cfr. BÄRENFÄNGER J., "Symbiotische Theorie zum Kennzeichen- und Lauterkeitsrecht. Teil 1, WRP, cit., pág. 28).

1.3.3. El daño producido al derecho de Propiedad Intelectual es consecuencia de una conducta concurrencial desleal mayor.

Este tercer escenario, toma como paradigma, aunque no se ciñe exclusivamente, a la conducta de imitación sistemática. La imitación sistemática se caracteriza por ser una conducta imitativa individual pero reiterada que se orienta a la expulsión de un competidor en el mercado[1114], a través de una copia sistemática de todas o buena parte de las prestaciones ajenas, aunada a una competencia por precio que impide amortizar la inversión inicial[1115]. Se trata del paradigma de una conducta desleal que trasciende la deslealtad de cada uno de los actos concretos que la componen. De la misma forma, sería posible concebir que actos imitadores de marcas, diseños, patentes, y cuantos otros derechos de PI quiera pensarse, realizados de un modo sistemático, revelador de una indubitable intención obstruccionista, deban valorarse no solamente desde la perspectiva de cada uno de los concretos derechos afectados, sino también desde la propia deslealtad ínsita a los efectos de perjudicar y potencialmente expulsar a un competidor del mercado.

Igualmente, como se apuntaba en la segunda hipótesis del primer escenario, también sería posible atender en esta tercera constelación de casos de complementariedad a una valoración de los efectos desleales causados por la infracción de varios derechos de PI de forma no sistemática. En este sentido, hay que tener en cuenta que los daños en casos de infracciones múltiples no son simplemente resultado de la suma del daño individual sufrido por cada una de las imitaciones, sino que, entre ellas, las infracciones producen efectos sinérgicos, lo que

---

[1114] DOMINGUEZ PÉREZ E. M., *Competencia Desleal a través de actos de imitación sistemática*, cit., pág. 278.

[1115] GÖTTING H.P., "Wettbewerbsrechtlicher Leistungsschutz (§4 Nr.9)", en FEZER K.H., *Lauterkeitsrecht. Kommentar zum Gesetz gegen den unlauteren Wettbewerb*, cit., pág. 1182.

puede incrementar la dimensión del perjuicio generado. En estos escenarios, los sistemas de tutela de los derechos concretamente afectados no están en posición de valorar los daños derivados de dicha sinergia o retroalimentación, sino que ello más bien se recoge de mejor manera a través de una valoración general de la conducta, que tendrá por efecto un aprovechamiento o perjuicio indebidos de la reputación[1116] del otro competidor.

Debe en este caso guardarse debida cautela de que los diferentes operadores no traten de acumular una pluralidad de prácticas imitadoras, urdiendo una suerte de conducta ulterior con el único objeto de incrementar la reclamación por daños. Por ello deberá valorarse con especial cuidado en qué medida las alegaciones de este tipo responden a la situación real de afección a una posición competitiva más allá de los derechos de PI lesionados y cuáles tienen un mero propósito extensivo de la protección.

En todo caso, debe reconocerse la posibilidad de que un acto de imitación a gran escala esté compuesto de pequeños

---

1116 Es posible apreciar que en la mayoría de supuestos, la cuestión se reconduce a la reputación o crédito del que goza el competidor en el mercado, alejándonos así de la inversión o innovación y aproximándonos paulatinamente a una vertiente del mercado de naturaleza informativa. En este sentido, consideramos que la reputación es un fenómeno fáctico (no jurídico), interpretable como resultado de una inversión empresarial, aunque más bien es resultado natural del saber hacer y la operativa del sujeto reputado en el mercado. Su naturaleza sería no unívoca sino recepticia, por cuanto se compone también de un componente ajeno al empresarial, conformado por la impresión general del tráfico al respecto. En esa medida se podría considerar como un bien inmaterial comercial, similar a la clientela e intrínsecamente vinculado a ella, que debe quedar expuesto a los embates del mercado y, por ello, no resultaría ni tutelable ni reducible a la categoría de los derechos de PI.

actos de infracción de uno o varios derechos exclusivos protegidos. De no aceptar la autonomía e interdependencia de ambas disciplinas, como ocurre hoy por hoy tanto el ordenamiento español, como, en cierta forma, en el alemán, una práctica imitadora de este tipo resulta inapreciable. Todo lo más podría valorarse en la forma de imitación sistemática si se cumplieran los requisitos de planificación[1117] y efectos competitivos excluyentes.

1.3.4. El perjuicio concurrencial de una posición competitiva ausente la infracción del derecho de Propiedad Intelectual.

La última de las situaciones posibles a tratar es la relativa al impacto de la conducta sobre una posición competitiva no sustentada sobre derecho de PI alguno. En este caso nos encontramos con una conducta en la que el propio impacto concurrencial se encuentra exclusivamente dentro del espacio reservado a la CD, pero puede que no totalmente fuera del contexto funcional del derecho de PI. Es decir, se trata de una conducta netamente concurrencial, a la que solo resulta aplicable, en puridad, el Derecho contra los actos desleales y ello pese a que la situación pueda guardar la suficiente concomitancia con la legislación de los derechos exclusivos como para que una valoración apriorística no descarte su implicación.

Uno de los supuestos más típicos de este tipo de conductas es la de imitar productos o aspectos no protegidos mediante un derecho exclusivo. El riesgo en este supuesto y, por tanto,

---

[1117] BGH GRUR 1960, 244, Simili-Schmuck; BGH GRUR 1986, 673, Kunstoffzähne; BGHZ 60, 168, Modeneuheit; BGH GRUR 1988, 308 Hemdblusenkleid; BGH GRUR 1996, 212, Vakuumpumpen; BGH GRUR 1999, 923, Tele-Info-CD; en este mismo sentido MASSAGUER FUENTES J., *Comentario a la Ley de Competencia Desleal*, cit., pág. 360.

la fuente de problematicidad tiene que ver con su diferenciación respecto de la que hemos denominado función pretorial, rejuvenecedora[1118], incubadora[1119] o marcapasos[1120] de la CD, que el TS resume como la "creación de derechos en lugar de"[1121/1122]. Teniendo en cuenta que el contexto de incertidumbre impuesto por la incapacidad predictiva sobre los efectos económicos dinámicos que la protección de un nuevo derecho exclusivo puede traer en el mercado[1123], así como el hecho de

---

1118 FEZER K.H., Markenrecht. Kommentar zum Markengesetz, zur Pariser Verbandsübereinkunft und zum Madrider Markenabkommen. Dokumentation des nationalen, europäischen und internationalen Kennzeichenrechts, § 2, cit., pág. 43.

1119 KUR A., "What to protect, and how? Unfair Competition, Intellectual Property, or protection *sui generis*", cit., pág, 19.

1120 ULMER E., *Urheber-und Verlagsrecht*, cit., pág. 40.

1121 STS 2727/2008, de 20 de mayo (Rec. 1216/2001).

1122 Como vimos anteriormente, la necesidad de flexibilidad de los mercados se impone necesariamente a las perspectivas formalistas que proclaman una limitación de la protección PI en forma de *numerus clausus*. Una limitación de tal tipo no es ni realista ni conveniente. Irreal por razones obvias de necesidad de abarcar desarrollos futuros en un contexto de mercado y tecnológico evolutivos. Inconveniente porque al no permitir recurso a la fuerza creativa de un nuevo derecho, los operadores se ven obligados a forzar su encaje en figuras preexistentes, surgiendo el riesgo de romper las costuras de los derechos existentes al embutir bienes inmateriales para los que no estaban preparados, como ocurrió, por ejemplo, en el Derecho de Autor con la incorporación de los programas de ordenador. Sobre la última cuestión cfr. KARJALA S.D., "Copyright, Computer Software and the New Protectionism", *Jurimetrics*, cit., pág. 38; en una línea similar GHIDINI G., *Innovation, competition and consumer welfare in Intellectual Property Law*, cit., pág. 139.

1123 Ante situaciones de incertidumbre, el análisis económico dinámico recomienda por aquella opción que mantiene a la Sociedad con mayor margen de maniobra y adaptación. Cfr. DRIESEN D.M., *The economic Dynamics of Law*, cit., pág. 58.

que los operadores se adaptan rápidamente a los incrementos de protección, pero responden muy negativamente a la rebaja del nivel de tutela[1124], la creación de nuevos derechos de PI aconseja actuar con especial respeto al principio de prudencia, creando legislación especial solo ante la constatación de una necesidad de mercado claramente manifiesta.

La creación legal de nuevos derechos exclusivos (y también la reforma de los ya existentes) requiere, en síntesis, tiempo. Un tiempo que, a menudo, el mercado no concede, planteándole al legislador una elección entre dos alternativas: la creación de una institución que asigne derechos y permita la creación de un mercado ordenado; o bien operar bajo condiciones naturales de mercado, en circunstancias de incertidumbre, con el consiguiente riesgo sistémico de colapso. La Competencia Desleal, en esa labor de conexión y de uniformización de las dinámicas existentes entre Competencia y Propiedad Intelectual, puede favorecer una solución intermedia y transitoria a este problema.

De esta forma, sería posible ofrecer una tutela *ad hoc*, hasta que la decisión legal sobre la necesidad de una protección se haya clarificado. La flexibilidad de este sistema permite conservar el incentivo a crear y ordenar el incipiente mercado, garantizando su preservación, sin comprometer a cambio las opciones legislativas en el sentido de obligar a un nivel de tutela ulterior. Podría permitir, incluso, ensayar la operativa del mercado condicionado bajo un sistema de tutela inmaterial, y extraer perspectivas sobre el grado de intensidad necesario o más adecuado para la protección futura. Posteriormente, una vez tomada una decisión legal, la CD se retirará del núcleo de

---

1124 KUR A., "What to protect, and how? Unfair Competition, Intellectual Property, or protection *sui generis*", cit., pág.29.

tutela para, desgajados ambos círculos, mantenerse finalmente unidos a través una zona de intersección[1125].

Al margen de la aplicación pretorial nos encontramos ante un segundo ámbito identificable, de aplicación autónoma de la CD. En este segundo grupo se incluyen todos aquellos casos en que la tutela se aplica conforme a sus propios presupuestos, distintos de aquellos que inspiran la lógica de los derechos exclusivos. Aquí la CD se aplica con ánimo de permanencia y no *in itinere*, como en el caso anterior. Bajo las posibilidades que brinda este segundo sub-escenario, quisiera tratar una de las cuestiones que quizá haya resultado más problemática: la cuestión de los *look-alikes*. Estos productos, como su propio nombre indica si lo traducimos al español, son aquellos que "se parecen" a otros, resultado de una decisión productiva deliberada, que, con sumo cuidado, ha permitido captar aquellos elementos que se perciben como característicos del producto imitado, guardando una distancia mínima necesaria para no incurrir en infracción del derecho de PI vigente[1126].

¿Y por qué calificamos esta conducta como de aplicación autónoma de la CD? Porque la propia descripción del fenómeno ya nos indica que el *look-alike* juega a mantenerse fuera de la órbita de los derechos exclusivos, aprovechando principalmente las lagunas dejadas en los quicios del sistema de PI. El *look-alike* (*copycat packaging* cuando hablamos de envases y presentaciones comerciales) plantea importantes problemas, no ya desde el punto de vista de las relaciones entre PI y CD, sino de fondo:

1125 En este contexto, sería conveniente que la norma que regule el nuevo derecho de PI estatuido contemple, si quiera brevemente, el tipo de relaciones que habrán de presidir la aplicación de ambos sistemas, aunque sea con fin de clarificar y reiterar un sistema general como el que estas páginas proponen.

1126 HAHN P. V., *Schutz vor "Look-alikes" unter besonderer Berücksichtigung de § 5 II UWG*, cit., pág. 31.

la cuestión a dilucidar es si se trata de una conducta a la sazón sancionable en sí misma por desleal o es perfectamente lícita.

En una perspectiva como la que impone la modalidad tradicional del juicio *ex ante*, donde se prima la perspectiva del derecho de exclusiva, diríamos que, si la distancia imitativa es lo suficientemente grande como para evitar una infracción del derecho exclusivo, una obligación menos intensa como la que contiene la CD (equiparando así funcionalidad distinta con diferente intensidad) se ve sobradamente cumplida por estos productos. Pero este, ya se ha visto, no resulta el sistema adecuado sobre el que valorar la cuestión de la distancia imitativa, pues esta viene funcionalmente determinada, de suerte que lo que evita confusión y garantiza una impresión general diferente en el usuario informado[1127], es susceptible, sin embargo, de generar un parecido que induzca, por ejemplo, a una transferencia de imagen, pudiendo haber, entonces, un aprovechamiento indebido de la reputación[1128] (lo que normalmente suele ser el caso).

En este sentido, la Competencia Desleal, bajo la cual la conducta puede valorarse de una forma flexible, contexto-dependiente, puede determinar la infracción en la imitación por circunstancias no exclusivamente derivadas del parecido, tales como el posicionamiento en el mercado, la publicidad, la forma o modo de distribución y, lo que resulta esencial, en fun-

1127 FEIBIG M., "Wohin mit dem "Look-alike?", *WRP*, cit., pág. 1320.

1128 El efecto relevante en términos concurrenciales de esa transferencia de imagen y ulterior aprovechamiento de la reputación radicará en el efecto final de toda la conducta: una transferencia injustificada de clientela. La transferencia de clientela que rompe el principio de competencia por eficiencia es, por tanto, el ámbito propio a la normativa de Competencia Desleal. En una línea similar CARBAJO CASCÓN F., "El uso de marcas ajenas como palabras clave en servicios de referenciación en internet...", cit., pág. 9.

ción de la opinión generalizada en el mercado. Una respuesta, por tanto, que, si se consigue dar, una vez resuelta la marejada de problemas que supone para su aplicación la compleja relación existente con la PI, podrá darse con garantía de ser la más adecuada al caso.

En muchos de los supuestos que implican *look-alikes* la situación resulta compleja de valorar en sí misma. En este caso, el sistema de Competencia Desleal siempre puede acudir a la ponderación de intereses que le subyace y que inspira toda su fórmula de aplicación para comprobar qué (des)equilibrio de intereses subyace a la creación de un *look-alike*. En este sentido, la gran mayoría de ponderaciones se inclinarán por la prevalencia del interés del innovador, ya que el valor intrínseco que tiene el *look-alike* será bajo (normalmente menor al del producto original) mientras que el perjuicio a la innovación superará normalmente dicho valor y, el interés del consumidor, centrado no solamente en una vertiente asignativa de corte automático, sino teniendo realmente en cuenta si hay un empuje a la baja del precio y valorando qué problemas informativos genera la existencia de un nuevo producto innecesariamente parecido, normalmente también inclinará la balanza en contra de una imitación sin sentido, por invalora.

1.4. La valoración de la vigencia de los límites económicos intrínsecos y extrínsecos de la Propiedad Intelectual

Como parte de su teoría simbiótica BÄRENFÄNGER alude a la necesidad de un respeto recíproco entre los derechos de PI y la CD[1129], que lleva a que la aplicación cumulativa de la segunda respete esas limitaciones legales a las que la PI se ve

---

1129 BÄRENFÄNGER J., *Das Spannungsfeld von Lauterkeitsrecht und Markenrecht unter dem neuen UWG. Symbiotische Theorie zum Kennzeichen- und Lauterkeitsrecht*, cit., pág. 176.

sometida[1130]. Nosotros retomamos esa idea como garantía funcional del sistema de complementariedad que permita operar una aplicación conjunta, pero eliminando, además, el riesgo de socavamiento de los derechos de PI (uno de los principales argumentos en contra de la aplicación de la CD al caso).

Lo cierto es que la valoración de los límites que la ley ha establecido para los derechos de PI en cada caso se debe necesariamente operar como parte del juicio *ex ante* a efectos de determinar los contornos de protección, esto es, el contexto operativo del derecho de PI invocado en cada caso, pero no es aquí donde desempeñan un papel más relevante. En efecto, para determinar si, por ejemplo, una marca está siendo utilizada de un modo susceptible de causar confusión, hay que valorar en primer lugar si dicho uso es susceptible de infringir la marca o si, por el contrario, es un uso excluido del *ius prohibendi*, al constituir un simple uso descriptivo o referencial, hecho para indicar, por ejemplo, la compatibilidad del producto vendido con los de la marca del demandante[1131].

En este caso, dada la inspiración procompetitiva del límite, el operador podrá concluir fácilmente que, de darse dicho

---

[1130] Sería posible reinterpretar el pronunciamiento del Tribunal Supremo español en la STS 95/2014, Caso *Bombay Sapphire* en el mismo sentido: donde alude a que la solución dada por la norma de Competencia Desleal no puede contravenir la respuesta conferida en sede de Propiedad Intelectual, es posible inferir una alusión a los límites de los derechos como causa de excepción *ultra vires* de la protección también en sede concurrencial.

[1131] Aquí estamos valorando un uso extrínseco impuesto a la marca desde la perspectiva del Derecho de la Competencia, donde el legislador clarifica que el dominio del titular no podrá extenderse a dicho ámbito, aunque de forma natural, funcional, sí pueda concebirse su aplicación. Una interpretación del derecho en clave concurrencial, esto es, desde la ponderación de intereses que conforma el Derecho CD, sin duda, confirmará la pertinencia de este límite.

uso, tanto la infracción de las normas de PI como de las que se ocupan del comportamiento en el mercado queda excluida. Ahora bien, puede haber límites donde resulte más complejo dar una respuesta, porque las soluciones que ambos sistemas ofrecen sean aparentemente diversas. Esto puede ocurrir, por ejemplo, cuando el Derecho de PI demarca una determinada duración temporal y la CD se aplica una vez terminada la tutela inmaterial, con base en presupuestos propios y distintos.

Un buen ejemplo de lo anterior tiene lugar con ocasión de la comercialización de piezas de carrocería en el caso *Ferrari v. Roberts* o el ATS sobre el resurgimiento de la marca Continente, a los que ya hemos hecho referencia. En el caso del Diseño Industrial, la norma veda la imitación como garantía de la unicidad del producto que permita al fabricante rentabilizar la inversión hecha en dotar al mismo de una forma comercialmente más atractiva. El periodo de monopolio es de 25 años máximo, transcurrido el cual no se puede limitar la reproducción de las piezas, especialmente pensando en la necesidad de garantizar un suministro suficiente de repuestos. Ahora bien, el kit de personalización del otro vehículo no responde a esa necesidad, sino a la eventual necesidad de hacer pasar un coche de peor gama por otro de mejor, que, además, tiene un cierto reconocimiento social en forma de un cierto prestigio.

En esta situación, un análisis concurrencial no adecuadamente operado puede conducir a defender la necesidad de proteger el valor simbólico que para el mercado tiene dicho vehículo y que, por tanto, la conducta es desleal por aprovechamiento de la reputación en la medida en que su venta se hace depender del parecido de la pieza al diseño del producto. A este planteamiento, debe acompañar, sin embargo, una valoración de los intereses en juego[1132], cuya ponderación permite

[1132] En este sentido, dado que el titular del diseño ya caducado ha tenido un periodo de explotación exclusiva que ha permitido recuperar

concluir que el perjuicio impuesto al imitado y los eventuales efectos negativos que se derivan para el mercado a causa de la imitación, no resultan lo suficientemente intensos como para considerar que la conducta pueda resultar desleal. De esta forma, la lealtad se valora en función del grado de perjuicio generado por la práctica enjuiciada para el conjunto del mercado, purgando de deslealtad la conducta cuando el peso relativo de los beneficios (por escasos que puedan ser) supera el nivel de perjuicios[1133/1134]. Ello ilustra suficientemente bien cómo un planteamiento de deslealtad concurrencial bien operado, de-

---

la inversión, tiene escaso interés en prevenir la práctica, en la medida en que ni si quiera afecta directamente a la venta de su vehículo (ni de sus repuestos), sino de piezas de recambio para un vehículo proveniente de terceros fabricantes. En cambio, el mercado manifiesta un cierto interés en este tipo de productos, en la medida en que permite nuevas opciones de personalización del vehículo sin que se genere especial confusión (salvo que el modo de comercialización favorezca el engaño, aunque por la diferencia entre los modelos puede prácticamente descartarse). Por tanto, el saldo neto de intereses para el consumidor resulta positivo, pues no se ve confundido y, a cambio, recibe nuevas opciones de personalización de su vehículo. Por su parte, el competidor imitador tiene evidente interés en explotar este nicho de mercado que ha descubierto. En este sentido, sin embargo, WESTKAMP GUIDO, "Licensability as property", en GHIDINI G. and FALCE V. Reforming Intellectual Property, Edward Elgar, 2022, pp. 266-288, nos alerta en contra de considerar toda oportunidad de negocio conectada a un derecho de PI, como un perjuicio a la posición exclusiva tutelada.

1133 Ello es así dado el compromiso que adquiere el sistema de represión de la deslealtad en el mercado con el Derecho *Antitrust*. Cfr. FONT GALÁN J.I. y MIRANDA SERRANO L. M., *Competencia Desleal y Antitrust. Sistema de Ilícitos*, cit., pág. 31.

1134 Un razonamiento de este tipo podemos encontrarlo en las SSTJUE sobre *AdWords*, pero encauzadas a través del Derecho de Marcas, mostrando claramente como el Supremo intérprete del Derecho de la UE opera en realidad un juicio de infracción de marca en clave concurrencial. Cfr. en este sentido SSTJUE de 23 de marzo 2010

bidamente ponderado, conduce generalmente a una solución armónica con el límite establecido por el derecho de PI concretamente relevante[1135].

Distinta sería, sin embargo, la situación en un caso como el de la Sentencia del BGH Tchibo/Rolex. Habría, al menos, dos circunstancias diferenciales con respecto al caso anterior que aconsejan una respuesta diferente: por un lado, Rolex continuaba comercializando su modelo de reloj con plena normalidad pese a la finalización de su protección mediante diseño industrial, lo que implica la existencia de una inversión continuada en su producción y en el mantenimiento de su imagen en el mercado; en segundo lugar, se trataba de uno de los modelos emblemáticos de la firma, nucleares, y uno de los mejor valorados por el mercado, no en cuanto a sí mismos, sino por cuanto hace a su valor simbólico representativo de un estatus social. En este caso, por tanto, nos encontramos con que la práctica imitativa produce un perjuicio significativo al fabricante original que ve socavados sus esfuerzos inversores en mantener operativo el producto en el mercado[1136], a la vez que el fabricante de la imitación, con reducidos esfuerzos, ofrece una prestación al mercado cuyo único valor reside en ese parecido, capaz de transferir parte de los esfuerzos de Rolex (tanto presentes como pasados) a un producto fabricado a bajo coste y cuya única utilidad social es permitir a su comprador simular ser el propietario de un bien que en realidad no posee (un

---

(As. Acumulados C-236/08 a C-238/08), caso Google y Google france; y de 22 de septiembre de 2011, (As. C-323/09), caso Interflora.

1135 Especialmente en aquellos casos donde el límite es extrínseco (hetero-construido) operado bajo la lógica de naturaleza *Antitrust*.

1136 A diferencia del caso anterior, donde se pretendería la tutela de una oportunidad de negocio nueva, aquí se está conservando la línea inicial de negocio, precisamente, porque agotada la protección, el diseño todavía tiene valor para el mercado.

Rolex original)[1137]. ¿Significa esto que hay una falta de consistencia o de sistematicidad con respecto al supuesto anterior? A mi modo de ver no lo habría, sino que ello es indicativo de la necesidad de flexibilizar la importancia que se atribuye a los límites establecidos[1138].

1137 Aunque el límite de veinticinco años aplicaría de manera idéntica al caso anterior, impidiendo cualquier recurso a la tutela mediante Diseño Industrial, aquí encontramos, sin embargo, una composición de intereses muy distinta, con mayor preponderancia de aquellos pertenecientes al fabricante original, y, en lo que respecta al saldo de intereses del consumidor, habría que tener en cuenta que, aunque se beneficia de la posibilidad de acceder a un reloj similar al de Rolex a un precio notablemente más bajo, lo cierto es que la decisión de compra no es totalmente libre, puesto que viene inducida por un parecido más que razonable con el original, y, por tanto, más que por las características intrínsecas del producto en sí, el consumidor toma la decisión de compra guiado por la posibilidad de aparentar ser dueño de un reloj más prestigioso, lo cual no parece ser una necesidad que amerite el sacrificio de los intereses de la titular del diseño. Por último, operado un juicio sobre la evitabilidad de la conducta, como corolario a la composición de intereses, resulta meridianamente claro que una mayor distancia imitativa es posible, incluso utilizando las formas generales propias del modelo imitado. En este caso la imitación responde únicamente a la posibilidad de captar mayor cuota de mercado prevaliéndose del parecido a un producto de referencia, perjudicando con ello no solo al fabricante original, sino también al consumidor que toma entonces una decisión de compra basada en una representación inadecuada de la realidad (aunque es parcialmente consciente de ello) y naturalmente perjudica a todos los competidores de su mismo ámbito de mercado, que optaron a sabiendas por una forma distinta y ven cómo buena parte de su mercado potencial se ve arrastrado por el poder sugestivo del modelo imitador del Rolex.

1138 Por no hablar de que en el primer caso, la tutela concurrencial o inmaterial supondría restringir la competencia potencial en un mercado descendiente o derivado (el de las piezas de repuesto de carrocerías), mientras que en el caso Tchibo/Rolex la competencia desleal tendría lugar en un mismo mercado: el de venta de relojes.

De esta forma, los límites serían ámbitos particularmente destacados en los que el legislador ha tomado una solución anticipada bajo la preconcepción de una determinada composición de intereses (competitivos), puntos, por tanto, donde la valoración de la conducta desde el punto de vista concurrencial se habría operado por el legislador *ex ante*, de modo que ahí habrá de comprobarse que el uso permitido por el límite se haga de manera conforme a las prácticas leales en el comercio y constituyéndose, por tanto, en un punto de especial atención para el aplicador. Así, debemos interpretar que los límites a los derechos exclusivos obligan a comparar el equilibrio de intereses por ellos diseñado y que debe considerarse prevalente, con el equilibrio de intereses que aconseja el juicio concurrencial. Corresponde entonces al juzgador determinar si, dado el caso concreto, la ponderación de intereses concurrencial presenta una distribución lo suficientemente separada de lo prescrito por el límite con carácter general.

De esta forma, los límites a los derechos legalmente establecidos deben interpretarse en dos sentidos complementarios: por un lado, deben considerarse como un aviso especialmente importante para el aplicador judicial de que el legislador ha operado una valoración anticipada del juego de intereses potencial y ha determinado una concreta solución genérica para dicha tipología de caso, contra el que deberá valorarse la solución a proporcionar, la cual únicamente podrá separarse de la prescripción legal en aquellos casos donde el equilibrio material de intereses se encuentre incorrectamente representado en la solución legal abstracta contenida en la norma.

Naturalmente puede haber quien, no sin buenos argumentos, considere que esta aplicación suponga un socavamiento de los límites de protección establecidos a los derechos exclusivos, que exceptúa *ad hoc* y a la mejor conveniencia de las partes un principio legal general. Evidentemente esta es una forma de ver cuanto aquí se está describiendo; la otra, que esta parte defiende, es que con ello se consigue un mecanismo de flexibilización *ad hoc* de la PI, donde se pueden valorar mejor, en última instancia, los efectos procompetitivos y anticompetitivos que el límite, como demarcación general presenta, suavizando así la transición entre protección y libre imitación.

A la inversa, también resulta interesante la comparativa de esta ponderación de intereses no solo para la extensión de límites, sino también a la hora de valorar conductas que se encuentran en el contorno funcional de la PI, en un sentido que favorece al libre uso. Sirva como ejemplo el caso de los agregadores de noticias, que ofrecen un servicio propio de intermediación informativa no ofrecida por los editores de prensa, utilizando para ello una pequeña parte de información significativa del artículo referido[1139]. Sin un límite, la conducta constituye potencialmente un acto de infracción, sin embargo, una valoración en términos de competencia se inclina quizá en favor de la permisión de la conducta, ya que el perjuicio a los editores, se vería compensado con un mayor tráfico redirigido a su página web (y, por tanto, mayores ingresos por vía publicitaria para estos), sin que ni consumidores ni otros competidores se vean perjudicados, antes al contrario, pues se benefician de la apertura de un nuevo mercado, que proporciona una actividad de selección e indexación de información periodística hasta ahora no ofrecida. Esta ponderación aconseja, si no la plena licitud de la conducta por ser abiertamente procompetitiva, el establecimiento de un límite *ad hoc* con su relativo derecho de remuneración[1140]. En este punto, a falta de

---

[1139] Cfr. CARBAJO CASCÓN F., "El mercado de la prensa digital (Propiedad Intelectual, libre competencia, cadena de valor y pluralidad informativa", cit., *passim*, en particular págs. 419-421.

[1140] Esta parece ser la línea seguida en el Real Decreto-ley 24/2021, de 2 de noviembre, cuyo art. 80 modifica el Real Decreto-legislativo 1/1996, por el que se aprueba el TRLPI, donde se incluye en el art. 129 bis un nuevo derecho conexo o afín para los editores de prensa y agencias de noticias.

un límite general "por razones de competencia"[1141], es necesaria la internalización de un límite *ad hoc* a través de aplicación inversa de la regla de los tres pasos (art. 9.2 CB; arts. 9, 13, 26.2 y 30 ADPIC[1142]) que permita dar una solución adecuada al equilibrio de intereses subyacente.

En suma, como expusimos anteriormente, la CD viene llamada a una labor de mediación y transición entre la protección exclusiva y la libre utilización indiscriminada de activos empresariales. El sistema de exclusiva genera una determinada situación de mercado y unas concretas expectativas que, si bien no deben mantenerse *sine die*, tampoco pueden simplemente invertirse de la noche a la mañana, siendo bienvenida una protección de menor intensidad que corrija riesgos sistémicos para el funcionamiento favorable del mercado.

2. COMPROBACIÓN DEL MODELO: APLICACIÓN A CASOS CONCRETOS

Como corolario al nuevo modelo de juicio *ex ante* propuesto, basado en la igualdad y autonomía aplicativa de cada uno

---

1141 Límite criticado no sin buenos argumentos ya que, en el fondo, supone dar carta blanca a la limitación de los derechos de PI bajo un prisma puramente económico o de mercado. En esta línea, DUSOLLIER S., "Unlimiting Limitations in Intellectual Property", en GHIDINI G. FALCE V., *Reforming Intellectual Property*, cit., págs. 64-76, pág. 66, considera necesario reconstruir la noción de PI a partir de su integración en el sistema de mercado y su papel como institución encaminada a la organización de recursos, señalando la reconfiguración de, en el caso, los Derechos de Autor, a través de un prisma doble de exclusividad e inclusividad.

1142 En este sentido Cfr. GEIGER CH., GERVAIS D. y SENFTLEBEN M., "Understanding the «three-step test»", *International intellectual property*, cit., págs. 167 y 170.

de los sistemas de tutela concretamente invocado, corresponde analizar algunas resoluciones tratando de dar una respuesta partiendo de este nuevo planteamiento a fin de verificar su funcionalidad y clarificar su operativa. El juicio *ex ante* basado en la determinación previa del impacto concurrencial permite la fijación de los hechos controvertidos atribuibles a cada tipo de enjuiciamiento, sin perjuicio de que, en el caso concreto, haya lugar o no finalmente a reconocer la infracción y esa es una de sus principales virtudes: evita que la respuesta en uno de los sistemas de tutela prejuzgue la del otro. Su función es, pues, determinar la potencial vinculación de uno, otro o ambos sectores del Derecho del Mercado a fin de delimitar unas fronteras definidas.

2.1. Reevaluación de algunos casos a la luz de los nuevos planteamientos.

2.1.1. Revisión del Caso de los look-alikes y el copycat packaging.

A) El caso Oreo (especial referencia a la STGUE de 28 de mayo de 2020 [As. T-677/18])

La primera tipología de supuesto se centra en el caso de acumulación sobre la base de perjuicio doble: a una posición inmaterial protegida mediante PI y a una posición competitiva ajena total o parcialmente a la tutela inmaterial. Un ejemplo de este tipo de situación la podemos encontrar en la STS 450/2015, en las reclamaciones concernientes a Oreo.

Para poder realizar el análisis tenemos que partir de una serie de datos que fueron objeto de discusión en las tres instancias nacionales, pero que, con la STGUE de 28 de mayo de 2020 (As. T-677/18), no admiten ya discusión posible. En concreto, nos estamos refiriendo a la vigencia de la marca consistente en la forma de la galleta, al margen de si tiene o no troquelada la denominación "Oreo". Partiendo de esta realidad, nos encontramos con dos marcas diferentes afectadas por un conjunto de actos de imitación. Por un lado, las galletas son imitadas como prestación y como elemento figurativo en el envase del competidor. Por el otro, el envase, también protegido como marca, es objeto de ulterior imitación. Por tanto, tenemos dos imitaciones distintas, que afectan a dos derechos de Propiedad Intelectual vinculados entre sí.

La implicación de la normativa marcaria es clara: en la medida en que hay, al menos, dos derechos de marca concedidos, habrá que determinar la posible infracción de cada uno de ellos, conforme a los tipos de infracción aplicables. En concreto, podemos preguntarnos si cabe hablar de doble identidad[1143], si opera confusión[1144] y también cabe preguntarse si alguna de estas marcas podría ser renombrada. En este último sentido es posible considerar que la marca-producto sí podría ser considerada renombrada ya que la forma de la galleta re-

---

1143 La doble identidad la podemos descartar por cuanto en el caso no se alega menoscabo de ninguna de las funciones de la marca. Sería posible concebir una eventual infracción a la función publicitaria de la marca, en la medida en que el imitador se aprovecha del mensaje publicitario que la marca Oreo trae consigo, pero, en realidad, sería un argumento por el que subrepticiamente canalizamos la imagen de marca fuera del contexto reputacional y de esta forma garantizaríamos una tutela inmaterial para un bien esencialmente no apropiable.

1144 La confusión ha de descartarse porque aquí sí que opera el argumento del Tribunal que concentra el grueso de la distintividad (aunque habla de notoriedad en todo momento) en el elemento denominativo Oreo. Dada la fama de dicha denominación y la distancia mantenida por el imitador, no resulta posible concebir que un consumidor medio razonablemente atento y perspicaz pueda confundir o asociar un producto con otro, sino más bien razonar que el segundo es un sucedáneo del primero.

sulta característica y todo consumidor la asocia mentalmente a la marca denominativa "Oreo" y, por tanto, la atribuye a un determinado y específico origen empresarial[1145]. Por su parte, en el caso de la marca-envase resulta más discutible que pueda considerarse renombrada. En efecto, se trata de una marca mixta que combina una serie de elementos gráficos coincidentes con la forma de la galleta, así como combinaciones de color azul y blanco y un grafismo destacado donde aparece la denominación "Oreo". Es posible entender, en línea con lo que argumenta el TS, que si bien la marca es distintiva, su posible renombre, en realidad, derivaría de la inclusión del elemento denominativo (ya protegido mediante una marca aparte) y de las galletas (también protegido mediante marca *ad hoc*, cuya validez asumimos), por tanto, quizá pueda considerarse que la marca-envase es válida, pero no renombrada por sí misma, a fin de no permitir la creación de un monopolio incontrolado

---

[1145] Nótese que no se trata de valorar la distintividad abstracta del signo, sino de valorar si este resulta distintivo para una gran mayoría de consumidores. Esta diferencia pasa desapercibida al TS supremo cuando se ve en la tesitura de enjuiciar la conducta en la Sentencia 450/2015 (Caso Oreo), donde niega notoriedad por falta de distintividad, confundiendo ambos conceptos. Por tanto, partimos de un concepto de renombre ajeno a la reputación, entendido como grado de conocimiento generalizado en el mercado del signo distintivo y de los productos por él marcados. En este sentido, BERCÓVITZ A., *Introducción a las Marcas y otros Signos Distintivos en el Tráfico económico*, Aranzadi, Navarra, 2002, pág. 169; la situación es tópica porque como indica FERNÁNDEZ -NÓVOA C., *Tratado Sobre Derecho de Marcas*, Segunda Edición, Marcial Pons, Madrid/Barcelona, 2004, pág. 400, la letra de los diferentes Estados miembro de la UE no es idéntica, habiendo un grupo que identificaría renombre con conocimiento en el mercado (postura que acogemos, pues la avala el TJUE), pero otras redacciones parecen vincularlo a la tenencia de reputación.

sobre absolutamente todas las formas de comercialización que incorporen colores o envases similares[1146].

Llegados a este punto, más relevante que fijar definitivamente la aplicación de la marca, resulta ahora dar forma a los contornos de aplicación de las normas de deslealtad concurrencial. En este sentido, nos encontramos con una conducta de imitación compleja, con potencial para inducir a confusión (art. 6 LCD) pero que, con mayor probabilidad, parece orientada a operar un uso ventajista de la marca y producto ajenos (art. 12 LCD), por medio de su imitación (art. 11.2). El juicio de confusión puede prácticamente descartarse, puesto que está construido de forma muy similar al marcario y ambos se centran en la determinación de una sustitución mental de un signo por el otro conducente a una distorsión en la impresión del consumidor respecto del origen empresarial del producto valorado[1147]. Por ello, el potencial ámbito de aplicación habrá de

---

1146 El problema en este punto nuevamente es doble. Por un lado, estaríamos haciendo un análisis segregado de los diferentes elementos que integran la marca, en lugar de un análisis de conjunto, con lo cual introducimos el riesgo de no tener en cuenta el signo marcado en su integridad; por otro, corremos el riesgo de confundir distintividad con renombre. La cuestión, llegados a este punto es que no hay una formulación sistemática sobre cómo operar la valoración del renombre y si es posible atribuir este a determinados elementos que integran la marca. El Tribunal Supremo condiciona la apreciación del renombre a la previa constatación del carácter distintivo, lo cual no parece del todo correcto. MSSAGUER J., "Por un replanteamiento de la protección jurídica de las presentaciones comerciales", *La Ley Mercantil*, cit., págs. 9 y 10, soluciona el problema parcialmente a través de la enunciación de un supuesto donde el elemento denominativo sea tenido en cuenta, por la forma de comercialización y de la presentación, una vez el envase ha captado ya la atención del consumidor.

1147 En esta misma línea se pronuncia la SJMUE N.º 1 de Alicante, núm. 50/2023, de 8 de noviembre (Rec. 596/2020), apdo. 194. La misma

buscarse, más bien, en los arts. 11.2 y 12 LCD. Concretamente, desde el punto de vista concurrencial, más que dos imitaciones aisladas de dos signos distintivos diferentes (y una prestación material), lo que tenemos es una forma de comercialización de un producto que se aproxima a, pero sin llegar a infringir, los derechos de Propiedad Intelectual del titular de "Oreo"; su objetivo no es tanto la confusión, sino más bien lograr que la comercialización se vea favorecida por haber llevado a cabo esa doble imitación, pues el parecido conceptual y estético de ambas prestaciones y sus presentaciones comerciales generan un efecto de transferencia de imagen en el mercado.

Dicho efecto, comporta que el consumidor perciba el producto de imitación como participando de la imagen creada por Oreo para sus productos, de tal forma que se le asigna una posición competitiva superior a la que corresponde, a base de absorber mediante el parecido estético-formal la posición competitiva construida sobre las marcas y la reputación de Oreo, como imitada[1148]. En la medida en que los efectos de alteración de la percepción del consumidor en el mercado sean lo suficientemente relevantes y la modificación de las posiciones competitivas asignadas por el mercado en competencia sea

---

sentencia, posteriormente (Apdo. 250) plantea la existencia de juicio de confusión desde la perspectiva del art. 6 LCD atendiendo no al signo registrado en sí, sino a la forma del envase.

1148 Bajo esta perspectiva, el renombre, en el sentido marcario de *Bekanntheit* o conocimiento del mercado, resulta a penas usado, pues no se trata de expandir el mercado del producto propio dándose a conocer bajo el paraguas de la marca ajena, sino de expandir el mercado propio equiparando sutilmente ambas prestaciones a partir de la imitación de los elementos que componen la presentación comercial (ello, en el modelo alemán tradicional era conocido como *versteckte Anlehnung* o apoyo oculto); en una línea similar MASSAGUER FUENTES J., "Por un replanteamiento de la protección jurídica de las presentaciones comerciales", *La Ley Mercantil*, cit., pág.10 por remisión de la pág.11.

más o menos grave, podrá la Competencia Desleal intervenir en tutela del interés del mercado en una competencia no falseada, que incluye, naturalmente, el interés del imitado en no verse perjudicado por sus competidores, aunque, eso sí, como consecuencia refleja (y no directa) de la tutela institucional de mercado[1149]. Siguiendo el esquema de atribución de conductas propio del sistema español de CD, el art. 11.2 LCD encuadraría la imitación de las galletas y el art. 12 LCD la imitación del empaquetado, ambos con idéntica finalidad y presupuesto aplicativo: el aprovechamiento de la reputación ajena.

Por tanto, vemos que hay un ámbito de potencial aplicación para ambos conjuntos normativos: el primero, vendría determinado por la valoración de uso formal de un signo registralmente protegido; el segundo, por los efectos de mercado que el total de la conducta expresa. Que haya potencial de aplicación no quiere decir que, sin embargo, en el caso esta pueda finalmente darse. Antes al contrario, corresponde verificar si la normativa de marcas establece un límite excluyente a la aplicabilidad del sistema concurrencial de tutela, sea en la forma de un límite aplicativo o sea por dar una solución que atienda al total desvalor de la conducta enjuiciada.

En este sentido, si bien no opera ningún límite que expresamente autorice la conducta desde la óptica del derecho exclusivo, hay que tener en cuenta que el TJUE y, por extensión, los

---

[1149] Ello es fruto del carácter pluriofensivo de los tipos de Competencia Desleal, Cfr. CARBAJO CASCÓN F., "La Competencia Desleal (I). Cláusula general e ilícitos por Competencia Desleal. La Publicidad Comercial Desleal", cit., pág., 344; y deriva de la naturaleza multifuncional que ha asumido el Derecho de la Competencia Desleal moderno, Cfr. OHLY A. y SATTLER A., "120 Jahre UWG im Spiegel von 125 Jahren GRUR", *GRUR*, cit., pág 1239.

Tribunales nacionales,[1150] han venido operando una interpretación extensiva del Derecho de Marcas, cada vez más amplio y ajustado al mercado, lo que aunado a la proximidad de ambos sistemas de normas en cuanto a la garantía de transparencia informativa en el mercado, plantea una especial complejidad a la hora de valorar el impacto concurrencial. En este sentido, hay que tener en cuenta que la marca renombrada se infringe no solo por confusión/asociación (que hemos descartado ya) sino también por aprovechamiento del renombre o notoriedad (art. 9.2.c[1151] Reg. 2017/1001; 34.2.c LM). Este juicio, como se vio, presenta unos perfiles cada vez más amplios, lo que plantea la cuestión de cómo afecta a la acumulación de acciones.

De este modo, partiendo de la teoría de los círculos secantes, lo más lógico parece considerar que el juicio de infracción de la marca de renombre se construye a partir de la constatación de la obtención de una ventaja desleal, concepto que, por el momento, no ha sido objeto de una interpretación autónoma. De esta forma, a partir del concepto de ventaja desleal se habilita el recurso al Derecho de la Competencia Desleal y este pasa a integrarse como parte de un juicio más amplio de infracción de la marca renombrada. De este modo, encontramos la posibilidad de operar en el caso, al menos dos juicios de deslealtad: el juicio autónomo de deslealtad que puede ir referido a la imitación de la marca-envase, en la medida en que no sea considerada renombrada, de forma que la imitación del envase, como presentación comercial que es, constituye un

[1150] No solo, también las partes tienden a expandir estratégicamente los confines funcionales de la marca. Cfr. SJMUE N.º 1 de Alicante, núm. 50/2023, de 8 de noviembre (Rec. 596/2020), apdos. 19-47.

[1151] Téngase en cuenta que, en la STGUE de 28 de mayo, no obstante, no se invoca este precepto, sino su equivalente registral, el art. 8.5 Reg. 2017/1001, en la medida en que los hechos se sustancian en sede de registro y no de uso.

medio idóneo para lograr un entorno de comercialización más propicio a partir de la evocación del concepto subyacente al producto percibido como original en el mercado[1152], donde el mensaje (publicitario o no, pero comercial en todo caso) es el de equivalencia entre productos (el envase es equivalente, su presentación es equivalente, el producto se pretende presentar por tanto, como equivalente, la denominación es equivalente...). Y esta es la clave: equivalente, pero no idéntico y, por ello, no infractor, esta es la esencia del *look-alike*. El recurso a la noción de ventaja desleal se explica precisamente a partir de la necesidad de luchar contra prácticas de imitación "por equivalente"[1153].

1152 Esto es precisamente lo que sanciona la Competencia Desleal: el fraude generado en el mercado desde el punto de vista informativo porque la posición competitiva que pasa a ocupar el imitador no se justifica en la eficiencia de sus propias prestaciones (principio admitido como rector de la ordenación de la Competencia en el mercado), sino en la conducta consistente en parasitar una posición competitiva ajena a través de la imitación. De esta forma, a diferencia de lo que ocurre en sede de exclusiva, la imitación no se castiga *per se*, sino por el efecto concurrencial a ella asociado consistente en la explotación ventajista de la confianza en la apariencia del mercado. Cfr. la tantas veces citada ya SJMUE N.º 1 de Alicante, núm. 50/2023, de 8 de noviembre (Rec. 596/2020), apdo. 250.

1153 Quizá esta sea una de las razones que explica la baja interacción entre Competencia Desleal y Derecho de Patentes: el hecho de que el sistema de Patentes, en toda su completitud, cuenta con un sistema para sancionar la imitación que guarda una cierta distancia imitativa, a través de la imitación por equivalente a una solución o procedimiento técnico (art. 68.3 LP). De esta forma, el Derecho de Patentes impide al imitador situarse fuera del ámbito del derecho de Patente, pues incluye la equivalencia, de tal manera que si el invento es equivalente entra dentro del ámbito de infracción de una patente previa y si, por el contrario, no es equivalente, ya está libre de toda sospecha, pues será difícil estimar si quiera la concurrencia de una imitación. No hay pues, en la imitación de Patente una zona gris como se aprecia en otros derechos de PI.

Sin embargo, en este proceso, el legislador se ve confrontado con la necesidad de reconocer los límites conceptuales de la marca y, por ello, acude a los efectos de la equivalencia entre signos (el aprovechamiento desleal del renombre ajeno), y la obtención de una ventaja desleal a partir de esa equivalencia para calificar la conducta de infracción. Sin embargo, la determinación de lo anterior ya no es propiamente terreno marcario, sino más bien un ámbito propio de las normas de disciplina del mercado.

De esta forma, porque los arts. 9.2.c RM y 34.2.c LM operan una recepción implícita de la conducta imitativa tal y como se enjuicia en sede de deslealtad concurrencial, a través de ese concepto de "obtención de una ventaja desleal" es posible concluir que, en el caso, la conducta consistente en imitar la forma de unas galletas protegidas como marca renombrada, deberá valorarse conforme al art. 11.2 LCD y dicha valoración se integrará como parte del juicio de infracción de la marca renombrada que constituye. Esta es la segunda aplicación del juicio de deslealtad concurrencial, que se puede operar autónomamente, esto es, con independencia de la infracción marcaria o no y con base en unos presupuestos ajenos (aplicación autónoma o propia de las normas CD), pero que la propia legislación de Marcas decide integrar como parte de una variedad de juicio de infracción[1154].

[1154] La alternativa a este planteamiento pasa por ignorar la fusión progresiva que se está llevando a cabo entre ambas materias, para llevar a cabo una reinterpretación funcional del concepto de obtención de una ventaja desleal del renombre, de forma que, partiendo de la conceptualización del renombre como fama o conocimiento del mercado a partir de la identificación de la función de la marca como mero canal de comunicación con capacidad de almacenar una pequeña cantidad de información y valor por sí mismo, es posible operar una escisión entre imagen de marca y renombre de marca. La imagen de marca se conformaría como la reputación asociada a

Esta configuración, ciertamente compleja, solo es posible a partir de un sistema de análisis judicial del caso que no parta de la prioridad absoluta del derecho exclusivo y la marginalidad fáctica radical del juicio de deslealtad. Ese modelo analítico, precisamente el que habitualmente usa el TS, le conduce a no reconocer la infracción marcaria y con ello a realizar una valoración concurrencial de la conducta prejuzgada por la solución dada en Derecho de Marcas (en particular a partir de una interpretación excesivamente amplia de la literalidad de la regla tercera de interacción enunciada en la STS 95/2014, *Bombay Sapphire*).

B) El Caso Sticks de la Viuda (SJMUE N.º 1 núm. 93/2022 recaída el 12 de julio [Rec. 753/2020]).

En lo que se refiere al segundo caso propuesto, al que nos referimos por el objeto imitado, los "Sticks de la Viuda", aporta una dimensión de complementariedad entre Diseño Industrial (no registrado) y Competencia Desleal, a colación de la imitación de los snacks de turrón en forma de palitos desarrollados por la marca "De la Viuda" e imitados de diferentes formas. En este caso, nos limitaremos a explicar la excelente aplicación de

---

la marca y se protegería concurrencialmente no porque exista un derecho de propiedad sobre ella, sino como parte del derecho que tiene toda empresa a disfrutar del éxito conquistado por sí misma en el mercado, e implícito en los principios de libertad de empresa y competencia. De esta forma, se separarían ambos juicios de infracción, de tal manera que la infracción de la marca renombrada por obtención de una ventaja desleal pasaría a valorar solo la dimensión publicitaria en el sentido de obtener una mayor atención o tráfico comercial a partir de la imitación, quedando la tutela de las expectativas de calidad derivadas de la reputación del producto bajo la dimensión concurrencial de la Competencia Desleal.

ambas normativas en liza por parte del Ilmo. Magistrado Gustavo Andrés Martín Martín.

Como ya se ha indicado, se arranca de una pretensión de tutela basada en un eventual Diseño Industrial no Registrado que el juzgador descarta a partir de sostener que la forma del producto es resultado de resolver una necesidad técnica de producción y experiencia de consumo y no tanto una forma libremente disponible. Sin perjuicio de que el argumento escogido pueda ser objeto de cierto debate, por cuanto el buen diseño se orienta fundamentalmente a facilitar la experiencia de uso o consumo, en realidad se entiende que el argumento pretende redirigir la *litis* desde la protegibilidad del producto *per se* a la tutela del producto en tanto que prestación en el mercado, esto es, no se trata de proteger la forma en sí, sino la propia iniciativa empresarial que subyace a la entera propuesta de "snackizar el turrón".

Descartado el Diseño Industrial, queda vía libre para analizar las pretensiones sustentadas en la Ley de Competencia Desleal, algo que vendría a amoldarse al planteamiento tradicional de la Doctrina jurisprudencial de la "complementariedad relativa" y que supone la necesidad de descartar la protección fuerte para poder romper el principio de especialidad o consunción y plantear la tutela concurrencial sin incurrir en redundancias ni duplicidades, limitación, en fin, que le viene impuesta dada la necesidad de manifestar cumplido conocimiento del estado de la cuestión en la Alta jurisprudencia nacional. Planteada en estos términos la *litis*, la argumentación trata de mantener estancos los diferentes compartimentos de análisis invocados por la parte (arts. 6, 11.2, 12, 20 y 25 LCD), pues lo que está en todo momento verificándose es la licitud de la entera conducta imitativa, tanto de la prestación en sí, como de su presentación.

En este sentido, pese a reconocerse en el producto la existencia de singularidad competitiva, descarta infracción del art. 11.2 LCD (imitación desleal) por entender que el éxito comercial del producto no es motivo suficiente que justifique la protección, reconduciendo el asunto a la imitación del envase, donde efectivamente reconoce doble infracción, por confusión *ex* art. 6 LCD y por aprovechamiento de la reputación *ex* art. 12 LCD[1155]. En resumen, sería lícito imitar los palitos, pero no comercializarlos, además, en un *packaging* similar, pese a que el producto en cuestión sea una magnífica muestra de innovación en el sector alimentario.

Parece claro que, precisamente, la imitación del envase es resultado o consecuencia de la propia imitación de la prestación, de los "palitos de turrón", de modo que la sentencia, al final, acaba condenando por los corolarios de la conducta desleal, pero legitimando la conducta en sí. No se trata, sin embargo, de una incoherencia, por cuanto permite trazar una línea clara – aunque debatible – sobre qué debe permitirse bajo la libre imitación de prestaciones: la imitación de la prestación en sí, pero no la aproximación comercial de la misma al original mediante la imitación de la total presentación comercial.

Entre los aspectos a destacar, además de la gran profundidad con la que trata la materia, algo poco habitual, encontramos una magnífica valoración del mérito competitivo de pionero e imitador. En segundo lugar, digna de mención es la cuestión sobre los criterios de indemnización y es que, reconocida la deslealtad, el juzgador se encuentra con que en la demanda no hay medios, ni de prueba, ni argumentativos suficientes para justificar una indemnización, al no considerar aplicables *mutatis mutandis* – con acierto – los criterios indemnizatorios propios de las normas de PI a las alegaciones basadas en Competencia Desleal.

1155 Los arts. 20 y 25 LCD, también alegados, se descartan sobre una pretendida falta de legitimación al ser alegados por un empresario, pero referirse a la tutela del consumidor como grupo.

C) Últimos desarrollos en materia de Looksalike (SSJMUE N.º 1 de Alicante, núm. 47/2023, de 25 de octubre [Rec. 289/2021] y núm. 50/2023, de 8 de noviembre [Rec. 596/2020].

Especial mención merecen las recientes sentencias del Juzgado de la Marca de la UE sobre *look-alikes.* El ponente, Ilmo. Magistrado Gustavo Andrés Martín Martín, manifiesta en ellas una amplia y profunda comprensión de la complementariedad relativa de protecciones. El tratamiento unitario se justifica en que ambas resoluciones operan como una suerte de tándem argumentativo, donde la última se monta sobre el argumentario de la otra.

La primera de ellas, se centra en los actos de imitación de unos cereales conformados por el aglutinamiento de copos de chocolate entre dos láminas de galleta, a modo de sándwich o *raviolli.* La parte aduce una eventual protección como marca notoria no registrada de la forma de la galleta, respecto de lo cual, el Juzgador identifica con acierto que la parte pretende alegar la notoriedad de la forma de las galletas, sin demostrar previamente la distintividad[1156], sin que, finalmente, la prueba aportada acredite ni el carácter distintivo, ni lógicamente tampoco el notorio de la galleta[1157].

Fallida la pretensión, únicamente podría acudirse a la vía marcaria sobre la base del uso del pretendido signo hecho en el envase, concluyéndose que en la imagen de producto con-

---

1156 SSJMUE N.º 1 de Alicante, núm. 47/2023, de 25 de octubre (Rec. 289/2021), Apdos. 77 y 84

1157 Particularmente, la parte, conocedora de la dificultad para superar el umbral de distintividad de la marca tridimensional (*ex* SSTJCE de 18 de junio de 2002, C-299/99, Philips c. Remington, párr.50; y reiterado en en las de 12 de febrero de 2004, asunto C-218/01, Henkel, párr. 49 y de 7 de mayo de 2015, C-445/13 P, Voss of Norway, párr. 91), trata de forma artificiosa (Apdos. 46 y 47 de la SJMUE) de conformar el signo como una mera marca figurativa y no tridimensional.

centrada en la presentación comercial, el elemento gráfico conformado por la forma de las galletas no es sino secundario, estando la importancia visual y conceptual condensada en la mascota[1158] y, en la medida, en que la configuración formal de la presentación difiere lo suficiente, descarta el riesgo de confusión[1159].

A partir de ello entra a conocer las acciones planteadas sobre la base del Derecho contra la Competencia Desleal, arts. 6 y 12 LCD. En relación con el primer tipo alegado, parte de que si bien la mera idea comercialmente exitosa no es protegible en sí misma[1160], cuando un operador decide seguir a un competidor en el mercado debe hacer un esfuerzo por diferenciarse[1161]. A partir de este planteamiento confiere un ámbito de apreciación más amplio al juicio de confusión[1162], señalando que el elemento distintivo incorporado en uno y otro caso es tan débil que no sirve para conjurar el riesgo de confusión, sino que incluso coadyuva a generarlo[1163]. De este modo, cuando la marca no es capaz de conjurar el riesgo concurrencial de confusión, la conducta deviene desleal y lo hace por un efecto anticoncurrencial "distinto y diferente del considerado al tiempo de establecer el alcance de la protección marcaria"[1164], condenando, finalmente por riesgo de confusión *ex* art. 6

1158 Cfr. especialmente Apdos. 218 y ss. de la SJMUE 43/2023.

1159 Cfr. Ibid. Apdo. 270.

1160 Ibid. Apdo. 286

1161 Apdo. 290, con cita de la SJMUE N.º 1, núm. 11694/2022, de 5 de septiembre de 2022.

1162 Textualmente el Apdo. 306: "Desde el punto de vista del riesgo de confusión o asociación en el marco de una estrategia "me too" importa tanto los signos que el fabricante competidor ha decidido introducir voluntariamente en el envase como los que ha decidido omitir."

1163 Apdos. 308-312

1164 Apdo. 313

LCD[1165], pero no por el art. 12 LCD al fallar la acreditación de la reputación necesaria para apreciar el aprovechamiento alegado[1166]. El reproche a la conducta se basa precisamente en el incumplimiento de la carga de diferenciar que viene impuesta al imitador[1167].

Sobre estos razonamientos vuelve a pronunciarse el Juzgador en la SJMUE N.º 1, núm. 50/2023, de 8 de noviembre (Rec. 596/2020), donde se plantea la imitación de la presentación comercial de un vino blanco, comercializado en envase de color azul. El Juez de la Marca considera que pese a que la presentación comercial del producto seguidor es evocativa del pionero, los signos distintivos introducidos son claramente diferentes y que, por tanto, no cabe infracción marcaria sobre la base del juicio de confusión[1168], pues el uso reiterado de ciertas ideas fuerza – entre las que se incluye el color azul de la botella – en el código publicitario o de comercialización no basta en este sentido para entender afectado el derecho de marca invocado[1169].

Planteada la cuestión en sede de Competencia Desleal en virtud de la complementariedad relativa, sin embargo, la perspectiva cambia y con ella los razonamientos del juzgador. Así, dado que el juicio de confusión del art. 6 LCD no tiene que plantearse individualmente respecto de cada signo, sino de forma holística[1170], dada la debilidad de los signos y el carácter fuertemente singular de la botella[1171], entiende que la confu-

---

1165 Apdo. 330.

1166 Apdo. 340.

1167 Cfr. Apdo. 318.

1168 SJMUE N.º 1, núm. 50/2023, de 8 de noviembre (Rec. 596/2020), Apdo. 194 y reiterado en el 237.

1169 Apdo 45.

1170 Apdo. 239.

1171 Apdo. 253.

sión inducida por el parecido de la botella se produce antes de verse eliminado por la percepción del signo[1172], lo que implica que, si la marca no es suficientemente distintiva como para purgar el riesgo de confusión, el acto será de naturaleza anticoncurrencial y tendrá un perfil específico, distinto al marcario[1173], incumpliendo la carga de diferenciarse que permite eludir la "censura del parasitismo"[1174].

Excelentes, valientes y muy oportunos pronunciamientos que, no solo manifiestan la posibilidad de apreciar la deslealtad de un acto pese a haberse descartado su naturaleza infractora del derecho de marca, que otorgan a la valoración de la deslealtad una dimensión propia, autónoma y mucho más amplia que la constreñida por la exclusiva alegada y que, en fin, ilustran perfectamente cómo un enfoque que no se opera en función de la norma de PI, permite llegar a conclusiones técnicamente mejor fundadas y más acordes con el caso concreto. Sentencias, por tanto, que aplican una verdadera complementariedad de protecciones tal y como la entendemos en este trabajo y que es necesario reconocer y felicitar.

2.1.2. Revisión del supuesto del keyword-advertising (y posiblemente otras conductas de infracción online a los derechos de PI) a la luz de los nuevos postulados sobre complementariedad

Como ejemplo del segundo de los supuestos de complementariedad que identificamos, puede considerarse el caso de uso de las marcas como palabra clave en los sistemas de referenciación publicitaria (Casos *Adwords*). Se escoja el caso

---

[1172] Apdo. 249.

[1173] Apdo. 250.

[1174] Apdos. 255 y 272.

que se escoja el planteamiento es siempre el mismo: se utiliza una marca ajena de una forma no directamente vinculada a la comercialización de productos, sino en relación con el posicionamiento de la oferta hecha sobre el producto propio en el mercado en línea.

De forma poco sorprendente, la marca falla como sistema de tutela, al no estar diseñada ni prevista para este tipo de utilizaciones indirectas que rozan con el uso referencial. Si analizamos las funciones de la marca, solamente podremos apreciar como posiblemente infringidas las de indicación de origen y la publicitaria[1175]. No consideramos que la función de inversión[1176] deba ser tenida en cuenta[1177], puesto que esta función se encuentra protegida transversalmente, a lo largo de todo el sistema de marcas, por cuanto la marca adquiere una protección reforzada a medida que se invierte en ella, de forma que siempre que hablemos de una marca renombrada se estará afectando potencialmente a esta función de inversión, abriendo la puerta, por otra parte, a una tutela exacerbada de la marca todavía no renombrada, pero “en camino de serlo”. Frente al uso de la marca ajena en un sistema de referenciación publicitaria, el Derecho de Marca ofrece solamente una tutela parcial, contra los casos más graves, donde la información proporcionada al competidor resulta tan difusa que acaba por generar confusión en el internauta medio[1178]. Por su parte, la función publicitaria solo se vería afectada (desde el punto de

---

1175 STJUE de 23 de marzo de 2010, As. C-236/08.a C-238/08, Google y Google France, párr. 81.

1176 STJUE de 22 de septiembre de 2011, As. C-323/09, Interflora, párr. 43.

1177 En la misma línea VIVANT M., “Intellectual property rights and their functions: determining their legitimate enclosure”, cit., pág. 56.

1178 En este sentido se expresa la reciente STS 320/2022, de 20 de abril (Rec. 4415/2018), Caso Vitaldent vs. Ortodoncis.

vista marcario) cuando impida al titular hacer una publicidad normal a través de los resultados naturales arrojados por el motor de búsqueda[1179].

Aquí es donde pueden entrar las normas de Competencia Desleal para valorar la conducta desde otro punto de vista, centrado no en el perjuicio a la marca, sino en el aprovechamiento publicitario a partir de la misma. Es decir, si bien la función publicitaria de la marca, de acuerdo al TJUE, se agota en la valoración del efecto impeditivo de su uso publicitario normal (es decir, como perjuicio directo), de forma análoga a lo que ocurre con el renombre y la ventaja desleal, la Competencia Desleal puede entrar a comprobar si el uso de la marca ajena constituye un acto de aprovechamiento de la reputación ajena en el sentido del art. 12 LCD, por implicar el uso parasitario y ocasionalmente con tintes obstruccionistas, de un sistema tipo *AdWords*. En efecto, el uso parasitario resulta claro en aquellos casos donde, como en el supuesto del caso Orona, un competidor menos conocido utiliza la marca para ganar tráfico publicitario a costa del competidor. El juicio de deslealtad en este caso se deberá basar en la comprobación de si el producto que se ofrece es una mera imitación o constituye una verdadera alternativa[1180]. No obstante, se han planteado algunos casos que no han llegado a los Tribunales de competidores que utilizan el sistema *Adwords* con intención obstruccionista, en estos supuestos un competidor asentado en el mercado (empresa fuerte)

1179 STJUE de 22 de septiembre de 2011, As. C-323/09, Interflora, pár.59; STJUE de 23 de marzo de 2010, As. C-236/08.a C-238/08, Google y Google France, párrs. 96 y 97.

1180 Se aprecia aquí como el juicio interpretativo marcado por el TJUE para determinar la infracción de la marca es, en realidad, una ponderación de carácter concurrencial típica del Derecho contra la Competencia Desleal, encaminada a demarcar cuándo los efectos informativos negativos sobrepasan los efectos positivos asignativos de la conducta.

adquiere *AdWords* sobre la marca de un entrante en el mercado para eliminar de raíz cualquier posibilidad de que llegue a implantarse en el mercado.

2.1.3. Aplicación de los postulados sobre complementariedad a la problemática imitativa recreadora en la fast fashion

El actual complejo normativo que da protección a los diseños de moda deja normalmente expuesta a la creación de forma a la posibilidad de una imitación recreadora por parte de empresas dedicadas a la llamada *fast fashion*. Resulta evidente que ningún comprador habitual en estas conocidas empresas adquiere el producto pensando que es original, que va a tener su misma o similar calidad, pero aun así lo adquiere porque es un sustituto barato cuya función es "dar el pego", esto es, permitirle aparentar ser dueño de un producto de elevado lujo, sin pagar el precio que el diseñador original exige[1181].

En la medida en que el diseño industrial no registrado solo protege frente a la copia y no contra una imitación recreadora que varíe (aunque sea sutilmente) algún aspecto del diseño, se crea una suerte de vacío de protección, cuyo enjuiciamiento ha de corresponder a la Competencia Desleal, que interviene, no para tutelar necesariamente al concreto competidor imitado, sino también a todos los otros competidores que, ocupando una posición competitiva equiparable a la del imitador, se ven desplazados por este, no en base al valor intrínseco de sus propias prestaciones, sino al valor tomado prestado del producto "referencia" en la temporada y el mercado concretos. Es decir,

[1181] Se trata exactamente del mismo fenómeno que motivó la innovadora y criticada solución el BGH de admitir una tutela concurrencial por la generación de *post sale confusion*. Estamos hablando de la sentencia BGH GRUR 1985, 876, Tchibo/Rolex y que subyace a la tutela ofrecida en la BGH GRUR 1984, 453, Modeneuheit.

la garantía de la *par conditio concurrentium* puede encontrarse en el fin primordial de este tipo de intervención sancionadora y ello en la medida en que, de no impedirse la práctica, el incentivo generado es imitar en lugar de innovar, de suerte que, en poco tiempo, el mercado se ve inundado con imitaciones siempre lo suficientemente (mínimamente) distantes. Un esfuerzo ese, el de determinar la distancia imitativa justa, que estaría mejor invertido en crear productos innovadores que, aunque partan de la recreación general del producto dado, aporten alguna novedad propia, pues con ello benefician al consumidor dándole mayores posibilidades de elección y se evita una competencia en valor simbólico que poco aporta desde un punto de vista estrictamente económico[1182].

Un fenómeno paralelo que se plantea en la industria de la moda con pujante intensidad (aunque no exclusivamente reducido a ella) es el de las marcas zombi o fantasma, donde aprovechando el carácter cíclico de la moda y la contemporánea querencia por lo *vintage*, numerosos empresarios se lanzan a "resucitar" marcas que habían pasado a mejor vida – de ahí el ingenioso nombre de marcas zombi – y reutilizarlas en modernas estrategias comerciales, algo que en ocasiones podría conducir a prácticas de aprovechamiento de la reputación pretérita, que la simple nulidad registral de la marca puede no acoger en plenitud[1183].

1182 Como puede verse en BEEBE B., "Intellectual Property and the Sumptuary Code", *Harvard Law Review*, cit., pág. 827, los efectos de la competencia basada en el consumo como forma de estatus son indeterminados económicamente, habiendo autores que consideran que es una forma válida de promoción tecnológica, mientras que otra línea analítica lo identifica como una fuente de infelicidad. Si esta es o no una forma de progreso excede ciertamente los confines del presente estudio.

1183 Sobre estas ideas y para un estudio en profundidad de la cuestión Vid. GARCÍA VIDAL A., "Resurrección de marcas y marcas zombis:

Un caso reseñable se plantea ante el BGH alemán en su decisión "*Handtaschen*"[1184] (Bolso de Mano), que enfrentó a "*Hermés*", por la imitación de sus líneas de bolso "*Kellys*" y "*Birkins*". En el caso, el BGH estima que el registro de la forma de los bolsos como marca tridimensional no impide el enjuiciamiento de la conducta con recurso a la UWG, pero indica que, efectivamente, una confusión evitable sobre el origen *ex* § 4.9.a UWG no era admisible, porque el tráfico distinguía claramente original y copia y, por ello, consideró que, en todo caso, de plantearse deslealtad alguna, habría de ser desde el apartado § 4.9.b UWG[1185], aprovechamiento de la reputación del diseño de bolso. En esta segunda vertiente del juicio de deslealtad, entiende que tampoco cabría apreciar este efecto desleal, por cuanto el aprovechamiento de la reputación tal y como se invoca y se fijó en el caso Tchibo/Rolex exige poder apreciar error en los terceros observadores del producto, y este error, finalmente no se llega a producir.

Desde nuestra perspectiva, aplicando la doctrina española, la imitación de un bolso que, si bien no infringe el derecho de exclusiva encaminado a su tutela, se le aproxima de un modo relevante, puede constituir la base de una reclamación sustentada en el art. 11.2 LCD en la medida en que ningún derecho de PI reconocido legalmente tutela la reputación, en el sentido de expresar lujo, exclusividad o unicidad de ningún producto. De esta forma, esa eventual "función simbólica" no reconocida legalmente, pero relevante para el mercado, hasta el punto de que el producto despliega la "singularidad competitiva" o "mérito competitivo", esto es, resulta especialmente valorado por

---

estudio desde la perspectiva del Derecho europeo", *Revista Jurídica Digital UANDES*, cit., *passim*, en especial págs. 51-60 y 62.

1184 BGH GRUR 2007, 795.

1185 Ahora ambos preceptos se encuentran, respectivamente, en el § 4.3, literales a) y b) de la UWG post 2015.

el mercado y, por tanto, atractivo para el consumidor y para el imitador, por motivos completamente ajenos al derecho de PI, pues que el producto sea asociado en el tráfico con el lujo o la exclusividad no responde a una posición exclusiva del titular, sino a la reacción del mercado a la concreta campaña publicitaria y de comercialización del producto, que, por su propia naturaleza variable e incierta no puede ser objeto de absoluta privatización, como tampoco lo puede ser la clientela que ha generado dicha opinión.

Por ello, fuera de las funciones protegidas por los diferentes derechos de exclusiva, en la medida en que no haya coincidencia respecto de ellas, el producto especialmente valorado por el mercado y, por tanto "competitivamente singular" habrá de ser protegido frente a la imitación cuando esta tenga por objeto o efecto alterar la estructura y flujo de la competencia en el mercado, siendo estos efectos los enunciados en el art. 11.2 y 11.3 LCD: confusión, aprovechamiento de la reputación, aprovechamiento del esfuerzo (siempre que tenga componentes obstaculizadores anticoncurrenciales) y la imitación sistemática con idéntico condicionante que el anterior.

2.1.4. Consideraciones desde los nuevos paradigmas sobre complementariedad de protecciones en caso de imitación general de la prestación ajena: el Caso Mr.Wonderful.

Como ejemplo del tercer tipo de acumulación o complementariedad posible, el caso en que la infracción del concreto derecho de PI es parte de una conducta más amplia, cabe destacar el "caso Mr. Wonderful"[1186].

[1186] Se trata de un caso planteado ante la jurisdicción europea actuando en tal calidad anto el Juzgado de la Marca de la Unión N.º 1 de Alicante (Nº 106/2019, de 6 de mayo) , como la Audiencia Provincial que ha conocido de la apelación (SAP Alicante, Sección 8ª, núm.

Sin entrar en el análisis de esta resolución, pues no es pretensión de este capítulo hacer una exégesis pormenorizada de las Sentencias, sino de tratar de exponer las implicaciones que tiene un juicio *ex ante* que atienda al impacto concurrencial de la conducta y no a la prioridad sistemática del derecho exclusivo como derecho especial o de protección más intensa, a partir de casos reales. Trataremos de centrarnos en la idea que subyace al razonamiento del Juzgado de Primera Instancia y que el Tribunal de Apelación, lamentablemente, no tiene en cuenta.

En este sentido, resulta, sin duda muy positivo que el Juez tenga en cuenta ambos sistemas de tutela sin prejuzgar en nin-

---

1476/2019, de 20 de diciembre (Rec. 1059/2019) y que pone fin al iter procesal al inadmitir el Auto del Tribunal Supremo de 1 de junio de 2022 (Rec. 1136/2020) el recurso de casación interpuesto. El litigio se sustancia en torno a la infracción de una serie de diseños gráficos registrados por los ilustradores titulares de la marca Mr.Wonderful, caracterizados por usar formas simples, con rasgos antropomorfos y colores pastel. El JMUE estima que no concurre infracción de los concretos diseños invocados, por existir pequeñas variaciones que generan una impresión general diferente, pero que sí concurre un acto de imitación desleal del art. 11.2 LCD por haberse tratado de apropiar la demandada de los elementos definitorios del "estilo de diseño de Mr.Wonderful", aunque parece optar por una interpretación expansiva que incluye no solo el estilo gráfico de diseño, sino también la "iniciativa" consistente en decorar material de oficina y de uso diario (menaje) con dibujos de estética "kawaii" o "mono" (en el sentido de "adorable") en japonés, actualmente de moda, acompañados de mensajes positivos y motivacionales introducidos en un tono cómico a través de las situaciones representadas mediante el componente gráfico. Por su parte, la AP de Alicante, cuando conoce del asunto comienza negando la existencia de imitación, para negar a renglón seguido toda singularidad competitiva en los diseños de Mr. Wonderful, ya que en el caso de una imitación generadora de riesgo de asociación se hace necesario que dichos elementos singularizadores tengan la capacidad de evocar un determinado origen empresarial, negándoselo a los diseños.

gún momento la respuesta que uno pueda imponer en el otro. Esto es, parte de un principio de acumulación absoluta, pero, en lugar de operar un análisis por separado de cada una de las conductas, hace una valoración de conjunto, tanto desde la perspectiva de cada uno de los diseños concretamente invocados y su infracción, como desde la perspectiva de la imitación desleal. Ello permite identificar un patrón subyacente a la mera imitación individual de cada uno de los diseños industriales registrados. A la hora de expresar el nexo común huye del recurso a la figura de la imitación sistemática (art. 11.3 LCD) para, de forma origina, aludir a un estilo artístico o de diseño como objeto de imitación (art. 11.2 LCD).

En efecto, compartimos que, en el caso, la coincidencia de los diseños originales e imitados deriva, no de un plagio individual de cada diseño, sino de la copia de dos elementos en realidad: el estilo artístico empleado y la iniciativa empresarial consistente en ofrecer productos utilitarios decorados con juegos visuales y de palabras que buscan tener un impacto positivo en el humor de su receptor. En la medida en que ninguno de estos elementos forma parte del ámbito objetivo de aplicación del Diseño Industrial, la única forma de tutelarlos pasa por la aplicación autónoma del Derecho de la Competencia Desleal y, en esta medida, la acumulación resulta clara: la eventual infracción de los derechos de Propiedad Intelectual es simplemente percibida como una consecuencia derivada de la consecución del efecto imitativo deseado, de forma que, en palabras del Tribunal Supremo, la conducta tendría una "dimensión anticoncurrencial específica y distinta a la tenida en cuenta en sede del derecho exclusivo"[1187].

Los elementos más sujetos a debate en el caso se encuentran, precisamente en la necesidad de determinar si se dan los

[1187] STS 95/2014, de 11 de marzo, *Bombay Sapphire*, F.J. 20.

presupuestos objetivos propios de las normas de Competencia Desleal que permitan entender justificada su aplicación y no se trate, por tanto, de una extensión improcedente de una posición exclusiva más allá de sus límites legales. En este sentido, el Juzgado de Primera Instancia hace una pormenorizada y exhaustiva valoración para concluir que existe la suficiente singularidad competitiva[1188], interpretada además de forma alejada a la función replicante de marca o de diseño industrial, sino de forma más próxima a la interpretación que aquí proponemos, donde lo relevante es determinar si esos elementos, conjuntamente considerados, resultan apreciados por los consumidores y si estos asocian tales elementos como característicos de un determinado empresario[1189].

La cuestión que subyace, en realidad, es la ponderación de un doble conjunto de intereses: por un lado, la consistente en determinar si la prestación es lo suficientemente única y concreta como para haberse desgajado de una moda o estilo artístico más general y por ende no protegible; por el otro, determinar si el acto imitativo produce efectos de falseamiento de la competencia[1190]. En este segundo sentido, habría que tener

---

1188 Se aprecia el recurso a esta figura cuyas raíces germánicas han quedado expuestas. De nuevo, en línea con lo que señala NEMECZEK H., "Wettbewerbsfunktionalität und unangemessene Rufausbeutung gem. § 4 Nr.9 lit.b Alt. 1 UWG", *WRP*, cit., pág. 1027, estaríamos ante un "momento inmaterial" en el juicio concurrencial de deslealtad.

1189 Algo similar propone DOMINGUEZ PÉREZ E. M., *Competencia Desleal a través de actos de imitación sistemática*, cit., págs. 222 y 223.

1190 Es posible apreciar la realización de una doble valoración: una primera exégesis dirigida a determinar la especialidad y concreción suficiente de la iniciativa a proteger; y una segunda encaminada a verificar si la conducta alegada como infractora produce un efecto cuyo perjuicio para la competencia resulta superior a la mera afección al interés subjetivo del competidor-creador.

en cuenta no solo el efecto asociación/confusión en sentido estricto[1191], que podrá darse o no, según la proximidad de los diseños, sino también el eventual efecto de aprovechamiento en el sentido que se ha venido exponiendo y que se resume como la presentación de "un sucedáneo improcedente"[1192].

Al Derecho de la Competencia Desleal el mérito creativo del producto le ha de resultar completamente ajeno, pues no se centra en la tutela del esfuerzo creador del empresario, sino en mantener una situación de mercado generada a base de la eficiencia de las prestaciones propias, frente a los ataques de otros competidores que no respetan idéntico principio. Por tanto, si la prestación debe protegerse o no es una cuestión que el Derecho de la Competencia deja resolver al mercado: en la medida en que el mercado valore esa prestación, la singularizará, de modo que, con independencia de su mérito creativo, despliega paralelamente un mérito competitivo, entendido como el desempeño del producto en el mercado que es lo que, en fin, la perspectiva concurrencial trata de tutelar[1193].

1191 Recordemos que, aunque la ubicación típica de este juicio se encuentra hoy por hoy en Derecho de Marcas, las normas de Competencia Desleal (arts. 6 y 12 LCD) mantienen, con buen criterio a mi parecer, un segundo alcance para su enjuiciamiento, que no estaría limitado a la dimensión marcaria, de modo que es posible acudir directamente bajo la alegación de confusión por la vía concurrencial acumulándola a la acción de infracción del Diseño Industrial, sin necesidad de derivar la cuestión al ámbito marcario.

1192 STS 369/2004, de 17 de mayo, (Rec. 1797/1998), FJ Tercero.

1193 Dicha tutela no lo es frente a la simple imitación o apropiación, sino que aquella contiene un deber objetivo de conducta, cifrado en el cumplimiento de la carga de diferenciarse con que viene gravada la imitación como estrategia competitiva válida, tal como se infiere de la exigencia adicional de que se produzcan efectos específicos a partir de la conducta imitativa para que resulte sancionada.

Un tema controvertido que despierta en este sentido la aplicación complementaria de la Competencia Desleal para proteger una iniciativa empresarial[1194] consistente en la adición de un elemento gráfico y textual a un producto de uso común para que deje de serlo, pasa por determinar el tipo de conducta implicada a efectos de calificar el acto como de confusión *ex* art. 6 LCD, imitación desleal de acuerdo con el art. 11.2 LCD o aprovechamiento indebido de la reputación ajena conforme al art. 12 LCD. Ello porque la tradicional distinción formal/material que ha venido empleando la jurisprudencia española[1195], conforme a la cual la imitación de todo elemento formal se distribuye en los arts. 6 y 12 LCD, mientras que la imitación material de prestaciones se encuadra dentro del art. 11.2 LCD, resulta problemática en un caso como el de marras. En este sentido, dado que el diseño y el estilo que le subyace no es un signo distintivo, aunque pueda desplegar alguna función distintiva débil, ni tampoco es como tal una presentación comercial, sino que forma parte de la prestación en sí pero esta no se reduce a aquella, los arts. 6 y 12 LCD resultan difícilmente aplicables. Del mismo modo, dado que el art. 11.2 LCD se viene identificando con la imitación de la prestación, invocándolo en este contexto se corre el riesgo de que sea percibido como una interpretación excesivamente forzada. Por último,

---

1194 Nótese que empleamos el término de iniciativa empresarial (art. 11 LCD), al entender que supone un punto adicional de abstracción respecto de la noción de prestación. De este modo, siguiendo la literalidad del precepto, sería posible proteger por esta vía elementos que no se constituyen finalmente en prestación, esto es, un bien o un servicio, por lo que podría, por ejemplo, tutelarse una parte específica y concreta de ellos que no tiene la entidad suficiente para convertirse en prestación, pero que, alternativamente, ha tenido un inusitado éxito en el mercado.

1195 SSTS núm. 369/2004, de 17 de mayo; núm. 887/2007, de 17 de julio; y núm. 1089/2007, de 10 de octubre; sirvan como botón de muestra.

el recurso al art. 4 LCD es siempre posible dada la ausencia de encaje en los tipos concretos invocados al efecto, pero se corre el riesgo de proteger por esta vía no ya la situación de mercado generada por esa prestación o iniciativa, sino de dar tutela cuasi-inmaterial al estilo de diseño, lo cual tampoco resulta *a priori* conveniente y se trataría en todo caso de un supuesto de aplicación pretorial de la Competencia Desleal, no un supuesto de complementariedad autónoma en ese otro sentido propio que hemos identificado.

2.1.5. Aplicación de la nueva consideración sobre complementariedad relativa en casos de no vigencia o existencia de un derecho de Propiedad Intelectual tutelable

Queda, por último, exponer algún ejemplo sobre la cuarta categoría, esto es, actos que afectan a una posición concurrencial tutelable, estando ausente la protección del derecho exclusivo. Bajo esta cuarta tipología estarían integrados a un mismo tiempo dos subconjuntos de casos: por un lado, supuestos donde el derecho de PI existió en su momento pero se encuentra actualmente caducado; por el otro, supuestos donde aún no existe (ni se sabe si existirá) un derecho exclusivo. Quedan diametralmente fuera los casos donde el derecho de exclusiva existe y está vigente, pero en que la protección no se activa, por inexistente o por suponer un uso lícito o autorizado.

A) Casos en los que el derecho de PI ha perdido ya su vigencia:

Un primer supuesto interesante que debemos tener en cuenta lo encontramos en la sentencia del BGH de 8 de noviembre de 1984[1196], donde la compañía *Rolex* demanda a la

---

[1196] BGH *GRUR* 1985, 876, Tchibo/Rolex.

marca *Tchibo* por reproducir en una serie de relojes su modelo *Oyster*, cuya protección mediante Diseño Industrial ya había terminado. El BGH, en uno de sus pronunciamientos más innovadores y criticados, considera la existencia de un acto de imitación desleal por aprovechamiento de la reputación ajena partiendo de la idea de que, si bien el parecido no genera confusión en el comprador, la genera en terceros que, viendo el reloj durante un instante, lo confunden por un original, lo que hace que su valor en el mercado derive exclusivamente de su capacidad para confundir a terceros observadores sobre su origen empresarial[1197].

Naturalmente, estos argumentos no serían admisibles en una resolución actual, ni en Alemania, ni obviamente en España. Pero a ellos subyacen dos elementos que lo hacen destacable: por un lado, la aproximación flexible que permite la sanción concurrencial aun caducado el derecho exclusivo; por el otro, la atención al valor aportado por el producto de imitación como criterio para determinar la licitud o ilicitud del acto imitativo[1198].

Si tratamos de enfocar los hechos a partir del juicio *ex ante* de impacto concurrencial, se identifican dos áreas relevantes: por un lado, el ámbito del derecho exclusivo, como mecanismo de tutela individual de la empresa Rolex, cuya protección *erga omnes* ha caducado, de modo que, aunque es posible iden-

---

[1197] En lo que se ha dado en denominar "post sale confusion". Cfr. OHLY A., "Post-sale confusion", *FS FEZER*, cit., págs. 615-632.

[1198] Esta consideración se aprecia claramente cuando el BGH razona que el poder comercial del producto no está tanto en el engaño al consumidor (motivo por el que descarta la confusión – *vermeidbare Herkunftstäuschung*), sino en el engaño que el consumidor puede lograr en terceros mediante su empleo (lo que parece encajar mejor con el aprovechamiento de la reputación ajena – *unangemessene Rufausbeutung*).

tificar un ámbito de intervención potencial para el DI, este no se encuentra vigente; por otro lado, encontramos un segundo ámbito que implica tener en cuenta dos cuestiones: la primera es que el demandante continúa fabricando el modelo de Rolex imitado y lo hace además siendo dicho modelo muy valorado y demandado en el mercado; la segunda es que estando, por tanto, activo el mercado de los relojes de lujo tipo *Oyster* de Rolex, la empresa demandada realiza una imitación del modelo, cuyo único valor radica, precisamente, en el parecido que es capaz de desplegar y que conduce a una confusión en terceros observadores. Por ello, puede concluirse que hay un ámbito para que la conducta sea igualmente valorada desde el punto de vista concurrencial, a fin de evitar que con la imitación se pueda inducir a error al mercado, perjudicando la posición concurrencial hasta ahora ganada por el fabricante de esos relojes originales y del resto de competidores leales que se abstienen de imitar[1199].

Aplicando, sin embargo, el modelo valorativo que inspira actualmente las normas de Competencia Desleal, atendiendo a los efectos que la conducta puede desplegar, resulta, dudoso mantener la postura emitida por el Tribunal Federal Alemán. En efecto, hay que tener en cuenta que, por un lado *Rolex* es una gran compania, que goza de gran prestigio en la fabricación de relojes de lujo, los cuales se venden por cifras ciertamente importantes. En cambio, la demandada, *Tchibo,* en su vertiente vendedora de relojes, busca acceder a un público mucho más modesto. El propio Tribunal indica que el precio era muy inferior y precisamente con base en ese precio múlti-

---

1199 No se trataría de impedir tanto la imitación del modelo, sino únicamente aquella que fuera susceptible de generar un efecto confusorio indirecto (en terceros), habilitando la succión de valor comercial ajeno. El reloj de *Tchibo* no tiene un valor propio y ello se demuestra en la medida en que, ausente el modelo icónico de *Rolex* del mercado, el modelo de *Tchibo* no tendría a penas interés.

ples veces inferior, descarta cualquier efecto confusorio directo. Es evidente que *Tchibo* no quería competir con *Rolex* y de ahí que resulte difícil defender que la demanda, sin embargo, saliera adelante. Empero, junto a *Rolex* hay todo un mercado de relojes de menor gama que son los que se ven directamente perjudicados por la práctica, pues es a ellos a los que *Tchibo* perjudica en realidad[1200]. *Tchibo* no afecta en modo relevante alguno a la posición competitiva de *Rolex* ni compite con este en el mismo sector del mercado, pero, en cambio, sí que logra catapultarse en la especial reputación de *Rolex* y sus relojes para situarse por encima de sus competidores directos. Se trata de un perjuicio evitable, pues no deriva de la mera acción de competir, sino que, en realidad, el perjuicio se genera por la opción deliberada y consciente de distribuir en el mercado productos lo suficientemente similares a un gran producto de referencia, como para que terceros no compradores se vean inducidos a error. De esta forma, puede apreciarse una cierta voluntad de no competir sobre la base de las propias prestaciones y la propia eficiencia.

La opción por un diseño similar, pero que mantuviese mayor distancia imitativa era una posibilidad presente en todo momento, que, sin embargo, resultó manifiestamente descartada por el imitador, que decidió, en cambio, realizar una imitación lo más próxima posible. De esta forma, podría fundarse la deslealtad, no en la dimensión del perjuicio causado a *Ro-*

1200 No debemos olvidar que aunque el sistema de Competencia Desleal recurre a un expediente de tutela subjetiva, lo hace de forma instrumental, para lograr con ello la subsiguiente salvaguarda del correcto funcionamiento del mercado. Llevando a un extremo esta idea podría incluso sostenerse que la adopción de medidas declarativas, de remoción y cesación, sin condena a satisfacer una indemnización de daños y perjuicios, precisamente por el interés institucional en la purga de la práctica desleal, que no se vería obstaculizado por la ausencia de daños en el demandante.

lex, para el que esta conducta no es sino un acto meramente molesto, sino en los efectos adulteradores de las posiciones de mercado próximas a la de *Tchibo*[1201].

La pregunta en este punto del razonamiento es: ¿Debería admitirse la demanda planteada por *Rolex*? ¿O quizá la argumentación solo sería válida para un demandante que fuera competidor directo del imitador? Desde esta perspectiva, el interés del sistema de Competencia Desleal es el de reprimir la conducta, pues perjudica a todo el mercado. A partir de ello, es posible colegir que el hecho de que la demanda se interponga por *Rolex* no debería suponer un obstáculo relevante a su admisibilidad, ya que, en todo caso, siempre sería posible escalar la conducta en función de las proporciones económicas de las partes mediante la modulación de la acción de daños. En efecto, que *Rolex* acuda a los Tribunales pidiendo la cesación de la conducta y la destrucción de los relojes, supone un beneficio

---

1201 De nuevo aquí, el problema está en los incentivos que genera su no sanción: una mayor cuota de imitación y un mercado cada vez menos ordenado y, por tanto, menos transparente, más confuso, que redunda en un grado innecesario de ineficiencia tanto asignativa, como especialmente a la dinámica. Desde el punto de vista meramente estático, resulta imposible defender que la conducta imitadora de *Tchibo* tenga en concreto efectos positivos. En primer lugar, porque el estrato del mercado donde opera Tchibo está tan alejado de aquel en que interviene Rolex que el surgimiento de un imitador (o incluso varios) de sus relojes pero de réplicas mucho más modestas no va a tener incidencia sobre el precio de los relojes *Rolex* imitados. Por otra parte, se puede considerar la imitación un nuevo producto a elegir, pero entre otros tantos relojes de mismo rango de precios, siendo nuevamente difícil apreciar cómo la entrada de un reloj de imitación incrementa de un modo relevante la oferta o disminuye correlativamente el precio, circunstancia cualquiera de las dos que debería darse si el imitador pretende justificar su conducta, compensando la introducción de una fuente de confusión genera importante "ruido" en el mercado, distorsionando su funcionamiento.

para el mercado en su conjunto. La tutela verdaderamente individual del perjuicio alegado por *Rolex* se articula mediante la acción de daños y perjuicios, debiendo ser *Rolex*, en tanto que parte demandante, la encargada de probar la intensidad de los efectos de la imitación respecto de su patrimonio. En la medida en que la prueba resultará sumamente difícil, pues el daño será nimio, evitando cálculos de daño basados en criterios cuasi-inmateriales como el de regalía hipotética o doctrinas de daños *in re ipsa* (o el triple cálculo del daño que el sistema alemán permite en estos casos, cuyo origen se encuentra en el derecho de PI), hay herramientas suficientes para minorar los efectos resarcitorios, combinando el incentivo individual a accionar, con el beneficio colectivo del mercado, y todo ello, minimizando el impacto negativo que la sanción pueda tener sobre el imitador.

En este contexto, conviene recordar el ATS de 8 de mayo de 2019, por el que el Tribunal Supremo inadmite un recurso de casación interpuesto por *Carrefour* contra la admisión a registro de la marca "Continente". Aquí nos encontramos con el equivalente marcario del problema de acumulación post-caducidad del derecho exclusivo. Sin ánimo de reincidir sobre lo ya enunciado a este respecto en el Capítulo III, se plantea aquí un conflicto entre si ofrecer tutela individual al anterior titular como medio para garantizar el correcto funcionamiento del mercado, de forma que lo principal sea la tutela de mercado y la tutela individual se considere como una simple consecuencia de aquella, o bien negar la tutela y esperar a que el mercado solucione por sí mismo los problemas de confusión. La opción por una o por otra solución es compleja y, a mi modo de ver, dependerá en última instancia de los hechos concretos sobre los que se plantea el litigio y de la ponderación de la necesidad de tutela que atendidos los intereses del mercado, resulte mayor.

B) Casos donde no existe ab initio un derecho de Propiedad Intelectual

El segundo de los grupos de casos que tienen cabida dentro de la última tipología de complementariedad que identificamos son aquellos supuestos donde no existe propiamente un derecho de PI establecido, de forma que el recurso a las normas de Competencia Desleal quedaría *a priori* libre. Puede argumentarse que este no sería propiamente un caso de complementariedad, puesto que solo es aplicable uno de los dos sistemas de tutela y ello sería cierto, suponiendo que nos encontremos ante un modelo de aplicación de la Competencia Desleal que implique el desenvolvimiento normal de lo que hemos definido como función propia. Pero, evidentemente, como reconoció tempranamente ULMER, lo cierto es que la Competencia Desleal cumple una función creadora o de marcapasos[1202] de la normativa de PI, una función que en la sistemática propuesta hemos denominado como pretorial, en el sentido romano estricto del término "*prae ire*", es decir, como tutela jurisdiccional ajustada al caso concreto que precede, "va delante" de un posterior desarrollo legal y que, además, tal y como la hemos definido se basa en la aplicación analógica del sistema de Propiedad Intelectual, recurriendo al Derecho general regulador del mercado, la Competencia Desleal. Sería, por tanto, un caso de complementariedad inminente, potencial o futura.

De esta forma, habría que diferenciar esa doble aplicación de la Competencia Desleal, ausente un derecho exclusivo: la aplicación autónoma, con base en sus propios presupuestos, como, por ejemplo, los actos de engaño (art. 5 LCD) o los ya consabidos actos de confusión (art. 6 LCD), imitación desleal (art. 11 LCD) y aprovechamiento de la reputación ajena (art.

1202 ULMER E., *Urheber-und Verlagsrecht*, cit., pág. 40.

12 LCD), que, al menos, ontológicamente admiten una aplicabilidad completamente al margen de la tutela de derechos exclusivos, siempre que el acento se ponga en las circunstancias en que tiene lugar y no en el tipo de conducta enjuiciada (imitación); y, por otro lado, la aplicación pretorial que se operaría con recurso a la cláusula general de Competencia Desleal (art. 4 LCD) y que sería conveniente quedara claramente separada del resto de preceptos, cuestión difícil dado que el art. 11.2 LCD incluye una referencia al aprovechamiento del esfuerzo ajeno, lo que contribuye a mezclar ambas vertientes de tutela. La protección directa del esfuerzo frente a una conducta que lo parasite parece encontrarse, más bien, en órbita con la lógica de la protección de los bienes inmateriales y, por ello, de admitirse su eventual tutela concurrencial, deberá hacerse bajo el paradigma de la "pretorialidad" de su justificación. Siendo ello así, por higiene sistemática, sería preferible que todo este grupo de casos se fundaran en el art. 4 LCD y su cláusula general.

Pensando en esa función creadora o pretorial de la Competencia Desleal, viene rápidamente a la cabeza una Sentencia de la Audiencia Provincial de Barcelona 280/2017, de 29 de junio (Rec. 11/2016), "caso Asco de Vida"[1203]. La argumentación de

---

[1203] La resolución concierne a un caso de imitación de una iniciativa empresarial singular más que de una prestación en sí. Lo que las partes pretendían proteger en los Tribunales consistía en el desarrollo de un portal web colaborativo donde usuarios anónimos podían intercambiar pareceres sobre sucesos vergonzosos o humillante que les hubieran venido sucediendo con ocasión de su vida diaria, recibiendo a cambio de su contribución *feedback* de otros usuarios en la forma de votación sobre la base de las categorías: "chorrada" (irrelevante, voto negativo), "haberlo pensado antes" (la culpa de lo ocurrido es del usuario, voto neutral) o "asco de vida" (realmente se confirma su opinión sobre el problema, voto positivo).
Esta idea es en su origen atribuible a dos internautas franceses quienes, tras lanzar el sitio web "Vie de merde" consideraron que podría configurarse como un negocio viable, habiendo sido licencia-

la parte demandante se centra en tratar de demostrar la necesidad de protección de la obra mediante derechos de Autor, extremo en el que fracasa, por cuanto no se puede considerar una obra literaria ni el código fuente ni el diseño web. Ante la dificultad de encaje en sede de Derecho de Autor, la parte propone el planteamiento subsidiario de acciones de Competencia Desleal, centradas potencialmente en la "protegibilidad" concurrencial de la iniciativa empresarial (lo que en Alemania se calificaría como *unmittelbare Leistungsschutz*). La Audiencia Provincial se pronuncia en el sentido de entender que la argumentación planteada a duras penas contiene elementos suficientes para entender ejercitadas las acciones de deslealtad, en la medida en que se reduce a una invocación genérica a tres preceptos de la LCD, sin ulterior desarrollo y sin nueva mención si quiera en el suplico. Pese a ello y a la deficiente argumentación planteada, la AP decide analizar la aplicabilidad al caso de los artículos invocados (arts. 6, 11 y 12 LCD), desestimando finalmente su concurrencia. En particular, el art. 11.2 LCD lo desestima por falta de singularidad competitiva en la prestación.

Siendo el planteamiento de la demanda tan sumamente deficiente, nada se puede reprochar a la Audiencia, que dedica un importante esfuerzo argumentativo *ad maiorem* a demostrar la improcedencia de la tutela concurrencial, para mayor claridad de la argumentación. Sin embargo, uno no puede evitar plantearse si quizá hubiera sido posible justificar un acto de Competencia Desleal, no ya a partir de los artículos citados, donde no se da la concurrencia de sus diferentes presupuestos, pero sí quizá a través del recurso al art. 4 LCD, a través de una

---

do para varios países e idiomas. Sin embargo, en España, otros dos internautas, sin contar con licencia de los titulares de los derechos "Vie de Merde" lanzaron poco después al mercado español su propia versión bajo el nombre "Asco de Vida".

ponderación de intereses directa, sobre la base de esa función pretorial[1204].

En una línea más tradicional, vinculada al mundo material, siempre pueden encontrarse casos de productos originales, que rápidamente llaman la atención de los consumidores, pero que no cumplen con ninguno de los presupuestos necesarios para obtener alguna forma de tutela inmaterial. En este sentido, viene a la cabeza la STS 451/2021, de 25 de junio (Rec. 2315/2018), caso "*Happy Pills*"[1205].

La originalidad de la presentación no tardó en llamar la atención del público y rápidamente comenzó un modelo de franquicia para tiendas de gominolas, donde se ofrecían los productos siguiendo una determinada estética en el *trade dress*[1206], emulando la propia de las farmacias y boticarios antiguos. En un momento dado, noviembre de 2013, un sujeto se interesa por la posibilidad de instalar en su cafetería un pequeño *corner* donde vender este tipo de productos. Si bien no trasluce el éxito o fracaso de las negociaciones (del contexto

---

1204 En una línea similar se expresa CARBAJO CASCÓN F., "La Originalidad de la Obra Publicitaria y las Páginas web" en AA.VV. *XXXIII Jornadas de estudio sobre la Propiedad Industrial e Intelectual*, cit., págs. 43-44, 48, 54, 57-58 y 60.

1205 Donde se imitaba una forma de presentación y comercialización de gominolas, consistente en presentar estas chucherías como si de medicamentos se tratase. Para ello se empleaban botes de tipo médico o farmacéutico, así como pastilleros, pero se rellenaban con gominolas temáticamente conectadas entre sí en lugar de fármacos, todo ello acompañado de mensajes humorísticos y de elementos gráficos que parodian la simbología médico-farmacéutica.

1206 Sobre la protección de esta cuestión desde la perspectiva marcaria vid. DOMINGUEZ PÉREZ E.M., "Nuevos planteamientos en torno a la marca de servicio: la protección de la imagen y apariencia del interior de un local («*flagship store*») como marca tridimensional de servicio", *ADI*, Tomo XXXV, 2014-2015, págs. 91-111.

litigioso puede deducirse que no llegaron a término), sí que resulta acreditado que previamente al contacto, este sujeto competidor distribuía gominolas en botes con mensajes personalizables, bajo la denominación comercial "Molagominola". *Happy pills* demanda a este competidor por actos de imitación prohibidos en el art. 11.2 LCD y confusión tipificados por el art. 6 LCD. Finalmente, planteado el caso ante el Tribunal Supremo este concluye que las diferencias entre ambos productos son lo suficientemente relevantes como para interpretar que resulta imposible entender la generación de un eventual riesgo de asociación en el consumidor, lo que supondría que estamos ante dos formas distintas de manifestar la misma idea.

La opinión del Tribunal Supremo, que desde aquí se comparte, resulta expresiva de esa necesidad de tutelar aquellas ideas de mercado que, si bien no son lo suficientemente valiosas como para ameritar protección por vía de las normas de PI, es lo suficientemente relevante para el mercado como para generar gran demanda en poco tiempo y, despertar con ello las estrategias imitadoras de los competidores mejor posicionados. En este sentido, una aproximación desde las normas de Competencia Desleal puede estar justificada, a partir de la constatación del elemento de mérito competitivo[1207].

En algunos casos, la debilidad de la invención no llagará a ameritar una protección pretorial aplicando el art. 4 LCD, que debe quedar para iniciativas creativas y novedosas que no encuentran acomodo en los derechos de PI existentes. La tutela operaría un nivel por debajo del umbral de mérito creativo tenido en cuenta por los derechos de PI. Estamos hablando, por tanto, de tutelar la implantación en el mercado de una

---

1207 Entendido en el sentido utilizado por MASSAGUER FUENTES J., *Comentario a la Ley de Competencia Desleal*, cit., pág. 346 y 347. Es decir, centrado en el valor innovativo intrínseco del producto anudado a su relevancia para el mercado.

prestación que es competitivamente singular, pero no intelectualmente valiosa. El cuándo procede ofrecer esta tutela si es que procede, es una valoración que, lógicamente, como todas las que tienen lugar con ocasión de la aplicación de las normas de Competencia Desleal, debe operarse sobre el caso concreto y, en particular, cuando la conducta imitativa tenga una trascendencia supraindividual por afectar de un modo suficiente a la estructura de la competencia en el mercado[1208].

2.2. *Breves conclusiones, necesariamente provisionales, sobre el juicio de impacto concurrencial*

Conviene cerrar el capítulo haciendo algunas reflexiones sobre el modelo de juicio *ex ante* basado en el análisis de impacto concurrencial de la conducta potencialmente infractora de un derecho exclusivo y sospechosa de deslealtad. La primera idea que conviene destacar es que en absoluto constituye un *novum* dentro del sistema aplicativo vigente, hay muchos juzgados y Tribunales menores que inconscientemente aplican una perspectiva similar para encarar los casos difíciles, como demuestra la SJMUE de 2019 en el "Caso Mr. Wonderful" o las SJMUE del año 2023 sobre *look-alikes*, donde toma la decisión consciente de valorar la conducta de forma independiente para cada uno de los sistemas de tutela invocados y a partir de ello opera una sistematización de hechos que tiene en cuenta ambas modalidades de infracción, en lugar de recurrir al sencillo sistema de exclusión por la forma que hemos visto utilizado en ocasiones.

[1208] Esto es en aquellos casos donde la no protección (ni inmaterial ni de otro tipo) puede generar un fallo de mercado, como es la expulsión de competidores y causar el surgimiento de posiciones de poder de mercado. Cfr. HILTY M. R., "The Law Against Unfair Competition and its Interfaces", en HILTY M. R. y HENNING-BODEWIG F., *Law Against Unfair Competition*, cit., págs. 22 y 24.

De lo que se trata es de generar un sistema de coordinación, por tanto, que resulte más afín a la autonomía de cada uno de estos sistemas de regulación del mercado, de forma que puedan valorarse de manera independiente, para después, una vez determinada su aplicabilidad al caso o no, coordinar su aplicación a partir de los límites y necesidades exhibidos por la normativa de PI en cada caso. Por tanto, sigue habiendo una cierta primacía del derecho de exclusiva, pero esta no opera a la hora de determinar la aplicabilidad de una y otra disciplina jurídica, sino en un momento posterior, a la hora de verificar su coordinación. En este sentido, resulta muy expresivo el Caso Oreo tal y como se resuelve en la STGUE precisamente por la remisión que operan los arts. 8.2.c y 9.2.c del RM y 34.2.c LM, a través del concepto "obtención de una ventaja desleal" al juicio de infracción concurrencial. A mi modo de ver, el sistema de coordinación en este caso supone admitir que hay una infracción a las normas de la leal competencia, pero de forma que dicho juicio no se opera en abstracto como en otras modalidades de acumulación, sino que se integra el juicio de deslealtad concurrencial dentro del otro más amplio de infracción de la marca, de forma que la marca se infringe precisamente porque se hace un uso desleal de la misma. Lo mismo podría considerarse en el caso *AdWords*, donde el uso de la marca es lícito siempre y cuando se haga "en condiciones de competencia leal y respetuosa" y siempre fuera de la generación de confusión. En cambio, cuando el uso se haga fuera de los márgenes de respeto y lealtad, se obtendrá de él una ventaja desleal, lo que debería permitir integrar la infracción marcaria con el juicio de deslealtad del actuar competitivo.

En otros casos, la complementariedad no llevará a "apalancar" ambos juicios de infracción, pero servirá de apoyo para purgar del mercado conductas cuya aportación en términos de valor resulte muy inferior a los perjuicios individuales y/o colectivos que traigan consigo. Piénsese en este sentido en el caso de los *look-alike*, diseñados con el objetivo de tergiversar las condiciones de mercado y conducir, por tanto, a transacciones subóptimas. La permisividad contribuye a introducir una serie de incentivos a llevar a cabo este tipo de prácticas, dado su bajo riesgo de supresión y al suponer notables beneficios. Por tanto, introduciendo ineficiencias tanto en el plano estático como en el plano dinámico.

Naturalmente, un modelo de coordinación no es la panacea para todos los problemas y conflictos que trae consigo admitir la complementariedad de protecciones entre el Derecho de la Competencia Desleal y los derechos de Propiedad Intelectual. En efecto, existen cuestiones de fondo, más vinculadas al ámbito de la política legislativa que al encaje y coordinación dogmáticos, difíciles de resolver.

En este sentido, una exclusión formal garantiza un menor número de problemas jurídicos, pero, a cambio, corre el riesgo de no ajustarse a la realidad de las necesidades del mercado a cada momento, se convierte, por tanto, en un sistema rígido y aislado de la realidad fáctica que se orienta a disciplinar. En cambio, un modelo flexible de interacción y coordinación como el que proponemos facilita una protección adecuada, si bien se hace a cambio de generar algunos conflictos en el margen de ambas normativas. En este sentido, el problema de la aplicación de la normativa concurrencial para la tutela del mercado en casos donde el derecho exclusivo afectado ha terminado en su vigencia se antoja quizá como el supuesto más problemático.

Capítulo VI.

Ajustes prácticos para un adecuado recurso a la complementariedad relativa

1. EL NECESARIO CAMBIO EN LA APROXIMACIÓN DE LOS OPERADORES A LAS CUESTIONES DE COMPLEMENTARIEDAD DE PROTECCIONES

La determinación de la validez del modelo de coordinación propuesto queda, naturalmente, a discreción del lector, que decidirá si se presentan suficientes argumentos a favor o si, por el contrario, detecta un inadmisible número de fallas o inconsistencias, que le llevan a desechar el modelo de impacto concurrencial como medio de desarrollo del juicio *ex ante*, optando entonces por el modelo de prioridad aplicativa o por otro de su elección. El objetivo último es apoyar la doctrina de la complementariedad relativa con un enfoque argumentativo que conecte su construcción dogmática[1209] con su aplicación en la práctica judicial. En todo caso, es relevante cerrar estos planteamientos con una reflexión sobre la necesidad de modular el paradigma interpretativo vigente en materia de complementariedad de protecciones, o, al menos en lo que concierne al tratamiento jurídico de la imitación[1210].

1209 MASSAGUER FUENTES J., *Comentario a la Ley de Competencia Desleal*, cit., págs. 82 a 85.

1210 Reflexión que hacía y a la que invitaba el profesor MASSAGUER FUENTES J., "Por un replanteamiento de la protección jurídica de

Se aprecia en los operadores un claro desconcierto en punto a la acumulación de protecciones. No solo en España, los problemas de la interacción entre derechos exclusivos y Competencia Desleal es una problemática que se repite en términos muy parecidos en los diferentes sistemas jurídicos europeos[1211]. El ejemplo alemán nos da cuenta de cómo, pese a haber dedicado ingentes esfuerzos doctrinales a lo largo de más de cien años de vigencia de la UWG, la naturaleza de las relaciones sigue siendo discutida y cómo, pese a ello, es posible operar un sistema funcional en la práctica. El modelo francés, de naturaleza estrictamente jurisprudencial, se caracteriza por una fuerte asistematicidad en esta materia[1212] y el modelo italiano se presenta con problemas muy similares al modelo germánico. Incluso Reino Unido experimenta estos problemas en sus figuras propias, como la *passing off*[1213].

Esta concomitancia de problemas jurídicos en los países europeos aconsejaría una intervención legislativa a nivel de la UE donde, a través de una regulación sistemática y general de las normas de Competencia Desleal, se logre una decisión (sea en el sentido que sea) sobre la complementariedad de esta disciplina en relación con la Propiedad Intelectual. Lo cierto es que dicha armonización ni se ha producido ni se la espera ya,

las presentaciones comerciales", *La Ley Mercantil*, cit., pág. 8 y ss.

1211 KUR A., "What to protect, and how? Unfair Competition, Intellectual Property, or protection *sui generis*", cit., pág.15.

1212 LE STANC CH., "Propiedad Intelectual, competencia desleal, parasitismo: desorden en el derecho francés", *ADI*, cit., págs. 216-223.

1213 HENNING-BODEWIG F., "Unfair competition law – an annex to IP law? A consumer protection law? A legal field in its own right?", DRAHOS P., GHIDINI G. y ULLRICH H., *Kritika: Essays on Intellectual Property*, Volume 4, Edward Elgar, Cheltenham/Northampton, 2020, págs. 75-99, pág.78; OHLY A., "Interfaces between trade mark protection and unfair competition law: Confusion about confusion and misconceptions about misappropriation", cit., págs. 36 y 37.

puede que no sin buenas razones. Ante el vacío normativo, la responsabilidad recae en cada uno de los Estados Miembros.

Son, por tanto, los operadores jurídicos quienes vienen llamados a dar una respuesta a una cuestión de tanta complejidad. Centrándonos propiamente en el caso de España, la respuesta que se ha venido dando, ya se señaló, exhibe una meditada prudencia. El modelo aplicativo español, los Juzgados y Tribunales, aún sin señalarlo expresamente, parte de una dependencia de la respuesta CD respecto de la dada en sede de PI, que condiciona, por tanto, el juicio concurrencial posterior[1214]. Como expresión paradigmática de esta primacía, encontramos la consideración de que el juicio de Competencia Desleal no pueda resultar contradictorio a la respuesta dada por las normas de PI, lo que es tanto como negar su aplicabilidad "en lugar o defecto de" protección especial[1215]. Se trata de una máxima que se ha llevado a tal extremo de interpretar el silencio en la norma de PI, como negación de la protección, sin admitir la posibilidad de una omisión legislativa[1216].

1214 Los ejemplos más intensos de este planteamiento los podemos ver en SSTS 95/2014, de 11 de marzo (Rec. 607/2012), Caso *Bombay Sapphire*; 94/2017, de 15 de febrero (Rec.1475/2014), caso Orona; y 504/2017, de 15 de septiembre (Rec.370/2015), caso Hojaldrinas. Donde la falta de sanción desde la perspectiva marcaria sirve para enervar la aplicación subsidiaria de la Competencia Desleal, que se percibe más claramente que nunca como redundante y excesiva.

1215 STS 95/2014, de 11 de marzo (Rec.607/2012), Caso *Bombay Sapphire*

1216 Para evitar este efecto sería necesario reinterpretar esa prohibición o límite a la complementariedad de forma restrictiva como hace CARBAJO F., "La doctrina de los círculos concéntricos y de la complementariedad relativa entre el derecho de marcas y de competencia desleal, a la luz del uso de signos ajenos como palabras clave vinculadas a enlaces publicitarios en motores de búsqueda", cit., pág. 663, de manera que deba constatarse no que el acto no esté prohibido, sino que el acto no esté expresamente permitido por la

Como se ha visto, el sistema de acumulación español, tal como se ha estructurado, conduce a negar una autonomía que la CD tiene de modo natural y que se predica en otros concursos de normas, vedando la tutela de todas las prácticas ajenas a un derecho exclusivo pero concomitantes a él, como son los *look-alikes* o el *copycat packaging*, impidiendo a la sazón la evolución del sistema jurídico, que se anquilosa, por tanto, en torno al régimen de derechos de PI, cuya modificación resulta lenta y compleja, fundamentalmente por los potentes grupos de interés que reclaman más maná en forma de protección adicional, así como por el carácter vinculante de la normativa internacional[1217].

La interpretación se ve condicionada a centrarse más en evitar el uso de la CD como red de seguridad en las demandas de las partes que en lograr una respuesta sistemáticamente adecuada, lo que lejos de aclarar la situación, la complica en exceso, conduciendo a aporías como la del caso Oreo[1218/1219], y, por

legislación inmaterial aplicable. Es decir, la existencia de un límite positivo que autorice el uso.

1217 Como se aprecia en MASSAGUER FUENTES J., "Por un replanteamiento de la protección jurídica de las presentaciones comerciales", *La Ley Mercantil*, cit., págs. 1-14, parte del problema arranca del uso estratégico de la acumulación de protecciones en la estrategia procesal de las partes, que, con excesiva asiduidad, abusan de las acciones de Competencia Desleal y del sistema de complementariedad, por tanto, despertando importantes suspicacias judiciales. Cuestión ésta que abordaremos *infra.*

1218 Caso que se sustanció por vía de complementariedad ante la jurisdicción española en la STS, dándole la razón finalmente al imitador, que un tiempo después se replanteó ante la jurisdicción europea como consecuencia de un incidente marcario que se sustanció con posterioridad y donde el TGUE da la razón a Oreo y sanciona la infracción de la marca.

1219 La antinomia a la que hacemos referencia, expuesta *supra* cuando se acometió la exégesis del pronunciamiento en el Cap. II, se pro-

el contrario, cierra innecesariamente una vía que, con carácter general, es (y debe ser) válida para la parte reclamante. El TS se centra, no sin buenas razones, en la excepción en lugar de en la regla, para descartar reclamaciones de naturaleza "replicante" o reiterativa. La duplicidad de reclamaciones, aunque incómoda desde el punto de vista práctico, resulta inevitable, pues deriva de la independencia ontológica y funcional que cada uno de estos sistemas exhibe para la tutela de los intereses del empresario y puede estar justificada cuando la solicitud de aplicación sea cumulativa o subsidiaria, pero cuando solo se acude a los tribunales por vía de Competencia Desleal resultará muy difícil denegar la protección con el argumento de que el derecho prioritario es el de PI[1220], dado que esta ha quedado

duce en el razonamiento puramente cronológico que trata de coordinar ambas protecciones y ocurre en el sentido de que, estando la presentación naturalmente protegida frente a la imitación con base en las reglas de Competencia Desleal, en el momento en el que se opera su registro como marca y esta se concede. De acuerdo a la lógica del Tribunal, la tutela marcaria desplaza la concurrencial, de manera que podríamos encontrarnos ante el caso de que, estando protegida concurrencialmente la presentación, con su registro como marca dicha protección se pierde y dado que la marca no aplica, el efecto último de la búsqueda de una mayor protección sería acabar perdiendo la protección concurrencial que se tenía. Trasladado a otra óptica, una netamente concurrencial, supone que una conducta *a priori* concurrencialmente indeseable puede quedar convalidada mediante el registro del bien inmaterial imitado como marca. Cfr. CRUZ GONZÁLEZ M., "Cadena de distribución agroalimentaria, marcas y competencia desleal: una reflexión a partir de la guerra de las galletas", en CARBAJO CASCÓN F. , *Competencia, Propiedad Intelectual y Tutela de los Consumidores en el Sector Agroalimentario,* Tirant lo Blanch, Valencia, 2022, págs. 1383-1428, p. 1422.

1220 El argumento *A maiori ad minus* da una sencilla vía de recurso contra este tipo de razonamientos.

explícita o implícitamente dejada a un lado por el demandante[1221].

De este modo, el primer paso hacia la mejora del sistema de complementariedad de tutelas es la reconstrucción de las relaciones entre ambos conjuntos de normas, PI y Derecho de la Competencia, en el sentido que señalábamos en el Capítulo II, esto es, a partir de un esquema no de tensión, sino de complementariedad real, de simbiosis o coordinación, concibiéndolos entonces como dos instrumentos compatibles y acumulables en aras de la correcta regulación de los mercados que habilite un funcionamiento apropiado de los mismos. No basta con la adopción de los planteamientos más vanguardistas, ni aludir someramente al tópico de interpretación procompetitiva de los derechos de PI, pues ello no contribuye a negar el conflicto entre ambas disciplinas, sino, en todo caso, a provocarlo más intensamente, al entremezclarse planteamientos de análisis económico del Derecho y de perspectiva claramente concurrencial con la lógica formal de la tutela inmaterial. La creación de ese nuevo paradigma basado en la complementariedad real y unidad de propósito generales trae como corolario el que la Competencia Desleal no pueda concebirse meramente como extensión de la protección al titular de un derecho exclusivo, sino que debe contemplarse como un conjunto de normas autónomo, aplicable sobre la base de sus propios presupuestos,

---

1221 Un reproche a este proceder por parte del juzgador constituiría una intromisión excesiva en la facultad de la parte demandante de elegir a su mejor conveniencia la estrategia procesal oportuna (*ex* art. 216 LEC) y es que, acudir a la vía exclusivamente concurrencial es una estrategia procesal válida, admitida por la STS 622/2006, de 21 de junio (Rec. 3813/1991), caso Neutrógena, y puede servir y ser especialmente útil para pretender la protección *ad hoc* (no *erga omnes*) de una posición competitiva sustentada sobre un derecho de PI susceptible de ser impugnado por nulidad por vía de reconvención.

que puede coincidir en su aplicación con los derechos de PI, tanto objetiva como subjetivamente.

Bajo esta nueva perspectiva, la atención no necesita estar centrada tanto en si la CD duplica o no duplica la protección, si su aplicación es válida o si contraviene el principio de libre competencia[1222], sino que, como ocurre implícitamente en el modelo alemán, la preocupación debe recaer en si la aplicación contraviene la sistematicidad del conjunto de normas reguladoras de la Competencia en el mercado, por socavar la aplicación de las normas de PI y, especialmente, de sus límites, de forma que se pueda llegar a producir una contradicción material y, por tanto, consiguientemente una debilitación de la PI como sistema de tutela. Esto, como se vio, se puede resolver a través de una interpretación acorde donde se compare el equilibrio de intereses que subyace a la regla de PI, y aquel que subyace a la aplicación de la regla de comportamiento en el mercado, de forma que, ante intereses distintos o equilibrios diferentes, la aplicación de la CD estará siempre justificada[1223].

1222 Principalmente porque la Competencia Desleal se configura ontológicamente como un límite a dicha libertad de Competencia. En concreto, la prohibición de imitación integrada dentro de las normas concurrenciales no supone una contradicción con el principio de libre imitación emanado de la libertad de Competencia, por cuanto no se prohíbe toda imitación, sino solo aquella que resulta perjudicial o desleal. Cfr. KRUG A., *Der lauterkeitsrechtliche Nachahmungsschutz bei technischen Gestaltungsmerkmalen im Kontext des Immaterialgüterrechts*, cit., pág. 191.

1223 No implica este proceder la necesidad de justificar *ad hoc* en la sentencia una contraposición de los distintos conflictos de intereses siempre y en todo caso, pues ya el legislador ha codificado esas diferencias a través de los tipos legales. Fuera de estos supuestos, la creación judicial de nuevos grupos de casos requiere explicitar, cuando esté implicada la legislación de PI, dicha comparación de intereses en juego, a fin de determinar la existencia de coincidencia o no y, en el primer caso, confirmar que la falta de protección es

Este nuevo paradigma exige naturalmente mayor esfuerzo argumentativo y mayor precisión. Es un sistema innegablemente complejo que impone al juez la carga de valorar las relaciones PI/CD caso por caso, en función de si las circunstancias de la infracción aconsejan o habilitan un juicio ulterior. Se acepte o no la propuesta que hacemos, la necesidad de una sistematización como la que defendemos resulta, sin embargo, indiscutible. La judicatura española necesita un replanteamiento[1224] que habilite el enjuiciamiento material de estos casos de solapamiento o complementariedad, aportando una unidad sistemática y hermenéutica, que elimine o, al menos, reduzca los riesgos de inconsistencia.

Las complicaciones que se plantean ante los Tribunales no acaban, ni con mucho, en la determinación de si la complementariedad es posible o no. Una vez fijados los contornos del litigio y la posibilidad de acumular, deben los juzgadores llevar a cabo el juicio de infracción correspondiente y, una vez resuelto, se enfrentan a un ulterior problema: la duplicidad de acciones y, en particular, del daño.

Comenzando con el juicio de infracción, la prioridad de las normas reguladoras de los derechos de exclusiva en el enjuiciamiento favorece el análisis del caso desde una perspectiva en lógica inmaterial y no concurrencial, la cual queda relegada al segundo juicio de infracción que, sin embargo, se ve ineludiblemente prejuzgado por las soluciones alcanzadas previamente. De esta forma, cuando el Juez alcanza una solución a partir

---

una decisión consciente y deliberada del legislador cuando acometió el diseño del sistema de PI y no una simple omisión o una nueva necesidad de protección surgida del normal desenvolvimiento del mercado.

1224 MASSAGUER FUENTES J., "Por un replanteamiento de la protección jurídica de las presentaciones comerciales", *La Ley Mercantil*, cit., págs. 1-14, *passim*.

del derecho exclusivo, sea en el sentido de admitir la infracción o de negarla, ya está asumiendo la existencia de una respuesta legal dada en sede de derecho exclusivo, sobre la permisibilidad del uso cuestionado. De esta forma, cuando el juicio de Competencia Desleal debe llevarse a cabo, nos encontramos con que directamente se excluye, bien por estar la conducta ya sancionada en sede de PI[1225] o por no estarlo[1226], otorgándole al silencio legal un valor equivalente a una negación consciente de la protección. Esto conduce, habida una respuesta expresa o presunta en la legislación a la que se da prevalencia, a concebir una exégesis del caso en sede de concurrencia en el mercado como redundante y superflua, aportando, a lo sumo una duplicación de las acciones.

Desde la perspectiva contraria, lo hemos visto, es posible argumentar una preferencia cronológica y ontológica de las normas de CD, interpretando que la infracción de un derecho de PI constituye primeramente un acto contrario al orden concurrencial no falseado y, por tanto, materia cuyo examen corresponde a las normas concurrenciales, y solo dentro de este ámbito, una cualificación adicional: la de atentar contra la posición que las normas de ordenación en el mercado confieren al competidor en exclusiva, por haber realizado una previa aportación relevante al nivel de conocimiento (cultural, técnico o de mercado) existente en dicho momento. Desde esta perspectiva, la imitación es, ante todo, un acto de naturaleza potencialmente desleal y, dentro de su deslealtad, puede ser un acto que, además, infrinja los derechos de PI[1227].

1225 Cfr. SSTS 2727/2008, de 20 de mayo (Rec. 1216/2001); y 616/2009, de 7 de octubre (Rec. 409/2005), Caso Joma´s Sport.

1226 De nuevo, las SSTS 94/2017, de 15 de febrero (Rec.1475/2014), caso Orona; y 504/2017, de 15 de septiembre (Rec.370/2015), caso Hojaldrinas

1227 Pero no toda imitación supondrá la infracción de un derecho de PI, ni tampoco será en todo caso desleal; de la misma manera, no

Desde esta perspectiva, por tanto, lo que puede aconsejarse es, al menos, la inversión de la prioridad aplicativa dada, debiéndose comenzar con el juicio de infracción de normas concurrenciales. Este sistema tendría como ventaja que no hay riesgo de que el juicio de CD condicione la respuesta en sede de PI, y de esta forma habilita a una aplicación cumulativa de ambas disciplinas a un mismo caso, siempre a partir del cumplimiento respectivo de los correspondientes presupuestos de aplicación. Sin embargo, traería como principal inconveniente que parece configurar el juicio de infracción del derecho de PI como una modalidad concreta de conducta desleal (aplicando claramente el esquema de círculos concéntricos, conforme al cual si la CD contiene la totalidad del círculo interior de PI, es porque este último ámbito es una subespecie del primero[1228]). De esta forma, se corre el riesgo de que, descartada la deslealtad de la conducta, no se analice la imitación desde el perfil de la PI, lo que contribuye a restar autonomía a esta disciplina, incrementando el riesgo de que se vea socavada.

El modelo de enjuiciamiento *ex ante* a partir del impacto concurrencial de la práctica en cuestión se presenta como una alternativa que logra superar los problemas presentes en los otros dos modelos, aunque lo hace a costa de una mayor complejidad

---

toda infracción de una norma de PI se sustanciará en la forma de un acto de imitación, ni tampoco tendrá lugar necesariamente a través de los medios típicos del mercado, salvo que dilatemos tal noción de mercado en grado sumo, hasta el punto de concebir el mercado como toda actuación con trascendencia y cognoscibilidad pública, caso en que el aspecto registral típico de la Propiedad Industrial y las correspondientes infracciones registrales serán también entonces posibles actos desleales.

1228 Se aprecia aquí el mismo tipo de razonamiento que respecto de las relaciones entre Competencia Desleal y Derecho Antitrust realizaron MIRANDA SERRANO L. y FONT GALÁN J.I., *Competencia Desleal y Antitrust. Sistema de Ilícitos*, cit., págs. 48, 55 o 63.

analítica. En la medida en que su aplicación debe operarse a partir de un prisma de contemporaneidad, esto es, la aplicación discursiva de ambos juicios tiene lugar a la vez, antes de que haya una respuesta definitiva en alguno de los dos, se elimina el riesgo de interferencia. La conducta se califica a través del juicio *ex ante* en potencialmente relevante para uno o para ambos sectores de normas, pero que finalmente lo sea no se ve entorpecido por el resultado último alcanzado desde cualquiera de los otros. Es decir, este modelo favorece una autonomía aplicativa de ambos conjuntos de normas y la toma como axioma de enjuiciamiento. A diferencia de los otros dos sistemas, no supone reconocer prioridad de ningún tipo, no habría "un juicio en función del otro", lo que es respetuoso con la existencia de un espacio propio, reservado para cada una de las disciplinas, y otro compartido, donde la aplicación conjunta es posible. De esta forma, el modelo de juicio *ex ante* a partir del impacto concurrencial es acorde con el modelo de interacción basado en círculos secantes, garantizando la autonomía del aparato registral de las normas de PI respecto del ámbito concurrencial, en una línea similar a la distinción que trazara el TS entre infracciones *ad intra* e infracciones *ad extra*[1229].

3.1. El problema de la duplicidad del daño causado por la acumulación de acciones

Mención especial merece el segundo gran problema que afecta al juzgador: la cuestión del riesgo incrementado de duplicar la indemnización por daños. Es sencillo computar dos veces un mismo daño cuando este recae sobre un elemento común y deriva de una sola conducta, pero es necesario y posible cuantificar de forma separada cuál es el daño producido al bien inmaterial protegido y qué cantidad se debe indemnizar

1229 STS 369/2004, de 17 de mayo, Rec. 1797/1998.

en concepto de perjuicio al competidor distinto a la infracción de su exclusiva. El juicio de calificación *ex ante,* bien operado, facilita esta disquisición, al delimitar claramente los ámbitos aplicativos posibles de cada una de las normativas dado el caso concreto. Otros sistemas no resultan, sin embargo, descartables[1230].

Es precisamente en el punto de aplicar las acciones *in concreto* donde más claramente se verá la debilidad que como medio de tutela caracteriza a la Competencia Desleal en contraposición a la Propiedad Intelectual, siendo lo habitual que la cuantía a indemnizar en concepto de daños por vía concurrencial sea muy reducida, marginal, en comparación con la que supone la infracción del derecho de PI. Aquí sí que es posible hablar de una prioridad valorativa, que no tiene lugar en general, sino en sede de la concreta acción de daños, donde el juzgador puede favorecer aquella que más intensamente proteja los intereses afectados. De esta forma, la delimitación concurrencial de la conducta, operada en el juicio *ex ante* habrá delimitado de antemano el ámbito de desvalor relevante para el Derecho de PI y aquel otro que resulta pertinente para el Derecho de la CD. Como regla general, será el juicio de infracción inmaterial el que aporte la mayor parte del daño indemnizable, aunque,

---

1230 Un buen ejemplo de a cuanto nos referimos lo encontrará el lector *supra* cuando se acometió la cuestión relativa a la problemática del sistema español de Propiedad Industrial, cuando reconoce la posibilidad de accionar pidiendo un daño por desprestigio o un daño de naturaleza moral, pues ambas categorías parecen solaparse con los conceptos indemnizatorios exigibles por la vía concurrencial. En este sentido, acogiendo la plástica imagen diseñada por la Teoría de los Círculos Concéntricos (BERCÓVITZ RODRÍGUEZ-CANO A., *Apuntes de Derecho Mercantil,* cit., pág. 390), podemos decir que ambos tipos de acciones no son sino una especie de brazo proyectado legislativamente más allá de la Propiedad Industrial y hacia el cuerpo de la Competencia Desleal.

evidentemente, en aquellos supuestos donde la conducta desleal sea más amplia que la mera infracción de normas de exclusiva[1231], el daño por la conducta desleal será superior a cada una de las concretas infracciones (si hubiere más de una) y, en consecuencia, en dicho daño total se subsumirán los importes calculados para cada una de las infracciones del derecho exclusivo tenidas en cuenta[1232]. Por último, hay supuestos donde resulta quizá excesivamente complejo deslindar los daños producidos sobre el bien inmaterial protegido de aquellos otros, recaídos sobre elementos externos. Ya ocurre en el caso del Derecho de Marcas, donde resulta casi imposible deslindar marca de imagen de marca.

Quizá, la unidad de juicio de infracción, esto es, un juicio de infracción de un derecho exclusivo que se construye sobre una valoración concurrencial de la conducta en términos de intereses afectados y favorecidos, como ocurre en la jurisprudencia TJUE sea el horizonte final que la integración progresiva de PI y Competencia traiga consigo. Hoy por hoy, salvedad hecha a su relación con la marca (donde, además, la unificación tiene un carácter decrecientemente marginal[1233], operando más

---

1231 Por ejemplo en la imitación sistemática o, si se comparte nuestra opinión, en el caso SJMU Alicante N°1, núm. 106/2019, de 6 de mayo (Rec. 757/2017), Mr. Wonderful.

1232 Lo que no puede interpretarse como carta de naturaleza para fijar la indemnización a tanto alzado, sino que deberá justificarse cada una de las partidas de daño que integran el perjuicio causado por la conducta desleal global, con identificación cumplida de todos los importes que, integrados en la suma total, se hayan calculado conforme a baremos propios de la normativa de PI, por ser infracción de aquella.

1233 OHLY A. y KUR A., "Lauterkeitsrechtliche Einflüsse auf das Markenrecht", *GRUR*, cit., pág.471.

claramente en el contexto de la marca renombrada[1234], pero influyendo también en el juicio de confusión y en la propia doctrina de uso de la marca), continúan apreciándose demasiadas diferencias entre CD y PI como para aconsejar un juicio unitario: ni el sistema de PI es lo suficientemente flexible y adaptable como para renunciar completamente a la acción externa que la CD ejerce sobre él, ni la CD comparte ya la lógica corporativista de tutela al competidor que la caracterizó en su momento y que se encuentra en la base de la tutela inmaterial, como tutela principalmente subjetiva[1235]. Antes al contrario, la Competencia Desleal centra hoy su actuación, gracias al impulso comunitario, ahora europeo, en la tutela de los intereses de otros participantes del mercado y muy destacadamente los intereses del consumidor.

En este sentido, es preferible que la CD opere como límite extrínseco a los derechos de PI garantizando una adecuada representación de los intereses de todos los participantes del

---

1234 En este contexto, parece que sería posible distinguir reputación de renombre y, por tanto, escindir de algún modo la imagen de marca. De esta forma, el renombre, entendido como atención y conocimiento por el tráfico, sería algo distinto a buena reputación que exigiría además, el atesoramiento de representaciones positivas trasladables a otras prestaciones. Cfr. MASSAGUER FUENTES J., "Por un replanteamiento de la protección jurídica de las presentaciones comerciales", *La Ley Mercantil*, cit., págs. 10 y 12. Ambas forman parte de esa posición especialmente conveniente para la distribución de productos en el mercado que de la que hemos hablado.

1235 Por tanto, aunque BÄRENFÄNGER J., "Symbiotische Theorie zum Kennzeichen- und Lauterkeitsrecht. Teil 1", *WRP*, cit., pág. 28, se manifiesta partidario de expandir la teoría simbiótica a otros sistemas de PI, difícilmente la simbiosis será idéntica a la que es propia de la interacción CD-Marca. Por ello quizá, al margen del Derecho de marca, quizá sea preferible hablar de Coordinación CD-PI, dado que simbiosis se asocia a la idea de unión o fusión, lo cual, al menos hoy por hoy, no se postula como algo factible.

mercado y facilitando la consecución de un equilibrio entre ambas piezas del sistema. De esta forma, se elimina el riesgo de sobrerrepresentar los intereses de competidores frente a los de los consumidores y se establece la CD como principal límite práctico a la tendencia expansiva de los derechos de PI.

3.2. El incuestionable papel de las partes respecto de la fijación de la estrategia procesal

La necesidad de un reajuste interpretativo no se refiere únicamente a una necesidad de mayor apertura de la judicatura, el verdadero papel protagonista lo van a tener las partes en este nuevo sistema. Correlato justo de la capacidad de la parte para disponer del dominio fáctico-jurídico del procedimiento que deriva del principio de *justicia rogada*, se impone ahora sobre quienes asumen la defensa procesal un especial deber de cuidado en el planteamiento de las demandas sobre la base de la complementariedad relativa de protecciones.

Como indica la SJMUE núm. 50/2023, "[d]*ar bordos entre la propiedad industrial y la competencia desleal para construir el relato de forma superpuesta* debe ser mirado con recelo *en la medida en que puede pretenderse, por medio de argumentos que podrían ser atendibles en sede de competencia desleal, extender la protección marcaria que la parte pueda verdaderamente reclamar*"[1236].

Como denuncia la SAP Barcelona núm. 280/2017 (Asco de Vida)[1237], y se aprecia en la STS 1190/2023 (Botella Molde de Hierro)[1238], resulta inadmisible dar tutela por vía concurrencial a quien no ha estructurado debidamente los argumentos,

---

[1236] SJMUE N.º 1 de Alicante, núm. 50/2023, de 8 de noviembre (Rec. 596/2020), Apdo. 31. Énfasis propio.

[1237] SAP Barcelona 280/2017, de 29 de junio (Rec. 11/2016).

[1238] STS núm. 1190/2023, de 19 de julio (Rec. 6251/2019).

no apoyando ni fáctica ni jurídicamente su pretensión y limitándose únicamente a disponer de modo genérico una serie de preceptos de la LCD.

Es especialmente importante insistir en que el juzgador debe mirar con recelo aquellas estrategias procesales de la parte que tienden a mezclar el soporte argumental de una y otra pretensión. En cambio, una argumentación clara, debidamente deslindada que tienda a acotar las diferentes pretensiones a un ámbito jurídico-fáctico claramente definido deberá ser premiada o favorecida. El esfuerzo argumentativo de la parte, que no es poco, debe centrarse en proponer al juez dos pretensiones de la forma más autónoma posible, presentándolas en pie de igualdad y con la misma importancia, si realmente quiere una recta aplicación de la complementariedad relativa de protecciones.

Es, por tanto, también papel de la parte el postular adecuadamente el marco de interacción entre la exclusiva que se pretende hacer valer y la tutela de mercado, por ello, no debe plantear la valoración de deslealtad en función de la infracción de los derechos, al contrario, la deslealtad debe ser planteada con autonomía absoluta demostrando no solo el cumplimiento de unos presupuestos propios, sino también la existencia de una dimensión en el *factum* que no ha sido apropiadamente contemplada desde el derecho exclusivo. Evidentemente, en la demanda habrá una prioridad discursiva, e igualmente, será coherente que la parte pretenda apuntalar en primer lugar la tutela inmaterial, por ser la que mayor seguridad y tutela confiere de ordinario[1239], pudiendo posteriormente plantear la pretensión concurrencial dándole el correspondiente encaje argumentativo. Lo que debe evitarse, en todo caso, es hacer referencias cruzadas, esto es,

---

1239 BERCÓVITZ RODRÍGUEZ-CANO RODRÍGUEZ-CANO A., *Apuntes de Derecho Mercantil*, cit., pág. 390.

disponer la deslealtad en función de la infracción del derecho de PI[1240]. Como indica el profesor MASSAGUER, la tutela de la Competencia Desleal debe darse cuando los aspectos y efectos de la conducta combatida valorados desde una y otra perspectiva no sean los mismos[1241], por tanto, cuando se den facetas de desvalor distintas. Lo que no implica, sin embargo, que tenga que sustanciarse en todo caso por hechos radicalmente distintos a los tenidos ya en cuenta[1242].

Cumpliendo este mandado esfuerzo argumentativo de la parte y justificada debidamente la concurrencia de una dimensión de deslealtad valorable, no cabe omitir su tratamiento por haberse concedido ya la tutela inmaterial solicitada[1243], ni tampoco podrá despacharse, sin más, la pretensión de la parte bajo el pretexto de contradicción sistemática con la solución dada por el expediente de PI[1244]. Para ello, deberá el órgano jurisdiccional demostrar cómo la composición de intereses que subyace en el juicio de infracción de la exclusiva es totalmente coincidente con lo planteado desde la perspectiva concurrencial, o bien, la superioridad de la solución alcanzada en dicha sede respecto de las pretensiones alegadas por la parte sobre la base de la normativa de disciplina de los mercados.

1240 Algo que ocurre, precisamente en la STS 1190/2023 sobre la Botella molde de Hierro y que da muestra del pobre esfuerzo argumentativo de la parte, quien pretende hacer valer como acto desleal la mera infracción de un derecho exclusivo.

1241 MASSAGUER FUENTES J., *Comentario a la Ley de Competencia Desleal*, cit., pág. 84.

1242 Como parece pretender la STS 450/2015, de 2 de septiembre (Rec. 2406/2013), Casos Oreo y ChipsAhoy!.

1243 Como se planteó en la STS 616/2009, de 7 de octubre (Rec. 409/2005), Caso Joma Sport, precedente que no se ha vuelto a repetir en la jurisprudencia posterior.

1244 Como se abre la puerta en la STS 95/2014, de 11 de marzo (Rec. 607/2021), *Bombay Sapphire*.

En todo caso, aquí es donde está la recompensa de la parte: el adicional esfuerzo argumentativo judicial que no puede conformarse con una solución superficial y debe, por tanto, sumergirse en las profundidades de la acumulación para determinar su procedencia o improcedencia, atendiendo a todos los intereses afectados y, por tanto, relevantes para el caso. Esa labor de prospección, compleja e ingrata, necesita estar auxiliada por un adecuado soporte argumentativo de la parte, que no incurra ni en el defecto de plantear la tutela como una red de seguridad "a mayor abundamiento", ni en el exceso de entremezclar la argumentación de forma torticera en aras a justificar y fortificar sus pretensiones.

2. LA REINTERPRETACIÓN ACORDE DE LA LCD

Naturalmente, unos cambios sistemáticos como los que porponemos obligan, necesariamente a una reconsideración de la interpretación mayoritaria vigente respecto de los principales tipos desleales implicados, esto es, los consabidos arts. 6, 11 y 12 de la LCD. En efecto, el entendimiento que se ha venido manifestando doctrinal y jurisprudencialmente en relación con estos preceptos debe cambiar. Recordando breve y sintéticamente lo ya visto para cada uno de ellos cuando se expuso el sistema español de complementariedad: el art. 6 LCD se interpreta mayoritariamente como un supuesto de confusión en sentido típico marcario[1245], de esta forma, la única manera

---

[1245] Así se ha entendido tradicionalmente y no habría modo de distinguirlo si asumimos que ese art 6 incorpora el supuesto general de confusión de la Dir. 2005/29/CE y que de acuerdo a la jurisprudencia del TJUE implica una unidad interpretativa de riesgo de confusión entre CD y Derecho de Marcas (En este sentido Cfr. SSTJUE de 12 de junio de 2008, As- 533/06, Caso O2 y de 18 de julio de 2013, As. C-252/12, Specsavers). En cambio, es posible interpretar tam-

de desvincularlo de un supuesto de imitación desleal pasa por operar una distinción formal entre el objeto de protección de uno y otro, atribuyendo a ese art. 6 LCD la protección frente a la imitación de signos distintivos y elementos análogos diferenciables de la prestación[1246]; correlativamente, el art. 11.2 LCD se interpreta como la proscripción muy limitada de la imitación de prestaciones que tenga, bien efectos confusorios[1247] (en el sentido igualmente propio de la marca), o bien se aproveche de la reputación ajena o del esfuerzo ajeno; por último, el art. 12 LCD incluiría a modo de cláusula general y subsidiaria[1248] una declaración general de proscripción del aprovechamiento de la reputación ajena, abarcando todos los supuestos extra-imitativos que puedan dar lugar a tal expolio, vinculándose, nuevamente y por mor de su apartado segundo, al empleo de signos distintivos ajenos sin constituir imitación.

Esta escisión de los supuestos imitativos resulta fuente creadora de una complejidad innecesaria que pudo haberse eliminado refundiendo, al menos, los arts. 6 y 11 LCD en un solo precepto, aunque para ello debiera mejorarse enormemente la redacción, fuente de dificultades interpretativas y dudas sis-

---

bién que el precepto que en puridad acoge la enunciación general de confusión del art. 6.2.a de la Directiva es el art. 20 LCD. Solo así se puede explicar la duplicidad que supone reconocer en el art. 20 LCD el mismo planteamiento que aparece en el art. 6 LCD con carácter general, aplicable a todo participante del mercado y, por tanto, también a los consumidores.

1246 En este sentido CARBAJO CASCÓN F., "La Competencia Desleal (I). Cláusula general e ilícitos por Competencia Desleal. La Publicidad Comercial Desleal", pág. 371.

1247 Nótese que, sin embargo, el precepto hace referencia a la "generación de asociación". Sobre esta cuestión volveremos en las páginas siguientes.

1248 DE LA CUESTA RUTE J.M., "Competencia Desleal por confusión, imitación y aprovechamiento de la reputación ajena", cit., pág.47.

temáticas cuando apareció en su momento. Pero no conviene prolongarnos más en esta cuestión, pues ha sido ya debidamente tratada. Lo relevante en este punto es tratar de exponer de un modo coherente qué cambios interpretativos podrían producirse en la interpretación de estos preceptos.

2.1. Reconceptualización del art. 6 LCD

En primer lugar, comenzando con el art. 6 LCD (aunque indefectiblemente este cambio afecta también al art. 11 LCD), debería abandonarse la idea de una calificación dicotómica en función de si el elemento imitado constituye o no un signo distintivo o forma parte "material" de la prestación. Este criterio es puramente formalista y aunque se ha considerado como la única forma de salvar lo que de otro modo sería una redundancia respecto del art. 11 LCD en lo concerniente a la imitación confusionista, en realidad trae como problema adicional la creación de una coincidencia sustancial de la conducta típica en él recogida con el supuesto de infracción marcaria básico, esto es, la confusión. En efecto, salvamos la duplicidad interna provocando una aparente duplicidad externa cuya resolución resulta mucho más compleja y contribuye a crear esa imagen de redundancia, desplazamiento y extensión en el Derecho de la Competencia Desleal. Recurriendo a la literalidad del precepto, debemos entender que *engloba todo acto que resulte idóneo para crear* esa *confusión con la actividad, las prestaciones o el establecimiento ajenos,* y en una interpretación sistemática es posible entender excluidos aquellos actos que supongan una infracción del derecho de marcas por confusión (esto es, la identidad o cuasi identidad de signos y prestaciones), así como aquellos actos que produciendo dicho efecto "confusorio" se deban a una imitación de prestaciones o iniciativas empresariales (art. 11 LCD).

La clave para escapar a esta situación de vaciamiento nos la da MONTEAGUDO, quien se ocupó hace tiempo de una interpretación sistemática de los conceptos de confusión existentes en la LM y art. 6 LCD y concluyó que había una diferencia en cuanto al ámbito de ambos conceptos, no tanto en la definición de confusión – que admite como sustancialmente la misma, esto es, como la toma de una prestación por otra o como perteneciente a un mismo empresario no siendo así (así como el corolario del riesgo de asociación) – , sino que habría una diferencia en los en medios a través de los cuales se valora esa confusión y sus efectos[1249].

De esta forma, la confusión como acto Desleal se centra no en el uso de la marca, sino en la transmisión de la información errónea al consumidor, con el consiguiente perjuicio al mercado[1250], en una línea más cohonestada con el art. 5 LCD y el ilícito de engaño que contiene[1251]. Mientras que para la valoración de la confusión marcaria lo relevante es la forma (esto

---

1249 MONTEAGUDO MONEDERO M., “El riesgo de confusión en derecho de marcas y en derecho contra la competencia desleal”, *ADI*, cit., pág. 96, en este sentido, liga la deslealtad a la obtención de una ventaja derivada de la expoliación de las ventajas competitivas ligadas a otra persona y como medio de valoración destaca la importancia de la reacción de los consumidores ante el suministro de una información que no se corresponde con la realidad. De esta forma, la confusión marcaria debería atender únicamente a la comparación entre los signos, correspondiendo a la LCD la valoración de todo aquello que rodea a la similitud entre los signos y que contribuye de forma más amplia a la generación del mismo efecto confusorio.

1250 SJMUE N.º 1 de Alicante, núm. 50/2023, de 8 de noviembre, Apdos. 250 y ss.

1251 Agradezco la valiosa aportación del profesor MASSAGUER FUENTES J. quien amablemente apuntó, en el curso de algunas conversaciones, una conexión del art. 6 LCD con el ilícito de engaño, lo que, en cierta forma, permite extraerlo, no solo de la órbita marcaria, sino también de la órbita del art. 11.2 LCD.

es el mero parecido entre signos), para el juicio de deslealtad ello no bastaría, sino que además, sería necesario determinar un efecto potencial de falseamiento de la información suministrada con respecto al origen empresarial, de manera que la confusión entre marcas o signos sería un posible medio de confusión desleal, pero no el único[1252].

En una línea similar, otros autores han considerado que la diferencia con el Derecho de Marcas tiene que ver con la distinta naturaleza del juicio de confusión, pues razonan que sería normativo en el caso de marcas y fáctico o práctico en el contexto de la Competencia Desleal[1253]. De esta forma, el eventual solapamiento entre Marcas y Competencia Desleal se desplaza al art. 11 LCD, quedando el art. 6 libre toda sospecha, pues siempre se ubica fuera del signo protegido, en el ámbito fundamental, aunque no exclusivamente relacionado con el contexto publicitario de la práctica de comercialización, adquiriendo el art. 6 LCD en el proceso una capacidad integradora del juicio de infracción marcaria, es decir, esta configuración normativa no empecería, a mi modo de ver, que el juicio de confusión desleal pudiera condicionar la infracción de la marca, como ocasionalmente valora el TGUE, casos donde de-

---

[1252] Otro sería, por ejemplo, la imitación de la prestación, entendiendo por tal no solo el empaquetado, sino toda circunstancia que rodea a la compra. En una línea similar al *Ausstattung* alemán, pero visto desde una perspectiva más amplia, netamente concurrencial. Sobre el *Ausstattung* y su evolución, GARCÍA PÉREZ R., *La expansión del derecho de marca. De la marca como indicación de la procedencia empresarial a la multifuncionalidad jurídica de la marca*, Marcial Pons, Madrid, 2021, págs. 17-19, hace una excelente síntesis.

[1253] En este sentido, MASSAGUER FUENTES J., *Comentario a la Ley de Competencia Desleal*, cit., pág. 169; también SANCHEZ SABATER L., "Artículo 6: Actos de Confusión", en MARTÍNEZ SANZ F., *Comentario Práctico a la Ley de Competencia Desleal*, Tecnos, Madrid, 2009, págs. 82 y 83.

termina la confusión no solo por el parecido entre signo y productos, sino por circunstancias más propias de la comercialización, como pueda ser, por ejemplo, su ubicación espacial en la misma zona comercial, de un producto al lado del otro[1254].

De este modo, el juicio de infracción marcaria por confusión se mantiene en el necesario plano formal que exige una comparativa fonética, visual y conceptual de los signos en disputa y, ocasionalmente, podrá considerarse dicha infracción pese a la falta de una identidad con base en los elementos formales antedichos, cuando, desde el punto de vista concurrencial, la imitación de la marca se acompañe de un contexto que refuerce e intensifique la similitud relevante de modo que, aunque en abstracto no haya una proximidad bastante, el efecto intensificador del contexto de comercialización (que es al que atiende la CD), haga que, *in concreto*, el efecto confusorio se consiga y logre una identidad entre los signos que en abstracto era difícil de contemplar.

Esto es, nuevamente, tanto como poner el juicio de infracción de marca en función de la deslealtad del contexto de comercialización, de forma equivalente a cómo opera el TJUE el juicio de infracción marcaria renombrada por obtención de una ventaja desleal a partir de su renombre[1255] (o la valoración del uso descriptivo de la marca[1256]), pero de un modo respetuoso con la idiosincrasia nacional del mercado español.

1254 STGUE de 28 de mayo de 2020 (As.T-677/18), Caso oreo.

1255 Cfr. Nuevamente STJUE de 27 de noviembre de 2008, As. C-252/07, Caso Intel Corp.

1256 Conforme expone GARCÍA VIDAL A., "La reproducción a escala de productos de marca", págs. 85-88, el uso descriptivo de la marca (entonces anudado al art. 6.1 DM 89/104/CEE) supondría valorar que el uso de la misma sea conforme a las normas en materia de lealtad industrial y comercial. Ello permitiría fundar, *sensu contrario*, una eventual infracción de la marca que, constituyendo un uso *a priori* lícito, finalmente queda sancionado por desleal.

En este sentido, hay que tener en cuenta que el sistema europeo ha omitido el desarrollo de un modelo generalista de Competencia Desleal, pero la necesidad de dar respuesta a estas conductas concurrenciales no desaparece por ello. En este contexto, la única vía a disposición del TJUE para logar unos resultados materialmente adecuados ha sido flexibilizar la interpretación formal tradicional del Derecho de Marcas hacia una más apegada a la realidad del mercado, esto es, ha "concurrencializado" la disciplina marcaria[1257], como ya se ha venido exponiendo. Esta reinterpretación del art. 6 LCD que proponemos permite llegar al mismo resultado, esto es, determinar la infracción de la marca a través de una valoración del contexto en el mercado, respetando a cambio los contornos de una y otra disciplina, y a la vez que manteniendo la interpretación marcaria restringida a fin de no garantizar una exclusiva ni demasiado intensa ni demasiado amplia.

No se trata de poner el juicio de infracción de la Marca en función de la deslealtad de la conducta *ex* art. 6 LCD (como sí ocurre en el caso de afección al renombre). El modelo de valoración y tratamiento que proponemos está fundamentalmente orientado a evitar las poluciones derivadas de una perspectiva errónea y, por tanto, parte siempre de la igualdad y autonomía de ambos sistemas, esto es, del paralelismo de ambos tipos de infracción. Todo lo que hay es una suerte de influencia recíproca, donde la existencia de una similitud entre ambos signos refuerza la aplicación del art. 6 LCD (pues la marca, aunque se quiera, no puede excluirse completamente de la valoración del contexto de comercialización sin dejarlo absolutamente mutilado[1258]) y, a la vez, la deslealtad en el contexto de la comer-

---

[1257] Cfr. OHLY A. y KUR A., "Lauterkeitsrechtliche Einflüsse auf das Markenrecht", *GRUR*, passim.

[1258] Ello entroncaría con la idea que se expuso en sede del análisis funcional de la marca de que la imagen de marca es algo completamen-

cialización, esa confusión más amplia de la que hablábamos y que no se encuentra necesariamente vinculada a un signo, sin embargo, contribuye a intensificar el parecido entre los signos distintivos y, por tanto, contribuye a valorar un mayor riesgo de confusión *in concreto* (pues el objeto del art. 6 LCD, ese "contexto de comercialización", en la inmensa mayoría de los casos no hace sino acompañar a la marca en el mercado).

Bajo esta reinterpretación del art. 6 LCD convertimos parte de las relaciones existentes entre este y el Derecho de Marcas en uno de los escenarios típicos de acumulación propuestos: aquel donde el daño a un derecho de PI es consecuencia de una conducta concurrencial mayor o ulterior. Dada la estructura que hemos venido defendiendo, resulta lógico entender que LM y art. 6 LCD contemplan cada una dos partes de una conducta ulterior. En este sentido, la similitud débil entre ambos signos sembraría una semilla de confusión en el mercado, semilla que si bien en acto (si se me permite el recurso a la lógica aristotélica) no constituye una confusión, lo es en potencia. La materialización del acto de confusión depende de que dicha simiente inicial sea "regada" por todo un conjunto de prácticas y circunstancias que acompañan al uso del signo similar y que, en lugar de favorecer una diferenciación, hacen todo lo contrario: contribuyen a incrementar una idea de identidad entre ambos signos en liza. Por ello, la confusión formalmente solo puede ser identificada como "en potencia", porque únicamente cuando tiene lugar acompañada del "contexto de comercialización" es una confusión "en acto". Esta división en la conducta imitativa es la que caracteriza a otras muchas prácticas de comercialización cuya represión resulta compleja

---

te diferenciable de la marca como canal puramente comunicativo, pero que a su vez se encontraba inextricablemente unido a ella, de forma que era imposible separar una de la otra sin vaciar a la marca de todo contenido.

hoy en día (por ejemplo, los *look-alikes*), precisamente porque se aprovechan de que tradicionalmente no hay una conexión fluida entre PI, como derecho formal de tutela, y CD, como sistema concurrencial de protección.

Un ejemplo concreto de este tipo de práctica podríamos encontrarlo en el fenómeno del *copycat-packaging*. Los pronunciamientos judiciales suelen fallar en contra del demandante en estos casos porque, precisamente, el sistema de complementariedad venía obligando al tratamiento disociado respecto del resultado conjunto de una conducta llevada a cabo en dos partes o con dos componentes. De esta forma, la similitud entre las marcas (necesaria para reforzar una similitud en el empaquetado) no solía ser por sí misma suficiente para implicar una confusión en sentido marcario y, de la misma forma, el parecido en el empaquetado y otras circunstancias de su comercialización (como señaladamente la proximidad conceptual y visual), no recibían individualmente suficiente tutela, ya que la protección del paquete como marca, aun de admitirse, seguiría adoleciendo de un parecido insuficiente entre las presentaciones comerciales, mientras que la tutela concurrencial queda entonces vedada por respeto a los límites trazados en sede de signos distintivos o por aplicación del principio de libre imitación de lo no protegido por PI.

La puesta en contacto de ambos juicios de infracción (de marca y de lealtad concurrencial), favorece una solución distinta que atiende a los efectos totales de la práctica y, a partir de ellos, determina una infracción doble: de la corrección en el comportamiento competitivo que acompaña su comercialización y del signo protegido en sí mismo considerado. Sin embargo, este modelo permite a su vez garantizar un espacio de aplicación autónoma para cada uno de los supuestos implicados. De esta forma, la infracción formal a la marca seguirá siendo totalmente posible de forma autónoma y, en la misma vena, la creación de una confusión empleando signos distintivos ajenos a la marca (como un envase) o a través solo del contexto de comercialización es completamente viable y reprimible llegado el caso.

2.2. Reinterpretación del art. 12 LCD

Saltamos hasta el último de los preceptos cuya reinterpretación se aconseja a la luz de cuanto hemos venido exponiendo, dejamos el art. 11 LCD para último lugar, dada su mayor complejidad y la dependencia de la reconceptualización concerniente al art. 12 LCD para su plena aplicación.

La funcionalidad del art. 12 LCD a menudo resulta compleja de encontrar. Por un lado, la coherencia sistemática del precepto exige aplicarlo fuera de los supuestos de imitación. De igual forma, su propia naturaleza excluye cualquier forma de confusión. Su ontología es puramente parasitaria, esto es, se centra en la conexión parasitaria no confusoria ni imitativa sobre la reputación ajena, y, en este sentido, el párrafo segundo nos proporciona un ejemplo concreto (prácticamente el único concebible a día de hoy) de explotación de la reputación ajena: usar distintivos ajenos o denominaciones de origen falsas (planteando no pocas dudas sobre si este primer caso, en realidad, no sería de confusión más que de explotación de la reputación), acompañados de la verdadera procedencia del producto o expresiones tales como modelo, sistema, tipo, clase, etc. Así mientras la conducta por sí misma apunta claramente hacia una confusión, el acompañamiento con un medio o expresión de clarificación, la deja completamente fuera. Ello configura este subtipo del art. 12 LCD como una red de recogida subsidiaria respecto de la confusión tal y como se regula en el art. 6 LCD. En cambio, con la reconceptualización del art. 6 LCD, centrado en la confusión como parte de la estrategia de comercialización, el art. 12 LCD adquiriría una dimensión autónoma, no subordinada, velando por que no haya una utilización parasitaria, en el sentido de ventajista, de los signos, marcas u otros elementos identificadores utilizados por otros empresarios, donde el objeto no sea confundir al consumidor, sino ponerse literalmente a rebufo de su fama, haciendo una comparación de otro modo improcedente[1259].

Partiendo de lo anterior, sin embargo, puede ser un error tratar de buscar una aplicación material en el art. 12 LCD más allá de la conducta que tipifica, y es que resulta difícil imaginar otra hipótesis que la del uso de una marca ajena y posterior clarificación de que se sigue un "modelo", "sistema" o que pertenecen a la misma "clase"[1260]. Antes que una función práctica, parece que el art. 12 LCD tiene, fundamentalmente, una función principalmente interpretativa y exegética respecto de las conductas de aprovechamiento de la reputación, a modo de "pequeña cláusula general" (y por tanto, que se extiende tanto sobre la confusión, como modalidad extrema de aprove-

---

1259 Y es que, en realidad, el subtipo al que hace referencia el art. 12 LCD y que estamos tratando parece estar más emparentado con la publicidad comparativa (art. 10 LCD) que propiamente con un acto de confusión del art. 6 LCD.

1260 Sin duda, la utilidad del precepto es clara en la represión de, por ejemplo, comercialización de colonias de imitación, cuya composición olfativa no resulta claramente protegible, utilizando para favorecer su venta una referencia explícita a la colonia cuya imitación se ha pretendido (al margen de la deslealtad de la propia conducta imitativa). En efecto, el art. 12 LCD parece sancionar específicas formas de comercialización y no tanto conductas empresariales previas. La deslealtad de la conducta habría que buscarla por tanto en que, siendo una conducta a priori lícita, finalmente deviene en desleal por comercializarse de un modo que tienda a aprovechar deslealmente la reputación ajena. Fuera del contexto de comercialización directa, aunque dentro de la emisión de información en el mercado, podría pensarse en prácticas de emisión de información falsa o de forma sesgada para inducir al mercado a pensar que entre el infractor y otro competidor ha habido relaciones comerciales sólidas, tratando de producir una cierta transferencia de imagen a nivel empresarial.

chamiento que es, como la imitación generadora de cualquier efecto parasitario)[1261].

Una lectura sosegada del primer apartado del precepto permite deducir que el objeto de protección en este caso no es la reputación en sí, sino las ventajas a ella conexas[1262]. ¿De qué ventajas estamos hablando? Evidentemente, debemos considerar que se trata de las ventajas que, en el mercado, despliega la tenencia de una reputación industrial, comercial o profesional, esto es, la mejor posición competitiva que viene asociada a la tenencia de reputación[1263]. El cómo se proteja (si es que se protege) la reputación resulta irrelevante, porque el art. 12 LCD permite entender que la atención concurrencial sobre la misma está espejada, en el sentido de no valorada como elemento subjetivamente apropiable por quien la consigue, sino que lo relevante serían los efectos que en el mercado despliega su tenencia, esto es, la mejor y más favorable posición competitiva que atribuye a su titular en el mercado.

En la medida en que hablamos de la posición competitiva, resulta evidente que la tutela que se pretende no es la puramente subjetiva, sino que la atención estaría más bien centrada en la garantía del adecuado funcionamiento del mercado y, por tanto, la CD más que tutelar a un sujeto en cuanto a tal, lo que hace es sancionar aquellas conductas que traten de pre-

---

1261 Sustentaría esta perspectiva la STS 95/2014, de 11 de marzo, *Bombay Sapphire*, donde hace referencia a los habituales solapamientos del art. 12 LCD con los arts. 4, 6, 7 y 11 LCD.

1262 No se busca proteger la inversión en la creación de una reputación en sí, sino mantener el incentivo a crearla.

1263 En una línea similar SAP Sección 8ª AP Valencia, de 5 de mayo de 1993 (Caso Vidal Sassoon).

valerse de una posición competitiva ajena en perjuicio de la transparencia y la funcionalidad en el mercado[1264].

Evidentemente, cuando los intereses colectivos desaconsejen la admisión de la conducta, la solución habrá de ser casi automática. Mayor problema se plantea, como es normalmente el caso, cuando los efectos colectivos son inciertos, en el sentido de implicar un beneficio, por ejemplo, en la forma de una mayor información al consumidor o la proporción de alternativas al mismo, a la par que la imposición de ciertos costes de información adicionales que enturbian la transparencia en el mercado. Aquí el automatismo desaparece y deja paso a una ponderación de efectos, valorando los beneficios contra los perjuicios que tendría, en cada caso, permitir la práctica o reprimirla. En última instancia, se trata de contraponer la creación de nuevo valor que supone la práctica comercial con la pérdida de este o el mayor coste que se impone tanto socialmente como para el competidor concretamente parasitado. Cuando el valor aportado supere el coste generado, la práctica de expolio deberá permitirse por ser más beneficiosa que perjudicial, esto es, por aportar más valor propio del ajeno que destruye. En cambio, cuando la aportación sea más bien modesta, una importante cantidad de costes asociados a su permisibilidad deberá decantar la balanza a favor de la proscripción de dicha conducta.

Este esquema subyace (o debería subyacer) a la interpretación tanto del art. 6 LCD como del art. 11 LCD, de forma

---

[1264] Esta es, *rectius*, la composición de intereses a la que atienden los actos parasitarios en el mercado: el interés del competidor-parásito en utilizar todos los medios a su alcance para favorecer la difusión de sus prestaciones y los intereses individuales del competidor parasitado en no verse obligado a tolerar dicho acto de expolio, así como los intereses colectivos en que la competencia económica se desarrolle de forma no adulterada, no falseada, en el mercado.

interna, esto es, *ad intra* del sistema de CD, pero también externa, es decir, en su relación con los derechos de PI. Ocurre, sin embargo, que en el caso del art. 6 LCD, al versar la conducta sobre signos y otros elementos distintivos que, por definición y naturaleza, resultan ilimitados en número y disponibilidad, la aportación de valor de la práctica parasitaria consistente en la generación de confusión es muy reducida, al menos, en comparación con los efectos que tiene en el mercado de inducir a un consumidor a adoptar una decisión de compra basada en una incorrecta representación de la realidad de mercado. El único límite lo constituyen los supuestos de inevitabilidad de la confusión, donde el daño para la transparencia en el mercado es invariable y siempre menor al que pueda suponer la prohibición de la conducta. Curiosamente, la inevitabilidad no aparece dentro de las prácticas de confusión o en sede del art. 12 LCD[1265] y la proscripción que hace de todo acto parasitario de la reputación, como debiera ser lógico, sino que aparece como criterio de valoración de la conducta en el art. 11 LCD, apartado 2, inciso segundo y que es posible extender, en una interpretación sistemática al resto de preceptos relevantes, ahora ya no en base a una unidad funcional entre ambos preceptos, sino a la unidad que brinda como pauta hermenéutica el art. 12 LCD, al ser ambos supuestos, los de los arts. 6 y 11 LCD, ejemplos concretos del más general acto consistente en explotar la reputación ajena.

1265 Para PORTELLANO DÍEZ P., *La Imitación en el Derecho de la Competencia Desleal*, cit., págs. 281 y 282, ello sería así porque siempre sería posible evitar la imitación o parecido entre signos distintivos. Algo que, si bien sería cierto en la teoría, elementos gráficos registrados como signos y, especialmente, la marca tridimensional, vienen a poner en cuestión dicho argumento.

2.3. La cláusula general de competencia desleal y su reencontrado valor hermenéutico

La puesta en conexión entre el art. 4 LCD y el art. 12 LCD, ambos como cláusula general, aunque de orden distinto, obliga antes de poder continuar a desviarnos de nuestra lógica argumentativa para tratar la cuestión de qué función se percibe en la cláusula general. Lógicamente, el art. 4 LCD es ante todo y sobre todo el tipo básico que estatuye la normativa de Competencia Desleal, germen y causa de justificación de todos y cada uno de los grupos de casos que aparecen hoy en día tipificados en la LCD y que nunca habrá[1266]. Tiene, por tanto, un valor fundamentalmente exegético en el conjunto de la norma. De este modo, se ha señalado que la cláusula general actúa como válvula de presión o vía de escape del sistema de represión del comportamiento desleal[1267] , convertida, por tanto, en una norma objetiva de comportamiento en el mercado[1268].

1266 La evolución jurisprudencial y normativa alemana constituye suficiente evidencia de ello.

1267 MASSAGUER FUENTES J., *Comentario a la Ley de Competencia Desleal*, cit., pág., 152 ("válvula de autorregulación del sistema"); BERCÓVITZ RODRÍGUEZ-CANO A., *Apuntes de Derecho Mercantil*, cit., pág. 399 ("gracias a [la cláusula general] puede evitarse que la protección contra la competencia desleal quede obsoleta"); en una línea similar CARBAJO CASCÓN F., "La Competencia Desleal (I). Cláusula general e ilícitos por competencia desleal. La publicidad desleal", cit., págs. 358 y 359 ("la abstracción que caracteriza a la cláusula general, que hace de ella un concepto jurídico indeterminado, servirá para modular la aplicación de la LCD e incluir en la misma comportamientos de mercado que no fueron tenidos en cuenta por el legislador…").

1268 OHLY A., "Interfaces between trade mark protection and unfair competition law: Confusion about confusion and misconceptions about misappropriation", cit., pág. 34; en una línea similar MENÉNDEZ A., *La Competencia Desleal*, cit., pág. 101. PAZ-ARES J. C., "Constitución económica y competencia Desleal", *Anuario de Derecho Civil*,

A partir de este planteamiento se debe poner de relieve el valor que tiene el recurso a la cláusula general (y, en particular, a la composición de intereses que acoge) como canon hermenéutico de las conductas típicas, ontológicamente desarrolladas a partir de esta[1269]. Este recurso ha sido motor de avance de la doctrina sobre la *ergänzende* (!) *Lauterkeitsrechtliche Nachahmungsschutz* y ha permitido la creación de un sistema altamente sensible a las necesidades del mercado y a la vez flexible.

Conviene ahora detenernos un poco más en la operativa de la cláusula general para explicitar lo que aquí se pretende poner de relieve. Cuando un operador invoca el art. 4 LCD y, por tanto, trata de crear una tutela no existente de forma típica en la norma, no se opera a través del art. 4 LCD una valoración, sin más, sobre la desviación de la conducta en el vacío, sino una desviación respecto de lo que constituye el comportamiento normal en el mercado. Pero la desviación por sí misma resulta ambivalente. La clave de la cláusula general, por tanto, es la corrección del comportamiento, la diligencia empresarial a la que se alude en la Dir. 2005/29/CE. Dicha corrección no se determina simplemente por su alineación o separación respecto del comportamiento normal en el mercado, sino con respecto de su desviación en relación con una serie de principios que informan un modelo de mercado. Concretamente, en el sistema español podemos identificar cinco características o principios que ordenan el modelo de competencia según BERCÓVITZ[1270]: claridad y diferenciación de ofertas, actuación en

---

cit., pág. pág. 934; en este mismo sentido HILTY M. R., "The Law Against Unfair Competition and its Interfaces", en HILTY M. R. y HENNING-BODEWIG F., *Law Against Unfair Competition*, cit., pág. 4.

1269 MASSAGUER FUENTES J., *Comentario a la Ley de Competencia Desleal*, cit., págs. 149-152, sí desarrolla en profundidad este planteamiento.

1270 BERCÓVITZ RODRÍGUEZ-CANO A., *La Regulación contra la Competencia Desleal en la Ley de 10 de enero de 1991*, Cámara de Comercio e Industria de Madrid (BOE), Madrid, 1992, págs. 30-34

el mercado basada en el propio esfuerzo competitivo, respeto a la legalidad, prohibición de la arbitrariedad y libertad de decisión de los consumidores. Estos principios los deducimos de la propia LCD, pero en realidad responden a una concepción particular del sistema económico y están, por tanto, implícitos en la Constitución Económica[1271]. El valor de estos principios ordenadores o "características" del sistema de Competencia Desleal reside en el reconocimiento de una particular composición de intereses a la que se otorga el carácter de "deber ser" del mercado. Estos intereses aparecen explicitados en el art. 1 LCD cuando alude a "*la protección de la competencia en interés de todos los que participan en el mercado*"[1272], cuya finalidad es dar entrada a intereses plurales del mercado en la valoración de la deslealtad en la conducta dada.

Por tanto, a la hora de interpretar la cláusula general para crear "*ex novo*" un nuevo grupo de casos atípico hasta ahora, no basta meramente el recurso a la buena fe objetiva, sino que esta se desentraña, a su vez, a través de la delimitación de una composición de intereses entre los distintos colectivos participantes del mercado, donde se privilegia la claridad y diferenciación de ofertas, una actuación en el mercado basada en el propio esfuerzo competitivo, el respeto a la legalidad, la prohibición de la arbitrariedad y el respeto libertad de decisión de los consumidores. Son tales los intereses prevalentes ya que, mediante su garantía se consigue el fin último de contribuir a un funcionamiento mejor y más eficiente de los mercados.

Este modo de proceder tiene lugar cada vez que se recurre a la cláusula general por parte de nuestros Tribunales, cuyos

---

1271 PAZ-ARES RODRÍGUEZ J.C., "Constitución económica y competencia Desleal", *Anuario de Derecho Civil*, cit., pág. 936.

1272 Mucho más expresivo es el § 1 UWG cuando alude a la protección de "Competidores, Consumidoras y Consumidores (sic) y otros participantes del mercado frente a prácticas comerciales desleales".

razonamientos están plagados a referencias implícitas a los intereses en juego, al correcto funcionamiento de la competencia, al principio de asignación por eficiencia que subyace a la concepción neoliberal del sistema de mercado y al modelo de mercado europeo basado en la primacía absoluta del consumidor como árbitro del mercado (*Konsumentensouveränität*), rasgo claramente apreciable en la Dir. 2005/29/CE, que se ve intensificado tras su reforma por la Dir. 2019/2161/UE y que, en fin, ha propiciado la entera reelaboración del art. 26 LCD, así como la incursión de nuevos ilícitos como la marca de doble calidad (art. 5.3 LCD)[1273], en una línea que decanta claramente el cometido moderno de la Competencia Desleal hacia la tutela de la capacidad de decisión del consumidor. Ocurre, sin embargo, que, en los casos más complejos, fundamentalmente aquellos que imponen una necesidad de conexión inter-normativa con las reglas que disciplinan los derechos exclusivos, los principios no aparecen del todo claros y se confunden con los que subyacen a la lógica inmaterial. Una forma de purgar estos problemas y a la que responde, en realidad, todo el andamiaje jurídico que hemos venido desarrollando, pasa por explicitar estos principios de corrección profesional en el mercado y su reelaboración de cara a la determinación de qué composición de intereses resulta preferible para la competencia en el mercado, al margen de la composición de intereses que pueda ser objeto de atención por la legislación de PI.

[1273] Para el estudio de esta novedad nos remitimos a MASSAGUER FUENTES J., "La reforma de la Ley de Competencia Desleal de 2021 una reforma menor, coyuntural y continuista del tratamiento de las prácticas comerciales desleales con consumidores", *Revista de Derecho Mercantil,* cit., págs. 9-13.

2.4. Reinterpretación del art. 11 LCD

Resta centrar la atención en la reinterpretación del art. 11 LCD. Se trata quizá de uno de los supuestos de conducta desleal que más complejidades plantea a la hora de adaptar al sistema. Es el supuesto sobre el que más hemos venido incidiendo e incluye todo tipo de conducta susceptible de ser encuadrada en el concepto de imitación. A este respecto, debería huirse de una taxonomización rígida de los comportamientos inscribibles bajo el aspecto de la imitación, pues, en realidad, esta es de naturaleza gradual y graduable en su intensidad[1274].

Lo importante es entender que la conducta busca perseguir precisamente todos los casos donde un objeto o prestación se realiza a imagen o semejanza de otro, tomado como modelo, esto es, una imitación principalmente recreadora, aunque sin excluir la imitación directa[1275]. No obstante, como corolario del principio de libre imitación consagrado en el apartado primero, como auténtico principio interpretativo que aplica *ad hoc* para los casos de imitación, hay que tener en cuenta que, fuera de la órbita de los derechos de exclusiva, la imitación de prestaciones e iniciativas es esencialmente libre. Ello no debe interpretarse en el sentido de una libertad absoluta, sino que, como en el modelo alemán, este principio impone la necesi-

---

1274 Cfr., sensu contrario, el art. 5.1.c de a UWG suiza: "Unlauter handelt insbesondere, wer...das marktreife Arbeitsergebnis eines andern ohne angemessenen eigenen Aufwand durch technische Reproduktionsverfahren als solches übernimmt und verwertet"; Vid. ARPAGAUS R. y FICK R. M., "2. Kapitel: Zivil- und prozessrechtliche Bestimmungen. Art. 5" en HILTY R. y ARPAGAUS R., Baselkommentar, Bundesgesetz gegen den unlauteren Wettbewerb (UWG), cit., págs. 523 y 524.

1275 DOMINGUEZ PÉREZ E. M., *Competencia Desleal a través de actos de imitación sistemática,* cit., págs. 40 y 41; a mayor abundamiento, Ídem, "Artículo 11. Actos de Imitación" en BERCÓVITZ RODRÍGUEZ-CANO A., *Comentarios a la Ley de Competencia Desleal,* cit., pág. 285.

dad de atribuir deslealtad solo a aquella imitación que produzca efectos relevantes para el mercado en el sentido enunciado por el art. 12 LCD, esto es, por distorsionar el funcionamiento de mercado, que entonces asigna una posición competitiva inmerecida o no conquistada en base las aptitudes de las prestaciones propias[1276], al mérito competitivo, pero no de la prestación, sino del competidor que la pone en circulación en el mercado. Para que tal circunstancia opere no es necesario que se produzca un supuesto tan extremo como el de la confusión sobre el origen comercial y esto es algo que reconoce la propia norma en el art. 11.2 LCD cuando distingue dos modalidades de imitación desleal por sus efectos parasitarios: la que genere asociación y la que genere un aprovechamiento de la reputación ajena[1277].

De nuevo, interpretando el art. 11.2 LCD de forma correctora a partir del art. 12 LCD debemos entender que, cuando el precepto alude a aprovechamiento de la reputación ajena, necesariamente debe estar haciendo referencia a aprovecha-

---

1276 Como señala KRUG A., *Der lauterkeitsrechtliche Nachahmungsschutz bei technischen Gestaltungsmerkmalen im Kontext des Immaterialgüterrechts*, cit., pág. 191, "la protección contra la imitación no entra en conflicto ni con la libertad de imitación ni tiene un impacto negativo en la competencia o el progreso, pues no impide la imitación en sí, sino solamente aquella que es desleal". Este es el límite absoluto que la aplicación de la normativa concurrencial jamás podrá superar en su aplicación, que queda, por tanto, condicionada al perjuicio de la imitación para el mercado.

1277 Omitimos en este análisis la cuestión relativa a la interpretación de la imitación que suponga un aprovechamiento indebido del esfuerzo ajeno, porque adoptamos la idea de que dicho tipo debe interpretarse de forma sumamente restrictiva y siempre condicionado al uso de medios técnicos, esto es, por falta de esfuerzo y costes en el imitador. Interpretación aún más restringida si cabe si tenemos en cuenta el riesgo que este precepto trae de expandir una tutela de lógica inmaterial si omitimos la necesaria verificación del ahorro de costes.

miento de las ventajas derivadas directamente de la reputación ajena, desligando, por tanto, el comportamiento de toda órbita exclusivamente subjetiva y, en consecuencia, alejándolo del ámbito de los derechos exclusivos.

Mayor complejidad supone la reinterpretación del primero de los aspectos, relativo a la producción de asociación. Resulta difícil delimitar en este caso si el uso de "asociación" a secas y no de riesgo de confusión y/o asociación es fruto de una error legislativo o si por el contrario responde a una decisión deliberada del redactor del precepto. Ello porque, dados los razonamientos que hemos venido haciendo, el significado sería claramente distinto, porque el propio concepto de asociación sería distinto. Interpretando el riesgo de asociación en el sentido típico marcario, resulta evidente que este sería la conexión mental que el receptor de la práctica traza entre dos empresarios *a priori* desvinculados entre sí, de forma que el consumidor comprende que entre ellos hay vínculo productivo o comercial de algún tipo[1278].

El precepto reza literalmente que *se reputará desleal (la imitación) cuando resulte idónea para generar asociación por parte de los consumidores respecto a la prestación*. Como apunta OTERO LASTRES[1279], la redacción de este precepto es mejorable. Aquí vamos a plantear la duda que se ha suscitado con ocasión de la distinción de las conductas del art. 6 LCD y del art. 11 LCD. Muy brevemente, habíamos concluido que la confusión se produce en el art. 6 LCD por cuestiones muy diversas a la imitación, de forma que la imitación confusionista es un supuesto

---

1278 Cuando hablamos de riesgo de asociación es habitual concebirlo como aquel sustrato de orden inferior y mayor ámbito que subyace a la confusión marcaria. Ahora bien, la "asociación" en sí puede estar significando una noción completamente diferente.

1279 OTERO LASTRES J.M., "La nueva Ley sobre Competencia Desleal", *ADI*, cit., págs. 36-38.

propio del art. 6 LCD pero que el art. 11 LCD arrastra para sí. No obstante, sería posible una interpretación alternativa: es posible que la imitación confusoria se integre dentro del tipo del art. 6 LCD porque, en realidad, el art. 11 LCD no sanciona la imitación generadora de confusión, o al menos en su sentido marcario, sino solamente la "asociación" de prestaciones y, de nuevo, en un sentido extramarcario.

¿Sería esto posible? ¿Habría alguna forma de interpretar la asociación de una forma ajena al riesgo de asociación marcario? A mi modo de ver sí. Pensemos en un sistema de CD ajeno al contexto del Derecho de Marca. En un contexto como ese, sería posible concebir que el uso del término asociación se refiere, precisamente, a su significado más llano, esto es, a la puesta en contacto de dos productos, de dos prestaciones, en la mente del consumidor, sin que tal vinculación resulte natural, sino que sea forzada a través de una imitación, donde el signo no tiene ningún peso específico o propio más allá de constituir parte del acto de replicación comercial. Estamos, por tanto, ante un concepto concurrencial de asociación, distinto aquel propio del derecho de marcas, que, quizá podamos asimilar a la noción de evocación[1280] propia de las IGP, concep-

[1280] Curiosamente, MASSAGUER FUENTES J., "Por un replanteamiento de la protección jurídica de las presentaciones comerciales", *La Ley Mercantil*, cit., pág. 9, recurre a la noción de evocación en un sentido idéntico al que tratamos de imprimir aquí, aunque lo hace en sede de infracción de la marca notoria. También alude a evocación la SJMUE N.º 1 de Alicante, núm. 50/2023, de 8 de noviembre (Rec. 596/2020), apdo.165. No obstante, si partimos de la hipótesis con la que trabajamos de concurrencialización del juicio de infracción de la marca y, en especial, del de la marca renombrada, y construimos el juicio de infracción a partir del desarrollo de un juicio previo de naturaleza concurrencial, hay argumentos para entender, en buena lógica jurídica, que los arts. 11 y 12 LCD, sobre los que habrá de basarse en cada caso el juicio de infracción de la marca renombrada (de aceptarse nuestra teoría) se asientan sobre un concepto de

to que el TJCE ha conceptualizado como la utilización de un término (indicador de origen geográfico) que forma parte de la denominación de una Indicación Geográfica Protegida, de forma que induzca al consumidor a pensar, como imagen de referencia en la mercancía que se beneficia de dicha denominación, excluido el riesgo de confusión[1281]. La evocación, por tanto, no supone confundir al consumidor con respecto a la pertenencia a la denominación o indicación geográfica protegida, el consumidor no piensa que el producto es de IGP sin serlo, sino que lo que hace es trasladar parte de las expectativas asociadas al producto IGP al producto que utiliza una parte de su denominación, *a priori* libremente empleable. El concepto de evocación aparece indisolublemente ligado, por tanto, a la idea de transferencia de imagen (*Imagetransfer*).

De esta forma, es posible que la "asociación de prestaciones" a que se refiere el art. 11.2 LCD sea una asociación vinculada no al riesgo de asociación marcario, como tradicionalmente se ha venido concibiendo, sino a la producción de una asociación en sentido ordinario o concurrencial (evocación), donde la imitación del producto "evoca" en el imitador una imagen asimilada a la del producto original precisamente sobre la base de su parecido. Técnicamente no hay confusión y dado que el producto puede no gozar en sí mismo de reputación, esta será, a lo sumo, atribuible al empresario fabricante. Las conductas de imitación débil como las propias de los *look-alikes* podrían reconducirse, bajo esta reinterpretación, al art. 11.2 LCD.

---

vinculación más próximo a la evocación que a la confusión. Ello vendría a dar mayor verosimilitud a la idea de que "asociación" tal y como es usada en el art. 11.2 LCD se estaría utilizando en un sentido, sino abiertamente extra-marcario, ajeno a la noción tradicional de riesgo de confusión/asociación.

1281 STJCE de 4 de marzo de 1999, Consorzio per la tutela del formaggio Gorgonzola, C- 87/97.

Así, el precepto establecería, en lugar de dos supuestos alternativos (o genera asociación o genera aprovechamiento de la reputación), dos supuestos de la misma naturaleza, pero cuya diferencia es puramente de grado. De este modo, el tipo básico se conformaría por esa asociación entre productos generadora de una transferencia de imagen y, como supuesto cualificado, encontramos la imitación explotadora de la buena reputación ajena, en aquellos supuestos donde la reputación del fabricante del producto sea lo suficientemente relevante, esto es, aquellos supuestos donde siguiendo el planteamiento de una doctrina germana hoy ya abolida, habría una especial relevancia de la indicación de origen comercial o una "función de origen cualificada", como ocurre en los productos de lujo[1282].

De este modo, sería posible considerar que el art. 11.2 LCD sanciona no toda imitación, sino solamente aquella que se haga de una forma lo suficientemente próxima como para desembocar en el emborronamiento de las fronteras que deben existir entre modelo original y el resultado de una imitación recreadora. La unión o identificación absoluta entre original

---

1282 Y es que, en el caso de los productos de lujo, el grueso de su valor no radica tanto en el producto, cuanto en la función simbólica que aquel y su imagen de marca despliegan, de suerte que su compra viene motivada por la apropiación y/o utilización personal de la imagen de marca construida por su fabricante. En estos casos resulta relevante no solo el producto, sino también su origen comercial, de esta forma, la imitación desleal por explotadora de la reputación se configuraría como un supuesto cualificado de transferencia de imagen, con algunos aspectos rayanos en la confusión. La diferencia con esta radicaría en el hecho de que en este caso el comprador es plenamente consciente de que el producto no es el original y, sin embargo, se decide a la compra porque cree que tiene las suficientes características relevantes como para ser un sustitutivo óptimo o pleno del mismo, tomando dicha decisión no por el mérito intrínseco en la imitación, sino por una estrategia comercial premeditadamente orientada a inducir al consumidor a este "error" de juicio.

e imitación se castigaría bajo el art. 6 LCD al constituir un supuesto de riesgo de confusión o asociación en more marcario (aunque de naturaleza fáctica[1283]). La transferencia (parcial) de imagen se encontraría de esta forma regulada en el art. 11.2 LCD. Este planteamiento, que no es más que un ejercicio puramente intelectual a colación de los problemas interpretativos que plantea dicho precepto, resuelve de forma más nítida los problemas que ha venido presentando el *statu quo* normativo, en particular la cuestión de la protección de la prestación en sí y la omisión de los componentes desleales. En la medida en que solo admite o confusión o transferencia de imagen, no habría posibilidad de una protección directa a la prestación al margen del art. 6 y del art 11 LCD y, por tanto, como ocurre en el caso alemán, la única vía de recurso pasa a ser, el acudir directamente al art. 4 LCD, debiendo operarse entonces la correspondiente ponderación de intereses en juego, donde habrá de detectarse el riesgo de un fallo de mercado conducente a una cierta infra-producción[1284], siguiendo, ahora sí, el modelo de razonamiento propio de las normas que estatuyen derechos exclusivos de PI.

Sea como fuere, aún es posible, admitiendo la interpretación mayoritaria que identifica asociación con riesgo de asociación y confusión, trazar una separación más nítida entre el art. 6 LCD y art. 11 LCD, de forma que el art. 6 LCD se pase a ocupar de todo acto de confusión operado por medios ajenos a la imitación, y el art. 11, por el contrario, es referido a la imitación en todas sus facetas y vertientes. En esta segunda

---

[1283] Como defiende MONTEAGUDO MONEDERO M., "El riesgo de confusión en derecho de marcas y en derecho contra la competencia desleal", *ADI*, cit., pág. 96.

[1284] HILTY M. R., "The Law Against Unfair Competition and its Interfaces", cit., págs. 2, 3, 21 y 48; OHLY A., "Urheberrecht und UWG", *GRUR Int.*, cit., pág. 703; PODSZUN R., "Der more economic approach im Lauterkeitsrecht", *WRP*, cit., pág. 517.

línea de interpretación, es posible concebir que el juicio de infracción concurrencial sea desplazado para algunos derechos de PI, esencialmente Marcas, cuando dicha legislación sea aplicable por producirse un riesgo de confusión marcaria, pues el riesgo de confusión concurrencial provocado por la imitación de la prestación o el signo no sería sustancialmente diferente al riesgo de confusión marcario tal y como se viene aplicando hoy en día por los tribunales, al atender también al contexto de comercialización. En cambio, el juicio de deslealtad por confusión queda abierto para todos los otros derechos de PI distintos a la marca, en la medida en que ninguno acoge en su seno una función indicadora del origen y mucho menos se atiende al efecto del contexto de la práctica de comercialización. Requisito *sine qua non* para ello es que efectivamente se produzca un riesgo de confusión/ asociación concurrencialmente relevante.

3. BREVES CONSIDERACIONES FINALES

La realidad de los mercados no hace sino exacerbar la complejidad de las conductas que se vienen desarrollando en ellos[1285]. La innovación y la Competencia se encuentran en un estado evolutivo de tensión, cuyo alivio demanda una aproximación holística y flexible. En particular, la interacción entre Derecho de la Competencia y Derecho de la PI debe abando-

---

[1285] Buen ejemplo de lo anterior pueda ser el supuesto de los Gigantes Digitales (GAFAM) que se han constituido como una nueva amenaza para el correcto funcionamiento de los mercados, tanto en el contexto estático como dinámico, pero cuyos efectos se expanden como tentáculos a todas los ámbitos de la vida social y que han motivado el desarrollo acelerado de una nueva regulación de Derecho de la Competencia que pretende – se verá si lo consigue – poner coto a su poder superdominante.

nar el clima de confrontación y avanzar en favor de una aplicación coordinada, abandonando, con ello, el planteamiento maniqueo que únicamente permite valorar la conducta desde un prisma cada vez.

Habilitar el análisis combinado de ambas materias sobre la rica zona de grises que se sustancia en la frontera entre una y otra disciplina permite dar una respuesta mucho más matizada y moderada en ambos sentidos que, basada en la valoración económica de los intereses competitivos implicados, permita mejorar la funcionalidad del mercado. La Competencia Desleal viene llamada como herramienta habilitante de esta transición, al constituirse como un Derecho general del fenómeno competitivo en el Mercado que opera, a un mismo tiempo, como pequeño engranaje que favorece la marcha y la mantiene lejos de excesos comportamentales.

El modelo que proponemos, como mecanismo para tratar de avanzar hacia un sistema armónico entre todas las distintas disciplinas del Mercado, supone, evidentemente, un mayor esfuerzo interpretativo, especialmente durante su implantación. Sin embargo, es previsible que, a medida que la práctica se asiente en los operadores y estos contribuyen haciendo su cumplida labor, poco a poco el sistema de precedente propio de la disciplina facilitará la carga interpretativa, que discurrirá entonces por cauces bien definidos y marcados.

Para ello, el desenredo que proponemos, a partir de la delimitación funcional de los diferentes expedientes de tutela, incluida tanto la Propiedad Intelectual como la Competencia Desleal, refundan las bases teóricas sobre las que pueda operar de un modo coherente la doctrina de la complementariedad relativa. A un mismo tiempo, el juicio *ex ante* de impacto concurrencial, contribuye a su cimentación adecuada, conectando de mejor manera los planteamientos teóricos subyacentes y que han sido nítida y correctamente delimitados por la mejor doctrina, con un mecanismo interpretativo que permita encauzar los razonamientos, armonizando las necesidades materiales del caso con el respeto a los principios teóricos ya trazados sobre bases muy sólidas.

El último aspecto que nos planteamos es la posibilidad de operar una reinterpretación de los principales artículos relevantes de la LCD para clarificar la propia conflictividad que estos internamente plantean por su redacción y que no deja de contribuir a generar mayor confusión cuando se trata de trabajar hacia una aplicación conjunta de CD y otra disciplina, en el caso, los derechos de PI. Las posibilidades son grandes y gracias al recurso a conceptos jurídicos indeterminados, la interpretación que cabe dentro de cada una de las normas puede ser variada y ajustada. En la elección de una u otra forma de leer cada precepto, habría que dar prevalencia a la ponderación de intereses que específicamente le subyace y que puede traerse de nuevo a primer plano a través de una interpretación conforme del art. 4 con el art. 1 LCD[1286], siguiendo el ejemplo del modelo alemán.

Lo que se busca, en fin, mediante la realización de una propuesta interpretativa concreta y novedosa para los arts. 6, 11 y 12 LCD no es sino incentivar un debate que revitalice la disciplina de la Competencia Desleal, ya que parece haber caído en una cierta desidia doctrinal más allá de la atención suscitada por las nuevas normas que sectorialmente van nivelando a cada paso el terreno de juego en el mercado y que actúan

---

1286 Una idea similar puede apreciarse en MASSAGUER FUENTES J., "Treinta años de Ley de Competencia Desleal", cit. pág. 69, cuando señala que "*la definición de los actos concretos de competencia desleal se hizo a la luz de...los intereses en juego, mediante la delimitación fáctica de la conducta y la concreción de las circunstancias en que esa conducta pone en peligro el funcionamiento competitivo de los mercados*", lo que da pie a reinterpretar cada uno de estos preceptos a la luz del art. 4 LCD y al conjunto de intereses que le subyacen y que explicita el propio art. 1 LCD.

irremediablemente sobre la LCD, como la producida por la Ley 16/2021, de 14 de diciembre, de modificación de la Ley 12/2013, y que incorpora la Directiva 2019/633, de 17 de abril de 2019, relativa a prácticas comerciales desleales en las relaciones entre empresas en la cadena de suministro agrícola y alimentario, o la reforma producida sobre la LCD mediante el Real Decreto-ley 24/2021, de 2 de noviembre, cuyo objeto es transponer las modificaciones operadas por la Dir. 2019/2161, de modificación de varias directivas, entre ellas la 2005/29/CE, en lo concerniente a la mejora de la aplicación y modernización de las normas de protección de los consumidores de la Unión, integrada dentro del llamado "*consumer new deal*[1287].

Es, por tanto, un modelo especialmente idóneo sobre el que replantearse, sin romper, el modelo de Competencia que hemos venido utilizando y, dentro de él, el papel que ha desempeñado la Competencia Desleal. Nuestra propuesta trata de utilizarla como herramienta flexible capaz de resolver antinomias y minimizar los efectos anticompetitivos de las conductas en el mercado.

1287 COM/2018/0183 final; en este mismo sentido KUR A., DREIER T., y LUGINBUEHL S., *European Intellectual Property Law. Text, Cases and Materials*, Second Edition, Edward Elgar, Cheltenham/Northampton, 2019, pág. 517.

Bibliografía

Obra doctrinal

ALEXANDER CH., "Überblick und Anmerkungen zum Referentenentwurf eines Gesetzes zur Stärkung des Verbraucherschutzes im Wettbewerbs- und Gewerberecht", *WRP*, Heft 2, 2021, págs. 136-145.

— "Grundstruckturen des Schutzes von Geschäftsgeheimnissen durch das neue GeschGehG", *WRP*, Heft 6, 2019, págs. 673-679.

ANDERMAN S., "Overplaying the innovation card: the stronger intellectual property rights and competition law", en DRAHOS P., GHIDINI G. y ULLRICH H., *Kritika: Essays on Intellectual Property*, Volume 1, Edward Elgar, Cheltenham/Northampton, 2015, págs. 17-58.

AKERLOF G.A., "The Market for 'Lemons': Quality Uncertainty and the Market Mechanism, *Quarterly Journal of Economics*, Vol. 84, Nº 3, págs. 488-500.

ARPAGAUS R., "2. Kapitel: Zivil- und prozessrechtliche Bestimmungen" en HILTY R. y ARPAGAUS R., *Baselkommentar, Bundesgesetz gegen den unlauteren Wettbewerb (UWG)*, Helbing Lichtenhahn, Basilea, 2013.

ARROYO APARICIO A., "Artículo 12. Explotación de la Reputación Ajena" en BERCÓVITZ A., *Comentarios a la Ley de Competencia Desleal*, cit., págs. 317-350.

BÄRENFÄNGER J., "Symbiotische Theorie zum Kennzeichen- und Lauterkeitsrecht. Teil 1., *WRP*, Heft 1, 2011, págs. 16-28.

— *Das Spannungsfeld von Lauterkeitsrecht und Markenrecht unter dem neuen UWG. Symbiotische Theorie zum Kennzeichen- und Lauterkeitsrecht*, nomos, 2010.

BATOR F.M., "The Anatomy of Market Failure", *The Quarterly Journal of Economics*, Vol. 72, Nº 3, 1958, págs. 351-379.

BAUMBACH y HEFERMEHL *Wettbewerbsrecht*, Aufl.22, C.H. Beck, Múnich, 2004.

BAYLOS CORROZA H., *Tratado de Derecho Industrial. Propiedad Industrial, Propiedad Intelectual, Derecho de la Competencia, Disciplina de la Competencia Desleal*, Aranzadi, Navarra, 2009.

BEATER A., "Zum Verhältnis von europäischem und nationalem Wettbewerbsrecht - Überlegungen am Beispiel des Schutzes vor irreführender Werbung und des Verbraucherbegriffs", *GRUR Int.*, Hefte 11/12, 2000, págs. 963-974.

— *Nachahmen im Wettbewerb. Eine rechtvergleichende Untersuchung zum §1 UWG,* JCB Mohr, Tübingen, 1995.

BEEBE B. y FROMER J.C., "The problems of trademark depletion and congestion: some possible reforms", en DINWOODIE G. B. y JANIS M. D., *Research Handbook on Trademark Law Reform,* Edward Elgar, Cheltenham/Northampton, 2021, págs. 17-50.

— "Intellectual Property and the Sumptuary Code", *Harvard Law Review,* Vol. 123, N° 4, 2010, págs. 810-889.

BEHRENS P., "The ordoliberal concept of abuse of dominant position and its impact on Art. 102 TFUE", en DI PORTO F. y PODSZUN R., *Abusive Practices in Competition Law,* Edward Elgar, Cheltenham/Northampton, 2018, pp. 5-25.

BEIER F.K., "Ausstattung für Farben", *GRUR,* Heft 6, 1980, págs. 605-612.

BENAVIDES PÉREZ M. y GONZÁLEZ JIMÉNEZ P.M., "La protección de los identificadores secundarios del diseño gráfico: el Caso Burberry", *Diario La Ley,* N° 9861, 2021.

BERCÓVITZ RODRÍGUEZ-CANO A., *Apuntes de Derecho Mercantil. Derecho Mercantil, Derecho de la Competencia y Propiedad Industrial,* Thomson Reuters Aranzadi, Cizur Menor, Navarra, 2022 (Vigésimo tercera edición).

— "Artículo 4. Cláusula General", en BERCÓVITZ RODRÍGUEZ-CANO A., *Comentarios a la Ley de Competencia Desleal,* Thomson Reuters Aranzadi, Navarra, 2011, págs. 93-113.

— *Introducción a las Marcas y otros Signos Distintivos en el Tráfico económico,* Aranzadi, Navarra, 2002.

— "Significado de la Ley y requisitos generales de la acción de Competencia Desleal", en BERCÓVITZ A., *La Regulación contra la Competencia Desleal en la Ley de 10 de enero de 1991,* BOE, Cámara de Comercio e Industria de Madrid, 1992.

— "La formación del derecho de la competencia", *ADI,* Tomo 2, 1975, págs. 61-82.

BERCÓVITZ RODRÍGUEZ-CANO R., "La Obra", *Manual de Propiedad Intelectual,* Tirant lo Blanch, Valencia, 2022, págs. 53-82.

BRETONE M., *Diritto e tempo nella tradizione europea,* Laterza, Roma, 2004.

BORNKAMM J., "Das Verhältnis von Kartellrecht und Lauterkeitsrecht: Zwei Seiten derselben Medaille?", en AA.VV. *Festschrift für Irmgard Griss*, Jan Sramek Verlag, Austria, 2011, págs.79-93.

— "Die Schnittstellen zwischen gewerblichem Rechtsschutz und UWG - Grenzen des lauterkeitsrechtlichen Verwechslungsschutzes", *GRUR*, Heft 1, 2011, págs. 1-8.

— "Markenrecht und wettbewerbsrechtlicher Kennzeichenschutz- Zur Vorrangthese der Rechtsprechung, *GRUR*, Heft 2, 2005, págs. 97-102.

BOUGETTE PATRICE, DESCHAMPS MARC y MARTY FRÉDÉRIC, "When economics met Antitrust: The Second Chicago School and the Economization of Antitrust Law", *Enterprise and Society*, vol. 16, N° 2, págs. 313-353.

BÜSCHER W., "Aus der Rechtsprechung des EUGH und des BGH zum Lauterkeitsrecht seit Ende 2019", GRUR, Heft 3, 2021, págs. 405-425.

— "Neuere Entwicklungen im wettbewerbsrechtlichen Leistungsschutz" *GRUR* Heft 1, 2018, págs. 1-7.

— "Schnittstellen zwischen Markenrecht und Wettbewerbsrecht", *GRUR*, Heft 3/4, 2009, págs. 230-236.

CARBAJO CASCÓN F., "El mercado de la prensa digital (Propiedad Intelectual, libre competencia, cadena de valor y pluralidad informativa)", en MADRID PARRA A., y ALVARADO HERRERA L., *Derecho Digital y Nuevas tecnologías,* Thomson Reuters Aranzadi, Navarra, 2022, págs. 417-460.

— "Las plataformas digitales ante la distribución de mercancías y el suministro de contenidos digitales ilícitos", *Revista de Derecho de la Competencia y la Distribución*, N.° 30, 2022, publicación digital.

— "Imitación de diseños de Moda en España", *Cuadernos del Centro de Estudios en Diseño y Comunicación*. Ensayos, N° 128, 2021, págs. 17-35.

— "Objetos industriales, derecho de autor y libre competencia consideraciones a partir de las SSTJUE de 12 de septiembre de 2019 ('cofemel') y 11 de junio de 2020 ('brompton')", *Cuadernos de Derecho Transnacional*, Vol. 12, N° 2, 2020, págs. 913-942.

— "La Originalidad de la Obra Publicitaria y las Páginas web" en AA.VV. *XXXIII Jornadas de estudio sobre la Propiedad Industrial e Intelectual, Grupo Español de la AIPPI*, Madrid, 2018, págs. 39-60.

— "La doctrina de los círculos concéntricos y de la complementariedad relativa entre el derecho de marcas y de competencia desleal, a la luz del uso de signos ajenos como palabras clave vinculadas a enlaces publicitarios en motores de búsqueda", en BLANCO SÁNCHEZ M.J. y MADRID PARRA A., *Derecho Mercantil y Tecnología,* Thomson Reuters Aranzadi, Navarra, 2018, págs. 659-683.

— "Las Licencias Obligatorias" en GARCÍA VIDAL A., *El Derecho de las Obtenciones Vegetales,* Tirant lo Blanch, Valencia, 2017, págs. 867-909.

— "Introducción al Derecho de la Competencia (Principios, Funciones y Alcance)", en CARBAJO CASCÓN F., *Manual Práctico de Derecho de la Competencia,* Tirant lo Blanch, Valencia, 2017.

— "La Competencia Desleal (I). Cláusula general e ilícitos por Competencia Desleal. La Publicidad Comercial Desleal" en CARBAJO CASCÓN F., *Manual Práctico de Derecho de la Competencia,* Tirant lo Blanch, Valencia, 2017.

— "El uso de marcas ajenas como palabras clave en servicios de referenciación en internet (Comentario a las sentencias del Tribunal Supremo de 19 y 26 de febrero de 2016, sobre la marca Masaltos)", *Revista de Derecho de la Competencia y la Distribución,* N º 18, 2016, publicación online, págs. 1-15.

— "Obligación de explotar. Licencias obligatorias" en BERCÓVITZ RODRIGUEZ-CANO A., *La Nueva Ley de Patentes,* Thomson Reuters Aranzadi, Navarra, 2015, págs. 401-433.

— "Nombres de Dominio", en PLAZA PENADÉS J., VÁZQUEZ DE CASTRO E., GUILLÉN CATALÁN R. y CARBAJO CASCÓ N F., *Derecho y Nuevas Tecnologías de la Información y la Comunicación,* Aranzadi, Navarra, 2013, págs. 919-1016.

— "Problemas de Distribución, Marcas y Responsabilidad indirecta de Intermediarios en Plataformas de Agregación de Comercio electrónico. Comentario a la STJUE de 12 de Julio de 2011 (Caso L´Oreal c. Ebay) y Jurisprudencia Relacionada", *Revista de Derecho de la Competencia y la Distribución,* N º 10, 2012, págs. 161-184.

— "El caso Google AdWords: Sobre la infracción de marcas y la responsabilidad de intermediarios de la sociedad de la información en la comercialización de palabras clave y puesta a disposición de enlaces patrocinados. Comentario a la sentencia del Tribunal de la Unión Europea (Gran Sala) de 23 de marzo de 2010 (Ass. Acumulados c-236/2008 s c-238/2008)", *Revista de Derecho de la Competencia y la Distribución,* núm. 7, 2011, págs. 321-338.

— "La marca en los sistemas de distribución selectiva (el problema de las ventas paralelas", en GALÁN CORONA E. y CARBAJO CASCÓN F.,

Marcas y Distribución comercial, Ediciones Universidad de Salamanca, Salamanca, 2011, págs. 153- 212.

— *Conflictos entre Signos Distintivos y Nombres de Dominio en Internet,* Aranzadi, Navarra, 2002.

CASADO NAVARRO A., "Consideraciones críticas sobre la opción del Real Decreto-ley 24/2021 de no incorporar medidas correctoras frente a las prácticas comerciales con consumidores", *La Ley Mercantil,* N.º 88, 2022

— "Conexiones axiológicas, funcionales y normativas entre el derecho de contratos y la normativa represora de la competencia desleal en las relaciones de consumo", en MIRANDA SERRANO L. y PAGADOR LÓPEZ J., *Desafíos del Regulador mercantil en materia de contratación y competencia empresarial,* Marcial Pons, Madrid, 2021, págs. 427-442.

— "El controvertido asunto de la función normativa del falseamiento de la competencia por actos desleales (art. 3 LDC)", *Revista de Derecho de la Competencia y la Distribución* N.º 22, 2018, publicación online, págs. 1-29.

CASTRESANA HERRERO A., *Derecho Romano. El arte de lo bueno y de lo justo,* Tecnos, Madrid, 2013.

CHRISTIE A.F., "Maximising permissible exceptions to intellectual property rights", KUR A., y VYTAUTAS M., *The structure of intellectual property law. Can one size fit all?,* Edward Elgar, Cheltenham/Northampton, págs.121-135

COASE R. H., "The Problem of Social Cost", *The Journal of Law and Economics,* Vol. III, 1960, págs. 1-44.

COSTAS COMESAÑA J., "La transmisibilidad del secreto empresarial", *ADI,* Tomo XLI, 2020-2021, 79-108.

CRUZ GONZÁLEZ M., "Cadena de distribución agroalimentaria, marcas y competencia desleal: una reflexión a partir de la guerra de las galletas", en CARBAJO CASCÓN F., *Competencia, Propiedad Intelectual y Tutela de los Consumidores en el Sector Agroalimentario,* Tirant lo Blanch, Valencia, 2022, págs. 1383-1428

— "Relaciones entre Competencia Desleal y Propiedad Intelectual e Industrial: la Doctrina de la Complementariedad Relativa del Tribunal Supremo Español", *Revista Reflexiones de Derecho Privado Patrimonial,* Ratio Legis, 2020, págs. 191-214.

CURTO POLO M., "Cotitularidad y transmisión del derecho del obtentor" en GARCÍA VIDAL A., *El Derecho de las Obtenciones Vegetales*, Tirant lo Blanch, Valencia, 2017, págs. 785-818.

— *La cesión de marca mediante contrato de compraventa*, Thomson Reuters Aranzadi, Navarra, 2002.

DE LA CUESTA RUTE J.M. "Supuestos de competencia desleal por confusión, imitación y aprovechamiento de la reputación ajena", en BERCÓVITZ RODRÍGUEZ-CANO A. *La Regulación contra la Competencia Desleal en la Ley de 10 de enero de 1991*, cit., págs. 35-50.

DETERMANN L. y NIMMER D., "Software Copyright´s Oracle from the Cloud", *Berkeley Technology Journal*, Vol. 30, Nº 1, págs. 161-211.

DI CATALDO V., "Towards a general research exemption", en GHIDINI G. y FALCE V., *Reforming Intellectual Property*, Edward Elgar, Cheltenham/Northampton, 2022, págs. 18-29

DINWOODIE G.B., "Remarks: "one size fits all" consolidation and difference in intellectual property law", en KUR A. y VYATAUTAS M., *The structure pf Intellectual Property. Can One Size Fit All?*, Edward Elgar, Cheltenham/Northampton, 2011, págs. 3-14.

— "The death of ontology: a teleological approach to trademark law" *Iowa Law Review*, Vol. 84, 1999, págs. 611- 752.

DOMINGUEZ PÉREZ E.M., "Nuevos planteamientos en torno a la marca de servicio: la protección de la imagen y apariencia del interior de un local («flagship store») como marca tridimensional de servicio", *ADI*, Tomo XXXV, 2014-2015, págs. 91-111.

— "Comentario al Art. 11. Actos de Imitación", en BERCÓVITZ RODRÍGUEZ-CANO A., *Comentarios a la Ley de Competencia Desleal*, Thomson Reuters Aranzadi, Navarra, 2011, págs. 279-316.

— *Competencia Desleal a través de actos de imitación sistemática*, Aranzadi, Navarra, 2003.

— "La protección jurídica del diseño industrial: la novedad y el carácter singular. Reflexiones en torno al Proyecto de Ley de protección jurídica del diseño industrial", *ADI*, XXIII, 2002, págs. 87-111.

DONDORF M., *Schutz vor Herkunftstäuschung und Rufausbeutung*, Carl Heymanns, Múnich, 2005.

DORNIS T. W., *Trademark and Unfair competition conflicts. Historical-Comparative, Doctrinal and Economic Perspectives*, Cambridge University Press, 2017.

DORSEY E., RYBNICEK J.M. y WRIGHT J.D., "Hipster Antirtust meets Public Choice Economics: The consumer welfare standard, rule of Law, and Rent Seeking", *Competition Policy International Antitrust Chronicle* (April 2018), pp. 1-13.

DRIESEN D. M., *The Economic Dynamics of Law*, Cambridge University Press, Nueva York, 2012.

DREXL J. "Die Reparaturklausel im Designrecht: Eine wettbewerbs- und immaterialgüterrechtlich gebotene Reform", *GRUR*, Heft 3, 2020, págs. 234-248.

— "Is there a 'more economic approach' to intellectual property and competition law?", en DREXL J., *Research Handbook on Intellectual Property and Competition Law*, Edward Elgar, Cheltenham/Northampton, 2008, págs. 27-53.

DREYFUSS R.C., "The Challenges facing IP systems: researching for the future", en DRAHOS P., GHIDINI G. y ULLRICH H., *Kritika: Essays on Intellectual Property*, Volume 4, Edward Elgar, Cheltenham/Northampton, 2020, págs.1-46.

DUSOLLIER S., "Unlimiting Limitations in Intellectual Property", en GHIDINI G. FALCE V., *Reforming Intellectual Property*, Edward Elgar, Cheltenham/Northampton, 2020, págs. 64-76.

— "Intellectual property and the bundle-of-rights metaphor", en DRAHOS P., GHIDINI G. y ULLRICH H., *Kritika: Essays on Intellectual Property*, Volume 4, Edward Elgar, Cheltenham/Northampton, 2020, págs.146-178.

EHMANN T., "Monopole für Sportverbände durch ergänzenden Leistungsschutz?", *GRUR Int.*, Heft 8/9, 2009, págs. 659-664.

EISENBERG R.S. "Patents and the Progress of Science: Exclusive Rights and experimental Use", *University of Chicago Law Review*, Vol. 56, Nº 3, 1989, págs. 1017-1086.

EMMERICH V., *Das Recht des unlauteren* Wettbewerbs, 5. Auflage, CH Beck, Múnich, 1999.

EMPARANZA SOBEJANO A., "Artículo 2: Ámbito Objetivo", en MARTÍNEZ SANZ F., *Comentario Práctico a la Ley de Competencia Desleal*, Tecnos, Madrid, 2009, págs. 29-38.

FALKOWSKI J., "The economic aspects of Unfair trading practices: measurement and indicators" en AA.VV. *Unfair Trading Practices in the Food Supply Chain. A Literature Review on methodologies, impacts and regulatory aspects*, Oficina de Publicaciones de la UE, Luxemburgo, 2017, págs. 20-38.

FARKAS T., *Nachahmungsschutz und Schutzrechtskumulation am Beispiel von Modekreationen*, Nomos, 2016.

FEDDERSEN, "GSFW: Neuerungen bei Vertragsstrafe und Gerichtsstand", *WRP*, N° 6/2021, págs. 713-718.

FEIBIG M., "Wohin mit dem 'Look-alike'?", *WRP*, Heft 11, 2007, págs. 1316-1321.

FERNÁNDEZ NÓVOA C., *Tratado Sobre Derecho de Marcas*, Segunda Edición, Marcial Pons, Madrid/Barcelona, 2004.

— *Sistema Comunitario de Marcas*, Montecorvo, Madrid, 1995.

— "Reflexiones Preliminares sobre la Ley de Competencia Desleal", *ADI*, XIV, 1991-1992, págs. 15-23.

— "Las Funciones de la Marca", *ADI*, V, 1978, págs. 33-65.

FERRÁNDIZ GABRIEL J. R., "Actos de confusión e imitación con riesgo de asociación", *Estudios de Derecho Judicial*, N° 19, 1999.

FEZER K.H., "Schutzgegenstandtheorie. Die Produktbedingtheit eines Zeichens al ein absolutes Schutzverbot im Kennzeichenrecht" AA.VV. *Festschrift für Irmgard Griss*, Jan Sramek Verlag, Austria, 2011, págs. 149-159.

— *Lauterkeitsrecht. Kommentar zum Gesetz gegen den unlauteren Wettbewerb*, Band I, C.H. Beck, Múnich, 2010.

— "Der Dualismus der Lauterkeitsrechtsordnungen des b2c-Geschäftsverkehrs und des b2b-Geschäftsverkehrs im UWG", *WRP*, Heft 10, 2009, 1163-1175.

— *Markenrecht. Kommentar zum Markengesetz, zur Pariser Verbandsübereinkunft und zum Madrider Markenabkommen. Dokumentation des nationalen, europäischen und internationalen Kennzeichenrechts*, 4. Auflage, C.H. Beck, Múnich, 2009.

— "Normenkonkurrenz zwischen Kennzeichenrecht und Lauterkeitsrecht", *WRP*, Heft 1, 2008, págs. 1-9.

— "Plädoyer für eine offensive Umsetzung der Richtlinie über unlautere Geschäftspraktiken in das deutsche UWG", *WRP*, Heft 7, 2006, págs. 781-790.

FISHER F.M., "Antitrust and Innovative Industries", *Antitrust Law Journal*, Vol. 69, N° 2, 2000, págs. 559-564.

FONT GALÁN J.I. y MIRANDA SERRANO L. M., *Competencia Desleal y Antitrust. Sistema de Ilícitos*, Marcial Pons, Barcelona, 2005.

— "Defensa de la Competencia y Competencia Desleal. Conexiones Funcionales y Disfuncionales" en PINO ABAD M. y FONT GALÁN J.I. (coords.), *Estudios de Derecho de la Competencia*, Marcial Pons, Barcelona, 2005, págs. 9-48.

FOX E., "Consumer Beware Chicago", *Michigan Law Review*, Vol. 84, Nº 8, 1986, págs. 1714-1720.

FRANKEL S., "It´s raining carrots: the trajectory of increased intellectual property protection" en en DRAHOS P., GHIDINI G. y ULLRICH H., *Kritika: Essays on Intellectual Property*, Volume 2, Edward Elgar, Cheltenham/Northampton, 2017, págs.159-186.

GALACHO ABOLAFIO A. F., *La nulidad de la marca inscrita ante la mala fe del solicitante*, Tirant lo Blanch, Valencia, 2023.

GALÁN CORONA E. "Prólogo. Las marcas y la distribución comercial", en GALÁN CORONA E. y CARBAJO CASCÓN F., *Marcas y Distribución comercial*, Ediciones Universidad de Salamanca, Salamanca, 2011, págs. 9-16.

GALLEGO SÁNCHEZ E., "Marca negra y derecho", *Revista La Ley Mercantil*, N.º 66, febrero 2020, págs. 1-14.

GANGJEE D., "Trade marks and Innovation?", DINWOODIE G.B. y JANIS M.D., *Research Handbook on Trademark Law Reform*, Edward Elgar, Cheltenham/Northampton, 2021, págs. 192-224.

GARCÍA PÉREZ R., *La expansión del Derecho de Marca. De la marca como indicación de la procedencia empresarial a la multifuncionalidad jurídica de la marca*, Marcial Pons, Madrid, 2021.

— "Las relaciones entre el Derecho de marcas y el Derecho contra la competencia desleal en Internet", en MORRAL SOLDEVILA R., *Problemas actuales de Derecho de Propiedad Industrial. VIII Jornada de Barcelona de Derecho de la Propiedad Industria*, Tecnos, Madrid, 2018, págs. 65-113.

— "Nuevo texto de la Ley de Competencia Desleal alemana (UWG): traducción con anotaciones", *ADI*, Tomo XXIX, 2008-2009, págs. 699-726.

GARCÍA VIDAL A., "Resurrección de marcas y marcas zombis. estudio desde la perspectiva del Derecho europeo", *Revista Jurídica Digital UANDES*, Núm. 7/1, 2023, págs. 51-67.

— *Las acciones civiles por infracción de la propiedad industrial,* Tirant lo Blanch, Valencia, 2020.

— "La reproducción a escala de productos de marca", *ADI,* XXV, 2004-2005, págs. 629-643.

— *El uso descriptivo de la Marca Ajena,* Marcial Pons, Madrid, 2000.

GEIGER CH., GERVAIS D. y SENFTLEBEN M., "Understanding the 'three-step test'", *International intellectual property,* Edward Elgar, Cheltenham/Northampton, 2015, págs. 167-189.

GHIDINI G. y FALCE V., *Reforming Intellectual Property,* Edward Elgar, Cheltenham/Northampton, 2022.

GHIDINI G., *Rethinking Intellectual Property. Balancing Conflicts of Interest in the Constitutional Paradigm,* Edward Elgar, Cheltenham/Northampton, 2018.

— *Innovation, competition and consumer welfare in Intellectual Property Law,* Edward Elgar, Cheltenham/Northampton, 2010.

— *Slealtà de la Concorrenza e costituzione economica,* CEDAM, Padova, 1978.

— *La Concorrenza Sleale,* Unione Tipografico-Editrice Torinese, 1971.

GILBERT R. J., *Innovation Matters: Competition Policy for the High-Technology Economy,* MIT Press, 2020.

GINSBURG J. C., "The Role of the Author in Copyright", en OKEDIJI RUTH L., *Copyright Law in an Age of Limitations and Exceptions,* Cambridge, Reino Unido, 2017, págs. 60-84.

GLÖCKNER J., "Der gegenständliche Anwendungsbereich des Lauterkeitsrechts nach der UWG-Novelle 2008- ein Paradigmenwechsel kit Folgen", *WRP,* Heft10, 2009, págs. 1175-1188.

GÓMEZ SEGADE J.A., "La nueva ley de secretos empresariales", *ADI,* Tomo XL, 2019-2020, págs. 141-164.

— "Panorámica de la nueva ley española de diseño industrial", *ADI,* XXIV, 2003, págs. 29-51.

— "Fuerza distintiva y 'secondary meaning' en el Derecho de los signos distintivos", *Cuadernos de Derecho y Comercio,* 16, 1995, págs. 175-200.

GÓMEZ TORRE R. A., *Derechos de Autor en el Siglo XXI. Revisión crítica frente a las novedades tecnológicas,* Atelier, Barcelona, 2022

GONDERT F., *Der wettbewerbsrechtliche Leistungsschutz. Ein Beitrag zum wettbewerbsrechtlichen Schutz von der Ausbeutung fremder Leistungen durch das Einschieben in eine fremde Produktserie,* Duncker & Humbolt, Berlin, 2013.

GONZÁLEZ SAN JUAN J.L., "Cuando lo que se pretende es proteger una idea o un modelo de negocio[comentario de la SAP de Barcelona (Sección 15.ª) núm. 280/2017, de 29 de junio, asunto asco de vida]", en *ADI*, Tomo XL, págs. 419-434.

GONZÁLEZ VAQUÉ L., "Possible Unfair Practices in the Marketing of Differentiated Food Products in the Single Market: The Concept of Legitimate Expectations of Consumers", *European Food and Feed Review*, Vol. 12, Nº 6, 2017, págs. 482-490.

GÖTTING H.P., "Wettbewerbsrechtlicher Leistungsschutz (§4 Nr.9)", en FEZER K.H., *Lauterkeitsrecht. Kommentar zum Gesetz gegen den unlauteren Wettbewerb*, Band I, C.H. Beck, Múnich, 2010, págs. 1133-1196.

GRANSTRAND O., "Patents and policies for innovations and entrepreneurship", en TAKENAKA T., *Research Handbook on Patent Law and Theory*, Second Edition, Edward Elgar, Cheltenham/Northampton, 2019, págs. 55-86.

— "Patents and Innovations for growth and welfare- a literature Review", *Evolving Properties of Intellectual Capitalism*, Edward Elgar, Cheltenham/Northampton, 2018, págs. 81-123.

GRIMALDOS GARCÍA M.I., "La función de la marca como indicador de la calidad del producto o servicio a la luz de los Casos Emanuel y Fiorucci", *ADI*, XXVIII, 2007-2008, págs. 825-843.

HAHN P. V., *Schutz vor "Look-alikes" unter besonderer Berücksichtigung de § 5 II UWG*, Dr. Kovc, Hamburg 2014.

HANDKE CH., "Intellectual Property in creative Industries: the economic perspective", en BROWN A. y WAELDE CH., *Research Handbook on Intellectual Property and Creative Industries*, Edward Elgar Cheltenham/Northampton, 2018, págs. 57-76.

HAß P., "Gedanken zur sklavischen Nachahmung", *GRUR*, Heft 6, 1979, págs. 361-367.

HAYMANN L.A., "What is the meaning of a trademark?", DINWOODIE G.B. y JANIS M.D., *Research Handbook on Trademark Law Reform*, cit., págs 250-276.

HEEP S., *Lauterkeitsrechtliche Schutz vor Herkunftstäuschung (§4 nr.9 lit. a UWG und Rufausbeutung (§4 nr. 9 lit. b, 1, alt UWG) im Verhältnis zum Geschmacksmuster- un Kennzeichenrecht*, Jaener Wissenschaftliche Verlgag (JWV), Alemania, 2010.

HENNING-BODEWIG F., "Das ungeklärte Verhältnis der IP-Rechte zum Lauterkeitsrecht", LUNZE A., HOHAGEN G., KAMLAH D. y RE-

KTORSCHEK J.P., *Die Internationale Durchsetzung von Schutzrechten: Festschrift für Sabine Rojahn zum 70. Geburtstag*, C.H. Beck, 2021, págs. 319-334.

— "unfair competition law - an annex to IP law? A consumer protection law? A legal field in its own right?", DRAHOS P., GHIDINI G. y ULLRICH H., *Kritika: Essays on Intellectual Property*, Volume 4, Edward Elgar, Cheltenham/Northampton, 2020, págs. 75-99.

— "Enforcement im deutschen und europäischen Lauterkeitsrecht", *WRP*, Heft 6, 2015, págs. 667-674.

— "UWG und Geschäftsethik", WRP, Heft 9, 2010, págs. 1094-1105.

— "Die Bekämpfung unlauteren Wettbewerbs in den EU-Mitgliedstaaten: eine Bestandsaufnahme", *GRUR Int.* 2010, Heft 4, págs. 273-287.

— "Chapter 1. Basic Considerations", *Unfair Competition Law: European Union and Member States*, Kluwer Law International, 2008.

— "International Unfair Competition Law", en HILTY M. R. y HENNING-BODEWIG F., *Law Against Unfair Competition*, Springer, Berlin/Heidelberg, 2007.

— "Relevanz der Irreführung, UWG-Nachahmungsschutz und die Abgrenzung Lauterkeitsrecht/IP-Rechte", *GRUR Int.*, Heft 12, 2007, págs. 986-990.

— "Neuorientierung von § 4 Nr. 1 und 2 UWG?", *WRP*, Heft 6, 2006, págs. 621-627.

— "Das neue Gesetz gegen den unlauteren Wettbewerb", *GRUR*, Heft 9, 2004, págs. 713-720.

HENNING-BODWIG F. y KUR A., *Marke und Verbraucher, Vol. II Einzelprobleme*, Wiley-VCH, Weinheim, 1989.

HERMANN P.W., "Leistungsschutz für Sportveranstalter de lege ferenda?", *GRUR*, Heft 8, 2012, págs. 791-799.

HEYERS J., "Wettbewerbsrechtlicher Schutz gegen das Einschieben in fremde Serien - Zugleich ein Beitrag zu Rang und Bedeutung wettbewerblicher Nachahmungsfreiheit nach der UWG-Novelle", *GRUR*, Heft 1, págs. 23-27.

HILTY M. RETO, "The Law Against Unfair Competition and its Interfaces", en HILTY M. RETO y HENNING-BODEWIG FRAUKE, *Law Against Unfair Competition*, Springer, Berlin/Heidelberg, 2007.

HILTY R., HENNING BODEWIG F. y PODSZUN R., "Comments of the Max Planck Institute for Intellectual Property and Competition Law,

Munich 29 April 2013 on the Green Paper of the European Commission on Unfair Trading Practices in the Business- to- Business Food and Non-Food Supply Chain in Europe Dated 31 January 2013, Com (2013) 37 Final", *IIC*, 2013, vol. 44, Springer, págs.701-709.

HOEREN T., "The hypertrophy of German copyright law- and some fragmentary ideas on information law", en DRAHOS P., GHIDINI G. y ULLRICH H., *Kritika: Essays on Intellectual Property*, Volume 3, Edward Elgar, Cheltenham/Northampton, 2018, págs. 23-47.

HOHLWECK, "GSFW: Auswirkungen der Neuregelungen in den ersten und zweiten Instanz", *WRP*, Nº 6/2021, págs. 719-725.

HOVENKAMP H., "Intellectual Property and Competition", en DEPOOTER B. Y MENELL P.S., *Research Handbook on the economics of IP law*, Volume I, Edward Elgar, Cheltenham/Nordhampton, 2021, págs.231-261.

— "Antitrust and Innovation: where we are and where we should be going", *Antitrust Law* Journal, Vol. 77, Nº 3, 2011, págs. 749-756.

HUBMANN H., "Die sklavische Nachahmung", *GRUR*, Heft 5, 1975, págs. 230-239.

HUGENHOLTZ B., "Flexible Copyright. Can the EU Author´s Right Accommodate Fair Use?, en OKEDIJI R. L., *Copyright Law in an Age of Limitations and Exceptions*, Cambridge University Press, Cambridge, 2017, págs. 275-291.

HYLTON K.N., "Antitrust and Intellectual Property: A Brief Introduction", en BLAIR R.D. y SOKOLOVICS D.D., *The Cambridge Book of Antitrust, Intellectual Property and High Tech*, Cambridge University Press, 2017, págs. 81-91.

HYLTON K. N. y HAIZHEN L., "Optimal antitrust Enforcement, dynamic Competition, and changing economic Conditions", *Antitrust Law Journal*, Volume 77, Nº 1, 2010, págs. 247-276.

JÄNICH V., *Lauterkeitsrecht*, Academia Iuris, Vahlen Verlag, 2018.

JIMÉNEZ SERRANÍA V., "Caso Nintendo: ¿Evolución o Involución en la Protección del Diseño Comunitario? Comentario de la Sentencia de 27 de septiembre de 2017, asuntos acumulados C-24/16 y C-25/16, *Cuadernos de Derecho Transnacional*, Vol. 11, N.º 2, 2019, págs. 652-665.

KARJALA S.D., "Copyright, Computer Software and the New Protectionism", *Jurimetrics*, Vol. 28, Nº 1, págs. 33-96.

KATZ A., "The Chicago School and the Forgotten Political Dimension of Antitrust Law", *The University of Chicago Law Review*, Vol. 87, Nº 2, 2020, págs. 413-458.

KEITHE K. y GROESCHKE P., "Jeans- Verteidigung wettbewerblicher Eigenart von Modeneuheiten", *WRP*, Heft 7, 2006, págs. 794-800.

KELLER E., "Der wettbewerbsrechtliche Leistungsschutz. Vom Handlungsschutz zur Immaterialgüterrechtähnlichkeit", en AHRENS H.J., BORNKAMM J., GLOY W., STARCK J., y VON UNGERN-STERNBERG J., *FS ERDMANN*, Carl Haymanns, Berlín, 2002, págs. 595-611.

KEßLER J., "Lauterkeitsschutz und Wettbewerbsordnung – zur Umsetzung der Richtlinie 2005/29/EG über unlautere Geschäftspraktiken in Deutschland und Österreich", *WRP*, Heft 7, 2007, págs. 714-722.

KÖHLER H., "Der Schadenersatzanspruch der Verbraucher im künftigen UWG", *WRP*, Heft 2, 2021, págs.129-136.

— "Die Umsetzung der Richtlinie über unlautere Geschäftspraktiken in Deutschland – eine kritische Analyse", *GRUR*, Heft 11, 2012, págs. 1073-1082.

— "Neujustierung des UWG am Beispiel der Verkaufsförderungsmaßnahmen", *GRUR*, Heft 9, 2010, págs. 767-775.

— "Der Schutz vor Produktnachahmung im Markenrecht, Geschmacksmusterrecht und neuen Lauterkeitsrecht", *GRUR*, Heft 9, 2009, págs. 445-451.

— "Die UWG-Novelle 2008", *WRP*, Heft 2, 2009, págs. 109-117.

— "Die Unlauterkeitstatbestände des § 4 UWG und ihre Auslegung im Lichte der Richtlinie über unlautere Geschäftspraktiken", *GRUR*, Heft 10, 2008, págs. 841-848.

— "Das Verhältnis des Wettbewerbsrechts zum Recht des geistigen Eigentums - Zur Notwendigkeit einer Neubestimmung auf Grund der Richtlinie über unlautere Geschäftspraktiken", *GRUR*, Heft 7, 2007, págs. 548-554.

KÖHLER H., BORNKAMM J., FEDDERSEN J., *Beckiche Kurz-kommentare zum UWG*, 39. Auflage, CH Beck, 2021.

KOLSTAD O., "Competition law and intellectual property rights – outline of an economics-based approach", en DREXL J., *Research Handbook on Intellectual Property and Competition Law*, págs. 3-24.

KÖRBER T.C. Y ESS P., "Hartplatzhelden und der ergänzende Leistungsschutz im web 2.0", *WRP*, Heft 6, 2011, págs.697-703.

KREBS P., BECKER M., y DÜCK H., "Das gewerbliche Veranstalterrecht im Wege richterlicher Rechtsfortbildung", *GRUR*, Heft 5, 2011, págs. 391-397.

KRUG A., *Der lauterkeitsrechtliche Nachahmungsschutz bei technischen Gestaltungsmerkmalen im Kontext des Immaterialgüterrechts*, Dissertation zur Erlangung des Doktorgrades an der Fakultät der Universität von Augsburg, 2018.

KRÜGER CH. "Der Schutz kurzlebiger Produkte gegen Nachahmungen (Nichttechnischer Bereich)", *GRUR*, Heft 2, 1986, págs. 115-126.

KUR A., "Trademark and Design from a Personal Perspective", en DRAHOS P., GHIDINI G. y ULLRICH H., *Kritika: Essays on Intellectual Property*, Volume 5, Edward Elgar, Cheltenham/Northampton, 2021, págs. 49-69.

— "Too Common, too splendid, or 'just right'? Trade mark protection for product shapes in the light of CJEU case law", *Max Planck Institute for Intellectual Property and Competition Law Research Paper series*, Paper 14-17, 2014.

— "What to protect, and how? Unfair Competition, Intellectual Property, or protection *sui generis*" en LEE NARI, WESTKAMP GUIDO, KUR ANNETTE, y OHLY ANSGAR, *Intellectual Property, Unfair Competition and Publicity. Convergences and Development*, Edward Elgar, Cheltenham, 2014, págs. 11-32.

— "Too pretty to protect? Trademark Law and the enigma of aesthetic functionality", *Max Planck Institute for Intellectual Property and Competition Law Research Paper series*, Paper 11-16, 2011.

— "(No) Freedom to Copy? Protection of Technical Features under Unfair Competition Law", en WALDECK und PYRMONT W.P, ADELMAN M. J., BRAUNEIS R., DREXL J., y NACK R., *Patents and Technological Progress in a globalized world- Liber amicorum Joseph Straus*, Springer, Berlin, 2009, págs. 521-533.

— "Funktionswandel von Schutzrechten: Ursachen und Konsequenzen der inhaltlichen Annäherung und Überlagerung von Schutzrechtstypen", en SCHRICKER G., DREIER T. y KUR A., *Geistiges Eigentum im Dienst der Innovation*, Nomos, 2001, págs.23-50.

— "Ansätze zur Harmonisierung des Lauterkeitsrecht im Bereich des wettbewerblichen Leistungsschutzes, *GRUR Int.*, 1998, págs. 771-781.

— "Der wettbewerbliche Leistungsschutz Gedanken zum wettbewerbsrechtlichen Schutz von Formgebungen, bekannten Marken und 'Charakters'", *GRUR*, Heft 1, 1990, págs. 1-15.

KUR A., DREIER T., y LUGINBUEHL S., *European Intellectual Property Law. Text, Cases and Materials*, Second Edition, Edward Elgar, Cheltenham/Northampton, 2019.

KUR A. y LEVIN M., "The Design Approach Revisited: background and meaning", en KUR A., LEVIN M. y SCHOVSBO J., *The EU Design Approach. A global Appraisal*, Edward Elgar, Cheltenham/Northampton, 2018, págs.1-27.

KUR A. y SCHOVSBO J., "Expropriation or fair game for all? The gradual dismantling of the IP exclusivity paradigm", *Max Planck Institute for Intellectual Property, Competition and Tax Law Research Paper Series* Nº, 09-14, 2009.

LANDES W.M y POSNER R., "The economics of Trademark Law", *Trademark Rep.*, vol. 78, 1988, págs. 267-306.

— "Trademark Law: An economic Perspective", *The Journal of Law and Economics*, Volume 30, Nº 2, 1987, págs. 265-309.

LASTIRI SANTIAGO M., "Keywords Advertising. Nuevas apreciaciones del TJUE: Caso Interflora y Marks & Spencer", *Derecho de los Negocios*, Nº 256, enero 2012, págs. 23-30.

LE CHAPELIER I.R.G., "Rapport par M. Le Chapelier du comité de constitution sur la pétition des auteurs dramatiques, lors de la séance du 13 janvier 1791", *Archives Parlementaires de 1787 à 1860 – Première série (1787-1799), Tome XXII – Du 3 janvier au 5 février 1791*, Paris, Librairie Administrative P. Dupont, 1885, pp. 210-214.

LE STANC CH., "Propiedad Intelectual, competencia desleal, parasitismo: desorden en el derecho francés", *ADI*, XXIX, 2008, págs. 216-223.

LEHMANN M., "Unfair use of and Damage to the Reputation of Well-known Marks, names and Indications of Source in Germany. Some Aspects of Law and economics", *IIC*, Issue 6, 1986, págs. 741-767.

LEMA DEVESA C., y FERNÁNDEZ CARBALLO-CALERO P., "La Publicidad Adhesiva", *Revista de Derecho de la Competencia y la Distribución*, Nº 2, págs.15-35.

LOUREDO CASADO S., *Las Marcas Tridimensionales*, Thomson Reuters Aranzadi, Navarra, 2021.

— *El Diseño Industrial no Registrado,* Thomson Reuters Aranzadi, Navarra, 2019.

LUBBEGER A., "Alter Wein in neuen Schläuchen- Gedankenspiele zum Nachahmungsschutz", *WRP,* Heft 8, 2007, págs. 873-880.

— "Grundsatz der Nachahmungsfreiheit?", en AHRENS H-J., BORNKAM J., y KUNZ-HALLSTEIN H.P., *Festschrift für Eike Ullmann,* Juris, Saarbrucken, 2006, págs.737-793

— "Technische Konstruktion oder künstlerische Gestaltung?- Design zwischen den Stühlen-", en AHRENS H.J., BORNKAMM J., GLOY W., STARCK J., y VON UNGERN-STERNBERG J., *FS ERDMANN,* Carl Haymanns, Berlín, 2002, págs. 145- 163.

MACMILLAN F., " «Love is blind and lovers cannot see»: resisting copyright´s romance", en DRAHOS P., GHIDINI G. y ULLRICH H., *Kritika: Essays on Intellectual Property,* Volume 3, Edward Elgar, Cheltenham/Northampton, 2018, págs. 1-22.

MAIERHÖFER C., *Geschmacksmusterschutz und UWG-Leistungsschutz: Ein vergleich unter Berücksichtigung des Konkurrenzverhältnisses,* Herbert Utz, Múnich ,2006.

MAMBRILLA RIVERA V., "Prácticas comerciales y competencia desleal: estudio del derecho comunitario europeo y español. La incorporación de la directiva 2005/29/ce a nuestro derecho interno (incidencia en los presupuestos generales y en la cláusula general prohibitiva del ilícito desleal)", *Revisa de Derecho de la Competencia y la Distribución,* N º 4, 2009, pág. 89-120.

MANSANI L., "La Capacidad Distintiva como Concepto Dinámico" *ADI,* XXVII, 2006-2007, págs. 223-242.

MASIYAKURIMA P., "The futility of the Idea/Expression Dichotomy in UK Copyright Law", *IIC,* Issue 5, 2007, págs. 548-572.

MARCO ALCALÁ, L. A., "La infracción del derecho de marca mediante palabras clave en los motores de búsqueda en Internet en la jurisprudencia reciente del Tribunal de Justicia de la Unión Europea (Comentario a las Sentencias Acumuladas TJUE (Gran Sala) C-236/08 a C-238/08, Google France SARL y Google Inc. C. Louis Vuitton Malletier S.A. Viaticum S.A., Luteciel SARL y otros, de 23 de marzo de 2010 — caso Google", *ADI,* Vol. 30, 2009-2010, págs. 663-690.

MARTÍN ARESTI P., "Los excesos regulatorios de la reforma de la Ley 12/2013 sobre el funcionamiento de la cadena alimentaria"; *ADI,* Tomo XLII, 2022, págs. 149-174.

— "Transferencias, licencias y gravámenes", en BERCÓVITZ RODRÍGUEZ-CANO A., *La Nueva Ley de Patentes*, Aranzadi, Pamplona, 2015, págs. 347 y ss.

— "Cesión y licencia de patente y marca", en BROCVITZ A., *Contratos Mercantiles*, Tomo III, 5ª ed., Aranzadi, 2013, págs. 237-368.

— "Signos distintivos y redes de distribución", en RUIZ PERIS J.I., *Nuevas perspectivas del derecho de redes empresariales*, Tirant lo Blanch, Valencia, 2012, págs. 547-573.

— "La legitimación del distribuidor para el uso del signo distintivo del proveedor: sobre la existencia de una licencia de marca en los contratos de distribución comercial", en GALÁN CORONA E. y CARBAJO CASCÓN F., *Marcas y Distribución comercial*, Ediciones Universidad de Salamanca, Salamanca, 2011, págs. 17-66.

MARTÍN ARESTI P. y DE HARO IZQUIERDO M., "Los contratos sobre Know-How", en YZQUIERDO TOLSADA M., *Contratos civiles, mercantiles, públicos, laborales e internacionales, con sus implicaciones tributarias*, Tomo 13 – Los contratos sobre bienes inmateriales (II), Cap. 6.

MARTÍN MOLINA P., "Análisis de la Ley 1/2019, de 20 de febrero, de secretos empresariales", *Diario La Ley*, N.º 9641, Tribuna, 27 de mayo de 2020.

MARTÍNEZ SANZ F., "Artículo 5. Cláusula General", en MARTÍNEZ SANZ F., *Comentario Práctico a la Ley de Competencia Desleal*, Tecnos, Madrid, 2009, págs. 61-77.

MASSAGUER FUENTES J., "La reforma de la Ley de Competencia Desleal de 2021 una reforma menor, coyuntural y continuista del tratamiento de las prácticas comerciales desleales con consumidores", *Revista de Derecho Mercantil*, N.º 324, 2022, 30 págs.

— "Las Creaciones Publicitarias protegibles mediante derecho de autor: propuestas creativas, conceptos publicitarios, creatividades e ideas publicitarias", *Revista InDret*, Núm. 2, 2021, 24 págs.

— "Treinta años de Ley de Competencia Desleal", *Actualidad Jurídica Uría Menéndez*, N.º 55, 2021, págs. 64-94.

— "Artículo 3. Falseamiento de la libre competencia por actos desleales" en MASSAGUER FUENTES J., SALA ARQUER J.M., FOLGUERA CRESPO J., y GUTIÉRREZ A., *Comentario a la Ley de Defensa de la* Competencia, Sexta Edición, Civitas, Navarra, 2020, págs. 383-415.

— "De nuevo sobre la protección jurídica de los secretos empresariales (A propósito de la Ley 1/2019, de 20 de febrero, de secretos empresariales)" , *Actualidad Jurídica Uría Menéndez*, Núm 51, 2019, págs. 46-70.

— "Por un replanteamiento de la protección jurídica de las presentaciones comerciales", *La Ley Mercantil*, Nº 60, 2019, págs. 1-14.

— *Acciones y Procesos de Infracción de derechos de Propiedad Industrial*, Civitas, Navarra, 2018

— *Comentario a la Ley de Competencia Desleal*, Civitas, Madrid, 1999.

— *El contrato de licencia de Know-How*, Bosch, Barcelona,1989, pág. 69.

MASSAGUER FUENTES J., MARCOS F. y SUÑOL LUCEA A. (colaboradores), "La transposición al Derecho español de la Directiva 2005/29/CE sobre prácticas comerciales desleales. Informe del Grupo de Trabajo constituido en el seno de la Asociación Española de Defensa de la Competencia", *Boletín del Ministerio de Justicia*, Año 60, N.º 2013, 2006, págs. 1925-1963.

MEIER M. "Pleading for a multiple goal approach in European competition law. Outline of a conciliatory path between the freedom to compete approach and the more economic approach" en MATHIS K. TOR A., *New Developments in Competition Law and Economics*, Springer, 2018, págs. 51- 66.

MENÉNDEZ MENÉNDEZ A., *La competencia desleal*, Civitas, Madrid, 1988.

MERGES R. P., "Philosophical foundations of IP law", en DEPOOTER B. Y MENELL P.S., *Research Handbook on the economics of IP law*, Volume I, Edward Elgar, Cheltenham/Northampton, 2021, págs. 72-97.

MIGUEL CARVALHO M. "A tutela da propiedade intelectual na Carta dos Direitos Fundamentais da União Europeia" , AA. VV., *Liber Amicorum Benedita Mac Croire*, UMinho Editora, 2022, págs. 227-248.

— "Propiedade Intelectual", en AA. VV. *Direito da União Europeia – Elementos de Direito e Políticas da União*, 2016, Almedina, págs. 688-708.

— "As Marcas e a Concorênza Desleal", *Scientia Iuridica*, Tomo LII, Nº 297 2003, págs. 525-557.

MONTEAGUDO MONEDERO M., "El riesgo de confusión en derecho de marcas y en derecho contra la competencia desleal", *ADI*, XV, 1993, págs. 73-108.

MOTEJIL y ROSENOW, "Entstehungsgeschichte, Zweck und wesentlicher Inhalt des GSFW", *WRP*, Nº 6/2021, págs. 699-704.

NEMECZEK H., "Wettbewerbsfunktionalität und unangemessene Rufausbeutung gem. § 4 Nr.9 lit.b Alt. 1 UWG", *WRP*, Heft 9, 2012, págs. 1025-1034.

— "Rechtsübertragungen und Lizenzen beim wettbewerbsrechtlichen Leistungsschutz - Zugleich ein Beitrag gegen den unmittelbaren Leistungsschutz", *GRUR*, Heft 4, 2011, págs. 292-295.

— "Wettbewerbliche Eigenart und die Dichotomie des mittelbaren Leistungsschutzes", *WRP* Heft 11, 2010, pág. 1315-1321.

NICHOLAS T., "Are Patents creative or destructive?", *Antitrust Law Journal*, Vol. 79, Nº 2, 2014, págs. 405-421.

NICHOLSON PRICE II W.; "The Cost of Novelty", *Columbia Law Review*, Vol. 120, Nº 3, 2020, págs. 769-835.

NIPPERDEY C. H., "Die Grundprinzipien des Wirtschaftsverfassungsrechts", *Deutsche Zeitschrift*, 5. Jahr, Hft. 9, 1950, págs. 193-198.

NIRK R., "Zur Rechtsfigur des wettbewerbsrechtlichen Leistungsschutzes", *GRUR*, Heft 3, 1993, págs. 247-255.

OHLY A., ""Buy me because I´m cool": the "marketing approach" and the overlap between design, trademark and unfair competition law", KUR A., LEVIN M. y SCHOVSBO J., *The EU Design Approach. A global appraisal*, Edward Elgar, Cheltenham/ Northampton, 2018, págs. 108-141.

— "Free-Riding on the Repute of Trade Marks – Does Protection Generate Innovation?" *SSRN Electronic Journal*, 2017.

— "Where is the Birthday Train Heading? The copyright-design interface in German Law", en AA.VV. *Liber Amicorum Jan Rosén*, eddy.se ab, Författarna, 2016, págs. 591-607.

— "Post-sale confusion?", en BÜSCHER W., GLÖCKNER J., NORDEMANN A., OSTERRIETH Ch., y RENGIER R., *Marktkommunikation zwischen Geistigem Eigentum und Verbraucher Schutz. FS Fezer*, 2016, págs. 615-632.

— "Urheberrecht und UWG", *GRUR Int.*, Heft 7/8, 2015, págs. 693-704.

— "Interfaces between trade mark protection and unfair competition law: Confusion about confusion and misconceptions about misappropriation", en LEE NARI, WESTKAMP GUIDO, KUR ANNETTE, y OHLY ANSGAR, *Intellectual Property, Unfair Competition and Publicity. Convergences and Development*, Edward Elgar, Cheltenham, 2014, págs. 33-60.

— "Nach der Reform ist vor der Reform", *GRUR*, Heft 12, 2014, págs. 1137-1144.

— "Blaue Kürbiskerne aus der Steiermark. Die Interessenabwägung beim Schutz bekannter Marken gegen die unlautere Ausnutzung von Ruf oder Unterscheidungskraft", AA.VV. *Festschrift für Irmgard Griss*, Jan Sramek Verlag, Austria, 2011, págs. 521-540.

— "Hartplatzhelden.de oder: Wohin mit dem unmittelbaren Leistungsschutz?", *GRUR*, Heft 6, 2010, 487-494.

— "The freedom of imitation and its limits- A European perspective", *IIC*, Vol. 41, 2010, págs. 506-524.

— "Bausteine eines europäischen Lauterkeitsrechts", *WRP*, Heft 2, 2008, págs. 177-185.

— "Designschutz im Spannungsfeld von Geschmacksmuster-, Kennzeichen- und Lauterkeitsrecht", *GRUR*, Heft 9, 2007, págs. 731-740.

— "Klemmbausteine im Wandel der Zeit- ein Plädoyer für eine strikte Subsidiarität des UWG-Nachahmungsschutzes", *Festschrift für Eike Ullmann*, Juris, Saarbrucken, 2006., págs. 795-812

— "Gibt es einen Numerus clausus der Immaterialgüterrechte?", *Perspektiven des Geistigen Eigentums und Wettbewerbsrechts. Festschrift für Gerhard Schricker*, CH Beck, Múnich, 2005, págs. 105-121.

OHLY A. y KUR A., "Lauterkeitsrechtliche Einflüsse auf das Markenrecht", *GRUR*, Heft 5, 2020, págs. 457-471.

OHLY A. y SATTLER A., "120 Jahre UWG im Spiegel von 125 Jahren GRUR", *GRUR*, Heft 12, 2016, pág. 1229-1239.

OHLY A., SOSNITZA O., *UWG Kommentar*, CH Beck, 7. Auflage, 2016.

OLMEDO PERALTA E., "Una Vuelta a la aplicación de la doctrina de las facilidades esenciales (essential facilities) a la propiedad intelectual e industrial", *Revista de Derecho de la Competencia y la Distribución*, N º 19, 2016, publicación online.

OTAMENDI RODRÍGUEZ-BETHANCOURT J., *Comentarios a la Ley de Competencia Desleal*, Aranzadi, Navarra, 1994.

— *Competencia Desleal. Análisis de la Ley 3/1991*, Aranzadi, Navarra, 1992.

OTERO LASTRES J.M., ., "El Diseño Industrial según la Ley de 7 de Julio de 2003", OLIVENCIA M. y FERNÁNDEZ-NÓVOA C., *Tratado de Derecho Mercantil*, Volumen 2, Marcial Pons, Madrid, 2003.

— "En torno a la directiva 98/71/CE sobre la protección jurídica de los dibujos y modelos", *ADI*, XIX, 1998, págs. 21-50.

— "La nueva Ley sobre Competencia Desleal", *ADI*, XIV, 1991-1992, págs. 25-47.

PARCHOMOVSKY G. y SIEGELMAN P., "Towards an Integrated Theory of Intellectual Property", *Virginia Law Review*, Vol. 88, No 7, 2002, págs. 1455-1528.

PAZ-ARES RODRÍGUEZ J.C., "La economía política como jurisprudencia racional. (Aproximación a la teoría económica del Derecho)", *Anuario de Derecho Civil*, Vol. 34, N.º 3, 1981, págs. 601-708.

— "Constitución económica y competencia Desleal", *Anuario de Derecho Civil*, Vol. 34, N.º159, 1981, págs. 927-958.

— "El ilícito concurrencial: de la dogmática monopolista a la política antitrust. (Un ensayo sobre el Derecho alemán de la Competencia Desleal)", *Revista de Derecho Mercantil*, N.º 159, 1981, págs. 7-150.

PEDRAZA FARIÑA L. y WHALEN R., "A Network Theory of Patentability", *The University of Chicago Law Review*, Vol.87, Nº 1, 2020, págs. 63-144.

PEGUERA POCH M., "Uso a título de marca y alcance del ius prohibendi en la directiva de marcas", *ADI*, XXXIII, 2012-2013, págs. 185-210.

PEUKERT A., "hartplatzhelden.de- Eine Nagelprobe für den wettbewerbsrechtlichen Leistungsschutz", *WRP*, Heft 3, 2010, págs. 316-321.

PODSZUN R., "Der more economic approach im Lauterkeitsrecht", *WRP*, Heft 5, 2009, págs. 509-517.

POSNER R.A., "Intellectual Property: The Law and Economics Approach", *The Journal of Economic Perspectives*, Vol. 19, Nº 2, 2005, págs. 57-73.

PORTELLANO DÍEZ P., "Artículo 11. Actos de Imitación" en MARTÍNEZ SANZ F., *Comentario Práctico a la Ley de Competencia Desleal*, Tecnos, Madrid, 2009, págs. 179-197.

— *La Defensa de la Patente*, Civitas, Madrid, 2003.

— *La Imitación en el Derecho de la Competencia Desleal*, Civitas, Madrid, 1995.

RÄTZE, "Gesetz zur Stärkung des (un)fairen Wettbewerbs", *WRP* 2020, págs. 1519-1525.

RAUSTIALA K. y SPRINGMAN CH., *The Knockoff Economy*, Oxford University Press, 2012.

RICOLFI M., "Regulating de facto Powers: shifting the focus", en GHIDINI G., FALCE V., *Reforming Intellectual Property*, Edward Elgar, 2022, Cheltenham/Northampton, págs. 174-184.

RODRÍGUEZ DE LAS HERAS BALLEL T., "Anuncios Patrocinados y Servicios de Referenciación: El caso AdWords de Google", *ADI*, Tomo XXXV, 2014-2015, págs.243-244.

RODRÍGUEZ RAMÍREZ S. C., *La protección jurídica de la marca frente al uso como palabra clave en los motores de búsqueda y en las plataformas de comercio electrónico*, Atelier, Barcelona, 2022.

ROHNKE CH., "Wie weit reicht Dimple?", *GRUR*, Heft 4, 1991, págs. 284-294.

ROSATI E., "The idea/expression dichotomy: friend or foe?", en WATT R., *Handbook on the Economics of Copyright*, Edward Elgar, Cheltenham/ Northampton, 2014, págs. 51-72.

RUESS P. Y SLOPEK D.E.F., "Zum unmittelbaren wettbewerbsrechtlichen Leistungsschutz nach hartpltatzhelden.de", *WRP*, Heft 7, 2011, págs. 834-842.

RUIZ PERIS J., "El Laberinto de la cláusula general de la Ley de Competencia Desleal, *ADI*, XXX, 2009-2010, págs. 435-454.

SACK R., "Anmerkungen zur geplanten Änderung des UWG" *WRP*, Heft 12, 2014, págs.1418-1424.

— "Bewegliche Systeme im Wettbewerbs- und Warenzeichenrecht", *Festschrift für Walter Wilburg*, Springer, Viena/Nueva York, 1986, págs. 177-198.

SAMBUC T., "§ 4 Nr. 3 UWG", en HARTE-BAVENDAMM H., y HENNING-BODEWIG F. (HARTE/HENNING, en la obra), *UWG Kommentar*, CH Beck, 2013.

— *Der UWG-Nachahmungsschutz*, CH. Beck, Múnich, 1999.

— "Tatbestand und Bewertung der Rufausbeutung durch Produktnachahmung", *GRUR*, Heft 8/9, 1996, págs.675-678.

— "Die Eigenart der Wettbewerblichen Eigenart"- Bemerkungen zum Nachahmungsschutz von Arbeitsergebnissen durch § 1 UWG-", *GRUR*, Heft 2, 1986, págs. 130-140.

— "Rufausbeutung bei fehlender Warengleichheit", *GRUR*, Heft 10, 1983, págs. 533-539.

SÁNCHEZ SABATER L., "Artículo 6. Actos de Confusión", en MARTÍNEZ SANZ F., *Comentario Práctico a la Ley de Competencia Desleal*, Tencos, Madrid, 2009, págs. 79-93.

SCHERER I., "Verbraucherschadensersatz durch § 9 ABS. 2 UWG-RegE als Umsetzung von Art. 3 Nr.5 Omnibus-RL – eine Revolution im Lauterkeitsrecht", *WRP*, Heft 5, 2021, págs. 561-567.

SCHREIBER P., "Wettbewerbsrechtliche Kennzeichenrechte?", *GRUR*, Heft 2, 2009, pág. 114-118.

SCHRICKER G. y HENNING-BODEWIG F., "Elemente einer Harmonisierung des Rechst des unlauteren Wettbewerbs in der Europäische Union", *WRP*, Heft 12, 2001, págs. 1367-1462.

SCHRICKER G.,"Hundert Jahre Gesetz gegen den unlauteren Wettbewerb- Licht und Schatten", *GRUR Int.*, Heft 4, 1996, pág. 473-479.

SCHUMPETER J. A., *Capitalism, Socialism and Democracy*, Routledge, Londres/Nueva York, 1976.

SEARLE N. y BRASELL M., *Economic Approaches to Intellectual Property*, Oxford University Press, 2016.

SENFTLEBEN M., "EU copyright 20 years after Infosoc Directive – flexibility needed more than ever", en GHIDINI G. y FALCE V., *Reforming Intellectual Property, Edward Elgar*, Cheltenham/Northampton, 2022, págs. 185-207.

SEXTON R., "Unfair Trading Practices in the food supply chain: defining the problem and the policy issues", en AA.VV. *Unfair Trading Practices in the Food Supply Chain. A Literature Review on methodologies, impacts and regulatory aspects*, Oficina de Publicaciones de la UE, Luxemburgo, 2017, págs. 6-19.

SHUGHART II W.F y THOMAS D.W, "Intellectual Property Rights, Public Choice, Networks and the New Age of Informal IP Regimes", *Supreme Court Economic Review*, Volume 23, 2015, págs. 169-192.

SLOPEK D. y PETERSEN M., "Lookalikes in der Lebensmittelindustrie", *WRP*, Heft 9, 2014, págs. 1030- 1040.

SOSNITZA O., "Der Regierungsentwurf zur Änderung des Gesetzes gegen den unlauteren Wettbewerb", *GRUR*, Heft 4, 2015, págs. 318-322.

STEINBECK A., "Richtlinie über unlautere Geschäftspraktiken: Irreführende Geschäftspraktiken – Umsetzung in das deutsche Recht", *WRP*, Heft 6, 2006, págs.632-639.

— "Zur These vom Vorrang des Markenrechts", en AHRENS H.J, BORNKAMM J., y KUNZ-HALLSTEIN H.P., *Festschrift für Eike Ullmann*, juris, Saarbrucken, 2006, págs. 409-423.

STIEPER M., "Urheber- und wettbewerbsrechtlicher Schutz von Werbefiguren (Teil 2)", *GRUR*, Heft 8, 2017, págs. 765-771.

— "Das Verhältnis von Immaterialgüterrechtsschutz und Nachahmungsschutz nach neuem UWG", *WRP*, Heft 3, 2006, págs. 291-302.

TATO PLAZA A., "Marca Ajena y Publicidad Adhesiva (Comentario a la Sentencia del Tribunal Supremo de 29 de noviembre de 1993", *ADI*, Tomo XVI, 1994-1995, págs. 319-330.

TILMANN W., "Der wettbewerbsrechtliche Schutz vor Nachahmungen", *GRUR*, Heft 12, 1987, págs. 865-870.

TOMKOWICZ R., *Intellectual Property Overlaps: Theory, Strategy and Solutions*, Routledge, Nueva York, 2012.

ULMER E., *Urheber-und Verlagsrecht, 3. Auflage*, Springer, Berlin, 1980.

URIBE PIEDRAHITA C. A. y CARBAJO CASCÓN F., "Regulación «*ex ante*» y control «*ex post*». La difícil relación entre Propiedad Intelectual y Derecho de la Competencia", *ADI*, Tomo 33, 2012-2013, págs. 307-330.

VAN HOUWELING M. S., "Intellectual Property as Property" en DEPOOTER B., y MENELL P.S., *Research Handbook on the Economics of Intellectual Property Law*, Vol. 1, Edward Elgar, Cheltenham/Northampton, 2021, págs. 2-26.

VÁZQUEZ ALBERT D., "Protección de Marca notoria y copycat packaging. A propósito de la sentencia del Tribunal Supremo N. o 450/2015, de 2 de septiembre (Caso Oreo)", *Diario LALEY*, N.º 8712, Sección Documento On-line, 1 de marzo de 2016, Editorial La Ley.

VIVANT M. "Reversing Logic…" en GHIDINI G. y FALCE V., *Reforming Intellectual Property*, Edward Elgar, Cheltenham/Northampton, 2022, págs. 256-265

— "Intellectual property rights and their functions: determining their legitimate enclosure", en DRAHOS P., GHIDINI G. y ULLRICH H., *Kritika: Essays on Intellectual Property*, Volume 2, Edward Elgar, Cheltenham/Northampton, 2017, págs. 44-69.

VOGEL L., "The doctrine of Unfair Competition", *French Competition Law*, Lawlex/Bruylant, Paris, 2015.

WAGNER/ KEFFERPÜTZ, "Das Wettbewerbsrecht im Generalverdacht des Rechtsmissbrauchs", *WRP* 2021, págs.151-159.

WERNICK A., *Mechanisms to Enable Follow-On Innovation. Liability Rules vs. Open Innovation Models*, Springer, Suiza, 2021.

WOLLMANN H., "Der more economic approach die UWG-Novelle 2007 und deren Bedeutung für das Zusammenspiel von Lauterkeits- und

Kartellrecht", en AA.VV. *Festschrift für Irmgard Griss*, Jan Sramek Verlag, Austria, 2011, págs. 771-787.

Informes institucionales

CNMC, *Informe sobre el anteproyecto de ley de modificación de la Ley 17/2001, de 7 de diciembre, de marcas, la Ley 20/2003, de 7 de julio, de protección jurídica del diseño industrial, y la Ley 24/2015, de 24 de julio, de patentes, IPN/CNMC/024/22*, de 26 de julio de 2022.

CE, *Comunicación de la Comisión al Parlamento Europeo, al Consejo y al Comité económico y social europeo. Un nuevo Marco para los Consumidores*, COM/2018/0183 final, de 11 de abril de 2018.

FTC, "To promote Innovation: The proper Balance of Competition and Patent Law and Policy: Executive Summary", *Berkeley Technology Law Journal*, Vol. 19, Nº 3, 2004, págs. 861-883.

Sentencias y otras resoluciones

Del TJUE y otros órganos europeos:

STJCE de 11 de julio de 1974, as. 8/74, Caso Dassonville.

STJCE de 20 de febrero de 1979, as. 120/78, Caso Rewe.

STJCE de 22 de enero de 1981, as. 58/80, Caso Dansk Supermarked.

STJCE de 9 de noviembre de 1981, as. 322/81, Caso Michelin.

STJCE de 2 de marzo de 1982 as. C-6/81, Caso Beele.

STJCE de 5 de octubre de 1988, as.238/87, Caso Volvo.

STJCE de 17 de octubre de 1990, as C-10/89, Caso HAG.

STJCE de 24 de noviembre de 1993, aass. C-267/91 y C-268/91, Caso Keck.

STJCE de 2 de febrero de 1994, as. C-315/92, Caso Verband Sozialer Wettbewerb/ Clinique.

STJCE de 6 de abril de 1995, as. C-241/91 P y C-242/91 P, Caso Magill.

STJCE de 6 de julio de 1995, as. C-470/93, Caso Mars.

STJCE de 26 de noviembre de 1998, as. C-7/97, Caso Oscar Bronner.

STJCE, de 23 de febrero de 1999, as. C-63/97, Caso BMW

STJCE de 4 de marzo de 1999, as. C- 87/97, Caso Consorzio per la tutela del formaggio Gorgonzola.

SSTJCE de 18 de junio de 2002, C-299/99, Philips c. Remington.

STJCE de 12 de noviembre de 2002, as. C-206/01, Caso Arsenal Football Club.

STJCE de 8 de abril de 2003, as. C-44/01, Caso Pippig.

STJCE de 12 de febrero de 2004, asunto C-218/01, Henkel.

STJCE de 29 de abril de 2004, as. C-418/01, Caso IMShealth

STJCE de 17 de marzo de 2005, as. C-228/03, Caso Gillette.

STJCE de 30 de marzo de 2006, as. C-259/04, Caso Emmauel.

STJCE de 25 de enero de 2007, as. C-45/05, Caso Opel/Autec

STJCE de 20 de septiembre de 2007, as. C-371/06, Caso Benetton v. G-Star.

STJUE de 12 de junio de 2008, as. C-533/06, Caso O2.

STJUE de 27 de noviembre de 2008, As. C- 252/07, Caso Intel Copr.

STJUE de 23 de abril de 2009, as. C-59/08, Caso Christian Dior.

STJUE de 18 de junio de 2009, as. C-487/07, Caso L´Oreal/ Bellure.

STJUE de 23 de marzo de 2010, aass. acumulados C-236/08 a C-238/08, Caso Google y Google France.

STJUE de 5 de julio de 2011, as. C-263/09 P, Caso Edwin/ OAMI.

STJUE de 22 de septiembre de 2011, as. 323/09, Caso Interflora.

STJUE de 3 de julio de 2012, as. C-128/11, Caso Oracle.

STJUE de 18 de julio de 2013, as. C-252/12, Caso Specsavers.

STJUE de 7 de mayo de 2015, C-445/13 P, Voss of Norway

STJUE de 27 de septiembre de 2017, aass. C-24/16 y C-25/16, caso Nintendo.

STJUE de 12 de septiembre de 2019, as. C-683/17, Caso Cofemel.

STJUE de 11 de junio de 2020, as. C-833/18, Caso Brompton.

STJUE de 3 de junio de 2021, as. C- 762/19, Caso CV-Latvia.

STGUE, 28 de mayo de 2020, as. T-677/18, Caso Gullón.

STJUE de 22 de diciembre de 2022, Ass. C-148/21 y C.184/21, Caso Louboutin c. Amazon.

Del Tribunal Supremo:

STS 479/1996, de 5 de junio de 1997 (Rec. 1909/1993), Vidal Sassoon.

STS 51/2003, de 3 de febrero (Rec. 3625/1998), Eroski.

STS 168/2004, 8 de marzo (Rec. 1162/1998), Harley Davidson.

STS 369/2004, de 17 de mayo (Rec. 1797/1998), Tefal.

STS 970/2004 de 6 de octubre (Rec. 2479/1998), Presto Ibérica.

STS 415/2005 de 23 mayo (Rec. 1186/2000), Guerras del Cava.

STS 136/2006, de 20 de febrero (Rec. 2659/1999), IKUSI.

STS 130/2006, de 22 de febrero (Rec.2752/1999), El Corte Inglés c. Engel.

STS 569/2006, de 13 de junio (Rec 2807/1999), Industrial Viguer.

STS 622/2006, de 21 de junio (Rec. 3813/1991), Neutrógena c. Neutrocol.

STS 836/2006, de 4 de septiembre (Rec. 3389/1999), Famosa.

STS 1169/2006, de 24 de noviembre (Rec. 369/2000), Casa Márquez.

STS 311/2007, de 23 de marzo (Rec. 2021/2000), Philip Morris.

STS 580/2007, de 30 de mayo (Rec. 2037/2000), Vibia c. Megadeth.

STS 887/2007, de 17 de julio (Rec. 3436/2000), CEPSA.

STS 1089/2007, de 10 de octubre (Rec. 2522/2000), Bungalow, Apartamentos y Hoteles.

STS 1032/2007, de 8 de octubre (Rec. 3652/2000), Ascensores de Puertollano.

STS 2727/2008, de 20 de mayo (Rec. 1216/2001), San Estanislao de Kostka.

STS 1167/2008, de 15 de diciembre (Rec.326/2004), Botica de la Abuela c. Botica de Pronto.

STS 97/2009, de 25 de febrero (Rec. 619/2004), CREAR PLAST.

STS 616/2009, de 7 de octubre (Rec. 409/2005), Joma Sport.

STS 635/2009, de 8 de octubre (RJ 2009/5507), Centro para el Desarrollo Tecnológico e Industrial.

STS 72/2010, de 4 de marzo de 2010, Sorpresa.

STS 256/2010, de 1 de junio (Rec. 349/2006), OSMOS sistemas eléctricos.

STS 513/2010, de 23 de julio (RJ 2010/6571), Liga Nacional de Fútbol.

STS 888/2010, de 30 de diciembre (Rec. 1396/2006), Super Verano Mix.

STS 19/2011, de 11 de febrero (RJ 2011/2349), Thermochip.

STS 586/2012, de 17 de octubre (Rec. 595/2010), El Abuelo Ángel.

STS 663/2012, de 13 de noviembre (Rec. 544/2010), Hermanos Montull.

STS 448/2013, de 9 de julio (Rec. 1930/2011), Caja del Sol.

STS 95/2014, de 11 de marzo (Rec. 607/2012), Bombay Sapphire.

STS 570/2014, de 29 de octubre (Rec. 738/2013), Nosko Europa.

STS 586/2014, de 28 de octubre (Rec. 808/2013), Douglas.

STS 450/2015, de 2 de septiembre (Rec. 2406/2013), Oreo y ChipsAhoy!

STS 620/2016, de 26 de febrero (Rec. 264/2014), Masaltos.

STS 107/2016, de 1 de marzo (Rec. 2660/2013), Champín.

STS 64/2017, de 2 de febrero (Rec. 1395/2014), BricoDepot.

STS 94/2017, de 15 de febrero (Rec. 1575/2014), Orona.

STS 275/2017, de 5 de mayo (Rec. 2916/2014), Trencadís.

STS 504/2017, de 15 de septiembre (Rec. 370/2015), Hojaldrinas.

STS 451/2019, de 18 de Julio (Rec. 3250/2014), DOP Queso Manchego.

STS 451/2021, de 25 de junio (Rec. 2315/2018), Happy Pills.

STS 320/2022, de 20 de abril (Rec. 4415/2018), Vitaldent/Ortodoncis.

STS 1190/2023 de 19 de julio de 2023 (Rec. 6251/2019) Molde de Hierro.

ATS de 8 de mayo de 2019 (Rec. 4074/2016), Carrefour c. Continente.

De las Audiencias Provinciales

SAP Alicante, Sección 8ª, núm. 1476/2019, de 20 de diciembre (Rec. 1059/2019).

SAP Barcelona, Sección 15ª, núm. 95/2013, de 5 de marzo (Rec. 414/2012).

SAP Barcelona, Sección 15ª, núm. 119/2017 de 24 de marzo (Rec. 706/2015).

SAP Barcelona, Sección 15ª, núm. 280/2017, de 29 de junio (Rec. 11/2016), Asco de Vida.

SAP Barcelona, Sección 15ª, núm. 81/2018, de 17 de febrero (Rec. 483/2016).

SAP Barcelona, Sección 15ª, núm. 814/2018, de 23 de noviembre (Rec. 74/2017).

SAP Barcelona, sección 15ª, núm. 654/2019 de 5 abril de 2019, (Rec. 1086/2018).

SAP Barcelona, Sección 15ª, núm. 2250/2020, de 21 de octubre (Rec. 221/2020).

SAP Madrid, Sección 28ª, núm. 338/2018, de 8 de junio (Rec. 577/2016).

SAP Madrid, Sección 28ª, núm. 82/2019, de 15 de febrero (Rec. 597/2017).

SAP Madrid, Sección 28ª, núm. 131/2019, de 15 de marzo (Rec. 514/2017).

SAP de Valencia, Sección 8ª, de 5 de mayo de 1993, Caso Vidal Sassoon

De los Juzgados de Primera Instancia

SJMUE Alicante Nº1, núm. 47/2023, de 25 de octubre (Rec. 289/2021).

SJMUE Alicante Nº1 núm. 50/2023, de 8 de noviembre (Rec. 596/2020).

SJMUE Alicante Nº1, núm. 106/2019, de 6 de mayo (Rec. 757/2017).

SJMUE Alicante Nº1, núm. 93/2022, de 12 de julio (Rec. 753/2020).

Sentencia del Juzgado de Primera instancia núm. 4 de Valencia, de 17 de abril de 2001 (Ac. 2001/2320)

Del Bundesgerichtshof alemán:

RG, RGZ 73 (1910), 294, Schallplatten.

RG, RGZ 111 (1925), 254, Käthe-Kruse-Puppen.

RG, RGZ 115 (1926), 180/ GRUR 1927, 132, Puppenjunge.

BGH GRUR 1966, 503, Apfel-Madonna.

BGH GRUR 1968, 591, Pulverbehälter.

BGH GRUR 1969, 618, Kunstoffzähne.

BGH, GRUR 1973, 478, Modeneuheiten.

BGH WRP 1976, 370, Ovalpuderdose.

BGH GRUR 1984, 453 Hemdblusenkleid.

BGH GRUR 1985, 876, Tchibo/Rolex.

BGH GRUR 1988, 385, Wäsche-Kennzeichnungsbänder.

BGH GRUR 1988, 690, Kristallfiguren.

BGH GRUR 1996, 210, Vakuumpumpen.

BGH GRUR 1997, 459, CB-infobank I.

BGH GRUR 1998, 477, Trachtenjanker.

BGH GRUR 1999, 161, Mac-Dog.

BGH GRUR 1999, 325, Elektronische Pressearchive.

BGH GRUR 1999, 923, Tele-Info-CD.

BGH GRUR 2000, 521, Modulgerüst.

BGH GRUR 2001, 251, Messerkennzeichnung.

BGH GRUR 2001, 443, Vienetta.

BGH GRUR 2002, 275, Noppenbahnen

BGH GRUR 2002, 622, Shell.de.

BGH GRUR 2002, 629, Blendsegel.

BGH GRUR 2003, 958, Paperboy.

BGH GRUR 2005, 166, Puppenausstattungen.

BGH GRUR 2005, 349, Klemmbausteine III.

BGH GRUR 2005, 600, Handtuchklammern.

BGH GRUR 2006, 79, Jeans I.

BGH GRUR 2007, 339, Stufenleitern.

BGH GRUR 2007, 795, Handtaschen.

BGH GRUR 2007, 984, Gartenliege.

BGH GRUR 2008, 115, ICON.

BGH GRUR 2009, 79, Gebäckpresse.

BGH GRUR 2009, 1090, Knoblauchwürste.

BGH GRUR 2009, 1162, DAX.

BGH GRUR 2010, 80, LIKEaBIKE.

BGH GRUR 2010, 1125, Femur-Teil.

BGH GRUR 2011, 436, Hartplatzhelden.de.

BGH GRUR 2012, 58, Seilzirkus.

BGH WRP 2012, pág. 1379, Sandmalkasten.

BGH GRUR 2013, 1052, Einkaufswagen III.

BGH WRP 2013, 1189, Regalsystem.

BGH WRP 2015, 1090, Exzenterzähne.

BGH WRP 2015, 1477, Goldbären.

BGH GRUR 2016, pág. 730, Hernhuter Stern.

BGH WRP 2016, 850, Pippi-Langstrumpf-Kostüm II.

BGH WRP 2017, 51, Segmentestruktur.

BGH WRP 2017, 792, Bodendübel.

De los Oberlandergericht alemanes:

OLG Frankfurt am Main U 16/83, GRUR 1983, 757, "DONKEY KONG JUNIOR".

OLG Köln GRUR-RR 2005, 228.

OLG Köln GRUR-RR 2014, 393.

De los tribunales americanos:

Decisión del Tribunal Supremo, *Bonito Boats Inc. v. Thunder Craft Boats Inc.* (489 U.S. 141- 1989).

Decisión del Tribunal Supremo, *Google L.L.C. v. Oracle,* [593 U.S.___ (2021)].

Decisión del Tribunal de Apelación del Sexto circuito, Ferrari, Vs. Roberts, *Ferrari S.P.A v. Roberts,* 944 F.2d 1235 (6th Cir. 1991)